精密机械设计基础

第 2 版

主　　编　裴祖荣

副主编　陶晓杰

参　　编　赵　英　　王伯雄　　张　勇

　　　　　刘京诚　　燕必希　　谢　驰

　　　　　李永新　　刘　华　宫　虎

主　　审　张国雄　蒋秀珍

机械工业出版社

本书对精密仪器仪表中常用机构和零、部件的工作原理、适用范围、力学结构、设计计算方法、工程材料选择和热处理，以及零件的几何精度设计的基础知识做了较为详细的阐述。

全书共分十五章，内容包括：结构设计中的静力学平衡，机械工程常用材料及钢的热处理，零件强度、刚度分析的基本知识，平面机构的结构分析，平面连杆机构，凸轮机构，齿轮传动，带传动，螺旋传动，轴、联轴器、离合器，支承，直线运动导轨，弹性元件，零件的联接，零件的精度设计与互换性。

本书为普通高等教育"十一五"国家级规划教材，是首批国家级精品资源共享课"精密机械设计基础"的核心资源，采用最新国家标准，内容深入浅出，知识体系融会贯通。本书为高等学校仪器类专业精密机械设计课程和仪器仪表机构设计课程的教材，亦可供有关专业师生和工程技术人员参考使用。

本精品资源共享课所配套的其他资源（包括电子课件、授课视频、习题参考答案等），请访问机械工业出版社教育服务网 www.cmpedu.com 注册后在本书相关页面上获取，或者访问爱课程网 www.icourses.cn 进入"资源共享课"栏目，搜索"精密机械设计基础"课程，在相关页面上获取。

图书在版编目（CIP）数据

精密机械设计基础/裘祖荣主编. —2 版 .—北京：机械工业出版社，2016. 12（2025. 1 重印）

普通高等教育"十一五"国家级规划教材　国家级精品资源共享课教材

ISBN 978-7-111-55189-8

Ⅰ.①精⋯　Ⅱ.①裘⋯　Ⅲ.①机械设计-高等学校-教材

Ⅳ.①TH122

中国版本图书馆 CIP 数据核字（2016）第 249198 号

机械工业出版社（北京市百万庄大街 22 号　邮政编码 100037）

策划编辑：贡克勤　责任编辑：贡克勤　吉　玲
责任校对：张　征　封面设计：张　静
责任印制：郜　敏

北京富资园科技发展有限公司印刷

2025 年 1 月第 2 版第 9 次印刷

184mm×260mm · 25.25 印张 · 593 千字

标准书号：ISBN 978-7-111-55189-8

定价：69.80 元

电话服务　　　　　　　　　网络服务

客服电话：010-88361066　　机 工 官 网：www.cmpbook.com
　　　　　010-88379833　　机 工 官 博：weibo.com/cmp1952
　　　　　010-68326294　　金 书 网：www.golden-book.com

封底无防伪标均为盗版　机工教育服务网：www.cmpedu.com

第 2 版前言

《精密机械设计基础》自 2007 年出版以来，多次重印，受到了广大读者的欢迎和支持。作为仪器类专业重要技术基础课程的教科书，伴随着第一批国家级精品资源共享课"精密机械设计基础"的建设过程，本书的内容选择、知识体系及其知识点的编排较好地适应了仪器类专业的教学和人才培养的要求。与此同时，广大读者的用书体会，特别是各学校在教学过程中使用本书的具体实践，为本书第 2 版的编写起到了关键的指导作用。

随着仪器科学与技术的不断发展，对人才知识结构和能力要求方面都提出了新的要求。在秉承简明扼要、突出精密机械特色、少学时条件下帮助学生掌握系统实用的精密机械设计知识的前提下，第 2 版主要在以下方面做了修订：①将书中涉及标准部分的内容，全部更新为最近颁布执行的版本，帮助读者在学习知识的同时，了解相关设计规范最新的执行标准；②增加了诸如"螺纹作用中径""提取组成要素"等诸多新的术语概念，在教学大纲规定的知识范围内保证了本书在相关知识点上的前沿性；③修订了一些知识点的表述方法（包括图、文和表格），力求表达精准，便于掌握，易于融会贯通；④对知识点的选择做了部分调整和取舍，将部分章节列为建议自选内容（以 * 号标识），可以更好地适应不同专业背景教学计划的需要；⑤更新了部分习题，并补充了部分习题的指导和参考答案（可访问 www.cmpedu.com 注册后在本书相关页面上获取，或者访问 www.icourses.cn 进入"资源共享课"栏目，在"精密机械设计基础"课程相关页面上获取），便于自学或"慕课（MOOCs）"教学形式的使用。

第 2 版的总体内容布局与第 1 版基本相同。参加编写的有天津大学裘祖荣（绪论、第十五章），赵英（第一、三、六、七章）；清华大学王伯雄（第二、十章），合肥工业大学陶晓杰（第四章），张勇（第十二章），重庆大学刘京诚（第五、十四章），北京信息科技大学燕必希（第八章），四川大学谢驰（第九章），中国科学技术大学李永新（第十一章），上海交通大学刘华（第十三章）。天津大学官虎编写了网络版的习题解答，在本版教材的资料整理和编写过程的组织协调方面做了大量工作。对黄其圣、陈雍乐、董明利、洪海涛老师的无私贡献，编者表示衷心的感谢。

在本书编写过程中，得到了主审天津大学张国雄和哈尔滨工业大学蒋秀珍教授以及天津大学有关方面的大力支持，在此表示衷心的感谢。

由于水平有限，书中不妥之处在所难免，衷心希望广大读者不吝赐教。

编　者

第1版前言

"精密机械设计基础"是仪器仪表类专业重要的技术基础课程，仪器科学与技术的不断发展，对课程知识体系和人才知识结构都提出了新的要求。为了更好地适应仪器类专业的教学要求，我们编写了这本教材，供各院校精密机械设计类课程使用。

考虑到仪器仪表类各专业不同的人才培养特色和仪器仪表类专业机械类课程总学时普遍减少的情况，编者根据多年的教学经验，对知识点进行了精心编排和必要的精简取舍，突出精密机械特色，期望在学时少的条件下，帮助学生掌握相对系统实用的精密机械设计知识。

本书简明扼要，以基本的力学分析和零件的力学性能校核为起点，将精密机械及仪器仪表中常用机构和零、部件的工作原理，适用范围，结构，设计计算方法，工程材料选择和热处理，以及零件的几何精度设计的知识点融会贯通。在内容编排上突出重点，相关的知识尽可能独立成章，既可以保持知识点的系统化，又方便教师按需取舍，适合不同专业背景的教学要求。

全书共分十五章，内容包括：绪论，结构设计中的静力学平衡，机械工程常用材料及钢的热处理，零件强度、刚度分析的基本知识，平面机构的结构分析，平面连杆机构，凸轮机构，齿轮传动，带传动，螺旋传动，轴、联轴器、离合器，支承，直线运动导轨，弹性元件，零件的连接，零件的精度设计与互换性。

参加本书编写的有天津大学裘祖荣（绪论、第十五章），赵英（第一、三、六、七章），清华大学王伯雄（第二、十章），合肥工业大学陶晓杰（第四章），黄其圣（第十二章），重庆大学陈雍乐、刘京诚（第五、十四章），北京机械工业学院董明利（第八章），四川大学谢驰（第九章），中国科学技术大学李永新（第十一章），上海交通大学洪海涛（第十三章）。

作为高等学校仪器类专业精密机械设计课程和仪器仪表机构设计的课程教材，本书被列为普通高等教育"十一五"国家级规划教材。编写过程中，得到了天津大学有关方面的大力支持，天津大学付鲁华为本书编写做了大量的辅助工作，合肥工业大学张勇对本书第十二章做了部分修改工作，天津大学张国雄教授、哈尔滨工业大学蒋秀珍教授对本书做了细致的审阅，提出了许多建设性的意见，在此，编者一并表示衷心的感谢。

由于水平有限，书中不妥之处在所难免，编者衷心希望广大读者不吝赐教。

编　者

目　录

基本物理量符号

A——面积，断后伸长率

a——中心距，加速度，系数

B，b——宽度

C——系数，弹簧旋绕比

c——系数

D，d——直径

E——弹性模量，能

e——偏心距

F——力，载荷，自由度

F'——刚度

f——频率，摩擦因数，系数

G——切变模量，重力

g——重力加速度

H——高度

HBW——布氏硬度

HRC——洛氏硬度

HV——维氏硬度

h——高度，厚度

J——转动惯量，截面惯性矩

I_a——截面惯性矩

I_p——极惯性矩

i——传动比

K，k——系数

L——长度，寿命

l——长度，距离

M——力矩

M_b——弯矩，内弯矩

M_O——力系对点 O 的主矩

m——模数，质量，系数

N——循环次数，正压力

n——转速

P——功率

p——压强，齿距

r——半径

S——安全系数

$[S]$——许用安全系数

s——齿厚，弧长，位移

T——转矩，温度，周期

t——摄氏温度，时间

V——体积

v——速度

W——截面系数，功

x，y，z——坐标轴符号

Z——断面收缩率

z——齿数，个数

α、β、γ——角度

δ——角度，厚度，相对误差，断面伸长率

Δ——绝对误差

ε——应变，重合度

η——效率

θ——角度

λ——变形量，挠度

μ——泊松比，黏度

ρ——摩擦角，曲率半径

σ——正应力，拉应力

σ_b——抗拉强度，R_m

σ_s——屈服点

σ_{eH}——上屈服强度

σ_{eL}——下屈服强度

σ_c——临界应力

σ_p——比例极限

τ——切应力

φ——角度

ω——角速度

x——变位系数

ψ——系数，角度

绪　论

第一节　精密机械设计课程的地位和作用

机械是机器和机构的总称。在日常生活中，我们接触到许多机器，如复印机、打印机、洗衣机、各种机床、汽车等。这些不同类型的机器具有不同的形式、构造和用途。不同的机器，就其组成来分析，都是由各种机构组合而成的。常见的机构有连杆机构、凸轮机构和齿轮机构等。机构是由构件组成的，构件可以是单一的零件，也可以是由几个零件组合而成，所以构件是机构中的"运动单元"，而零件是机器的"制造单元"。

随着数学、电子学、自动控制、计算机等现代科学技术的进步和发展，人类综合应用了各方面的知识和技术，不断创造出各种新型的精密机械及其产品。这些机械产品的机构更精巧，动作更准确，零件精度更高，而且往往是机、光、电、算一体化，极大地扩大了精密机械的应用范围，也为精密机械学科的发展开辟了更加广阔的途径。仪器仪表作为信息获取、变送传输、数据处理和执行控制等多种功能的高级工具，也已经从早期单一的机械式的和光学机械式仪器仪表，发展成为以机光电算一体化和智能化为基本特征的现代仪器仪表。在此发展过程中，虽然机械系统的某些功能在许多情况下被其他技术系统的功能所扩展或代替，但任何一项先进的技术系统，欲成为具有实用价值的现代仪器仪表产品，都不可能完全脱离精密机械系统与结构而存在。精密机械系统与结构仍是现代仪器仪表的基础和重要组成部分。高新技术的研究成果和产品，都是多种学科技术相互渗透、综合应用的结果。大量技术实践证明，精密机械系统及结构的质量直接影响仪器仪表的性能指标、工作可靠性和稳定性。精密机械系统与结构及现代仪器仪表的总体性能质量之所以息息相关，其根本原因就在于精密机械系统与结构在现代仪器仪表中仍有其不可替代的功能和作用。

目前，精密机械已经广泛地应用于国民经济和国防工业的许多部门，如各种科学仪器，自动化仪器仪表，精密加工机床，医疗仪器设备，计算机及其外围设备；仿生技术中的机械臂、机器人；宇航技术中的火箭、卫星以及测控伺服系统中的动力传递和精密传动等。而且，随着生产和科学技术的发展，对精密机械及其产品无论在质量、数量和品种上，都不断地提出了更新、更高的要求。

第二节　精密机械设计的基本任务和要求

一台精密仪器设备从提出任务到投入正常使用，一般要经过研究、设计、制造和运行考核等各个阶段。精密机械设计作为仪器仪表类专业的学科基础课，主要研究精密机械中常用机构和常用的零件、部件。从机构分析、功能、精度和性能等诸方面来研究这些机构和零件及部件的工作原理、特点、应用范围、选型、材料、精度以及一般设计计算的原则和方法。

现代仪器仪表及其精密机械系统，无论是新产品的创新研究设计或已有产品的改进变型设计，都应满足技术性能指标与经济性指标两个方面的基本要求。虽然这些要求常常会随着精密机械系统与结构在仪器仪表中的功能和使用环境条件的不同而有所侧重，但作为精密机械设计的基本要求，应该包括以下方面：

1）以机械运动学原理作为机械结构设计的理论依据，保证精密机械系统与结构中每一构件都能获得仪器仪表功能所要求的相对运动或相对固定关系，满足精密机械系统要求的位置关系、运动规律和运动范围。

2）满足仪器仪表功能和技术指标所要求的精度指标，保证所组成的精密机械系统机构在加工、安装和使用过程中所产生的机构位置误差与运动误差在指定的范围之内。

3）尽量减少精密机械系统机构的运动惯量、摩擦及其他机械阻抗，提高机构的效率，满足机构的灵敏性要求，实现机构必要的动态响应速度。

4）控制运动副必需的、均匀的最小间隙和工作表面质量，减少零件工作表面的几何形状和相对位置误差，保证精密机械系统运转速度的平稳性。

5）虽然与一般机械相比，仪器仪表中精密机械系统与结构传递的能量较小，但每个构件仍应在要求的使用期限内具有必要的工作能力，即要保证任何一个机械构件在工作时具有足够的强度和刚度。

6）考虑仪器仪表的工作环境和使用条件（如温度、湿度、腐蚀和冲击等），采用必要的选材方案和试验结论，保证仪器在各种可能遇到的环境条件下都能稳定地工作。

7）运用人机工程学原则，在实现仪器仪表规定功能的前提下，充分考虑人的操作习惯，实现安全、舒适、简便、无误的操作。

8）研究仪器仪表功能与成本的最佳匹配，在满足仪器仪表技术性能要求的前提下，充分贯彻标准化、系列化、通用化等原则，实现经济地进行生产，使设计出的仪器仪表技术性能好，适应市场需求，成本低，在市场竞争中获得较高的经济效益。

作为精密机械设计的基础课程，本课程的基本任务是：

1）使学生基本掌握精密仪器仪表中通用机构的结构分析、运动分析、动力分析及其设计方法。

2）使学生掌握通用零件、部件的工作原理、特点、选型及其计算方法，培养学生能运用所学基础理论知识解决精密机械零件、部件的设计问题。

3）培养学生具有设计精密机械传动和仪器机械结构的能力，以及对某些典型零件、部件的精度分析能力，并提出改进措施。

4）使学生了解常用机构和零件、部件的试验方法；初步具有某些零件、部件的性能测试和结构分析能力。

5）使学生了解零件的材料与热处理方法、精度设计和互换性方面的基本知识，并能在工程设计中正确应用。

第三节　精密机械设计的目标和一般方法

精密机械系统结构的设计过程大体上有三种类型：开发性设计，即利用新原理、新技术设计新产品；适应性设计，即保留原有产品的原理及方案不变，为适应市场需要，只对某些零件或部件进行重新设计；变参数设计，即保留原产品的功能、原理方案和结构，仅改变零件、部件的尺寸或结构布局形成系列产品。一般情况下，无论哪种设计类型，都应该达到或保持以下两个功能：首先是组成具有确定运动规律的运动系统，在进行运动和能量传递、转换，完成仪器仪表功能所要求的各种动作的同时，与仪器仪表技术系统中的传感、控制、驱动等其他元器件共同实现信息的传递、转换，以及指示工作状态和工作结果。其次是构成仪器仪表的基体、运动机构的机架和运动支承、导向系统，实现仪器仪表中光学、电子、机械等各种元器件及机构零部件的刚性或弹性连接、调整和固定，使各元器件获得所要求的确定而稳定的相对位置，为保证各元器件发挥其应有的工作性能提供条件。

以新产品开发设计为例，精密机械系统机构的设计一般分为四个阶段：

（1）调查决策阶段　在设计精密机械系统时，需进行必要的调查研究，了解用户的意见和要求、市场供应情况和前景，收集有关的技术资料及新技术、新工艺、新材料的应用情况。在此基础上，拟定新产品开发计划书。在设计开始阶段，应充分发挥创造性，构思方案应多样化，以便经过反复分析比较后，从中选出最佳方案。决策是非常关键的一步，直接影响设计工作和产品的成败。

（2）研究设计阶段　此阶段一般分为两步进行。第一步主要是功能设计研究，称为前期开发，任务是解决技术中的关键问题。为此，需要对新产品进行试验研究和技术分析，验证原理的可行性和发现存在的问题，给出总布局图和外形图等。第二步为新产品的技术设计，称为后期开发，绘出总装配图、部件装配图、零件工作图，各种系统图（传动系统、液压系统、电路系统和光路系统等）以及制作详细的计算说明书、使用说明书和验收规程等各种技术文件。以上各部分内容往往需要相互配合，设计工作也常需多次修改，逐步逼近，尽量使设计出的产品技术先进，可靠性好、经济合理、造型美观。为保证设计质量，对不同的设计阶段还应该进行必要的仿真检查、验收。

（3）试制阶段　样机试制完成后，应进行样机试验，并做出全面的技术经济评估，以决定设计方案是否可用或需要改进设计。即使可用的方案，一般也需要做适当修改，使设计达到最佳化。需要修改的方案应检查数学、物理模型是否符合实际，必要时，改进模型后进行试验，甚至重新设计。

（4）投产销售阶段　样机试验成功后，对于批量生产的产品，还需进行工艺、工装方面的生产设计。经小批量试制、用户试用、改进定型后，方可投入正式生产、销售和售后服务工作。要重视售后服务工作，从市场反馈信息中发现产品的薄弱环节，这对于进一步完善产品设计，提高产品可靠度，萌生新的设计构思，开发新产品都有积极的意义。

精密机械设计基础是一门理论和实践密切结合的设计性课程，因此，在教学环节中，除进行理论讲授外，还安排有习题课（讨论课）、实验课、实物教学及课程设计等实践性教学环节。这对于全面培养学生的分析问题和解决问题的能力以及工程设计能力是至关重要的。

  在进行精密机械设计的过程中，完成同一工作任务往往可以选用不同类型的机构和零件、部件。例如，传递两平行轴之间的运动，可以用带传动，齿轮传动等。此外，同一零件、部件，使用场合不同，受力状况不同，其设计原则和方法也不尽相同。因此，在学习和工程设计的实践中，必须树立辨证观点，理论联系实际，学会具体问题具体分析，在掌握各种机构和零件、部件基本理论和基本知识的基础上，根据具体使用条件，合理地进行选型及采用正确的设计计算方法。

* 第一章　结构设计中的静力学平衡

第一节　刚体的概念

力是物体间的相互机械作用，它能使物体的运动状态发生变化，同时还会使物体的形状发生变化，即发生变形。

所谓刚体是在受力情况下保持形状和大小不变的物体。它是一个理想化了的力学模型。

在正常情况下，物体受力都会产生变形，但由于工程上用的机械零件或构件都有足够抵抗变形的能力，在所允许力的作用下产生的变形是微小的，这种微小的变形对研究物体的平衡问题不起主要作用，常常可以忽略不计。这样就可以把物体看成不变形的刚体。

因此，在结构设计中，通过力的平衡求解零件（或构件）所受的外力时，可以把它们看作刚体；当研究零件（或构件）受力变形及应力分析时，应将受力对象看作弹性体。

第二节　力　的　性　质

一、力的基本概念

力是物体间的相互机械作用，描述力的作用需要三个基本要素：①力的作用点，即力的作用位置；②力的作用方向；③力的大小。

力的作用点即物体直接承受力的那一点，通过力的作用点，沿力的作用方向的一条直线，称为该力的作用线。

在国际单位制中，以"牛［顿］"作为力的单位，记作 N。

力的三要素可以用一个矢量表示出来，矢量的起点或终点表示力的作用点，矢量的方向和箭头的指向表示力的方向，矢量的长度按照选定的比例尺代表力的大小，如图 1-1 所示。推动小车的力用矢量 AB 表

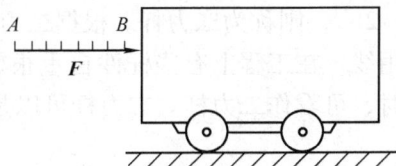

图 1-1　力的矢量表示法

示，它的终点 B 为力的作用点，它的方向是水平向右，它的长度代表 80N（比例尺为每格代表 10N）。矢量可用黑体字母（例如 **F**）表示。

对刚体而言，力可以沿其作用线任意滑动，而不改变其作用效果，即力的作用线上任一点都可以作为力的作用点，这一性质被称为力的可传性。

二、力系的概念

一个物体常常受到几个力的作用。力学中将同时作用在同一物体上的许多力称为力系。

各力作用线在同一平面内的力系称为平面力系，不在同一平面内的力系称为空间力系。

各力作用线相交于一点的力系称为汇交力系或共点力系，各力作用线相互平行的力系称为平行力系。

作用于物体上的力系如果用另一个力系来代替而效果相同，则称这两个力系为等效力系。

如果物体在某一力系作用下，其运动状态不变，则此力系称为平衡力系。显然，将平衡力系加到静止的物体上时，物体仍将保持静止。

三、二力杆平衡

如果一个刚体受两个力 F_1 和 F_2 的作用，如图 1-2a 所示，那么在什么条件下，这个刚体能够平衡呢？实践证明，当 F_1 和 F_2 大小相等、方向相反、作用线在同一条直线上时，受力刚体就处于平衡状态，F_1 与 F_2 称为一对平衡力，这是最简单的平衡力系。

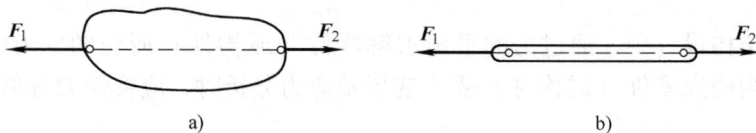

图 1-2 二力杆平衡状态

由此可得到一个基本结论：作用于同一刚体上的两个力，使刚体处于平衡状态的必要和充分条件是：这两个力的大小相等、方向相反、沿同一作用线作用（简称等值、反向、共线）。这个结论称为二力平衡定律。

我们把仅受二力作用而处于平衡状态的物体称为二力体。如果物体是杆件（见图 1-2b），则称为二力杆。根据二力平衡条件，二力杆上二平衡力作用点的连线就是力的作用线，在工程上有些杆件自重很轻，往往可以略去不计，当它只受二力作用而保持平衡时，可看作二力杆。二力杆可以是直杆，也可是弯杆。

四、三力平衡汇交定理

若刚体在三个力作用下处于平衡，且其中二力的作用线相交于一点，则第三个力的作用线必须通过同一点（见图 1-3a）。

证明 设三个力 F_1、F_2、F_3 分别作用在刚体上 A、B、C 三点，使刚体处于平衡，其中力 F_1 与 F_2 的作用线交于 O 点。

根据力的可传性原理，将力 F_1、F_2 沿作用线移到它们的交点 O，并按力的平行四边形公理合成为一个合力 F_R。由于三个力 F_1、F_2、F_3 是成平衡的，因此 F_3 应与 F_1、F_2 的合力 F_R 平衡。根据二力平衡的条件，力 F_3 必定与 F_R 共线，所以 F_3 必须通过 F_1 与 F_2

的交点 O（见图 1-3b）。

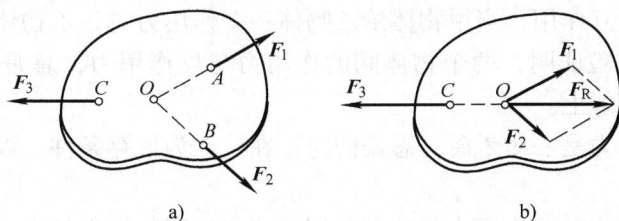

图 1-3　三力平衡汇交

例 1-1　如图 1-4a 所示的钢架，在 C 点作用一水平力 F。试求支座 A 和 B 处的约束反力。钢架的重量略去不计。

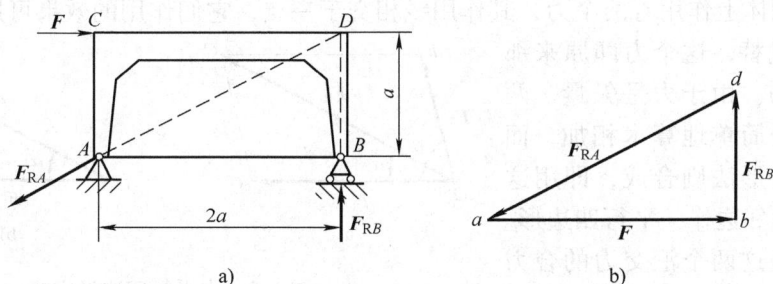

图 1-4　例 1-1 图

解　1）取钢架为研究对象，画受力图（见图 1-4a）。

由于钢架在 C 点受到向右的水平力 F 作用，且活动铰链支座 B 的反力 F_{RB} 通过铰链中心并垂直于支承面垂直向上，由三力平衡汇交定理可知，固定铰链支座 A 的约束反力 F_{RA} 的作用线必定通过 F 与 F_{RB} 两力的作用线交点 D。

2）做封闭的力三角形（见图 1-4b）。

在图 1-4a 中，可求得

$$AD = \sqrt{a^2 + (2a)^2} = a\sqrt{5}$$

因为 $\triangle ABD$ 相似于 $\triangle abd$，其对应边应成比例，故有

$$\frac{F}{2a} = \frac{F_{RA}}{a\sqrt{5}} = \frac{F_{RB}}{a}$$

解得

$$F_{RA} = F\frac{a\sqrt{5}}{2a} = \frac{\sqrt{5}}{2}F$$

$$F_{RB} = F\frac{a}{2a} = \frac{1}{2}F$$

五、作用与反作用定律

力是物体间的相互作用，当甲物体给乙物体一个作用力时，乙物体也同时给甲物体一个反作用力。大量试验证明，两个物体间的作用力与反作用力，总是大小相等、方向相反、作用于同一条直线上。

作用力和反作用力是一对矛盾，总是同时存在，互为依存条件，没有作用力就不存在反作用力。

必须指出，作用力与反作用力是分别作用在两个不同物体上的力，它不同于一对平衡力，二力平衡是指作用在同一物体上的两个力的平衡。

六、力的合成的图解法

1. 二力合成（平行四边形定律）

如果在刚体上作用着两个力，其作用线相交于一点，它们作用的效果可用另一个力的作用效果来代替，这个力即原来那两个力的合力。由于力是矢量，两力合成就不是简单地算术相加，而是按平行四边形法则合成，即用这两个汇交力为邻边作一平行四边形。其对角线就是这两个汇交力的合力（包括大小和方向），如图 1-5a 所示。矢量 OA 和 OB 分别代表两个已

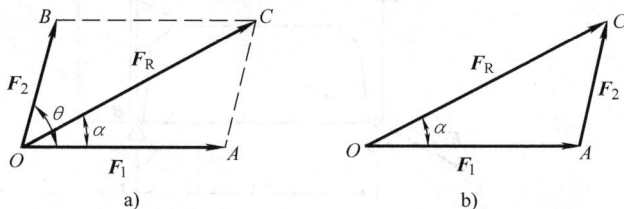

图 1-5　力平行四边形定律
a) 力的合成　b) 力三角形法则

知力 F_1 与 F_2，相交于 O 点，以 OA 和 OB 为邻边作平行四边形 $OACB$，其对角线 OC 即代表 F_1 和 F_2 的合力 F_R，其方位由 OC 与 OA 的夹角 α 表示，OC 即代表合力作用线的位置。

实际上不必将平行四边形全部画出，只画出三角形 OAC 或三角形 OBC 即可（见图 1-5b）。作图步骤是先按比例画出 F_1 的矢量（用 OA 表示），然后再过 A 点按比例尺画出 F_2 的矢量（即 AC），于是从 O 到 C 的封闭边就是合力 F_R。$\triangle OAC$ 称为力三角形，这种求合力的方法叫做力三角形法则。

此外求二汇交力的合力也可以应用余弦定理计算：

合力大小为
$$F_R = \sqrt{F_1^2 + F_2^2 + 2F_1F_2\cos\theta} \tag{1-1}$$

合力方位为
$$\alpha = \arctan\frac{F_2\sin\theta}{F_1 + F_2\cos\theta} \tag{1-2}$$

当 $\theta = 0°$ 时，则 F_R 最大；当 $\theta = 180°$ 时，则 F_R 最小；当 $\theta = 90°$ 时，则 F_1 与 F_2 两力作用线互相垂直，上述公式可写成

$$F_R = \sqrt{F_1^2 + F_2^2}$$

$$\alpha = \arctan\frac{F_2}{F_1}\text{或}\cos\alpha = \frac{F_1}{F_R}$$

2. 力的分解

力可以合成，也可以分解。将一个力分解为相交的两个（或两个以上）分力的过程，称为力的分解。分解与合成不同，两个（或两个以上）力的合成只有一个合力，而一个

力如果没有其他条件限制，根据平行四边形定律，可有多种分解方法。可以分解为大小、方向都不同的两个（或两个以上）分力。

工程上常将一个力分解为方向已知的互相垂直的两个或三个分力。如图1-6所示，一对直齿轮传动，O_1 为主动轮，O_2 为从动轮。O_1 轮作用在 O_2 轮上的法向压力为 F_n，分解时常将 F_n 分解为两个互相垂直的分力，一个是圆周力 F_t，使 O_2 轮转动，另一个是径向力 F_r，压向 O_2 轮的中心。这两个分力分别为

$$\left.\begin{array}{l} F_t = F_n\cos\alpha \\ F_r = F_n\sin\alpha \end{array}\right\}$$

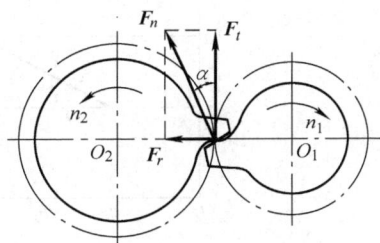

3. 平面汇交力系的合成

图1-6　力的分解

对于两个以上的平面共点力的合成，可连续应用力三角形法则。如图1-7a所示，作用于物体上的四个力 F_1、F_2、F_3、F_4 汇交于 O 点。利用三角形法则（即利用平行四边形法则），可先求出其中两个力（例如 F_1 与 F_2）的合力 F_{R1}，再求出 F_{R1} 与 F_3 的合力 F_{R2}，最后求出 F_{R2} 与 F_4 的合力 F_R，如图1-7b所示。从图中可看出，在求力系合力过程中，事实上无需画出 F_{R1} 和 F_{R2} 所得结果，最后的合力与合成的先后顺序无关。

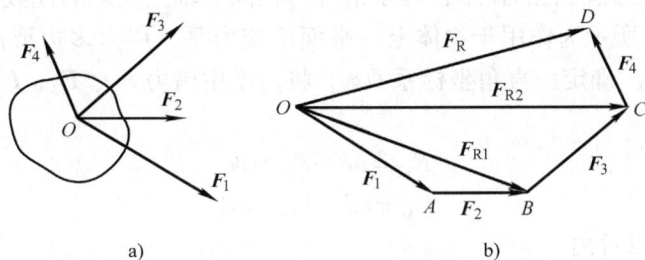

图1-7　平面共点力的合成

上述连续应用三角形法则所得的多边形 $OABCD$ 称为力多边形，封闭边 OD 即为合力 F_R。合力 F_R 的作用点即原力系的汇交点。依次类推，即可求出许多平面共点力的总合力。

七、平面汇交力系合成的解析法

上面所介绍的解算平面汇交力系问题的几何法虽然比较简易，但精度比较低。下面介绍应用更广泛的解析法。解析法是以力在坐标轴上的投影为基础的，为此，先介绍一下力在坐标轴上投影的概念及合力投影定理。

1. 力在坐称轴上的投影

设力 F 作用于物体 A 点，从矢量 F 的两端 A 和 B 分别向同平面内直角坐标系的两轴引垂线，得垂足 a_1、b_1 和 a_2、b_2（见图1-8a），则线段 a_1b_1 称为 F 在 x 轴上的投影，用 F_x 表示；线段 a_2b_2 称为力 F 在 y 轴上的投影，用 F_y 表示。力在轴上的投影是代数量，其

正负号规定如下：当力 $\boldsymbol{F}$ 投影的指向（即从 a_1 到 b_1 或从 a_2 到 b_2 的指向）与坐标轴的正向一致时，力的投影为正值，反之为负值（见图1-8b）。

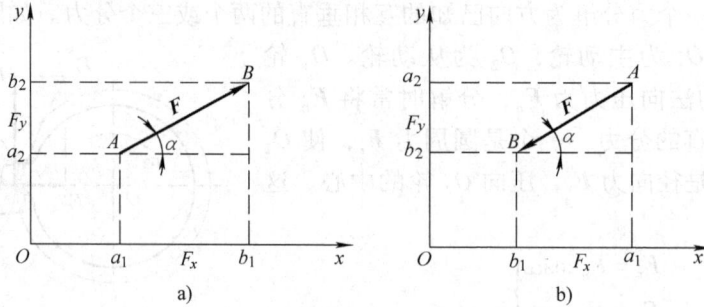

图1-8 力在坐标轴上的投影

设力 $\boldsymbol{F}$ 与 x 轴所夹的锐角为 α，则力的投影一般可写为

$$\left.\begin{array}{l} F_x = \pm F\cos\alpha \\ F_y = \pm F\sin\alpha \end{array}\right\} \tag{1-3}$$

2. 合力投影定理

定理 合力在任意轴上的投影，等于诸分力在同一轴上投影的代数和。

证明 图1-9a所示为作用于物体上一平面汇交力系，用力多边形法求出该力系的合力 $\boldsymbol{F}_R$（见图1-9b）。确定一直角坐标系 Oxy，将力系中诸力 $\boldsymbol{F}_1$、$\boldsymbol{F}_2$、$\boldsymbol{F}_3$ 及合力 $\boldsymbol{F}_R$ 都投影在 x 轴上，得

$$F_{1x} = ab \quad F_{2x} = bc$$
$$F_{3x} = cd \quad F_{Rx} = ad$$

由图1-9中可以看出

$$ad = ab + bc + cd$$

即
$$F_{Rx} = F_{1x} + F_{2x} + F_{3x}$$
同理可以证明
$$F_{Ry} = F_{1y} + F_{2y} + F_{3y}$$

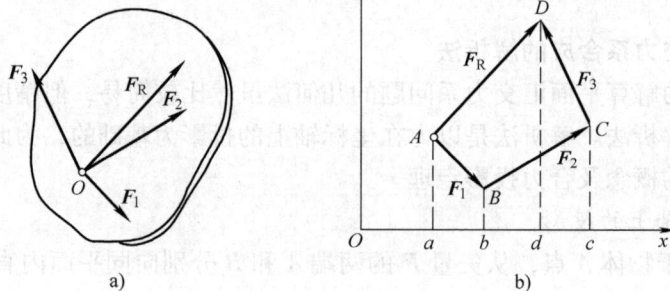

图1-9 合力投影定理

显然，上面的结果可以推广到有任意个力的情况，即

$$F_{Rx} = F_{1x} + F_{2x} + \cdots + F_{nx} = \sum_{i=1}^{n} F_{ix} \Big\}$$

$$F_{Ry} = F_{1y} + F_{2y} + \cdots + F_{ny} = \sum_{i=1}^{n} F_{iy} \Big\}$$

用解析法求平面汇交力系的合力时，先求出各力在两坐标轴上的投影，再根据合力投影定理求出力系的合力 F_R 在两个坐标轴上的投影 F_{Rx}、F_{Ry}，然后求出合力的大小和方向（见图 1-10），即

$$F_R = \sqrt{F_{Rx}^2 + F_{Ry}^2} = \sqrt{\left(\sum F_{ix}\right)^2 + \left(\sum F_{iy}\right)^2}$$

$$\tan\alpha = \left|\frac{F_{Ry}}{F_{Rx}}\right| = \left|\frac{\sum F_{iy}}{\sum F_{ix}}\right|$$

式中　α——合力 F_R 与 x 轴所夹的锐角，合力的指向由 F_{Rx} 和 F_{Ry} 的正负号判定。

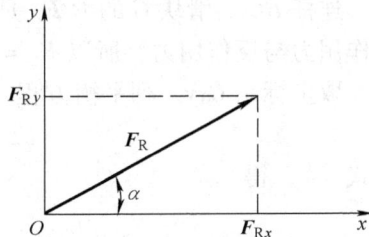

图 1-10　合力的大小和方向

例 1-2　压紧机构如图 1-11a 所示。AB 与 BC 长度相等，自重略去不计；A、B、C 三处均为铰链连接，油压活塞产生的水平推力为 F。求滑块 C 加于工件上的压紧力。

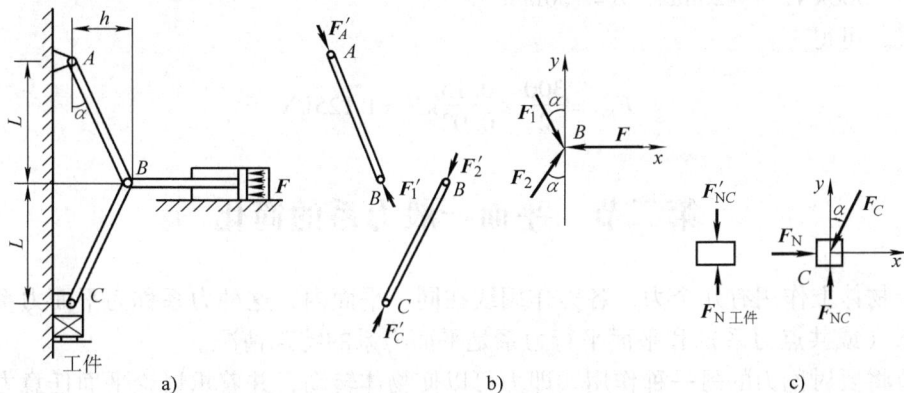

图 1-11　例 1-2 图

解　这是一个物体系的平衡问题。如果先取工件或滑块 C 作为研究对象，它们上面没有已知力，就不能算出需求的力，因此，必须先取销钉 B 为研究对象，求出连杆所受的力，然后再取滑块 C 为研究对象，求出滑块 C 给工件的压紧力。

1）取销钉 B 为研究对象，画受力图（见图 1-11b）。连杆 AB、BC 为二力杆，所以力 F_1 和 F_2 分别沿 AB、BC 轴线，方向假设如图 1-11b 所示。

取坐标系 Bxy，列平衡方程

$$\sum F_x = 0, \quad F_1\sin\alpha + F_2\sin\alpha - F = 0 \tag{1}$$

$$\sum F_y = 0, \quad -F_1\cos\alpha + F_2\cos\alpha = 0 \tag{2}$$

由式（2）得

$$F_1 = F_2$$

代入式（1）得

$$F_1 = F_2 = \frac{F}{2\sin\alpha} \tag{3}$$

因为 $\alpha < 90°$，所以力 F_1、F_2 都为正值，表明与假设方向相同。

2）取滑块 C 为研究对象，画受力图（见图1-11c）。工件给滑块 C 的力 F_{NC} 垂直向上。连杆 BC 给滑块 C 的力 F_C 是 F_C' 的反作用力，而 F_C' 与 F_2' 二力平衡，F_2' 与 F_2 也是互为作用力与反作用力，所以 $F_C = F_2$。滑道给滑块的反力 F_N 水平向右。

取坐标系 Cxy，列平衡方程

$$\sum F_y = 0, \quad -F_C\cos\alpha + F_{NC} = 0 \tag{4}$$

由式（4）得

$$F_{NC} = F_C\cos\alpha = F_2\cos\alpha \tag{5}$$

将式（3）代入式（5），则

$$F_{NC} = \frac{F}{2\sin\alpha}\cos\alpha = \frac{F}{2}\cot\alpha = \frac{FL}{2h}$$

滑块给工件的力 F_{NC}' 与力 F_{NC} 等值、反向。

设 $F = 300\text{kN}$，$h = 20\text{mm}$，$L = 150\text{mm}$

代入上式，可得

$$F_{NC} = \frac{300}{2}\times\frac{0.15}{0.02}\text{kN} = 1\,125\text{kN}$$

第三节　平面一般力系的简化

一个物体上作用有几个力，各力作用线在同一平面内，这种力系称为平面力系。平面汇交力系（或共点力系）和平面平行力系是平面力系的特殊情况。

本节将要讨论力的另一种作用，即力可以使物体转动，并着重讨论平面任意力系如何简化的问题。

一、力对点之矩

力对于物体的作用，不仅可以产生移动效应，而且还可产生物体绕某一点转动的效应。如钳子、剪刀、撬棍、秤杆、机床上的转柄、拧螺母扳手等杠杆类的简单机械，它们在力的作用下能绕一固定点转动。实践表明，力使物体绕一点转动的效应，不仅与力 F 的大小有关，还与力的作用线到转动中心的垂直距离 d 有关（见图1-12），乘积 Fd 称为力 F 对 O 点之矩，简称力矩。O 点称为矩心，垂直距离 d 称为力臂，通常用 $M_O(F)$ 表示力 F 对 O 点之矩。考虑到转动的方向，在讨论平面力学问题时，在力矩前加上正负号以区别，根据定义

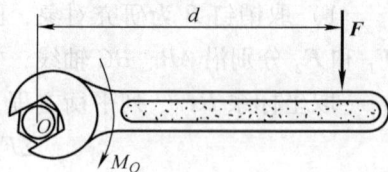

图1-12　力矩

$$M_O(\boldsymbol{F}) = \pm Fd \qquad (1-4)$$

工程计算中，习惯于将逆时针转动的力矩取为正号，反之则取负号。力矩的单位为"N·m"。

二、合力矩定理

平面力系的合力对平面内任一点的力矩，等于力系中诸力对同一点的力矩的代数和，这就是合力矩定理，其数学形式为

$$M_O(\boldsymbol{F}_R) = \sum_{i=1}^{n} M_O(\boldsymbol{F}_i) \qquad (1-5)$$

现以两个共点力为例证明之。如图 1-13 所示，$\boldsymbol{F}_1$ 与 $\boldsymbol{F}_2$ 是作用在物体 A 点上的两个共点力，由平行四边形定律得合力 $\boldsymbol{F}_R$。设 O 为力系平面内的任意点，取为力矩中心，h、h_1、h_2 分别是 $\boldsymbol{F}_R$、$\boldsymbol{F}_1$、$\boldsymbol{F}_2$ 对 O 点的距离。则各力对 O 点的力矩分别为

$$M_O(\boldsymbol{F}_R) = F_R h$$
$$M_O(\boldsymbol{F}_1) = F_1 h_1$$
$$M_O(\boldsymbol{F}_2) = F_2 h_2$$

求证

$$M_O(\boldsymbol{F}_R) = M_O(\boldsymbol{F}_1) + M_O(\boldsymbol{F}_2)$$

即

$$F_R h = F_1 h_1 + F_2 h_2$$

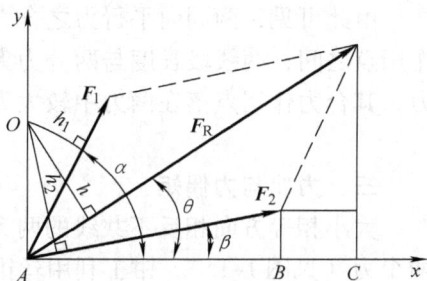

图 1-13 合力矩定理用于两共点力

选取坐标系，过 A 点作互相垂直的 Ax 与 Ay 轴，并使 Ay 轴经过 O 点，设 α、β，θ 分别代表 $\boldsymbol{F}_1$、$\boldsymbol{F}_2$、$\boldsymbol{F}_R$ 与 Ax 轴之夹角，由图可知

$$AC = AB + BC$$

即

$$F_R \cos\theta = F_1 \cos\alpha + F_2 \cos\beta$$

上式两边各乘以 AO 得

$$F_R \cdot AO\cos\theta = F_1 AO\cos\alpha + F_2 AO\cos\beta$$

由几何关系，可将上式写为

$$F_R h = F_1 h_1 + F_2 h_2$$

故

$$M_O(\boldsymbol{F}_R) = M_O(\boldsymbol{F}_1) + M_O(\boldsymbol{F}_2) = \sum_{i=1}^{2} M_O(\boldsymbol{F}_i)$$

以上结论是由两共点力导出，但式（1-5）适用任何力系。合力矩定理是一个重要结论，力学分析中常用到。

例 1-3 平面上作用有两个平行力 $\boldsymbol{F}_1$ 与 $\boldsymbol{F}_2$（见图1-14）。已知 $F_1 = 30\text{N}$，$F_2 = 20\text{N}$，$d = 400\text{mm}$，试求合力 $\boldsymbol{F}_R$ 之大小、方向及作用线。

解 选取坐标系，使 y 轴平行于 $\boldsymbol{F}_1$ 及 $\boldsymbol{F}_2$ 的作用线，则两力在 x 轴上投影为零，在 y 轴上投影分别为 F_1 和 F_2，故合力 $\boldsymbol{F}_R$ 的大小为

$$F_R = F_1 + F_2 = (30 + 20)N = 50N$$

F_R 的方向与 F_1、F_2 平行且同向；合力作用线的位置可根据合力矩定理求得。假定合力 F_R 作用线在 F_1 与 F_2 之间并通过 C 点，将各力对 C 点取矩，合力 F_R 对 C 点之矩为零，故

$$-F_1 d_1 + F_2 d_2 = 0$$

由上式得

$$\frac{F_1}{F_2} = \frac{d_2}{d_1}$$

又因 $d_2 = d - d_1$，代入上式，解出 d_1 为

$$d_1 = \frac{F_2}{F_1 + F_2} d$$

代入数据，算出 $d_1 = 160mm$。

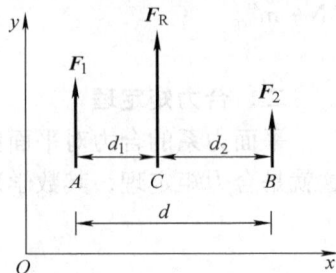

图 1-14　合力矩原理用于平行力系

由此可见，两同向平行力之合力的作用点，落在两分力作用点之间，两线段长度与两分力大小成反比。同样分析方法可得出，对于两个反向平行力，其合力作用点落在两力中较大力的外侧，方向与较大之力相同。

三、力偶与力偶矩

大小相等方向相反不共线的两个相互平行的力称为力偶。例如汽车司机转动方向盘的两个力（见图 1-15），钳工利用丝锥攻螺纹时作用在铰杠上的两个力以及在电机中转子所受到的几对磁力都是力偶。力偶中的二力之间的垂直距离 d 称为力偶臂。

力偶是物体受力的基本形式之一，一个力偶不能化成更简单的力或力系。力偶的唯一效应是使物体产生转动，或改变其转动状态。力偶对物体的转动效应用力偶矩来度量。力偶矩为代数量，它等于力偶中的一个力与力偶臂的乘积，用符号 M 表示，即

$$M = \pm Fd \qquad (1\text{-}6)$$

力偶矩也有旋向问题，其旋向规定与力矩一样，逆时针方向为正，顺时针方向为负。力偶矩的单位和力矩单位相同，也为"N·m"。

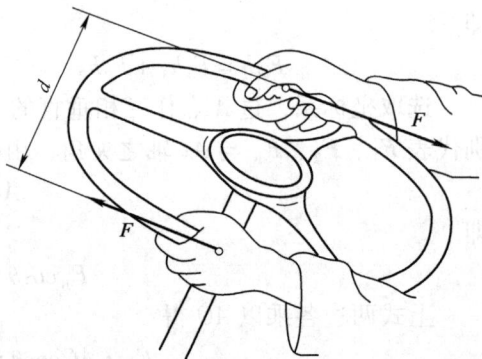

图 1-15　力偶

虽然力偶矩与力矩都能使物体产生转动效应，单位也完全相同，计算方法也很相似，但比较式（1-4）和式（1-6），两者稍有差异，前者申明力对某点之矩，而后者并未指明是对哪点而言，即力矩与矩心位置有关，而力偶矩与矩心无关；由力偶的定义可知，力偶没有合力，因此力偶不能用一个力来平衡，力偶只能用力偶来平衡。

力偶还具有以下特性：

1）力偶对于其作用面内任意点之力矩的代数和均等于其力偶矩。如图 1-16 所示，在力偶平面内任取一点，求组成力偶的两个力 F 与 F' 对 O 点之矩的代数和，由图可知

$$M_o(F) + M_o(F') = F(d + a) - F'a = Fd = M$$

即
$$M_O(\boldsymbol{F}) + M_O(\boldsymbol{F'}) = M$$

同样选取右侧或两力之间的任意点取矩，其结果也相同，这说明力偶对任意点的转动效应是相等的，因而只要指出力偶矩大小和正负就清楚地说明力偶的作用，勿须指出力偶矩是对哪一点的。

2）如力偶矩的大小、旋向以及力偶矩所作用的平面的方位不变，则力偶与力偶臂的大小可以任意改变其组合，作用效果不变，称为等效力偶（见图 1-17）。

3）力偶可以在其作用的平面内，任意移动或转动，作用效果不变，因力偶矩没有变。

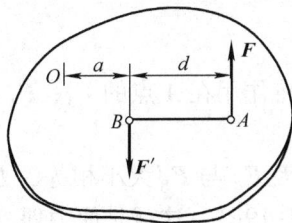

图 1-16 力偶矩

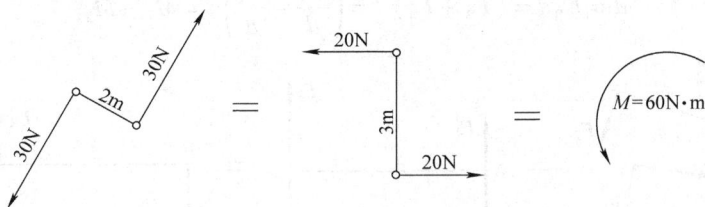

图 1-17 等效力偶

例 1-4 如图 1-18 所示，用多轴钻床在水平工件上钻孔时，每个钻头对工件施加一压力和一力偶，已知：三个力偶矩分别为：$M_1 = M_2 = 10\text{N} \cdot \text{m}$，$M_3 = 20\text{N} \cdot \text{m}$；固定螺柱 A 和 B 的距离 $l = 200\text{mm}$。求两个螺柱所受的水平力。

解 选工件为研究对象。工件在水平面内受三个力偶和两个螺柱的水平反力的作用。根据力偶系的合成定理，三个力偶合成后仍为一力偶，如果工件平衡，必有一反力偶与它相平衡。因此螺柱 A 和 B 的水平反力 F_{NA} 和 F_{NB} 必组成一力偶，它们的方向假设如图所示，则 $F_{NA} = F_{NB}$。由力偶系的平衡条件知

$$\Sigma M = 0, \quad F_{NA}l - M_1 - M_2 - M_3 = 0$$

得
$$F_{NA} = \frac{M_1 + M_2 + M_3}{l}$$

图 1-18 例 1-4 图

代入已给数值后，得 $F_{NA} = 200\text{N}$

因为 N_{NA} 是正值，故所假设的方向是正确的，即 F_{NA} 的方向应水平向左，而力 F_{NB} 的方向则水平向右。

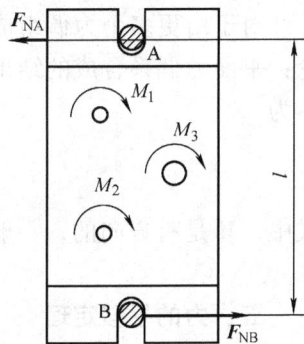

四、平面力偶系的合成

设有一平面力偶系 $(\boldsymbol{F_1}, \boldsymbol{F_1'})$ 和 $(\boldsymbol{F_2}, \boldsymbol{F_2'})$，它们的力偶臂各为 d_1 和 d_2，如图 1-19a所示。它们的力偶矩分别为 $M_1 = +F_1d_1$，$M_2 = -F_2d_2$。

首先，在力偶的作用面内任取一线段 $AB = d$，然后在保持力偶矩不变的条件下，转移

这两个力偶，并将两力偶的力偶臂都化为 d，而与 AB 重合（见图 1-19b），得到两个等效力偶（F_3、F_3'）和（F_4、F_4'）。其中 F_3、F_4 的大小分别为

$$F_3 = \frac{M_1}{d}, \qquad F_4 = \frac{M_2}{d}$$

将作用在 A 点的 F_3、F_4 及 B 点的力 F_3'、F_4' 分别合成为 F_R 和 F_R'，其大小分别为

$$F_R = F_3 + F_4, \qquad F_R' = F_3' + F_4'$$

因 F_R 与 F_R' 大小相等、方向相反、且不共线，故组成了一个新的力偶（F_R，F_R'）（见图 1-19c），这就是原力偶（F_1，F_1'）及（F_2，F_2'）的合力偶，其力偶矩为

$$M = F_R d = (F_3 + F_4)d = \left(\frac{M_1}{d} - \frac{M_2}{d}\right)d = M_1 - M_2$$

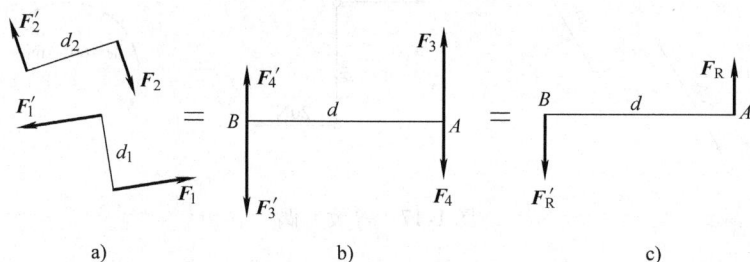

图 1-19　平面力偶合成

对于由更多个力偶组成的平面力偶系，仍可用同样的方法进行合成。因此可得如下结论：平面力偶系合成的结果为一合力偶，其力偶矩等于各分力偶矩的代数和。用数学式表达为

$$M = M_1 + M_2 + \cdots + M_n = \sum_{i=1}^{n} M_i \tag{1-7}$$

式中，M 是有方向的，一般规定逆时针为正，顺时针为负。

五、力的平移定理

前已讲过，作用在刚体上的力，可以沿其作用线前后移动，不会改变其对刚体的作用效果。此外，力也可以平行移至另一位置，但是有条件的，否则作用效果是要变的。

力的平移定理即一个力可以平行于其作用线移到任意点，但必须附加一个力偶，这个力偶的矩等于原力对新作用点之矩，且其作用效果不变。

现证明之。如图 1-20a 所示，F 为作用在物体上 A 点的一个力，在任意点 B 加上与力 F 平行的一对平衡力 F' 与 F''。根据力的性质知，在刚体上加任意对平衡力不会影响原来物体机械运动的状况。如果所加的这对平衡力其大小均等于 F，即 $F'' = -F' = F$，那么可以认为 F'' 是由 A 点平移过来的 F 力（两者大小相等，且同向，见图 1-20b），而 F' 与 F 构成一力偶，其力偶矩 $M = Fd$（见图 1-20c）。这就证明了力平移后，须附加一力偶，其力偶矩等于原力对新作用点之矩。

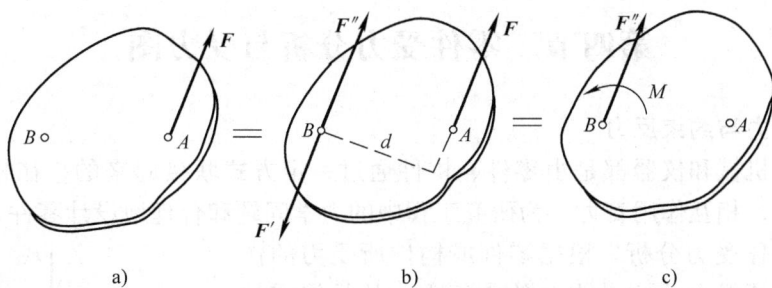

图 1-20 力的平移

如上所述，一个力可以分解为同一作用平面内的一个力偶和一个力，反之作用于同一平面内的一个力和一个力偶，也可以合成为一个力。

六、平面一般力系的作用面内一点简化

汇交力系和力偶系是两个特殊的力系，我们已经知道它们如何合成，现在以它们为基础来说明平面一般力系的简化问题。

如图 1-21a 所示，F_1、F_2、F_3 是作用在刚体上的一个平面力系。按照力的平移定理，可以在平面内任选一点 O 作为简化中心，把 F_1、F_2、F_3 平移到该点，同时加上相应的附加力偶，其力偶矩分别为 M_1、M_2、M_3（见图 1-21b）。这样构成了共点力系（汇交力系）F_1'、F_2'、F_3' 及力偶系 M_1、M_2、M_3，它们和原力系 F_1、F_2、F_3 等效。

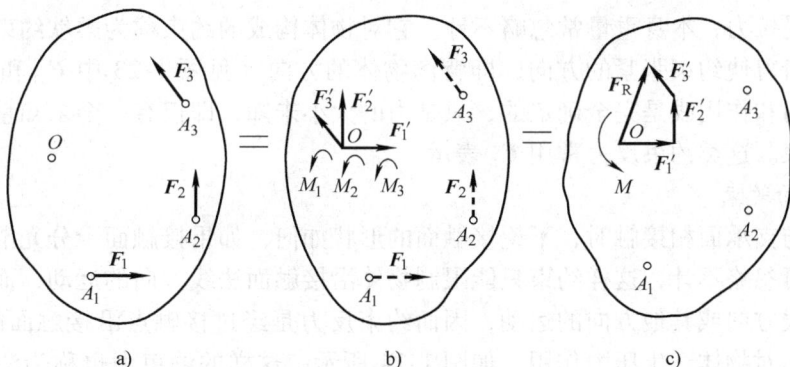

图 1-21 平面力系的简化

根据力多边形原理，汇交力系 F_1'、F_2'、F_3' 有一合力 F_R；而力偶系也可合成一力偶 M（见图 1-21c）。这样任意一个平面力系总可以简化为一个力 F_R 和一个力偶 M。力 F_R 称为主矢量，力偶 M 称为主矩。主矢量 F_R 等于力系各力的矢量和，作用于简化中心；而主矩 M 则等于力系各力对简化中心之矩的代数和。这就是平面一般力系的简化结果。

第四节 零件受力分析与受力图

一、主动力与约束反力

各种精密机械和仪器都是由零件、构件通过一定方式联接起来的，在相互联系的零件、构件之间，相互作用着力，为研究工程中的力学问题和合理地设计零件、构件，必须对零件、构件作受力分析。根据零件或构件所受力的作用情况不同，通常分为主动力和约束反力。凡是使零件运动或有运动趋势的力称为主动力。凡是限制物体运动的条件，称为约束，例如放在桌子上的物体（见图1-22），其重力 F_W 即为主动力，它使物体有向下运动的趋势，而桌子对它就是约束，阻止物体向下运动。约束既然是阻止物体运动，它对物体必然有一个反作用力

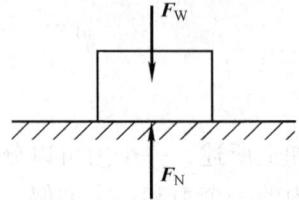

图1-22 主动力与约束反力

F_N，称为约束反作用力（简称约束反力），其方向总是和物体运动或运动趋势反向的。一般说来，主动力往往是给定的或可测定的，而约束反力必须根据主动力及约束的性质和位置而定，下面介绍几种常见的约束并进行约束反力的分析。

二、常见的几种约束及其约束反力

1. 柔软约束

传动中的带、链条以及绳索和拉力弹簧等，这些物体比较柔软，不能承受弯曲与压力，只能承受拉力，本身重量常忽略不计。它对物体构成的约束称为柔软约束，约束反力的方向总是沿着使约束张紧的方向，即背离物体的方向（见图1-23中 F_{T1} 和 F_{T2}），故约束反力的指向和作用线是完全确定的，只是力的大小未知，即仅有一个未知量。这是一种最简单的约束。这类约束反力常用 F_T 表示。

2. 光滑面约束

当物体与支承面相接触时，不论接触面的形状如何，如果接触面十分光滑，则接触面上摩擦作用可忽略不计，这样约束只能限制物体沿接触面法线方向的运动，而不能限制其沿接触面切线方向或其他方向的运动，因而约束反力是经过接触点沿接触面的法线方向，并指向物体，对物体产生压力作用。如图1-24所示，这样的约束力也称为法向压力或正压力，常用 F_N 表示。

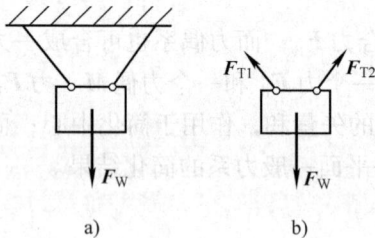

图1-23 绳索或链条约束特点

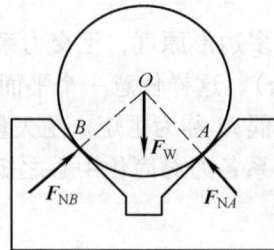

图1-24 光滑面接触约束特点

如果接触点已知，则约束反力的作用线就是确定的，只是约束反力大小未知，即仅有一个未知量。

3. 固定铰链约束

凡是两个物体用圆柱形销联接在一起的都属于固定铰链约束，例如门上的合叶，桥墩的固定支座，各种连杆机构中的销联接，以及轴颈轴承等都是这种形式的约束。

这种约束允许零件作回转运动，约束反力的方向不能预先定出。由于铰链接合面认为是光滑的，且销轴与销孔间总会有一定间隙，故实际在哪一点接触，要根据具体结构和受力情况而定。实际上，对光滑圆面约束而言，其约束反力一定通过铰链中心，如图1-25a所示。因此对固定铰链而言，其约束反力的大小和方向都不知。根据力的分解原理，可以把约束反力分解为两个互相垂直的分力 F_{Rx} 和 F_{Ry} 表示，分力的的作用线也通过中心（见图1-25b），方向可先假定为正向，然后通过计算再定正负。

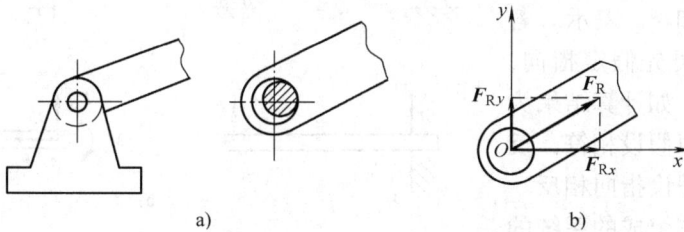

图1-25 固定铰链约束的特点

4. 活动铰链约束

活动铰链约束只能限制物体沿支承面的法线方向运动，故其约束反力必定通过铰链中心，并垂直于支承面，但指向需根据主动力的方位和指向而定。其常用简图如图1-26所示。

5. 固定端约束

在车削加工时，轴类零件悬臂装在卡盘上，杆件插入墙内等都属固定端约束，约束反力较复杂，如前述可以用一个合力偶 M_A 和两个互相垂直的分力 F_{Rx}、F_{Ry} 表示，也即限制了杆件上下、左右的移动和绕 A 点的转动，如图1-27所示。

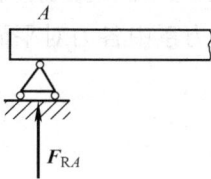

图1-26 活动铰链约束特点　　　　图1-27 固定端约束

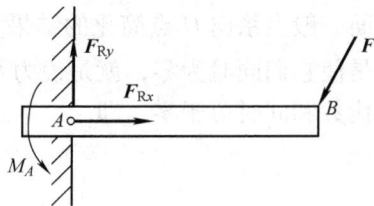

三、受力图

在结构设计中，常常要对零件进行受力分析，或对整机进行受力分析。在分析时，为了研究问题方便起见，用约束反力代替原有的约束，即所谓解除约束，取分离体。根据解除约束原理，将研究对象所受之力（主动力和约束反力等）全部画出，这样的图形称之为研究对象的受力图（或分离体图）。

受力分析是力学研究的重要环节，而受力图又是受力分析的结果，是力学计算的依据和最基本的方法。画物体受力图时必须注意的问题有：

1）画受力图（或分离体图）时，必须将所考察的分析对象从系统中分离出来，以全部的约束反力代之。而分离物体作用于其他相联系物体的力，不应画出。

2）作用于分离体的力，无论是已知或未知，主动力（包括自身重力）或约束反力，必须全部画出。分离体上力的数目，应与对分离体产生作用力的物体数目相等。

3）画受力图（或分离图）时，如作用于分离体的某约束反力，其方位不知时，可用两互相垂直的分力 F_{Rx} 和 F_{Ry} 表示。若指向也不知时，可先假定指向，据此列出方程式，如计算结果为正值，则表示与原假设相符，反之则表示应与原假设指向相反。

在画几个物体组成的系统的受力图时，对于在系统内两物体之间相互作用的一对力，因对整个系统而言，其作用互相抵消，故不必画出，更不能只画出其中的一个。

图 1-28 为受力图（或分离体图）示例。

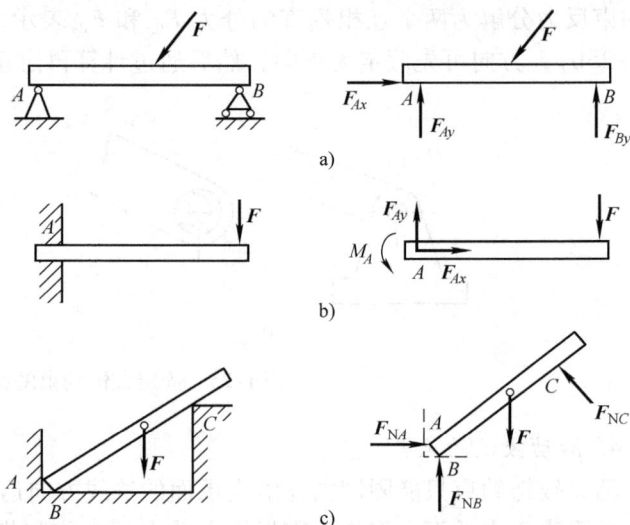

图 1-28 受力图示例
a) 横梁受力图　b) 悬臂梁受力图　c) 斜梁受力图

第五节　平面一般力系的平衡

平面一般力系向 O 点简化的结果为主矢量 F_R 和主矩 M。平面一般力系平衡的充分必要条件是使它们同时为零，就是说力系中各力的矢量和以及力系中各力对平面内任一点的力矩的代数和同时等于零，即

$$\Sigma F = 0$$
$$\Sigma M_O(F) = 0 \qquad (1-8)$$

一般在工程中，把各力投影到平面内相互垂直的两个坐标轴上，即 x 轴和 y 轴上，于是式（1-8）可写成

$$\Sigma F_x = 0$$
$$\Sigma F_y = 0$$
$$\Sigma M_O(F) = 0$$

上式即为平面一般力系的平衡方程式，说明力系不能使物体有任何方向的移动和绕任一点转动，因此同时满足上式三个方程式时，则物体处于平衡状态。平衡方程式也可选择为

$$\sum M_A(F) = 0$$
$$\sum M_B(F) = 0$$
$$\sum F_x = 0 \ \text{或} \ \sum F_y = 0$$

式中，AB 不垂直于 x 轴或 AB 不垂直于 y 轴，或

$$\sum M_A(F) = 0$$
$$\sum M_B(F) = 0$$
$$\sum M_C(F) = 0$$

A、B、C 代表力的作用平面内，不在一条直线上的任意三点。

对于平面汇交力系，其平衡条件为

$$\sum F_x = 0$$
$$\sum F_y = 0$$

对于平面平行力系，其平衡条件为

$$\sum F_y = 0$$
$$\sum M_O(F) = 0$$

式中所选坐标系应使 y 轴平行于力的作用线。

这里应当指出的是，前面所讲到的平面力系向任意点简化的程序，只是为了引出平面力系平衡条件的推理过程，是一种分析问题的方法。在解决实际问题时，并不需要真的将力系中的各力向一点平移。如果已知力系是平衡的，直接应用平衡方程式求解就可以了。因为一个力平移前后，方向不变，它在坐标轴上的投影并不改变。对力矩来说，因为平衡时，要求各力对任意点力矩的代数和均为零，也就无须特指某一点，即随便认为哪一点是简化中心都可以。

应该注意，不管采用什么形式的平衡方程式，对平面力系来说只能列出三个平衡方程式，对平面共点力系和平面平行力系只能列出两个平衡方程式，再多列几个，则它们对原来已列出的方程式来说，都是不独立的，因而也就没有什么意义了。

当所列平衡方程式数目少于未知数的数目时，就无法将未知数目全部求出，这种情况称为静不定问题，意思就是用刚体静力学的理论无法确定未知力，只有考虑了物体的变形才能解决这类问题。

例 1-5　简易起重机起重臂 AB 的 A 端安装在固定铰链支座上，B 端用水平绳索 BC 拉住。起重臂与水平成 $40°$ 角。起重臂在 B 端装有滑轮。钢丝绳绕过滑轮把重量 $W = 3\ 000\text{N}$ 的重物吊起，钢丝绳绕过滑轮后与水平成 $30°$ 角，如图 1-29a 所示。设起重臂自重略去不计，求平衡时支座 A 的反力和绳索 BC 的反力。

解　取起重臂 AB（连同滑轮）为分离体，画出其受力图（见图 1-29b）。受到的力有：滑轮两边钢丝绳的拉力 F_{T1}、F_{T2}，如果不计摩擦，$F_{T1} = F_{T2} = F_W = 3\ 000\text{N}$，绳索 BC 的拉力 F_{T3}；支座 A 的反力 F_{NA}。因 F_{T1} 和 F_{T2} 大小相等，它们的合力必通过 B 点，所以 F_{T1} 和 F_{T2} 可认为作用在 B 点。由于起重臂只在 A、B 两点受力，其为二力杆，故反力 F_{NA} 必沿连线 AB。由图 1-29b 可见，F_{T1}、F_{T2}、F_{T3}、F_{NA} 这 4 个力构成一作用线相交于 B 点的

汇交力系。有两个未知数，根据取直角坐标系 Axy，平衡条件可写出两个独立平衡方程式：

$$\Sigma F_x = 0, \quad -F_{T3} - F_{T2}\cos30° + F_{NA}\cos40° = 0 \tag{1}$$

$$\Sigma F_y = 0, \quad -F_{T1} - F_{T2}\sin30° + F_{NA}\sin40° = 0 \tag{2}$$

由式（2）得

$$F_{NA} = \frac{F_{T1} + F_{T2}\sin30°}{\sin40°} = \frac{F_W(1 + \sin30°)}{\sin40°} = \frac{3\,000(1+0.5)}{0.643}\text{N} = 7\,000\text{N}$$

代入式（1）得

$$F_{T3} = -F_{T2}\cos30° + F_{NA}\cos40° = (-3\,000\times0.866 + 7\,000\times0.766)\text{N}$$

$$= (-2\,600 + 5\,360)\text{N} = 2\,760\text{N}$$

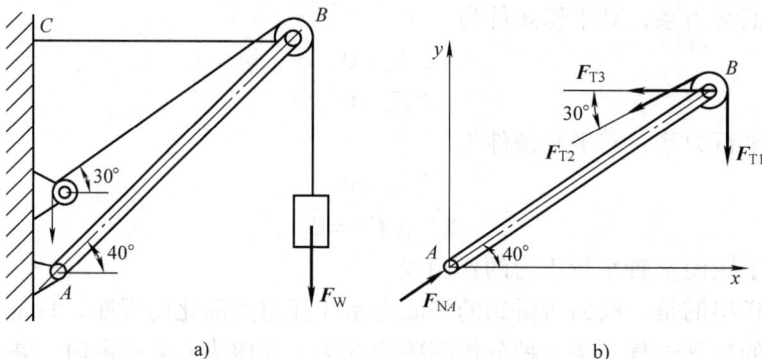

a)   b)

图 1-29 起重臂的平衡

例 1-6 图 1-30 所示水平横梁 AB，在 A 端用铰链固定，在 B 端为一滚动支座。梁的长为 $4a$，梁重 F_W，重心在梁的中点 C，在梁的 AC 段上受均布载荷 q 作用，在梁的 BC 段上受力偶作用，力偶矩 $M = F_W a$。试求 A 和 B 处的支座反力。

解 选梁 AB 为研究对象，它所受的主动力有：均布载荷 q，重力 F_W 和力矩为 M 的力偶。它所受的约束反力有：铰链 A 的约束反力，通过点 A，但方向不定，故用两个分力 F_{Ax} 和 F_{Ay} 代替；滚动支座 B 处的约束反力 F_{NB}，垂直向上。

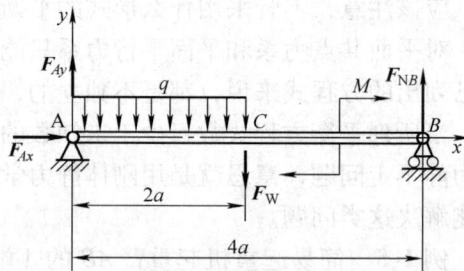

图 1-30 例 1-6 图

取坐标系如图 1-30 所示，列出平衡方程，得

$$\Sigma M_A(F) = 0, \quad F_{NB}\times4a - M - F_W\times2a - q\times2a\times a = 0$$

$$\Sigma F_x = 0, \quad F_{Ax} = 0$$

$$\Sigma F_y = 0, \quad F_{Ay} - q\times2a - F_W + F_{NB} = 0$$

$$F_{NB} = \frac{3}{4}F_W + \frac{1}{2}qa$$

解上列方程，得
$$F_{Ax}=0$$

$$F_{Ay}=\frac{F_W}{4}+\frac{3}{2}qa$$

从上述例题可见，选取适当的坐标轴和力矩中心，可以减少每个平衡方程中的未知数目。在平面任意力系情形下，力矩中心应取在两未知力的交点上，而坐标轴应当与尽可能多的未知力相垂直。

例1-7 可沿光滑斜面滑动的两物体 A 与 B，其重力各为20N与5N，连以软绳，绳与水平线成 θ 角时平衡，如图 1-31a 所示。试求斜面作用于两物体的反力（F_{RA} 和 F_{RB}）、绳内拉力 F 及 θ 角之值。

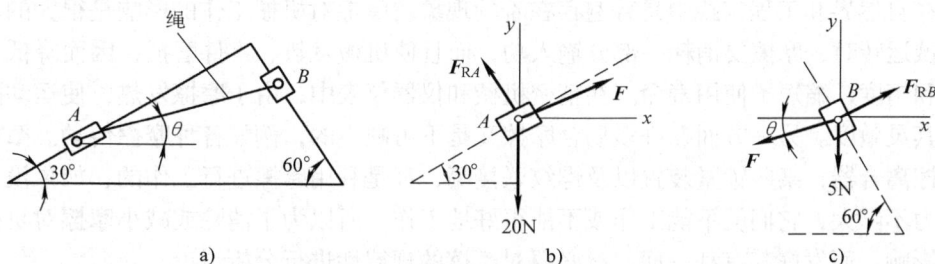

图 1-31 斜面上两个物体的平衡

解 作物体 A 的分离体图，如图 1-31b 所示，以约束反力代替原来的约束，图中有三个未知量，即拉力 F 的大小和方位 θ 及反力 F_{RA} 的大小，但此力系为平面共点力系，根据平衡条件，只有两个独立平衡方程式。

另作物体 B 的分离体图，如图 1-31c 所示，也包括三个未知量，即 F、θ、F_{RB}，也只有两个独立平衡方程式。但图中软绳拉力（即张力）F 对物体 A 和 B 而言是同一绳上的大小相等方向相反的一对内力，故此两力系共有 4 个未知量（F、θ、F_{RA}、F_{RB}），故可由此两力系的 4 个平衡方程式决定：

物体 A
$$\begin{cases}\Sigma F_x=0 & F\cos\theta-F_{RA}\sin30°=0\\\Sigma F_y=0 & F\sin\theta+F_{RA}\cos30°-20=0\end{cases}$$

物体 B
$$\begin{cases}\Sigma F_x=0 & -F\cos\theta+F_{RB}\cos30°=0\\\Sigma F_y=0 & -F\sin\theta+F_{RB}\sin30°-5=0\end{cases}$$

由物体 A 的两个平衡方程式消去 F_{RA}，化简后得
$$F\cos(30°-\theta)=10N \tag{1}$$

由物体 B 的两个平衡方程式消去 F_{RB}，化简后得
$$F\sin(30°-\theta)=4.33N \tag{2}$$

式(2)除以式(1)得
$$\tan(30°-\theta)=0.433$$
$$30°-\theta=23°25'$$

所以
$$\theta=6°35'$$

将 θ 值代入式(1)得 $\qquad$ $F = 10.9\text{N}$

将 F 与 θ 值代入平衡方程式得

$$F_{RA} = 21.6\text{N}, \qquad F_{RB} = 12.5\text{N}$$

第六节　摩　擦

前面几节在分析物体受力情况时，把物体接触面看成是绝对光滑的，因而两物体接触时相互作用的力可以认为是沿接触点的公法线方向。但是绝对光滑的表面是不存在的，所以当两相互接触的物体发生相对运动（或有相对运动趋势）时，在其接触面之间发生摩擦，并将产生阻碍物体发生相对运动的力，这个力就是摩擦力。

摩擦在自然界和工程实践中是普遍存在着的现象。摩擦对机械工作的影响是很大的。一方面当机械运转时，摩擦要消耗一部分输入功，而且使机械发热、零件磨损，因而降低了机械的效率和精度，缩短了使用寿命。在精密机械和仪器仪表中，由于摩擦发热，使运动副膨胀而影响其灵敏度。另一方面在许多场合摩擦又是不可缺少的，例如各种摩擦传动。摩擦制动器、摩擦离合器，某些锁紧装置以及螺纹联接等，都是利用摩擦进行工作的，如果没有摩擦或摩擦力不够大，它们就不能工作或不能很好地工作。所以为了消除或减小摩擦对机械工作的不利影响，而发挥其有利一面，有必要对摩擦的规律性进行分析讨论。

一、滑动摩擦基本规律

两个相互接触的零件，当其接触表面之间有相对滑动的趋势，但尚保持相对静止时，彼此作用着阻碍相对滑动的力，该阻力称为静滑动摩擦力，简称静摩擦力。

如图1-32所示，滑块放置在固定水平面上，F_W 为作用在滑块上的重力，F_N 为平面作用于滑块上的法向反力。若在滑块上作用一水平拉力 F，当 F 值不太大时，滑块保持静止，这表明滑块与固定平面之间一定存在一摩擦力 F_f，即静摩擦力，其方向与相对滑动趋势相反。根据平衡条件：

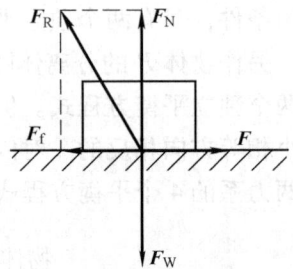

图1-32　滑动摩擦

$$\Sigma F_x = 0 \qquad 得 \qquad F_f = F$$
$$\Sigma F_y = 0 \qquad 得 \qquad F_N = F_W$$

当拉力 F 逐渐增大，如滑块仍保持静止状态，则说明摩擦力 F_f 也随之增大，上面平衡方程式仍适用。当拉力 F 增大到某一值后，摩擦力 F_f 不再随外力的增大而增大，达到了最大值 F_{fmax}，滑块达到了静止与运动的临界状态，只要拉力 F 稍一超过 F_{fmax}，滑块就不能保持平衡而开始滑动。所以静摩擦力是在一定范围内变化的，即 $0 \leq F_f \leq F_{fmax}$，其大小可根据平衡条件求出。

如上所述，静摩擦力也是平面对滑块的约束反力。但是，静摩擦力又与一般约束反力不同，它并不随力 F 的增大而无限度地增大。静摩擦力最大值为 F_{fmax}，称为最大静滑动摩擦力，简称最大静摩擦力当力 $F > F_{fmax}$ 时，静摩擦力不再随之增大，这是静摩擦力的特点。

静摩擦力的大小随主动力而改变，但介于零与最大值之间，即

$$0 \leq F_f \leq F_{fmax}$$

实验证明：最大静摩擦力的方向与相对滑动趋势的方向相反，其大小与两物体间的正压力（即法向反力）成正比，即

$$F_{fmax} = f F_N \tag{1-9}$$

式中　f——比例常数，亦称为静摩擦因数，又称摩擦系数。

上述最大静摩擦力的规律称为静滑动摩擦定律，简称静摩擦定律。

静摩擦因数的大小需由实验测定。它与接触物体的材料和表面情况（如粗糙度、温度和湿度等）有关，而与接触面积的大小无关。

二、摩擦角和自锁现象

1. 摩擦角概念

当考虑摩擦时，支承面对物体的约束反力除法向反力 F_N 外，尚有静摩擦力 F_f，力 F_N 与 F_f 的合力 F_R 称为全约束反力（简称全反力）。全反力 F_R 与接触面公法线的夹角为 α（见图 1-33）。显然，夹角 α 随静摩擦力 F_f 的变化而变化，当静摩擦力 F_f 达到最大值 F_{fmax} 时，夹角 α 也达到最大值 φ。全约束反力与法向间的夹角的最大值 φ 称为摩擦角。

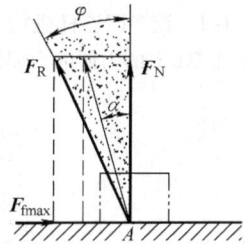

图 1-33　摩擦角

$$\tan\varphi = \frac{F_{fmax}}{F_N} = \frac{f F_N}{F_N} = f$$

即摩擦角的正切函数等于静摩擦因数。这说明，摩擦角与摩擦因数一样，都是表示材料摩擦性质的物理量。

2. 自锁现象

物体平衡时，静摩擦力不一定达到最大值，可在零与最大值 F_{fmax} 之间变化，所以全约束反力 F_R 与法线间的夹角 α 也在零与摩擦角 φ 之间变化，即

$$0 \leq \alpha \leq \varphi$$

由于静摩擦力不可能超过最大值，因此全约束反力的作用线也不可能超出摩擦角以外，即全约束反力必在摩擦角之内。由此可知：

1）如果作用于物体的全部主动力的合力 F 的作用线在摩擦角 φ 之内，则无论这个力怎样大，物体必保持静止。这种现象称为自锁现象。因为在这种情况下，主动力的合力和全约束反力 F_R 必能满足平衡条件，如图 1-34a 所示。工程实际中常应用自锁原理设计一些机构或夹具，如千斤顶、压榨机、圆锥销等，使它们始终保

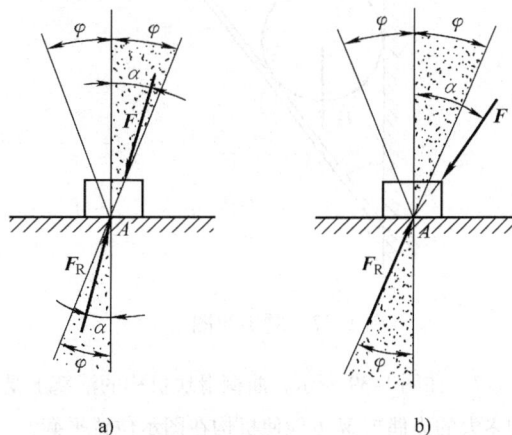

a)　　　　　　b)

图 1-34　自锁的条件

持在平衡状态下工作。

2）如果全部主动力的合力 F 的作用线在摩擦角 φ 之外，则无论这个力怎样小，物体一定会滑动。因为在这种情况下，支承面的全约束反力 F_R 和主动力的合力不能满足平衡条件，如图 1-34b 所示。应用这个道理，可以设法避免发生自锁现象。

思考题及习题

1-1　力和力偶是否能合成？力偶可以用力来平衡吗？

1-2　平面汇交力系能列出几个方程，解出几个未知数？

1-3　作用在悬臂梁上的载荷如图 1-35 所示，试求该载荷对点 A 的力矩。

1-4　铰接四连杆机构 $OABO_1$ 如图 1-36 所示，在图示位置平衡。已知：$OA = 400\text{mm}$，$O_1B = 600\text{mm}$，作用在 OA 上的力偶的力偶矩 $M_1 = 1\text{N} \cdot \text{m}$。试求力偶矩 M_2 的大小和杆 AB 所受的力 F_S。各杆的重量不计。

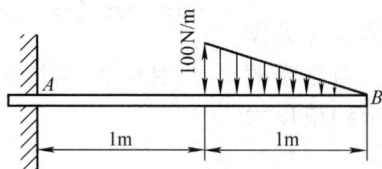

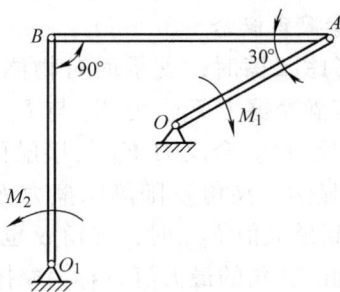

图 1-35　题 1-3 图　　　　　　　　　图 1-36　题 1-4 图

1-5　如图 1-37 所示，重 F_W 的均质球半径为 a，放在墙与杆 AB 之间。杆的 A 端铰支，B 端用水平绳索 BC 拉住。杆长为 l，其与墙的交角为 α。如不计杆重，求绳索拉力 F_T。并问 α 为何值时。绳的拉力为最小？

1-6　梯子的两部分 AB 和 AC 在点 A 铰接，又在 D、E 两点用水平绳连接，如图 1-38 所示。梯子放在光滑的水平面上，其一边作用有铅垂力 F_W，尺寸如图所示。如不计梯重，求绳的拉力 F_S。

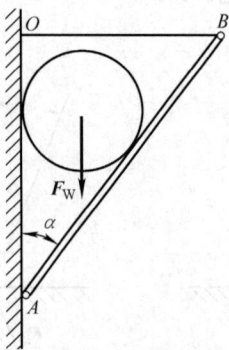

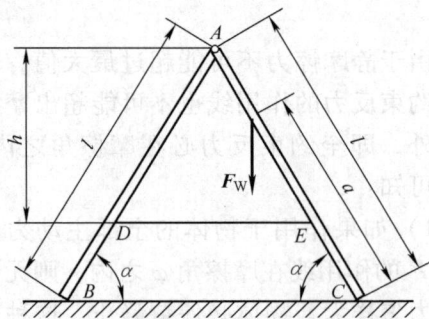

图 1-37　题 1-5 图　　　　　　　　　图 1-38　题 1-6 图

1-7　如图 1-39 所示，曲柄滑块机构的活塞上受力 $F = 400\text{N}$。如不计所有构件的重量，问在曲柄上应加多大的力偶矩 M 方能使机构在图示位置平衡？

1-8　如图 1-40 所示，用三根杆连接成一构架，各连接点均为铰链，各接触表面均为光滑表面。图中尺寸单位为 m。求铰链 D 受的力。

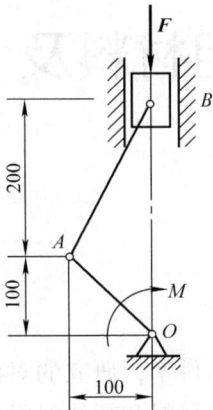

图 1-39　题 1-7 图

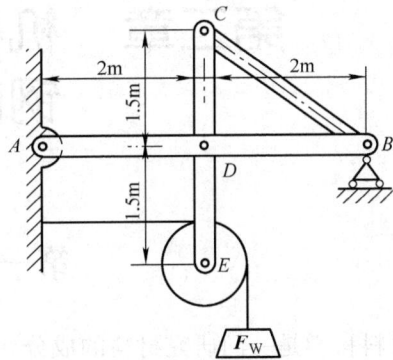

图 1-40　题 1-8 图

1-9　水平梁 AB 由铰接链 A 和杆 BC 所支持，如图 1-41 所示。在梁上 D 处用销子安装半径为 $r =$ 100mm 的滑轮。有一跨过滑轮的绳子，其一端水平系于墙上，另一端悬挂有重 $F_W = 1800\text{N}$ 的重物。如 $AD = 200\text{mm}$、$BD = 400\text{mm}$、$\alpha = 45°$，且不计梁、杆、滑轮和绳的重量，试求铰链 A 和杆 BC 对梁的反力。

1-10　图 1-42 所示为一凸轮机构。已知推杆 AB 与滑道间的摩擦因数为 f、滑道宽为 b；偏心轮 O 上作用一力偶，力偶矩为 M；推杆轴受铅直力 F_W 作用。问 b 的尺寸为多大时，推杆才不致被卡住，偏心轮与推杆接触处的摩擦略去不计。

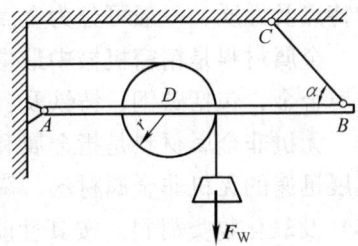

图 1-41　题 1-9 图

1-11　砖夹的宽度为 250mm，曲杆 ACB 与 CED 在 C 点铰接，尺寸如图 1-43 所示。设砖重 $F_W = 120\text{N}$，提起砖的力 F_S 作用在砖夹的中心线上，砖夹与砖间的摩擦因数 $f = 0.5$，试求距离 b 为多大才能把砖夹起。

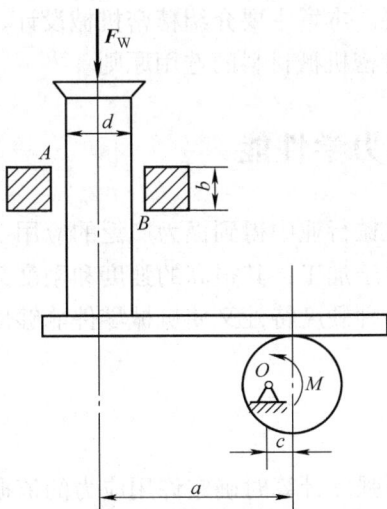

图 1-42　题 1-10 图

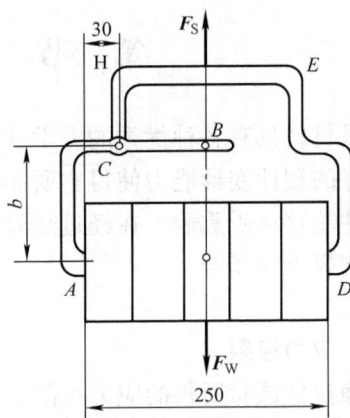

图 1-43　题 1-11 图

第二章　机械工程常用材料及钢的热处理

第一节　概　　述

材料科学是一门研究材料的成分、结构和性能间关系的科学，研究的对象包括一切的固体材料。在精密机械中应用的材料按性能用途可分为结构材料和功能材料。结构材料是指工程上要求强度、韧性、塑性、硬度和耐磨性等力学性能的材料，主要用于制作工程结构和零件。功能材料是指具有电、光、声、热和磁等功能和效应的材料。按照材料结合键的特点及性质，一般可分为金属材料、无机非金属材料和有机材料三大类。

金属材料是精密机械中最常用的材料，可分为钢铁材料和非铁金属。钢铁材料是铁基金属合金，包括碳钢、铸铁及各种合金钢。其余的金属材料都属于非铁金属。

无机非金属材料是指金属和有机物之外的几乎所有材料。作为结构材料，陶瓷是目前发展迅速的无机非金属材料，陶瓷包括硅酸盐材料（玻璃、水泥、耐火材料、陶器和瓷器）及氧化物类材料。按其性能可分为高强度陶瓷、高温陶瓷、高韧性陶瓷、光学陶瓷和耐酸陶瓷等。

有机材料包括塑料、橡胶和合成纤维等。这类材料具有较高的强度，良好的塑性、耐腐蚀性，绝缘性和密度小等优良性能，也是发展很快的新型材料。

无机非金属材料和有机材料又可统称为非金属材料。

在精密机械设计中，如何正确选择材料至关重要。本章主要介绍精密机械设计、制造中用到的材料科学的基本知识，常用的工程材料和精密机械材料的选用原则。

第二节　金属材料的力学性能

金属材料具有各种优秀的力学性能，使得它在机械行业中得到极为广泛的应用。金属材料良好的塑性变形能力使得它所制造的机械零件易于加工；其很高的强度和刚度又使得机械零件能够承受重载；在经过热处理后所得到的各种硬度特性又使机械零件能够使用在各种硬度要求的场合。

一、应力极限

由静拉伸试验所得的应力极限，是静应力条件下强度计算时确定许用应力的依据。如图 2-1 所示为低碳钢的应力-应变曲线。曲线的形状明显分为四段：

1）Oa 段，为一直线。它反映试样的变形与所加外力成正比，并且在撤去外力后，试样的形状可以完全恢复而不残留永久性变形。在这个阶段，金属发生弹性变形。a 点对应应力为不产生永久变形的最大应力，称为比例极限 σ_p。它是工作中不允许发生塑性变形的弹性零件的设计依据。

2）ab 段，近似为平线或波线。表明外力不再增加而试样仍继续变形，这就是"屈服"现象。此时若除去外力，试样将不恢复原来尺寸，在该阶段金属开始发生明显的塑性变形。屈服阶段的最高、最低应力分别称为上屈服强度 R_{eH} 和下屈服强度 R_{eL}。在卸载时，变形沿 be 线（图中虚线）回到 e 点，Oe 即为残余变形。对于某些没有明显屈服现象的材料，规定对应于产生 0.2% 残余应变时的应力值为屈服极限（也称屈服强度），用 $\sigma_{0.2}$ 表示。R_{eL} 和 $\sigma_{0.2}$ 是对一般机器零件和构件设计和选材的主要依据。

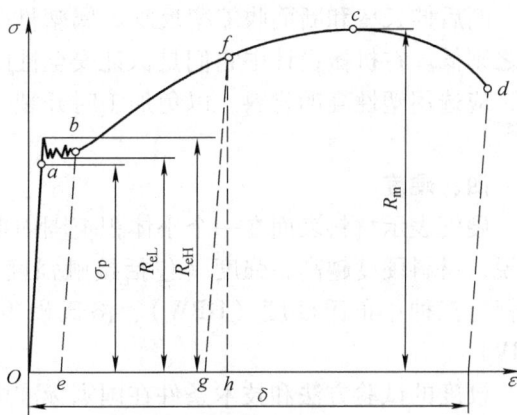

图 2-1　低碳钢的应力-应变曲线

3）bc 段，为一上升曲线。随外力的增加，试样发生显著但几乎接近均匀的塑性变形；如不增加外力，变形将不继续发生。这个阶段是金属最重要的塑性变形阶段。在金属材料发生均匀塑性变形时的最大应力（图中 c 点），称为抗拉强度 R_m，是材料强度的主要指标。它是材料受拉时所能承受的最大载荷的应力，也是机器设计和选材的主要依据。

4）cd 段，为一下降曲线。外力过强度极限（c 点）之后，试样发生"缩颈"现象。此时塑性变形集中在缩颈处，缩颈点截面于是急剧变小，导致外力下降。最后试样在 d 点即颈缩点发生断裂。

其中，若应力超过屈服强度，但尚未达到抗拉强度（图中 bc 段，如 f 点）时，此时如卸载，曲线将沿着与 Oa 平行的 fg 直线（图中虚线）下降。其中 Og 为永久塑性变形，gh 为弹性变形。再次加载时，应力-应变曲线变为 $gfcd$，相当于提高了屈服点。这种在常温下经过塑性变形使材料强度提高、塑性降低的现象，称为冷作硬化。在精密机械中，常利用冷作硬化来提高零件的强度。冷拔、冷挤压、冷镦、冷轧等也都能得到冷作硬化的效果。经过冷作硬化的零件，其强度和硬度均能得到提高，但韧性则有所降低。

如若零件长期处于交变应力下，则零件强度计算应以材料的疲劳极限 σ_{-1} 为依据。

二、刚度

在比例极限范围以内，应力 σ 与应变 ε 成正比，比例系数 $E = \sigma/\varepsilon$ 即为弹性模量（剪切时为切变模量 G），这种关系称为胡克定律。弹性模量的大小反映了材料抵抗弹性变形的能力，因此是衡量材料刚度的性能指标。不过，不同钢种的弹性模量相差不大，所以，在需要提高刚度的场合采用合金钢并不能达到预期效果。

三、塑性

金属材料具有很好的延展性，延展性是衡量材料塑性性能的指标，它包括断后伸长率和断面收缩率两项。

断后伸长率 A：试件拉断后，标距内的伸长量与标距原长之比的百分率。

断面收缩率 Z：试件被拉断后，断裂处面积的缩小量与原面积之比的百分率。

断后伸长率和断面收缩率反映金属塑性变形的能力，A 或 Z 越大，材料的塑性越高，反之则低。在机械设计中它们是保证安全性的力学性能指标，比如需要进行压力加工的零件，应选用塑性高的材料，以免加工时开裂。

四、硬度

硬度表示材料表面在一个小体积范围内抵抗弹性变形、塑性变形或破裂的能力。一般地说，材料硬度越高，强度（包括接触强度）和耐磨性越高，但塑性越低。常用的硬度指标有三种：布氏硬度（HBW）、洛氏硬度（HRC——洛氏 C 标度硬度）和维氏硬度（HV）。

硬度的试验方法和技术条件在国家标准中均有明确的规定。上述各种硬度指标，则是根据试验时载荷、压头形状和表示方法的不同而设定的，各种硬度值之间还可以相互折算。对于钢铁材料，在国家标准（GB/T 1172—1999）中有规定的折算方法，应用中可通过查表获得。

硬度试验是力学性能试验中最简单易行的一种试验方法。为了能用硬度试验代替某些力学性能试验，生产上需要一个比较准确的硬度与强度的换算关系，利用这个关系，可以近似得到材料的强度。

金属材料在加工和使用过程中，其力学性能将受多种因素的影响，现以钢材为例，主要的影响因素有：

1. 含碳量

钢的含碳量越高，材料的强度和硬度越高，但塑性将显著降低，其切削性、可锻性、焊接性、导电性和导热性都将随之降低。

2. 合金元素

在钢中加入某些合金元素，可以提高和改善其综合力学性能，并获得某些特殊的物理和化学性能。例如在铬中加入碳能形成碳化铬，可用来提高钢的硬度、耐磨性、冲击韧性和淬透性；加锰能提高钢的强度和淬透性；加镍与铬能使钢获得高强度、耐热和耐腐蚀性；加钨则能提高钢的硬度和韧性，是制造高速钢和耐热工具不可缺少的合金元素。

3. 温度

绝大多数的钢在低温条件下强度有所增加，而塑性和冲击韧性则有所下降。一般而言，高温下强度和硬度均随温度的升高而降低，塑性则增高。

4. 热处理工艺

采用不同的热处理工艺将会使钢的强度、硬度、塑性、韧性等力学性能产生程度不同的变化。主要热处理工艺应用详见本章第四节。

第三节 常用的工程材料

精密机械中常用的工程材料有钢铁材料、非铁金属、非金属材料和复合材料等。

一、钢铁材料

1. 碳钢与合金钢

钢是铁和碳的合金，有时也还有其他金属或非金属元素。一般钢也即为碳钢，主要是铁碳合金，还有少量杂质。碳钢主要有下列几种分类方法及相应应用。

按钢的碳含量分为

低碳钢（$w_C \leq 0.25\%$）：常用于制作铆钉、螺钉、连杆、渗碳零件等。

中碳钢（$0.25\% < w_C \leq 0.6\%$）：常用于制作齿轮、轴、蜗杆、丝杠、连接件等。

高碳钢（$w_C > 0.6\%$）：常用于制作弹簧、工具、模具等。

按钢的质量分为：普通碳素钢（$w_S \leq 0.055\%$，$w_P \leq 0.045\%$）、优质碳素钢（$w_S \leq 0.040\%$，$w_P \leq 0.040\%$）、高级优质碳素钢（$w_S \leq 0.030\%$，$w_P \leq 0.035\%$）。

按用途分为：碳素结构钢（用于制造各种工程构件和机器零件）、碳素工具钢（用于制造各种工具）。

合金钢是冶炼时人为地在钢中加入一些合金元素所形成的钢，这些元素如锰（Mn）、硅（Si）、铬（Cr）、镍（Ni）、钼（Mo）、钨（W）、钒（V）、钛（Ti）、铌（Nb）、锆（Zr）、稀土元素（Re）等，用以提高钢的力学性能、工艺性能或物理性能、化学性能。根据加入合金元素总量的不同，合金钢可分为

低合金钢（合金元素总质量分数小于5%）：用于重要结构件、渗碳零件、压力容器等。

中合金钢（合金元素总质量分数为5%～10%）：用于飞机构件、冲头等。

高合金钢（合金元素总质量分数大于10%）：用于航空工业蜂窝结构、核动力装置、弹簧等。

碳钢价格低廉、容易获得，也容易加工。碳钢通过对其含碳量的增减和进行不同的热处理，能够改善它的性能，来满足生产上的各种要求。因此，对于受力不大，基本上承受静载荷的精密机械零件，均可选用碳素结构钢；当零件受力较大，承受变应力或冲击载荷时，可选用优质碳素结构钢。由于碳钢存在着淬透性低，且不能满足一些特殊的性能要求，如耐高温、耐低温（要求低温下有高韧性）、耐腐蚀、高耐磨性等，因而限制了它的使用。当零件受力较大，承受变应力，工作情况复杂且热处理要求较高时，一般应选用合金钢。

2. 灰铸铁

灰铸铁中的碳大部分或全部以自由状态的片状石墨形式存在，其断口呈灰色，故称灰铸铁。灰铸铁成本低，铸造性能好，可制成形状复杂的各种零件，且具有良好的减振性能。灰铸铁本身的抗压强度高于抗拉强度，故适用于制造在受压状态下工作的零件。但灰铸铁的脆性很大，不宜承受冲击载荷。一般用于制造无力学性能要求或只承受静载荷的部

件，如底座、机床床身、法兰盘等。

3. 球墨铸铁

球墨铸铁中的碳以球状石墨形式存在，因此具有较高的延展性和耐磨性。球墨铸铁的强度比灰铸铁高，接近于碳素结构钢，而减振性优于钢，因此多用于制造受冲击载荷的零件。一般用于强度和耐磨性较高的场合，如曲轴、凸轮轴、齿轮、轴套等。

二、非铁金属

非铁金属及其合金具有很多良好的特性，如减摩性、耐腐蚀性、耐热性和导电性等。因此在精密机械中多作为耐磨、减摩、耐蚀或装饰的材料来使用。

1. 铜合金

铜具有良好的导电性、导热性、耐蚀性和延展性。常用的铜合金有黄铜和青铜。

（1）黄铜 黄铜是铜与锌的合金，黄铜中锌的质量分数在 20% ~ 40% 左右。黄铜具有优良的机械加工性能和良好的耐蚀性，可以铸造，也可以锻造。普通黄铜的牌号有 H80、H70、H62、H59 等，牌号中的两位数字为铜的质量分数。黄铜随锌含量的增加强度增加，直至超过 45% 以后，抗拉强度急剧下降（见图 2-2）。黄铜常用于制造轴瓦、耐腐蚀零件、形状复杂的冷冲零件和深拉零件。

（2）青铜 铜与锡、铝等元素的合金，统称为青铜。

锡青铜是铜与锡的合金，其强度、硬度、耐磨性和耐腐蚀性均高于黄铜，并有良好的弹性。锡质量分数小于 8% 的锡青铜适用于压力加工，锡质量分数超过 10% 的锡青铜适于铸造。锡青铜的铸造收缩率很小，因此可用以铸造形状复杂的零件。

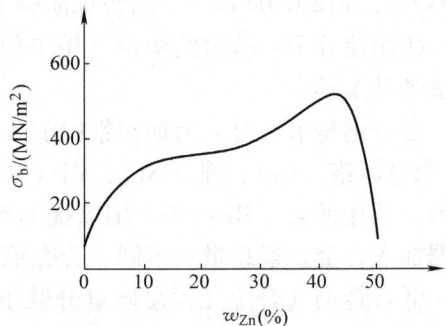

图 2-2 黄铜的力学性能与锌含量的关系

无锡青铜是铜与铝、铍、锰等元素的合金。无锡青铜合金的力学性能以及耐腐蚀、耐磨性能得到改善，如铝青铜的强度就要比黄铜和锡青铜都高，且价格便宜，常用来制造承受重载、耐磨的机械零件。铍青铜经淬火和人工时效处理后，其强度、硬度、比例极限和疲劳极限均能有较大的提高，具有良好的耐腐蚀性、导电性、导热性和无磁性，是制造某些弹性机械元件的极好材料。但它的成本较高，因此非重要零件不宜采用。

2. 铝合金

铝的密度小（$2.7 \times 10^3 \mathrm{kg/m^3}$），约为钢的 1/3，且其熔点低，导热性、导电性均良好，仅次于银、铜和金。铝的塑性高，导磁性差。铝和铝合金有相当好的抗大气腐蚀的能力，不像钢铁那样容易生锈。而且铝是地壳中含量最丰富的金属元素，因此它具有广阔的发展前景。铝的强度不高，但可以对铝合金采用各种强化手段，使得铝合金达到与低合金钢接近的高强度，强度比一般的高碳钢高很多。而且铝合金的密度也很低，因此在相同条件下比钢要轻很多。所以铝合金在电气工程、航空航天、机械和轻工业中都被广泛使用。铝合金不耐磨，但可用镀铬的方法来提高其耐磨能力。铝合金的切削性能好，但铸造性能差。铝合金不产生电火花，故可用来做贮存易燃、易爆物的容器材料。

3. 钛合金

钛和钛合金的密度都很小（$4.5 \times 10^3 kg/m^3$），但比铝高，而且其强度比铝高两倍。高低温性能好，熔点为1942K，并具有良好的耐腐蚀性，在大气和海水中都具有优良的耐蚀性，而且在硫酸、盐酸、硝酸、氢氧化钠等介质中都很稳定。由于其强度和钢相当，密度小得多，而且耐腐蚀性好，故在航空、造船、化工等工业中得到了广泛应用。

此外，钛还具有"亲生物"性，在人体内能抵抗分泌物的腐蚀且无毒，对任何杀菌方法都适应，因此被广泛用于医疗器械和人造髋关节、膝关节、肩关节、肋关节、头盖骨，主动心瓣、骨骼固定夹的制造。当新的肌肉纤维环包在这些"钛骨"上时，这些钛骨就开始维系着人体的正常活动。

三、非金属材料

除了大量应用各种金属材料外，精密机械和仪器仪表还经常使用各种非金属材料，如工程塑料、橡胶和人工合成矿物等。

1. 工程塑料

工程塑料是以天然树脂或人造树脂为基础，加入填充剂、增塑剂、润滑剂等而制成的高分子有机物。其突出的优点是密度小、重量轻、耐腐蚀性能好且容易加工，可用注塑、挤压成型的方法来制成各种形状复杂、尺寸精确的精密机械零件。

按其成型工艺的特点，工程塑料可分为热塑性塑料和热固性塑料。热塑性塑料在加工成型中经过三个步骤，即加热塑化，使其塑变为黏状液体；流动成型，即在压力下将塑化的黏状液体注入模具中；冷却固化，黏状液体在模具中冷却最终形成为制成品。上述过程可反复进行。热固性塑料则在加热加压过程中发生化学反应而固化，这种成型的固化反应是不可逆的，故已固化的塑料是不能重复使用的。

常用的热塑性塑料有：聚酰胺（尼龙）、聚碳酸酯、氯化聚醚、聚甲醛、有机玻璃和聚砜等。热固性塑料有酚醛塑料、氨基塑料等。

为了提高塑料零件的机械强度和耐磨、耐油性能，防止老化和静电聚集，增加另外的特性，还可在塑料表面进行电镀及涂覆处理。

塑料品种繁多，而且不断出现新的品种，如可满足某些特殊要求而具有特殊性能的塑料——医用塑料等。

2. 橡胶

橡胶的主要特点是有较大的弹性和良好的绝缘性，此外它还具有耐磨损、耐腐蚀和抗放射等性能。在精密机械零件中常用作垫圈、隔离圈、密封圈和缓冲件等。

3. 人工合成矿物

人工合成矿物中较典型和广泛使用的有刚玉和石英。刚玉俗称宝石，其成分为三氧化二铝（Al_2O_3），很硬，其硬度仅次于钻石。纯的宝石是无色的，但在其中渗入杂质后会呈现红、蓝、黑、褐等不同的颜色，如渗入氧化铬和二氧化钛的宝石是红宝石，渗入氧化钛和氧化铁的宝石是蓝宝石。天然宝石十分珍贵，且大多用作装饰品。而工业用宝石则大多采用人工合成制品，且已能大量生产，因此价格相对便宜。在仪器仪表和钟表行业一般多使用红宝石来制造微型轴承，如一些电表、航空仪表、某些百分表和钟表等，其中的轴承就是红宝石轴承。由于宝石的弹性模量、硬度都很高，因此可将宝石轴承的孔加工得十分光洁。加之它与钢制轴颈之间的摩擦因数很小，因此可使其在工作时的摩擦损耗变得很小，从而可长期保持仪器仪表的原始精度，同时也提高了仪器使用寿命。此外，一般的 $X—Y$ 记录仪也采用有毛细管的红宝石作为记录笔尖。由于红宝石十分耐磨，因而笔尖不会在短时期内磨损，从而能使记录笔始终保持光滑耐用。宝石轴承已有了国家标准，使用时可进行查阅、选用。

石英是一种透明的晶体，有天然与人工合成的两种。现多用人工合成的石英晶体，其成分为二氧化硅，是一种六棱柱形的多面体，两端呈角锥形。石英晶体是一种各向异性体，具有压电效应，即当在晶体的某个面上施加压力时，则能在与之相应的面上产生电荷，而当把晶体置于电场中时，则会使晶体产生尺度变化。如果将石英晶体按要求切成一定规格的石英晶片，则它具有固定的振动频率。当晶片的固有频率与外加电场的交电频率相同时，晶片会产生谐振。利用这个特性，可将晶片用作振荡器。目前，电子钟、电子表以及各种频率计中的晶体振荡器，都是由石英晶体制成的。此外，石英还是制作多种新型压力、力、加速度传感器的优良材料。

*第四节 钢的热处理

热处理是改善金属使用性能和工艺性能的一种重要的加工方法，其过程是将固态金属或合金在一定的介质中进行加热、保温和冷却，从而改变金属的整体或表面组织，来获得所需的性能。因此它与一般的铸造、锻造和机械加工工艺不同。铸造、锻造和机械加工是为了获得具有一定形状和尺寸精度的零件，而零件在被热处理之前和之后，其形状和尺寸几乎没有发生什么变化，但其内部结构却发生了质的变化，而这种变化对零件的内在质量和使用性能有相当大的影响。因此热处理工艺在精密机械中被广泛采用。一些重要零件如齿轮、主轴、弹簧，以及刀具、模具和量具等，在加工过程中都必须经过热处理后才能达到使用的要求。

按照应用特点，可将常用热处理工艺分为以下几类：

1）普通热处理，包括退火、正火、淬火和回火。

2）表面热处理和化学热处理。

3）其他热处理。

根据所要求的不同性能，热处理的类型有很多种，但其工艺都包括加热、保温和冷却三个阶段。将优质钢加热到某一温度之上，保温一段时间，再以一定速度冷却，钢材料内部金相组织发生变化，其力学性能（硬度、强度、塑性等）相应发生改变，这一发生相变的温度称为临界温度。物质系统中物理、化学性质相同，与其他部分具有明显分界面的均匀部分称为相。物质从一种相转变为另一种相的过程称相变。不同牌号钢的临界温度不同，例如，优质碳素结构钢的临界温度为710~750℃，有些合金钢的临界温度达到800~900℃。

一、退火

将钢加热到临界温度之上 20~30°C，并保温一段时间，随后缓慢冷却，这样的热处理工艺叫做退火。

退火为预备热处理。经退火工艺，细化钢的晶粒，减少组织的不均匀性。由于冷却速度缓慢，消除了工件在锻造、铸造过程中产生的内应力。退火为后序淬火、回火等热处理工序做好准备。

经过退火处理，降低了钢的硬度，改善了切削加工性能。因此，退火工序安排在锻造、铸造之后，切削加工之前。

二、正火

这是一种将钢材或钢件加热到临界温度之上 30 ~ 50°C，保温适当时间后，在自由流动的空气中均匀冷却，使钢的组织正常化的热处理工艺。

正火和退火的区别是，正火在空气中冷却，冷却速度大于退火时的冷却速度，因此可以获得比退火后的组织更细的组织，从而也能得到较高的力学性能（如其硬度和强度均比退火后高）。因为正火热处理的生产周期短，故退火与正火同样能达到零件性能要求时，尽可能选用正火。

正火用来细化晶粒，提高钢的强度、硬度和韧性。对于普通结构的钢零件，其力学性能要求不很高时，正火可作为最终热处理。

三、淬火

淬火是一种将钢加热到临界温度之上 30 ~ 50°C，保温一定的时间，然后投入水、油或盐水中快速冷却，以提高零件的硬度和耐磨性的热处理加工工艺。淬火是强化钢的最常用的方法。

淬火的效果主要跟冷却速度有关。冷却速度越快，得到工件的硬度和强度就越大。同时淬火也会造成很高的内应力，内应力高容易造成工件变形、开裂甚至断裂。不同的冷却介质冷却的速度不同，常用的冷却介质有水、油和各类盐水（如碱、硝酸盐等）。常用的淬火方法有单介质淬火、双介质淬火等。

1. 单介质淬火

钢件放在一种介质中冷却，如水或者油，称单介质淬火。这种方法操作简单，也容易实现机械化，因此应用最为广泛。其缺点是水淬冷却速度快，变形开裂倾向大，且内应力大。相反，油淬冷却速度小，淬透的直径小，对大件不容易淬透。

2. 双介质淬火

钢件被加热之后，先在一种冷却能力强的介质（如水）中冷却，当钢件冷却到300°C左右后，再投入另一种冷却能力较弱的介质（如油）中冷却，这种淬火工艺称为双介质淬火。双介质淬火的优点是综合了两种介质淬火的优点，既有较高的淬透性，又不会产生过大的内应力使钢件变形开裂。缺点是操作复杂，要求经验丰富的操作工人。

四、回火

钢件在淬火之后，为了消除其中的内应力并获得所要求的组织和性能，要将其加热到适当温度并保温一段时间，然后再冷却到室温，这一热处理工艺称为回火。

钢件淬火之后，一般不直接使用，必须进行回火。因为淬火得到的组织很硬很脆，由于内应力的存在容易变形和开裂。而且淬火得到的组织一般都不很稳定，在工作中会发生组织转变，导致零件尺寸的变化，这对于精密零件来说是不允许的。

重要的机器零件都要进行淬火和回火。钢淬火回火后的力学性能决定于淬火的质量和回火的合理性。按照回火温度，回火工艺一般可分为下列三种：

1. 低温回火（150 ~ 250°C）

低温回火的目的是降低淬火应力，提高工件韧性，保证淬火后的高硬度（58 ~ 64HRC）和高耐磨性。主要用于处理各种高碳钢工具、模具、轴承以及表面淬火零件。

2. 中温回火（350 ~ 500°C）

中温回火的目的是得到高的比例极限和屈服强度，提高韧性，降低工件硬度（35 ~ 45HRC）和耐磨性。主要用于各种弹簧的热处理。

3. 高温回火（500 ~ 650°C）

高温回火得到的综合力学性能最好，强度、塑性和韧性都比较好，但硬度一般（25 ~ 35HRC）。通常把淬火加高温回火合称为调质处理，被广泛应用于各种重要的机器结构件，特别是受交变载荷的零件，如齿轮和轴等的处理。此外也可以作为某些精密零件（如量具和模具）的预备热处理。

经过调质处理后的钢的力学性能和正火相比，不仅强度高，而且韧性和塑性也比较好。因此是使用得最多的热处理工艺。

五、表面热处理和化学热处理

1. 表面热处理

仅对钢的表面进行加热和冷却而不改变其成分的热处理工艺称为表面热处理。按照加热方式，可分为感应加热和火焰加热等表面热处理工艺。

感应加热示意图如图 2-3 所示。感应线圈中通入交流电时，即在其内部和周围产生一与电流相同频率的交变磁场。若把工件置于该磁场中，则在工件内部会产生感应电流，称为涡流。由于电阻的作用使工件被加热。更由于交流电的集肤效应，使感应电流在工件截面上的分布变得不均匀。靠近工件表面的电流密度大，而在中心几乎为零。对于碳钢，电流透入工件表层的深度与电流频率的平方根成反比。因此电流频率越高，电流透入深度越浅，加热层越薄。通过对频率的选定，可以得到不同的淬硬层深度。例如：要求淬硬层为 2 ~ 5mm 时，选取的适宜频率为 2 500 ~ 8 000Hz；淬硬层 0.5 ~ 2mm 时，选用频率为 200 ~ 300kHz；而频率为 50Hz 的工频交流电，适合处理 10 ~ 15mm 以上的淬硬层工件。

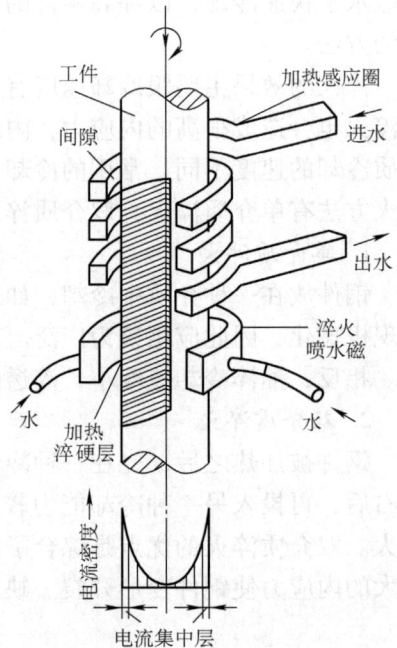

图 2-3　感应加热示意图

火焰加热示意图如图 2-4 所示。用乙炔-氧或煤气-氧等火焰加热工件表面，火焰的温度很高，达 3000°C 以上，从而迅速将工件加热到淬火的温度。然后立即用水喷射冷却。调节烧嘴的位置和移动速度，能够得到不同厚度的淬硬层。显然，烧嘴越靠近工件表面和移动速度越慢，表面过热度越大，获得的淬硬层就越厚。调节烧嘴和喷水管间的距离也可以改变淬硬层的厚度。

火焰淬火和高频感应淬火相比具有设备简单和成本低等优点。但其生产率低，零件表面热处理的质量难控制，小型工件容易受热不均而产生变形。因此

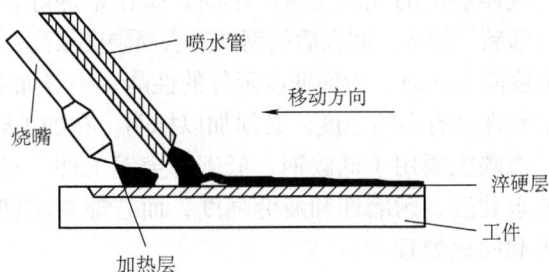

图 2-4　火焰加热示意图

火焰淬火一般用于单件、小批量生产和大型和超大型零件的表面淬火。

2. 化学热处理

化学热处理是一种将钢件置于具有一定温度的活性介质中保温，使一种或几种元素渗入其表面，改变其化学成分和组织，达到改进表面性能、满足技术要求的热处理过程。一般化学热处理按表面渗入元素的不同，分为渗碳、氮化、碳氮共渗、渗硼、渗铝等种类。化学热处理能有效提高钢件表层的耐磨性、耐蚀性、抗氧化性和疲劳强度等力学性能。

钢件表面化学成分的改变取决于以下三个基本要素：

（1）介质的分解　加热时介质被分解，释放出要渗入元素的活性原子。

（2）表面吸收　分解出来的活性原子在钢件表面被吸收并溶解。

（3）原子扩散　融入元素的原子向内部进行扩散，形成一定厚度的扩散层。

上述三个要素主要和温度有关。温度越高，原子活性高，过程进行便越快，扩散层也越厚。但温度太高会破坏钢本身的组织结构，使钢变脆。所以和普通热处理一样，化学热处理中要注意的是确定加热温度和保温时间。

最常用的化学热处理方法主要为渗碳、氮化。

（1）渗碳　通常用于增加表面碳的浓度，将钢件放在渗碳介质中加热并保温，从而使碳原子渗入。渗碳使低碳钢（$w_C = 0.15\% \sim 0.30\%$）钢件表面获得高碳浓度（$w_C = 1.0\%$），再经过适当淬火和回火处理之后，可提高其表面硬度、耐磨性和疲劳强度，而芯部依然保持低碳钢良好的韧性和塑性。一般有固体渗碳和气体渗碳两种方法。

固体渗碳是将零件和固体渗碳剂一起装入渗碳箱中，加盖密封。然后放入炉中加热至 900 ~ 950°C，保温渗碳。固体渗碳剂一般为一定粒度的木炭和 15% ~ 20% 碳酸盐（$BaCO_3$ 或 Na_2CO_3）的混合物。木炭提供活性碳原子，而碳酸盐为催化剂。两者在炉中反应产生 CO，而 CO 在渗碳温度下是不稳定的，从而在钢表面进行分解。生成的活性碳原子[C]（$2CO \rightarrow CO_2 + [C]$）则被钢表面所吸收。

固体渗碳的优点是设备简单，容易操作。缺点是生产率低，质量不易控制，目前不常采用。

气体渗碳是将零件装在密封的渗碳炉中，加热至 900 ~ 950°C，向炉中滴入易分解的

有机气体，如煤油、苯、甲醇等，或直接通入煤气、液化气等渗碳气体，反应产生活性碳原子，从而达到钢件表面渗碳的目的。

气体渗碳的优点是生产率高，操作条件好，过程可控，渗碳层质量好。

渗碳、淬火、回火后的钢件其表面硬度很高，一般能达到58~64HRC，且耐磨性较好，疲劳强度高。同时，为保证渗碳件的性能，一般加工时须标明渗碳层厚度和部位，比如装配孔便不允许具有高的硬度，必须加以标明，在加工时要用镀铜等方法防止产生渗碳。

渗碳主要用于低碳钢、低碳合金钢工件。对像齿轮、轴、活塞销、万向联轴器等表面层要求硬度、耐磨性和疲劳强度，而芯部要求韧性和塑性的重载零件，在渗碳后还需进行淬火和回火处理。

（2）氮化 氮化工艺过程的目的是向钢件表面渗入氮元素。目前广泛应用的是气体氮化。将氨加热使之分解出活性氮原子，它们被钢吸收并溶入其表面中形成氮化层。而在保温过程中向钢内部扩散，从而形成渗氮层。氨的分解在200°C以上时开始，同时铁素体对氨有一定的溶解能力，所以气体氮化一般在500~570°C以下进行。结束后随炉降温至200°C以下，停气出炉。

氮化温度一般较低，通常低于调质处理的回火温度。因此零件产生的变形较小，疲劳强度高，而且能在表面生成致密的氮化物层，具有很好的耐蚀性，在水、高温水蒸气和碱性溶液中都能保持稳定。氮化过程工艺复杂，时间长，成本高，所以一般只用于耐磨性和精度都要求很高的零件，或要求耐热和耐抗腐蚀的耐磨件，比如发动机气缸、排气阀、内齿轮、精密丝杠、模具等。

第五节 表面精饰

很多应用场合对零件的表面外观和某些特殊性质要求较高，因此常常在金属或其他材料表面加上一层覆盖层，以达到耐蚀和装饰的目的，这种处理称表面精饰，通常包括电镀、化学处理和涂漆等。

一、电镀

1. 镀铬

镀铬适用于钢、铜及铜合金、铝及铝合金等材料。镀铬层的化学稳定性高，外观颜色好，在潮湿大气中颜色不改变，且有较高的硬度和耐磨性。镀铬层在抛光后具有很好的表面质量，对光反射率很高。但铬的渗透能力和扩散性较差，因此不适合镀复杂的零件。

2. 镀镍

镀镍适用于钢、铜合金和铝合金。镍在大气中性质十分稳定，对碱、弱酸和各种盐类均有较高的抵抗能力，并具有良好的导电性。镀镍层一般作为镀铬层的底层和导电零件与弹性元件的保护层。但镍有磁性，因此不适宜镀防磁零件。

3. 镀锌

镀锌适用于钢、铜合金和铝合金。镀锌层属阳极镀层。在电化学中，当锌和铁处在同一电解质溶液中时，锌比铁容易失去电子而变成离子，因此称为阳极，从而可保护铁不受腐蚀，对钢制零件能起电化学保护作用。在潮湿大气及含工业废气的环境中，锌比镉耐腐蚀能力强。镀锌层具有中等的硬度，但耐磨性较低。

4. 镀镉

镀镉适用于钢、铜合金和铝合金。镀镉层对碱和稀硫酸的化学稳定性好。主要用于直接受海水作用和饱含海水蒸气的大气条件下的零件。

5. 镀银

镀银适用于铜合金零件。镀银层具有良好的化学稳定性和导电性。抛光后可达90%以上的反射率。但氯气、硫化物与银作用后可使其变黑，不适宜镀在直接与橡胶接触的零件上。在有些需要高反射率的场合，可在镀银层背后加一层保护涂层，以避免其变黑而影响反射率。

二、化学处理

金属零件表面的化学处理方法主要是氧化和磷化。氧化是在零件表面上形成氧化膜的工艺过程，磷化的过程则是在零件表面上生成一层在大气中稳定的磷酸盐膜。常用的类型有以下三种：

1. 钢铁材料的氧化和磷化

钢铁材料的氧化膜很薄，厚度约 $1.5\mu m$，因此不影响零件的尺寸精度，但保护能力差，仅适用于仪器内部的零件。例如枪炮表面的发蓝处理就是一种氧化工艺，它在表面形成致密的四氧化三铁薄膜。黑色磷化膜层结晶细，色泽均匀，呈黑灰色，厚度为 $2 \sim 4\mu m$，膜层与基体结合牢，耐磨性强，保护能力强。氧化-磷化处理可用于精密铸件，经钝化和浸油处理，可提高耐腐蚀能力。

2. 铝及铝合金的阳极氧化

铝及铝合金的阳极氧化用于保护和装饰性覆盖层，在大气条件下极为稳定，与基体金属结合牢固，耐热性好，膜层较硬且耐磨，是涂漆的良好底层。经钝化处理后，可提高化学稳定性。但不能用于镶有钢、铜及铜合金的铝及铝合金零件上。

3. 铜及铜合金氧化

铜及铜合金氧化的膜层为黑色，与基体金属结合牢固，但耐磨性和耐腐蚀能力不强，在大气条件下容易变色。黄铜用氨溶液氧化后能获得良好的氧化膜层，但膜层薄、稳定性差。由于其表面不易附着灰尘，因此适用于与光学零件接触的零件及形状复杂的零件。电解氧化的膜层较厚，稳定性强，但易附着灰尘，故不宜用于与光学零件接触的零件。

三、涂漆

涂漆是在金属制品的表面上刷以清漆或瓷漆的薄膜，使制品表面与外界环境中的有害物质隔离，从而对制品起保护和装饰作用。也有的涂漆层是用来产生消光或绝缘作用的。

第六节 精密仪器材料选用原则

在精密机械设计中，合理地选用材料十分重要。同一个零件采用不同的材料来制造，零件的尺寸、结构、加工方法等都可能会有所不同。因此，正确选用零件的材料对保证和提高产品的性能和质量，降低成本，有着十分重要的意义。

选择材料时主要考虑的因素有材料的使用要求、工艺要求和经济要求。

一、使用要求

使用要求是保证零件完成规定功能所必要的性能条件。在大多数情况下，它是选材首先要考虑的事情。使用性能主要指零件在使用状态下应具有的力学性能、物理性能和化学性能。对于机器零件和工程构件，最重要的是它的力学性能。

在分析零件工作条件和失效形式的基础上，提出对零件力学性能的要求应包括三个方面：

1）受力状况，主要是受载荷和应力的类型及大小。例如动载荷、静载荷、周期载荷，均布载荷、集中载荷会使零件内部产生不一样的应力分布，从而使得材料失效的主要因素也可能不一样。

2）环境状况，主要是温度特性、环境介质和摩擦性质等。例如零件在高温、低温、常温或变温状态下工作，对零件会产生特殊要求，有些环境下还要考虑耐腐蚀。

3）特殊要求，主要是对导电性、磁性、密度、外观等物理性能和化学性能的要求。这些也是保证零件能够完成基本工作的必需要求。

由此得出选用材料的一般原则：

1）若零件的尺寸取决于强度，且尺寸和质量又受到某些限制时，应选用强度较高的材料。

2）若零件的尺寸取决于刚度，则应选用弹性模量较大的材料。当截面积相同时，改变零件形状可改变零件的刚度，比如采用某些空心轴结构就是为了提高轴的刚度。

3）若零件的尺寸取决于接触强度，应选用表面强化处理的材料。

4）滑动摩擦下工作的零件，应选用减摩性能好的材料。高温下工作的零件，选用耐热材料。腐蚀介质中工作的零件选用耐腐蚀材料。

实际选材时，要对主要力学性能指标先进行估算，然后加上一定的安全系数后得到具体力学性能指标数值，最后查手册进行选材。

二、工艺要求

材料的工艺性能表示材料加工的难易程度。在选材时，工艺性能和使用性能相比属于第二要求。但是，选材时零件加工的工艺方法、生产条件是必须要考虑的。即使某一种材料的使用性能很好，但加工极其困难或加工的成本极高，那也要考虑选择其他的材料。而且在设计阶段就必须要考虑到工艺要求。比如形状复杂、尺寸较大的零件一般难以锻造，如果采用铸造，则必须考虑材料的铸造性能，而且在结构上也必须符合铸造的要求。

对于尺寸较小的旋转体零件，如齿轮、蜗杆、轴等，可采用钢、铜合金、铝合金棒料，直接进行机械加工。对于形状简单、薄壁、高度或深度小的零件，可考虑采用低碳钢、铜、铝等塑性好的材料，通过压力加工来成形。

对于金属材料来讲，主要的工艺性能有：

（1）铸造性能　金属材料中，铸造性能较好的合金主要是各种铸铁、铸钢。铸造性能最好的是灰铸铁。

（2）锻造性能　按热锻性来比较，在碳钢中低碳钢的锻造性能最好。合金钢的锻造性能比相应碳钢略差。铝合金可以锻造成各种形状，但塑性差，锻造温度范围窄，所以可锻性也不是特别好。

（3）焊接性能　铜合金、铝合金的焊接性能都很差，灰铸铁也基本不能焊接。在机械加工业中，焊接的主要对象是钢材。对于钢而言，碳含量和合金元素含量越高，焊接性能越差。

（4）切削加工性能　大部分精密零件加工中都要经过切削加工，所以选材一定要考虑切削加工性能（包括易断屑、刀具磨损小、加工表面光滑等）。镁、铝合金切削性能较好，不锈钢、耐热合金钢等切削性能很差。钢的硬度随着碳含量的增高而增大，高硬度零件的切削加工困难，有时甚至不能直接进行加工。比如对硬度要求很高的零件，在车削加工时，零件硬度若和车刀相当甚至超过车刀时，则不仅刀具会受损，而且零件也不能加工。对此可加入使材料易切削的元素改善切削加工性能，也可以采用热处理降低硬度，加工之后再用热处理提高硬度。还有的则利用低碳钢制造，最后采用高渗碳工艺使碳含量达到高碳钢的程度。

（5）热处理工艺性能　热处理中，钢的淬透性、淬硬性、变形开裂倾向性和回火脆性等都会影响到零件的热处理。要根据不同的材料选择合适的热处理工艺，有时候热处理工艺也限制选材。

三、经济要求

经济性是选材的根本原则。采用便宜的材料，把总成本降到最低，取得最大的经济效益，使产品在市场上具有最强的竞争力，始终是设计者的头等任务。不考虑经济要求，对任何零件都采用优质材料制造，并采用强化的处理工艺，是违背选材的根本原则的。

对大批量的小型零件，加工费用组成了总成本的主要部分。因此选材时要考虑加工过程简单，但要保证工艺性能，对材料的单价可考虑适当放宽。对大型零件，材料本身的单价就显得很重要了。

此外，选材时还应考虑环境保护，应尽量选用加工污染少的材料，降低污染物处理的费用。应尽量减少加工能源的消耗，由此也能达到降低制造成本的目的。

思考题及习题

2-1　表征金属材料的力学性能时，主要有哪几项指标？

2-2　常用的硬度指标有哪些？

2-3 低碳钢、中碳钢、高碳钢的含碳量范围是多少？

2-4 什么是合金钢？钢中含有合金元素 Mn、Cr、Ni，对钢的性能有何影响？

2-5 非铁金属共分几大类？具有哪些主要特性？

2-6 常用的热处理工艺有哪些类型？

2-7 钢的调质处理工艺过程是什么？其主要目的是什么？

2-8 镀铬和镀镍的目的是什么？

2-9 选择材料时，应满足哪些基本要求？

*第三章 零件强度、刚度分析的基本知识

第一节 概　　述

一、强度与刚度的基本概念

零件的强度和刚度是指材料在外力作用下抵抗破坏和变形的能力。在外力的作用下，零件的尺寸和形状会发生改变，称之为变形。变形可分为弹性变形和塑性变形。外力撤去后，变形随之消失称为弹性变形；当外力超过一定限度，外力撤去后残留一部分变形称为塑性变形。

零件的强度是指其抵抗破坏的能力，以保证零件不会断裂或有明显的塑性变形。

零件的刚度是指其抵抗变形的能力，以保证零件在受力时所产生的弹性变形在允许的限度内，使零件能正常工作。

本章任务就是要讨论零件受力后的变形与破坏的规律性问题（应力与应变问题），对各种受力零件的强度、刚度分析计算提供一定的基本理论和方法。

二、零件受力和变形的种类

1. 受力（负荷）种类

机械中动力的传递都是通过零件之间的相互作用来实现的，所以机械工作时，各零件均受到力的作用，并相互传递，这些作用在零件上的力称为负荷。

按照负荷作用的特征，可分为集中负荷与分布负荷两类。

当两物体互相接触时，只是点接触，作用力作用在一点上，这种力称为集中负荷。它是一种理想化的情况，事实上物体间的接触很难是点接触，而是小面积接触，当与物体本身几何尺寸相比很小时，可以看成是点接触，认为负荷作用在一点上。

工程上有些力不是作用在一点上，而是连续作用于零件某段长度或某块面积上，这种力称为分布负荷。若所分布的力处处相等，称为均匀分布负荷（简称均布负荷），反之则称为不均匀分布负荷。作用于长度上的均布负荷，以单位长度上的力（N/mm）计量，作用在平面上的均布负荷，以单位面积上的力（N/mm^2）计量。

按照负荷作用的性质，可分为静负荷与动负荷两类。

静负荷即其大小不随时间变化或变化缓慢，零件处于平衡状态，零件内各点无加速度。例如零件自重、等速旋转时的离心力、静载拉伸试验等。

动负荷即其大小随时间迅速改变，零件内各点的速度在较短时间内发生变化。例如突加负荷、冲击负荷、周期负荷。

在精密机械中，零件受静负荷作用的情况较多，在这种情况下，零件各截面形状和尺

寸的确定及零件材料的选择较为简单。

2. 变形的种类

在零件设计时要求和允许的变形，一般均属于弹性变形，按照变形的特征可分为：

1）拉伸及压缩。如链条、带、桁架的拉杆（或压杆）、立柱等。

2）剪切。如受剪力的螺钉、铆钉。

3）扭转。如传动轴。

4）弯曲。如各种梁。

以上四种变形称为简单变形，也是变形的基本形式。有些零件工作时承受比较复杂的负荷，可能同时产生两种或更多种变形，例如拉伸（或压缩）与弯曲联合作用、弯曲与扭转联合作用等，在这种情况下所得到的变形称为复杂变形。

在工程中零件的形状是各式各样的，但最常见、最基本的形式是杆件（长度方向尺寸远大于横向尺寸的构件），本章主要研究等截面直杆在静负荷作用下的应力与应变的一些基本问题。

第二节　直杆轴向拉伸与压缩

工程实际中，经常遇到承受拉伸与压缩的杆件，例如减速器盖与底座的联接螺栓承受拉力，千斤顶螺杆工作时承受压力。这些杆件绝大多数都是截面不变的直杆，其受力特点为沿直杆轴线受拉力或压力，这种现象称为直杆轴向拉伸或压缩。

一、内力与应力

杆件受外力作用发生变形时，其内部分子间同时产生一种抵抗力，力求使受力杆件恢复到变形前的形状和尺寸，这种抵抗力称为内力。内力是由于外力引起的，外力越大，变形越大，杆件产生的内力也越大；一般说来，外力如果除去，内力也就随之消失。所以外力与内力是一对矛盾，互相对立，互相依存，同时出现，同时消失。

内力可用截面法求得。现以图3-1所示的受拉杆件为例说明。假想用一垂直于杆件轴线的平面在 I-I 处把杆件分为左右两段，在被截开处存在着相互作用的内力，即左段对右段的作用力 F'_N，右段对左段的作用力 F_N（二者是作用力与反作用力，大小相等，方向相反）。然后考虑平衡条件求出内力，如取左段为分离体，作为受力分析的

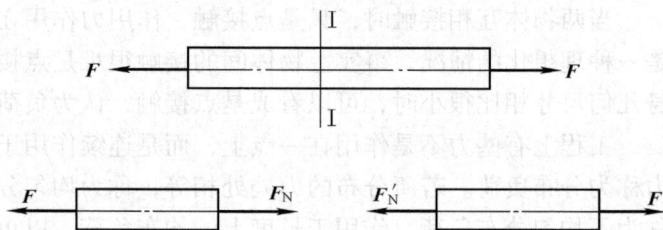

图 3-1　直杆受拉时的内力

对象，考虑其平衡，则

$$\sum F_x = 0$$

即

$$F_N - F = 0$$

所以

$$F_N = F$$

在直杆拉伸或压缩的情况下，横截面的内力的作用线是与轴线重合的，称此力为轴向力。

上述求杆件内力的方法称为截面法，这是求内力的基本方法，其步骤如下：

1）在需要求内力的截面处，假想用一平面把杆件截开分成两部分。

2）取任一部分为分离体，作为受力分析对象，用内力代替移去部分对分离体的作用。

3）对分离体用静力学的平衡条件求出截面上内力的大小和方向。

知道了内力的大小，还不能断定杆件是否会破坏，而破坏与否和截面尺寸大小有关，即与单位面积上所受内力大小有关，如有两个拉杆，材料相同，所受拉力相同，只是截面大小不同，虽然两杆内力相同，但截面尺寸小的较危险，所以研究杆件强度时，用单位面积上的内力来衡量。截面单位面积上的内力称为应力。直杆轴向拉伸或压缩时，其横截面上的应力是均布的，其作用线均垂直于横截面，称为正应力，用"σ"表示，则

$$\sigma = \frac{F_N}{A}\left(= \frac{F}{A}\right) \tag{3-1}$$

式中　σ——横截面上的正应力，单位为 N/mm²；

F_N——横截面上的内力，单位为 N；

A——横截面面积，单位为 mm²；

F——外力，单位为 N，因内力总是与外力平衡的，所以计算应力时，可直接用外力来计算。

当杆件受拉伸时，σ 为拉应力；杆件受压缩时，σ 为压应力。为了表述上的方便，规定以正号表示拉应力，负号表示压应力。

二、拉伸与压缩时的强度条件及其应用

若要保证杆件正常地工作，必须使工作应力不超过材料的极限应力。但仅仅如此还是不够的，因强度计算时有些数据与实际有差异。例如材料组织不是理想均匀的，由少数试件所测定的机械性质，并不能完全真实地反映杆件所用材料的实际机械性质；载荷的估计和计算不够准确，应力计算公式的近似性；零件的工作条件及其重要性等。因此为了安全起见，须将零件的工作应力限制在比极限应力更低的范围内，给零件一定的强度储备，即对极限应力 σ_u 除以大于 1 的安全系数 S，所得的应力值称为许用应力 $[\sigma]$，即

$$[\sigma] = \frac{\sigma_u}{S} \tag{3-2}$$

对于低碳钢等塑性材料取　　　　　　$\sigma_u = \sigma_s$

对于铸铁等脆性材料取　　　　　　$\sigma_u = \sigma_b$

许用应力也可以从有关手册中查取。

综合式（3-1）和式（3-2），拉伸与压缩时，保证杆件不遭破坏的强度条件为

$$\sigma = \frac{F_N}{A} \leq [\sigma] \tag{3-3}$$

在设计中运用强度条件可解决以下三类问题：

1. 强度校核

如已知杆件截面面积 A、材料许用应力 $[\sigma]$ 以及所受载荷，可按式（3-3）校核其强度，若 $\sigma \le [\sigma]$，说明杆件的强度足够，否则说明不安全。

2. 计算截面

如已知载荷和材料许用应力 $[\sigma]$，求截面积 A，可将式（3-3）改写成如下形式即可求出

$$A \ge \frac{F_N}{[\sigma]}$$

根据算出的截面面积，然后确定截面尺寸。

3. 确定许用载荷

如已知杆件的截面积 A 及所用材料的许用应力 $[\sigma]$，求杆件所能承受的最大载荷，可将式（3-3）改写成如下形式，即可求出允许的最大载荷

$$F_N \le A[\sigma]$$

从而可确定许用载荷。

例 3-1 如图 3-2a 所示结构，AB 杆为钢杆，其横截面面积 $A_1 = 6cm^2$，许用应力 $[\sigma] = 140N/mm^2$；BC 杆为木杆，横截面面积 $A_2 = 300cm^2$，许用压应力 $[\sigma_c] = 3.5N/mm^2$。求最大许可载荷 F。

解 1）受力分析围绕 B 点将 AB、BC 两杆截开得分离体（见图 3-2b），设 F_{N1} 为拉力，F_{N2} 为压力。根据平衡条件

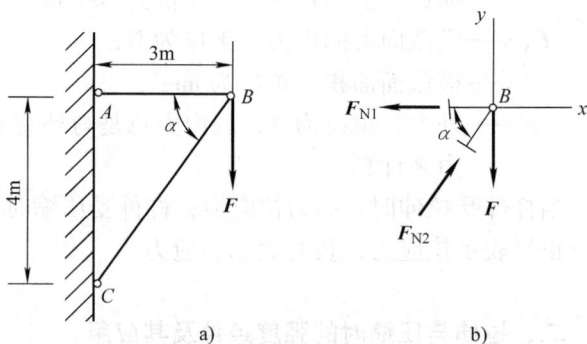

图 3-2 许用载荷计算简图

$$\sum F_y = 0 \quad F_{N2} = \frac{F}{\sin\alpha}$$

$$\sum F_x = 0 \quad F_{N1} = F_{N2}\cos\alpha$$

式中

$$\sin\alpha = \frac{4}{\sqrt{3^2+4^2}} = 0.8$$

$$\cos\alpha = \frac{3}{\sqrt{3^2+4^2}} = 0.6$$

代入上式得

$$F_{N2} = \frac{F}{0.8} = 1.25F$$

$$F_{N1} = 1.25F \times 0.6 = 0.75F$$

2）计算许用载荷，由式（3-3）得

$$F_N \le A[\sigma]$$

将 A_1、A_2、$[\sigma]$、$[\sigma_c]$ 分别代入上式得

$$0.75F \leqslant 600 \times 140\text{N}$$

$$F \leqslant \frac{600 \times 140}{0.75}\text{N} = 112\text{kN}$$

$$1.25F \leqslant (30\ 000 \times 3.5)\text{N}$$

$$F \leqslant \frac{30\ 000 \times 3.5}{1.25}\text{N} = 84\text{kN}$$

在 B 点的载荷如果是 112kN，则横杆内的应力恰好是许用应力，而斜杆内的应力将超过许用应力，故两杆都能安全工作的最大许用载荷应取 $F = 84$kN。

第三节　剪　　切

一、剪切作用的特点

首先看一下剪床剪断钢板的情况（见图 3-3a）。因为剪床两刀口相距极近，使钢板在两个等值反向力 F 的作用下，两力之间的截面发生相对滑移而被剪断（见图 3-3b）。滑移面称为受剪面，使物体沿滑移面产生相对滑动的力 F 称为剪力。所以剪切作用的特点是：在零件受剪面附近作用着一对大小相等、方向相反、相距极近的横向力，截面间产生相对滑移，这种性质的变形称为剪切变形，当滑移过大时，零件就被剪切破坏。

物体受剪力 F 作用后，原 AC 和 BD 线歪斜为 AC' 和 BD'，歪斜角 γ 称为切应变，受剪面上抵抗滑移的力是内力，称为剪力，单位面积上的内力称为切应力。

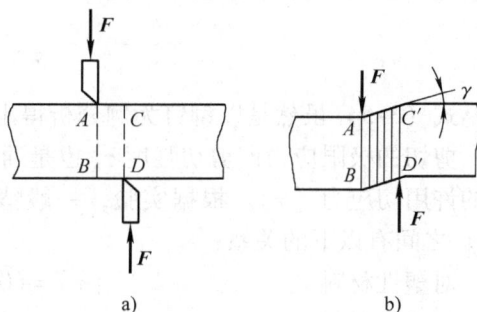

图 3-3　钢板剪切特点

在机械上这类受剪零件很多，如轴上的键，凸缘联接中的铰制孔螺栓，销钉联接和铆钉连接中切向受力的销钉和铆钉。

二、剪切时的内力和应力

现以铆钉连接（见图 3-4a）为例，分析剪切时的内力及应力。当两钢板受拉时，铆钉受力情况如图 3-4b 所示。若铆钉上作用的力 F 过大，铆钉可能沿着两钢板贴合面被剪断。现用截面法求受剪面上的内力，即剪力 F_Q（见图 3-4c）。假想用一个截面将铆钉沿受剪面 I - I 截开，取下部分为分离体，根据平衡条件，知受剪面上必然有一与外力 F 大小相等、方向相反的内力存在，这个内力即剪力 F_Q，则

$$F_Q = F$$

剪切杆件在剪切变形时常伴随着其他形式的变形，例如由于铆钉两端的反力偶，引起铆钉的拉伸与弯曲等其他形式的变形，但是这些附加变形一般都不是影响抗剪强度的主要因素，可以忽略。

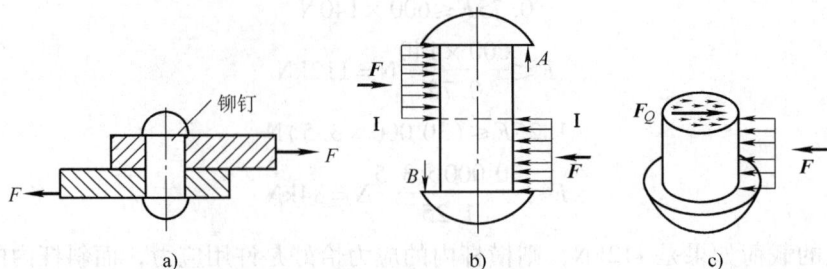

图 3-4　铆钉受剪计算简图

在受剪面上，切应力的实际分布情况比较复杂，因此在工程上为了简化计算，假设切应力在受剪面上均布。若 A 为受剪面面积，则切应力（单位为 N/mm^2）为

$$\tau = \frac{F_Q}{A} \tag{3-4}$$

为了保证铆钉安全可靠地工作，应使其工作时的切应力小于或等于材料的许用切应力 $[\tau]$。因此铆钉的剪切强度条件为

$$\tau = \frac{F_Q}{A} \leqslant [\tau] \tag{3-5}$$

式（3-5）虽然是以铆钉为例分析得出，但也适用于其他剪切杆件。

剪切的极限应力即剪切强度 τ_b 也是通过实验来确定的。将 τ_b 除以安全系数，即得材料的许用切应力 $[\tau]$。根据实验，一般情况下，材料的许用切应力 $[\tau]$ 与许用拉应力 $[\sigma]$ 之间有以下的关系：

对塑性材料　　　　　　　　$[\tau] = (0.6 \sim 0.8)[\sigma]$

对脆性材料　　　　　　　　$[\tau] = (0.8 \sim 1.0)[\sigma]$

在工程实际中，有时也会遇到利用剪切破坏的情况，例如安全销。其强度设计成整个机器中最薄弱的环节，当机器超载时，安全销首先被剪断，从而保护了其他重要零部件，如轴、齿轮等。

例 3-2　图 3-5 所示螺栓联接构件承受负荷 830N，已知螺栓材料的许用切应力 = $60N/mm^2$，求螺栓所需直径 d。

解　由于螺栓有两个受剪面，故剪切力为 $F_Q = F/2 = 415N$。根据抗剪强度条件：

$$\tau = \frac{F}{2 \times \frac{\pi d^2}{4}} \leqslant [\tau]$$

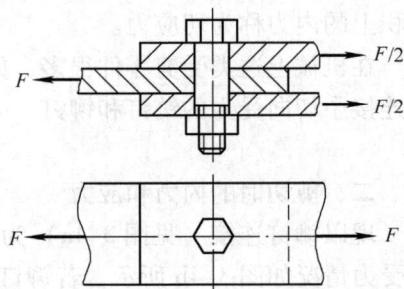

图 3-5　螺栓受剪计算简图

螺栓直径为

$$d \geqslant \sqrt{\frac{2F}{\pi[\tau]}} = \left(\sqrt{\frac{2 \times 830}{\pi \times 60}}\right) mm \approx 3mm$$

第四节　圆　轴　扭　转

在工程实际中有许多受扭的杆件，例如用螺钉旋具拧紧螺钉时，螺钉旋具杆两端受两个等值反向的力偶，使其产生扭转变形，又如用联轴器和离合器连接的轴，也产生扭转变形（汽车传动轴两端的万向联轴节，即承受两个等值反向的力偶，使其产生扭转变形）。工程中将只受扭转（或弯矩很小可以忽略）的轴，称为传动轴，本节只讨论圆轴扭转时的强度和刚度计算。

一、圆轴扭转变形特征

若在圆轴的表面上画出一些等距离的圆周线和母线（见图 3-6a），形成许多大小相同的小方格，当圆轴两端受到扭转作用时，将会出现下列现象（见图 3-6b）：

1）各圆周线的形状和大小不变，间距也不变。

2）各圆周线（横截面）都绕轴心线相对转动了某一角度。

3）各纵线都转动了（倾斜）同一微小角度 γ（剪切角或切应变），小方格发生歪斜。

以上现象即扭转变形特征，并据此可作出如下判断：

1）扭转时圆周线形状、大小不变，即可设想横截面仍保持为平面，像刚性圆盘一样绕轴线转动，这个设想即所谓平面假设。

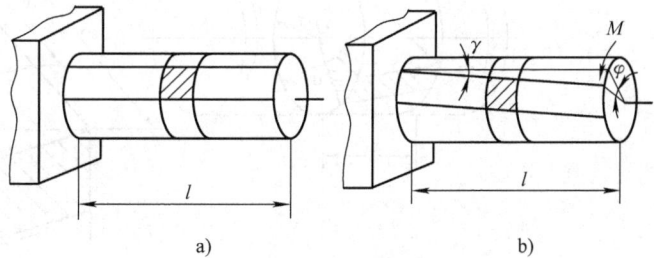

图 3-6　圆轴扭转变形特征

2）扭转时横截面间距不变，即轴向没有线应变，因此横截面上不会出现正应力 σ。

3）由于相邻截面间相对错动一角度，则纵线倾斜了一个 γ 角，即出现剪切变形，所以横截面上存在切应力 τ，因此扭转变形即为剪切变形的另一种形式。

二、圆轴扭转时的内力和应力

圆轴扭转时的内力和应力如图 3-7 所示。利用截面法，在 I-I 处将轴截开，取左段为分离体，根据平衡条件，知横截面上存在一个与外力偶矩等值反向的内力偶，它就是圆轴受扭转时横截面的内力，其力偶矩称为扭矩，用符号 M_n 表示。

只知道圆轴内力大小，还不足以判断其安危，还需进一步研究其应力。切应力分布是不均匀的，但有规律性，故要研究其大小和规律性，只利用静

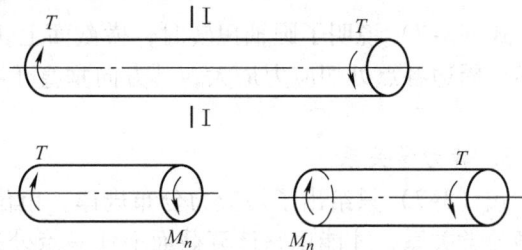

图 3-7　圆轴扭转时的内力和应力

力学条件是不行了，必须综合考虑变形、物理和静力学这三方面来建立圆轴扭转时的应力公式。

1. 变形几何方程

自圆轴中取出微段 dx（见图3-8），其两横截面相对扭角为 dφ，截面上任意半径 ρ 处的切应变为 γ_ρ，其沿半径按直线规律变化，关系式为

$$\gamma_\rho dx = \widehat{AB} = \rho d\varphi$$

故

$$\gamma_\rho = \rho \frac{d\varphi}{dx} \tag{3-6}$$

式中，dφ/dx 表示沿轴线方向单位长度的扭角，其在同一截面上计算各点切应变 γ_ρ 值时为一常数。由式（3-6）可知，切应变 γ_ρ 与半径 ρ 成正比，最外层变形最大。

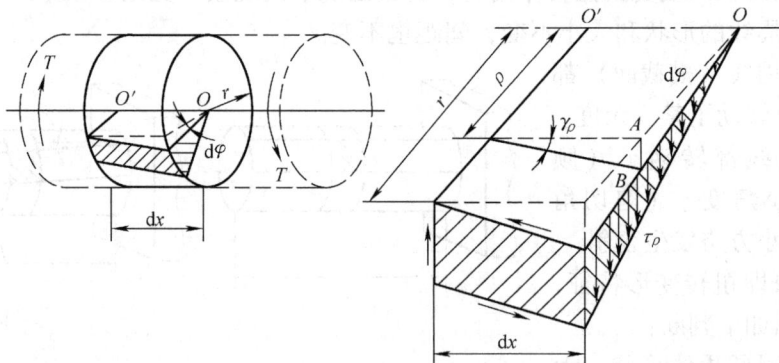

图3-8 圆轴扭转应变分析

2. 物理方程

由上所知，圆轴横截面上只存在切应力 τ，且切应力 τ 与切应变 γ 有密切关系。实验证明，在弹性范围内，切应力 τ 与切应变 γ 之间的关系也符合胡克定律，即

$$\tau = G\gamma$$

式中比例常数 G 称为材料的剪切模量，单位与弹性模量 E 相同。将式（3-6）代入上式得

$$\tau_\rho = G\rho \frac{d\varphi}{dx} \tag{3-7}$$

式（3-7）说明了圆轴扭转时，横截面上切应力随半径 ρ 按直线变化，圆心处切应力为零，周边各点处切应力最大，其方向垂直于半径，并与扭矩 M_n 方向符合，如图3-9所示。

3. 静力学关系

式（3-7）只给出了切应力分布规律，单位长度的扭角 dφ/dx 还不知道。因此还须利用静力学关系，才能用它计算截面上任一点处的应力数值。

设在距圆心为 ρ 处取一微面积 dA（见图3-9），其上剪力（微内力）$\tau_\rho dA$ 对轴心之矩为 $\tau_\rho dA\rho$，其总和即为截面上的扭矩 M_n，即

$$M_n = \int_A \rho \tau_\rho \mathrm{d}A$$

将式（3-7）代入上式，得

$$M_n = \int_A G\rho^2 \frac{\mathrm{d}\varphi}{\mathrm{d}x} \mathrm{d}A$$

$$= G\frac{\mathrm{d}\varphi}{\mathrm{d}x} \int_A \rho^2 \mathrm{d}A$$

引入符号

$$I_P = \int_A \rho^2 \mathrm{d}A$$

图 3-9　横截面上剪应力的分布

所以

$$M_n = G\frac{\mathrm{d}\varphi}{\mathrm{d}x} I_P$$

或

$$\frac{\mathrm{d}\varphi}{\mathrm{d}x} = \frac{M_n}{GI_P}$$

将上式代入式（3-7）得

$$\tau_\rho = \frac{M_n \rho}{I_P} \qquad\qquad (3-8)$$

式（3-8）为圆轴扭转时，横截面上任意点的切应力计算公式。当 $\rho = r$ 时，切应力 τ_ρ 达到最大值。可见圆轴扭转时的危险点在横截面的周边上，其计算公式为

$$\tau_{\max} = \frac{M_n r}{I_P} = \frac{M_n}{I_P/r}$$

引入符号

$$W_t = \frac{I_P}{r}$$

所以

$$\tau_{\max} = \frac{M_n}{W_t}$$

式中　I_P——横截面的极惯性矩，单位为 mm^4，仅与截面尺寸有关；

　　　W_t——抗扭截面系数，单位为 mm^3，仅与截面尺寸有关。

对于实心圆和空心圆截面，I_P 和 W_t 可按以下方法计算：

1）实心圆（直径为 d）：

$$I_P = \frac{\pi d^4}{32} \approx 0.1d^4$$

$$W_t = \frac{\pi d^3}{16} \approx 0.2d^3$$

2）空心圆（外径为 d，内径为 d_1）：

$$I_P = \frac{\pi d^4}{32}(1-\alpha^4) \approx 0.1d^4(1-\alpha^4)$$

$$W_t = \frac{\pi d^3}{32}(1-\alpha^4) \approx 0.2d^3(1-\alpha^4)$$

式中，$\alpha = d_1/d_\circ$

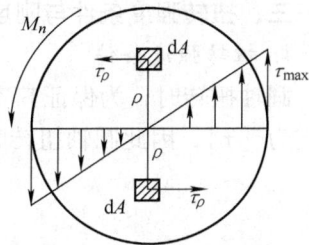

三、扭转强度条件与刚度条件及空心轴

1. 扭转强度条件

圆轴扭转时，为保证其安全地工作，要求轴内的最大切应力必须小于材料的许用扭转切应力 $[\tau]$，因此圆轴扭转时的强度条件为

$$\tau_{\max} = \frac{M_n}{W_t} \leq [\tau]$$

对于实心圆截面 $W_t = 0.2d^3$，则

$$d \geq \sqrt[3]{\frac{M_n}{0.2[\tau]}}$$

式中，许用扭转切应力 $[\tau]$ 是根据扭转试验和考虑适当的安全系数确定的，对于塑性材料，它与许用拉应力有如下关系：

$$[\tau] = (0.55 \sim 0.6)[\sigma]$$

2. 扭转刚度条件

有些轴为了保证正常工作，除应满足强度条件外，还须对其扭转变形加以限制，使实际扭转角不超过许用扭转角，即满足扭转刚度条件，否则会使机械精度降低，或在运转时产生较大的扭转振动，以致影响正常工作。如车床丝杠扭角过大，会影响螺纹加工准确度，又如内燃机的凸轮轴扭角过大，会影响气门的开闭时间，使机器不能正常工作。

如前所述，圆轴单位长度扭转角（rad/mm）为

$$\frac{\mathrm{d}\varphi}{\mathrm{d}x} = \frac{M_n}{GI_P}$$

$$\varphi = \int_0^l \frac{M_n}{GI_P}\mathrm{d}x = \frac{M_n}{GI_P}l$$

刚度条件是使单位长度扭转角不超过一定范围，工程上习惯取 1m 作为单位长度，即工程上许用扭转角规定为每米长不超过多少度作为衡量标准，并用符号 $[\varphi_0]$ 表示，单位为（°）/m。如果轴长 l 的单位为 mm，则刚度条件的表达式为

$$\varphi_0 = \frac{\varphi}{l} \times 1\,000 \times \frac{180°}{\pi} \leq [\varphi_0]$$

即

$$\varphi_0 = \frac{M_n}{GI_P} \times 1\,000 \times \frac{180°}{\pi} \leq [\varphi_0]$$

对一般传动轴 　　　　　　　　　　$[\varphi_0] = 2°/\text{m}$

对精密机械 　　　　　　　　　　$[\varphi_0] = (0.15 \sim 0.3)°/\text{m}$

3. 空心轴

从实心轴横截面上的切应力分布规律可以看出，最大切应力在周边，轴心处为零（见图 3-10a）；当周边 $\tau_{\max} = [\tau]$ 时，靠近轴心附近的材料所承担的切应力很小，又距离轴心很近，所以分担的内力矩很小，这部分材料的抗扭作用未得到充分发挥，如将这部分材料移到周边以外，造成空心轴，那么这些外移的材料可承受较大数值的切应力，且距轴心又远，可分担较大的内力矩，所以在轴的截面面积相同的情况下，空心轴的强度和刚

度都大大提高，其切应力分布规律如图 3-10b 所示。

例 3-3 图 3-11 所示的传动轴为钢制实心轴，传递的最大工作扭矩 $M_n = 12\text{N} \cdot \text{m}$，轴用 45 钢，其许用应力 $[\tau] = 40\text{N/mm}^2$，试设计传动轴的直径 d。

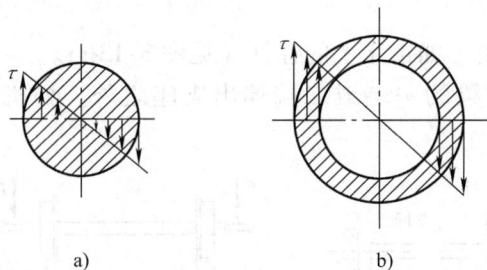

图 3-10 实心轴与空心轴剪应力分布

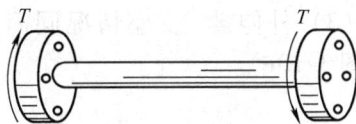

图 3-11 圆轴扭转强度设计

解 根据圆轴扭转的强度条件：

$$\tau_{max} = \frac{M_n}{W_t} = \frac{M_n}{0.2d^3} \leqslant [\tau]$$

得出

$$d \geqslant \sqrt[3]{\frac{M_n}{0.2[\tau]}} = \sqrt[3]{\frac{12\,000}{0.2 \times 40}}\text{mm} \approx 11.45\text{mm}$$

取 $d = 12\text{mm}$。

第五节 梁的平面弯曲

一、平面弯曲的特点和梁的基本类型

弯曲变形也是最常见的一种简单变形。以弯曲变形为主的杆件通常称为梁。工程实际中最常遇到的弯曲变形是梁的平面弯曲，即梁的横截面至少有一个对称中心线（见图 3-12a），全梁有纵向对称中心面（通过梁的轴线和截面中心线的平面），所有的外力都作用在纵向中心面内，在这种情况下，梁的轴线在纵向对称中心面内弯曲成为一条平面曲线（见图 3-12b）。

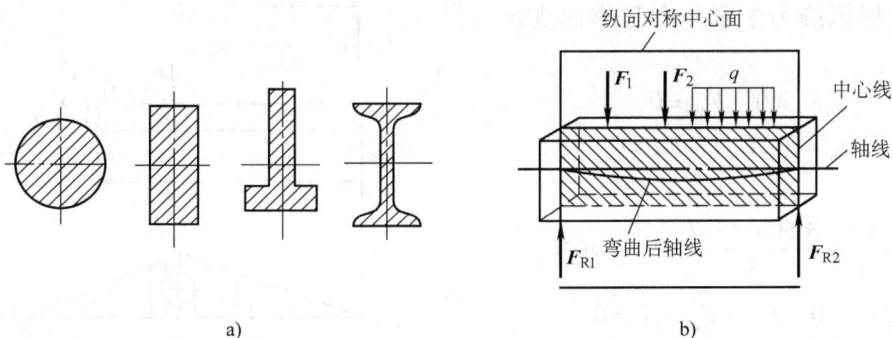

图 3-12 平面弯曲特点

截面尺寸不变，轴线为直线的梁称为等直梁。这里只研究等直梁的平面弯曲。

根据梁的支承情况，常将梁分为三种基本类型：

（1）简支梁　梁的一端为固定铰链支座，另一端为活动铰链支座。如汽车中的板弹簧（见图3-13a）。

（2）悬臂梁　梁的一端固定，另一端自由。如镗床上的镗杆（见图3-13b）。

（3）外伸梁　支座情况同简支梁，不过梁的一端或二端伸出支座之外。如机车轴（见图3-13c）。

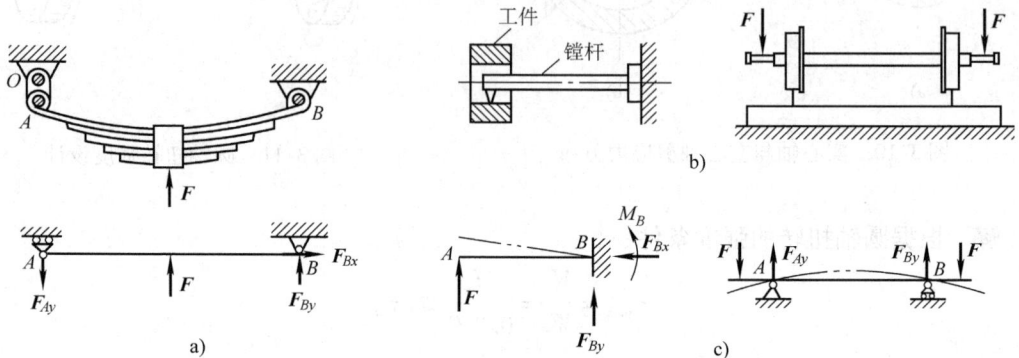

图 3-13　梁的基本类型

上述简支梁、悬臂梁、外伸梁所受之力为平面力系，故可写出三个平衡方程式，当梁未知反力数目不超过三个时，称为静定梁。

二、弯曲时的内力

现以图3-14a所示的简支梁为例，分析梁弯曲时的内力。如梁的跨度 $l = 5\text{m}$，负荷 $F = 8\,500\text{N}$，距左端 A 的距离 $a = 3.2\text{m}$。

首先根据静力学平衡方程求出支反力

$$\sum F_x = 0 \quad F_{Ax} = 0$$
$$\sum M_A = 0 \quad F_{By}l - Fa = 0$$

故

$$F_{By} = \frac{Fa}{l} = \frac{8\,500 \times 3.2}{5}\text{N} = 5\,440\text{N}$$

$$\sum F_y = 0 \quad F_{Ay} + F_{By} - F = 0$$

故

$$F_{Ay} = F - F_{By} = (8\,500 - 5\,440)\text{N} = 3\,060\text{N}$$

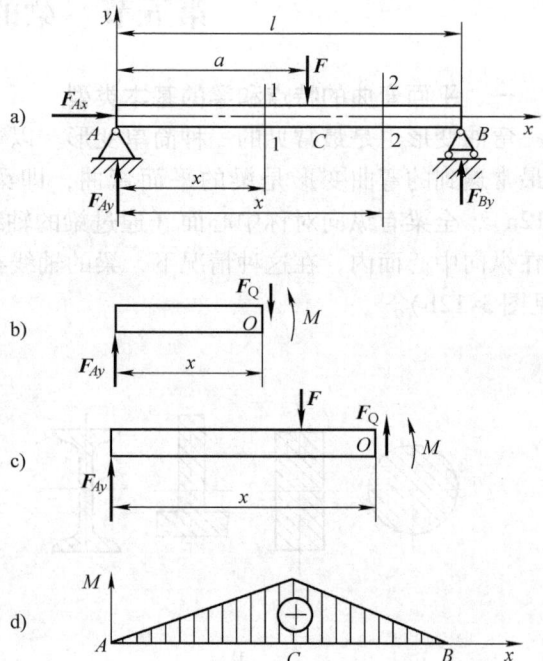

图 3-14　梁的内力分析与弯矩图

然后运用截面法，求梁任意横截面上的内力。如果求距 A 端为 x 处的 1-1 截面上的内力，则在该处假想用 1-1 截面截开，如取左段为分离体（见图 3-14b）。根据平衡条件

$$\sum F_x = 0 \qquad F_{Ax} = 0$$

$$\sum F_y = 0 \qquad F_{Ay} - F_Q = 0 \qquad F_Q = F_{Ay}$$

$$\sum M_O = 0 \qquad M - F_{Ay}x = 0 \qquad (0 \leqslant x \leqslant a)$$

$$M = F_{Ay}x \tag{3-9}$$

F_Q 为使梁各截面相互滑移的内力，其性质为剪力，大小与反力 F_{Ay} 相等，方向相反。剪力的方向作如下规定：剪力对分离体内任意点取矩，顺时针时为正，逆时针时为负。M 为使梁产生弯曲的内力，称为弯矩，大小与力矩 $F_{Ay}x$ 相等，方向相反。实践与理论分析表明，在工程实践中，常遇到的细长杆受载弯曲时，弯矩是梁破坏的主要因素，而剪断的可能性是很小的，因此在计算弯曲内力时，只考虑弯矩 M，而忽略剪力 F_Q。

现在再研究距 A 端为 x 的 2-2 截面的弯矩，也取左段为分离体（见图 3-14c），根据平衡条件

$$\sum M_O = 0 \qquad M - F_{Ay}x + F(x - a) = 0 \qquad (0 \leqslant x \leqslant l)$$

$$M = F_{Ay}x - F(x - a) \tag{3-10}$$

从式（3-9）和式（3-10）可看出一个规律：某一截面的弯矩，在数值上等于截面一侧所有外力（包括负荷和反力）对此截面形心力矩的代数和。利用这个规律，就可直接写出任意截面的弯矩方程。

为了便于分析弯矩的变化规律，规定使梁弯曲成凹形时的弯矩为正，反之，使梁弯曲成凸形时的弯矩为负（见图 3-15）。

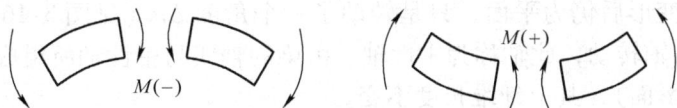

图 3-15　弯矩的正负号

为了形象地描写弯矩在不同截面的变化规律，便于找到最大弯矩的数值和其位置（即危险截面），常根据弯矩方程画出弯矩图，如图 3-14d 所示。在 A、B 两端支承处弯矩为零，在负荷 F 作用处，弯矩最大，该处为危险截面，即

对 AC 　　$M = F_{Ay}x$

　　　　　　$x = 0$ 　　　　$M = 0$

　　　　　　$x = 3.2$ 　　$M_{max} = (3\,060 \times 3.2)\,\mathrm{N \cdot m} = 9\,792\mathrm{N \cdot m}$

对 CB 　　$M = F_{Ay}x - F(x - 3.2)$

　　　　　　$x = 3.2$ 　　$M_{max} = [3\,060 \times 3.2 - 8\,500 \times (3.2 - 3.2)]\mathrm{N \cdot m} = 9\,792\mathrm{N \cdot m}$

　　　　　　$x = 5$ 　　　$M = [3\,060 \times 5 - 8\,500 \times (5 - 3.2)]\mathrm{N \cdot m} = 0\mathrm{N \cdot m}$

三、弯曲时的应力

如果只知道内力（弯矩）大小，还不足以判断其安危，还需进一步研究其应力。应

力分布是不均匀的，但也有其规律性。但要研究其大小和规律性，只利用静力学条件是找不到应力分布规律的，必须考虑梁的变形，即须考虑变形、物理和静力学这三方面来建立弯曲时的正应力公式，在建立应力公式前，先通过试验来观察梁的变形。

1. 平面弯曲变形特征

若在矩形截面梁的前后上下表面画出与梁轴线平行的一些直线和横截面的轮廓线（见图3-16a），然后在梁的两端加上外力偶，使梁产生弯曲变形（见图3-16b），可看到下列现象：

1）横线仍为直线，但倾斜了某一角度。

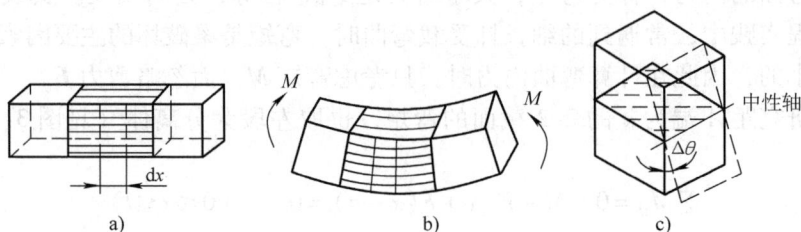

图3-16 平面弯曲变形特征

2）纵线变为圆弧线，靠近底面的纵线伸长，靠近顶面的缩短，位于中间位置的纵线长度未变。

3）各横线仍垂直于纵线。

根据上述现象可以假设：

1）梁横截面变形后仍为平面，只是转动了一个角度 $\Delta\theta$（见图3-16c），即所谓平面假设。横截面绕某轴转动，此轴称为中性轴。由梁的轴线与中性轴所组成的平面叫中性层（见图3-16c中阴影面），其上纤维长度不变。

2）所有与轴线平行的纵向纤维都是轴向拉伸或缩短。

由上述可知，弯曲变形时的特点为：横截面绕中性轴转动，中性层以上纤维缩短，中性层以下纤维伸长。同理，横截面上应力中性层以上为压应力，中性层以下为拉应力。

2. 梁横截面上正应力

（1）变形几何方程 从图3-17梁中取一微段 dx，放大后如图3-17所示。变形后相距为 dx 的两相邻截面延长交于 O 点，O 即为中性层曲率中心，ρ 即为其曲率半径，$d\theta$ 为两相邻截面间的夹角。变形后中性层纤维 $\overarc{O_1O_2}$ 长度不变，离中性层为 y 处的纤维变长了，其应变 ε 为

$$\overarc{O_1O_2} = dx = \rho d\theta$$

$$\overarc{CD} = (\rho + y) d\theta$$

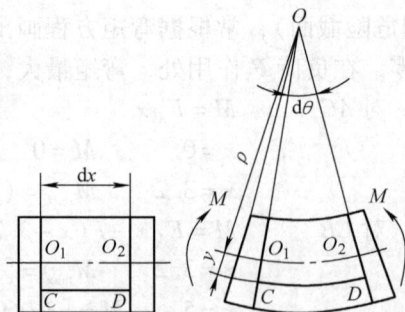

图3-17 梁弯曲应变分析

$$\varepsilon = \frac{\overset{\frown}{CD} - \overset{\frown}{O_1 O_2}}{\overset{\frown}{O_1 O_2}} = \frac{(\rho + y)\,\mathrm{d}\theta - \rho\mathrm{d}\theta}{\rho\mathrm{d}\theta} = \frac{y}{\rho}$$

ρ 对于微段 $\mathrm{d}x$ 来说，可看作常数，故纵向纤维的线应变 ε 与距中性层的距离 y 成正比。

（2）物理方程 因纵向纤维为轴向拉伸或压缩，所以在弹性范围内正应力与应变之间关系符合胡克定律，即

$$\sigma = E\varepsilon = E\frac{y}{\rho} \tag{3-11}$$

式（3-11）说明了横截面上正应力的分布规律，即横截面上任一点正应力与该点到中性轴距离成正比，即按直线规律变化，中性轴上应力为零，一侧为压应力，另一侧为拉应力，二侧边缘上各点应力为最大，如图 3-18 所示。

（3）静力学关系 式（3-11）虽已找到了正应力的分布规律，但还不能直接用它计算截面上任一点处的正应力数值，因曲率半径 ρ 虽为常数，但具体大小还未确定，须利用静力学关系来解决。

设在横截面上距中性轴为 y 处取一微面积 $\mathrm{d}A$（见图 3-19），可认为微面积上的应力均匀分布，微面积 $\mathrm{d}A$ 上的微内力 $\sigma\mathrm{d}A$ 对中性轴 z 之矩为 $\sigma\mathrm{d}Ay$，其总和即为截面上的弯矩 M

$$M = \int_A \sigma\mathrm{d}Ay = \int_A E\frac{y}{\rho}\mathrm{d}Ay = \frac{E}{\rho}\int_A y^2\mathrm{d}A$$

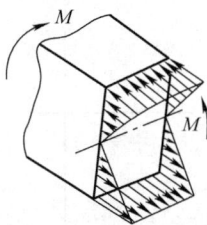

图 3-18 梁横截面应力分布情况　　　　图 3-19 梁弯曲正应力计算简图

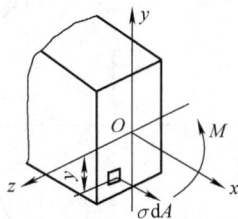

引入符号

$$I = \int_A y^2\mathrm{d}A$$

所以

$$\frac{1}{\rho} = \frac{M}{EI}$$

上式代入式（3-11）得

$$\sigma = \frac{My}{I} \tag{3-12}$$

这就是计算梁横截面上任意点弯曲正应力的公式。I 是仅与横截面尺寸和形状有关的几何量，称为截面对中性轴 z 的惯性矩，单位为 mm^4。

全梁的最大正应力发生在最大弯矩（指绝对值）的截面上距中性轴最远的各点上

$$\sigma_{max} = \frac{M_{max} y_{max}}{I} = \frac{M_{max}}{I/y_{max}}$$

引入符号

$$W = \frac{I}{y_{max}}$$

所以

$$\sigma_{max} = \frac{M_{max}}{W}$$

W 称为抗弯截面系数，表示截面抵抗弯曲的能力，也是仅与截面尺寸和形状有关的几何量，其单位为 mm^3。对于常见截面形状，其计算公式见表3-1。

表3-1　几种截面 I、W 的计算

		I	W
矩形截面	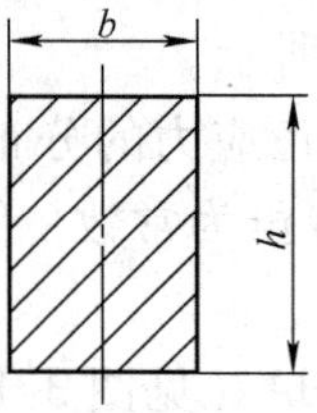	$\dfrac{bh^3}{12}$	$\dfrac{bh^2}{6}$
实心圆截面	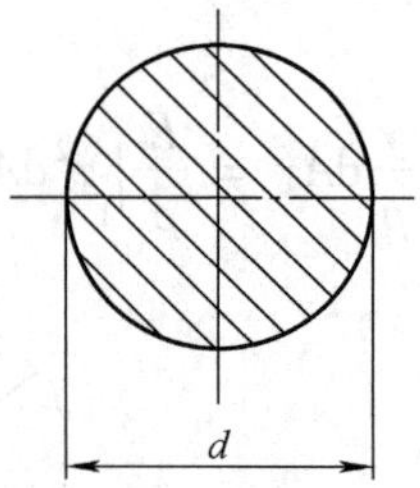	$\dfrac{\pi d^4}{64}$	$\dfrac{\pi d^3}{32}$
空心圆截面	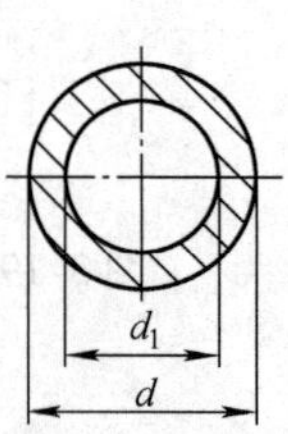	$\dfrac{\pi d^4}{64}(1-\alpha^4)$ $\alpha = \dfrac{d_1}{d}$	$\dfrac{\pi d^3}{32}(1-\alpha^4)$

四、弯曲强度条件及提高截面抗弯能力

对于受弯曲的梁，为保证其安全地工作，必须限制其危险截面上的最大弯曲应力不超过材料的许用弯曲应力 $[\sigma]_b$，因此弯曲强度条件为

$$\sigma_{max} = \frac{M_{max}}{W} \le [\sigma]_b \tag{3-13}$$

关于许用弯曲应力 $[\sigma]_b$ 的选取，对薄壁型钢一般可用拉伸时的许用应力值。对于实心钢梁可以略高一些，一般 $[\sigma]_b = (1.1 \sim 1.2)[\sigma]$，但在工程实际计算中，常近似取

$[\sigma]_b = [\sigma]$。

由式（3-13）可看出，提高截面抗弯能力与抗弯截面系数 W 有关，而 W 与截面安放状态、截面形状和大小有关。

如采用矩形截面，当截面形状和面积不变时，其抗弯能力取决于安放状态。立放时 $W = bh^2/6$，横放时 $W = hb^2/6$，对于 h 大于 b 的梁，立放时 W 大于横放时的 W，可知矩形截面立放比横放合理。这是由于弯曲时横截面上应力分布是不均匀的，离中性轴越远应力越大，反之越小，呈线性规律变化，中性轴附近应力远小于许用应力，这部分材料没有得到充分利用，而横放时，中性轴附近聚集的材料比立放时大，所以材料强度利用率更低。因此矩形截面在面积不变条件下，立放截面抗弯能力高于横放时。

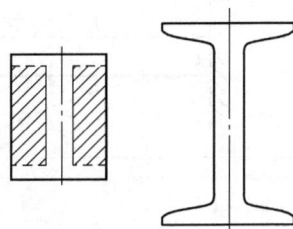

图 3-20　提高截面抗弯能力

如果把矩形截面上靠近中性轴附近的一部分材料（见图 3-20 阴影部分）移到截面应力较大的上下两边，变成工字形截面，这样在截面不变的条件下，可更大地发挥材料抗弯能力。

五、弯曲刚度条件及提高刚度的一些措施

在工程实际中常遇到这样的问题，梁的强度要求虽然满足了，但变形过大，梁仍然不能正常工作，特别是仪器中的构件，如果刚度不足就会严重影响仪器的工作。

衡量梁的弯曲变形用两个量度，即挠度和转角，如图 3-21 所示简支梁，在集中力作用下其轴线弯曲成曲线。任意截面中心 C 垂直移动到 C' 点，CC' 称为此截面的挠度，通常用 y 表示，位移向上为正，向下为负。同时横截面绕中性轴转动了一个角度 θ，称为该截面的转角，逆时针为正。

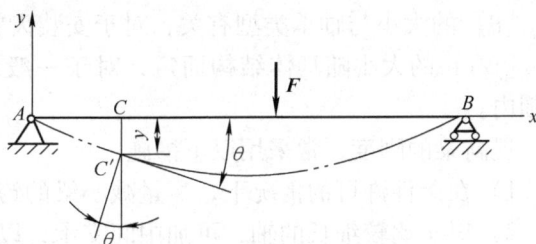

图 3-21　弯曲时的两种变形量度

表 3-2 为最常见的简支梁和悬臂梁，表中列出了在集中负荷 F 或力偶矩 M 的作用下，其最大挠度 y_{max} 和最大转角 θ_{max} 的计算公式。其他类型的计算公式可参阅有关设计手册。

为便于工程设计，将常见梁的计算公式编制成表格，实际计算时可查阅有关手册。

表 3-2　最大挠度和转角的计算公式

梁受力简图	最　大　挠　度	端截面转角
（简支梁，集中力 F 作用于中点，跨度 $l/2 + l/2$）	$y_{max} = \dfrac{-Fl^3}{48EI}$	$\theta_A = \dfrac{-Fl^2}{16EI}$ $\theta_B = \dfrac{+Fl^2}{16EI}$

（续）

梁受力简图	最 大 挠 度	端截面转角
	$y_{max} = \dfrac{-Fl^3}{3EI}$	$\theta_B = \dfrac{-Fl^2}{2EI}$
	$y_{max} = \dfrac{-Ml^2}{2EI}$	$\theta_B = \dfrac{-Ml}{EI}$

如果许用转角以 $[\theta]$ 表示，许用挠度以 $[y]$ 表示，在工程设计中常以挠度与跨度的比值 $[y/l]$ 作为衡量标准，则梁的刚度条件为

$$\theta_{max} \leqslant [\theta] \tag{3-14}$$

$$\frac{y_{max}}{l} \leqslant \left[\frac{y}{l}\right]$$

$[\theta]$ 的大小与轴承类型有关，对于安装齿轮的轴，一般 $[\theta]$ 不大于 $0.001\,\mathrm{rad}$。

$[y/l]$ 的大小随具体结构而定，对于一般用途的转轴，通常限制在 $0.0001 \sim 0.0005$ 范围内。

提高梁的刚度，常采用以下措施：

1）在条件许可的情况下，尽量减小梁的跨度。

2）对于比较细长的轴，可加中间支承，以限制梁的变形过大。

3）在结构许可条件下，尽量用简支梁代替悬臂梁，或在悬臂梁下加支撑杆。

4）合理地选择截面形状，在截面面积基本不变的情况下以增大惯性矩。一般空心薄壁截面的惯性矩比同面积的实心截面的惯性矩大。

例3-4 有一仪器中用的片弹簧，如图3-22所示。片弹簧有效长度 $l = 50\mathrm{mm}$，工作负荷 $F = 5.9\mathrm{N}$，要求自由端在集中负荷 F 的作用下，片弹簧端点挠度 $y = 2\mathrm{mm}$。材料为锡青铜，$E = 112\,700\mathrm{N/mm^2}$，$[\sigma] = 147\mathrm{N/mm^2}$，设计此片弹簧的宽度 b 及厚度 h。

解 此片弹簧可视为一矩形截面的悬臂梁，根据悬臂梁的最大挠度计算公式

图 3-22 片簧弯曲计算简图

$$y_{max} = \frac{Fl^3}{3EI}$$

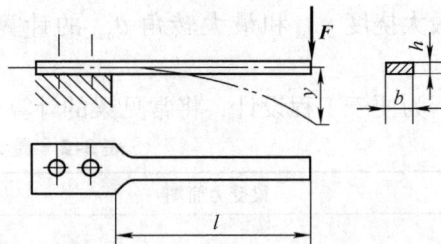

可先求出片弹簧的截面惯性矩

$$I = \frac{Fl^3}{3Ey} = \left(\frac{5.9 \times (50)^3}{3 \times 112\,700 \times 2}\right) \text{mm}^4 \approx 1.1\,\text{mm}^4$$

由于

$$W = \frac{bh^2}{6}, \quad I = \frac{bh^3}{12}$$

则

$$W = \frac{2I}{h}$$

然后根据弯曲强度公式，可求出片弹簧的厚度。即

$$\sigma_{\max} = \frac{M}{W} = \frac{Fl}{2I/h} = \frac{hFl}{2I} \leqslant [\sigma]$$

则

$$h \leqslant \frac{2I[\sigma]}{Fl} = \left(\frac{2 \times 1.1 \times 147}{5.9 \times 50}\right) \text{mm} = 1.1\,\text{mm}$$

于是片弹簧宽度也可相应地求出

$$b = \frac{12I}{h^3} = \left(\frac{12 \times 1.1}{1.1^3}\right) \text{mm} = 9.9\,\text{mm} \approx 10\,\text{mm}$$

第六节　复杂变形的强度计算

以上讨论的是直杆在一种简单变形下（拉、压、剪、扭、弯）的应力和变形的计算，但工程实际中常存在比较复杂的情况，杆件同时受到两种或两种以上的变形，即所谓复杂变形问题。例如拧螺钉旋具时，螺钉旋具杆除了产生扭转变形外，还产生压缩变形，又如机械上的转轴，因受带拉力和齿轮间传递力的作用，除了承受扭转变形外，同时发生弯曲变形。要解决这类杆件的强度计算，可用力的叠加原理，即先分析杆件是由哪些简单变形组成，然后分别求出各简单变形所引起的应力，再将应力叠加起来，针对危险点建立强度条件。

一、拉伸（或压缩）与弯曲的联合作用

图 3-23 为一齿轮的轮齿，当一对相啮合的齿即将脱开时，主动轮的齿顶与从动轮的齿根相接触，此时主动轮齿顶受到法向力 F_n 的作用。

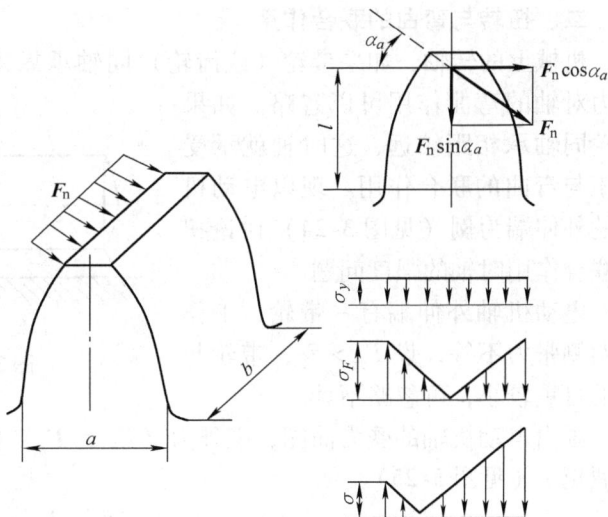

图 3-23　齿根截面应力合成

在研究轮齿的强度时，可将轮齿看作一个悬臂梁，假定 F_n 即为啮合传动时的全部载荷，且作用于齿顶。为了简化计算，将力 $\boldsymbol{F}_n$ 沿其作用线移至轮齿对称线上，并分解为两个互相垂直的分力，即 $F_n\sin\alpha_a$ 和 $F_n\cos\alpha_a$，前者引起轮齿压缩变形，后者引起轮齿弯曲变形，下面分别计算它们的应力。

分力 $F_n\sin\alpha_a$ 引起均布压应力 σ_y，即

$$\sigma_y = \frac{F_n\sin\alpha_a}{ba}$$

分力 $F_n\cos\alpha_a$ 引起弯曲应力 σ_F，一侧受拉，一侧受压，且呈线性变化。其引起的弯矩在齿根截面处为最大值，$M_{max} = F_n\cos\alpha_a l$，最大弯曲应力为

$$\sigma_F = \frac{M_{max}}{W} = \frac{F_n\cos\alpha_a l}{\dfrac{ba^2}{6}}$$

将齿根部分应力合成（见图 3-23），虽然压应力较大，但弯曲折断（突然折断或疲劳折断）总是发生在拉应力一边，因裂纹对拉应力较敏感，所以应根据拉应力进行计算，最大拉应力为

$$\sigma = \sigma_F - \sigma_y = \frac{F_n\cos\alpha_a l}{\dfrac{ba^2}{6}} - \frac{F_n\sin\alpha_a}{ba}$$

为了安全，工作可靠，最大弯曲应力必须小于或等于许用弯曲应力，即强度条件为

$$\sigma = \frac{6F_n\cos\alpha_a l}{ba^2} - \frac{F_n\sin\alpha_a}{ba} \le [\sigma]$$

二、扭转与弯曲的联合作用

机械上的转轴，如果带轮（或齿轮）同轴承靠得很近，这时轴主要承受扭矩，带的张力对轴的弯曲作用可以忽略。如果带轮同轴承相距较远，这时轴就承受扭矩与弯曲的联合作用。现以电动机轴的外伸端为例（见图 3-24）讨论扭弯联合作用时轴的强度问题。

电动机轴外伸端有一带轮，工作时两侧张力不等，设 $F_1 > F_2$，带轮与轴的自重较小，可忽略不计。

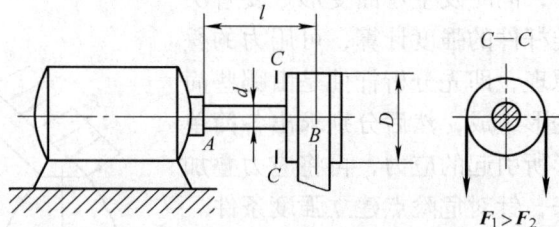

图 3-24　扭转弯曲联合作用的轴

画出电动机轴的受力简图，把外力（$\boldsymbol{F}_1$ 和 $\boldsymbol{F}_2$）向截面 B 形心简化，得到一个力 $\boldsymbol{F}$ 和力偶矩 T（见图 3-25）。

$$F = F_1 + F_2$$

$$T = (F_1 - F_2)\frac{D}{2}(= M_n)$$

力 $\boldsymbol{F}$ 使轴发生弯曲，力偶矩使轴发生扭转，弯矩图和扭矩图如图 3-25 所示，固定端

A 处弯矩最大，扭矩各处相等。

$$M_{max} = Fl = (F_1 + F_2)l$$

综合弯矩和扭矩结果，靠近固定端的截面是轴的危险截面，在此截面上由于弯曲引起的正应力和由于扭转所引起的切应力如图 3-26 所示，外圆周正应力与切应力同时最大，故轴的强度完全由外圆周的应力来决定。

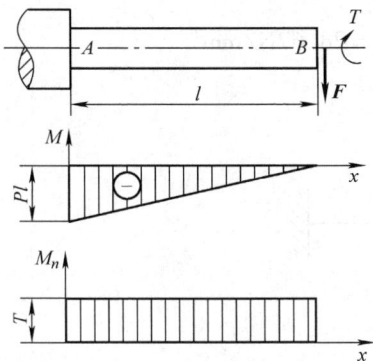

图 3-25　弯矩图和扭矩

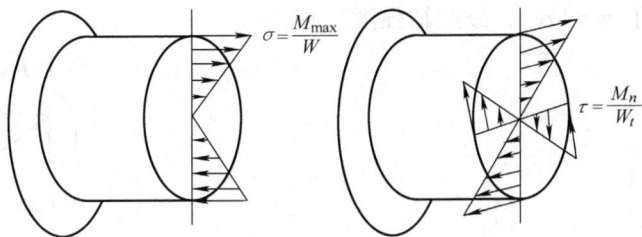

图 3-26　弯曲与扭转的应力合成

当截面上正应力与切应力同时存在时，这两种应力不能简单地叠加，可用塑性材料的第三强度理论进行合成，其强度条件为

$$\sqrt{\sigma^2 + 4\tau^2} \le [\sigma]$$

即

$$\sqrt{\left(\frac{M_{max}}{W}\right)^2 + 4\left(\frac{M_n}{W_t}\right)^2} \le [\sigma]$$

$$\sqrt{\left(\frac{M_{max}}{W}\right)^2 + 4\left(\frac{M_n}{2W}\right)^2} \le [\sigma] \tag{3-15}$$

$$\frac{1}{W}\sqrt{W_{max}^2 + M_n^2} \le [\sigma]$$

式中，$W = \pi d^3/32$；$W_t = \pi d^3/16$。

利用危险点的强度条件，可以校核轴的强度，或设计轴的直径 d。

例 3-5　平面磨床磨轮轴工作时受力情况如图 3-27a 所示。$F_1 = 196N$，$F_2 = 78.4N$，轴的直径 $d = 20mm$，材料的许用应力 $[\sigma] = 49N/mm^2$，试用第三强度理论校核强度。

解　将外力向轴线简化后，受力简图如图 3-27b 所示。力 F_1 垂直向上作用，使轴在垂直平面内弯曲；力 F_2 水平向后作用，使轴在水平平面内弯曲；外扭矩 $T = F_2R$ 使轴扭转。

求出内力并绘出内力图（见图 3-27c）。

垂直面的弯矩　　　　$M_\perp = F_1 x$

$M_{\perp max} = F_1 l = (196 \times 0.1)N \cdot m = 19.6N \cdot m$

水平面的弯矩　　　　$M_{\parallel max} = F_2 x$

$M_{\parallel max} = F_2 l = (78.4 \times 0.1)N \cdot m = 7.84N \cdot m$

由于固定端处截面上两个方向的弯矩都是最大值，因而合成弯矩也是最大，其值为

$$M^2_{\max} = M^2_{\perp} + M^2_{\parallel} = (19.6^2 + 7.84^2)(\mathrm{N \cdot m})^2 = 445.6256(\mathrm{N \cdot m})^2$$

扭矩 $\qquad M_n = T = F_2 R = (78.4 \times 0.1)\mathrm{N \cdot m} = 7.84\mathrm{N \cdot m}$

将 $M_{\max}$ 和 M_n 的值代入式（3-15），得

$$\sigma = \frac{1}{W}\sqrt{M^2_{\max} + M^2_n}$$

$$= \left(\frac{\sqrt{445.6256 \times 10^6 + 61.5646 \times 10^6}}{\dfrac{\pi \times 20^3}{32}}\right)\mathrm{N/mm^2} = 28.67\mathrm{N/mm^2}$$

由于 $\sigma < [\sigma]$，故此轴强度足够。

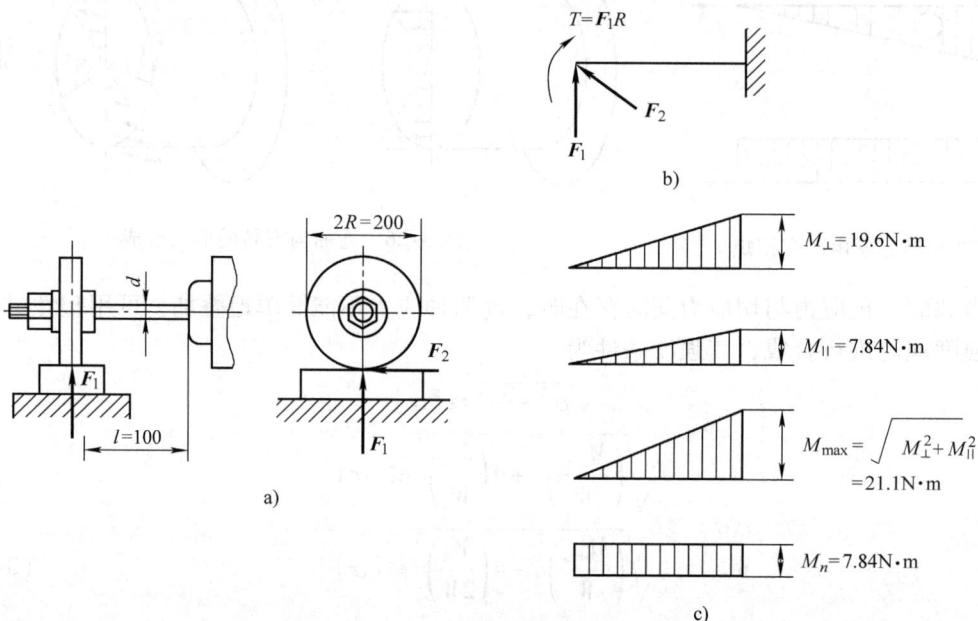

图 3-27　扭转弯曲合成计算简图

思考题及习题

3-1　一钢制阶梯形直杆，其受力如图 3-28 所示，已知 $[\sigma] = 160\mathrm{MPa}$，各段截面面积分别为 $A_1 = A_3 = 300\mathrm{mm^2}$，$A_2 = 200\mathrm{mm^2}$，$E = 20 \times 10^4\mathrm{MPa}$。

1）各段的轴向力为多少？最大轴向力发生在哪一段内？杆的强度是否安全？

2）计算杆的总变形。

3-2　如图 3-29 所示，载荷 $F = 130\mathrm{kN}$ 悬挂在两根杆上，AC 为钢杆，截面为圆形，直径 $d_1 = 30\mathrm{mm}$，许用应力 $[\sigma]_{AC} = 160\mathrm{MPa}$。$BC$ 为铝杆，截面也是圆形，直径 $d_2 = 40\mathrm{mm}$；许用应力 $[\sigma]_{BC} = 60\mathrm{MPa}$。已知 $\alpha = 30°$，试校核强度。

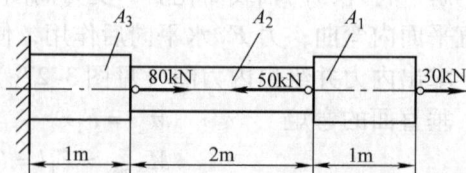

图 3-28　题 3-1 图

3-3　图 3-30 为一吊架，AB 为木杆，截面积 $A = 10^4 \text{mm}^2$，许用应力 $[\sigma]_{AB} = 7\text{MPa}$；BC 为钢杆，截面积 $B = 600 \text{mm}^2$，许用应力 $[\sigma]_{BC} = 160\text{MPa}$。试求 B 处可吊最大载荷。

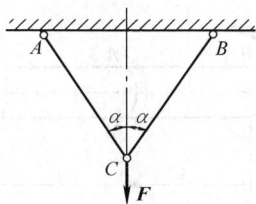

图 3-29　题 3-2 图

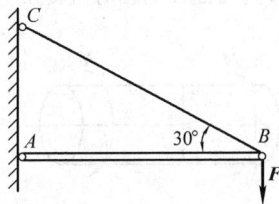

图 3-30　题 3-3 图

3-4　一螺栓联接如图 3-31 所示。已知外力 $F = 200 \times 10^3 \text{N}$，螺栓的许用切应力 $[\tau] = 80\text{MPa}$。试求螺栓所需的直径。

3-5　如图 3-32 所示，铆接钢板的铆钉直径为 17mm，铆钉的许用切应力 $[\tau] = 140\text{MPa}$，拉力 $F = 24\text{kN}$。试作强度校核。

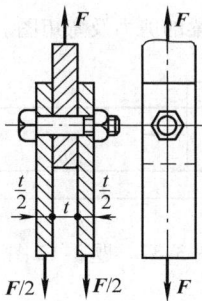

图 3-31　题 3-4 图

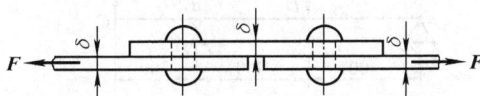

图 3-32　题 3-5 图

3-6　图 3-33 所示杠杆机构中螺栓的许用切应力 $[\tau] = 100\text{MPa}$，作用力 $F_1 = 50\text{kN}$。试根据图示状态确定铰链处螺栓 B 的直径。

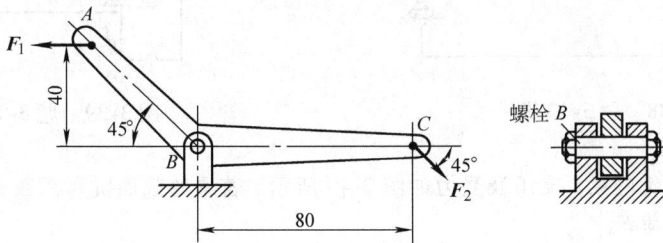

图 3-33　题 3-6 图

3-7　图 3-34 所示圆轴直径 $d = 50\text{mm}$，$M = 1\,000\text{N} \cdot \text{m}$。已知材料剪切弹性模量 $G = 82\,000\text{MPa}$，求最大切应力和 1m 长度扭转角。

3-8　图 3-35 所示圆轴直径 $d = 100\text{mm}$，$l = 500\text{mm}$，$M_1 = 7\,000\text{N} \cdot \text{m}$，$M_2 = 5\,000\text{N} \cdot \text{m}$，$G = 82\,000\text{MPa}$，试作：

1）轴的扭矩图。

2）求出轴的最大切应力及所在位置。

3）截面 C 对截面 A 的相对扭转角。

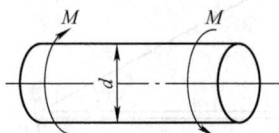

图 3-34 题 3-7 图

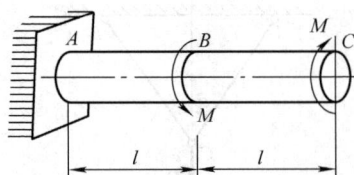

图 3-35 题 3-8 图

3-9 空心钢轴的外径 $D = 100mm$，内径 $d = 50mm$。若要求轴在 2m 内的最大扭转角不超过 $1.5°$，则它所能承受的最大扭矩是多少？并求此时轴内的最大切应力。（$G = 82\,000MPa$）

3-10 今欲以一内外径比值为 0.6 的空心轴来代替一直径为 40cm 的实心轴，在两轴的许用切应力相等的条件下，试确定空心轴的外径，并比较实心轴和空心轴的重量。

3-11 为图 3-36 所示的外伸梁作剪力和弯矩图。

3-12 图 3-37 所示一简支梁，在 C 点处受一力偶 M_0 作用。作此梁的剪力及弯矩图。

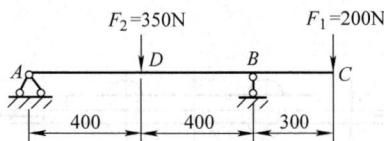

图 3-36 题 3-11 图

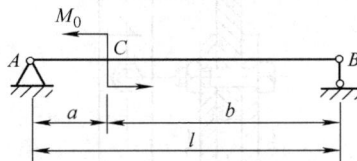

图 3-37 题 3-12 图

3-13 图 3-38 所示简支梁，受均布载荷 q，试列出剪力、弯矩方程式，并作剪力、弯矩图。

3-14 如图 3-39 所示，在车床上用卡盘夹住工件进行切削时，车刀作用于工件的力 $F = 360N$，工件材料为普通碳素钢，$E = 2.0 \times 10^5 MPa$，试求工件端点的挠度。

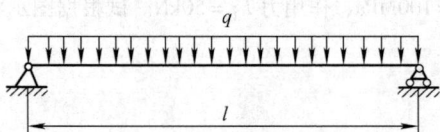

图 3-38 题 3-13 图

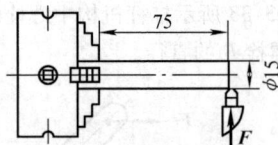

图 3-39 题 3-14 图

3-15 20 号工字钢的梁，支承及受力如图 3-40 所示。若梁的截面抗弯系数 $W = 184cm^3$，$[\sigma] = 160MPa$，试求许用载荷 F。

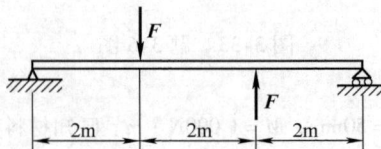

图 3-40 题 3-15 图

第四章 平面机构的结构分析

第一节 概 述

　　机器或机构中各相对运动的部分可看成一个个运动单元，这种运动单元被称为构件。构件可能是一个零件，也可能由几个零件组成。如图4-1所示的内燃机连杆，由于结构和工艺上的需要，它是由连杆体1、连杆头2、轴瓦3、螺栓4、螺母5和轴套6等零件刚性地联接在一起，构成一个运动单元体。在机构中，每一个运动单元体称为一个构件（或简称为杆）。

　　机构是按一定方式联接的实现预期运动的最基本的构件组合体，是用来传递运动和力或改变运动的形式。为达此目的，机构必须具有确定的运动。在设计新机构时，首先应判断所设计的机构能否运动；如果能够运动，尚需判断在什么条件下各构件间具有确定的相对运动。因此，研究机构结构的目的之一，就在于探讨机构运动的可能性及其具有确定运动的条件。

　　机构的形式和具体结构是各种各样的，对它们逐一地分析研究是极为繁琐的，而且实际上也无此必要。因此，研究机构结构的另一目的，就在于将上述繁多的机构，根据其各自的结构特点加以分类，并按这种分类来建立对其进行运动分析和动力分析的一般方法。

图 4-1 连杆

　　此外，为了合理设计机构和创造新机构，熟悉构件组成机构的规律，了解机构的组成原理，也是研究机构结构的又一目的。在设计新机构，或对现有机构进行分析时，为了便于研究，常常需要绘出机构运动简图。如何正确绘制机构运动简图，是机构研究设计者应该掌握的基本方法。

　　按构件间相对运动是平面运动还是空间运动，机构分为平面机构和空间机构。如机构中各构件间的相对运动都是平面运动，此类机构称为平面机构；如果组成机构的构件中，有二构件间的相对运动不是平面运动，则此机构为空间机构。生产实践中，大部分机构都是平面机构，因此，本章仅以平面机构作为研究对象。

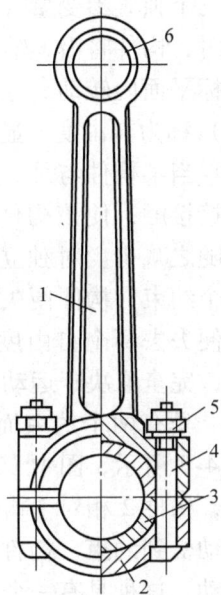

第二节 运动副及其分类

　　机构是由构件组成的，在机构中，每个构件都是以一定的方式与其他构件相互连接。

这种使两构件直接接触，而又能产生一定相对运动的连接（可动连接）称为运动副，如滑动轴承的轴颈与轴套之间的连接，滑块与导槽之间的连接和轮齿与轮齿之间的连接等。构件之间的接触不外乎点、线、面三种。上述的滚珠轴承的滚珠与内外圈之间为点接触；互相啮合的轮齿之间为点或线接触；滑块与导槽之间为面接触。这些构成运动副的点、线、面称为运动副要素。

按照组成运动副两构件间的相对运动是平面运动还是空间运动，可把运动副分为平面运动副和空间运动副。由于常用的机构中大多数为平面运动副，所以本节将主要讨论平面运动副的有关问题。

由工程力学可知，构件作任意平面运动时，其运动可分解为三个独立运动：沿 x 轴的移动、沿 y 轴的移动和绕垂直于 xOy 平面的轴转动。这三个独立运动也可以用图 4-2 所示的三个独立参变量（任一点 A 的坐标 x 和 y，以及任一直线的倾角 α）来描述。当 x 值变化时，构件将沿 x 轴移动；当 y 值变化时，构件将沿 y 轴移动；当 α 值变化时，构件将在坐标平面内转动。这种构件所具有的独立运动数目（或确定构件位置的独立参变量的数目）称为自由度。显然，作平面运动的自由构件具有三个自由度。

当某构件与另一构件组成运动副后，由于构件间的直接接触，使该构件的某些独立运动受到限制，自由度便随之减少。对独立运动所加的限制称为约束。每加上一个约束，构件便失去一个自由度；加上两个约束，构件便失去两个自由度。两构件间约束的多少和约束的特点，完全取决于运动副的型式。

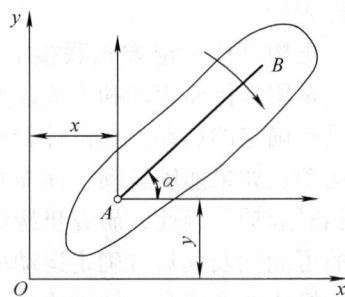

图 4-2 平面运动系

具有两个约束而相对自由度为 1 的平面运动副，如图 4-3 所示，图中 xOy 为运动平面。图 4-3a 所示的运动副，构件 2 相对于构件 1 沿 x 轴和 y 轴的两个方向的相对移动受到约束，构件 2 只能绕垂直于 xOy 平面的轴相对转动。这种具有一个独立相对转动的运动副称为转动副。滑动轴承的轴颈和轴承间的连接、铰链的连接都构成转动副。

图 4-3b 所示的运动副，构件 2 沿 y 轴的相对移动和绕垂直于 xOy 平面的轴相对转动受到约束，构件 2 相对于构件 1 只能沿 x 轴方向相对移动。这种具有沿一个方向独立相对移动的运动副称为移动副。一般矩形导轨的运动件和承导件就构成这样的移动副。

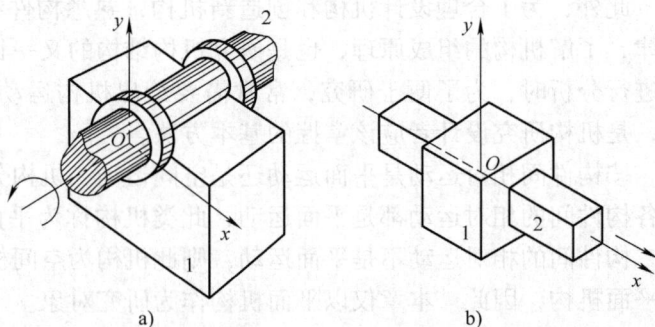

图 4-3 相对自由度为 1 的平面运动副

具有一个约束而相对自由度等于 2 的平面运动副，如图 4-4 所示。在这种由曲线构成的运动副中，构件 2 沿公法线 n-n 方向的移动受到约束，构件 2 相对于构件 1 可以沿接触点切线 t-t 的方向独立移动，还可以同时绕点 A 独立转动。这种具有两个独立相对运动的运动副，其一般型式如图 4-4a 所示，圆柱齿轮啮合时轮齿间的连接、滚子与凸轮轮廓之间的连接都属于这种情况；当构件 2 接触轮廓的曲率半径趋于零，则演化成图 4-4b 所示的型式，尖底从动件与凸轮轮廓之间的连接就构成这种运动副。

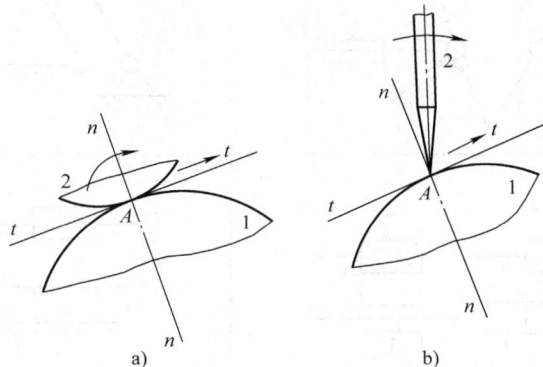

图 4-4　相对自由度为 2 的平面运动副

约束一个相对转动而保留两个独立相对移动的运动副是不可能存在的。因为只要两构件一旦直接接触，沿接触点公法线相对移动的可能性即被取消（如图 4-4 所示，构件 2 沿 n-n 向下运动将受到构件 1 的限制；如沿 n-n 向上运动则两构件将脱离接触而不再成为运动副了）。因此，从相对运动来看，平面运动副不外乎上述三种型式。

按照接触的特性，通常把运动副分为高副和低副。点接触或线接触的运动副称为高副；面接触的运动副称为低副。不难看出，上述平面运动副中，具有两个约束的运动副（转动副和移动副）都是面接触；具有一个约束的运动副（见图 4-4）都是点或线接触。因此，在平面机构中，平面低副具有两个约束，平面高副具有一个约束。

第三节　平面机构的运动简图

机构各构件间的相对运动，只取决于机构中的所有运动副的类型、数目及其相对位置（即回转副的中心位置，移动副的中心线位置和高副接触点的位置），而与构件的外形、组成构件的零件数和运动副的具体结构无关。因此，分析机构的运动时，可不考虑那些与运动无关的因素，仅仅用简单的线条和符号来代表构件和运动副，并按一定比例表示各运动副间的相对位置。这种表明机构各构件间相对运动关系的简单图形称为机构运动简图。

机构运动简图与原机构具有完全相同的运动特性，可根据该图对机构进行运动和动力分析。

有时只是为了表示机构的结构状况，也可以不要求严格地按比例来绘制简图，而通常把这样的机构简图称为机构示意图。

为了便于绘制机构运动简图，在 GB4460/T—2013 "机构运动简图符号" 中对运动副、构件、构件的运动及各种机构等表示符号均作了详细的规定，表 4-1 摘自该标准中部分内容，供参阅。

表 4-1　平面运动副、构件表示法

运动副名称		两运动构件所形成的运动副	两构件之一为机架时所形成的运动副
平面运动副	转动副	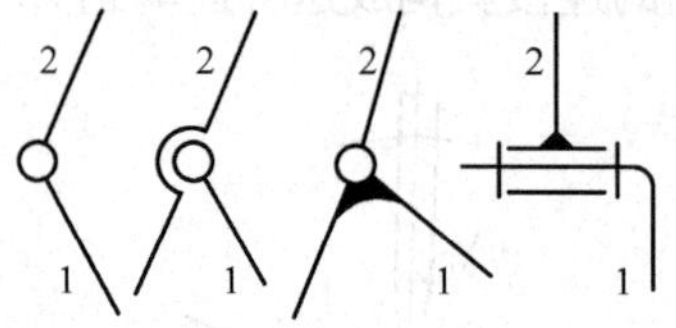	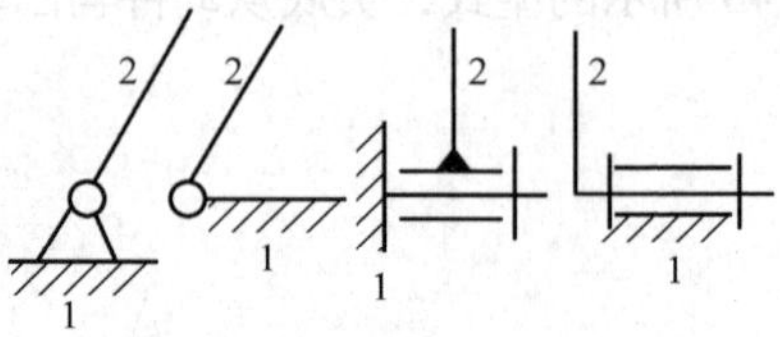
	移动副	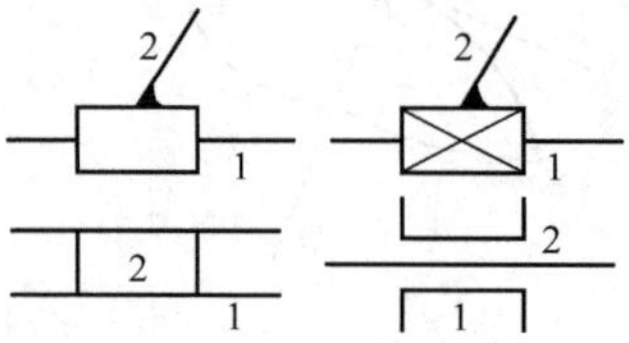	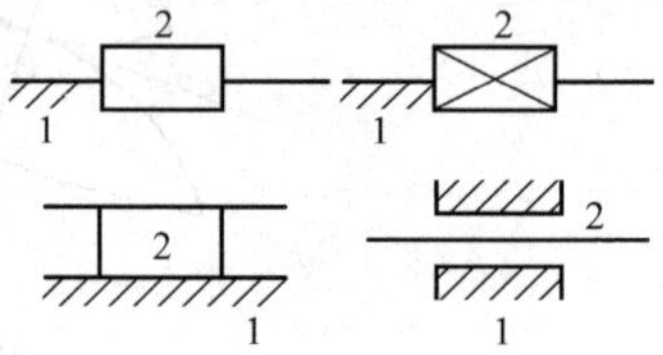
	平面高副	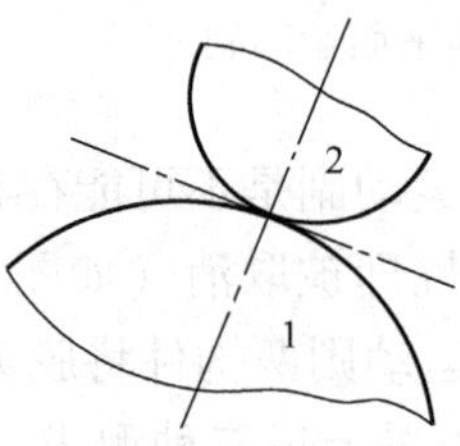	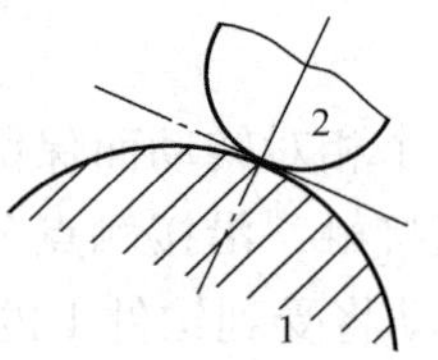
		双副元素构件	三副元素构件	多副元素构件
构件		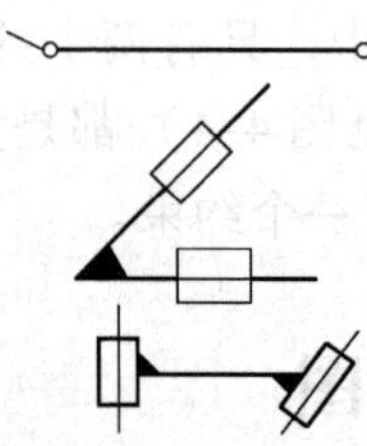	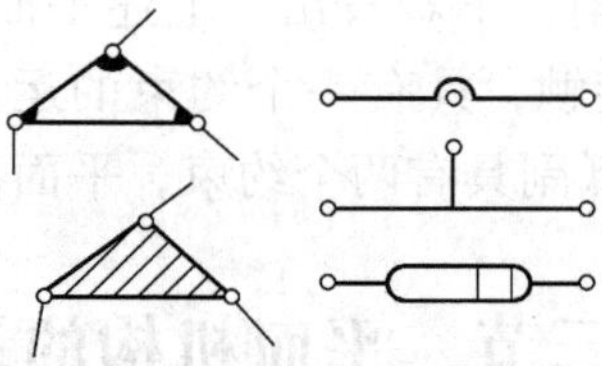	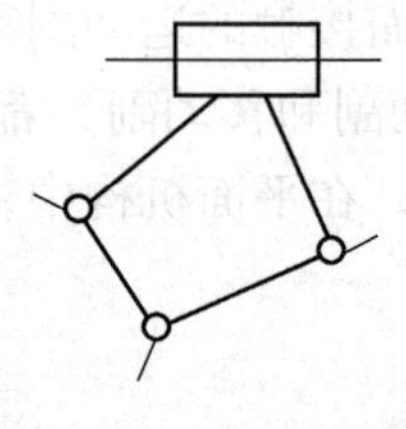
齿轮及齿轮副		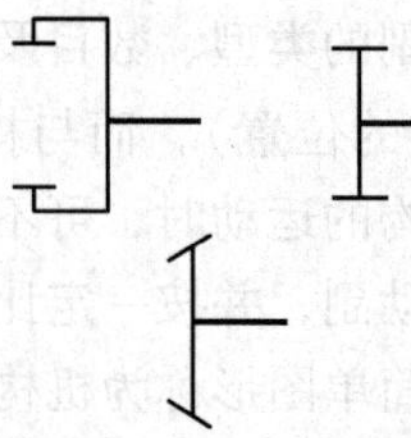	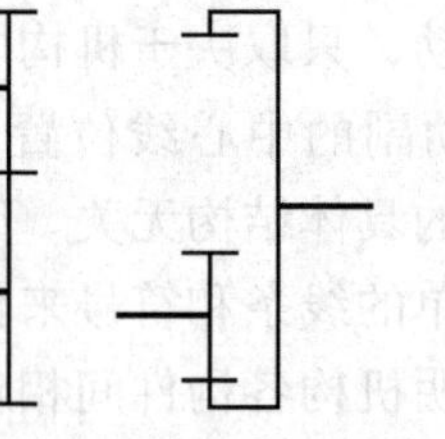	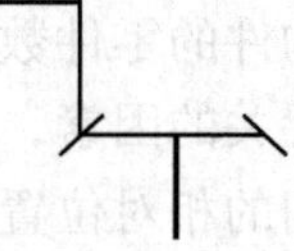
齿轮齿条副		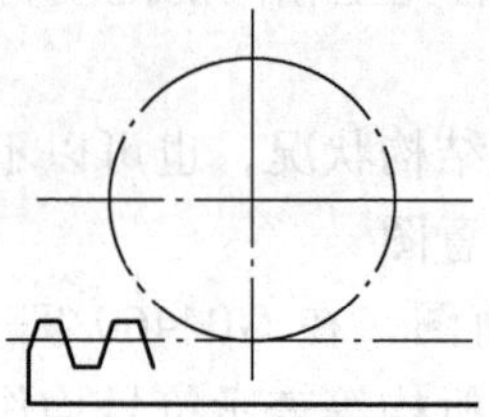		

（续）

运动副名称	两运动构件所形成的运动副		两构件之一为机架时所形成的运动副
	盘形凸轮	移动凸轮	与杆固接的凸轮
凸轮			

绘制机构运动简图时，首先要搞清楚所要绘制机械的结构和动作原理，然后从原动件开始，按照运动传递的顺序，仔细分析各构件相对运动的性质，确定运动副的类型和数目；在此基础上合理选择视图平面，通常选择与大多数构件的运动平面相平行的平面为视图平面；选取适当的长度比例尺 μ_l（μ_l = 实际尺寸/图上长度），按一定的顺序进行绘图，并将比例尺标注在图上。绘制机构示意图的方法与上述类似，但不需按比例绘图。

下面举例说明机构运动简图的画法：

例 4-1 试画出图 4-5a 所示液压泵机构的运动简图。

解 此机构主要由圆盘 1、导杆 2、摇块 3 和机架 4 等四个构件组成，其中构件 1 为原动件，构件 4 为机架。该机构的工作情况是：当回转副 B 在 AC 中心线的左边时，从机架 4 的右孔道吸油；当 B 在 AC 中心线的右边时，经机架 4 的左孔道排油。

构件 1 与构件 4 和构件 2、构件 3 与构件 4 分别在 A、B、C 点构成转动副，构件 2 与构件 3 组成移动副它们的导路沿 BC 方向。

机构组成情况清楚后，选择适当的投影面和比例尺，定出各转动副的位置即可绘出机构运动简图，如图 4-5b 所示。

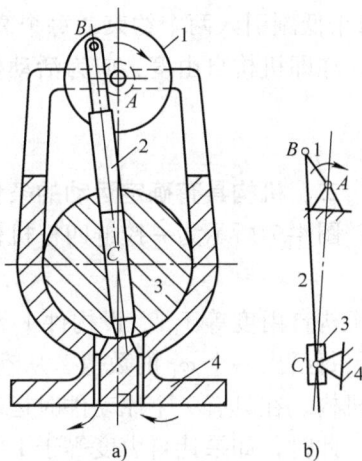

图 4-5 液压泵机构

第四节 平面机构的自由度

一、机构自由度

若干构件以运动副联接而成的系统称为运动链。运动链分为闭式链和开式链两种类型。如果组成运动链的每个构件至少包含两个运动副要素，这种运动链便称为闭式链，如图 4-6a 所示。如果运动链中有构件只包含一个运动副元素，称为开式链，如图 4-6b 所示。生产中通常应用的机械多属闭式链，而铰接臂机器人则属于开式链。

　　将运动链的一个构件固定为机架，另一个或几个构件作独立运动时（作为原动件），其余构件（为从动件）即随之做确定的运动，该运动链便成为机构。显然，不能运动杆的组合或无规则乱动的运动链，都不能成为机构。我们把机构中各构件相对于机架的所能有的独立运动的数目称为机构的自由度。不难看出，机构的自由度与构件总数、运动副的类型和数量有关。

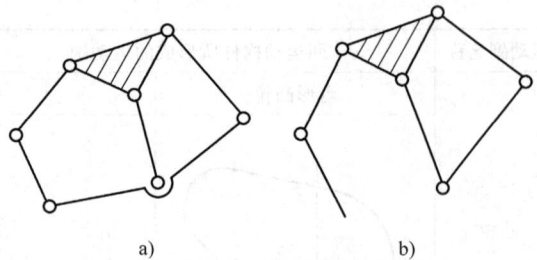

图 4-6　运动链

　　设某一平面机构，共包含有 N 个构件，P_L 个低副和 P_H 个高副。这 N 个构件中有一个构件固定不动作为机架，其余活动构件数为 $n = N - 1$。这 n 个活动构件在未用运动副连接之前具有 $3n$ 个自由度，当用 P_L 个低副和 P_H 个高副连接之后，便受到 $2P_L + P_H$ 个约束（每个低副引入两个约束，每个高副引入一个约束）。显然，各构件相对机架的独立运动数，亦即机构自由度，应为活动构件自由度的总数与运动副引入的约束总数之差，即

$$F = 3n - 2P_L - P_H \tag{4-1}$$

二、机构具有确定运动的条件

　　图 4-7 所示为一铰链四杆机构。$n = 3$，$P_L = 4$，$P_H = 0$，由式（4-1）得

$$F = 3 \times 3 - 2 \times 4 - 0 = 1$$

该机构自由度等于1，设构件1为原动件，参变量 φ_1 表示构件1的独立运动。则由图可见，每给出一个 φ_1 的数值，从动件2、3便有一个确定的位置。因此，这个自由度等于1的机构，在具有一个原动件时运动是确定的。

　　此时，如果让自由度等于1的机构具有两个原动件，假定为构件1和3。这样，一方面，构件3的运动被构件1运动所确定，另一方面又要独立地自由运动，这两种相互矛盾的要求是不可能同时满足的。如强迫两个原动件按照各自规律运动，则机构中较薄弱的构件必将损坏。因此，原动件数大于机构自由度的情况是不允许的。

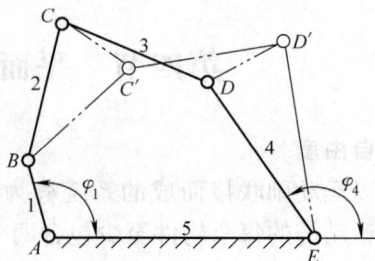

　　图 4-8 所示为一铰链五杆机构。$n = 4$，$P_L = 5$，$P_H = 0$，由式（4-1）可得

$$F = 3 \times 4 - 2 \times 5 - 0 = 2$$

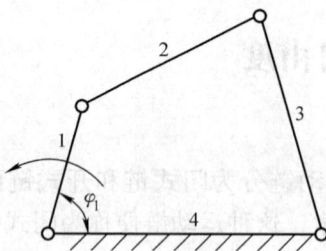

图 4-7　铰链四杆机构　　　　　图 4-8　铰链五杆机构

该机构的自由度为 2，应当有 2 个原动件。若取构件 1 和构件 4 为原动件，φ_1 和 φ_4 分别表示构件 1 和 4 的独立运动。由图可见，每给定一组 φ_1 和 φ_4 的数值，从动件 2、3 便有一个确定的相应位置。因此，这个自由度等于 2 的机构，在具有两个原动件时运动是确定的。

图 4-9a 所示的构件组合，$n=4$，$P_L=6$，$P_H=0$，由式（4-1）可得 $F=3\times4-2\times6-0=0$，说明它是不能产生相对运动的刚性桁架。同样可以验证图 4-9b 所示的构件组合也是一个刚性桁架（静定桁架，$F=0$）。

又如图 4-9c 所示构件组合，$n=3$，$P_L=5$，$P_H=0$，由式（4-1）得

$$F=3\times3-2\times5-0=-1$$

此时 $F<0$，说明它所受的约束过多，已成为超静定桁架。

综上可知，机构并非是构件的任意拼凑组合，而机构自由度、原动件数目与机构运动有着密切的关系：①当 $F\leq0$ 时，构件间不可能有相对运动。②当 $F>0$ 时，原动件数大于机构自由度，机构会遭到损坏；原动件数小于机构自由度，机构运动不确定；只有当原动件数等于机构自由度时，机构才具有确定的运动。

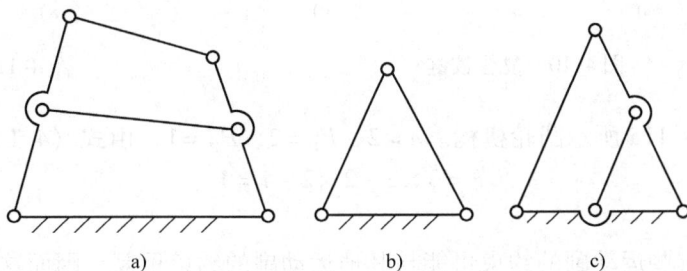

图 4-9 构件组合

三、计算机构自由度时应注意的事项

在计算平面机构自由度时，尚需注意下述一些特殊问题。

1. 复合铰链

在同一轴线上有两个以上的构件以转动副连接时，则形成复合铰链。如图 4-10a 所示六杆机构中，三个构件 2、3、5 在 C 处以转动副的形式连接，直接从图 4-10a 中看似乎 C 处就一个转动副，实际上由图 4-10b 的侧视图可以看出，C 处由两个转动副组成，这种类似于 C 处的两个或多个铰链重叠在一起的转动副被称为复合铰链，在计算机构自由度时，切勿错当为一个回转副。

若有 m 个构件用复合铰链连接时，则应含有 $(m-1)$ 个转动副。

图 4-10a 所示六杆机构，$n=5$，$P_L=7$，$P_H=0$，由式（4-1）得

$$F=3\times5-2\times7-0=1$$

2. 局部自由度

在有些机构中，某些构件所产生的局部运动，并不影响其他构件的运动。我们把这些构件所产生的这种局部运动的自由度，称为局部自由度。

图4-11a为一凸轮机构，其中凸轮1为原动件，滚子2和顶杆3为从动件。如果直接用式（4-1）计算其机构自由度时，由于 $n=3$，$P_L=3$，$P_H=1$，其自由度 $F=3\times3-2\times3-1=2$，计算结果与实际机构运动不符。这是由于圆形滚子绕其自身轴心的自由转动，并不影响其他构件的运动（见图4-11b，当将滚子和顶杆焊在一起时，并不影响其他构件的运动），属于局部自由度。在该处设置滚子的目的，只是为了减轻凸轮轮面的磨损，而在计算机构自由度时，应除去不计。

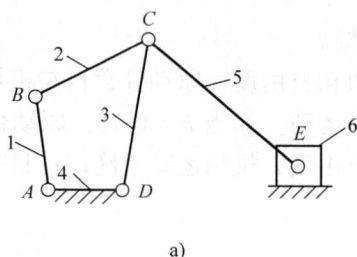

图4-10　复合铰链

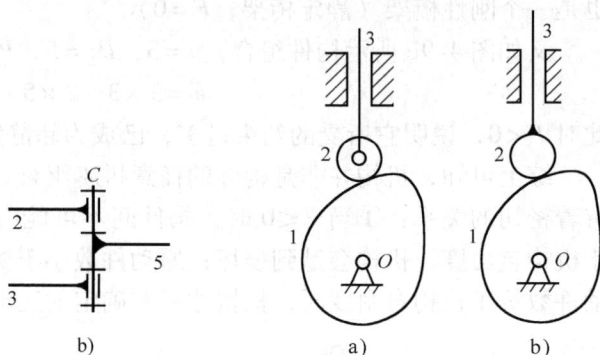

图4-11　局部自由度

因此，如图4-11a所示凸轮机构。$n=2$，$P_L=2$，$P_H=1$，由式（4-1）可得

$$F=3\times2-2\times2-1=1$$

3. 虚约束

在机构中，有些运动副的约束可能与其他运动副的约束重复，因而这些约束对机构的运动实际上并无约束作用，故称这类约束为虚约束。例如在图4-12a所示的平行四边形机构中，连杆2作平移运动，其中各点的轨迹均为圆心在 AD 线上而半径等于 AB 的圆弧。根据式（4-1），该机构的自由度为

$$F=3\times3-2\times4=1$$

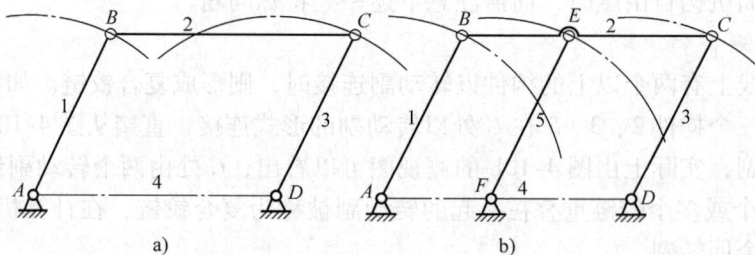

图4-12　虚约束

如果在机构中再加上一个构件5，与构件1、3平行而且长度相等（见图4-12b）。显然，这对该机构的运动不会产生任何影响，但此时机构的自由度却变为

$$F=3\times4-2\times6=0$$

计算结果与机构实际运动情况不符。这是因为加上构件5后，虽然多了三个自由度，

但由于构成了转动副 E 和 F ，却各引入了两个约束，相当于对机构多引入了一个约束。不过这个约束是令 E 点沿以 F 为圆心， FE 为半径的圆运动，与连杆 2 上的 E 点轨迹重合，对机构的运动并没有约束作用，所以它是一个虚约束。在计算机构自由度时，应将虚约束除去不计，故该机构的自由度实际上仍为 1。

机构的虚约束常发生在下述几种情况：

1）当不同构件上两点间的距离保持恒定时，若在两点间加上一个构件和两个转动副，虽不改变机构运动，但却引入一个虚约束。图 4-12 所示的机构中就是属于这种情况。

2）当两构件构成多个移动副而其导路又互相平行时或两构件构成多个转动副，而其轴线互相重合时，则只有一移动副或一个转动副起约束作用，而其余的都视为虚约束。图 4-13 所示的移动副实际上就只有一个起作用，另一个则是虚约束。

3）机构中对运动不起作用的对称部分会出现虚约束。如图 4-14 所示行星轮系，内齿轮 3 固定，中心轮 1 为主动轮，为了受力均衡，采取了行星架 4 上对称布置三个行星轮的结构，而事实上只需一个行星轮 2 便能满足运动要求。而其他两轮 2′ 和 2″ 则引入了两个虚约束。

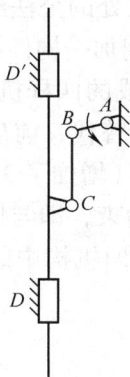

图 4-13 移动副产生的虚约束   图 4-14 对称部分产生的虚约束

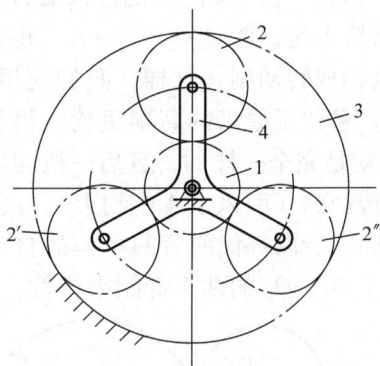

在实际机构中，经常会有虚约束的存在。从机构的运动观点来看，虚约束是多余的；但从改善某些构件的受力情况，增加机构的刚度而言，有时则是必要的。

例 4-2 试计算图 4-15a 所示大筛机构的自由度。

解 图 4-15a 中，滚子具有局部自由度。 E 和 E' 为两构件组成导路平行的移动副，其中之一为虚约束。弹簧不起限制作用，可以略去。今将局部自由度、虚约束和弹簧除去之后得图 4-15b。因 $n=7$ ， $P_{\rm L}=9$ （复合铰链 C 包含两个转动副）， $P_{\rm H}=1$ ，由

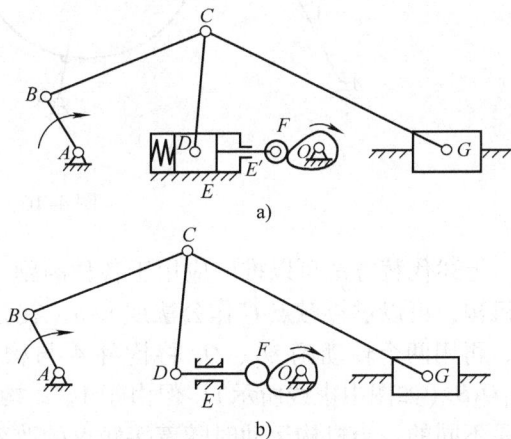

图 4-15 大筛机构

式（4-1）可得

$$F = 3 \times 7 - 2 \times 9 - 1 = 2$$

此机构应当有两个原动件。

第五节 平面机构的组成原理和结构分析

一、平面机构的高副低代

为了便于对含有高副的平面机构进行分析研究，可以将机构中的高副根据一定的条件虚拟地以低副来加以代替，这种高副以低副来代替的方法，称为高副低代。这样，可使平面低副机构的运动分析和动力分析方法，能适用于一切平面机构。

进行高副低代必须满足的条件是：为了使机构的运动保持不变，代替机构和原机构的自由度、瞬时速度和瞬时加速度必须完全相同。

如图 4-16a 所示，构件 1 和 2 为绕 A 和 B 回转的两个圆盘。两圆盘的圆心分别为 O_1、O_2，半径为 r_1、r_2，它们在接触点 C 构成高副。当机构运动时，两构件将通过圆弧的接触来传递运动，因此，O_1、O_2 两点的连线必须为两圆弧在接触点处的公法线，且两点间的距离 O_1O_2 将保持不变，即 $O_1O_2 = r_1 + r_2$。现若设想在 O_1、O_2 间加一构件 4，并与 1、2 构件在 O_1、O_2 处构成转动副。这样，我们就用一个全由低副组成的四杆机构 AO_1O_2B（如图中虚线所示）替代了原来的高副机构。很显然，经过这样的替代，前后两机构中构件 1、2 的相对运动是完全一样的，且后一机构虽增加了一个构件（增加了 3 个自由度），但又增加了两个转动副（引入了 4 个约束），仅相当于引入一个约束，即与原来的高副所引入的约束数相同。所以替代前后两机构的自由度也完全相同。即机构中的高副 C 完全可用构件 4 和位于 O_1、O_2 的两个低副来代替。

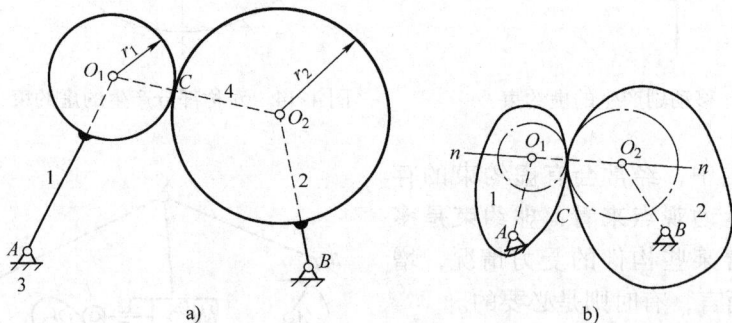

图 4-16 高副低代

上述代替方法可以推广应用于各种高副。例如对图 4-16b 所示具有任意曲线轮廓的高副机构，可以过接触点 C 作公法线 n-n，在公法上找出两轮曲线在接触处的曲率中心 O_1、O_2，再用两个转动副 O_1、O_2 将构件 4 与构件 1、2 分别相联，便可得到它的代替机构 AO_1O_2B（如图中虚线所示）。但由于 1、2 构件的轮廓是任意的，轮廓各处的曲率中心位置是不同的。当机构运动时随着接触点的改变，O_1、O_2 相对于构件 1、2 的位置将发生变化，O_1、O_2 间的距离也将发生变化。因此，对于一般的高副机构只能进行瞬时替代。机构在不同的位置时将有不同的瞬时替代机构。AO_1O_2B 即为在图示位置时的瞬时替代机构。

综上所述，高副低代最简单的方法就是用两个转动副和一个构件来代替一个高副，这两个转动副分别在高副两轮廓接触点的曲率中心处将替代构件与构成高副的两构件连接在一起。如果两接触轮廓之一为直线，如图 4-17a 所示，而直线的曲率中心趋于无穷远，则该转动副演化成移动副，如图 4-17b、c 所示。如两接触轮廓之一为一点，如图 4-18a 所示，因为点的曲率半径为零，所以，其代替方法如图 4-18b 所示。

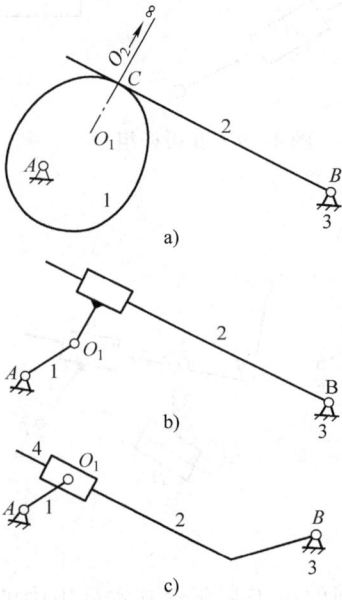

图 4-17　接触轮廓之一
为直线的高副低代

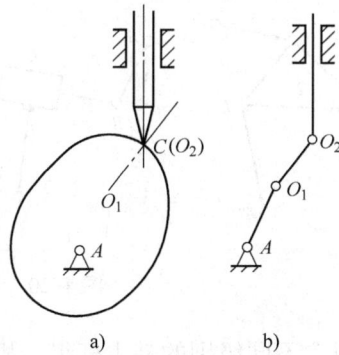

图 4-18　接触轮廓之一
为一点的高副低代

二、机构的组成原理*

如前所述，机构的原动件数必须等于机构的自由度数，而每个原动件与机架组成低副后的自由度为 1。因此，如将机构的机架以及与之用运动副连接的原动件同其余构件拆开后，其余构件所组成的构件组必然是一个自由度为零的构件组。而这自由度为零的构件组，有时还可以再拆成更简单的自由度为零的构件组，最后不能再拆的最简单的自由度为零的构件组称为组成机构的基本杆组。根据上面的分析可知：任何机构都可以看作是由若干个基本杆组依次连接于原动件和机架上而构成的。这就是所谓的机构组成原理。

下面讨论运动副全部为低副的基本杆组的组成，设基本杆组由 n 个构件和 P_L 个低副组成。根据已知条件，应满足

$$F = 3n - 2P_L = 0$$

即
$$3n = 2P_L$$

由于 n 和 P_L 必为整数，故

n	2	4	6…
P_L	3	6	9…

其中满足上式最简单的组合为 $n=2$，$P_L=3$，即由两个构件三个低副组成的杆组，我们称之为Ⅱ级杆组，Ⅱ级杆组是应用最广的基本杆组，其型式如图4-19所示。

在少数结构比较复杂的机构中，除了Ⅱ级杆组外，还可能有其他较高级的基本杆组。如图4-20所示的三种结构型式，均由4个构件6个低副所组成，而且都有一个包含三个低副的构件，此种基本杆组被称为Ⅲ级组。至于较Ⅲ级组更高级的基本杆组，因在实际机构中很少遇到，此处就不再列举了。

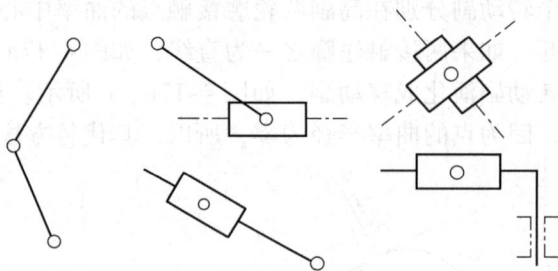

图4-19 Ⅱ级杆组

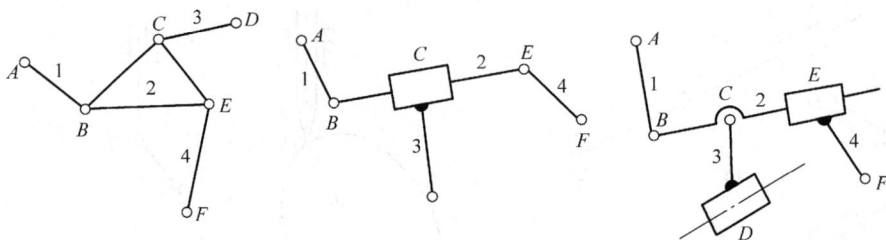

图4-20 Ⅲ级杆组

同一机构中可含不同级别的基本杆组。机构的级别取决于其所含基本杆组中的最高级别，如机构中所含最高基本杆组为Ⅲ级杆组时，该机构则为Ⅲ级机构，余类推。

按上述观点，机构是可以用基本杆组依次连接到原动件和机架上组合而成。如图4-21所示，将图b所示Ⅱ级杆组2-3并接到图a所示的原动件1和机架4上便得到图c所示的四杆机构；再将图d所示Ⅲ级杆组5-6-7-8并接在Ⅱ级杆组和机架上，即得到图e所示的八杆机构。继续运用这种方法可得到更为复杂的机构。需要注意的是，杆组的全部外接运动副不能都并接到一个构件上，因为这种并接会使杆组与被并接件形成桁架，如图4-22所示，起不到增加杆组的作用。

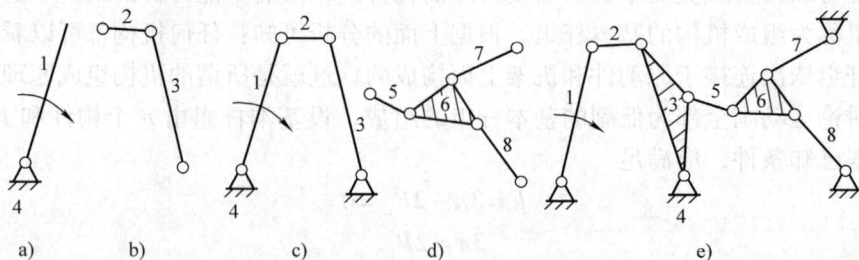

a)   b)   c)   d)   e)

图4-21 八杆机构的组成

三、平面机构的结构分析[*]

与机构的组成过程相反，机构的结构分析是将已知的机构分解为原动件、机架和基本杆组，并确定机构的级别。

机构结构分析的步骤：

1）计算自由度、确定原动件。

2）通常由远离原动件的构件开始，先试拆Ⅱ级杆组，如不行再依次拆Ⅲ级和Ⅳ级杆组。当分出一个基本杆组后，第二次拆组时仍从最简单的Ⅱ级杆组开始拆，直到剩下机架和原动件为止（本节所述只适于原动件为连架杆的机构）。

3）杆组的增减不应改变机构的自由度。因此拆杆组后，剩余机构不允许残存只属于一个构件的运动副和只有一个运动副的构件（原动件除外），因为前者将导入虚约束，而后者则产生局部自由度。

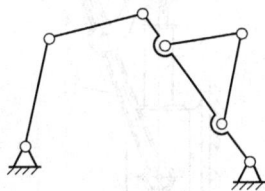

图 4-22　杆组的错误连接

以图 4-23 为例。首先计算图 4-23a 所示机构的自由度：

$$F = 3n - 2P_L - P_H = 3 \times 5 - 2 \times 7 = 1$$

因机构自由度 $F = 1$，故原动件为 1 个，用箭头将原动件 1 标出，然后开始分拆机构。首先拆Ⅱ级杆组 4-5，剩下一个四杆机构如图 4-23b 所示；再拆出一Ⅱ级杆组 2-3，则只剩下原动件 1，如图 4-23c 所示。显然此机构为Ⅱ级机构。

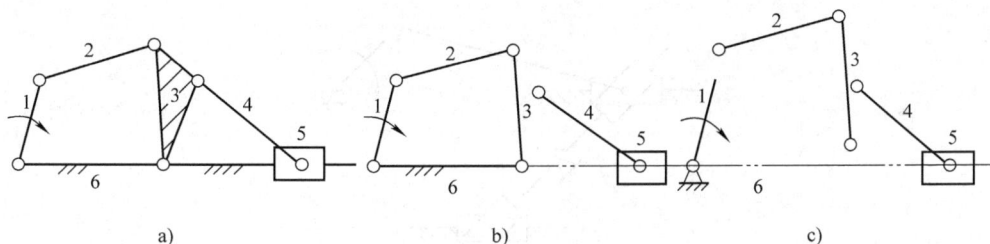

图 4-23　拆杆组过程

思考题及习题

4-1　何谓运动副和运动副要素？运动副是如何进行分类的？

4-2　机构运动简图有何用处？它能表达原机构哪些方面的特征？

4-3　机构具有确定运动的条件是什么？当机构的原动件数少于或多于机构自由度时机构的运动将发生什么情况？

4-4　在计算机构自由度时，应注意哪些事项？

4-5　为何要对平面机构进行"高副低代"？"高副低代"时，应满足的条件是什么？

4-6　试画出图 4-24 所示机构的运动简图，并计算其自由度。

4-7　图 4-25 所示为一机构设计方案。设计意图是由曲柄 1 输入动力驱动机构运动，从而使构件 4 往复移动。试分析此方案是否可行；如此方案有问题，请提出修改方案。

4-8　试计算图 4-26 所示平面机构的自由度。

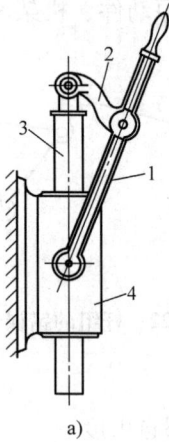
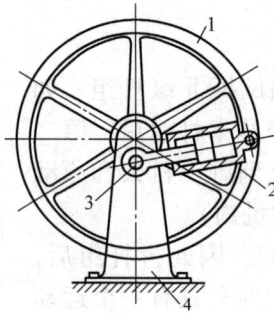

a)　　　　　　　　b)

图 4-24　题 4-6 图

a）唧筒机构

1—手柄　2—连杆　3—活塞杆　4—机架

b）回转柱塞泵机构

1—原动件　2—缸筒　3—活塞杆　4—机架

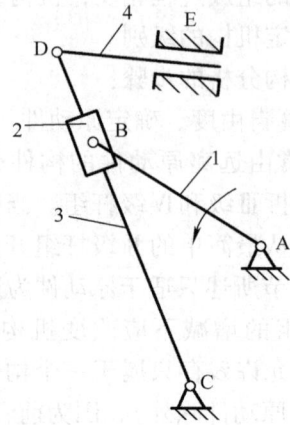

图 4-25　题 4-7

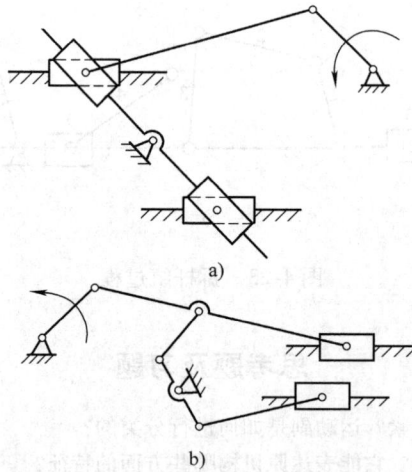

a)

b)

图 4-26　题 4-8 图

a）发动机机构　b）压缩机机构

4-9　试计算图 4-27 所示平面机构的自由度。

4-10　试计算图 4-28 所示平面机构自由度。将其中高副化为低副。确定机构所含杆组的数目和级别以及该机构的级别。

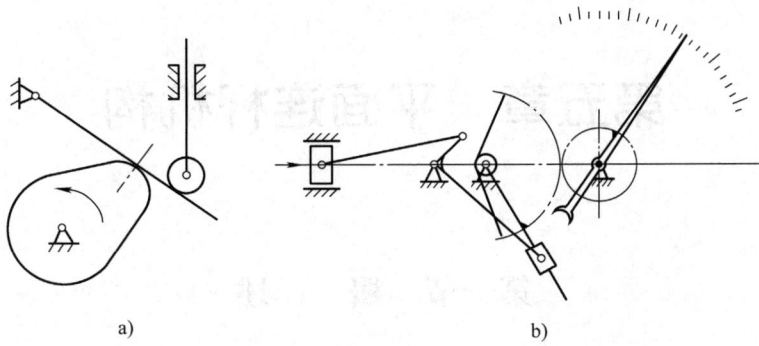

图 4-27　题 4-9 图
a）凸轮拨杆机构　b）测量仪表机构

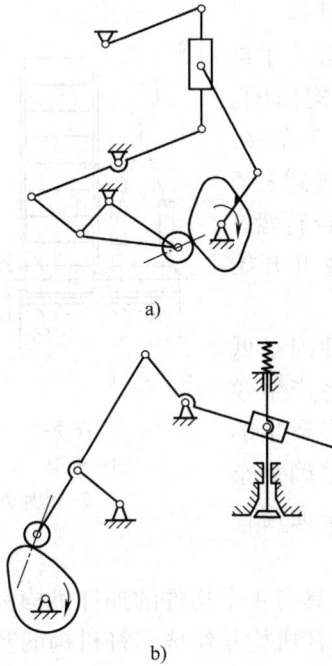

图 4-28　题 4-10 图
a）电锯机构　b）发动机配气机构

第五章　平面连杆机构

第一节　概　　述

平面连杆机构是由若干刚性构件用低副（转动副、移动副）连接而成的一种机构。在精密机构中，平面连杆机构的主要作用是用来传递运动、放大位移或改变位移的性质。

平面连杆机构结构简单，杆与杆间又是低副连接，接触面积大、压强小、磨损小，因而在精密机械中获得了广泛的应用。

如图 5-1 所示是用于活塞销尺寸自动分选机上的曲柄连杆上料机构简图。当转盘 1 转动，连杆 2 带动推杆 3 左移，并将活塞销 4 推到检测位置，传感器 5 可检测到活塞销尺寸的变化。若转盘 1 继续转动，推杆 3 退回起始位置并开始下一个工作循环。

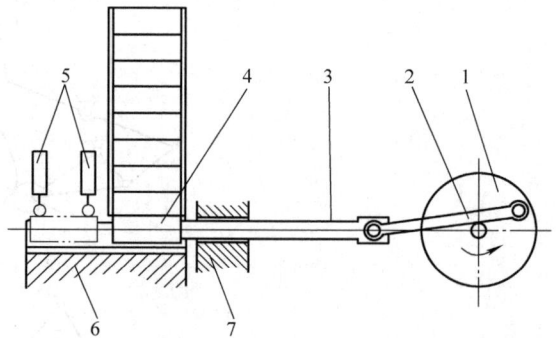

图 5-1　曲柄连杆上料机构简图
1—转盘　2—连杆　3—推杆　4—活塞销
5—传感器　6—V 形块　7—导向套

在平面连杆机构中，各构件因是低副连接，故存在间隙，传动中将产生较大的位置误差。构件的数目越多产生的累积误差越大，对于要求实现精确复杂的运动规律就比较困难，这是平面连杆机构的主要缺点。

平面连杆机构的种类很多，具有 4 个构件的连杆机构称为平面四杆机构，多于 4 个构件的低副机构统称多杆机构，四杆机构是组成多杆机构的基础，结构最为简单，是最基本的平面连杆机构，被广泛应用于仪器仪表以及各种机械中（在精密机械中应用最多）。因此，本章着重讨论（研究）平面四杆机构的基本知识及其常用设计方法。

第二节　平面四杆机构的分类

构件间连接都是转动副的四杆机构称为铰链四杆机构，它是平面四杆机构的基本型式，如图 5-2 所示的铰链四杆机构中，固定不动的构件 4 称为机架，与机架组成运动副的构件 1 和构件 3 称为连架杆，不与机架组成运动副的构件 2 称为连杆。

依照两连架杆运动形式的不同，平面四杆机构可分为以下几种基本类型：

一、曲柄摇杆机构

如图 5-2a 所示平面四杆机构中，若连架杆 1 能做整周回转运动，称为曲柄，另一个连架杆 3 仅在一定角度范围内摆动，称为摇杆，连杆 2 做一般平面运动，则此四杆机构称为曲柄摇杆机构。在这种机构中，当曲柄为原动件时，可将曲柄的连续转动变换为摇杆的往复摆动；反之，当摇杆为原动件时，可将往复摆动变换为曲柄的连续转动。

曲柄摇杆机构应用广泛，图 5-3 所示的雷达天线俯仰机构即为曲柄摇杆机构。

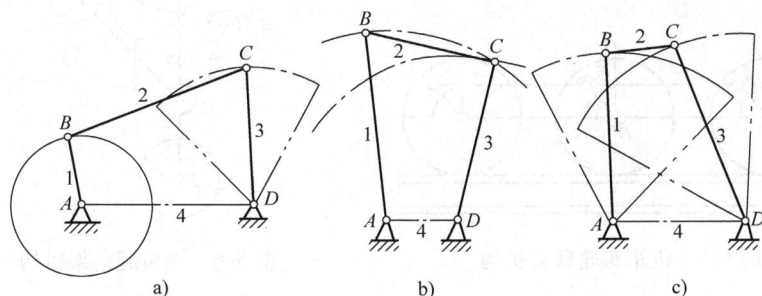

图 5-2　铰链四杆机构

在曲柄摇杆机构中，也有以摇杆为原动件的，如图 5-4 所示的缝纫机踏板机构，便是将原动件摇杆 *CD*（踏板）的往复摆动，转换成从动件曲柄 *AB*（曲轴）的整周转动。

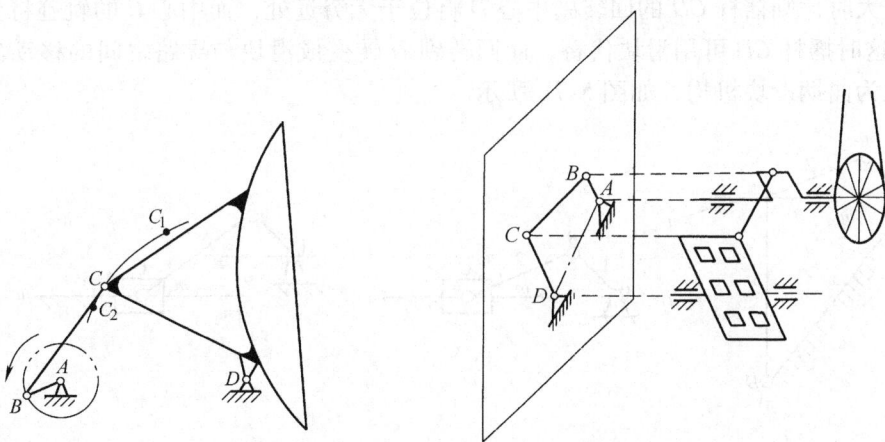

图 5-3　雷达天线俯仰机构　　　　图 5-4　缝纫机踏板机构

二、双曲柄机构

在图 5-2b 所示的四杆机构中，若两连架杆 1、3 均为曲柄，可作整周回转运动，则此种四杆机构称为双曲柄机构。在双曲柄机构中，若相对两杆平行且相等，则成为平行四边形机构。这种机构的运动特点是：两曲柄以相同的角速度同向转动，而连杆作平移运动。图 5-5 所示机车车轮的联动机构，就是利用了两曲柄等速同向转动的特性。

三、双摇杆机构

如在图 5-2c 所示的四杆机构中，若两连架杆 1、3 均为摇杆，仅能在有限的范围内往复摆动，则此种四杆机构称为双摇杆机构。图 5-6 所示的飞机起落架机构即为此种机构。

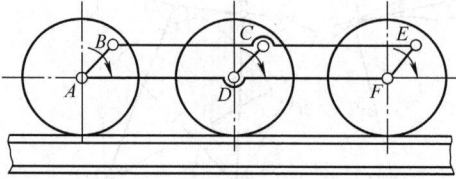

图 5-5 机车车轮联动机构

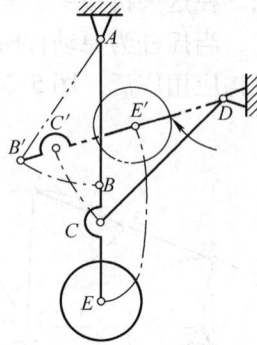

图 5-6 飞机起落架机构

四、曲柄滑块机构

曲柄滑块机构可视为是由曲柄摇杆机构演化而成的。图 5-7a 所示为一曲柄摇杆机构，当曲柄 1 转动时，连杆 2 与摇杆 3 连接处回转副中心 C 的运动轨迹为圆弧 mm。若摇杆长度趋于无穷大时，则摇杆 CD 的回转副中心 D 将位于无穷远处，而中心 C 的轨迹将变成为直线 mm，这时摇杆 CD 可用滑块代替，而回转副 D 转变成滑块与导路之间的移动副，整个机构演化为曲柄滑块机构，如图 5-7b 所示。

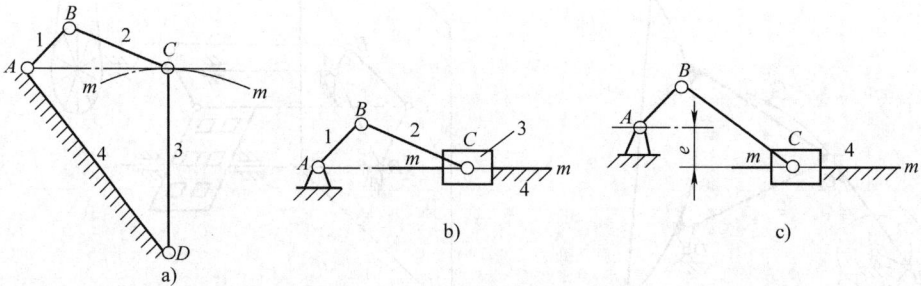

图 5-7 曲柄滑块机构

在曲柄滑块机构中，当滑块移动的导路中心线通过曲柄回转中心 A 时，称为对心曲柄滑块机构（见图 5-7b）；导路中心线不通过曲柄回转中心 A 时，则称为偏置曲柄滑块机构（见图 5-7c），e 为偏距。

曲柄滑块机构在各种机械和仪器中应用很广。常用于把曲柄的回转运动变换为滑块的往复直线运动。例如曲柄压力机及压缩机的工作机构属于这种情况。相反，也可以把滑块的直线移动转换为曲柄的回转运动。例如活塞式内燃机、弹簧管压力表及高度表的工作机构。

五、导杆机构

导杆机构是由曲柄滑块机构演变而来的。如图 5-8 所示，把曲柄滑块机构的曲柄 1 为机架，杆 4 为导杆，滑块 3 在导杆 4 上滑动，并随连架杆 2 一起转动，该机构称为导杆机构（见图 5-8）。一般杆 2 为原动件，杆 2 和导杆 4 均可作整周转动，称为转动导杆机构（见图 5-8a）。图 5-8a 所示的转动导杆机构中，改变杆 1、杆 2 的长度比例，可获得如图 5-8b 所示的机构，此时的导杆机构中导杆只能做摆动，称为摆动导杆机构。

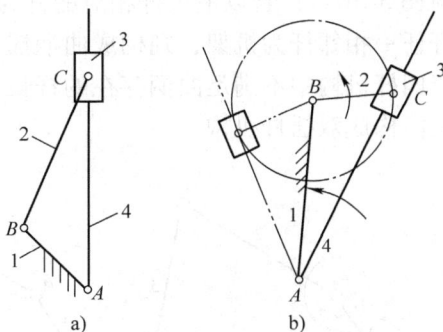

图 5-8 导杆机构

第三节 平面四杆机构曲柄存在的条件和几个基本概念

一、曲柄存在的条件

在四杆机构的 5 种基本类型中，其区别在于是否有曲柄存在，而有无曲柄取决于机构各杆件的相对长度及机架的选择。

图 5-9 所示的四杆机构 $ABCD$ 中，设 a、b、c、d 分别代表各杆的长度，杆 AB 为曲柄，杆 CD 为摇杆，则各杆的长度应保证曲柄在转动中能顺利通过与机架 AD 共线的两个位置 AB_1、AB_2。当曲柄处于与机架共线的两个位置时，形成 $\triangle B_1 C_1 D$ 及 $\triangle B_2 C_2 D$，根据几何关系有

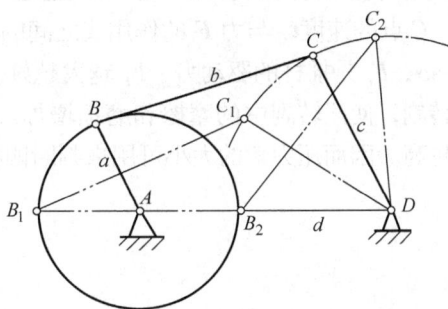

$$\left.\begin{array}{l} a+d \leq b+c \\ (d-a)+b \geq c,\ \text{即}\ a+c \leq b+d \\ (d-a)+c \geq b,\ \text{即}\ a+b \leq c+d \end{array}\right\} \quad (5\text{-}1)$$

将式（5-1）中的三个式子，每两式相加，化简后可得

图 5-9 曲柄存在的条件

$$a \leq b,\ a \leq c,\ a \leq d \quad (5\text{-}2)$$

由式（5-1）、式（5-2）表明，曲柄与任意杆长度之和均小于其他两杆长度之和，可见曲柄是最短杆（其余杆中至少有一个是最长杆）。又当曲柄与连杆共线时，如摇杆也与连杆共线，则上述三个不等式中将有一个成为等式，故由以上分析得出四杆机构有曲柄的条件是：

1. 最短杆与最长杆的长度之和小于或等于其余两杆长度之和（简称杆长条件）。

2. 最短杆是连架杆或机架（简称最短构件条件）。

从上面分析可知，四杆机构的类型不仅与各杆的相对长度有关，还与机架的选取有关，具体判断方法和结论如下：在满足杆长条件时，若以最短杆为机架，则构成双曲柄机

构（见图5-10a）；若以最短杆相对的杆为机架，则构成双摇杆机构（见图5-10b）；若以最短杆任一相邻杆为机架，则构成曲柄摇杆机构（见图5-10c）。

当四杆机构中不满足曲柄存在的杆长条件时，则不论取哪一杆作为机架，都不存在曲柄，只能构成双摇杆机构。

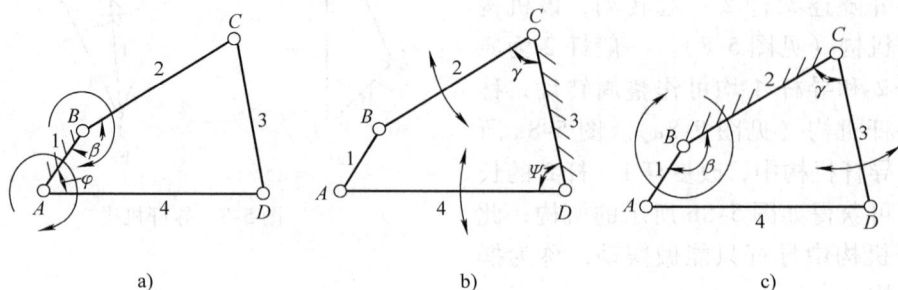

图 5-10　改变机架后机构的演化

二、压力角与传动角

设计四杆机构时，不仅机构能实现给定的运动规律，同时要求机构运动轻便，传动效率高。如图5-11所示的曲柄摇杆机构，若不考虑各构件的重力、惯性力及运动副中摩擦力的影响，则当主动件为曲柄 AB 时，力通过连杆 BC 作用于从动件 CD 上，C 点的力 F 将沿着 BC 方向。C 点的速度 v_C 与力 F 的作用线之间的所夹锐角 α 称为压力角。力 F 沿 v_C 方向的分力 $F_t = F\cos\alpha$，F_t 是摇杆的驱动力，F_t 越大越好。沿杆 CD 方向的分力 $F_n = F\sin\alpha$，F_n 作用于摇杆的回转副，使回转副中的摩擦和磨损增加。显然，α 角越小，F_t 就越大，F_n 越小，传动效率也就越高。因而压力角的大小可用来判断四杆机构传动性能的好坏。

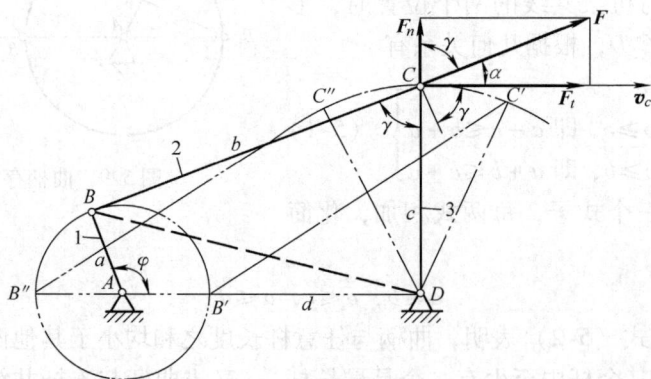

图 5-11　压力角与传动角

但是，在四杆机构的设计中，为了度量方便起见，通常以连杆与从动件（摇杆）轴线之间所夹锐角 γ 来判断四杆机构的传动性能的好坏，γ 角称为传动角。由图可知，$\gamma = 90° - \alpha$，α 角越小、γ 角越大，传动效率越高。由于机构在运转过程中，传动角 γ 是变化的，为保证机构正常工作，必须规定最小的传动角 γ_{min}，对于一般机械，$\gamma_{min} \geqslant 40°$，对于传递较大功率的机械，应使 $\gamma_{min} \geqslant 50°$。

在图 5-11 中，由 △*ABD* 及 △*BCD* 可知

$$BD^2 = a^2 + d^2 - 2ad\cos\varphi$$

$$BD^2 = b^2 + c^2 - 2bc\cos\gamma$$

整理后可得

$$\cos\gamma = \frac{b^2 + c^2 - a^2 - d^2 + 2ad\cos\varphi}{2bc} \qquad (5\text{-}3)$$

由式（5-3）可知，传动角的大小取决于各杆的尺寸和位置。当 $\varphi = 0°$ 或 $180°$ 时，传动角 γ 有最小或最大值。但是，当 $\varphi = 180°$ 时，连杆与摇杆间的夹角可能为钝角，此时传动角 γ 应为该角的补角，故 γ 角不一定是最大值，也可能是最小值。因此，曲柄摇杆机构的最小传动角将出现在曲柄与机架两次共线的位置。

三、死点位置

如图 5-12a 所示的曲柄摇杆机构，若以摇杆为主动件，从动件曲柄逆时针转动，当连杆与从动件曲柄处于共线位置 *ABC* 时，从动件曲柄与连杆的夹角为 $180°$，此时传动角 $\gamma = 0°$，$\alpha = 90°$，连杆作用于曲柄上的力通过铰链中心 *A*、*B*，故 $F_t = 0$，即不论 *F* 力多大，都不能使曲柄转动，机构所处的这一位置称为死点位置。同理，当连杆与从动件曲柄处于共线位置 *B'AC'* 时，从动件曲柄与连杆的夹角为 $0°$，仍有 $\gamma = 0°$，$\alpha = 90°$，同样出现死点现象。曲柄滑块机构在以滑块为主动件时，也会出现死点位置。对于平行四边形机构，当曲柄与连杆共线时，传动角 γ 也为零，同时整个机构的构件重合为一条直线，如图 5-12b 中粗实线 *ABDC* 所示。这时从动曲柄 *CD* 存在正、反转两种可能，特称为转向点。

为了克服机构运转过程中的死点位置和运动不确定的转向点，可在从动构件上安装转动惯量大的飞轮；或将机构错位排列，即把几组相同机构相互错位排列，各组机构死点位置不同时出现，如图 5-13 所示的汽车发动机就是采用此种结构。

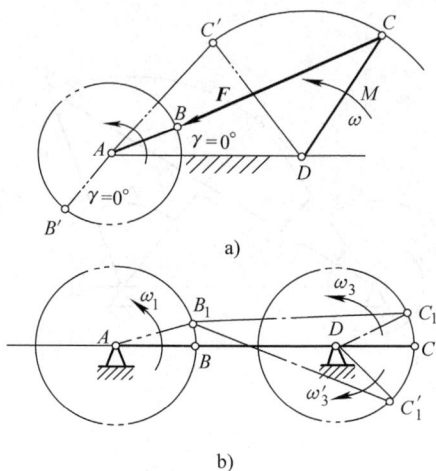

图 5-12　死点位置

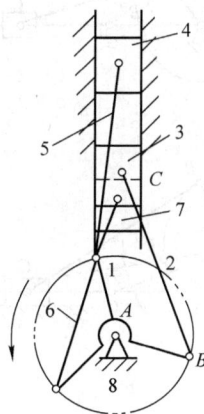

图 5-13　错位排列
1—曲柄　2、5、6—连杆
3、4、7—活塞　8—机架

四、行程速度变化系数

如图5-14所示的摆动导杆机构，曲柄 AB 等速回转，当曲柄由 AB' 位置逆时针转过 φ_1 角到达 AB'' 位置时，摆动导杆由 $B'C$ 摆过 ψ 角至 $B''C$，所需时间为 t_1，当曲柄继续转过 φ_2 角回到 AB' 位置，导杆就由 $B''C$ 摆回至 $B'C$ 的位置，所需时间为 t_2。

$$\varphi_1 = 180° + \theta, \quad \varphi_2 = 180° - \theta$$

因 $\varphi_1 > \varphi_2$，故 $t_1 > t_2$。

导杆摆动的平均角速度为

$$\omega_1 = \frac{\psi}{t_1} < \omega_2 = \frac{\psi}{t_2}$$

由此可知，导杆来回摆动的平均角速度不等，因此具有急回运动特征。为了表达该特征的相对程度，设

$$K = \frac{\omega_2}{\omega_1} = \frac{t_1}{t_2} = \frac{\varphi_1}{\varphi_2} = \frac{180° + \theta}{180° - \theta} \qquad (5-4)$$

$$\theta = 180° \frac{K-1}{K+1} \qquad (5-5)$$

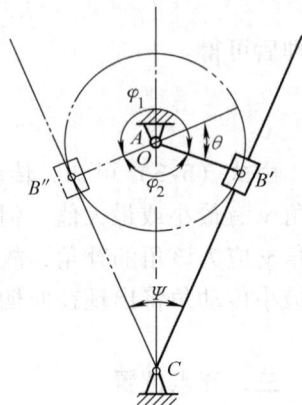

图 5-14 急回特性

式中 K——机构从动杆行程速度变化系数；

θ——极位夹角，即曲柄在两极限位置时所夹锐角，也等于导杆的摆角 ψ。

机构的极位夹角 θ 越大，K 也越大，则机构的急回特征越显著。因此，四杆机构有无急回特征就取决于机构运动中有无极位夹角。如图5-15a所示的对心式曲柄滑块机构，极位夹角 $\theta = 0$，故无急回特征。而图5-15b所示的偏置式曲柄滑块机构及图5-15c所示的曲柄摇杆机构，极位夹角 θ 总大于零，故机构运动中有急回特征。在生产实践中，常利用机构的急回特征来缩短非生产时间。

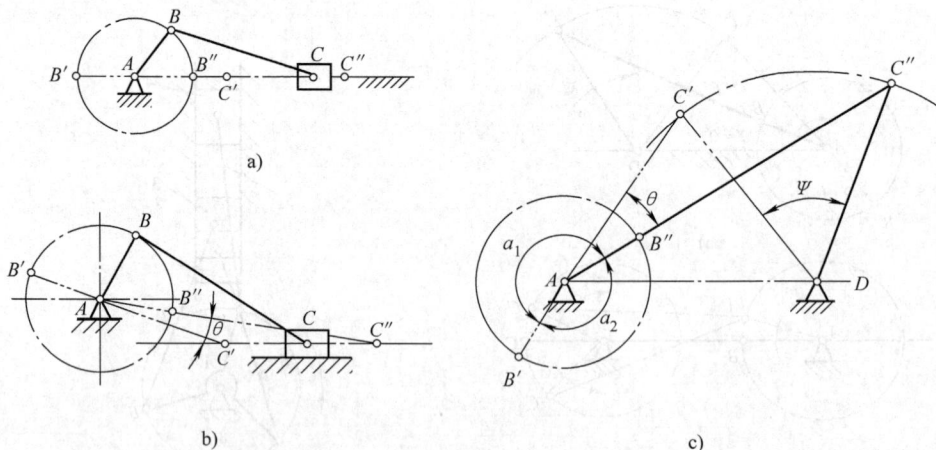

图 5-15 不同机构的极位夹角

第四节　平面四杆机构的设计

平面四杆机构的设计，主要是根据给定的运动条件，确定机构运动简图的尺寸参数。有时为了使机构设计得可靠、合理，还应考虑几何条件和动力条件（如最小传动角 γ）等。

生产实践中的要求是多种多样的，给定的条件也各不相同，平面四杆机构的设计归纳起来主要有两类问题：①按照给定从动件的运动规律（位置、速度、加速度）设计四杆机构；②按照给定轨迹设计四杆机构。

平面四杆机构设计的方法有图解法、解析法和实验法。其中，图解法直观、清晰、简便易行，但缺点是作图误差较大，实验法的主要缺点是花费大。解析法可以得到精确的结果，在设计中，其误差可以在设计时求得，便于及时调整和控制，但其缺点是机构的传动特性方程式有时相当复杂，计算求解也比较麻烦。随着计算机技术的不断发展，解析法的应用将会日益广泛。

在实际工程设计中，由于图解法和解析法应用较多，因此，下面重点介绍图解法和解析法设计平面四杆机构的有关问题。

一、图解法设计四杆机构

（一）按给定的行程速度变化系数设计四杆机构

1. 曲柄摇杆机构

图 5-16 所示曲柄摇杆机构 $ABCD$ 中，已知行程速度变化系数 K，摇杆 CD 的长度和摆动的角度 ψ_{max}，要求设计四杆机构。

设计步骤如下：

1）计算极位夹角 θ，$\theta = 180° \dfrac{K-1}{K+1}$。

2）任意选定转动副 D 的位置，并按 CD 之长和 ψ_{max} 角大小画出摇杆的两个极限位置 C_1D 和 C_2D。

3）连接 C_1C_2，过 C_2 作 $\angle C_1C_2N = 90° - \theta$，过 C_1 作直线 C_1M 垂直于 C_1C_2，C_1M 与 C_2N 相交于 P

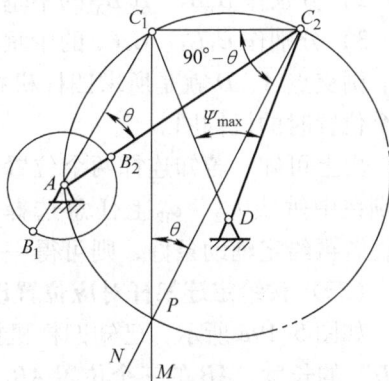

图 5-16　按行程速度变化系数设计四杆机构

点。作 C_1、C_2、P 三点的外接圆，则圆弧 $\overset{\frown}{PC_1C_2}$ 上任意一点 A 与 C_1、C_2 连线的夹角 $\angle C_1AC_2$ 均为所要求的极位夹角 θ。故曲柄 AB 的回转中心 A 应在圆弧 $\overset{\frown}{PC_1C_2}$ 上。若再给定其他辅助条件，如机架转动副 A、D 间的距离，或 C_2 处的传动角 γ，则 A 点的位置便可完全确定。

4）A 点位置确定后，按曲柄摇杆机构极限位置，曲柄与连杆共线的原理可得 $AC_2 = a+b$，$AC_1 = b-a$，由此可求出

曲柄长度
$$a = \frac{AC_2 - AC_1}{2}$$

连杆长度 $$b = AC_2 - a = AC_1 + a$$

2. 偏置曲柄滑块机构

图 5-17 所示偏置曲柄滑块机构中，若已知行程速度变化系数 K，滑块的行程 s 及偏距 e，其设计步骤与前述相同。在计算出极位夹角 θ 后，作一直线 $C_1C_2 = s$，它代替了曲柄摇杆机构中的弦线 C_1C_2，然后按上述完全相同的方法作出曲柄回转中心 A 所在的圆弧 $\overparen{C_1AC_2}$。作一条直线平行于 C_1C_2 且距离为 e，该直线与 $\overparen{C_1AC_2}$ 的交点即为曲柄回转中心 A。A 确定后，根据图中的几何关系可计算出曲柄及连杆的长度。

对于导杆机构，若已知机架的长度，按上述方法也可以进行设计。

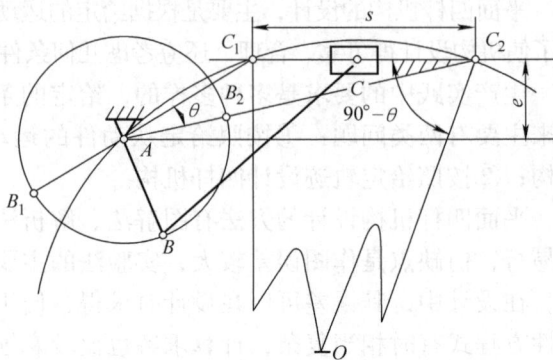

图 5-17　按行程速度变化系数设计曲柄滑块机构

（二）按给定连杆的两个或三个位置设计四杆机构

如图 5-18 所示，B_1C_1、B_2C_2、B_3C_3 是连杆要通过的三个位置，该四杆机构可如下求得：

1）连接 B_1B_2、B_2B_3、C_1C_2、C_2C_3。

2）分别作 B_1B_2、B_2B_3 的中垂线 b_{12}、b_{23}，两条中垂线相交于 A 点。

3）分别作 C_1C_2、C_2C_3 的中垂线 c_{12}、c_{23}，两条中垂线相交于 D 点。

则交点 A、D 就是所求四杆机构的固定铰链中心，AB_1C_1D 即为所求的四杆机构在第一个位置时的机构图。

由上可知，若知连杆两个位置，则点 A 和 D 可分别在中垂线 b_{12}、c_{12} 上任意选择，因此有无穷多解，若再给定辅助条件，则可得一个确定的解。

（三）按给定连架杆对应位置设计四杆机构

如图 5-19a 所示，已知四杆机构曲柄 AB、机架 "AD" 的长度，AB 的三个位置 AB_1、AB_2、AB_3 和构件 CD 上某一直线 DE 的三个对应位置 DE_1、DE_2、DE_3（即三组对应摆角 φ_1、φ_2、φ_3 和 ψ_1、ψ_2、ψ_3），要求设计该四杆机构（即要求求出连杆 BC、摇杆 CD 的长度）。

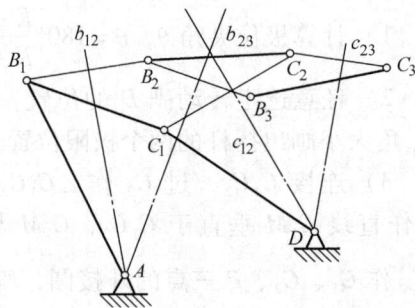

图 5-18　按给定连杆三个位置设计四杆机构

该机构的设计可以采用反转法的原理。假定图 5-19b 为已求得的机构，AB_1C_1D 为四杆机构的第一位置，构成 $\triangle DB_1E_1$，当曲柄在第二位置 AB_2 时，构成 $\triangle DB_2E_2$，当在第三位置 AB_3 时，构成 $\triangle DB_3E_3$。令 $\triangle DB_2E_2$ 和 $\triangle DB_3E_3$ 绕 D 点反向转动，使边 DE_2、DE_3 与 DE_1 重合，这时点 B_2、B_3 分别至 B_2'、B_3' 的位置。由于连杆的长度不变，即 $B_1C_1 = B_2C_2 = B_3C_3$，故 $B_1C_1 = B_2'C_1 = B_3'C_1$，$B_1$、$B_2'$、$B_3'$ 三点

则位于以 B_1C_1 为定长，C_1 点为中心画的一段圆弧上，因此 C_1 点的位置是线段 B_1B_2'，$B_2'B_3'$ 中垂线的交点。由以上分析可得设计步骤如下：

1）按给定机架的长度定出回转中心 A、D 的位置，作出两构件三个对应位置 AB_1、AB_2、AB_3 和 DE_1、DE_2、DE_3。

2）连接 DB_2、DB_3 及 B_2E_2、B_3E_3，得 $\triangle DB_2E_2$、$\triangle DB_3E_3$。

3）作 $\triangle DB_2'E_1 \cong \triangle DB_2E_2$，$\triangle DB_3'E_1 \cong \triangle DB_3E_3$，得点 B_2' 和 B_3'。

4）作 B_1B_2'、$B_2'B_3'$ 的垂直平分线，并相交于 C_1 点，即为连杆 B_1C_1、摇杆 C_1D 连接点的铰链中心。图形 AB_1C_1D 即为所求得的四杆机构在第一位置的机构图。

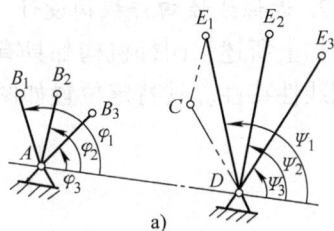

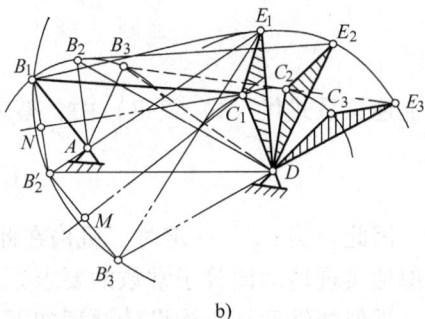

图 5-19　按给定连架杆对应位置设计四杆机构

二、解析法设计四杆机构

1. 四杆机构的传动特性

图 5-20 所示四杆机构中，各杆长度分别用 a、b、c、d 表示。由图可求得主动杆 AB 的转角 φ 和从动杆 DC 的转角 ψ 之间的关系为

$$\psi = \psi_1 + \psi_2 = \arctan \frac{a\sin\varphi}{d - a\cos\varphi} +$$

$$\arccos \frac{a^2 - b^2 + c^2 + d^2 - 2ad\cos\varphi}{2c\sqrt{a^2 + d^2 - 2ad\cos\varphi}}$$

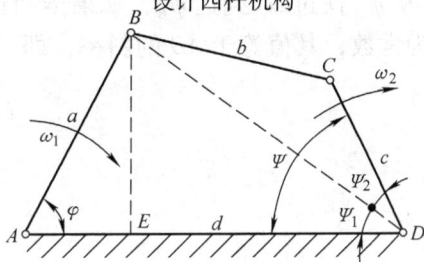

$$(5\text{-}6)$$

图 5-20　铰链四杆机构

从动杆的角速度 ω_2

$$\omega_2 = \frac{\mathrm{d}\psi}{\mathrm{d}t} = \frac{\omega_1 a}{a^2 + d^2 - 2ad\cos\varphi}\left[d\cos\varphi - a - \frac{d\sin\varphi(a^2 + b^2 - c^2 + d^2 - 2ad\cos\varphi)}{\sqrt{4b^2c^2 - (a^2 - b^2 - c^2 + d^2 - 2ad\cos\varphi)^2}}\right]$$

式中的 $\omega_1 = \mathrm{d}\varphi/\mathrm{d}t$ 为主动杆的角速度。因此，传动比 i 为

$$i = \frac{\omega_2}{\omega_1} = \frac{\mathrm{d}\psi}{\mathrm{d}\varphi}$$

$$= \frac{a}{a^2 + d^2 - 2ad\cos\varphi}\left[d\cos\varphi - a - \frac{d\sin\varphi(a^2 + b^2 - c^2 + d^2 - 2ad\cos\varphi)}{\sqrt{4b^2c^2 - (a^2 - b^2 - c^2 + d^2 - 2ad\cos\varphi)^2}}\right] \qquad (5\text{-}7)$$

由式（5-7）可见，四杆机构具有非线性特性，而且传动比与几何参数 a、b、c、d 及位置参数等诸多因素有关，计算起来比较繁琐。但是随着计算机技术在设计、计算中的广泛应用，直接利用公式进行特性分析和计算也是很方便的。

2. 近似线性四杆机构设计

如上所述，四杆机构都具有非线性特性，但当机构处于特定位置附近工作时，却具有近似线性特性。其特定位置如图 5-21a 所示，即

$$\angle ABC = \angle BCD = 90°$$

$$\cos\varphi_c = \frac{a-c}{d}$$

$$\sin\varphi_c = \frac{b}{d}$$

$$d^2 - b^2 = (a-c)^2$$

将上述关系式代入式（5-7）中，整理后得

$$i_c = \frac{\omega_2}{\omega_1} = \frac{\mathrm{d}\psi_c}{\mathrm{d}\varphi_c} = -\frac{a}{c}$$

因此，当 a、c 一定时，机构在此特定位置附近工作，就可获得近似线性特性（即可近似地实现传动比等于常数的要求）。

近似线性四杆机构设计原理如下：

如图 5-21b 所示。设主动杆 AB 由初始位置 φ_a 摆过 φ_g 到达终止位置 φ_b，则从动杆 DC 从 ψ_A 摆过 ψ_g 到达 ψ_B，如果传动特性是线性的，则其特性线为一直线 AB。机构传动比为常数，其值等于 AB 的斜率，即

$$i = \frac{\psi_g}{\varphi_g} = \tan\angle ABS$$

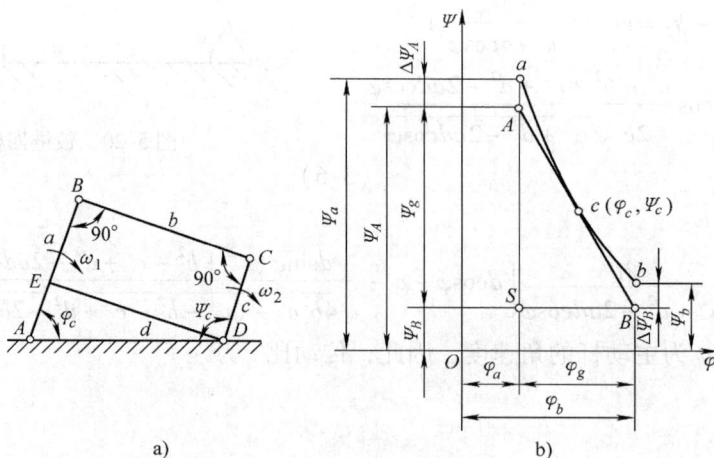

图 5-21 近似线性铰链四杆机构设计

如前所述，四杆机构的传动比 i 是变化的。实际情况是当主动杆位于 φ_a 时，从动杆是处于 ψ_a；当主动杆转动到 φ_b 时，则从动杆转至 ψ_b 位置，它们之间的关系是非线性的，其特性线为曲线 ab。由图 5-21b 可知，曲线 ab 仅在切点 c 与直线有相同的传动比，而在其他位置均有误差，两极限位置 A、B 的误差最大，应进行验算：

$$\left.\begin{array}{l}\delta_A = \dfrac{\Delta\psi_A}{\psi_g} = \dfrac{\psi_a - \psi_A}{\psi_g}100\% \leqslant [\delta] \\[3mm] \delta_B = \dfrac{\Delta\psi_B}{\psi_g} = \dfrac{\psi_b - \psi_B}{\psi_g}100\% \leqslant [\delta]\end{array}\right\} \tag{5-8}$$

$$\left.\begin{array}{l}\psi_A = \psi_c + \dfrac{\psi_g}{2} \\[3mm] \psi_B = \psi_c - \dfrac{\psi_g}{2}\end{array}\right\} \tag{5-9}$$

式中　　ψ_a、ψ_b——从动杆在两极限位置时实际转角，按式（5-6）计算；

　　　　ψ_A、ψ_B——从动杆在两极限位置时线性转角，按式（5-9）计算；

　　　　ψ_c——在切点 c 处从动杆的转角；

　　　　$[\delta]$——机构允许 c 的转角误差，根据仪表精度确定。

在设计中，一般将切点 C 选在直线 AB 的中点（见图 5-21b），这样会使误差分布均匀。此时，机构主动杆与从动杆皆与连杆垂直（见图 5-21a），对于指针标尺式装置的仪表，则指针正好处于标尺刻度的中间位置。

例　试设计某一双波纹管差压计的铰链四杆机构，要求其误差 $\delta \leqslant$ 2%，图 5-22 为机构简图。已知：传动比 $i = 3.75$，主动杆 AB 工作摆角 $\varphi_g = 8°$，根据结构条件，选 $AD = 118\text{mm}$，$AB = 55.6\text{mm}$。

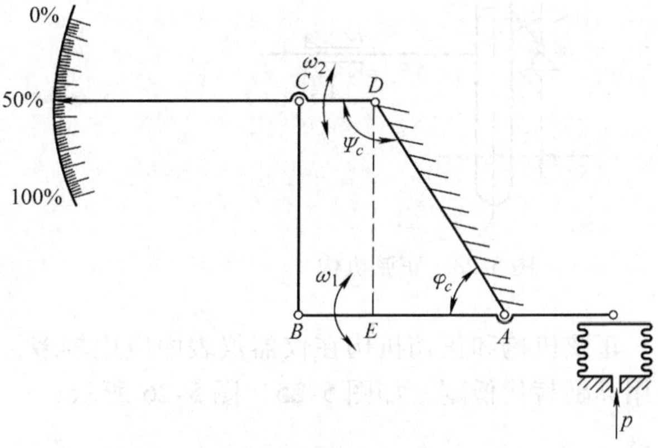

解　1）从动杆的摆动范围，

$\psi_g = \varphi_g i = 8° \times 3.75 = 30°$

2）计算杆 BC 和 CD 的长度

因　　　　$i = \dfrac{\omega_2}{\omega_1} = \dfrac{AB}{DC}$

图 5-22　差压计中四杆机构简图

故 $DC = \dfrac{AB}{i} = \left(\dfrac{55.6}{3.75}\right)\text{mm} = 14.82\text{mm}$

$$\begin{aligned}BC = DE &= \sqrt{AD^2 - AE^2} = \sqrt{AD^2 - (AB - BE)^2} \\ &= \sqrt{AD^2 - (AB - DC)^2} = \sqrt{118^2 - (55.6 - 14.82)^2}\,\text{mm} = 110.73\text{mm}\end{aligned}$$

3）确定切点 $c(\varphi_c$、$\psi_c)$ 的位置

因　　　　　　　　　$\cos\varphi_c = \dfrac{AE}{AD} = \dfrac{40.78}{118} = 0.3456$

$$\varphi_c = 69°47'$$

$$\psi_c = 180° - \varphi_c = 110°13'$$

4）根据前面分析和关系式可计算出 φ_A、ψ_A 及 φ_B、ψ_B

$$\varphi_A = 65°47', \quad \varphi_B = 73°47', \quad \psi_A = 125°13', \quad \psi_B = 95°13'$$

5）根据式（5-6）计算 ψ_a、ψ_b 得

$$\psi_a = 125°23', \qquad \psi_b = 95°3'$$

6）根据式（5-8）计算误差 δ。

$$\delta_A = 0.56\%, \qquad \delta_B = -0.56\%$$

因转角误差小于允许值 2%，故设计方案可用。

三、正弦、正切机构的传动特性及其设计

（一）正弦、正切机构

在图 5-7b 所示的曲柄滑块机构中，若将转动副 C 变为移动副，则得如图 5-23 所示的正弦机构，其中构件 3 的位移 s 与构件 1 的转角 φ 之间的关系为 $s = a\sin\varphi$。

若将图 5-7b 所示的曲柄滑块机构的转动副 B 演化为移动副，则得如图 5-24 所示的正切机构，构件 1 仅能在一定角度范围内摆动，其关系式为 $s = a\tan\varphi$。

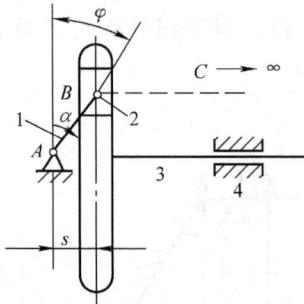

图 5-23 正弦机构   图 5-24 正切机构

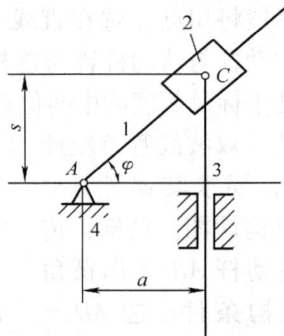

正弦机构和正切机构在仪器仪表中应用较多，为了进一步使机构简化，改善工艺，常采用高副替代低副，如图 5-25、图 5-26 所示。

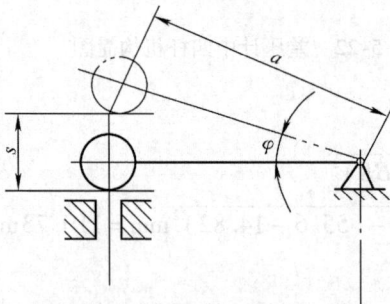

图 5-25 正弦机构设计简图   图 5-26 正切机构设计简图

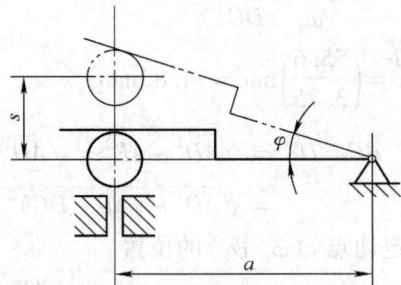

它们在结构上的区别是正弦机构推杆的工作面为一平面，摆杆的工作面为一球面，而正切机构则相反，推杆工作面是一球面，摆杆工作面为一平面。

（二）传动特性及设计

1. 正弦机构的传动特性

设摆杆长度为 a，当摆杆由 φ_0 转到 φ 时（图 5-25 中 $\varphi_0 = 0$，未画出），推杆的位移为

$$s = a(\sin\varphi - \sin\varphi_0) \tag{5-10}$$

若推杆为主动件时，正弦机构的传动比为

$$i = \frac{\mathrm{d}\varphi}{\mathrm{d}s} = \frac{1}{a\cos\varphi} \tag{5-11}$$

2. 正切机构的传动特性

设摆杆摆动中心至推杆导路中心的距离为 a，由图 5-26（图中 $\varphi_0 = 0$，未画出），可以推导出正切机构的传动特性为

$$s = a(\tan\varphi - \tan\varphi_0) \tag{5-12}$$

当推杆为主动件时，正切机构的传动比为

$$i = \frac{\mathrm{d}\varphi}{\mathrm{d}s} = \frac{1}{a}\cos^2\varphi \tag{5-13}$$

3. 应用举例

图 5-27 所示为奥氏测微仪结构简图。其传动链主要由杠杆传动、齿轮传动及指针标尺所组成。在第一级杠杆传动中，摆杆 2 的端部为球面，推杆（测杆）1 的缺口上端面为平面，故为正弦机构。弹簧 3、4 的作用是保证摆杆球面和推杆工作面紧密接触及产生一定的测量力。当推杆有位移时，通过正弦机构、齿轮传动带动指针回转，从而在刻度标尺上读出推杆的位移值。

图 5-28 为立式光学比较仪工作原理图。当平面镜 4 与主光轴垂直时，分划板 2 上的刻线通过物镜 3 经平面反射后，再沿原路成像于分划板上与刻线重合。当推杆（测杆）5 上升 s 时，平面镜偏转 φ 角，光线经平面镜偏转 2φ，分划板的刻线像移动一个距离 t，通过目镜 1 读出 s 值的大小。

4. 原理误差

用正弦机构、正切机构制成的长度计量仪器，其仪表度盘是按线性刻度的。因此，要求正弦机构、正切机构的传动特性应该是线性的，但实际上它们是非线性的，因而必然引起仪表的示数误差，这种由于采用机构的传动特性与要求的传动特性不相符而引起的误差称为原理误差。设计时必须把这种误差限制在最小范围内。

（1）正弦机构的原理误差　设 $\varphi_0 = 0$，则由式（5-10）可得

$$s = a\sin\varphi \tag{5-14}$$

但对于线性度盘，其刻度特性为

$$s' = a\varphi$$

因此，其原理误差为

$$\Delta s = s' - s = a\varphi - a\sin\varphi$$

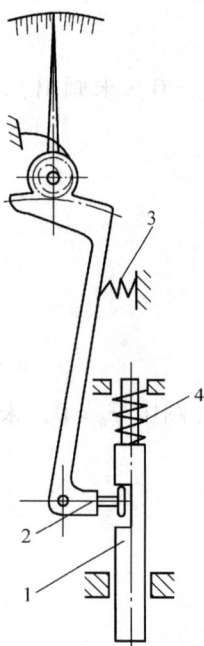

图 5-27 奥氏测微仪结构简图　　　图 5-28 立式光学比较仪工作原理图

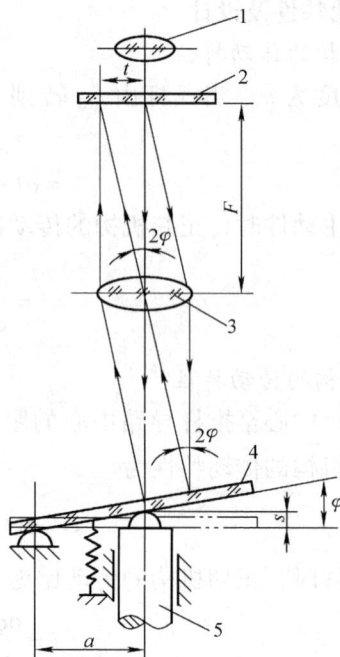

现将上式中的 $\sin\varphi$ 展开，并取前两项，得

$$\Delta s = a\varphi - a\left(\varphi - \frac{\varphi^3}{6}\right) = \frac{a\varphi^3}{6} \tag{5-15}$$

（2）正切机构的原理误差　同理，正切机构的原理误差为

$$\Delta s = a\varphi - a\tan\varphi$$

$$\Delta s = a\varphi - a\left(\varphi + \frac{\varphi^3}{3}\right) = -\frac{a\varphi^3}{3} \tag{5-16}$$

5. 设计原则

（1）合理选择传动型式　比较正弦机构和正切机构的特点，可以看出：

1）由式（5-15）和式（5-16）可知，当条件相同时，正弦机构与正切机构相比，其原理误差的绝对值减小了 1/2。

2）推杆导轨的间隙对正弦机构的精度没有影响（不改变摆杆长度 a），而对正切机构的影响较大（因此时 a 值将产生变化）。

3）正切机构的结构工艺性比正弦机构的工艺性较好。

因此，在高精度的仪器仪表中，为了提高测量精度，多采用正弦机构。在精度较低时，一般采用正切机构。

但在某些特殊情况下，虽然仪器精度较高，却采用了正切机构。这需要具体分析。

（2）工作角度和摆杆长度的确定　从式（5-15）和式（5-16）可以看出，正弦机构和正切机构的原理误差均与工作角度 φ 的立方成正比，因此，为了保证仪器的精度，在实际应用中，把工作角度限制在很小的范围内，否则，将会产生过大的原理误差。杠杆测量仪表的测量范围一般为 $\pm 0.3\text{mm}$。

通过分析还可以看出，在测量范围一定的情况下，若摆杆长度 a 增大，则 φ 减小，从而原理误差大大减小，并且制造亦较容易。因此，在结构条件允许时，应尽量增大摆杆长度，其数值一般不应小于 $3.5 \sim 4.5\text{mm}$，但从式（5-11）和式（5-13）看出，a 值增大，则传动比 i 减小，故为了保证仪表总传动比的要求，在实际应用中多采用双杠杆（二极杠杆）传动或杠杆齿轮传动。图5-29 所示为双正弦-齿轮传动的应用实例。

（3）摆杆长度的调整　为了减小原理误差，还广泛采用调整摆杆长度的方法。如图5-30 所示正弦机构，设 a_0 为摆杆设计长度，则线性标尺特性为 $s = a_0\varphi$，其特性为一直线，但正弦机构的理论传动特性为 $s = a_0\sin\varphi$，特性线为正弦曲线（曲线1），两者之差即为原理误差。当摆杆转角为 $\pm\varphi_{\max}$ 时，原理误差的绝对值最大，其值由式（5-15）计算如下：

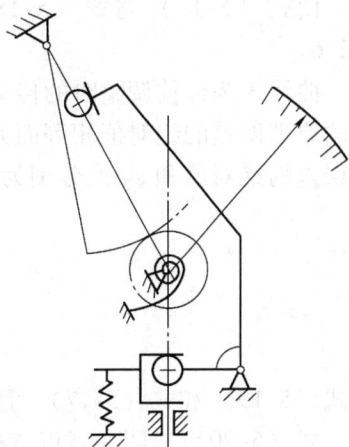

图5-29　双杠杆测微仪简图

$$\Delta s_{1\max} = \frac{a_0\varphi_{\max}^3}{6} \tag{5-17}$$

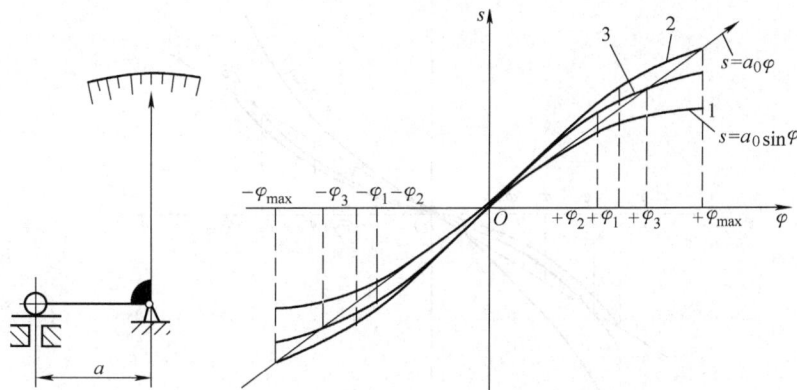

图5-30　正弦机构原理误差的调整

如果把摆杆长度调整（增大）至 a，则 $s(= a\sin\varphi)$ 增大，原理误差 $\Delta s (\Delta s = a_0\varphi - a\sin\varphi)$ 减小。图中曲线2为摆杆长度调整到使最大摆角 $\pm\varphi_{\max}$ 处的原理误差等于零时正弦机构的传动特性曲线。这时，最大的原理误差将出现在转角 $-\varphi_1$ 和 $+\varphi_1$ 处，根据存在极值的充分条件，取原理误差的一阶导数等于零便可求得 φ_1 为

$$\varphi_1 = \frac{\varphi_{\max}}{\sqrt{3}}$$

因此，当正弦机构的传动特性为曲线2时，最大原理误差为

$$\Delta s_{2\max} = \Delta s_{\varphi 1} = -\frac{1}{2.6} \times \frac{a_0\varphi_{\max}^3}{6} \tag{5-18}$$

由式（5-17）与式（5-18）可知，摆杆长度调整后，原理误差可减小为原来的 $1/2.6$。

曲线3为最佳调整时的传动特性曲线，这时调整摆杆长度，使当 $\pm\varphi_{max}$ 处分别与 $\pm\varphi_2$ 处的原理误差的绝对值相等而方向相反，在 φ_3 点的原理误差等于零（见图5-30），其原理误差的绝对值和 φ_3 值分别为

$$\Delta s_{3max} = \Delta s_{\varphi_2} = \frac{1}{4} \times \frac{a_0 \varphi_{max}^3}{6} \qquad (5\text{-}19)$$

$$\varphi_3 = \frac{\sqrt{3}}{2}\varphi_{max} = 0.87\varphi_{max} \qquad (5\text{-}20)$$

由式（5-19）和式（5-17）可知，机构经最佳调整后，其原理误差可减小为原来的1/4。

式（5-20）表明，当正弦机构在 $-\varphi_{max} \sim +\varphi_{max}$ 范围内工作时，若调整摆杆长度 a，使摆杆工作转角 $\varphi = \pm 0.87\varphi_{max} \approx 0.9\varphi_{max}$，即在指示范围（从零算起）的90%处的原理误差为零，便达到最佳调整。

采用相同的方法，如将正切机构的摆杆长度进行适当调整，当使 $\varphi = \pm\varphi_3 = \pm 0.87\varphi_{max}$ 处的原理误差为零时，即为最佳调整情况（见图5-31），此时，最大的原理误差为

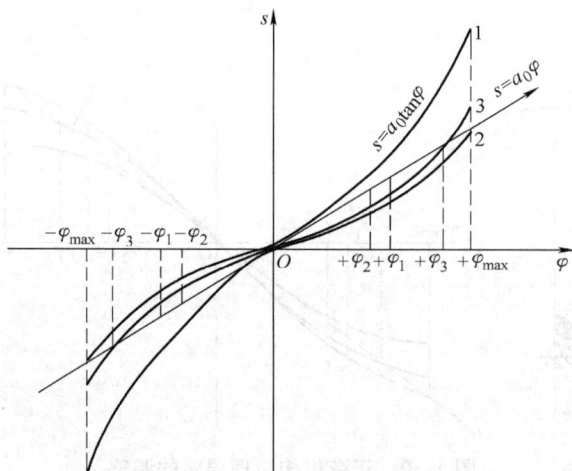

图5-31 正切机构原理误差的调整

$$\Delta s_{max} = \frac{a_0 \varphi_{max}^3}{12} \qquad (5\text{-}21)$$

常见的摆杆长度的调整结构有

1）偏心调整结构。图5-32所示为偏心调整结构，松开螺母1，转动偏心轴（见图5-32a）或偏心套筒2（见图5-32b），即可调整摆杆长度。

2）螺钉调整结构，如图5-33所示，松开锁紧螺母1，转动螺钉2，即可调整摆杆长度。

3）弹性摆杆结构，如图5-34所示，调节螺钉1和2，使摆杆3产生弹性变形，即可

调整摆杆长度。

4）摆杆支承间隙的消除，摆杆支承的间隙会引起摆杆长度的变化（见图 5-35a），从而使仪表示值不稳定并增加传动误差。为了消除支承间隙的影响，可以采用顶尖支承（见图 5-35b）或利用弹力保证轴与轴承孔保持单边接触，以减小摆杆长度的变化。

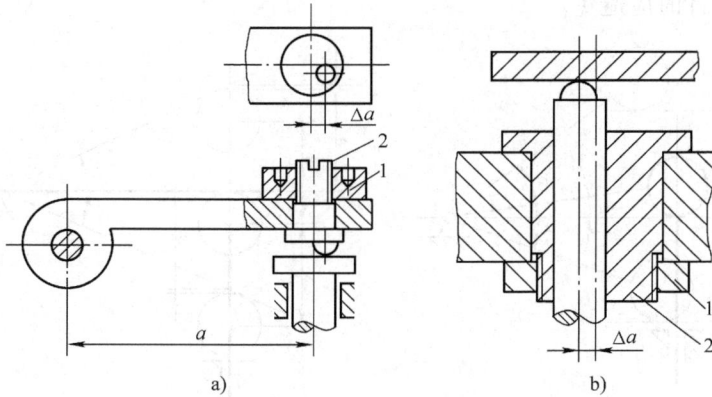

图 5-32　偏心调整结构

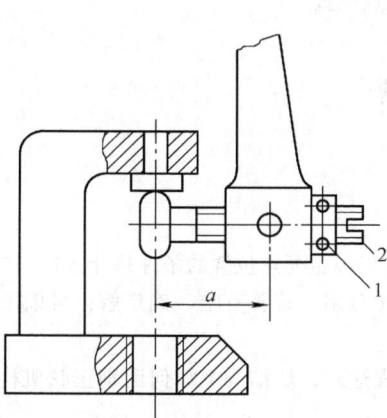

图 5-33　螺钉调整结构

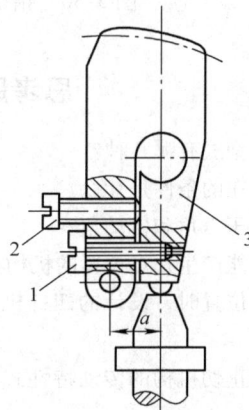

图 5-34　弹性摆杆结构

5）机构原点位置的确定，正弦机构和正切机构正确的原点位置是，当机构处于原点位置（$\varphi = 0$）时，必须满足下列两个条件：

① 球头中心应位于摆杆摆动中心到推杆运动方向的垂线（理论杠杆线）上。

② 正弦机构中与摆杆球头接触的推杆平面或正切机构中与推杆球头接触的摆杆平面，应垂直于推杆的运动方向。

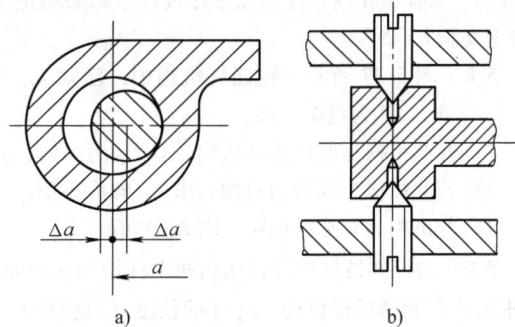

图 5-35　摆杆支承间隙的影响与消除

图 5-25 和图 5-26 所示的正弦机构和正切机构符合上述两个条件，所以它们的原点位置是正确的。这时，在机构工作范围 ±s 内，摆杆转角为 ±φ。在推杆正、负行程中，机构原理误差的绝对值相等，因而原理误差最小。

图 5-36 所示的机构原点位置是不正确的，在这种情况下机构的原理误差会显著增大（证明从略），设计时应避免。

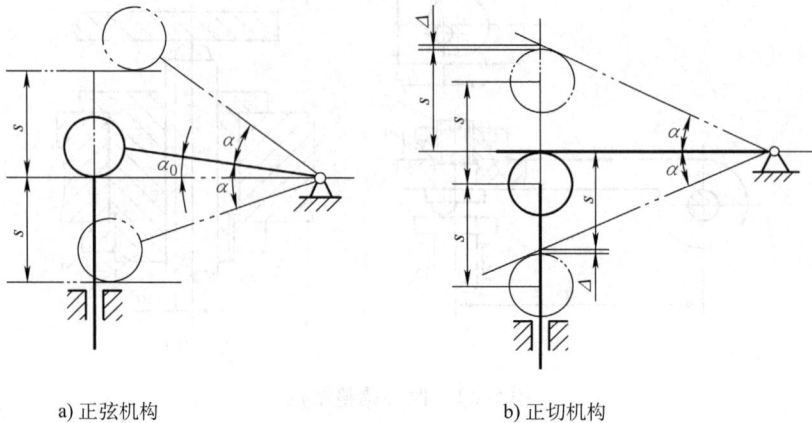

a) 正弦机构　　　　b) 正切机构

图 5-36　错误的机构原点位置

思考题及习题

5-1　四杆机构的基本型式有哪几种？

5-2　四杆机构曲柄存在的条件是什么？

5-3　何谓四杆机构的压力角和传动角？

5-4　四杆机构中有可能产生死点位置的机构有哪些？它们发生死点位置的条件是什么？

5-5　当给定连杆两个位置时，设计的四杆机构可以有无穷多，若要有唯一确定解，可以附加哪些条件？

5-6　写出正弦机构和正切机构的传动特性式和传动比表达式，从结构上如何区别正弦机构和正切机构？

5-7　何谓机构的原理误差？如果推杆行程和摆杆长度均相同时，正弦机构和正切机构的原理误差各为多少？若正弦机构的原理误差比正切机构小，为什么在高精度的光学比较仪中却采用正切机构？（提示：参阅"参考文献"[2]）

5-8　图 5-37 所示铰链四杆机构中，已知 $L_{BC}=50mm$，$L_{CD}=35mm$，$L_{AD}=30mm$，AD 为机架。问：

1）若此机构为曲柄摇杆机构，且 L_{AB} 为曲柄，求 L_{AB} 的最大值。

2）若此机构为双曲柄机构，求 L_{AB} 的最小值。

3）若机构为双摇杆机构，求 L_{AB} 的值。

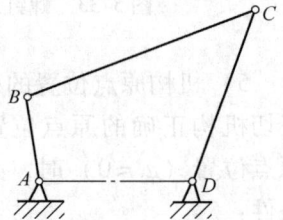

图 5-37　题 5-8 图

5-9　若已知铰链四杆机构的两个杆长为 $a=9mm$，$b=11mm$，另外两个杆的长度之和 $c+d=25mm$，要求构成一曲柄摇杆机构，c、d 的长度（取整数）应为多少？

5-10　图 5-38 所示曲柄摇杆机构中，已知机架长 $L_{AD}=500mm$，摇杆 $L_{CD}=250mm$，要求摇杆 CD 能

在水平位置上、下各摆 10°，试确定曲柄与连杆的长度（$L_{AB}=38.93$mm，$L_{BC}=557.66$mm）。

5-11 设计一铰链四杆机构，如图 5-39 所示，已知其摇杆 CD 的长度 $L_{CD}=75$mm，机架 AD 的长度 $L_{AD}=100$mm，行程速度变化系数 $K=1.5$，摇杆的一个极限位置与机架的夹角 $\psi_3'=45°$，求曲柄 AB 及连杆 BC 的长度（解 $L_{AB}=49$mm，$L_{BC}=120$mm；或 $L_{AB}=22.5$mm，$L_{BC}=48.5$mm）。

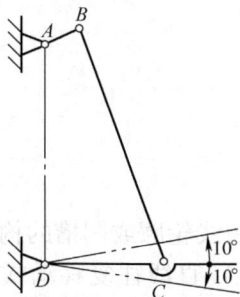

图 5-38 题 5-10 图   图 5-39 题 5-11 图

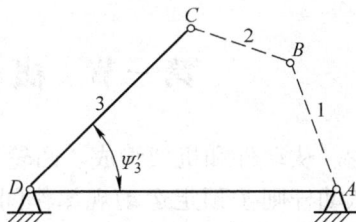

5-12 设计一曲柄摇杆机构，已知其摇杆 CD 的长度 $L_{CD}=290$mm，摇杆的两极限位置间的夹角 $\phi'=32°$，行程速度变化系数 $K=1.25$，若给定了机架的长度 $L_{AD}=280$mm，求连杆及曲柄的长度。

5-13 设计偏置曲柄滑块机构，已知滑块 C 的行程速度变化系数 $K=1.5$，滑块 C 的行程 $C_1C_2=40$mm，滑块在 C_1 处的压力角 $\alpha=45°$。

5-14 要求设计一曲柄滑块机构，非线性度误差 $\delta_f \leqslant 2\%$，已知敏感元件特性为线性，其最大位移 $s_{max}=4$mm，曲柄工作转角 $a_g=20°$。

5-15 在仪器仪表中常利用曲柄滑块机构，把滑块的直线位移 s 转换为曲柄的角位移 φ。（1）推导如图 5-40 所示曲柄滑块机构的传动特性和传动比。（2）当 $\varphi=0$ 时，传动比 $i_{\varphi=0}$ 为多少？

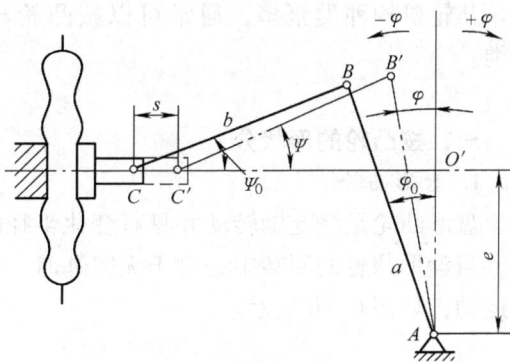

图 5-40 曲柄滑块机构

第六章 凸 轮 机 构

第一节 概 述

凸轮机构由凸轮、从动件和机架组成。凸轮是一个具有曲线轮廓或凹槽的构件，通常作连续等速转动；从动杆则按预定运动规律作间歇（或连续）直线往复移动或摆动。在精密机械特别是在自动控制装置和仪器中，凸轮机构得到广泛的应用。

凸轮机构的优点是：只要凸轮轮廓曲线设计合理，便可使从动件按任意给定的规律运动，而且机构简单、紧凑、工作可靠；其缺点是：凸轮轮廓曲线加工比较困难，与从动件为高副接触，压强大、易磨损，故凸轮机构一般多用于传力不大的控制机构中。

凸轮机构种类繁多，通常可以按凸轮与从动件的几何形状及其运动形式的不同来分类。

一、按凸轮的形状分

1. 盘形凸轮

盘形凸轮是绕定轴转动并具有变化半径的盘形构件，如图 6-1a 所示。

当盘形凸轮的回转中心趋于无穷远时，就变为移动凸轮。此时，凸轮相对于机架作直线运动，如图 6-1b 所示。

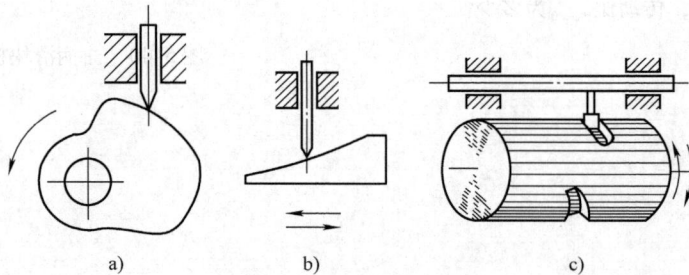

a)   b)   c)

图 6-1 凸轮机构的分类

2. 圆柱凸轮

将移动凸轮绕成圆柱体即成为圆柱凸轮。这种凸轮结构比较复杂，但紧凑，并可用于较大行程，如图 6-1c 所示。

由于圆柱凸轮可展开为移动凸轮，而移动凸轮又是盘形凸轮的特例。因此，盘形凸轮是各种凸轮的基本形式。

二、按从动件的形状分

1. 尖底从动件

如图 6-2a 所示，尖底从动件结构简单，不论凸轮的轮廓曲线如何，都能与凸轮轮廓上所有点接触，故能按较复杂的规律运动，缺点是容易磨损，只适用于低速和传力较小的场合。

2. 滚子从动件

在从动件的一端装有可自由转动的滚子（见图 6-2b）。由于滚子与凸轮轮廓之间为滚动摩擦，故摩擦小，转动灵活，因而应用较多。

3. 平底从动件

如图 6-2c 所示，这种从动件仅能与轮廓全部外凸的盘形凸轮相作用，而不能用于有内凹轮廓的盘形凸轮。从动件的平底与凸轮接触处易形成楔形

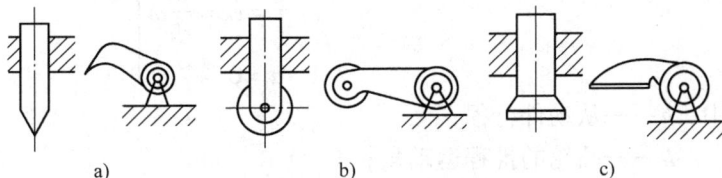

图 6-2　从动件的型式

油膜，能减小磨损，且不计摩擦时，凸轮对从动件的作用力始终垂直于平底，传动效率较高，故常用于高速凸轮机构中。

第二节　从动件常用运动规律

图 6-3 所示为尖底直动从动件盘形凸轮机构。图中以凸轮轮廓最小向径 r_b 为半径所作的圆称为基圆，r_b 称为基圆半径。凸轮作逆时针方向转动，从动件由基圆上 A 点开始上升，向径渐增的轮廓 AB 将从动件推到最远点，这一过程称为推程。此时凸轮相应转过的角度 Φ 称为推程运动角，从动件的位移 h 称为行程。凸轮继续转动，轮廓 BC 向径不变，从动件停止不动，这个过程称为停程。此时凸轮相应转过角度 Φ_s 称为远休止角。凸轮继续转动，向径渐减的轮廓 CD 使从动件在弹簧力（图中未画出）作用下滑向低处，这一过程称为回程。此时凸轮相应转角 Φ' 称为回程运动角。同理，当基圆 DA 段圆弧与尖底作用时，从动件在距凸轮回转中心最近位置停留不动，这时对应凸轮转角 Φ_s' 称为近休止角。当凸轮继续回转时，从动件又重复进行升—停—降—停的运动循环。上述直动从动件导路延长线过凸轮回转中心，称此机构为对

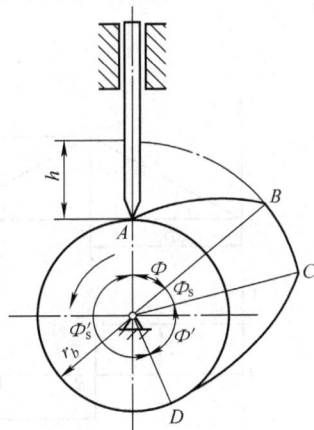

图 6-3　盘形凸轮机构

心凸轮机构，如从动件导路延长线不通过凸轮的回转中心，则为偏置凸轮机构，凸轮的回转中心到从动件导路的距离为偏距。

从动件的运动规律是指从动件在整个工作循环中，凸轮以等角速度转动，从动件运动参数（位移、速度和加速度）随凸轮转角 φ 变化的规律。由上述可知，从动件的运动规

律与一定的凸轮轮廓相对应。也就是从动件的不同运动规律要求凸轮具有不同的轮廓曲线。因此设计凸轮时，必须首先确定从动件的运动规律，下面介绍几种常用的运动规律。

一、等速运动规律

从动件作等速运动时，其运动图线如图 6-4 所示。其位移线图为一过原点的倾斜直线，由图可得 AB 段运动线图的表达式

$$\left.\begin{array}{l} s = \dfrac{h}{\varPhi}\varphi \\[2mm] v = v_0 = \dfrac{h}{\varPhi}\omega \\[2mm] a = 0 \end{array}\right\}$$

式中　h——从动件行程；

　　　$\varPhi$——凸轮的推程运动角；

　　　ω——凸轮转动角速度。

然而，在其速度换向处，即 A、B、C 点，产生速度突变，加速度无穷大。虽然由于材料的弹性变形可以起到一定的缓冲作用，但从动件仍会产生很大的惯性力，使机构受到强烈的冲击，称之为"刚性冲击"。通常对 A、B、C 处的位移曲线加以修正，用过渡圆弧代替直线。因此，单纯的等速运动只能适用于低速凸轮机构。

二、等加速等减速运动规律

从动件作等加速等减速运动时，如果其加速段与减速段的时间相等，则其运动线图如图 6-5 所示。由运动学可知，初速度为零的物体作等加速运动时，其位移方程(AB 段)为

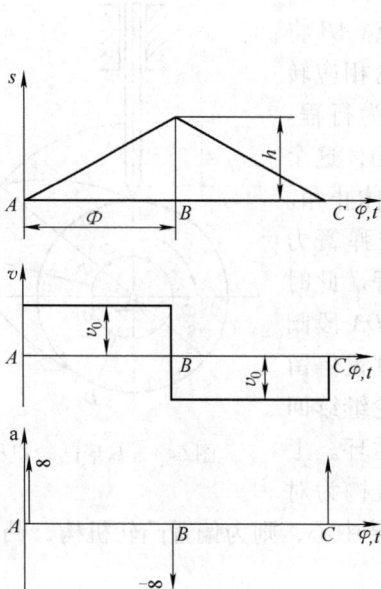

图 6-4　等速运动规律　　　　图 6-5　等加速等减速运动规律

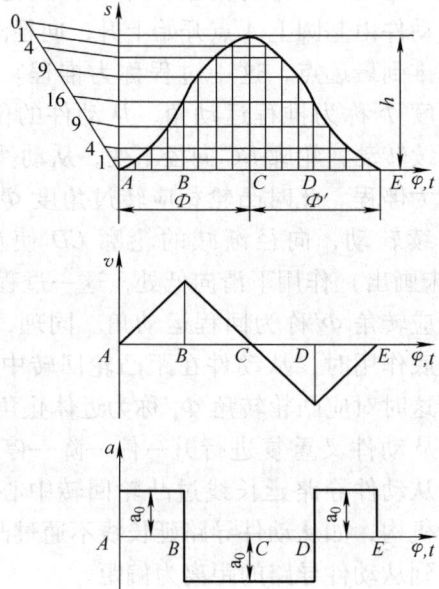

$$s = \frac{1}{2}a_0 t^2 = \frac{1}{2}a_0 \left(\frac{\varphi}{\omega}\right)^2$$

式中　a_0——从动件运动加速度。

如果当 $\varphi = \Phi/2$ 时，$s = h/2$，即

$$\frac{h}{2} = \frac{1}{2}a_0 \left(\frac{\Phi}{2\omega}\right)^2$$

$$a_0 = \frac{4h\omega^2}{\Phi^2}$$

将上式代入位移方程并对时间 t 求导，得

$$\left.\begin{aligned} s &= \frac{2h}{\Phi^2}\varphi^2 \\ v &= \frac{4h\omega}{\Phi^2}\varphi \\ a &= a_0 = \frac{4h\omega^2}{\Phi^2} \end{aligned}\right\}$$

根据运动图像的对称性，可得等减速（BC 段）的运动方程为

$$\left.\begin{aligned} s &= h - \frac{2h}{\Phi^2}(\Phi - \varphi)^2 \\ v &= \frac{4h\omega}{\Phi^2}(\Phi - \varphi) \\ a &= -\frac{4h\omega^2}{\Phi^2} \end{aligned}\right\}$$

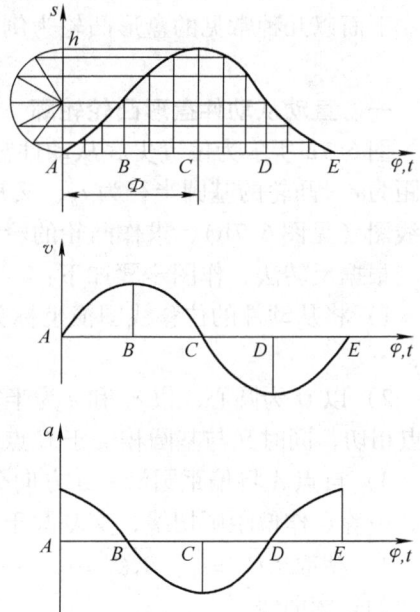

由运动图像可见，这种运动规律的速度曲线是连续的，不会出现刚性冲击。但在 B、D 处加速度有突变，但均为有限值，由此产生的冲击称为"柔性冲击"。因此，这种运动规律适用于中、低速凸轮机构。

三、简谐运动

质点在圆周上作匀速运动时，它在这个圆的直径方向上的投影所构成的运动称之为简谐运动。从动件作简谐运动时，其运动线图如图 6-6 所示。由运动线图可以看出，运动方程为

图 6-6　简谐运动规律

$$s = \frac{h}{2}\left(1 - \cos\frac{\pi}{\Phi}\varphi\right)$$

$$v = \frac{h\pi\omega}{2\Phi}\sin\frac{\pi}{\Phi}\varphi$$

$$a = \frac{h\pi^2\omega^2}{2\Phi^2}\cos\frac{\pi}{\Phi}\varphi$$

从动件作简谐运动时，其加速度按余弦曲线规律变化。由运动线图可以看出，这种运动规律在始末点（A、E点）加速度有突变，也会引起柔性冲击，只适用于中速传动。只有当从动件作无停程的升降升连续往复运动时，才可以得到连续的加速度曲线，从而适用于高速传动。

第三节　图解法设计平面凸轮轮廓

当从动件的运动规律和凸轮的基圆半径确定后，各种凸轮的轮廓曲线（简称廓线）都可以用图解法求出。绘制凸轮轮廓曲线亦可应用反转法原理。如图6-7所示，根据相对运动原理，使整个机构以角速度$-\omega$绕凸轮回转轴心O回转，此时各构件之间的相对运动关系不变，但凸轮固定不动，而从动件一方面绕轴线回转（$-\omega$），同时又按给定的运动规律在导路中作相对运动。由于从动件尖底始终与凸轮轮廓曲线相接触，所以反转后从动件尖底的运动轨迹就是凸轮的轮廓曲线。

下面以几种常见的盘形凸轮为例，说明凸轮轮廓曲线的绘制方法。

一、直动从动件盘形凸轮轮廓

图6-7a所示为偏置尖底从动件盘形凸轮机构。设已知从动件导路与凸轮回转中心的偏距为e、凸轮的基圆半径为r_b，又知凸轮以等角速度ω沿逆时针方向转动及从动件的位移线图（见图6-7b），求作凸轮的轮廓曲线。

根据反转法，作图步骤如下：

1）将从动件的位移线图横坐标分成若干等份，各分点的位移为$s_1 = 1-1'$、$s_2 = 2-2'$、…。

2）以O为圆心，以r_b和e为半径分别作基圆及偏距圆。使从动件中心线与偏距圆在A点相切，同时又与基圆相交于C点，C点即为尖底从动件的起始位置。

3）自点A将偏距圆沿$-\omega$方向分成与位移线图横坐标相对应的等分点，过分点A_1、A_2、…等点作偏距圆切线，交基圆于B_1、B_2、…等点。

4）截取$\overline{B_1C_1} = s_1$、$\overline{B_2C_2} = s_2$、…，将C_1、C_2、…等点用光滑曲线连接，此曲线即为凸轮的轮廓曲线。

当采用滚子从动件时，因滚子中心的运动轨迹与尖底从动件尖底的运动轨迹相同，所以可以把滚子的中心看作尖底从动件的尖底。依照上述方法画出尖底从动件的凸轮廓线，此廓线称为滚子从动件的凸轮理论轮廓曲线，如图6-8所示。以理论轮廓曲线上各线为圆心，以滚子半径为半径作一系列圆弧，这些圆弧的内包络线即为滚子从动件凸轮的实际轮

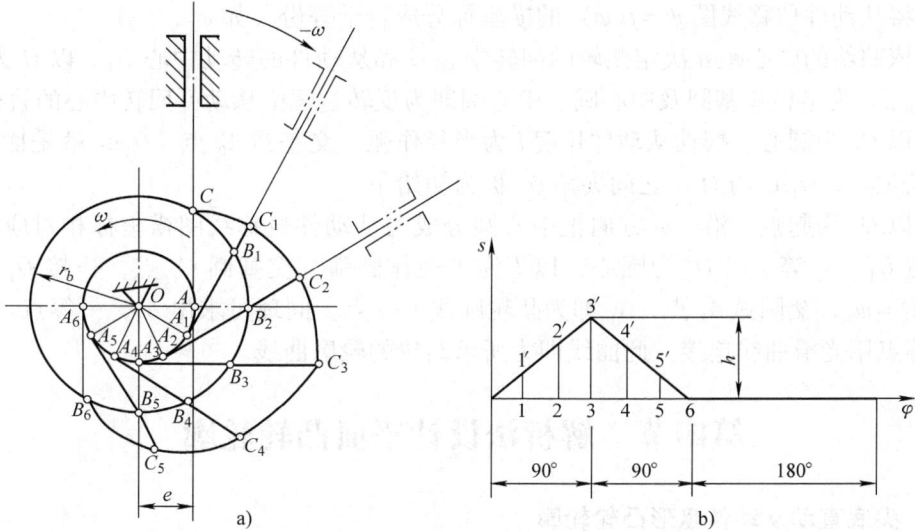

图 6-7　图解法设计直动从动件凸轮轮廓

廓曲线。需要指出的是，对于滚子从动件盘形凸轮机构，
基圆是指凸轮理论廓线上由最小半径 r_0 所作的圆。

当偏距 $e=0$ 时，则为对心直动从动件盘形凸轮机构。
它的画法与上述方法基本相同。

二、摆动从动件盘形凸轮轮廓

图 6-9a 所示为摆动尖底从动件盘形凸轮机构，设已
知盘形凸轮轴心与从动件的回转中心距为 a，基圆半径为
r_b。从动件长度为 l，从动件的位移线图如图 6-9b 所示，φ
与 ψ 分别为凸轮与从动件转角。凸轮以等角速度 ω 逆时针
转动。求作凸轮的轮廓曲线。

应用反转法，作图步骤如下：

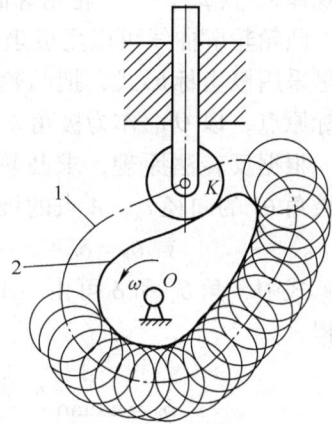

图 6-8　滚子从动件盘状
凸轮的轮廓设计

1—理论轮廓　2—实际轮廓

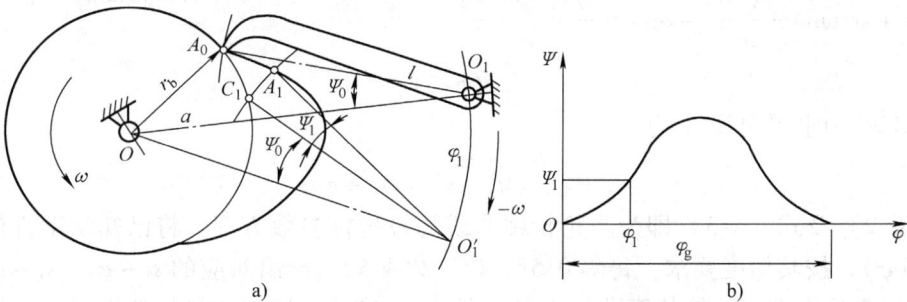

图 6-9　图解法设计摆动从动件凸轮轮廓

1）将从动件位移线图 $\psi = f(\varphi)$ 的横坐标分成若干等份（如 φ_1，…）。

2）依照给的中心距 a 决定凸轮的回转中心 O 和从动件的转动中心 O_1。以 O 为圆心，分别以 r_b、a 为半径作基圆及中心圆。中心圆即为反转过程中从动件回转中心的轨迹。

3）以 O_1 为圆心、摆动从动件长度 l 为半径作弧。交基圆 A_0 点。O_1A_0 就是摆动从动件的起始位置，O_1A_0 与 OO_1 之间夹角 ψ_0 称为初始角。

4）以 O_1 为起点，沿 $-\omega$ 方向把中心圆分成与从动件位移线图横坐标相对应的等分点，得点 O_1'、…等。以 O_1' 为圆心，以 l 为半径作圆弧，交基圆 C_1 点，连接 $O_1'C_1$，作 $\angle C_1O_1'A_1 = \psi_1$，交圆弧 A_1 点，A_1 即为凸轮廓线上一点。同理可求出 A_2，…等点。将 A_0、A_1、…等点用光滑曲线连接，此曲线即为所求凸轮的轮廓曲线。

第四节　解析法设计平面凸轮轮廓

一、尖底直动从动件盘形凸轮轮廓

图6-10 为偏置直动从动件盘形凸轮机构。设已知偏距 e、基圆半径 r_b 和从动件的运动规律 $s = f(\varphi)$，求凸轮轮廓曲线上各点的坐标。

凸轮轮廓曲线可以用极坐标或直角坐标表示。这里采用极坐标形式，把凸轮转动中心 O 作为极坐标原点，以 OA_0 作为极角 θ 的坐标轴。

根据反转法原理，求凸轮轮廓曲线上任意一点极角 θ_A 的向径 r_A。A 点的极角 θ_A 为

$$\theta_A = \delta_0 + \varphi - \delta \qquad (6\text{-}1)$$

式中，角 δ_0 和 δ 可由 $\triangle A_0OC_0$ 及 $\triangle AOC$ 及中求得

$$\delta_0 = \arctan \frac{\sqrt{r_b^2 - e^2}}{e}$$

$$\delta = \arctan \frac{\sqrt{r_b^2 - e^2} + s}{e}$$

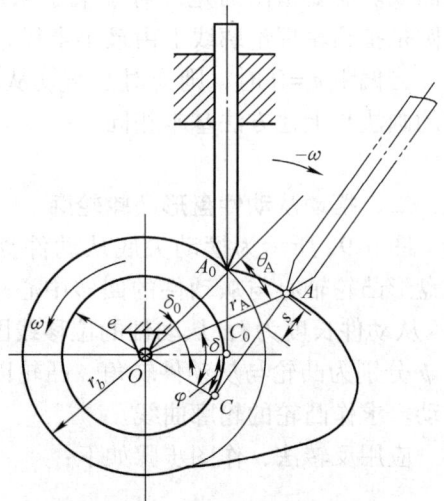

图6-10　解析法设计直动
从动件凸轮轮廓

将 δ_0、δ 代入式（6-1），得

$$\theta_A = \varphi + \arctan \frac{\sqrt{r_b^2 - e^2}}{e} - \arctan \frac{\sqrt{r_b^2 - e^2} + s}{e}$$

$$(6\text{-}2)$$

由 $\triangle AOC$ 中求得向径 r_A 为

$$r_A = \sqrt{\left(\sqrt{r_b^2 - e^2} + s\right)^2 + e^2} \qquad (6\text{-}3)$$

式（6-2）及式（6-3）即为凸轮轮廓曲线的极坐标参数方程。将已知从动件的运动规律 $s = f(\varphi)$，按其精度要求，每隔 $0.5°$、$1°$、$2°$ 或 $5°$，给出对应的 $s_1 \sim \varphi_1$、$s_2 \sim \varphi_2$、… 代入极坐标方程中求得凸轮轮廓曲线上各点的 θ、r 值，根据这些坐标值即可作出所求凸

轮的轮廓曲线，并在凸轮工作图上列表标出各点坐标值，以便于凸轮轮廓曲线的制作与检验。

对于 $e = 0$ 的对心直动从动件凸轮机构，由于 $\delta_0 = \delta = 90°$，则其凸轮轮廓曲线的极坐标方程为

$$\theta_A = \varphi$$
$$r_A = r_b + s$$

二、摆动从动件盘形凸轮轮廓

图 6-11 所示为摆动从动件盘形凸轮机构。已知基圆半径 r_b、中心距 $OO_1 = a$、凸轮以等角速度 ω 逆时针方向转动、摆杆长度 l 及其运动规律 $\psi = f(\varphi)$，用解析法求盘形凸轮轮廓曲线。

仍选用极坐标系，根据反转法原理，求轮廓曲线上各点的极坐标参数方程，其步骤如下：

由图 6-10 可知，凸轮轮廓曲线上任一点 A 的向径可由 $\triangle OO_1'A$ 中求得

$$r_A = \sqrt{l^2 + a^2 - 2al\cos(\psi_0 + \psi)}$$

式中，ψ_0 为摆杆的初位角，其值可由 $\triangle OO_1A_0$ 中求出，即

$$\cos\psi_0 = \frac{l^2 + a^2 - r_b^2}{2al}$$

由图可知，A 点的极角

$$\theta_A = \delta_0 + \varphi - \delta \qquad (6\text{-}4)$$

式中，δ_0 和 δ 可由 $\triangle OO_1A_0$ 及 $\triangle OO_1'$ A 分别求得，即

$$\sin\delta_0 = \frac{l}{r_b}\sin\psi_0$$

$$\sin\delta = \frac{l}{r_A}\sin(\psi_0 + \psi)$$

将上述 δ_0、δ 代入式（6-4）得

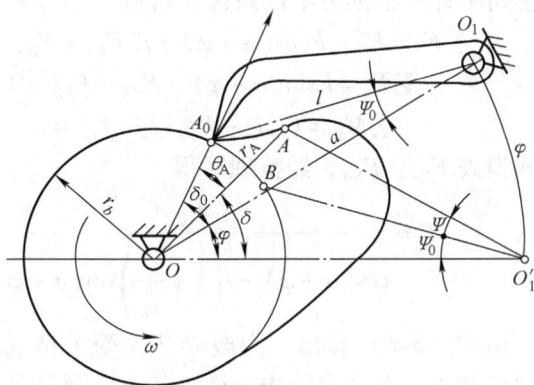

图 6-11　解析法设计摆动从动凸轮轮廓

$$\theta_A = \varphi + \left\{ \arcsin\left(\frac{l}{r_b}\sin\psi_0\right) - \arcsin\frac{l}{r_A}\sin(\psi_0 + \psi) \right\} \qquad (6\text{-}5)$$

式（6-4）、式（6-5）即为摆动尖底从动件盘形凸轮轮廓曲线的极坐标参数方程。根据已知运动规律 $\psi = f(\varphi)$ 和精度要求，即可计算出凸轮轮廓曲线上各点的极坐标值（θ，r），并列成表格。

第五节　凸轮机构基本尺寸的确定

设计凸轮机构不仅要满足从动件的运动规律，还要求传动时受力情况良好，以使机构

运转灵活。因此需要正确选择凸轮机构的压力角、基圆半径及滚子半径。

一、凸轮机构压力角的确定

压力角是决定凸轮机构能否正常工作的重要参数，确定凸轮机构尺寸时必须考虑对压力角的影响。下面以对心直动从动件盘形凸轮机构为例，分析在升程中任一位置的受力情况（见图 6-12）。

图中，F_Q 为从动件所受的载荷（包括工作阻力、自重及弹簧力等），F 是凸轮作用于从动件的推力。$n\text{-}n$ 是尖底从动件与凸轮接触点 K 的公法线，由于凸轮运动存在摩擦力，故力 F 相对于公法线 $n\text{-}n$ 偏转角为摩擦角 φ。公法线 $n\text{-}n$ 与从动件（即尖底从动件）运动方向的夹角，称之为压力角。在不考虑摩擦力的情况下，凸轮对从动件的作用力是沿 $n\text{-}n$ 方向的，故压力角就是凸轮对从动件的正压力（沿 $n\text{-}n$ 方向）与从动件运动方向的夹角。F_{NA}、F_{NB} 是导路对从动件的法向反力，而 fF_{NA}、fF_{NB} 则是导路作用于从动件的摩擦力，f 为摩擦因数。

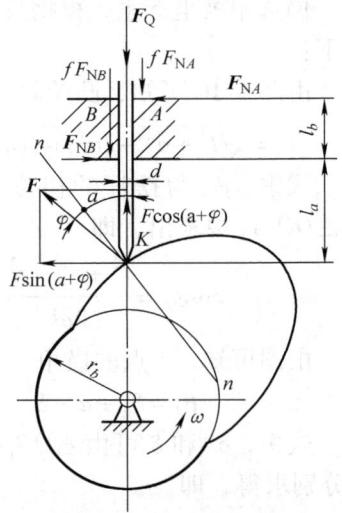
图 6-12 凸轮机构受力分析

因 $d \ll l_a$（或 $l_a + l_b$），所以 fF_{NA}、fF_{NB} 对点 K 的力矩可忽略不计。根据力平衡条件，可得

$$\sum F_y = F_Q - F\cos(\alpha + \varphi) + f(F_{NA} + F_{NB}) = 0$$
$$\sum F_x = F\sin(\alpha + \varphi) + F_{NA} - F_{NB} = 0$$
$$\sum M_K = F_{NB}l_a - F_{NA}(l_a + l_b) = 0$$

上式消去 F_{NA}、F_{NB}，经整理后得

$$F = \frac{F_Q}{\cos(\alpha + \varphi) - f\left(1 + \dfrac{2l_a}{l_b}\right)\sin(\alpha + \varphi)} \tag{6-6}$$

由式（6-6）看出，为改善凸轮受力情况，应使压力角尽可能小，并且在结构允许条件下，尽可能增大导轨长度 l_b 和减小悬臂尺寸 l_a。若其他条件不变，则 α 增加，所需推力 F 增大。当 α 增加到使式（6-11）的分母为零时，即

$$\cos(\alpha + \varphi) - f\left(1 + \frac{2l_a}{l_b}\right)\sin(\alpha + \varphi) = 0$$

F 增至无穷大，机构自锁。故凸轮机构自锁时的极限压力角为

$$\alpha_{lim} = \arctan\left[\frac{1}{f\left(1 + \dfrac{2l_a}{l_b}\right)}\right] - \varphi$$

以极限压力角 α_{lim} 为基础，便可定出许用压力角 $[\alpha]$。为了安全起见，取 $[\alpha] = \alpha_{lim} - (5° \sim 8°)$，根据理论分析和实践经验，推荐许用压力角取以下数值：

工作行程：对于移动从动件 $[\alpha] \leqslant 30°$

摆动从动件 $[\alpha] \leqslant 45°$

回　　程：$[\alpha] \leqslant 70° \sim 80°$

在生产实践中，为了提高机构的效率，改善受力情况，通常规定凸轮机构的最大压力角 α_{max} 应小于许用压力角 $[\alpha]$。

二、基圆半径的确定

凸轮基圆半径和凸轮机构压力角有关，如图 6-13 所示，设凸轮轮廓曲线上 K 点处凸轮与从动件的线速度分别为 v_{K1}、v_{K2}，从动杆对凸轮的相对速度为 v_{K21}，则由速度三角形可知

$$v_{K2} = v_{K1}\tan\alpha = (r_b + s_K)\omega\tan\alpha$$

故

$$\tan\alpha = \frac{v_{K2}}{(r_b + s_K)\omega} = \frac{\dfrac{\mathrm{d}s_K}{\mathrm{d}t}}{(r_b + s_K)\dfrac{\mathrm{d}\varphi}{\mathrm{d}t}} = \frac{\dfrac{\mathrm{d}s_K}{\mathrm{d}\varphi}}{r_b + s_K} \qquad (6\text{-}7)$$

式中　$\dfrac{\mathrm{d}s_K}{\mathrm{d}\varphi}$ ——从动件运动规律中从动件位移 s 对凸轮转角 φ 在 K 点处的导数。

由式（6-7）可知，当基圆半径 r_b 减小时，将使压力角 α 变大；反之，压力角 α 减小。故设计时，若对机构尺寸没有严格限制，则基圆半径可取大些，以使 α 减小，改善凸轮受力情况。基圆半径通常可根据结构条件，由下面的经验公式求得

$$r_b \geqslant (0.8 \sim 1)d_z$$

式中　d_z ——凸轮安装处的轴径直径。

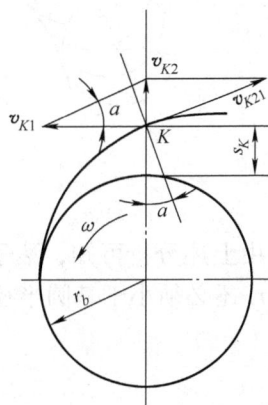

图 6-13　凸轮机构瞬时速度

根据所选的基圆半径设计出凸轮轮廓曲线后，必要时，可对其实际压力角进行检查。若发现压力角的最大值超过许用压力角，则应适当增大 r_b，重新设计凸轮轮廓。

三、滚子半径的确定

从减小凸轮与滚子间接触应力的观点来说，滚子半径越大越好。但滚子半径对凸轮的实际轮廓曲线有很大影响，使滚子半径的增大受到限制。如图 6-14 所示，对于内凹的理论轮廓曲线（见图 6-14a），实际轮廓曲线的曲率半径等于理论轮廓曲线的曲率半径与滚子半径之和，即 $\rho_c = \rho + r_r$。因此不论滚子半径多大，实际轮廓曲线总可以作出来。而对于外凸的理论轮廓曲线，由于实际轮廓曲线的曲率半径等于理论轮廓曲线的曲率半径与滚子半径之差，即 $\rho_c = \rho - r_r$。因此，当 $\rho > r_r$ 时，实际轮廓曲线可画出（见图 6-14b）；当 $\rho = r_r$ 时，即 $\rho_c = 0$，实际轮廓曲线则会出现一尖点，容易磨损（见图 6-14c）；而当 $\rho < r_r$ 时，则 $\rho_c < 0$，产生交叉的轮廓曲线，实际上交叉部分将被切削掉，因此从动件运动将会失真（见图 6-14d）。

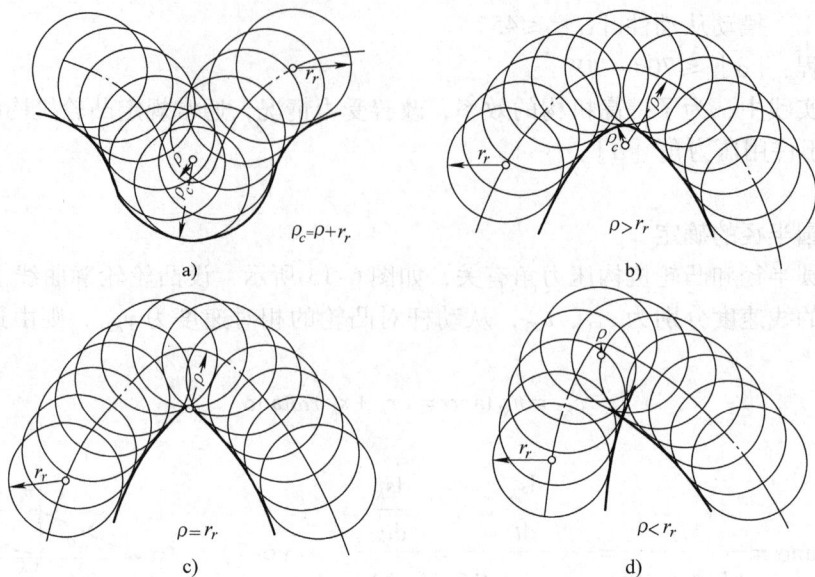

图 6-14   滚子半径对凸轮实际廓线的影响

由上述分析可知，滚子半径 r_r 必须小于外凸理论轮廓曲线的最小曲率半径 $\rho_{\min}$。此外，r_r 还必须小于基圆半径 r_b。在设计时，应使 r_r 满足以下经验公式：

$$r_r \leqslant 0.8\rho_{\min} \text{ 及 } r_r \leqslant 0.4r_b$$

思考题及习题

6-1   凸轮与从动件有几种主要型式？各具有什么特点？

6-2   什么是凸轮的基圆、升程、回程、停程？

6-3   常用的从动件运动规律有哪几种？各有什么特点？

6-4   绘制平面凸轮轮廓的基本原理是什么？

6-5   叙述凸轮机构压力角定义。要使凸轮机构受力良好，运转灵活，对压力角的要求如何？

6-6   在从动件运动规律已确定的情况下，凸轮基圆半径与机构压力角有什么关系？如何确定凸轮基圆半径？

6-7   在滚子从动件凸轮机构中，确定滚子半径时应考虑哪些因素？

6-8   凸轮机构的从动件运动规律如图 6-15 所示。要求绘制对心尖底从动件盘形凸轮轮廓，基圆半径 $r_b = 22$mm，凸轮转向为逆时针。试问：

1）在升程段，轮廓上哪点压力角最大？数值是多少？

2）在升程如允用压力角 $[\alpha] = 25°$，问允许基圆半径最小值是多少？

6-9   如图 6-10 所示偏置直动尖底从动件凸轮机构。从动件运动规律为 $s = 10 \times (1 - \cos\varphi)$ mm，凸轮基圆 $r_b = 50$mm，偏距 $e = 30$mm，凸轮转向为逆时针。试计算：当凸轮转角 $\varphi = 60°$ 时，与从动件相接触的凸轮轮廓 A 点的坐标。

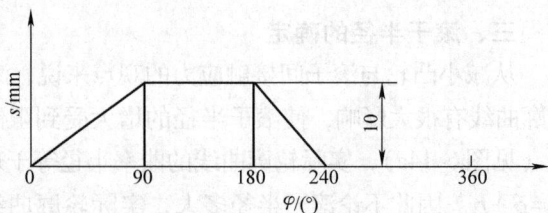

图 6-15   题 6-8 图

第七章　齿 轮 传 动

第一节　概　　述

齿轮传动是精密机械中应用最为广泛的传动机构。其主要用途是：

1）传递任意两轴之间的运动和转矩。

2）变换运动的方式，将转动变为移动或将移动变为转动。

3）变速——将高转速变成低转速，或将低转速变成高转速。在机器中通常是用来实现减速，而在仪器仪表中除用于减速外，还常用于增速，以实现传动放大作用。

与摩擦轮传动和带传动等比较，齿轮的传动比较稳定，传动精度高；在传递同样功率的条件下，尺寸较小，结构紧凑；传动效率高、寿命长。但也有缺点，即制造和安装的精度要求高，费用比较昂贵。

精密机械中应用的齿轮，按齿廓曲线分，有渐开线齿、摆线齿、圆弧齿；按齿线相对于齿轮母线方向分，有直齿、斜齿、人字齿、曲线齿；按两轴的相对位置分类时，有两轴平行、两轴相交和两轴交错，可参见图7-1。

第二节　齿廓啮合基本定律

齿轮传动是靠主动轮齿的齿廓，依次推动从动轮轮齿的齿廓实现的。对齿轮传动的基本要求之一是其瞬时传动比应当保持恒定。否则当主动轮以等角速度转动时，从动轮的角速度将发生变化，产生惯性力，从而影响轮齿的强度，使其过早地损坏；同时还将引起振动，影响齿轮的传动精度。要保证瞬时传动比恒定不变，则齿轮的齿廓必须符合一定的条件。

图7-2为一对相互啮合的齿轮，设主动轮1以角速度 ω_1 绕轴 O_1 顺时针方向回转，从动轮2受轮1的推动以角速度 ω_2 绕轴 O_2 逆时针方向回转。两轮轮齿的齿廓 C_1、C_2 在任意点 K 接触，它们在 K 点处的线速度分别为 $\boldsymbol{v}_{K1}$、$\boldsymbol{v}_{K2}$。$\boldsymbol{v}_{K2K1}$ 为两齿廓接触点间的相对速度。

过 K 点作两齿廓 C_1、C_2 的公法线 NN。显然，要使这一对齿廓能连续地接触传动，则 $\boldsymbol{v}_{K1}$、$\boldsymbol{v}_{K2}$ 在公法线 NN 方向上的分速度应相等，否则两齿廓将会压坏或分离，即

$$v_{K1}\cos\alpha_{K1} = v_{K2}\cos\alpha_{K2}$$

又因

$$v_{K1} = \omega_1\overline{O_1K}, v_{K2} = \omega_2\overline{O_2K}$$

故得

$$i_{12} = \frac{\omega_1}{\omega_2} = \frac{\overline{O_2K}\cos\alpha_{K2}}{\overline{O_1K}\cos\alpha_{K1}}$$

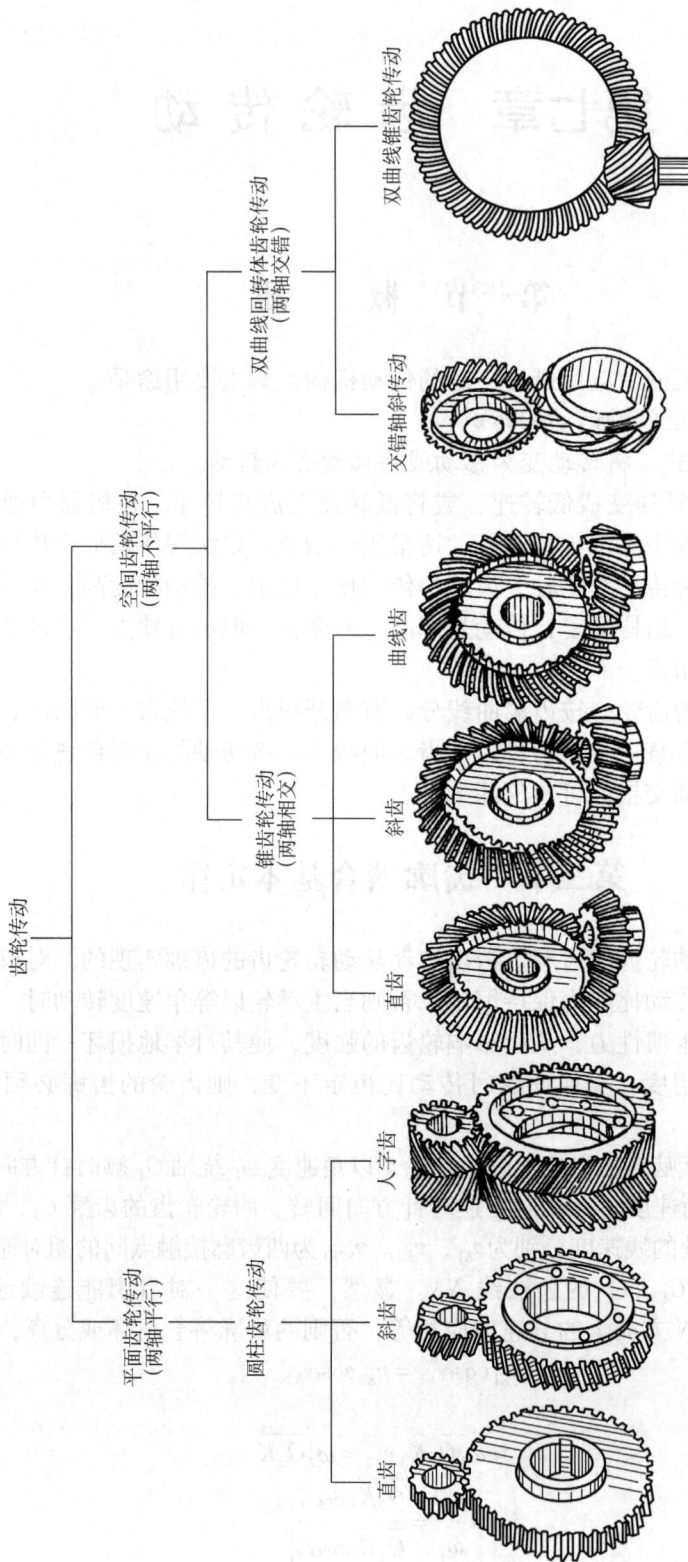

图7-1 齿轮传动的分类

过 O_1、O_2 分别作公法线 NN 的垂线，得垂足 N_1、N_2，由图可知 $\overline{O_2K}\cos\alpha_{K2} = \overline{O_2N_2}$，$\overline{O_1K}\cos\alpha_{K1} = \overline{O_1N_1}$。

又因 $\triangle O_1PN_1 \backsim \triangle O_2PN_2$，故最后可得

$$i_{12} = \frac{\omega_1}{\omega_2} = \frac{\overline{O_2N_2}}{\overline{O_1N_1}} = \frac{\overline{O_2P}}{\overline{O_1P}} \qquad (7\text{-}1)$$

由式（7-1）可知，欲保证瞬时传动比为定值，则比值 $\overline{O_2P}/\overline{O_1P}$ 应为常数。现因两轮轴心连线 $\overline{O_1O_2}$ 为定长，故欲满足上述要求，P 点应为连心线上的定点。这个定点 P 称为节点。

式（7-1）表明，齿轮传动的瞬时传动比等于齿轮的中心距被齿廓接触点的公法线所分线段的反比，这就是齿廓啮合的基本定律。要想使瞬时传动比保持恒定，则要求齿轮中心连线与过齿廓接触点（啮合点）的公法线的交点保持不动，即交于定点 P。

凡满足上述定律而相互啮合的一对齿廓，称为共轭齿廓。从理论上来说，可以用作共轭齿廓的曲线是很多的，但在生产实践中，必须从设计、制造、安装和使用等方面综合考虑，加以选择。目前常用的齿廓曲线有渐开线、摆线、修正摆线等。

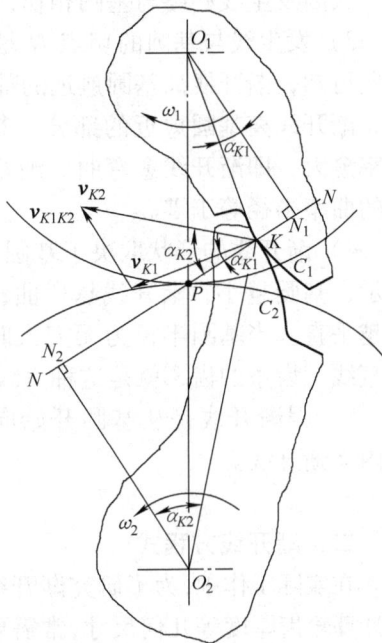

图 7-2　齿廓啮合基本定律

由于采用渐开线作为齿廓曲线，不但容易制造，而且也便于安装、互换性好，所以绝大部分齿轮都采用渐开线作齿廓曲线，因此本章将主要介绍渐开线齿轮。

第三节　渐开线齿廓曲线

一、渐开线的形成及其性质

（一）渐开线的形成

如图 7-3 所示，当一直线 $\overline{NK}$ 沿一圆周作纯滚动，则直线上任一点 K 的轨迹 AK 称为该圆的渐开线。该圆称为渐开线的基圆，其半径用 r_b 表示；直线 $\overline{NK}$ 称为渐开线的发生线，角 θ_K 称为渐开线 AK 段的展角。

（二）渐开线的性质

根据渐开线形成的过程，可知渐开线具有下列性质：

1）因发生线在基圆上作纯滚动，所以它在基圆上滚过的一段长度应等于基圆上被滚过的一段弧长，即

$$\overline{NK} = \overset{\frown}{AN}$$

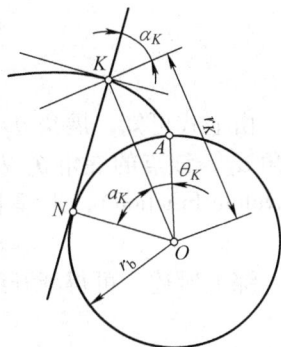

图 7-3　渐开线的形成

2）因在形成渐开线过程中的每一瞬时，发生线绕它与基

圆的切点 N 转动，故发生线上 K 点的速度方向与 $\overline{NK}$ 垂直；K 点速度的方向应沿渐开线在 K 点的切线方向，而切线与法线互相垂直，由此可知，发生线 $\overline{NK}$ 就是渐开线在 K 点的法线。又因发生线始终与基圆相切，所以渐开线的法线必与基圆相切。

3）发生线与基圆的切点 N 是渐开线上 K 点的曲率中心，而线段 $\overline{NK}$ 为其曲率半径。由此可知，渐开线离基圆愈远的部分，其曲率半径愈大而曲率愈小，即渐开线愈平直；反之，渐开线离基圆愈近的部分，其曲率半径愈小而曲率愈大，即渐开线愈弯曲。渐开线在基圆上 A 点处的曲率半径等于零。

4）渐开线的形状取决于基圆的大小。如图 7-4 所示，基圆越小，渐开线越弯曲；基圆越大，渐开线越平直。当基圆半径为无穷大时，其渐开线将变成直线，齿条的齿廓就是这种直线齿廓。

5）因渐开线是从基圆开始向外展开，故基圆以内无渐开线。

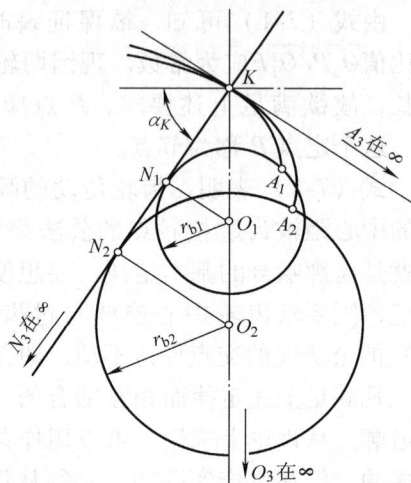

图 7-4 基圆大小对齿廓形状的影响

二、渐开线方程式

在实际工作中，为了研究渐开线齿轮的啮合理论和计算轮齿厚度等几何尺寸，常需要用到渐开线方程式。下面根据渐开线形成过程推导渐开线的数学方程。

如图 7-3 所示，若以 OA 为极坐标轴，则渐开线上任意点 K 的坐标可由向径 r_K 和极角 θ_K 来表示。又当以此渐开线作为齿轮的齿廓并且与其共轭齿廓在 K 点啮合时，则此齿廓在 K 点所受正压力的方向（即齿廓曲线在该点的法线）与 K 点速度方向线之间的夹角，称为渐开线在 K 点的压力角，用 α_K 来表示。

由 $\triangle ONK$ 可知：

$$r_K = \frac{r_\mathrm{b}}{\cos\alpha_K}$$

又

$$\tan\alpha_K = \frac{\overline{NK}}{r_\mathrm{b}} = \frac{\widehat{AN}}{r_\mathrm{b}} = \frac{r_\mathrm{b}(\alpha_K + \theta_K)}{r_\mathrm{b}} = \alpha_K + \theta_K$$

故

$$\theta_K = \tan\alpha_K - \alpha_K$$

由上式可知，展角 θ_K 是随压力角 α_K 的大小而变化的。只要知道了渐开线上各点的压力角 α_K，该点的展角 θ_K 就可以用上式求出。所以，称展角 θ_K 为压力角 α_K 的渐开线函数（involute function），工程上常用 $\mathrm{inv}\alpha_K$ 表示 θ_K，即

$$\theta_K = \mathrm{inv}\alpha_K = \tan\alpha_K - \alpha_K$$

综上所述，可得渐开线的极坐标方程式为

$$\left.\begin{array}{l} r_K = \dfrac{r_\mathrm{b}}{\cos\alpha_K} \\[2mm] \theta_K = \mathrm{inv}\alpha_K = \tan\alpha_K - \alpha_K \end{array}\right\} \tag{7-2}$$

式（7-2）中 θ_K、α_K 都是以弧度计算的，只要基圆半径 r_b 一定，任意给定一个 α_K 值，就可求得渐开线上一点的坐标。为了计算方便，已将渐开线函数制成表格并列于手册中，使用时可直接查找。

三、渐开线齿廓满足啮合基本定律的证明

在研究了作为齿廓曲线的渐开线及其性质之后，尚需证明渐开线齿廓啮合能保证两齿轮的瞬时传动比为常数，即能满足齿廓啮合的基本定律。

如图 7-5 所示，设 C_1、C_2 为两齿轮上相互啮合的一对渐开线齿廓，它们的基圆半径分别为 r_{b1} 及 r_{b2}。当 C_1、C_2 在任意点 K 啮合时，过 K 点作这对齿廓的公法线 N_1N_2。由渐开线的性质可知，此公法线 N_1N_2 必同时与两齿廓的基圆相切，即 N_1N_2 为两齿轮基圆的内公切线，它与连心线 O_1O_2 相交于 P 点。

由于基圆的大小和位置都是不变的，所以无论这两个齿轮在任何位置啮合，例如在 K' 点啮合，则从啮合点 K' 作两齿廓的公法线，都将与 N_1N_2 重合（因为两定圆——基圆在同一方向上只有一条内公切线）。这说明了 N_1N_2 为一条定直线，故其与连心线 O_1O_2 的交点 P 必为一定点，符合轮齿啮合基本定律，其瞬时传动比为一常数，即

$$i_{12} = \frac{\omega_1}{\omega_2} = \frac{\overline{O_2P}}{\overline{O_1P}} = 常数$$

图 7-5　渐开线齿廓满足啮合基本定律的证明

过定点（节点）P，以 O_1、O_2 为中心，以 $\overline{O_1P}$、$\overline{O_2P}$ 为半径画圆，称为节圆，其半径用 r' 表示。

又由图 7-5 可知，$\triangle O_1N_1P$ 与 $\triangle O_2N_2P$ 相似，所以两轮的传动比还可以写成

$$i_{12} = \frac{\omega_1}{\omega_2} = \frac{\overline{O_2P}}{\overline{O_1P}} = \frac{r_{b2}}{r_{b1}} \tag{7-3}$$

即两轮的传动比不仅与两节圆的半径成反比，同时也与两基圆的半径成反比。

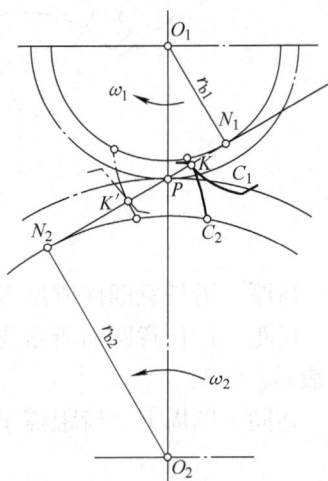

第四节　渐开线齿轮各部分的名称、符号和几何尺寸的计算

一、齿轮各部分的名称和符号

图 7-6a 所示为直齿圆柱外齿轮的一部分，图 7-6b 为直齿圆柱内齿轮的一部分，其各部分的名称和符号如下：

齿顶圆　过所有齿顶端的圆称为齿顶圆，其半径用 r_a 表示，直径用 d_a 表示。

齿根圆　过所有齿槽底的圆称为齿根圆，其半径用 r_f 表示，直径用 d_f 表示。

比较图 7-6a 和图 7-6b 可见，外齿轮的齿顶圆大于齿根圆，内齿轮的齿顶圆小于齿根圆。

　　槽宽　相邻两齿间的空间称为齿槽，沿任意圆周所量得的齿槽的弧线长度称为该圆周上的槽宽，用 e_K 表示。

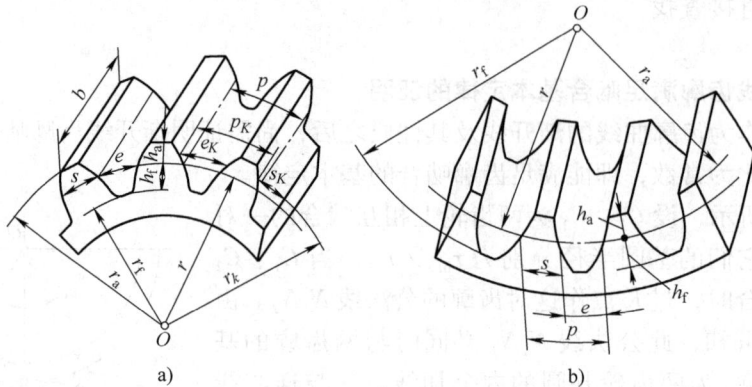

图 7-6　齿轮各部分名称和符号

　　齿厚　沿任意圆周所量得的轮齿的弧线长度称为该圆周上的齿厚，用 s_K 表示。

　　齿距　沿任意圆周所量得的相邻两齿上对应点之间的弧长，称为该圆上的齿距，用 p_K 表示。

　　在同一圆周上，齿距等于齿厚与槽宽之和，即

$$p_K = s_K + e_K$$

　　分度圆　作为计算齿轮各部分尺寸的基准，在齿顶圆与齿根圆之间规定一直径为 d（半径为 r）的圆，并把这个圆称为齿轮的分度圆。

　　分度圆上的齿厚、槽宽和齿距分别用 s、e 和 p 表示，而且 $p = s + e$。对于标准齿轮 $s = e$。

　　模数　由上述定义可知，分度圆周长可以表示为 $\pi d = zp$，因此

$$d = z\frac{p}{\pi}$$

　　由上式可见，分度圆直径与齿距 p 和齿数 z 有关，一个齿数为 z 的齿轮，只要其齿距 p 一定，就可求出其分度圆直径 d。但是式中的 π 为一无理数，这不但给计算带来不便，同时对齿轮的制造和检验都很不利。为此，将比值 p/π 人为地规定为一些大于1的简单的数值（如1，1.25，1.5，2，…），并把这个比值叫做模数，用 m 表示（单位为 mm），即

$$m = \frac{p}{\pi}$$

于是得

$$d = mz$$

　　模数 m 是决定齿轮尺寸的一个重要参数。齿数相同的齿轮，模数大，尺寸也大。为了便于计算、制造、检验和互换使用，齿轮的模数值已经标准化了。表 7-1 为国标 GB/T1357—2008 所规定的标准模数系列。

表 7-1 标准模数系列 （单位：mm）

			1	1.25	1.5	2	2.5	3
第一系列	4	5	6	8	10	12	16	20
	25	32	40	50				
第二系列	1.125	1.375		1.75	2.25	2.75		3.5
		4.5	5.5	(6.5)	7	9	11	14
	18	22	28		36	45		

注：1. 本标准适用于直齿和斜齿渐开线圆柱齿轮的法向模数，不适用于汽车齿轮。

2. 选用模数时应优先采用第一系列，应避免采取第二系列中的法向模数 6.5。

分度圆压力角　由式（7-2）可知，渐开线齿廓上任一点 K 处的压力角 α_K 为

$$\cos\alpha_K = \frac{r_b}{r_K}$$

由上式可见，对于同一齿廓上，r_K 不同，α_K 亦不同，即渐开线齿廓在不同的圆周上有不同的压力角。

通常所说的齿轮压力角是指分度圆上的压力角，用 α 表示，于是有

$$\cos\alpha = \frac{r_b}{r} \text{或} \ r_b = r\cos\alpha \tag{7-4}$$

不难看出：分度圆大小相同的齿轮，如其压力角 α 不同，则基圆大小也不相同，因而其渐开线齿廓的形状也就不同。所以压力角 α 是决定渐开线齿廓形状的一个基本参数。为了制造、检验和互换使用方便，现把分度圆上的压力角规定为标准值，一般取 $\alpha = 20°$（或 $15°$）。

至此，可以给分度圆下一个完整的定义：分度圆就是齿轮上具有标准模数和标准压力角的圆。

齿顶高　轮齿在分度圆和齿顶圆之间的径向高度，用 h_a 表示。

$$h_a = h_a^* m$$

式中　h_a^*——齿顶高系数。

顶隙　一对齿轮啮合时，一个齿轮的齿顶与另一个齿轮齿根之间的间隙，用 c 表示。

$$c = c^* m$$

式中　c^*——顶隙系数。

齿根高　轮齿在分度圆和齿根圆之间的径向高度，用 h_f 表示。

$$h_f = (h_a^* + c^*)m$$

h_a^* 和 c^* 这两个系数在我国也已经标准化了，其数值为

$$h_a^* = 1, \ c^* = 0.25$$

齿宽　轮齿在齿轮轴向的宽度，用 b 表示。

二、标准直齿圆柱齿轮几何尺寸的计算

（一）齿轮

标准直齿圆柱齿轮几何尺寸的计算公式列于表 7-2 中。

表7-2　标准直齿圆柱齿轮几何尺寸计算公式

序号	名称	符号	公　式
1	模数	m	根据齿轮轮齿的强度或结构条件定出
2	压力角	α	$\alpha = 20°$
3	分度圆直径	d	$d_1 = mz_1 \quad d_2 = mz_2$
4	齿顶高	h_a	$h_a = m$
5	齿根高	h_f	$h_f = 1.25m$
6	全齿高	h	$h = 2.25m$
7	顶隙	c	$c = 0.25m$
8	齿顶圆直径	d_a	$d_{a1} = d_1 + 2h_a = m(z_1 + 2h_a^*)$ $d_{a2} = d_2 \pm 2h_a = m(z_2 \pm 2h_a^*)$[①]
9	齿根圆直径	d_f	$d_{f1} = d_1 - 2h_f = m(z_1 - 2h_a^* - 2c^*)$ $d_{f2} = d_2 \mp 2h_f = m(z_1 \mp 2h_a^* \mp 2c^*)$[①]
10	基圆直径	d_b	$d_{b1} = d_1 \cos\alpha \quad d_{b2} = d_2 \cos\alpha$
11	齿距	p	$p = \pi m$
12	齿厚	s	$s = \pi m/2$
13	齿间宽	e	$e = \pi m/2$
14	标准中心距	a	$a = \dfrac{1}{2}(d_2 \pm d_1) = \dfrac{m(z_2 \pm z_1)}{2}$[①]
15	齿宽	b	一般取 $b = (6 \sim 12)m$，常取 $b = 10m$

① 上面符号用于外啮合齿轮，下面符号用于内啮合齿轮。

（二）齿条

图7-7 所示为一齿条，可以看作是齿轮的一种特殊形式，即齿数为无穷多的齿轮，由于其基圆半径无穷大，故齿条的渐开线齿廓变成直线齿廓。其主要特点是：

1）由于齿条的齿廓是直线，所以齿廓上各点的法线是平行的。由于齿条是作直线移动的，齿廓上各点的速度大小和方向一致，故齿廓上各点的压力角相同，其大小等于齿廓的倾斜角 α（取标准值20°或15°），通称为齿形角。

2）由于齿条上各齿同侧齿廓是平行的，所以，不论在分度线上、齿顶线上或其平行的其他直线上的齿距均相等，即 $p = \pi m$。

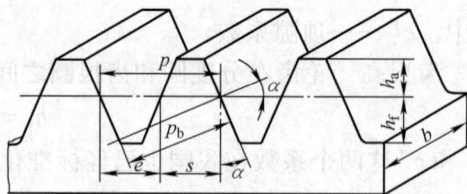

图7-7　齿条

齿条的基本尺寸，可参照标准直齿圆柱齿轮几何尺寸的计算公式进行计算。如

齿条的齿顶高　$h_a = h_a^* m$

齿条的齿根高　　$h_f = (h_a^* + c^*) m$
齿条的齿厚　　　$s = \pi m / 2$
齿条的槽宽　　　$e = \pi m / 2$

三、渐开线圆柱齿轮任意圆上的齿厚

当设计和检验齿轮时，常需知道某些圆上的齿厚。例如，为了检查轮齿齿顶的强度就需要计算出齿顶圆上的齿厚；为了确定齿侧间隙就需要计算节圆上的齿厚等。下面介绍齿轮任意圆上齿厚的计算方法。

图7-8所示为渐开线齿轮的一个轮齿。

图中 s_i 表示任意半径 r_i 圆上的齿厚，α_i、θ_i 分别为该圆上的压力角和渐开线展角。而 s、r、α 和 θ 分别表示分度圆上的齿厚、半径、压力角及渐开线展角。由图7-8所示可得

$$s_i = \widehat{CC} = r_i \varphi$$

而　　$\varphi = \angle BOB - 2\angle BOC = \dfrac{s}{r} - 2(\theta_i - \theta)$

$$= \dfrac{s}{r} - 2(\operatorname{inv}\alpha_i - \operatorname{inv}\alpha)$$

故　　$s_i = r_i \varphi = s\dfrac{r_i}{r} - 2 r_i (\operatorname{inv}\alpha_i - \operatorname{inv}\alpha)$　　(7-5)

式中任意圆上的压力角 α_i 可根据下式求出，即

$$\alpha_i = \arccos(r_b / r_i)$$

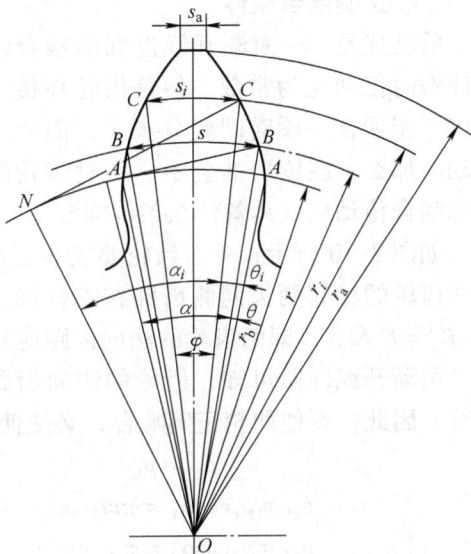

图7-8　任意半径圆周上的齿厚

在应用式（7-5）计算齿顶圆、节圆和基圆上的齿厚时，只要把式中的 r_i 及 α_i 分别换成 r_a 及 α_a、r' 及 α' 和 r_b 及 α_b（$=0$）即可。于是得

齿顶圆齿厚　　　　　　　　$s_a = (s r_a / r) - 2 r_a (\operatorname{inv}\alpha_a - \operatorname{inv}\alpha)$

式中的齿顶圆压力角　　　　$\alpha_a = \arccos(r_b / r_a)$

节圆齿厚　　　　　　　　　$s' = (s r' / r) - 2 r' (\operatorname{inv}\alpha' - \operatorname{inv}\alpha)$

式中的节圆压力角　　　　　$\alpha' = \arccos(r_b / r')$

基圆齿厚　　　　$s_b = (s r_b / r) + 2 r_b \operatorname{inv}\alpha = s\cos\alpha + 2 r\cos\alpha \operatorname{inv}\alpha$

$$= \cos\alpha(s + m z \operatorname{inv}\alpha)$$

第五节　渐开线直齿圆柱齿轮传动

一、啮合过程分析

如图7-9所示。设齿轮1为主动轮，齿轮2为从动轮。当两轮的一对齿开始啮合时，

必是主动轮的齿根推动从动轮的齿顶，因而开始啮合点是从动轮的齿顶与啮合线 N_1N_2 的交点 B_2，同理，主动轮的齿顶圆与啮合线 N_1N_2 的交点 B_1 为这对齿开始分离的点（即终止啮合点）。线段 B_1B_2 为啮合点的实际轨迹，故称为实际啮合线。当齿高增大时，实际啮合线 B_1B_2 向外延伸。但因基圆以内没有渐开线，故实际啮合线不能超过极限点 N_1 和 N_2，线段 N_1N_2 称为理论啮合线。α' 称为啮合角。

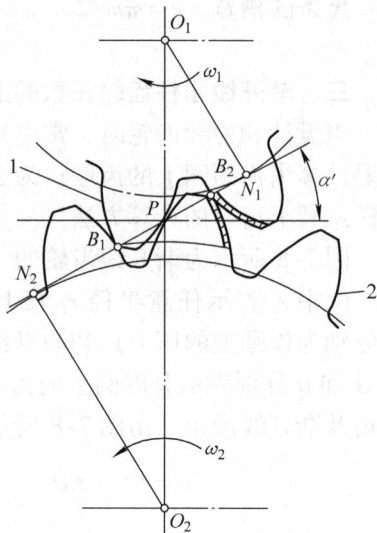

图 7-9 啮合过程分析

二、正确啮合条件

前已述及，一对渐开线齿廓沿啮合线啮合时能够保证瞬时传动比为常数。但是齿轮在传动中，一对齿廓仅互相啮合一段时间就分离了，而由后一对齿继续传动。那么，在依次啮合中，一对齿轮的轮齿要实现正确啮合传动应该具备什么条件呢？

如图 7-10 所示，一对齿轮要实现正确啮合，则应使两齿轮的相邻两齿同侧齿廓在啮合线上的距离相等（$K_1K_1' = K_2K_2'$），即两齿轮的法向齿距应相等。

由渐开线性质可知，齿轮的法向齿距与基圆齿距相等。因此，要使两轮正确啮合，必须使

$$p_{b1} = p_{b2}$$

而

$$p_{b1} = p_1\cos\alpha_1 = \pi m_1\cos\alpha_1$$

$$p_{b2} = p_2\cos\alpha_2 = \pi m_2\cos\alpha_2$$

故

$$m_1\cos\alpha_1 = m_2\cos\alpha_2$$

由于齿轮的模数和压力角均已标准化了，所以必须使

$$\left.\begin{array}{c} m_1 = m_2 = m \\ \alpha_1 = \alpha_2 = \alpha \end{array}\right\} \qquad (7\text{-}6)$$

式（7-6）表明，渐开线齿轮正确啮合条件是两轮分度圆上的模数和压力角必须分别相等。这也是渐开线齿轮互换的必要条件。

三、正确安装和可分性

一对渐开线标准齿轮正确安装时，两轮的分度圆相切，故节圆与分度圆重合，啮合角 α' 等于分度圆压力角 α，如图 7-11a 所示。这时的中心距 a 称为正确安装的中心距或标准中心距，其值为

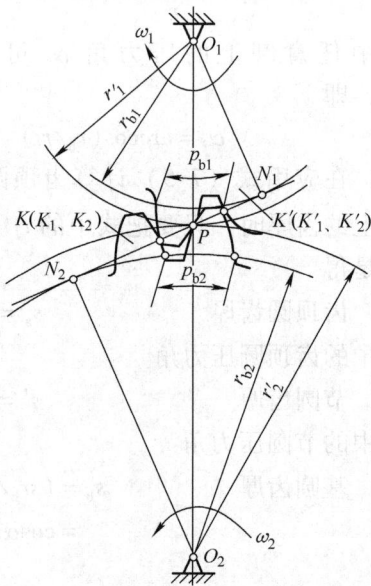

图 7-10 正确啮合条件

$$a = r_1' + r_2' = r_1 + r_2 = \frac{m(z_1 + z_2)}{2} \qquad (7\text{-}7)$$

由于两轮的模数相同，而标准齿轮的分度圆齿厚又等于槽宽，此时，$s_1 = e_1 = \pi m/2 = s_2 = e_2$。这表明正确安装时无齿侧间隙。

在实际工作中，由于齿轮制造和安装的误差，使齿轮实际中心距与设计中心距（标准中心距）往往不同。如图 7-11b 所示，当中心距加大时，齿轮的某些参数要发生变化，即顶隙 $c' > c^* m$，啮合角 $\alpha' > \alpha$，节圆半径 $r' > r$，同时齿侧之间增加了齿侧间隙。

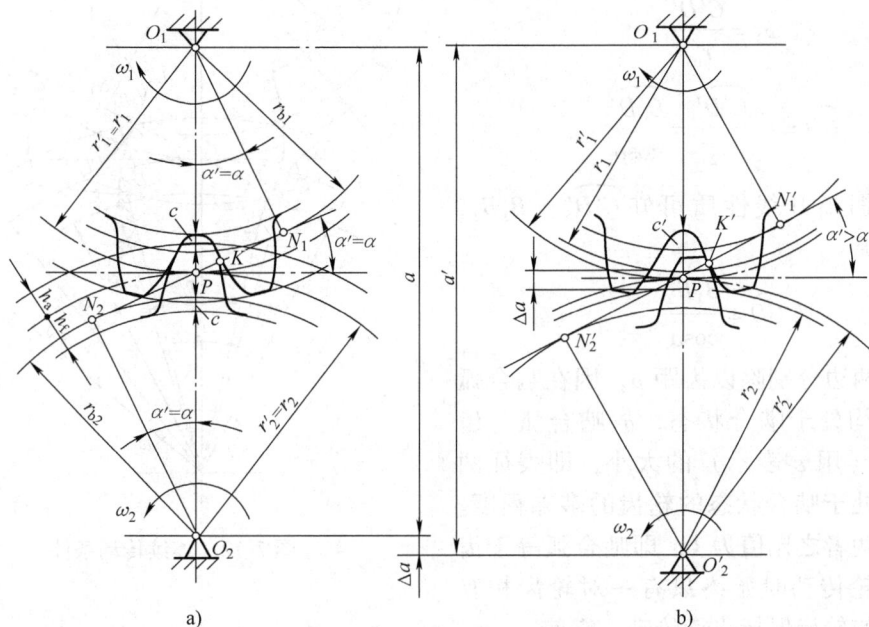

图 7-11　渐开线齿轮传动的可分性

前已述及，渐开线齿轮两轮的角速度与两轮的基圆半径成反比，当两齿轮制成后，基圆半径不变，所以中心距改变后传动比并不改变。

渐开线齿轮传动的这一特性称为传动的可分性。这种传动的可分性，对于渐开线齿轮的加工和装配都是十分有利的。

因为一对正确啮合的渐开线齿轮分度圆的压力角大小相等，所以不论齿轮是否标准以及安装是否正确，其传动比均为

$$i_{12} = \frac{\omega_1}{\omega_2} = \frac{r_2'}{r_1'} = \frac{r_{b2}}{r_{b1}} = \frac{r_2 \cos\alpha}{r_1 \cos\alpha} = \frac{r_2}{r_1} = \frac{mz_2/2}{mz_1/2} = \frac{z_2}{z_1} = 常数$$

四、连续传动条件

为了保证齿轮传动的连续性，在一对互相啮合的齿轮上，当前面一对齿开始分离时，其后面的一对齿必须进入啮合。显然，同时互相啮合齿的对数愈多，则齿轮的传动愈平稳。

如图 7-12 所示，齿轮 1 为主动轮，当一对齿由开始啮合时起，到终止啮合时止，在分度圆上所经过的弧长 $\overset{\frown}{CD}$ 称为啮合弧。啮合弧所对应的中心角用 φ_2 表示，故

$$\widehat{CD} = r_2\varphi_2$$

又当轮齿从开始啮合到终止啮合时，该齿在基圆上所经过的弧长 $\widehat{C'D'}$ 所对应的中心角亦是 φ_2，故得

$$\widehat{C'D'} = r_{b2}\varphi_2$$

$$\varphi_2 = \frac{\widehat{C'D'}}{r_{b2}}$$

则　　　$\widehat{CD} = r_2\dfrac{\widehat{C'D'}}{r_{b2}} = \dfrac{\widehat{C'D'}}{\cos\alpha}$

又根据渐开线性质可知 $\widehat{C'D'} = B_1B_2$，因此啮合弧

$$\widehat{CD} = \frac{B_1B_2}{\cos\alpha}$$

上式两边分别除以齿距 p，因在啮合弧内的轮齿均处于啮合状态，故啮合弧与齿距之比值（用 ε 表示）的大小，即表征两齿轮同时处于啮合状态的轮齿的多寡程度。显然，当两者之比值为 1，即啮合弧等于齿距，则两轮传动时始终只有一对轮齿相互啮合。要使轮齿保持连续传动，需使

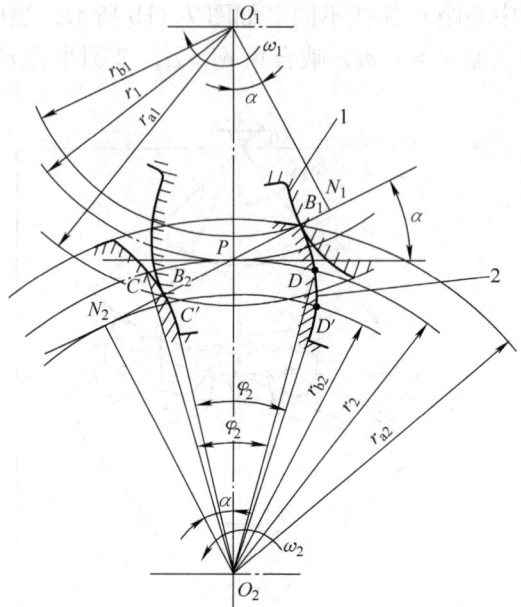

图 7-12　连续传动条件

$$\varepsilon = \frac{\widehat{CD}}{p} = \frac{B_1B_2}{p\cos\alpha} = \frac{B_1B_2}{p_b} \geq 1 \tag{7-8}$$

啮合弧与齿距之比值 ε 称为重叠系数或重合度。考虑到齿轮的制造和安装的误差，为了确保齿轮传动的连续性，应使 $\varepsilon \geq 1.2$。

根据齿轮传动的几何关系，可求出重合度的计算公式[⊖]。对于正确安装的标准齿轮传动

$$\varepsilon = \frac{1}{2\pi}\left[z_1(\tan\alpha_{a1} - \tan\alpha) + z_2(\tan\alpha_{a2} - \tan\alpha)\right]$$

式中　α_{a1}——齿轮 1 齿顶圆压力角；

　　　α_{a2}——齿轮 2 齿顶圆压力角。

在式（7-2）中，因 $\cos\alpha_a = \dfrac{r_b}{r_a} = \dfrac{r\cos\alpha}{r+h_a} = \dfrac{z\cos\alpha}{z+2h_a^*}$，由此可知 ε 与模数 m 无关，而随齿数 z_1 和 z_2 以及 h_a^* 的增大而增大。

⊖　关于齿轮传动计算公式的推导，可参阅黄锡恺，郑文纬. 机械原理 [M]. 北京：高等教育出版社，1981.

第六节 渐开线齿廓的切制原理、根切和最少齿数

一、齿廓的切制原理

齿轮的加工方法很多，有铸造法、热轧法、冲压法、粉末冶金法、注塑法（仪表中某些塑料齿轮多采用此法加工）和切制法等。目前最常用的是切制法。用切制法加工齿轮齿廓的工艺是多种多样的，但从其切制原理来看，可概括为仿型法和范成法两种。

（一）仿型法

仿型法是使用与被切制齿轮（轮坯）齿槽相同的成形刀具加工齿轮的齿廓，例如在铣床上用成形铣刀加工齿轮。

图 7-13a、b 是用圆盘铣刀和指状铣刀加工齿轮的原理图。加工时，铣刀转动，与此同时轮坯沿其轴线方向移动，铣完一个齿槽后，轮坯退回到原来位置，然后利用分度头将轮坯转过 $360°/z$ 进行分度，再切制第二个齿槽，这样逐个铣完所有齿槽。

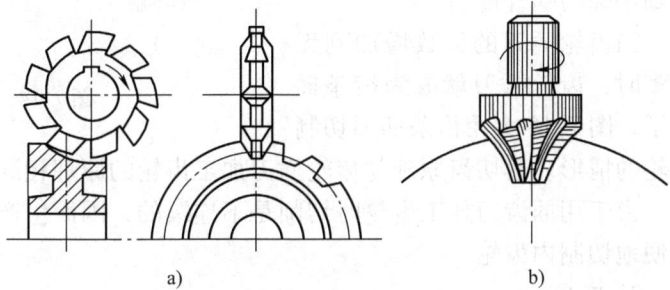

a)   b)

图 7-13 仿型法加工齿轮

由渐开线的性质可知，渐开线的形状决定于基圆的大小，而基圆的半径 $r_b = mz\cos\alpha_0/2$，所以当 m、α 为一定时，齿数 z 不同，齿形就不同。因此，要切出准确的齿廓，在 m、α 相同的情况下，每一种齿数的齿轮就需要一把铣刀，显然这是不经济的。所以，在生产中加工 m、α 相同的齿轮时，根据齿数的不同，一般只备有 8 把（或 15 把）齿轮铣刀。表 7-3 为 8 把一组的齿轮铣刀每号铣刀切削齿轮的齿数范围。

表 7-3 每号铣刀铣制齿轮的齿数范围

铣刀号数	1 号	2 号	3 号	4 号	5 号	6 号	7 号	8 号
所铣齿轮的齿数	12 ~ 13	14 ~ 16	17 ~ 20	21 ~ 25	26 ~ 34	35 ~ 54	55 ~ 134	≥135

由于铣刀的号数有限，各号铣刀的齿形按组内最少齿数的齿形制造，而且还有分度误差，因而被加工的齿轮精度较低。同时，由于加工不连续，生产率低，成本较高，所以不宜用于大批量生产。不过它可以在普通铣床上加工，因此，在修配或小批量生产中还常采用。

（二）展成法

展成法是利用一对齿轮互相啮合传动时，两轮的齿廓互为包络线的原理加工出齿轮的齿廓曲线。常用的工艺方法有插齿和滚齿两种。

1. 插齿

图 7-14a 所示为用齿轮插刀加工齿轮的原理。齿轮插刀的外形像一个具有刀刃的外齿

轮。加工时，插刀沿轮坯的轴线方向作往复运动；同时插刀与轮坯以恒定的等角速比作缓慢的回转运动，犹如一对真正的齿轮互相啮合传动一样，插刀刀刃在各个位置的包络线即为所切轮齿的渐开线齿形（见图7-14b）。

由于这种加工方法是利用齿轮啮合原理，故若改变插刀与轮坯的传动比，用一把刀具可以加工出不同齿数的齿轮。又因被加工齿轮的模数和压力角等于插齿刀的模数和压力角，故用同一把插齿刀加工不同齿数的齿轮都能得到正确的啮合传动。

当齿轮插刀的齿数增加到无穷多时，齿轮插刀就成为齿条插刀了，图7-15为用齿条插刀切制齿轮的情形。其切齿原理与齿轮插刀加工齿轮的原理相同。

图 7-14　齿轮插刀加工齿轮

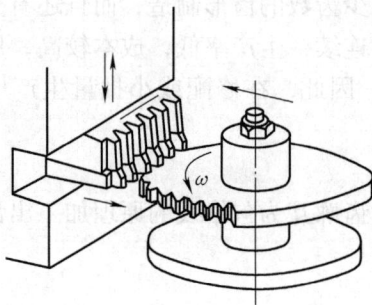

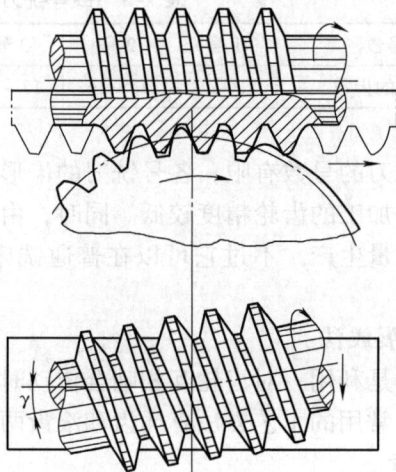

由于用插齿刀加工齿轮时切削是不连续的，因而生产率较低。但利用齿轮插刀可以很方便地切制内齿轮。

2. 滚齿

滚齿加工采用的刀具为齿轮滚刀，生产上最常采用的是阿基米德螺线滚刀。图7-16就是用齿轮滚刀加工齿轮的情形。用滚刀加工直齿轮时，滚刀的轴线与轮坯的端面之间的夹角应等于滚刀的螺旋升角 γ。这样，滚刀螺旋的切线方向恰与轮坯的齿向相同。在轮坯端面的投影为一齿条，滚刀转动时就相当于这个齿条在移动。所以用滚刀切制齿轮的原理与齿条插刀的切制齿轮的原理基本相同，不过齿条插刀的切削运动和展成运动，已为滚刀刀刃的螺旋运动所代替，其切削是连续的，因而滚齿加工较之插齿生产率高。为了切制具有一定轴向宽度的齿轮，滚刀在回转的同时，还须有平行于轮坯轴线的缓慢移动。

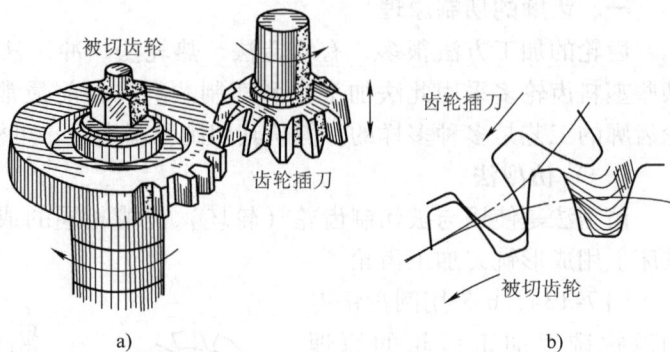

图 7-15　齿条插刀加工齿轮　　　　图 7-16　齿轮滚刀加工齿轮

用展成法加工齿轮时，只要所选用的刀具与被加工齿轮的模数 m 和压力角 α 相同，则不管被加工齿轮齿数的多少，都可以用一把刀加工出来，而且生产率高，因此，在大批量生产中多采用这种方法来加工齿轮。

二、齿轮的根切现象 *

用展成法加工齿轮时，当刀具的齿顶线或齿顶圆与啮合线的交点超过被切齿轮的极限啮合点 N 时，刀具的齿顶将把被切齿轮齿根的渐开线齿廓切去一部分，这种现象称为根切现象，如图7-17a所示。根切不仅使轮齿的弯曲强度削弱，破坏了正确齿形，重合度也有所降低，影响传动的平稳性，对传动质量不利，故应力求避免这种现象。

现以齿条刀具切制齿轮为例，对根切形成的过程分析如下：如图7-17b所示，齿条刀具的分度线与被切齿轮的分度圆切于节点 P，而刀具的齿顶线 MM' 与啮合线的交点已超过了被切齿轮极限啮合点 N。图中 B_1 点为被切齿轮齿顶圆与啮合线的交点。当刀具的齿廓从 B_1 点开始向右送进到它通过 N 点的位置 G 时，刀具 Nf 段便切出轮坯的渐开线齿廓 Ne。在这一段切削过程中，刀具齿顶尚未切入轮坯齿根齿廓。当刀具继续向右移动时，便开始发生根切现象，设刀具移动的距离为 $r\varphi$。因齿条刀具的分度线与轮坯的分度圆作纯滚动，故轮坯转过的角度为 φ。这时刀具和轮坯的齿廓分别位于 G' 和 g'。刀具齿廓 G' 与啮合线垂直相交于 K 点，故

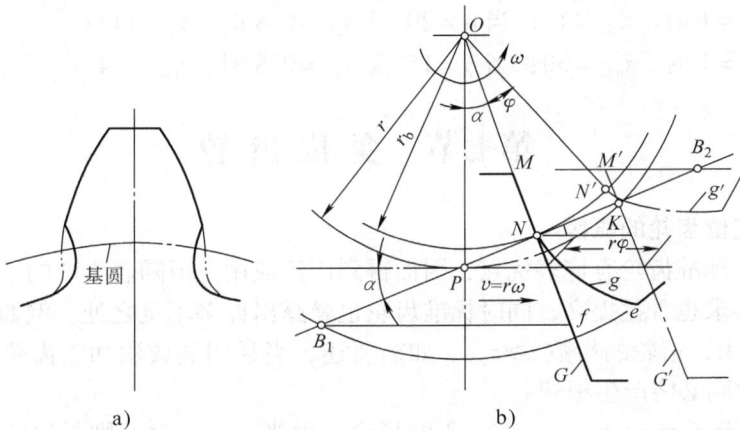

图7-17 根切现象及形成过程

$$\overline{NK} = r\varphi\cos\alpha = r_b\varphi$$

此时，轮坯上 N 点转过的弧长为 $\widehat{NN'} = r_b\varphi$，由此可得

$$\widehat{NN'} = \overline{NK}$$

由于 $\overline{NK}$ 为 N 至直线齿廓 G' 的垂直距离，而 $\widehat{NN'}$ 为圆弧，所以 N' 点必在齿廓 G' 的左边，又因 N' 是齿廓 g' 在基圆上的始点，所以刀具的齿顶必定切入轮坯的齿根部分，这样，不但基圆内的齿廓（过渡曲线）被切去一部分，而且基圆外的渐开线齿廓也被切去一部分，即发生根切现象。

三、最少齿数[*]

从对根切形成过程的分析可知，若被切齿轮的基圆越小，则极限啮合点 N 越接近于节点 P，齿条刀具的齿顶线越易超过 N 点，此时越易产生根切现象。又基圆半径 $r_b = r\cos\alpha = mz\cos\alpha/2$，而 m、α 皆为定值（与刀具的 m、α 相同），所以被切齿轮的齿数越少，越易发生根切现象。由此可知，为了避免发生根切现象，标准齿轮的齿数应有一个最少的限度。

如图 7-18 所示，用齿条插刀或滚刀加工标准齿轮，而不发生根切现象的最少齿数，可按下述方法求出：
若使被切齿轮不产生根切现象，则刀具的齿顶线不得超过 N 点，即

$$h_a^* m \leqslant \overline{NM}$$

而

$$\overline{NM} = \overline{PN}\sin\alpha = r\sin^2\alpha = \frac{mz}{2}\sin^2\alpha$$

代入前式，并整理后得

$$z \geqslant \frac{2h_a^*}{\sin^2\alpha}$$

因此

$$z_{min} = \frac{2h_a^*}{\sin^2\alpha} \tag{7-9}$$

图 7-18　不产生根切的刀具位置

当 $\alpha = 20°$ 及 $h_a^* = 1$ 时，$z_{min} = 17$；当 $\alpha = 20°$ 及 $h_a^* = 0.8$ 时，$z_{min} = 14$；
当 $\alpha = 15°$ 及 $h_a^* = 1$ 时，$z_{min} = 30$；当 $\alpha = 15°$ 及 $h_a^* = 0.8$ 时，$z_{min} = 24$。

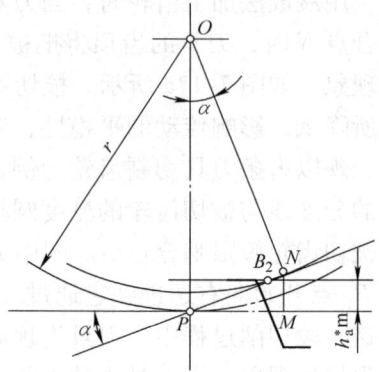

[*]第七节　变 位 齿 轮

一、采用变位齿轮的原因

前已叙及，标准齿轮有许多优点，因而得到广泛应用。但随着生产的不断发展，对齿轮传动性能的要求也日益提高，同时标准齿轮也暴露出许多不足之处。例如：

1）一般说来，齿轮的齿数 $z \geqslant z_{min}$。如前所述，当采用展成法加工齿轮时，被切齿轮的齿数 $z < z_{min}$ 时则必将产生根切。

2）不适用于 $a' \neq a = m(z_1 + z_2)/2$ 的场合。因当 $a' < a$ 时，则无法安装；反之，若 $a' > a$，虽可安装，但齿侧间隙增大，重合度减小，传动不平稳。

3）一对材料相同的标准齿轮传动，由于小轮的齿廓曲率半径较小，齿根的厚度较薄，而且啮合次数又较多，因而轮齿的强度较弱，磨损较严重，也就容易损坏。

此外，现代精密机械总希望在满足使用要求时，尽量减小齿轮的尺寸和重量。因 $d = mz$，而模数与强度有关，不能随意减小，所以只能减少齿数。但用展成法加工标准齿轮时，被切齿轮的齿数又不得小于最少齿数 z_{min}。为了解决以上这些矛盾，人们提出对齿轮进行变位修正，而采用变位齿轮。

二、变位齿轮及其特点

如前所述，轮齿产生根切的原因在于刀具的齿顶线超过了被切齿轮的极限啮合点 N。

要避免根切，就得使刀具的齿顶线不超过 N。如图 7-19 所示，当刀具位于双点画线所示的位置时，因刀具的齿顶线超过了 N 点，被切齿轮将产生根切。如将刀具相对于轮坯中心 O 移出一段距离至实线位置，使刀具齿顶线不再超过 N 点时，显然就不会产生根切了。这种用改变刀具与轮坯的相对位置来切制齿轮的方法，即所谓径向变位法。而采用这种方法切制的齿轮称为变位齿轮。

以切制标准齿轮的位置为基准，刀具所移动的距离 xm 称为移距或变位，而 x 称为变位系数（旧称移距系数）。加工时，刀具相对于轮坯中心远离移出 xm 称为正变位，变位系数为正值；反之为负变位（在这种情况下，齿轮的齿数一定要大于最少齿数，否则将产生根切），变位系数为负值。

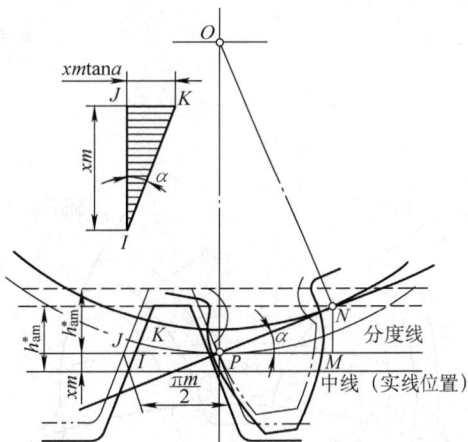

图 7-19 加工变位齿轮时刀具的位置

由切制变位齿轮的过程可知，它与标准齿轮相比具有如下特点：

1）切制变位齿轮和标准齿轮所用刀具和分度运动传动比是一样的，因而它们的模数和压力角也相同，所以它们的分度圆和基圆也相同。齿廓曲线是同一个基圆展出的渐开线，只是两者所截取的区段不同而已，如图 7-20 所示。因各区段渐开线的曲率半径不同，所以可利用变位的方法来改善齿轮传动的质量。

2）标准齿轮分度圆齿厚与槽宽相等（$s = e$）；正变位齿轮其 $s > e$，而负变位齿轮则 $s < e$。

3）如图 7-20 所示，正变位齿轮齿根高减小了，而齿顶高增大了；负变位齿轮与此正好相反。

4）正变位齿轮的齿根变厚了，而负变位却减薄了。因而，采用正变位齿轮可提高轮齿的强度。但是正变位将会使齿顶的厚度减薄，甚至会使其变尖，因此对正变位较大的齿轮，应对其齿顶厚度 s_a 进行校核，一般要求齿顶厚度 $s_a \geq 0.2m$。

三、最小变位系数

如前所述，当被切齿轮齿数 $z < z_{min}$ 时，为了避免发生根切，刀具必须正变位，应使刀具的齿顶线刚好通过轮坯的极限啮合点 N 或 N 以下，如图 7-21 所示。

不发生根切的条件是

$$h_a^* m - xm \leq \overline{MN}$$

因

$$\overline{MN} = \overline{PN}\sin\alpha = \overline{OP}\sin^2\alpha = \frac{mz}{2}\sin^2\alpha$$

式中的 z 为被切齿轮的齿数，联立以上两式解得

$$x \geq h_a^* - \frac{z}{2}\sin^2\alpha$$

又由用齿条刀具切制标准齿轮的最少齿数公式（7-9）可知，$\sin^2\alpha/2 = h_a^* / z_{min}$，故上式可写成

$$x \geq h_a^* \frac{z_{min} - z}{z_{min}}$$

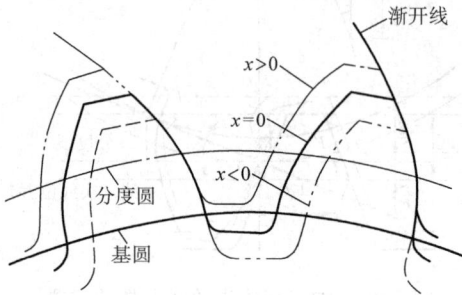

图 7-20　变位齿轮与标准齿轮的比较

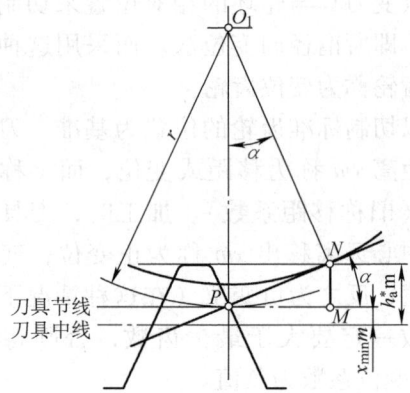

图 7-21　最小变位系数

而最小变位系数

$$x_{min} = h_a^* \frac{z_{min} - z}{z_{min}} \tag{7-10}$$

对于 $\alpha = 20°$，$h_a^* = 1$ 的齿条插刀或滚刀，被切齿轮的最少齿数 $z_{min} = 17$，故

$$x_{min} = \frac{17 - z}{17}$$

在实际计算中，有时允许齿廓非工作段有轻度根切，故

$$x_{min} = \frac{14 - z}{17}$$

由式（7-10）可知，当被切齿轮的齿数 $z < z_{min}$ 时，x_{min} 为正值，说明为了避免根切的发生，该齿轮采用正变位，其变位系数 $x \geq x_{min}$；反之，当 $z > z_{min}$ 时，x_{min} 为负值，这说明如果将刀具向轮坯中心移进距离小于 $|x_{min}m|$，仍不致产生根切。

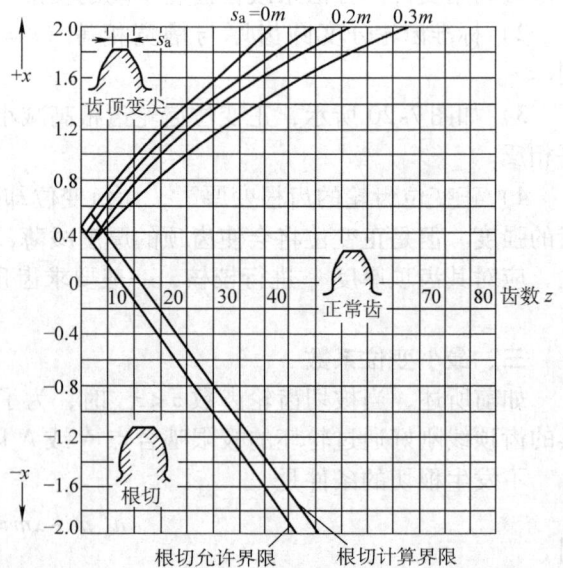

图 7-22　变位系数线图

正变位时变位系数过大，虽然能避免根切，但齿顶容易变尖；负变位时变位系数也应有一定的限制，否则会产生根切。为此可

利用图 7-22 上的曲线来校验变位系数是否选得合适。

第八节　斜齿圆柱齿轮传动

一、斜齿圆柱齿轮齿廓曲面的形成及其啮合特点

由于轮齿的方向和轴平行，直齿圆柱齿轮所有垂直于轴的各平面内的情况完全相同，因此只需考虑其中一个平面（端面）就够了。但实际上齿轮是有一定宽度的，如图 7-23a 所示，直齿圆柱齿轮的齿廓曲面是发生面 S 在基圆柱上作纯滚动时，其上任一与基圆柱母线 NN 平行的直线 KK 所展出的渐开线曲面。由此可知，一对渐开线直齿圆柱齿轮啮合时，齿廓曲面的接触线是与轴平行的直线，如图 7-23b 所示。这种齿轮的啮合情况是沿着整个齿宽突然同时进入啮合和退出啮合，从而轮齿上所受的力是突然地加上或卸掉的，故传动的平稳性差，冲击和噪声大。

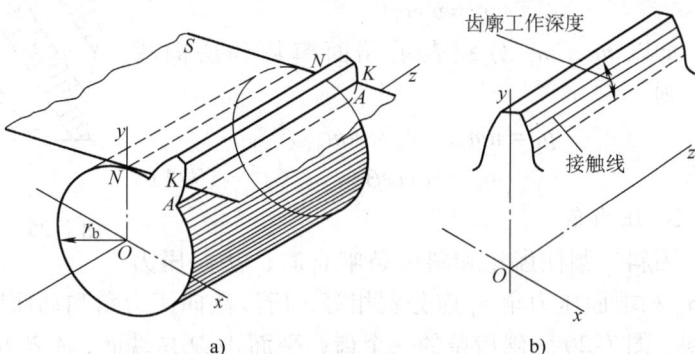

图 7-23　直齿圆柱齿轮齿廓曲面的形成及接触线

斜齿圆柱齿轮齿廓曲面的形成原理与直齿圆柱齿轮基本相同，只不过直线 KK 不平行于 NN 而与它成一个角度 β_b。如图 7-24a 所示，当发生面 S 沿基圆柱滚动时，斜直线 KK 的轨迹为一渐开螺旋面，即斜齿轮的齿廓曲面。直线 KK 与基圆柱母线的夹角 β_b 称为基圆柱上的螺旋角。

一对斜齿圆柱齿轮啮合时，齿廓曲面的接触线是与轴线倾斜

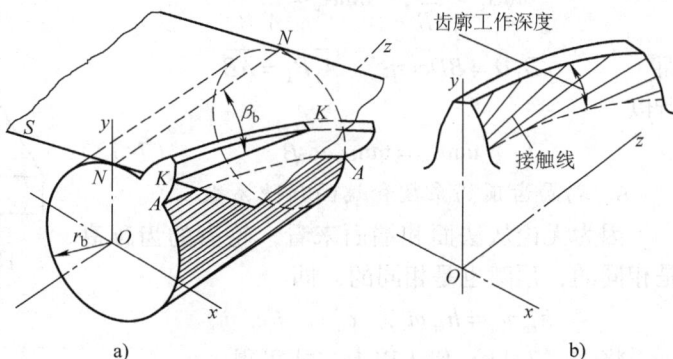

图 7-24　斜齿圆柱齿轮齿廓曲面的形成和接触线

的直线，且接触线长度是变化的，如图 7-24b 所示。因此，这种齿轮的啮合情况是沿着整个齿宽逐渐进入和退出啮合的，故与直齿圆柱齿轮相比较，传动平稳，冲击和噪声小。

二、斜齿圆柱齿轮的基本参数和几何尺寸的计算

（一）基本参数

1. 螺旋角

斜齿圆柱齿轮的各圆柱面上的螺旋角是不同的，通常所说的斜齿圆柱齿轮螺旋角，如

不特别指明，是指分度圆上的螺旋角，用 β 表示。

β 角的大小表示斜齿圆柱齿轮轮齿的倾斜程度。

2. 齿距和模数

由于斜齿圆柱齿轮的齿向是倾斜的，故有端面和法面之分。垂直于轴线的平面称为端面，与分度圆柱螺旋线垂直的平面称为法面。图 7-25 所示为斜齿圆柱齿轮分度圆柱面的展开图。

从图上可知端面齿距 p_t 和法向齿距 p_n 的关系为

$$p_n = p_t \cos\beta$$

如以 m_t、m_n 分别表示端面模数和法向模数，则

$$p_t = \pi m_t, \quad p_n = \pi m_n$$

故有

$$m_n = m_t \cos\beta \qquad (7\text{-}11)$$

3. 压力角

因斜齿圆柱齿轮和斜齿条啮合时，法向压力角 α_n 和端面压力角 α_t 应分别相等，所以法向压力角和端面压力角的关系可以通过斜齿条得到。图 7-26 为斜齿条的一个齿，平面 ABD 是端面，A_1B_1D 是法面，$\angle ABD = \angle A_1B_1D = \angle BB_1D = 90°$。

由图 7-26 可知

$$\tan\alpha_t = \frac{\overline{BD}}{\overline{AB}}, \quad \tan\alpha_n = \frac{\overline{B_1D}}{\overline{A_1B_1}}$$

而

$$\overline{B_1D} = \overline{BD}\cos\beta, \quad \overline{A_1B_1} = \overline{AB}$$

所以

$$\tan\alpha_n = \tan\alpha_t \cos\beta \qquad (7\text{-}12)$$

4. 端面齿顶高系数和端面顶隙系数

因为无论从法面和端面来看，轮齿的齿顶高是相同的，顶隙也是相同的，即

$$h_{an}^* m_n = h_{at}^* m_t, \quad c_n^* m_n = c_t^* m_t$$

将式（7-11）代入以上二式可得

$$h_{at}^* = h_{an}^* \cos\beta$$

$$c_t^* = c_n^* \cos\beta$$

斜齿圆柱齿轮的法面参数和端面参数，究竟哪一个是标准值要依加工方法而定。大多数情况下，斜齿圆柱齿轮是用铣刀或滚刀加工的。这时刀具将沿着轮齿分度圆柱螺旋线方向进刀（见图 7-25），故刀具的齿形与齿轮法向的齿形相同，斜齿圆柱齿轮的法向参数 (m_n、α_n、h_{an}^*、c_n^*) 是标准值。

（二）斜齿圆柱齿轮几何尺寸的计算

标准斜齿圆柱齿轮几何尺寸的计算公式列于表 7-4 中。

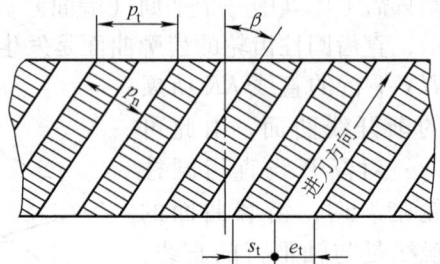

图 7-25 斜齿圆柱齿轮分度圆柱面展开图

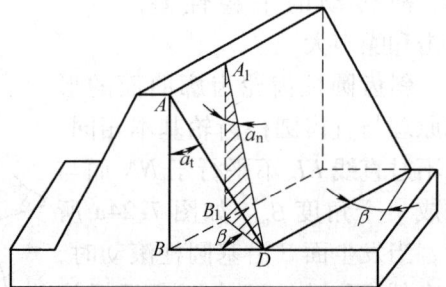

图 7-26 斜齿圆柱齿轮法面压力角与端面压力角关系

表 7-4 标准斜齿圆柱齿轮几何尺寸计算公式

	名 称	符 号	计 算 公 式
1	螺旋角	β	$\beta_1 = -\beta_2$
2	端面模数	m_t	$m_t = \dfrac{m_n}{\cos\beta}$，$m_n$ 为标准值，见表 7-2
3	端面分度圆压力角	α_t	$\tan\alpha_t = \dfrac{\tan\alpha_n}{\cos\beta}$ $\alpha_n = 20°$
4	端面齿顶高系数	h_{at}^*	$h_{at}^* = h_{an}^* \cos\beta$ $h_{an}^* = h_a^* = 1$
5	端面顶隙系数	c_t^*	$c_t^* = c_n^* \cos\beta$ $c_n^* = c^*$
6	齿顶高	h_a	$h_a = h_{at}^* m_t = h_{an}^* m_n$
7	齿根高	h_f	$h_f = (h_{at}^* + c_t^*) m_t = (h_{an}^* + c_n^*) m_n$
8	齿全高	h	$h = h_a + h_f$
9	分度圆直径	d	$d = m_t z = \dfrac{m_n z}{\cos\beta}$
10	齿顶圆直径	d_a	$d_a = d + 2h_a$
11	齿根圆直径	d_f	$d_f = d - 2h_f$
12	基圆直径	d_b	$d_b = d\cos\alpha_t$
13	中心距	a	$a = \dfrac{d_1 + d_2}{2} = \dfrac{m_n(z_1 + z_2)}{2\cos\beta}$

由表 7-4 可知，斜齿圆柱齿轮传动的中心距 a 除与模数 m_n 和两齿数和 $z_1 + z_2$ 有关外，尚与螺旋角 β 数值有关，因此可通过改变螺旋角 β 的大小调整中心距，而不一定采用变位的方法。

三、斜齿圆柱齿轮的当量齿数

用展成法加工斜齿圆柱齿轮时，铣刀是沿螺旋齿槽方向进刀的，所以必须按照齿轮的法向模数 m_n、压力角 α_n 和一个与该斜齿圆柱齿轮法向齿廓相当的直齿轮的齿数确定铣刀的刀号。这个虚拟的直齿轮就称为斜齿圆柱齿轮的当量齿轮，其齿数就称为当量齿数，用 z_v 来表示。

为了确定当量齿数，如图 7-27 所示，过斜齿圆柱齿轮分度圆柱螺旋线上的一点 C 作此轮齿螺旋线的法面，将分度圆柱剖开，剖面为一椭圆。此面该齿的齿形为斜

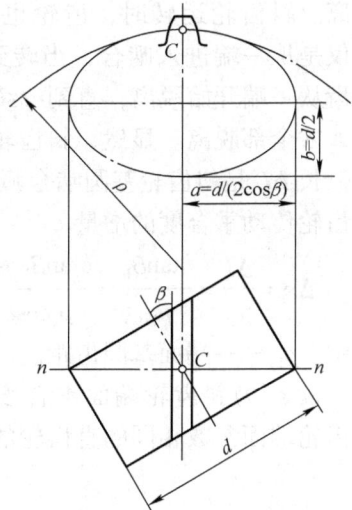

图 7-27 斜齿圆柱齿轮的当量齿轮

齿的法面齿形。该法面现以椭圆上 C 点的曲率半径 ρ 为半径作一圆,作为虚拟的直齿轮的分度圆,并使其上的模数和压力角分别等于斜齿圆柱齿轮的法向模数和法向压力角。显然,此虚拟的直齿轮的齿形与该斜齿圆柱齿轮的法面齿廓十分近似。

由图可知椭圆的长半轴 $a = d/(2\cos\beta)$,短半轴 $b = d/2$,而

$$\rho = \frac{a^2}{b} = \frac{d}{2\cos^2\beta}$$

故

$$z_v = \frac{2\rho}{m_n} = \frac{d}{m_n\cos^2\beta} = \frac{m_t z}{m_n\cos^2\beta} = \frac{z}{\cos^3\beta}$$

四、正确啮合条件和重合度

(一)正确啮合条件

一对斜齿圆柱齿轮的正确啮合条件,除了两轮模数和压力角分别相等外,当为外啮合时,两轮的螺旋角应大小相等、方向相反,即

$$\begin{aligned} m_{n1} &= m_{n2} \\ \alpha_{n1} &= \alpha_{n2} \\ \beta_1 &= -\beta_2 \end{aligned} \tag{7-13}$$

(二)重合度

为便于分析斜齿圆柱齿轮传动的连续传动条件,现以端面尺寸相当的一对直齿轮传动与一对斜齿轮传动进行对比。图 7-28 为两个端面尺寸(齿数、模数和压力角)相同的直齿轮和斜齿轮,直线 B_1B_1 和 B_2B_2 之间的区域表示啮合区。

直齿轮运转时,齿轮在 KK 线处沿整个齿宽同时开始啮合,而在 $K'K'$ 处沿整个齿宽同时脱离。斜齿轮运转时,齿轮也是在 KK 线处,但仅是从一端进入啮合,当转到 $K'K'$ 位置时,轮齿从一端开始脱离,直到继续转到 $K''K''$ 位置时,才全部脱离。显然,斜齿轮继续转过的一段弧长 ΔL 是斜齿轮基圆啮合弧的增量,因此,斜齿轮传动重合度的增量

$$\Delta\varepsilon = \frac{\Delta L}{p_{bt}} = \frac{b\tan\beta_b}{p_{bt}} = \frac{b\tan\beta\cos\alpha_t}{p_t\cos\alpha_t} = \frac{b\tan\beta}{p_t}$$

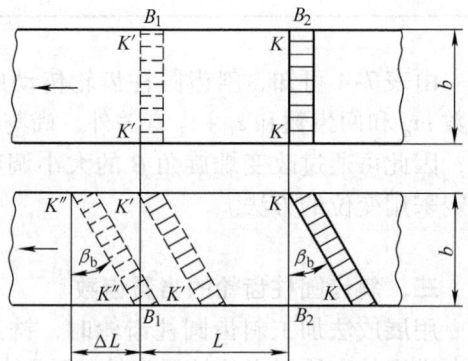

图 7-28 斜齿圆柱齿轮重合度

式中 p_{bt}——端面基圆齿距。

设 ε_t 为斜齿轮端面重合度数,它等于与斜齿轮端面参数相同的直齿轮的重合度,则斜齿轮的重合度 ε 为

$$\varepsilon = \varepsilon_t + \Delta\varepsilon = \varepsilon_t + \frac{b\tan\beta}{p_t}$$

*第九节 齿轮传动的失效形式和材料

一、齿轮传动的失效形式

齿轮传动的失效形式主要是：轮齿的折断，齿面的点蚀、磨损和胶合等。

（一）轮齿的折断

轮齿的折断一般发生在齿根部分，因为齿根处弯曲应力最大而且有应力集中。折断有两种：一种是在短期过载或受到冲击载荷时发生的突然折断；另一种是由于多次重复弯曲所引起的疲劳折断。这两种折断都起始于齿根受拉应力的一边。

增大齿根过渡曲线半径、降低表面粗糙度的值、采用表面强化处理（如喷丸、碾压）等，都有利于提高轮齿的抗疲劳折断能力。

（二）齿面的点蚀

润滑良好的闭式传动齿轮，当齿轮工作一段时间以后，常在轮齿的工作表面上出现疲劳点蚀。

齿面的点蚀多出现在靠近节点在齿轮上轨迹线的齿根表面上。在磨损严重的齿轮传动中，特别是在开式齿轮传动中见不到点蚀现象，这是因为表层的磨损速度比在表层上出现疲劳裂纹的速度要快得多。

出现点蚀的齿面，将失去正确的齿形。从而破坏了正确的啮合，使得传动精度下降，引起附加动载荷，产生噪声和振动，并加快齿面磨损和降低传动寿命。

（三）齿面的磨损

当表面粗糙的硬齿与较软的轮齿相啮合时，由于相对滑动、软齿表面易被划伤而产生齿面磨损。外界硬屑落入啮合齿间也将产生磨损。磨损后，正确齿形遭到破坏，齿厚减薄，最后导致轮齿因强度不足而折断。

对于闭式传动，减轻或防止磨损的主要措施有：①提高齿面硬度；②降低齿面粗糙度值；③注意润滑油的清洁和定期更换；④采用角度变位齿轮传动，以减轻齿面滑动等。对于开式传动，应特别注意环境清洁，减少磨粒（硬屑）的侵入。

（四）齿面的胶合

胶合是比较严重的粘着磨损。高速重载传动因滑动速度高，而产生瞬时高温会使油膜破裂，造成齿面间的粘焊现象，粘焊处被撕落后，轮齿表面沿滑动方向形成沟痕。低速重载传动不易形成油膜，摩擦热虽不大，但也可能因重载而出现冷焊粘着。

二、齿轮材料

在精密机械中，由于齿轮的工作条件不同，轮齿的损坏形式也不同。因此，对于不同的工作条件（载荷的大小及性质、温度变化的范围、介质特性及速度范围等），要选用不同性能的材料。例如，对于传递载荷较大的齿轮，应选用强度、硬度等综合性能较好的材料（如45钢、40Cr）；对于受冲击载荷的齿轮，轮齿受冲击后容易发生折断，应选用韧性较好的材料（如20Cr）；对于速度较高的齿轮，齿面易于磨损，应选用齿面硬度较高的材料（如20Cr、40Cr）；对于要求重量较轻的齿轮，可选用塑料或某些轻金属材料（如硬铝）；对于在有害介质等条件下工作的齿轮，可选用耐蚀性较好的材料（如黄铜、青铜等）。

某些常用齿轮材料及其力学性能，列于表 7-5 中，供选用时参考。

表 7-5　齿轮材料及其力学性能

钢号	热处理	截面尺寸		力学性能		硬度	
		直径 d/mm	壁厚 δ/mm	σ_b/(N/mm^2)	σ_s/(N/mm^2)	调质或正火 HBW	表面淬火 HRC
45	正火	≤100	≤50	590	300	169~217	40~50
		101~300	51~150	570	290	162~217	
	调质	≤100	≤50	650	380	229~286	
		101~300	51~150	630	350	217~255	
42SiMn	调质	≤100	≤50	790	510	229~286	45~55
		101~200	51~100	740	460	217~269	
		201~300	101~150	690	440	217~255	
40MnB	调质	≤200	≤100	740	490	241~286	45~55
		101~300	101~150	690	440		
38SiMnMo	调质	≤100	≤50	740	590	229~286	45~55
		101~300	51~150	690	540	217~269	
35CrMo	调质	≤100	≤50	740	540	207~269	40~55
		101~300	51~150	690	490		
40Cr	调质	≤100	≤50	740	540	241~286	48~55
		101~300	51~150	690	490		
20Cr	渗碳淬火	≤60		640	390	—	56~62
20CrMnTi	渗碳淬火	15		1080	840	—	56~62
	渗氮						57~63
38CrMoAlA	调质、渗氮	30		980	840	HV>850（渗氮）	
ZG310-570	正火			570	320	163~207	
ZG340-640	正火			640	350	179~207	
ZG35CrMnSi	正火、回火			690	350	163~217	
	调质			790	590	197~269	
HT300			>10	290		190~240	
HT350			>10	340		210~260	
QT500-7				500	320	170~230	

（续）

钢号	热处理	截面尺寸		力学性能		硬度	
		直径 d/mm	壁厚 δ/mm	σ_b/(N/mm^2)	σ_s/(N/mm^2)	调质或正火 HBW	表面淬火 HRC
QT600-3				600	370	190 ~ 270	
ZCuSn10Pb1				220			
ZCuSn10Zn2				200			
ZCuAl9Mn2				540			
ZCuZn40Pb2				220			
7A04		23 ~ 160		530			

注：表中 σ_s 对应 R_{eL}、R_{eH}，σ_b 对应 R_m（参阅本书第二章内容）。

钢制齿轮常采用调质、正火、整体淬火、表面淬火及渗碳、渗氮等方法进行热处理。各种热处理方法适用的钢种、可达硬度、特点及适用场合，见表7-6。

表7-6 齿轮常用热处理方法及适用场合

热处理	适用钢种	可达硬度	主要特点和适用场合
调质	中碳钢及中碳合金钢	整体 220 ~ 280HBW	硬度适中、具有一定强度、韧度、综合性能好。热处理后可由滚齿或插齿进行精加工，适于单件、小批量生产，或对传动尺寸无严格限制的场合
正火	中碳钢及铸钢	整体 160 ~ 210HBW	工艺简单易于实现，可代替调质处理。适于因条件限制不便进行调质的大尺寸齿轮及不太重要的齿轮
整体淬火	中碳钢及中碳合金钢	整体 45 ~ 55HRW	工艺简单，轮齿变形大，需要磨齿。因心部与齿面同硬度，韧度差，不能承受冲击载荷
表面淬火	中碳钢及中碳合金钢	齿面 48 ~ 54HRW	通常在调质或正火后进行。齿面承载能力较高，心部韧度好。轮齿变形小，可不磨齿。齿面硬度难以保证均匀一致。可用于承受中等冲击的齿轮
渗碳淬火	多为低碳合金钢如 20CrMnTi	齿面 58 ~ 62HRW	渗碳厚度一般取 $0.3m$（模数），但不小于 1.5 ~ 1.8mm。齿面硬度较高，耐磨损，承载能力高。心部韧性好、耐冲击。轮齿变形大，需要磨齿。适用于重载、高速及不受冲击且润滑良好的齿轮
渗氮	渗氮钢，如 38CrMoAlA	齿面 65HRW	齿面硬，变形小，可不磨齿。工艺时间长，硬化层薄（0.05 ~ 0.3mm），不耐冲击。适用于不受冲击且润滑良好的齿轮
碳氮共渗	渗碳钢		工艺时间短、兼有渗碳和渗氮的优点，比渗氮处理硬化层厚，生产率高，可代替渗碳淬火

* 第十节　圆柱齿轮传动的强度计算

一、圆柱齿轮传动的载荷计算

（一）直齿圆柱齿轮传动的受力分析

一对齿轮在传递运动的同时也传递扭矩，因此，在轮齿上受有一定的作用力。分析轮齿受力的目的，一方面是为了给确定与强度有关的齿轮参数（如模数和中心距 a）提供依据，另一方面也便于以后根据作用力计算轴和轴承。

图7-29所示为一对直齿圆柱齿轮在节点处的啮合情况。在标准安装条件下（节圆与分度圆重合），若略去摩擦力，当主动轮传递的扭矩为 T_1 时，在啮合平面内轮齿所受的法向总压力 F_n 将垂直于齿面，F_n 可分解为圆周力 F_t 和径向力 F_r，即

$$\left.\begin{aligned} F_t &= \frac{2T_1}{d_1} \\ F_r &= F_t\tan\alpha \\ F_n &= \frac{F_t}{\cos\alpha} = \frac{2T_1}{d_1\cos\alpha} \end{aligned}\right\} \quad (7\text{-}14)$$

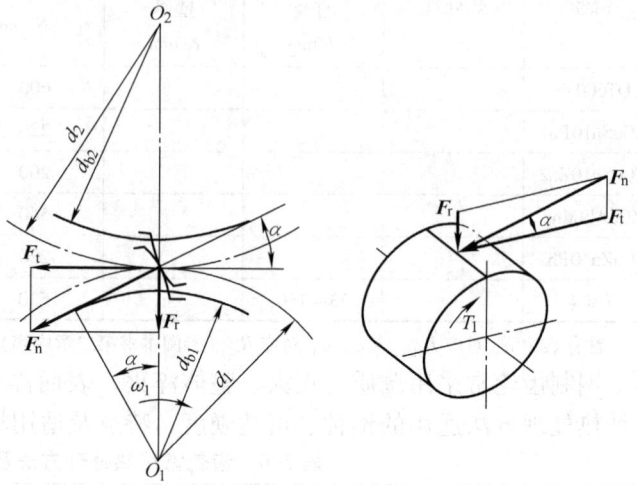

图7-29 直齿圆柱齿轮受力分析

式中 d_1——主动轮的分度圆直径；

α——分度圆压力角。

各轮的受力方向是：主动轮的圆周力与其回转方向相反；从动轮的圆周力与其回转方向相同；径向力分别指向各轮的轮心。

（二）斜齿圆柱齿轮传动的受力分析

如图7-30所示，作用在斜齿圆柱齿轮轮齿上的法向力 F_n 可分解为三个互相垂直的分

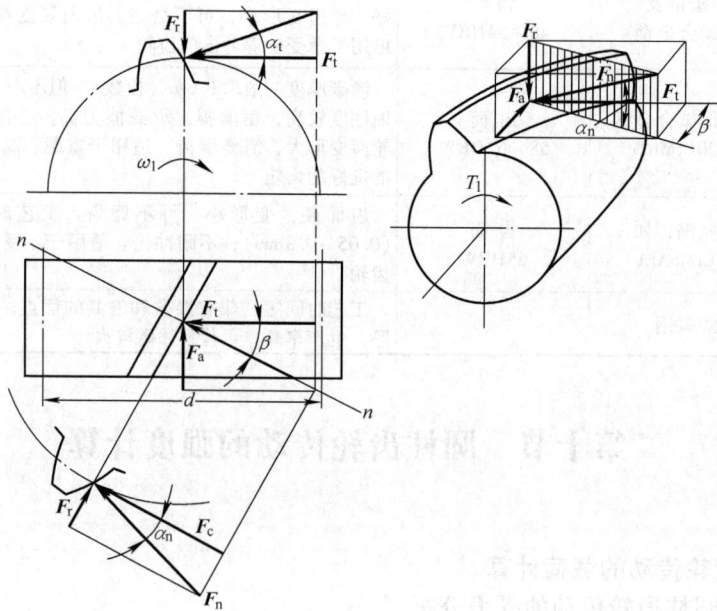

图7-30 斜齿圆柱齿轮受力分析

力，即圆周力 F_t、径向力 F_r 和轴向力 F_a。F_n 作用在齿廓的法面内，法面与端面的夹角为 β。F_c 为 F_n 在切平面上的投影。

由图中的关系可得

$$\left.\begin{array}{l} F_t = \dfrac{2T_1}{d} \\[2mm] F_r = F_t \tan\alpha_t \\[2mm] F_a = F_t \tan\beta \\[2mm] F_n = \dfrac{2T_1}{d\cos\alpha_n\cos\beta} \end{array}\right\} \tag{7-15}$$

主动轮的圆周力与其回转方向相反；从动轮的圆周力与其回转方向相同；径向力分别指向各轮的轮心；轴向力的方向决定于齿轮的回转方向和轮齿的螺旋方向，分别指向各轮的啮合齿面。轴向力的方向可以用"主动轮左、右手定则"判断：主动轮右旋时，握紧右手四指表示主动轮的回转方向，则拇指指向即为主动轮上轴向力的方向；主动轮左旋时，则应以左手来判断。当主动轮轴向力的方向确定后，则从动轮轴向力的方向与其大小相等、方向相反。

（三）计算载荷

在式（7-14）和式（7-15）中，如 T_1 或 F_t 以名义值代入，此时所求出的法向总作用力 F_n 为名义载荷，如果 F_n 沿轮齿接触线均匀分布，则单位名义载荷

$$F_u = \frac{F_n}{L_\Sigma} \tag{7-16}$$

对于直齿圆柱齿轮，可取 $L_\Sigma = b$（齿轮宽度）；而对于斜齿圆柱齿轮，在轮齿表面上，接触线是倾斜的，接触线总长度的名义值为

$$L_\Sigma = \frac{\varepsilon_\alpha b}{\cos\beta_b} \approx \frac{\varepsilon_\alpha b}{\cos\beta}$$

式中　β_b——基圆柱上轮齿的螺旋角；

ε_α——端面重合度。

当齿轮宽度不是轴向齿距的整数倍，端面重合度也不是整数时，接触线总长度不等于常数，而在齿轮每转过一个端面齿距时，总长度在 $L_{\Sigma min} \sim L_{\Sigma max}$ 的范围内变动。接触线的最小长度

$$L_{\Sigma min} = K_\varepsilon L_\Sigma = K_\varepsilon \frac{\varepsilon_\alpha b}{\cos\beta} \tag{7-17}$$

式中　K_ε——接触线总长度变化系数。对于斜齿轮，$K_\varepsilon = 0.9 \sim 1.0$，对于人字齿轮，$K_\varepsilon = 0.97 \sim 1.0$。

端面重合度 ε_α 可用下式计算：

$$\varepsilon_\alpha = \left[1.88 - 3.2\left(\frac{1}{z_1} \pm \frac{1}{z_2}\right)\right]\cos\beta$$

其中"＋"用于外啮合，"－"用于内啮合。

实际上，由于载荷沿接触线并不是均匀分布的，而在某些地方大于、某些地方小于名义载荷，即造成所谓载荷集中。估计载荷集中的影响，常用载荷集中系数 K_β。

此外，由于齿轮制造不精确，致使传动不平稳，将引起附加的动载荷。估计动载荷的影响，常用动载荷系数 K_V。

将式（7-15）和式（7-17）代入式（7-16）中，并计入载荷集中和动载荷的影响，可得斜齿轮（直齿轮实为斜齿轮一特例）单位计算载荷

$$F_{uc} = \frac{2T_1}{d_1 b K_\varepsilon \varepsilon_\alpha \cos\alpha_n} K_\beta K_V \tag{7-18}$$

欲求直齿轮的单位计算载荷，仍可用式（7-18）计算。此时，$K_\varepsilon \varepsilon_\alpha = 1$，并用直齿轮的压力角 α 代换其中的 α_n。

下面仅就载荷集中和动载荷产生的原因以及有关参数的选择，分别加以讨论。

（1）载荷集中系数 K_β 由于齿轮、轴、轴承和箱体的变形以及齿轮本身不可避免的制造误差，将引起载荷沿齿宽接触线上分布不均。

图7-31a 所示为齿轮位于两轴承中间对称布置。当齿轮位于两轴承之间非对称布置（见图7-31b），或齿轮布置在轴的外伸端部位（见图7-31c）时，在力的作用下将引起轴的弯曲变形，使两齿轮间产生偏转角 γ 而导致齿端接触（见图7-31d）。如果轮齿是绝对刚体，则齿的接触以及全部载荷的传递只集中在轮齿的一端上。实际上，由于轮齿本身的变形，接触区将扩大到一定的面积上，面积长度可能等于或小于理论接触线的长度（见图7-31e），但此时单位载荷的分布将不再是均匀的（见图7-31f）。

最大单位载荷 $F_{u\max}$ 与单位名义载荷 F_u 的比值称为载荷集中系数 K_β，即

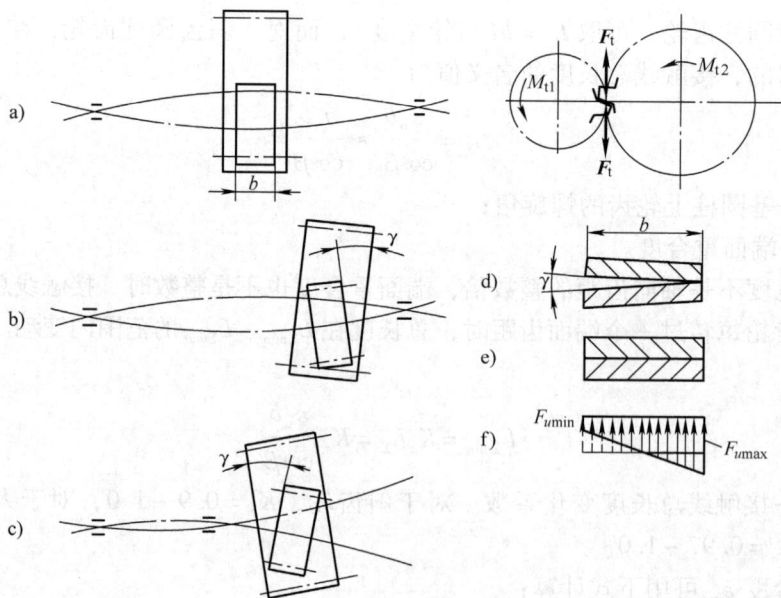

图7-31 轮齿上的载荷集中

$$K_\beta = \frac{F_{u\max}}{F_u}$$

由于影响 $F_{u\max}$ 值的因素很多，如齿轮相对于轴承的位置、齿宽系数 $\psi_d = b/d_1$、轴承的刚度以及轴的长度与其直径的比值 l/d 等，而且关系也很复杂，因此目前对于载荷集中尚不能进行精确的计算。为了近似地估定载荷集中系数 K_β 的大小，可按齿轮在轴上的布置情况，齿轮副表面硬度的不同搭配及齿宽系数 ψ_d 的大小，由图 7-32 中选取。

对于 8 级精度的齿轮传动，K_β 值可直接由图 7-32 选取，高于 8 级精度的齿轮传动，K_β 值应降低 5% ~ 10%，但不能小于 1；低于 8 级精度的齿轮传动，K_β 值应增大 5% ~ 10%。

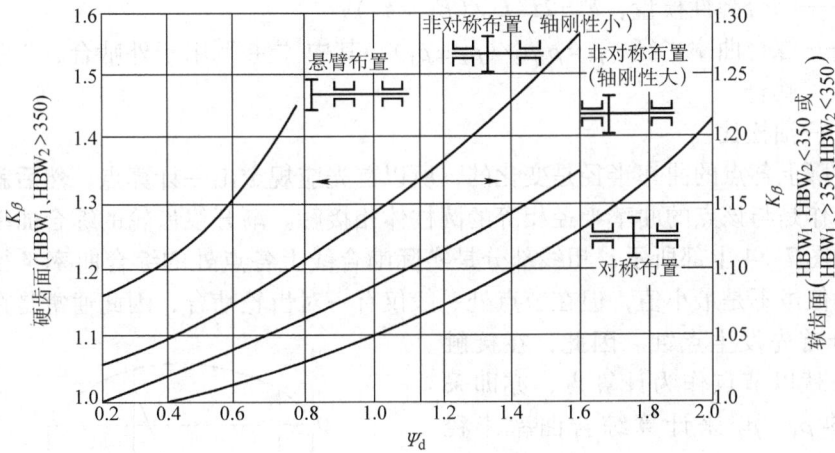

图 7-32 载荷集中系数 K_β 值

为了减小载荷集中的影响，应注意：①提高齿轮的制造精度；②提高轴及支承的刚度；③齿轮相对于支承尽可能选取良好的位置，如对称布置。在齿轮必须悬臂布置时，应尽可能减小悬臂长度；④必要时齿宽系数 ψ_d 应选得小些等。

（2）动载荷系数 K_V 由于齿轮不可避免地存在着制造和安装误差（如基圆齿距误差、齿形误差和侧隙等），使齿轮在传动过程中产生惯性冲击和振动，引起啮合齿面间的附加动载荷，动载荷系数是考虑此种载荷影响的系数，K_V 值的大小与齿轮的制造精度、圆周速度有关，其值可按图 7-33 选取。对 5 级和 5 级以上精度齿轮，在安装、润滑条件良好情况下，K_V 可在 $1.0 \sim 1.1$ 范围

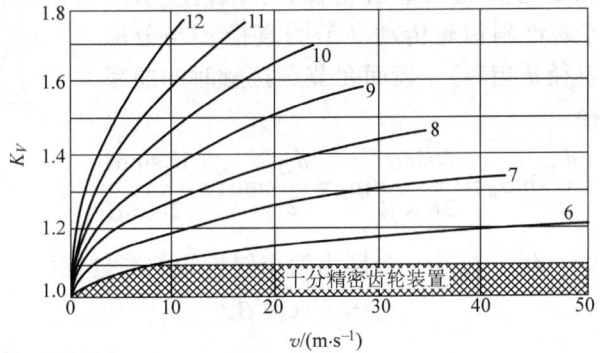

图 7-33 5 ~ 12 级精度齿轮动载荷系数 K_V

内选取。

二、齿面接触疲劳强度计算

对于闭式齿轮传动，其主要失效形式是齿面点蚀，因此闭式齿轮传动通常要进行接触疲劳强度计算。

考虑到轮齿的接触类似于半径分别为 ρ_1 和 ρ_2 两个圆柱体相压一样，所以，计算其接触应力大小时，需应用赫兹公式，即

$$\sigma_H = \sqrt{\frac{F_{uc}}{\rho} \cdot \frac{E}{2\pi(1-\mu^2)}} \tag{7-19}$$

式中　　F_{uc}——接触线上单位计算载荷；

E——综合弹性模量，$E = 2E_1E_2/(E_1 + E_2)$；

ρ——综合曲率半径，$\rho = \rho_1\rho_2/(\rho_2 \pm \rho_1)$，其中"+"用于外啮合，"−"用于内啮合。

μ——泊松比。

因为齿廓上各点的曲率半径是变化的，所以首先应规定出一计算点，然后就可以把轮齿的接触看作是与该点的曲率半径相等的圆柱体相接触。渐开线齿轮的综合曲率半径 ρ 的变化曲线如图 7-34 上部所示，粗线部分是实际啮合线上各点处的综合曲率半径，图中节点 C 处的 ρ 值虽不是最小值，但在节点处一般仅有一对齿轮啮合，因此通常是在节点附近的齿根部分首先发生点蚀。因此，在接触强度计算中就以节点作为计算点，亦即采用节点处的 ρ_1、ρ_2 来计算综合曲率半径 ρ 值。

由于直齿轮可以看成是斜齿轮的一个特例，为了推导出计算圆柱齿轮接触应力的普遍公式，现以斜齿轮为对象，予以分析研究。两个斜齿轮在节点处接触，可以看成是它们的当量齿轮在该点啮合一样，对于标准斜齿轮传动（节圆直径 d' 与分度圆直径 d 相等），齿面在节点接触时的曲率半径

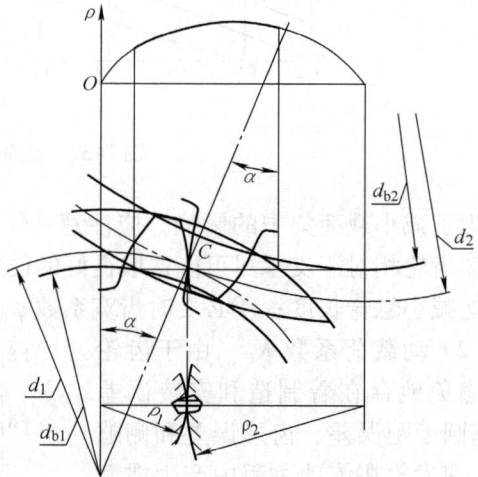

图 7-34　齿面接触疲劳强度计算简图

$$\rho_1 = \frac{d_{v1}}{2}\sin\alpha_n = \frac{d_1\sin\alpha_n}{2\cos^2\beta}; \rho_2 = \frac{d_{v2}}{2}\sin\alpha_n = \frac{d_2\sin\alpha_n}{2\cos^2\beta}$$

式中　　d_{v1}、d_{v2}——分别为两个斜齿轮的当量直径，

$$d_{v1} = d_1/\cos^2\beta,$$

$$d_{v2} = d_2/\cos^2\beta$$

又
$$d_2'/d_1' = d_2/d_1 = u^{\ominus}$$

因此
$$\rho = \frac{\rho_1 \rho_2}{\rho_2 \pm \rho_1} = \frac{u d_1 \sin\alpha_n}{2(u \pm 1)\cos^2\beta} \tag{7-20}$$

将式（7-18）和式（7-20）代入式（7-19）中，且 $\cos\alpha_n \sin\alpha_n = \sin2\alpha_n/2$，得

$$\sigma_H = \sqrt{\frac{4T_1 K_\beta K_V (u\pm1)\cos^2\beta}{d_1^2 b K_\varepsilon \varepsilon_\alpha u \sin2\alpha_n} \frac{E}{\pi(1-\mu^2)}}$$

或写成
$$\sigma_H = Z_H Z_E Z_\varepsilon \sqrt{\frac{2T_1 K_\beta K_V}{d_1^2 b} \frac{u\pm1}{u}} \leqslant [\sigma_H] \tag{7-21}$$

式中 Z_H——节点啮合系数，$Z_H = \sqrt{\dfrac{2\cos^2\beta}{\sin2\alpha_n}}$，对于标准斜齿轮，$\alpha_n = 20°$，$Z_H = 1.76\cos\beta$；

而对于标准直齿轮，$\beta = 0$，$Z_H = 1.76$；

Z_E——弹性系数，$Z_E = \sqrt{\dfrac{E}{\pi(1-\mu^2)}}$，当两轮皆为钢制齿轮（$\mu = 0.3$，$E_1 = E_2 = 2.10\times10^5 \mathrm{N/mm^2}$）时，$Z_E = 271\sqrt{\mathrm{N/mm^2}}$；

Z_ε——重合度系数，$Z_\varepsilon = \sqrt{\dfrac{1}{K_\varepsilon \varepsilon_\alpha}}$，对于直齿轮，$Z_\varepsilon = 1$。

由于 $b = \psi_d d_1$，故代入式（7-21）后，得

$$\sigma_H = Z_H Z_E Z_\varepsilon \sqrt{\frac{2T_1 K_\beta K_V}{d_1^3 \psi_d} \frac{u\pm1}{u}} \leqslant [\sigma_H] \tag{7-22}$$

式（7-21）和式（7-22）是圆柱齿轮传动接触强度的验算公式。式中齿宽系数 $\psi_d = b/d_1$，可由表7-7选取。

表7-7 齿宽系数 ψ_d

齿轮在支承间布置情况	齿面硬度	
	软齿面（≤350HBW 值）	硬齿面（>350HBW 值）
对称布置	0.8～1.4	0.4～0.9
非对称布置	0.6～1.2	0.3～0.6
外伸端布置	0.3～0.4	0.2～0.25

注：1. 当载荷稳定或近似稳定和轴与支承刚性较大时，取大值。
2. 对于人字齿轮传动，当齿宽 b 为人字齿轮总宽一半时，ψ_d 值由表中查得后应乘以 1.3～1.4。

由式（7-22）可以导出求小轮分度圆直径 d_1 公式，即

$$d_1 = K_d \sqrt[3]{\frac{T_1 K_\beta}{\psi_d [\sigma_H]^2} \frac{u\pm1}{u}} \tag{7-23}$$

⊖ 为使强度计算公式对于减速和增速传动均能适用，本章引入了齿数比（用 u 表示）的概念。齿轮传动比 $i = n_1/n_2 = d_2'/d_1' = d_2/d_1 = z_2/z_1$（脚注1指主动轮，2指从动轮）。对于减速传动，$i>1$，对于增速 $i<1$。齿数比 $u = z_2$（大齿轮齿数）$/z_1$（小齿轮齿数）。减速传动时，$u=i$；增速传动时，$u=1/i$，显然，无论减速或增速传动，则齿数比的值是恒大于1的。

其中
$$K_d = \sqrt[3]{2(Z_H Z_E Z_\varepsilon)^2 K_V} \sqrt[3]{\text{N/mm}^2}$$

对于钢制的直齿圆柱齿轮传动，$K_d = 84\sqrt[3]{\text{N/mm}^2}$，考虑到斜齿轮的承载能力约为直齿轮的 1.5 倍，因此，对于钢制斜齿轮，$K_d = 73\sqrt[3]{\text{N/mm}^2}$。

在齿面接触强度计算中，许用接触应力可按下式计算：

$$[\sigma_H] = \frac{\sigma_{Hlimb}}{S_H} K_{HL} \tag{7-24}$$

式中 σ_{Hlimb}——对应于循环基数 N_{H0} 的齿面接触极限应力，其值决定于齿轮材料及热处理条件，见表7-8；

S_H——安全系数。对于正火、调质、整体淬火的齿轮，取 $S_H = 1.1$，对于表面淬火、渗碳、氮化的齿轮，取 $S_H = 1.2$；

K_{HL}——寿命系数。

当载荷稳定时
$$K_{HL} = \sqrt[6]{\frac{N_{H0}}{N_H}}$$

式中 N_H——轮齿的应力循环次数；

N_{H0}——循环基数（当应力循环次数超过该值后疲劳极限不再降低）。

表7-8 齿面接触极限应力

材料	热处理方法	齿面硬度	$\sigma_{Hlimb}/(\text{N}\cdot\text{mm}^{-2})$
碳钢和合金钢	退火、正火、调质	≤350HBW	2HBW+69
	整体淬火	38~50HRC	18HRC+15
	表面淬火	40~56HRC	17HRC+20
合金钢	渗碳淬火	54~64HRC	23HRC
	氮化	550~750HV	1.5HV

依材料性质的不同，N_{H0} 在很大的范围内变动。一般说来，轮齿的表面硬度越高，循环基数 N_{H0} 越大。其值可按齿面布氏硬度（HBW）的大小，由图7-35查得。当齿面硬度值的单位为洛氏硬度（HRC）或维氏硬度（HV）时，须先将其折算成布氏硬度后，再从图7-35中查取相应的循环基数 N_{H0} 值。不同单位硬度值的折算关系曲线如图7-36所示。

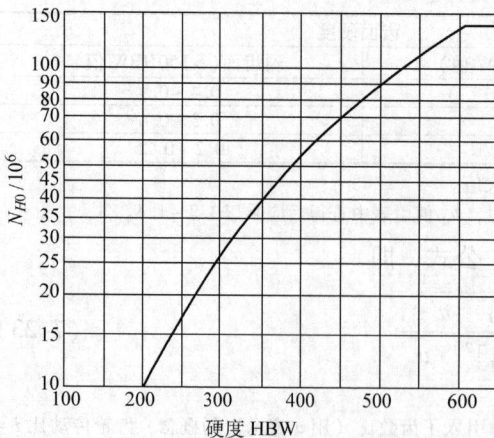

图7-35 N_{H0}—HBW 曲线

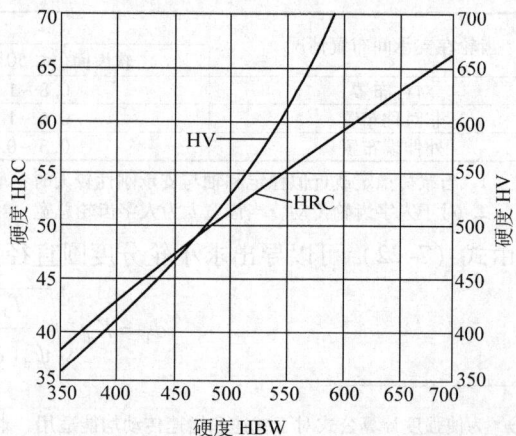

图7-36 硬度值 HRC、HV 与 HBW 折算曲线

如果齿轮每转一周，各轮齿只啮合一次时，轮齿的应力循环次数 N_H 可按下式计算：

$$N_H = 60nt \tag{7-25}$$

式中 n——齿轮转速；

t——工作总时数。

计算中，当 $N_H > N_{H0}$ 时，取 $K_{HL} = 1$。

当载荷不稳定时，可按下式计算：

$$K_{HV} = \sqrt[6]{\frac{N_{H0}}{N_{HV}}}$$

式中 N_{HV}——当量应力循环次数，可按下式计算：

$$N_{HV} = 60 \sum_{i=1}^{n} \left(\frac{T_i}{T_{max}}\right)^3 n_i t_i \tag{7-26}$$

式中 T_{max}——全部转矩中的最大值；

T_i——全部转矩中的任一转矩；

n_i、t_i——对应于 T_i 的转速和工作小时数。

在齿轮传动中，由于两齿轮（通常是一大一小）的材料、热处理和转速不同，因此，两齿轮的 σ_{Hlimb}、S_H 和 K_{HL} 也不同，致使两齿轮的许用接触应力 $[\sigma_H]_1$ 和 $[\sigma_H]_2$ 也不相同，在进行齿面接触强度计算时，应代入较小值进行计算。

由式（7-23）可以看出，齿轮传动的齿面接触强度取决于齿轮直径 d_1 与中心距 $a(a = d_1(u \pm 1)/2)$ 的大小，即取决于模数 m 和齿数 z 的乘积。只要 d_1（或 a）一定时，其接触强度就是一定的。即使单纯增大模数 m 而不改变 mz 乘积值，也不能提高其齿面接触强度。

三、齿根弯曲疲劳强度计算

计算轮齿的弯曲强度时，把齿轮看作是一个宽度为 b 的悬臂梁。因此，齿根处为危险截面，它可以用 30°切线法确定（见图 7-37）；作与轮齿对称线成 30°角并与齿根过渡曲线相切的切线，通过两切点平行于齿轮轴线的截面，即齿根危险截面。

为了简化计算，假设全部载荷由一对齿来承担并作用在齿顶上，同时不计摩擦力的影响。

沿啮合线方向作用于齿顶的法向力 F_n，可分解为互相垂直的两个分力：$F_n\cos\alpha_F$ 和 $F_n\sin\alpha_F$。前者使齿根产生弯曲应力 σ_b 和切应力 τ，后者使齿根产生压应力 σ_c。与弯曲应力 σ_b 相比，切应力 τ 和压应力 σ_c 均很小，故计算时可不予考虑。

轮齿长时间工作后，受拉侧先产生疲劳裂纹，因此齿根弯曲疲劳强度计算应以受拉侧为计算依据。由图 7-37 可知，齿根的最大弯曲应力为

$$\sigma_F = \frac{M}{W} = \frac{F_n\cos\alpha_F l}{bs^2/6} = \frac{F_t}{bm} \frac{6(l/m)\cos\alpha_F}{(s/m)^2\cos\alpha}$$

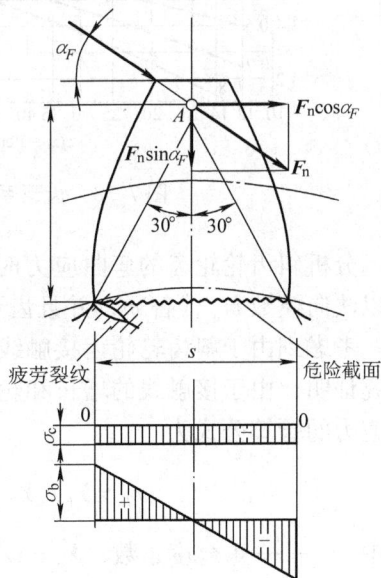

图 7-37 齿根危险截面的应力

令
$$Y_F = \frac{6(l/m)\cos\alpha_F}{(s/m)^2\cos\alpha}$$

则得
$$\sigma_F = Y_F \frac{F_t}{bm}$$

计入载荷集中系数 K_β、动载荷系数 K_V 后，得直齿轮齿根弯曲强度计算公式

$$\sigma_F = Y_F \frac{F_t}{bm}K_\beta K_V = Y_F \frac{2T_1 K_\beta K_V}{d_1^2 \psi_d m} \leqslant [\sigma_F] \tag{7-27}$$

式中　b——齿宽，$b = \psi_d d_1$；

　　$[\sigma_F]$——许用弯曲应力；

　　Y_F——齿形系数。

由于 l 与 s 均与模数成正比，故 Y_F 只取决于轮齿的形状（随齿数 z 和变位系数 x 而异），Y_F 可由图 7-38 查得。

由于斜齿轮轮齿上的接触线相对于齿根是倾斜的，因此轮齿往往是沿着如图 7-39 所示的危险截面折断。折断面上的最大弯曲应力发生在齿端顶部受力时，因此很难用解析法进行精确计算。

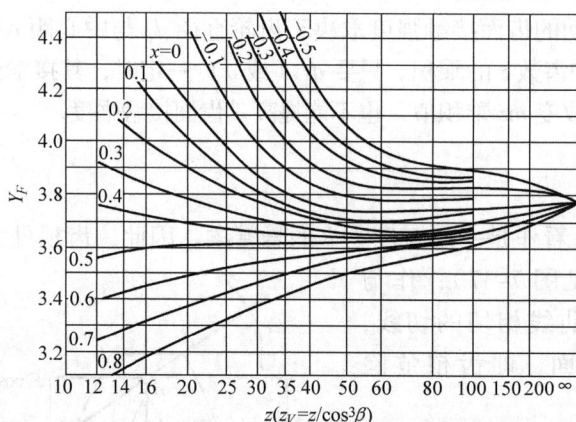

图 7-38　齿形系数曲线

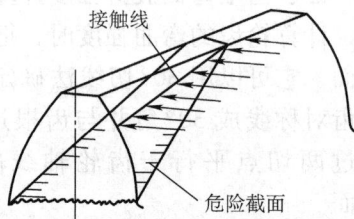

图 7-39　斜齿圆柱齿轮的折断面

分析斜齿轮轮齿的弯曲应力时仍可按直齿轮传动中所述方法，这时在式（7-27）中应以法向模数 m_n 代替 m，并且齿形系数 Y_F 应根据当量齿数 $z_v = z/\cos^3\beta$，由图 7-38 中查得。考虑到由于斜齿轮轮齿接触线总长 L_Σ 是齿轮宽度 b 的 $K_\varepsilon\varepsilon_\alpha/\cos\beta$ 倍 [见式（7-17）]，研究证明，由于接触线的增长和轮齿倾斜，使得弯曲应力有所降低。因此，斜齿轮齿根弯曲应力的验算公式为

$$\sigma_F = Y_F Y_\varepsilon Y_\beta \frac{F_t}{bm_n}K_\beta K_V = Y_F Y_\varepsilon Y_\beta \frac{2T_1 K_\beta K_V}{d_1^2 \psi_d m_n} \leqslant [\sigma_F] \tag{7-28}$$

式中　Y_ε——重合度系数，$Y_\varepsilon = 1/(K_\varepsilon \varepsilon_a)$；

　　Y_β——螺旋角系数，根据实验研究，推荐 $Y_\beta = 1 - \frac{\beta}{140°}$（当 $\beta > 42°$ 时，$Y_\beta \approx 0.7$）。

式（7-27）和式（7-28）为圆柱齿轮传动弯曲强度的验算公式。

为了导出求模数的公式，式（7-28）中 d_1^2 用 $m_n^2 z_1^2 / \cos^2\beta$ 代换，整理后可得

$$m_n = K_m \sqrt[3]{\frac{T_1 K_\beta}{z_1^2 \psi_d} \frac{Y_F}{[\sigma_F]}} \tag{7-29}$$

其中

$$K_m = \sqrt[3]{2 Y_\varepsilon Y_\beta \cos^2\beta K_V}$$

式（7-29）为圆柱齿轮传动弯曲强度的设计公式。

当进行初步计算时，对于直齿圆柱齿轮传动，$K_m = 1.4$；对于斜齿圆柱齿轮传动，可近似地取 $K_m \approx 1.22$。

许用弯曲应力 $[\sigma_F]$ 可按下式计算：

$$[\sigma_F] = \frac{\sigma_{Flimb}}{S_F} K_{FC} K_{FL} \tag{7-30}$$

式中　σ_{Flimb}——齿根弯曲极限应力。其值决定于齿轮的材料和热处理条件，见表7-9；

　　　S_F——安全系数，通常取 $1.7 \sim 2.2$，其中较大值用于铸件、高温下或腐蚀环境下工作的齿轮；

　　　K_{FC}——轮齿双面受载时的影响系数，当轮齿单面受载时，$K_{FC} = 1$，轮齿双面受载时（正、反向传动的齿轮），$K_{FC} = 0.7 \sim 0.8$（其中较大值用于 >350HBW 时）；

　　　K_{FL}——寿命系数。

表 7-9 齿根弯曲极限应力

材料	热处理方法	硬度		$\sigma_{Flimb}/(\text{N} \cdot \text{mm}^{-2})$
		齿面	齿心	
碳钢（40、45），合金钢（40Cr、40CrNi）	正火、调质	$180 \sim 350$HBW		1.8HBW
合金钢（40Cr、40CrNi、40CrVA）	整体淬火	$45 \sim 55$HRC		500
合金钢（40Cr、40CrNi、35CrMo）	表面淬火	$48 \sim 58$HRC	$27 \sim 35$HRC	600
合金钢（40Cr、40CrVA、38CrMoAlA）	氮化	$550 \sim 750$HV	$25 \sim 40$HRC	12HRC+300
合金钢（20Cr、20CrMoTi）	渗碳淬火	$57 \sim 62$HRC	$30 \sim 45$HRC	750

注：对于齿根经喷丸或滚压等强化处理的齿轮，将该值乘以 $1.1 \sim 1.3$。

当 $\leqslant 350$HBW 时　　　$K_{FL} = \sqrt[6]{\dfrac{N_{F0}}{N_{FV}}} \geqslant 1$，但 $\leqslant 2$

当 >350HBW 时　　　$K_{FL} = \sqrt[9]{\dfrac{N_{F0}}{N_{FV}}} \geqslant 1$，但 $\leqslant 1.6$

此时，循环基数 N_{F0} 可取 4×10^6（对于所有钢制齿轮）。

当载荷稳定时，当量应力循环次数 N_{FV} 可按式（7-25）计算。当载荷不稳定时，N_{FV} 可按式（7-26）计算，即

$$N_{FV} = 60 \sum_{i=1}^{n} \left(\frac{T_{ti}}{T_{tmax}}\right)^k n_i t_i \tag{7-31}$$

式中，指数 k，对于正火、调质以及表面强化（如齿面经过研磨）的钢制齿轮，取 $k = 6$；对于淬火钢，取 $k = 9$。

应当指出，由于两轮齿数不同，其齿形系数 Y_F 也不同；两轮材料、热处理条件以及

转速不同，其许用弯曲应力 $[\sigma_F]$ 亦不同。因此，在按弯曲强度计算模数时，应按两轮中 $Y_F/[\sigma_F]$ 值较大者计算。用式（7-27）、式（7-28）进行计算时，对大小两个齿轮应分别进行计算。

由于开式齿轮传动主要失效形式是磨损，因目前尚无可靠的磨损计算方法，故按弯曲强度进行计算时，为了补偿齿因磨损而被削弱，可将求得的模数增大 10%。

例 7-1 设计一标准直齿圆柱齿轮减速器。已知传递功率 $P = 4kW$，$n_1 = 960r/min$，传动比 $i = u = 3$，单向传动，齿轮对称布置，载荷稳定，每日工作 8h，每年工作 300 天，使用期限 10 年。

解 1）选择齿轮材料。考虑减速器外廓尺寸不宜过大，大小齿轮都选用 40Cr，小齿轮表面淬火 40~56HRC，大齿轮调质处理，硬度 300HBW。

2）确定许用应力

① 许用接触应力。由式（7-24）知

$$[\sigma_H] = \frac{\sigma_{Hlimb}}{S_H}K_{HL}$$

按表 7-8 查得

$$\sigma_{Hlimb1} = 17HRC + 20N/mm^2 = (17 \times 48 + 20)N/mm^2 = 836N/mm^2$$

$$\sigma_{Hlimb2} = 2HBW + 69N/mm^2 = (2 \times 300 + 69)N/mm^2 = 669N/mm^2$$

故应按接触极限应力较低的计算，即只需求出 $[\sigma_H]_2$。

对于调质处理的齿轮，$S_H = 1.1$。

由于载荷稳定，故按式（7-25）求轮齿的应力循环次数 N_H

$$N_H = 60n_2t$$

式中，$n_2 = \frac{n_1}{i} = \frac{960}{3}r/min = 320r/min$，$t = (8 \times 300 \times 10)h = 24\ 000h$。

$$N_H = 60 \times 320 \times 24\ 000 = 46 \times 10^7$$

循环基数 N_{H0} 由图 7-35 查得，当 HBW 为 300 时，$N_{H0} = 2.5 \times 10^7$。因 $N_H > N_{H0}$，所以 $K_{HL} = 1$。

$$[\sigma_H]_2 = \frac{669}{1.1}N/mm^2 = 608N/mm^2$$

② 许用弯曲应力。由式（7-30）知

$$[\sigma_F] = \frac{\sigma_{Flimb}}{S_F}K_{FC}K_{FL}$$

由表 7-9 知

$$\sigma_{Flimb1} = 660N/mm^2$$

$$\sigma_{Flimb2} = 1.8HBW = (1.8 \times 300)N/mm^2 = 540N/mm^2$$

取 $S_F = 2$，单向传动取 $K_{Fc} = 1$，因 $N_{FV} > N_{F0}$，所以 $K_{FL} = 1$。

得

$$[\sigma_F]_1 = \frac{600}{2}N/mm^2 = 300N/mm^2$$

$$[\sigma_F]_2 = \frac{540}{2}N/mm^2 = 270N/mm^2$$

3）计算齿轮的工作转矩

$$T_1 = 9\,550\,000\,\frac{P}{n_1} = \left(9\,550\,000 \times \frac{4}{960}\right) \text{N} \cdot \text{mm} = 39\,800\text{N} \cdot \text{mm}$$

4）根据接触强度，求小齿轮分度圆直径

由式（7-23）知

$$d_1 = K_d \sqrt[3]{\frac{T_1 K_\beta}{\psi_d [\sigma_H]^2} \cdot \frac{u \pm 1}{u}}$$

初步计算时，取 $K_d = 84 \sqrt[3]{\text{N/mm}^2}$，$\psi_d = 1$（表7-7），$K_\beta = 1.05$（见图7-32）。

$$d_1 = 84 \sqrt[3]{\frac{39\,800 \times 1.05}{1 \times 608^2} \times \frac{3+1}{3}}\text{mm} = 45\text{mm}$$

$$b = \psi_d d_1 = (1 \times 45)\text{mm} = 45\text{mm}$$

选定 $z_1 = 30$，$z_2 = uz_1 = 3 \times 30 = 90$。

$$m = \frac{d_1}{z_1} = \frac{45}{30}\text{mm} = 1.5\text{mm}$$

$$a = \frac{m}{2}(z_1 + z_2) = \frac{1.5}{2}(30 + 90)\text{mm} = 90\text{mm}$$

5）验算接触应力

由式（7-22）知

$$\sigma_H = Z_H Z_E Z_\varepsilon \sqrt{\frac{2T_1 K_\beta K_V}{d_1^3 \psi_d} \cdot \frac{u \pm 1}{u}} \le [\sigma_H]$$

取 $Z_H = 1.76$，$Z_\varepsilon = 1$（直齿轮），$Z_E = 271 \sqrt[2]{\text{N/mm}^2}$（钢制齿轮）。
又齿轮圆周速度

$$v = \frac{\pi d_1 n_1}{60 \times 1\,000} = \frac{\pi \times 45 \times 960}{60 \times 1\,000}\text{m/s} = 2.26\text{m/s}$$

由图7-33查得 $K_V = 1.15$（7级精度齿轮）

$$\sigma_H = 1.76 \times 271 \times 1 \times \sqrt{\frac{2 \times 39\,800 \times 1.05 \times 1.15}{45^3 \times 1} \times \frac{3+1}{3}}\text{N/mm}^2$$

$$= 566\text{N/mm}^2 < [\sigma_H]_2 \quad （接触强度足够）$$

6）验算弯曲应力

由式（7-27）知

$$\sigma_F = Y_F \frac{2T_1 K_\beta K_V}{d_1^2 \psi_d m}$$

由图7-38查得
$$\left.\begin{array}{l} Z_1 = 30, Y_{F1} = 3.87 \\ Z_2 = 90, Y_{F2} = 3.75 \end{array}\right\}(x = 0)$$

$$\frac{[\sigma_F]_1}{Y_{F1}} = \frac{300}{3.87}\text{N/mm}^2 = 77.5\text{N/mm}^2$$

$$\frac{[\sigma_F]_2}{Y_{F2}} = \frac{270}{3.75}\text{N/mm}^2 = 72\text{N/mm}^2$$

$$\frac{[\sigma_F]_2}{Y_{F2}} < \frac{[\sigma_F]_1}{Y_{F1}}，故应验算大齿轮的弯曲应力$$

$$\sigma_{F2} = 3.75 \times \frac{2 \times 39\,800 \times 1.05 \times 1.15}{45^2 \times 1 \times 1.5} \text{N/mm}^2 = 118.7 \text{N/mm}^2 < [\sigma_F]_2 (弯曲强度足够)$$

第十一节　锥齿轮传动

一、锥齿轮传动的应用和特点

锥齿轮传动用来传递两相交轴之间的运动和转矩。锥齿轮的轮齿是分布在一个锥面上（见图7-1），这是锥齿轮区别于圆柱齿轮处之一。正是由于这个特点，所以相应于圆柱齿轮中的各有关"圆柱"，在这里都变为"圆锥"，例如齿顶圆锥、分度圆锥和齿根圆锥等。又因锥齿轮的轮齿是分布在锥面上，所以齿轮两端尺寸的大小是不同的，而为了计算和测量的方便，通常取锥齿轮大端的参数为标准值，即大端的模数按表7-10选取，其压力角一般为20°。

表7-10　锥齿轮标准模数系列　　　　　　　　　　　　　（单位：mm）

1	1.125	1.25	1.375	1.5	1.75	2	2.25	2.5	2.75
3	3.25	3.5	3.75	4	4.5	5	5.5	6	6.5
7	8	9	10	11	12	14	16	18	20

注：摘自 GB/T 12368—1990，$m<1$，$m>20$ 的值未列入表中。

锥齿轮的轮齿有直齿、斜齿及曲线齿、弧齿等多种形式，两轴轴交角 Σ 多采用90°。由于直齿锥齿轮的设计、制作和安装均较简便，故应用最为广泛。但与圆柱齿轮相比，其制造误差较大，工作时易产生振动和噪声，故不适宜精密传动和速度很高的场合。

二、直齿锥齿轮的理论齿廓、背锥和当量齿数

（一）理论齿廓

锥齿轮齿廓的形成与圆柱齿轮相似，不同的只是用基圆锥代替了基圆柱。如图 7-40 所示，当平面（发生面）S 与基圆锥相切，并在其上作纯滚动时，该平面上任意点 B 描绘出的轨迹为球面渐开线 $\overset{\frown}{AB}$，所以锥齿轮的理论齿廓曲线就是以锥顶 O 为球心的球面渐开线。

（二）背锥

锥齿轮的齿廓曲线在理论上是球面曲线，但是，球面不能展成平面，这给锥齿轮的设计和制造带来很多困难，因此通常采用近似曲线代替。

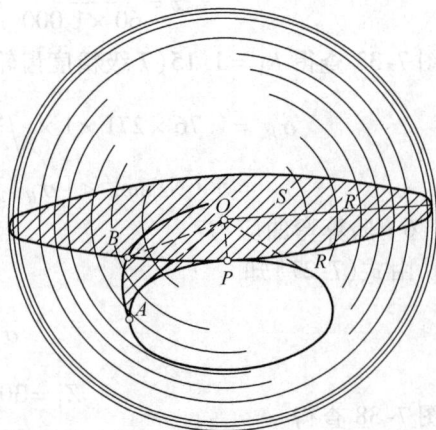

图 7-40　锥齿轮理论齿廓曲线的形成

图 7-41 为一锥齿轮的半剖视图。OAB 表示分度圆锥，$\overset{\frown}{bA}$ 和 $\overset{\frown}{aA}$ 为球面上齿形的齿顶高和齿根高。过 A 点作 $\overset{\frown}{AO_1} \perp \overset{\frown}{AO}$，交锥齿轮的轴线于 O_1 点，再以 OO_1 为轴线及以 O_1A 为母

线作圆锥 O_1AB，这个圆锥称为辅助圆锥或背锥。显然背锥与球面切于锥齿轮大端的分度圆上，如图 7-41 右半部所示。将球面渐开线齿形投影到背锥上，自 A 点和 B 点取齿顶高和齿根高得 b' 点和 a' 点。由图可见，在 A 点和 B 点附近、背锥面与球面非常接近。因此，可近似地用背锥上齿形来代替球面齿形，同时背锥面可以展成平面，这样将给锥齿轮的设计和制造带来极大的方便。

（三）当量齿数

将背锥面展成一扇形平面，故锥齿轮传动可以转化为平面扇形齿轮传动，如图 7-42 所示。若将扇形齿轮补成完整的直齿圆柱齿轮，则该齿轮即为锥齿轮的当量齿轮，其齿数 z_v 称为当量齿数。

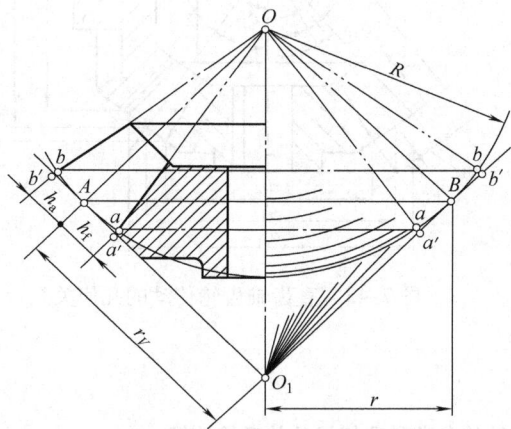

图 7-41　锥齿轮的背锥　　　　图 7-42　锥齿轮的当量齿轮

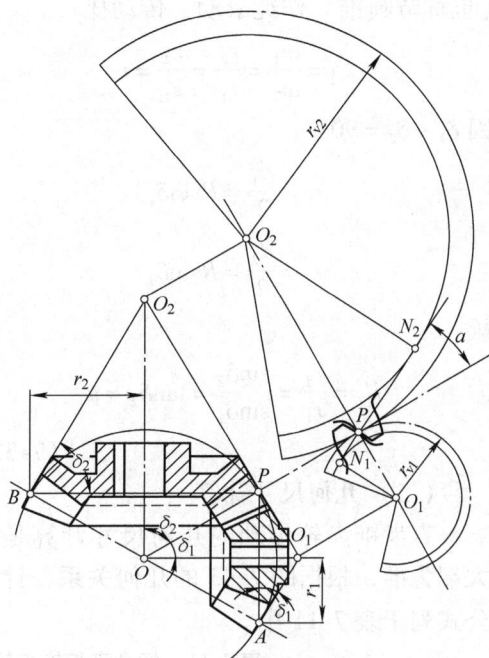

由图可知，

$$r_{v1} = \frac{r_1}{\cos\delta_1} = \frac{mz_1}{2\cos\delta_1}, \quad r_{v2} = \frac{r_2}{\cos\delta_2} = \frac{mz_2}{2\cos\delta_2}$$

式中　m——锥齿轮大端模数。

又

$$r_{v1} = \frac{mz_{v1}}{2}, \quad r_{v2} = \frac{mz_{v2}}{2}$$

故得

$$\left.\begin{array}{l} z_{v1} = \dfrac{z_1}{\cos\delta_1} \\[2mm] z_{v2} = \dfrac{z_2}{\cos\delta_2} \end{array}\right\} \tag{7-32}$$

三、正确啮合条件

一对直齿锥齿轮的啮合，相当于一对当量齿轮啮合。正确啮合的条件是两当量齿轮的模数和压力角应分别相等，也就是两锥齿轮的大端模数和压力角必须分别相等，即

$$m_1 = m_2 = m\ （为标准值）$$

$$\alpha_1 = \alpha_2 = \alpha\ （为标准值）$$

四、传动比和几何尺寸的计算

（一）传动比

一对锥齿轮传动相当于一对分度圆锥（也称节圆锥）作纯滚动。传动比

$$i_{12} = \frac{\omega_1}{\omega_2} = \frac{r_2}{r_1} = \frac{z_2}{z_1} = u$$

因 $\delta_1 + \delta_2 = 90°$

$$r_1 = \frac{d_1}{2} = R\sin\delta_1$$

$$r_2 = \frac{d_2}{2} = R\sin\delta_2$$

故

$$i_{12} = \frac{r_2}{r_1} = \frac{\sin\delta_2}{\sin\delta_1} = \tan\delta_2 = u \tag{7-33}$$

（二）几何尺寸计算

直齿锥齿轮传动的几何尺寸计算是以大端为准，根据图 7-43 的几何关系，计算公式列于表 7-11 中。

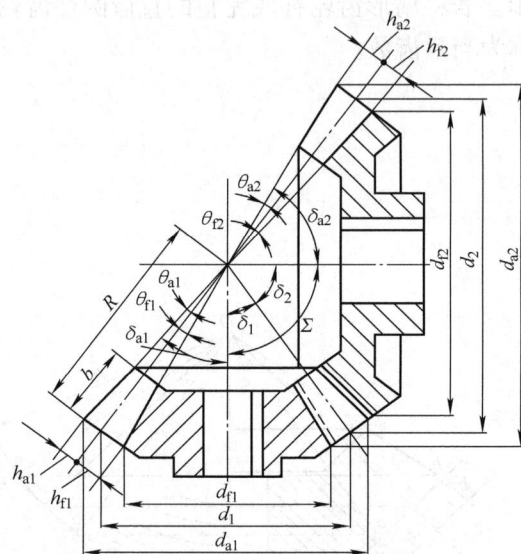

图 7-43　直齿锥齿轮传动的几何关系

表 7-11　标准直齿锥齿轮传动的参数和几何尺寸关系的计算

序号	名　　称	代号	公式和说明
1	齿数	z	根据工作要求定出
2	模数	m	取标准值
3	压力角	α	取标准值 $\alpha = 20°$
4	传动比	i	$i = \dfrac{\omega_1}{\omega_2} = \dfrac{n_1}{n_2} = \dfrac{r_2}{r_1} = \dfrac{z_2}{z_1} = \tan\delta_2 = \dfrac{1}{\tan\delta_1} = u$
5	分度圆（节圆）锥角	δ	$\delta_1 = \arctan\dfrac{z_1}{z_2}$；$\delta_2 = \arctan\dfrac{z_2}{z_1} = 90° - \delta_1$
6	当量齿数	z_v	$z_{v1} = \dfrac{z_1}{\cos\delta_1}$；$z_{v2} = \dfrac{z_2}{\cos\delta_2}$
7	分度圆（节圆）直径	d	$d_1 = mz_1$；$d_2 = mz_2$
8	外锥距	R	$R = \dfrac{d}{2\sin\delta} = 0.5m\sqrt{z_1^2 + z_2^2}$
9	齿宽系数	ψ_R	$\psi_R = 0.25 \sim 0.35$，常取 $\psi_R = 0.3$；$\psi_R = b/R$
10	齿宽	b	$b = \psi_R R$
11	齿顶高系数	h_a^*	$h_a^* = 1$
12	顶隙系数	c^*	$c^* = 0.2$

（续）

序号	名　称	代号	公式和说明
13	齿顶高	h_a	$h_a = h_a^* m = m$
14	齿根高	h_f	$h_f = (h_a^* + c^*)m = 1.2m$
15	全齿高	h	$h = h_a + h_f = 2.2m$
16	齿顶圆直径	d_a	$d_{a1} = d_1 + 2h_a \cos\delta_1$；$d_{a2} = d_2 + 2h_a \cos\delta_2$
17	齿根圆直径	d_f	$d_{f1} = d_1 - 2h_f \cos\delta_1$；$d_{f2} = d_2 - 2h_f \cos\delta_2$
18	齿顶角	θ_a	$\theta_a = \arctan \dfrac{h_a}{R}$
19	齿根角	θ_f	$\theta_f = \arctan \dfrac{h_f}{R}$
20	顶锥角	δ_a	$\delta_{a1} = \delta_1 + \theta_a$；$\delta_{a2} = \delta_2 + \theta_a$
21	根锥角	δ_f	$\delta_{f1} = \delta_1 - \theta_f$；$\delta_{f2} = \delta_2 - \theta_f$

五、直齿锥齿轮传动的受力分析

为了简化计算，假设法向力 $\boldsymbol{F}_n$ 作用在齿宽中部的节点上。$\boldsymbol{F}_n$ 可分解为三个互相垂直的分力，即圆周力 $\boldsymbol{F}_t$、径向力 $\boldsymbol{F}_r$ 和轴向力 $\boldsymbol{F}_a$，如图7-44所示。

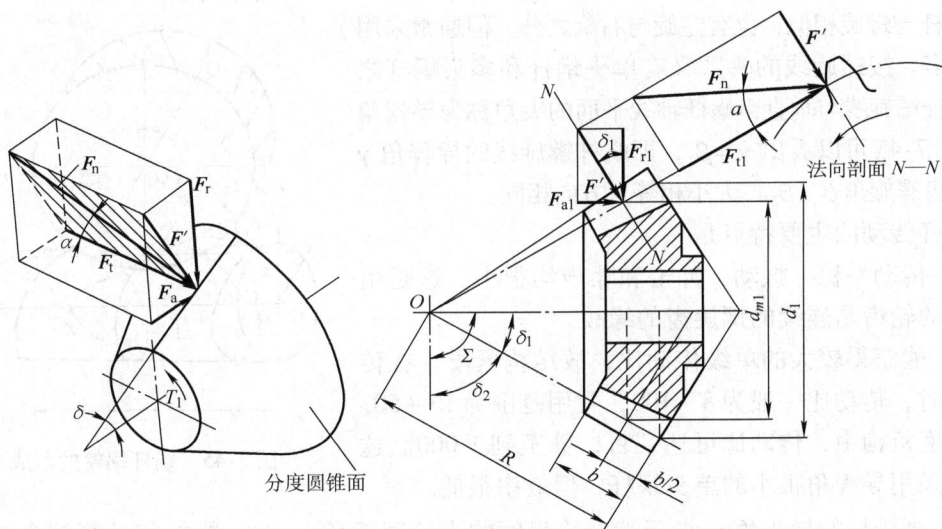

图 7-44　直齿锥齿轮的受力分析

小锥齿轮上各分力为

$$
\left.
\begin{aligned}
F_{t1} &= \frac{2T_1}{d_{m1}} \\
F_{r1} &= F'\cos\delta_1 = F_t \tan\alpha \cos\delta_1 \\
F_{a1} &= F'\sin\delta_1 = F_t \tan\alpha \sin\delta_1 \\
F_{n1} &= \frac{F_t}{\cos\alpha} = \frac{2T_1}{d_{m1}\cos\alpha}
\end{aligned}
\right\}
\tag{7-34}
$$

式中 T_1——小齿轮上的转矩；

$\qquad d_{m1}$——小齿轮上的平均分度圆直径按下式计算：

$$d_{m1} = \left(1 - 0.5\frac{b}{R}\right)d_1$$

圆周力 $\boldsymbol{F}_t$ 的方向，在主动轮上与转动方向相反，在从动轮上与其转动方向相同，径向力 $\boldsymbol{F}_r$ 的方向分别指向轴心；轴向力的方向分别指向大端。因 $\Sigma = \delta_1 + \delta_2 = 90°$，故主动轮 1 上的径向力和轴向力分别等于从动轮 2 上的轴向力和径向力，但方向相反，即

$$F_{r1} = -F_{a2}, \quad F_{a1} = -F_{r2}$$

第十二节　蜗 杆 传 动

一、蜗杆蜗轮的形成原理和传动的特点

蜗杆传动实际上是螺旋齿轮传动的特例。在螺旋齿轮传动中，如传动比很大，小轮直径做得较小，轴向长度较长，而螺旋角度大，则轮齿将在圆柱面上绕成完整的螺旋齿，称为蜗杆，大齿轮称为蜗轮。为了改善啮合情况，把蜗轮轮齿做成包住蜗杆的凹形圆弧曲面，如图 7-45 所示，蜗杆、蜗轮的轴线相互交错垂直，即 $\Sigma = \beta_1 + \beta_2 = 90°$。

蜗杆与螺旋相似，也有左旋与右旋之分，但通常采用右旋居多。按螺旋线的头数又有单头蜗杆和多头蜗杆之分。蜗杆螺旋线与垂直于蜗杆轴线平面的夹角称为导程角 γ。由图 7-45 可以看出 $\gamma = \beta_2$，即蜗杆螺旋线的导程角 γ 与蜗轮齿螺旋角 β（β_2）大小相等、方向相同。

蜗杆传动的主要特点是

1）传动平稳，振动、冲击和噪声均很小。这是由于蜗杆的轮齿是连续的螺旋齿的缘故。

2）能获得较大的单级传动比，故结构紧凑。在传递动力时，传动比一般为 8～100，常用范围为 15～50。用于分度机构中，传动比可达几百，甚至到 1 000。这时，需采用导程角很小的单头蜗杆，但效率很低。

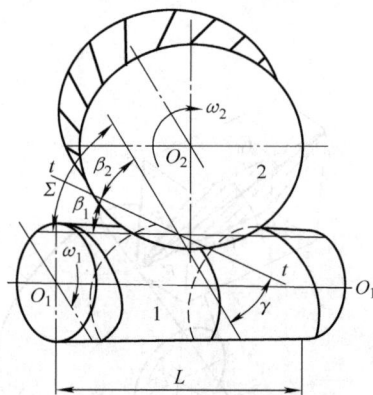

图 7-45　蜗杆蜗轮的形成

3）当蜗杆的导程角 γ 小于啮合轮齿间的当量摩擦角 φ_v 时，蜗杆传动能够自锁，即只能蜗杆带动蜗轮，而不能蜗轮带动蜗杆。

4）由于啮合轮齿间的相对滑动速度较高，使得摩擦损耗较大，因而传动效率较低，一般 $\eta = 0.7 \sim 0.8$，自锁时，$\eta < 0.5$。此外，由于轮齿间的相对滑动速度大，在传动中易出现齿形发热和温升过高的现象，磨损也较严重，故常需用耐磨材料（如锡青铜等）来制作蜗轮，因而成本较高。

二、蜗杆蜗轮的正确啮合条件

图 7-46 为使用阿基米德蜗杆的蜗杆传动。在通过蜗杆轴线并与蜗轮轴线垂直的剖面（称为主平面）上，蜗杆齿廓为直线，相当于齿条，蜗轮齿廓为渐开线，相当于齿轮。所

以，在主平面内，就相当于齿条齿轮传动。由此，蜗杆传动的正确啮合条件为：主平面内蜗杆的轴向齿距 p_{x1}（$p_{x1} = \pi m_{x1}$）与蜗轮的端面齿距 p_{t2}（$p_{t2} = \pi m_{t2}$）应相等。即蜗轮的端面模数 m_{t2} 应等于蜗杆的轴向模数 m_{x1}，且均为标准值；同时蜗轮的端面压力角 α_{t2} 应等于蜗杆的轴向压力角 α_{x1}，亦均为标准值。即

$$m_{t2} = m_{x1} = m$$

$$\alpha_{t2} = \alpha_{x1} = \alpha$$

同时还须保证 $\gamma = \beta$。

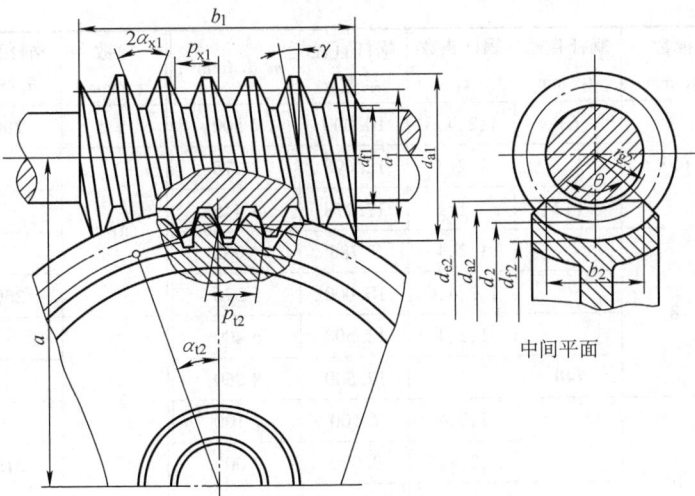

图 7-46　圆柱蜗杆传动

三、蜗杆传动的主要参数和几何尺寸

（一）蜗杆传动的主要参数

1. 模数 m 和压力角 α

轴交角为 90°的圆柱蜗杆传动的模数系列见表 7-12。表中仅列出 m 在 $1 \sim 25\text{mm}$ 的模数值。因蜗杆的轴向齿距 p_x 应与蜗轮端面齿距 p_t 相等，故蜗杆的轴向模数 m_x 应与蜗轮的端面模数 m_t 相等，并符合表中规定的模数值 m。

表 7-12　蜗杆基本参数（轴交角 90°）

模数 m/mm	蜗杆直径 d_1/mm	蜗杆头数 z_1	蜗杆直径系数 q	$m^2 d_1$/mm³	模数 m/mm	蜗杆直径 d_1/mm	蜗杆头数 z_1	蜗杆直径系数 q	$m^2 d_1$/mm³
1	18	1	18.000	18		(28)	1,2,4	8.889	277.8
1.25	20	1	16.000	31.25	3.15	35.5	1,2,4,6	11.270	352.2
	22.4	1	17.920	35		(45)	1,2,4	14.286	446.5
1.6	20	1,2,4	12.500	51.2		**56**	1	17.778	556
	28	1	17.500	71.68		(31.5)	1,2,4	7.785	504
2	(18)	1,2,4	9.000	72	4	40	1,2,4,6	10.000	640
	22.4	1,2,4	11.200	89.6		(50)	1,2,4	12.500	800
	(28)	1,2,4	14.000	112		**71**	1	17.750	1 136
	35.5	1	17.750	142		(40)	1,2,4	8.000	1 000
2.5	(22.4)	1,2,4	8.960	140	5	50	1,2,4,6	10.000	1 250
	28	1,2,4,6	11.200	175		(63)	1,2,4	12.600	1 575
	(35.5)	1,2,4	14.200	221.5		**90**	1	18.000	2 250
	45	1	18.000	281	6.3	(50)	1,2,4	7.936	1 985

（续）

模数 m/mm	蜗杆直径 d_1/mm	蜗杆头数 z_1	蜗杆直径系数 q	$m^2 d_1$/mm³
6.3	63	1,2,4,6	10.000	2 500
		1,2,4	12.698	3 175
	112	1	17.778	4 445
8		1,2,4	7.785	4 032
		1,2,4,6	10.000	5 376
		1,2,4	12.500	6 400
	140	1	17.500	8 960
10		1,2,4	7.100	7 100
		1,2,4,6	9.000	9 000
		1,2,4	11.200	11 200
	6	1	16.000	16 000
12.5		1,2,4	7.200	14 062
		1,2,4	8.960	17 500
		1,2,4	11.200	21 875

模数 m/mm	蜗杆直径 d_1/mm	蜗杆头数 z_1	蜗杆直径系数 q	$m^2 d_1$/mm³
12.5	**200**	1	16.000	31 250
16		1,2,4	7.000	28 672
		1,2,4	8.750	35 840
		1,2,4	11.250	46 080
	250	1	15.625	64 000
20		1,2,4	7.000	56 000
		1,2,4	8.000	64 000
		1,2,4	11.200	89 600
	315	1	15.750	126 000
25		1,2,4	7.200	112 500
		1,2,4	8.000	125 000
		1,2,4	11.200	175 000
	400	1	16.000	250 000

注：1. 本表摘自 GB/T 10085—1988，其中 $m^2 d_1$ 值是根据教学需要补充的。

2. 表中带括号的蜗杆直径尽可能不用，黑体的为 $\gamma < 3°40'$ 的自锁蜗杆。

通常刀具基准齿形角 $\alpha_0 = 20°$，阿基米德蜗杆轴向截面压力角（齿形角）$\alpha_x = \alpha_0 = 20°$。在分度传动中，允许减小压力角，推荐用 15° 或 12°。

2. 蜗杆分度圆直径 d_1 和蜗杆直径系数 q

蜗杆分度圆直径亦称蜗杆中圆直径。为使蜗轮刀具尺寸标准化、系列化，将蜗杆分度圆直径 d_1 定为标准值，见表 7-12。

蜗杆分度圆直径 d_1 与模数 m 的比值称为蜗杆直径系数，即

$$q = \frac{d_1}{m} \tag{7-35}$$

因 d_1 与 m 均为标准值，故 q 为导出值，不一定是整数。对于动力蜗杆传动，q 值约为 7 ~ 18；对应分度蜗杆传动，q 值约为 16 ~ 30。

3. 蜗杆导程角 γ

蜗杆分度圆上的导程角 γ 可由下式计算：

$$\tan\gamma = \frac{z_1 p_x}{\pi d_1} = \frac{\pi z_1 m}{\pi d_1} = \frac{z_1 m}{d_1} = \frac{z_1}{q} \tag{7-36}$$

式中　p_x——蜗杆轴向齿距；

z_1——蜗杆头数。

γ 角的范围为 3.5° ~ 33°，导程角大，传动效率高；导程角小，则传动效率低。一般认为 $\gamma \leqslant 3°40'$ 的蜗杆具有自锁性。要求效率高的传动，常取 $\gamma = 15° ~ 30°$，此时将不采用

阿基米德蜗杆，而改用渐开线蜗杆。

渐开线蜗杆的端面齿廓为渐开线，只有与蜗杆基圆柱相切的截面，齿廓才是直线，因而可以用平面砂轮来磨削，易于获得高精度，但需要专用机床，加工成本较高。

4. 蜗杆头数 z_1、蜗轮齿数 z_2[⊖]

蜗杆头数少，易于得到大传动比，但导程角小，效率低，发热多，故重载传动不宜采用单头蜗杆。当要求反行程自锁时，可取 $z_1 = 1$。蜗杆头数多，导程角大，效率高，但制造困难。常用蜗杆头数为 1、2、4、6，可根据传动比大小选取（见表 7-13）。

表 7-13　i 和 z_1 的推荐值

$i \approx$	5~8	7~16	15~32	30~80
z_1	6	4	2	1

蜗轮齿数依据齿数比和蜗杆头数决定：$z_2 = uz_1$。蜗轮齿数一般不应少于 28 齿。传递动力的，为增加传动平稳性，蜗轮齿数宜多取些。但齿数越多，蜗轮尺寸越大，蜗杆轴越长且刚度越小，所以蜗轮齿数不宜多于 100 齿，一般取 $z_2 = 32~80$ 齿。z_2 与 z_1 间最好避免有公因数，以利于均匀磨损。

5. 齿面间的滑动速度 v_s（单位为 m/s）

如图 7-47 所示，设 v_1 代表蜗杆的圆周速度，v_2 代表蜗轮的圆周速度，则其齿面啮合处的相对滑动速度为

$$v_s = \frac{v_1}{\cos\gamma} = \frac{\pi d_1 n_1}{60 \times 1\,000 \cos\gamma}$$

式中　γ——蜗杆螺旋线导程角；

d_1——蜗杆分度圆直径，单位为 mm；

n_1——蜗杆转速，单位为 r/min。

（二）圆柱蜗杆传动的几何尺寸

圆柱蜗杆传动的基本几何关系见图 7-46，有关尺寸的计算公式见表 7-14。

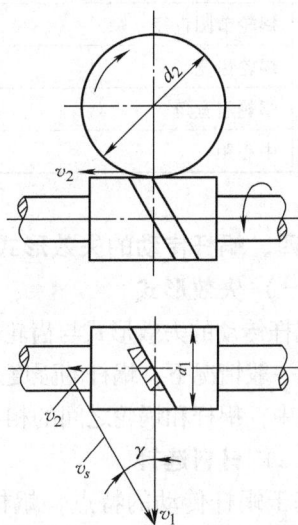

图 7-47　滑动速度

表 7-14　圆柱蜗杆传动的几何尺寸计算公式

序号	名　　称	符号	公　　式
1	蜗杆轴向齿距	p_x	$p_x = \pi m$
2	蜗杆导程	p_z	$p_z = \pi m z_1$
3	蜗杆分度圆直径	d_1	$d_1 = qm$（d_1 为标准值，见表 7-12）
4	蜗杆齿顶圆直径	d_{a1}	$d_{a1} = d_1 + 2h_a^* m$
5	蜗杆齿根圆直径	d_{f1}	$d_{f1} = d_1 - 2m(h_a^* + c^*)$
6	蜗杆节圆直径	d_1'	$d_1' = d_1 + 2xm = m(q + 2x)$

[⊖] GB/T 10085—1988 中蜗杆、蜗轮参数的匹配数据，供设计时参考。

(续)

序号	名　称	符号	公　式
7	蜗杆分度圆柱导程角	γ	$\tan\gamma = mz_1/d_1 = z_1/q$
8	蜗杆节圆柱导程角	γ'	$\tan\gamma' = z_1/(q+2x)$
9	蜗杆齿宽(螺纹长度)	b_1	建议取 $b_1 \approx 2m\sqrt{z_2+1}$
10	渐开线蜗杆基圆直径	d_{b1}	$d_{b1} = d_1\tan\gamma/\tan\gamma_b = mz_1/\tan\gamma_b$ $\cos\gamma_b = \cos\alpha_n\cos\gamma$
11	蜗轮分度圆直径	d_2	$d_2 = mz_2 = 2a' - d_1 - 2xm$
12	蜗轮喉圆直径	d_{a2}	$d_{a2} = d_2 + 2m(h_a^* + x)$
13	蜗轮齿根圆直径	d_{f2}	$d_{f2} = d_2 - 2m(h_a^* - x + c^*)$
14	蜗轮外径	d_{e2}	$d_{e2} \approx d_{a2} + m$
15	蜗轮咽喉母圆半径	r_{g2}	$r_{g2} = a - d_{a2}/2$
16	蜗轮节圆直径	d_2'	$d_2' = d_2$
17	蜗轮齿宽	b_2	建议取 $b_2 \approx 2m(0.5 + \sqrt{q+1})$
18	蜗轮齿宽角	θ	$\theta = 2\arcsin(b_2/d_1)$
19	中心距	a	$a = (d_1 + 2xm + d_2)/2$

*四、蜗杆传动的失效形式和材料的选择

（一）失效形式

蜗杆传动的失效形式与齿轮传动的失效形式相类似，有疲劳点蚀、胶合、磨损和轮齿折断等。在一般情况下，蜗杆的强度总要高于蜗轮的轮齿强度，因此失效总是在蜗轮上发生。由于在传动中，蜗杆和蜗轮之间的相对滑动速度（参看图7-47）较大，更容易产生胶合和磨损。

（二）材料选择

基于蜗杆传动的特点，蜗杆副的材料首先应具有良好的减摩、耐磨、易于跑合和抗胶合的能力；同时还要有足够的强度。因此常采用青铜材料制作蜗轮的齿冠，并与淬硬磨削的钢制蜗杆相匹配。

蜗杆大多采用碳素钢或合金钢制造，经淬火处理后可以提高表面硬度，增强齿面的抗磨损、抗胶合的能力。对应高速重载的蜗杆常用 20Cr、20CrMnTi 渗碳淬火到 58 ~ 63HRC；或用 45 钢、40Cr 表面淬火到 45 ~ 55HRC；淬硬后蜗杆表面应磨削或抛光。一般蜗杆可采用 40 钢、45 钢调质处理，硬度为 200 ~ 250HBW。在低速或手动传动中，蜗杆可无需进行热处理。

蜗轮常用材料是锡青铜 ZCuSn10Pb1，它具有较好减摩性、抗胶合和耐磨性能，允许的滑动速度可达 25m/s，且易于切削加工，但价格较昂贵，所以主要用于重要的高速蜗杆传动中。在滑动速度 $v_s < 12$m/s 的蜗杆传动中，可用含锡量较低的铸锡锌青铜 ZCuSn5Pb5Zn5。在 $v_s < 10$m/s 的传动中，可选用锡青铜，如铸铁青铜 ZCuAl9Mn2，它的强度高、价格较低；但切削性能差，抗胶合能力较低。在 $v_s < 2$m/s 的传动中，可用铸铁或球墨铸铁制造蜗轮。

五、蜗杆传动的受力分析

在蜗杆传动中，作用在齿面上的法向作用力 F_n 可分解为三个力：圆周力 F_t、径向力 F_r 和轴向力 F_a（见图 7-48）。

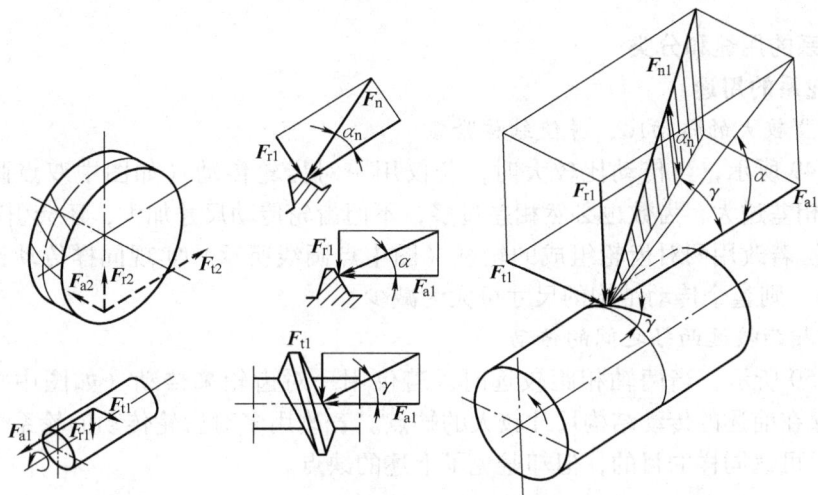

图 7-48　蜗杆传动中的受力分析

显然，作用在蜗杆上的圆周力 F_{t1} 等于蜗轮上的轴向力 F_{a2}；蜗杆上的轴向力 F_{a1} 等于蜗轮上的圆周力 F_{t2}；蜗杆上的径向力 F_{r1} 等于蜗轮上的径向力 F_{r2}。这些相互对应的力的方向彼此相反。如略去摩擦力的影响，则

$$\left.\begin{array}{l} F_{t1} = -F_{a2} = \dfrac{2T_1}{d_1} \\[2mm] F_{a1} = -F_{t2} = \dfrac{F_{t1}}{\tan\gamma} = \dfrac{2T_2}{d_2} \\[2mm] F_{r1} = -F_{r2} = F_{a1}\tan\alpha \end{array}\right\} \qquad (7\text{-}37)$$

当蜗杆为主动件时（一般情况均是如此），蜗杆上的圆周力 F_{t1} 的方向与蜗杆齿在啮合点的运动方向相反；蜗轮上的圆周力 F_{t2} 的方向与蜗轮齿在啮合点的运动方向相同；径向力 F_r 的方向在蜗杆、蜗轮上都是由啮合点分别指向轴心。当蜗杆的回转方向和螺旋的旋向已知时，蜗轮的回转方向可根据螺旋副的运动规律来确定。

如令 $\cos\alpha_n \approx \cos\alpha$，则法向力

$$F_{n1} = \dfrac{F_{a1}}{\cos\gamma\cos\alpha_n} \approx \dfrac{F_{t2}}{\cos\gamma\cos\alpha} = \dfrac{2T_2}{d_2\cos\gamma\cos\alpha}$$

式中　α_n——蜗杆法面内的啮合角；

α——蜗杆轴面内的啮合角，通常 $\alpha = 20°$。

第十三节　轮　　系

由一对齿轮组成的齿轮传动，是齿轮传动机构中最简单的一种传动形式。在精密机械

中，为了满足多种工作需要，常用一系列的齿轮（包括圆柱齿轮、锥齿轮和蜗杆蜗轮等各种类型的齿轮）组成齿轮传动链，将主动轴的运动或转矩传递到从动轴，这个由一系列齿轮组成的齿轮传动链，统称为轮系。

一、轮系的用途和分类

（一）轮系的用途

1. 可获得较大的传动比，并使结构紧凑

如图7-49所示，当传动比较大时，若仅用一对齿轮传动（如图中双点画线所示），则两轮直径相差过大，齿数也必然相差过多，不但齿轮传动尺寸加大，还会引起小齿轮轮齿过早磨损。若改用两对齿轮组成的轮系（图中点画线所示）实现同样传动比（例如总传动比为6），则整个传动结构的尺寸可大为减少。

2. 可作相距较远两轴之间的传动

如图7-50所示，当两轴相距较远时，若仅用一对齿轮来传动（如图中双点画线所示），同样存在前述的传动结构尺寸较大的缺点。若改用多对齿轮传动的轮系（如图中点画线所示），可达同样的目的，但却避免了上述的缺点。

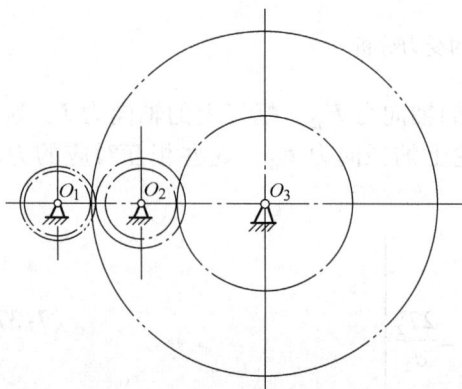

图7-49 传动级数对平面布局的影响　　图7-50 实现远距离传动的轮系

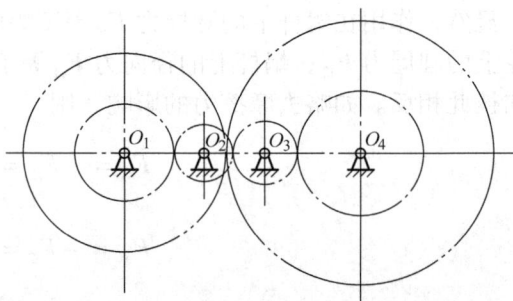

3. 可实现多种传动比的传动

当主动轴 O_1 转速不变，要使从动轴 O_2 得到几种不同的转速，仅用一对齿轮是无法实现的。如采用图7-51的轮系，只要移动主动轴上两联齿轮1、1'使之分别与从动轴上的齿轮2或2'啮合，便可使从动轴得到两种不同的转速。

4. 可改变从动轴的转向

当主动轴的转向不变时，希望从动轴根据工作需要作正向或反向转动。若采用图7-52的轮系，只要改变两联齿轮的轴向位置，使齿轮1、4分别与2、5啮合，便可改变从动轴的转向，实现正向或反向转动。

5. 可实现运动的合成和分解

可将两个独立的转动合成为一个转动，或将一个转动分解为两个独立的转动。

（二）轮系的分类

轮系按其在传动时各齿轮轴线在空间的相对位置关系，可分为下列两类。

1. 定轴轮系

在传动时，若轮系中各轮的几何轴线均是固定的，则这种轮系称为定轴轮系（或称普通轮系）。

2. 周转轮系

在传动时，若轮系中至少有一个齿轮的几何轴线是绕着其他齿轮的固定轴线转动的，则这种轮系称为周转轮系。在周转轮系中，按其自由度的数目不同又可分为以下两种：

（1）差动轮系 差动轮系即自由度为 2 的周转轮系。

（2）行星轮系 行星轮系即自由度为 1 的周转轮系。

此外，在某些复杂的轮系中，既包含定轴轮系部分，又包含有周转轮系部分，这种复杂的轮系称为复合轮系。

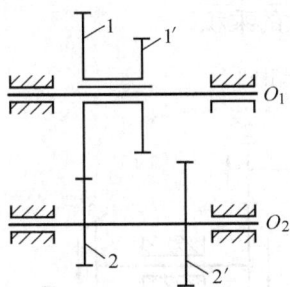

图 7-51 实现一轴多速的轮系

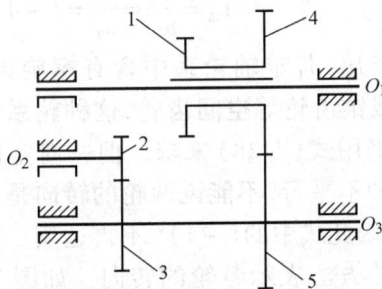

图 7-52 实现换向传动的轮系

二、轮系传动比的计算

（一）定轴轮系传动比的计算

轮系主动轴与从动轴（亦即轮系中首轮与末轮）的角速度（或转速）之比称为该轮系的传动比。

图 7-53 定轴轮系由圆柱齿轮组成，各轮的轴互相平行，因此传动比有正负之分。如果主动轴和从动轴的回转方向相同，则其传动比为正，反之为负。

如图 7-53 所示轮系，若已知各种齿数，则各级齿轮的传动比为

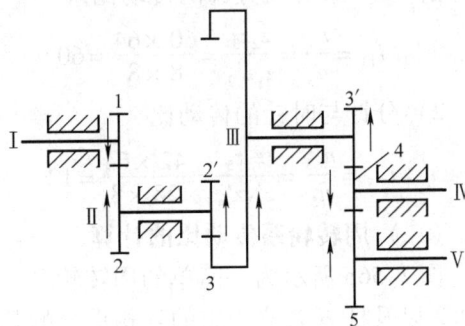

图 7-53 定轴轮系

$$i_{12} = \frac{\omega_1}{\omega_2} = -\frac{z_2}{z_1}, \quad i_{2'3} = \frac{\omega_2'}{\omega_3} = \frac{z_3}{z_2'},$$

$$i_{3'4} = \frac{\omega_3'}{\omega_4} = -\frac{z_4}{z_3'}, \quad i_{45} = \frac{\omega_4}{\omega_5} = -\frac{z_5}{z_4}$$

式中，"－"表示外啮合时主、从动轮转向相反；"＋"表示内啮合时主动轮、从动轮转向相同（"＋"常可省略）。

将以上各式两边分别连乘后得

$$i'_{12}i_{2'3}i_{3'4}i_{45} = \frac{\omega_1\omega'_2\omega'_3\omega_4}{\omega_2\omega_3\omega_4\omega_5} = (-1)^3\frac{z_2z_3z_4z_5}{z_1z'_2z'_3z_4}$$

因 $\omega_2 = \omega'_2$，$\omega_3 = \omega'_3$，故

$$i_{15} = \frac{\omega_1}{\omega_5} = (-1)^3\frac{z_2z_3z_5}{z_1z'_2z'_3}$$

上式表明，定轴轮系传动比为组成该轮系的各对齿轮传动比的连乘积，其值等于各对齿轮从动轮齿数的连乘积与各对齿轮主动轮齿数的连乘积之比。此外，在轮系中齿轮4既是从动轮又是主动轮，在上式中齿数可以消去，故对轮系传动比的数值没有影响，但该轮却影响轮系传动比的符号，即影响末轮的转向。这种不影响轮系传动比，只影响末轮转向的齿轮，称为惰轮。

根据上述分析，若一定轴轮系的首轮以 1 表示，末轮以 k 表示，圆柱齿轮外啮合的次数用 q 表示，则轮系传动比

$$i_{1k} = \frac{\omega_1}{\omega_k} = \frac{n_1}{n_k} = (-1)^q\frac{各从动齿轮齿数的乘积}{各主动齿轮齿数的乘积} \tag{7-38}$$

尚需指出：若定轴轮系中含有螺旋齿轮、蜗杆蜗轮或锥齿轮等空间齿轮,这种轮系传动比的大小仍用式(7-38)来求。但一对空间齿轮传动的轴不平行,不能说两轮的转向是相同还是相反,因此式中的 $(-1)^q$ 不再适用,需要用画箭头的方法表示各轮的转向,如图7-54所示。

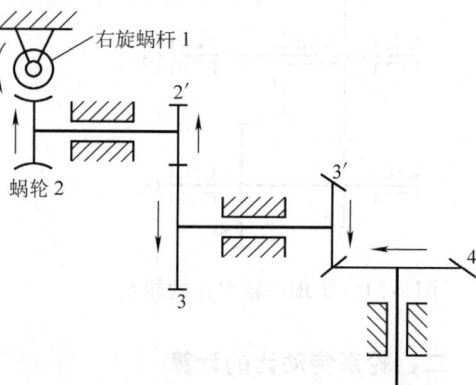

图 7-54　含有空间齿轮的定轴轮系

例 7-2　时钟上的轮系如图 7-55 所示，已知 $z_1 = 8$，$z_2 = 60$，$z'_2 = 8$，$z_3 = 64$，$z'_3 = 28$，$z_4 = 42$，$z'_4 = 8$，$z_5 = 64$。求秒钟与分针、分针与时针的传动比。

解　1）秒针与分针的传动比

$$i_{13} = \frac{n_1}{n_3} = \frac{z_2z_3}{z_1z'_2} = \frac{60\times64}{8\times8} = 60$$

2）分针与时针的传动比

$$i_{3'5} = \frac{n'_3}{n_5} = \frac{z_4z_5}{z'_3z'_4} = \frac{42\times64}{28\times8} = 12$$

（二）周转轮系传动比的计算

图 7-56a 所示为一简单的周转轮系。齿轮 1 和 3 以及杆 H 各绕固定的互相重合的几何轴线 O_1、O_3 及 O_H 转动，而齿轮 2 则活装在杆 H 的小轴上，因此它一方面绕自身的几何轴线 O_2 回转（自转），同时又随杆 H 绕几何轴线 O_H 回转（公转），其运动与行星的运动相似，

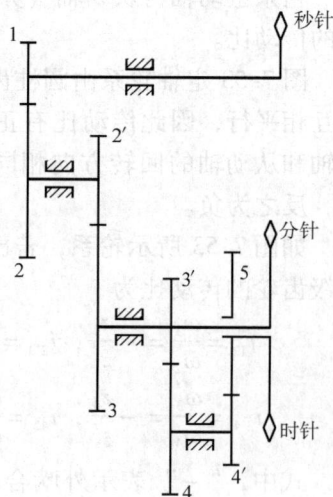

图 7-55　时钟指针轮系

故称为行星轮。支持行星轮的构件 H 称为系杆（或转臂），而几何轴线固定的齿轮 1 和 3 称为太阳轮。

由于行星轮 2 的运动不是绕固定线的简单运动，所以周转轮系各构件间的传动比便不能直接用求解定轴轮系的方法来求。

为了解决周转轮系的传动比问题，根据相对运动原理，当给周转轮系加上一个附加的公共角速度之后，则周转轮系各构件间的相对运动关系仍保持不变。设 ω_1、ω_2、ω_3 及 ω_H 为齿轮 1、2、3 及系杆 H 的绝对角速度，给轮系加上一个 "$-\omega_H$" 后，其各构件的角速度如表 7-15 所示。

表中 $\omega_H^H = \omega_H - \omega_H = 0$，表明此时系杆静止不动，而原来的周转轮系变为定轴轮系了，如图 7-56c 所示。这种经加 $-\omega_H$ 后所得的机构（轮系）称为原周转轮系的转化轮系。转化轮系中任意两轮的传动比均可用定轴轮系的方法求得，例如

$$i_{13}^H = \frac{\omega_1^H}{\omega_3^H} = \frac{\omega_1 - \omega_H}{\omega_3 - \omega_H} = (-1)\frac{z_2 z_3}{z_1 z_2} = -\frac{z_3}{z_1}$$

$$(7\text{-}39)$$

当然，目的并非要求转化机构的传动比。但由上式可见，在各齿轮的齿数已知的条件下三个活动构件 1、3 及 H 中，只要给定了 ω_1、ω_3 及 ω_H 中任意两个，则另外一个即可求出。于是原周转轮系里传动比 i_{13}（或 i_{1H}、i_{3H}）就可随之求出。这种周转轮系具有两个自由度，并通称为差动轮系。

如图 7-56b 所示，若齿轮 3 固定不动，则

$$i_{13}^H = \frac{\omega_1^H}{\omega_3^H} = \frac{\omega_1 - \omega_H}{\omega_3 - \omega_H} = \frac{\omega_1 - \omega_H}{0 - \omega_H} = 1 - i_{1H} = -\frac{z_3}{z_1}$$

所以

$$i_{1H} = 1 - i_{13}^H \qquad (7\text{-}40)$$

式（7-40）表明，只要知 1 和 H 两构件中任一构件的角速度（ω_1 或 ω_H），则另一构件的角速度便可求出。这种周转轮系具有一个自由度，通称为行星轮系。

应用相对运动原理来计算周转轮系传动比时，应注意下列事项：

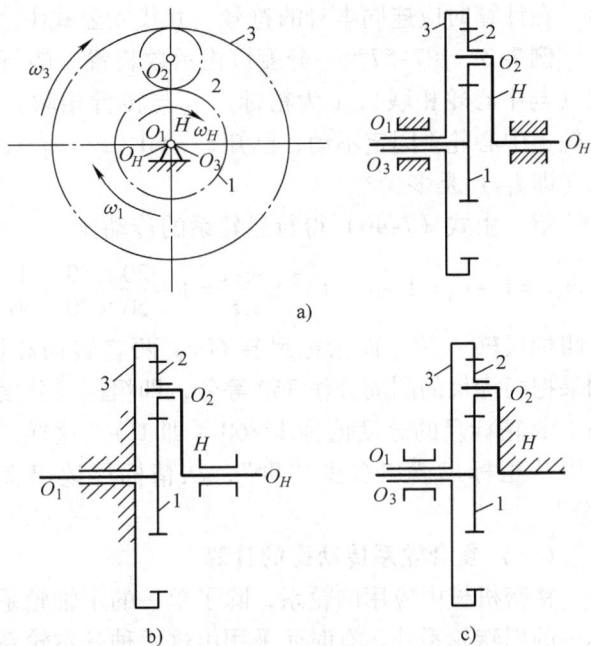

图 7-56 周转轮系

表 7-15 周转轮系各构件角速度

构件	原有角速度	在转化轮系中的角速度（即相对于系杆的速度）
齿轮 1	ω_1	$\omega_1^H = \omega_1 - \omega_H$
齿轮 2	ω_2	$\omega_2^H = \omega_2 - \omega_H$
齿轮 3	ω_3	$\omega_3^H = \omega_3 - \omega_H$
系杆 H	ω_H	$\omega_H^H = \omega_H - \omega_H = 0$

1）转化机构的传动比的正负号，要根据在定轴轮系中决定传动比正负号的方法来决定。

2）在已知的诸绝对角速度中，取向同一方向旋转者为正值，向相反方向旋转者为负值，在计算时应连同本身的符号一并代入公式中。

例7-3 图7-57为一分度机构示数装置中的行星轮系。其中 a 为固定指针，b 为粗标尺（与中心轮相联），c 为精标尺（与转臂相联），1为运动输入轮，双联齿轮2、3为行星轮，中心轮4固定不动，已知 $z_1=60$；$z_2=z_3=20$；$z_4=59$。求粗标尺与精标尺的传动比 i_{bc}（即 i_{1H}）是多少？

解 由式（7-40）得行星轮系的传动比

$$i_{1H}=1-i_{14}^{H}=1-(-1)^2\times\frac{z_2z_4}{z_1z_3}=1-\frac{20\times59}{60\times20}=\frac{1}{60}$$

即粗标尺转一转，而精标尺转60r，两者转向相同。如果把两标尺的圆周分作360等分，即粗标尺分度值为1°，精标尺的分度值为1°/60（即1′）。这样，就可以从粗标尺读出多少"度"，从精标尺读出多少"分"。

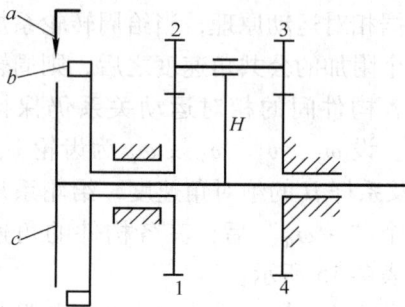

图7-57　分度机构中的行星轮系

（三）复合轮系传动比的计算

精密机械中应用的轮系，除了单一的定轴轮系或单一的周转轮系外，有时还采用由这两种基本轮系或几个周转轮系适当组合而成的复合轮系。在运用相对运动原理计算混合轮系传动比时，必须引起注意的是：应该将其定轴轮系部分与周转轮系部分正确划分开来，然后分别列出传动比计算式，最后联立求解出混合轮系传动比。

查找定轴轮系的方法是：如果一系列互相啮合的齿轮的几何轴线是固定不动的，则这些齿轮便组成为一个定轴轮系。

查找周转轮系的方法是：先找行星轮，即找出那些几何轴线是绕另一几何轴线转动的齿轮。当找到行星轮后，那些支持行星轮的构件就是系杆，然后循行星轮与其他齿轮啮合的线素找中心轮，那么这些行星轮、中心轮和系杆便组成一个周转轮系。

例7-4 图7-58所示为一加法机构轮系，已知 $z_1=z_2=z_3=15$，$z_4=30$，$z_5=15$。齿轮1和齿轮3都是输入运动的主动轮，它们的转速分别为 n_1 和 n_3。求该轮系输出转速 n_5。

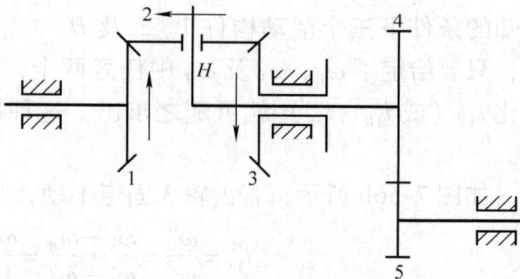

图7-58　加法机构中复合轮系

解 由图示机构不难看出：

1-2-3-H 组成一差动轮系，4-5组成一定轴轮系。

由式（7-39）可以写出

$$i_{13}^{H}=\frac{n_1^{H}}{n_3^{H}}=\frac{n_1-n_H}{n_3-n_H}=(-1)\times\frac{z_2z_3}{z_1z_2}=-\frac{15\times15}{15\times15}=-1$$

对于轴线互相垂直的锥齿轮组成的轮系,其齿轮主动方向可用画箭头的方法表示(见图7-58)。由于齿轮1和齿轮3的箭头方向相反(即转向相反),所以上式中计算其传动比时取负号。

整理上式得

$$n_H = \frac{1}{2}(n_1 + n_3)$$

因系杆 H 与齿轮4同装一根轴上,所以 $n_4 = n_H$,则有 $n_4 = (n_1 + n_3)/2$。

又齿轮4与齿轮5组成是定轴轮系,故

$$i_{45} = \frac{n_4}{n_5} = -\frac{z_5}{z_4} = -\frac{1}{2}$$

所以

$$n_5 = -2n_4 = -(n_1 + n_3)$$

即输出转速为两个转速之和(转向相反),因此称该机构为加法机构。

第十四节 齿轮传动链的设计

在精密机械中,齿轮传动链的设计,大致可按下列步骤进行:

1)根据传动的要求和工作特点,正确选择传动型式。

2)决定传动级数,并分配各级传动比。

3)确定各级齿轮的齿数和模数;计算出齿轮的主要几何尺寸。

4)对于精密齿轮传动链,有时尚需进行误差的分析和估算(一般传动中此项可以省略)。

5)传动的结构设计,其中包括:齿轮的结构,齿轮与轴的联接方法等。对于精密齿轮传动链,有时尚需设计消除空回的结构。

在实际设计工作中,不一定完全按照上述步骤,必要时也可以交叉进行。

下面仅就传动链设计中的某些基本问题,分别加以讨论。

一、齿轮传动型式的选择

如前所述,齿轮的传动型式很多,设计时,如何根据齿轮传动的使用要求、工作特点,正确地选择最合理的传动型式,这是设计中要解决的首要问题。在一般情况下,可根据以下几点进行选择:

1)结构条件对齿轮传动的要求。例如空间位置对传动布置的限制;各传动轴的相互位置关系等。当然这种限制不是绝对的,传动链的设计,也可以反过来对机械结构提出要求。

2)对齿轮传动的精度要求。

3)齿轮传动的工作速度及传动平稳性和无噪声的要求。

4)齿轮传动的工艺性因素(这一点必须和具体的生产设备条件及生产批量结合起来考虑)。

5)考虑传动效率和润滑条件等。

传动型式的选择，是个复杂的问题，常需要拟定出几种不同的传动方案，根据技术经济指标，分析对比后决定取舍。

二、传动比的分配

传动比的分配是齿轮传动链设计中的重要问题之一。传动比分配得是否合理，将影响整个传动链的结构布局及其工作性能，因此，在设计中必须根据使用要求，合理地进行传动比的分配。

齿轮传动链的总传动比，往往是根据具体要求事先给定的。总传动比给出之后，据此确定传动级数并分配各级传动比。

一般说来，齿轮传动链的传动级数少些较好。因为传动级数越多，传动链的结构就越复杂。传动级数少，不但可以使结构简化，同时还有利于提高传动效率，减小传动误差和提高工作精度。

应当指出，若总传动比一定，则由于传动级数的减少，势必引起各级传动比数值的增大。若各级传动比（单级传动比）数值过大，将会使传动链的结构不紧凑。图 7-59 所示为传动级数对平面布局的影响。图中两种方案的 $i=6$，且模数相同，小齿轮齿数相同，由图可见，一级传动所占的平面面积，远比多级传动为大。

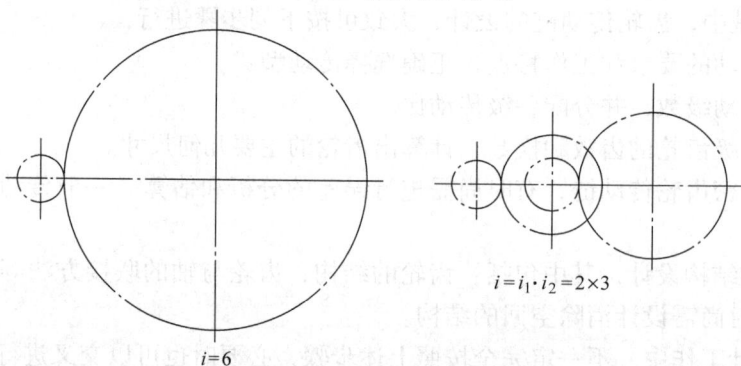

$i=i_1 \cdot i_2 = 2 \times 3$

$i=6$

图 7-59　传动级数对平面布局的影响

另外，当单级传动比过大时，被动齿轮的直径就会很大，致使齿轮的转动惯量随之增加，这对于要求转动惯量较小的齿轮传动链（如小功率随动系统）是不希望的。因小功率随动系统中的齿轮传动，一般都要求起动快和结构紧凑，如转动惯量过大，对实现上述要求是不利的。因此，应根据齿轮传动链的具体工作要求，合理地确定其传动级数。传动级数确定之后，即可以进行各级传动比的分配。

设计时可参考下列一些原则进行传动比的分配。

（一）按"先小后大"的原则分配传动比

所谓"先小后大"就是指分配传动比时，应使靠近原动轴的前几级齿轮的传动比取得小些，而后面的靠近负载轴的齿轮传动比取得大一些。

图 7-60 所示为总传动比相同的两种传动比分配方案，它们都具有完全相同的两对齿轮 A、B 及 C、D。其中 $i_{AB}=2$，$i_{CD}=3$，显然，两种方案的不同点是：在 a 方案（见图 7-60a）中，齿轮副 A、B 布置为第一级；在 b 方案（见图 7-60b）中，齿轮副 C、D 布置为

第一级。

如果各对齿轮的转角误差相等，即 $\Delta\varphi_{AB} = \Delta\varphi_{CD}$，则 a 方案中，从动轴 II 的转角误差

$$\Delta\varphi_a = \Delta\varphi_{CD} + \Delta\varphi_{AB}\frac{1}{i_{CD}} = \Delta\varphi_{CD} + \frac{1}{3}\Delta\varphi_{AB}$$

而 b 方案中，从动轴 II 的转角误差为

$$\Delta\varphi_b = \Delta\varphi_{AB} + \Delta\varphi_{CD}\frac{1}{i_{AB}} = \Delta\varphi_{AB} + \frac{1}{2}\Delta\varphi_{CD}$$

比较以上两式，可见 $\Delta\varphi_b > \Delta\varphi_a$，故按 a 方案（按先小后大）分配传动比，较按 b 方案（按先大后小）分配传动比为好，因 a 方案从动轴总的转角误差小。这说明传动比按"先小后大"的原则分配，可获得较高的传动精度。

在精密机械中，用作示数传动的精密齿轮传动链（减速链），多采用按"先小后大"的原则分配传动比。

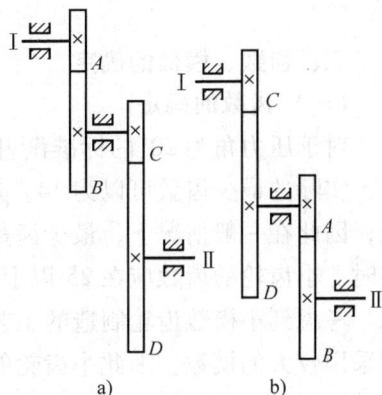

图 7-60　总传动比相同的两种传动比分配方案的比较

（二）按最小体积的原则分配传动比

仪器仪表中的齿轮机构，一般要求体积小，重量轻。为获得齿轮传动的体积最小，可按最小体积原则来分配传动比。为简化计算，假设：

1）各齿轮宽度均相同。

2）各对齿轮主动轮的分度圆直径均相等。

3）齿轮的材料相同。

4）不考虑轴与轴承体积。

经理论分析得出的结论是：各级速比相等可使齿轮机构的体积最小。

（三）按最小转动惯量原则分配传动比

在经常需要正反转的齿轮传动中，要求转动灵活，起动制动及时，这时就应使齿轮传动链的转动惯量最小。

经理论推导得到按惯量最小分配传动比的公式为

$$i_K = \sqrt{2} \times \left(\frac{i}{2^{n/2}}\right)^{\frac{2^K-1}{2^n-1}} \tag{7-41}$$

式中　i——总传动比；

　　n——传动级数；

　　i_K——任一级的传动比；

　　K——第 K 级齿轮传动。

只要知道轮系总传动比和齿轮的级数，就可按式（7-41）计算各级传动比，从而保证轮系的转动惯量最小。

上述传动比分配的一些原则，是从提高齿轮传动链的精度、减小体积和保证运转灵活等角度提出的。应当指出，按这些原则分配传动比时，彼此间是会有矛盾的。例如按最小体积的原则分配传动比时，要求各级传动比大小尽可能相同，但这与"先小后大"的原

则是相矛盾的。所以，应根据使用要求、结构要求和工作条件等，区分主次，灵活运用这些原则，合理地进行各级传动比的分配。

三、齿数、模数的确定

（一）齿数的确定

对于压力角为20°的标准渐开线直齿圆柱齿轮，理论上最少齿数为17，当要求不高时，实际的最少齿数可以为14。应当指出，齿数过少时，传动平稳性和啮合精度都要降低，因此在一般情况下，最少齿数不少于12。当两轮中心距不受限制及传动精度要求较高时，小齿轮的齿数应在25以上。

考虑到小模数齿轮制造的工艺性和疲劳强度，有时希望在一定的中心距限制之下，尽量采用较大的模数，因此小齿轮的齿数应当少些。然而小齿轮齿数的减少，将受到最少齿数的限制。如果齿数必须取得较少，可采用变位齿轮。

蜗杆螺旋线的头数，一般可取1~4。在蜗杆直径和模数一定时，增加蜗杆螺旋线的头数，可增大分度圆柱螺旋导程角，因而提高了传动效率，但此时加工工艺性较差。用于示数传动的精密蜗杆传动，则应采用单头蜗杆，以避免由于相邻两螺旋线的齿距误差而引起周期性的传动误差。另外，蜗杆螺旋线头数的增加，将会丧失自锁性。

（二）模数的确定

在精密机械中，如齿轮传动仅用来传递运动或传递的转矩很小时，齿轮的模数一般不宜按照强度计算的方法确定，而是根据结构条件确定。一般都是依传动装置的外廓尺寸选定齿轮的中心距。如果齿轮传动的传动比和齿数也已选定，则齿轮的模数可用下式求出：

$$m = \frac{2a}{z_1(1 + i_{12})} \tag{7-42}$$

应当指出，求出模数 m 值，应圆整为标准模数。

对于传递转矩较大的齿轮，其模数需按强度计算方法确定。

四、齿轮传动的空回

（一）空回和空回产生的原因

所谓空回，就是当主动轮反向转动时从动轮滞后的一种现象。滞后的转角即空回误差角。齿轮空回的主要原因是由于一对齿轮有侧隙存在。

从理论上来说，一对啮合齿轮可以是无侧隙的。但在某些情况下，侧隙对传动的正常工作是必要的。由于侧隙的存在，可以避免由于零件的加工误差而使轮齿卡住；此外它还提供了贮存润滑油的空间，以及考虑由于温度变化而引起零件尺寸的变化等因素。

但是，侧隙在反向传动中引起的空回误差，将直接影响传动精度。因此，必要时需对空回误差予以控制或设法消除其影响。

产生空回的主要原因是：就齿轮本身而言，如中心距变大、齿厚偏差、基圆偏心和齿形误差等。此外，齿轮装在轴上时的偏心、滚动轴承转动座圈的径向偏摆和固定座圈与壳体的配合间隙等也会对空回产生影响。

（二）消除和减小空回的方法

在精密齿轮传动链或小功率随动系统中，往往对空回提出严格的要求。减小空回当然可以从提高齿轮的制造精度着手，但要制造没有误差的齿轮显然是不可能的。从结构方面采用各种消除空回的方法，却可以应用一般精度的齿轮而达到高质量的传动要求，这在降低精密机械的制造成本上是很重要的。

传动链中的空回是由于侧隙的存在而产生的，因此减小或消除空回，可以通过控制或消除侧隙的影响来达到。现将经常采用的一些方法，分别叙述如下：

1. 利用弹簧力

这种方法是依靠一个剖分齿轮，该齿轮的两部分之间可以沿周向相互错动，但轴向移动受到约束，利用拉伸弹簧或扭转弹簧迫使两部分错开，直至充满与之相啮合的全部齿间，这样就完全消除了侧隙的影响，图 7-61a、b 分别为上述两种齿轮结构的示意。此法的优点是能够很方便地消除齿的侧隙，因此应用广泛。

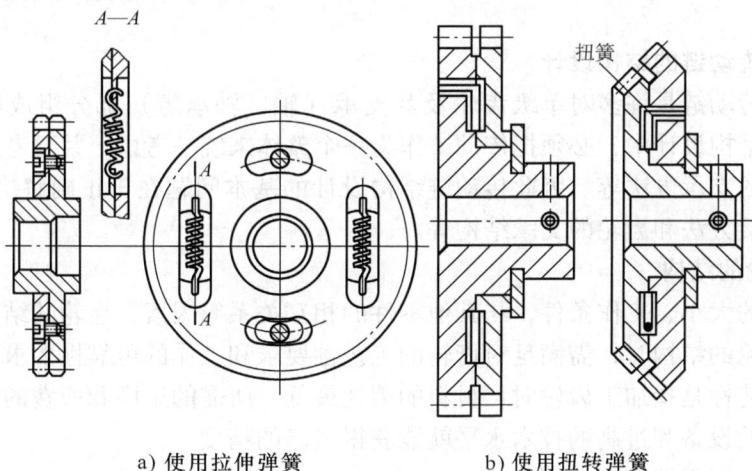

a) 使用拉伸弹簧　　　　b) 使用扭转弹簧

图 7-61　利用弹簧力消除侧隙的齿轮

2. 固定双片齿轮

这种齿轮的结构与上述相似，也是剖分的。不同之处仅在于不用弹簧，而是调整好侧隙后，用螺钉将齿轮的两部分固紧（见图 7-62）。此法较之上法的优点是能传递较大的力矩，结构简单。不足之处是磨损后不能自动调整。

3. 利用接触游丝

图 7-63 所示为常见的百分表结构。其消除侧隙的方法是利用接触游丝所产生的反力矩，迫使各级齿轮在传动时总在固定的齿面啮合，从而消除了侧隙对空回的影响。

百分表的中心齿轮轴为传动的最后一级，安装在中心轴上的指针指示测头的位移，度盘每格表示测头位移为 0.01mm，中心齿轮轴转一圈测头位移为 1mm。百分表测量范围为 0~10mm，中心齿轮轴最大工作圈数为 10 圈；右齿轮轴上的指针指示测头位移的毫米数，它的最大转角小于 1 圈。由于游丝最大工作转角小于 1 圈，因此游丝不能装在中心齿轮轴上而安装在右齿轮轴上。接触游丝应安在传动链的最后一环，这样才能把传动链中所有的齿轮都保持单面压紧，不致出现测量值变化而指示值不变的情况。

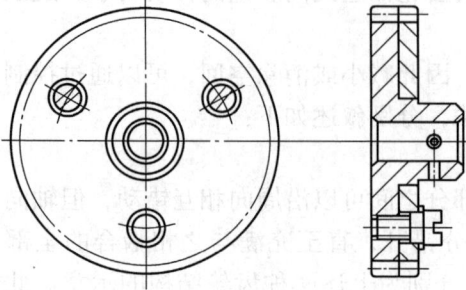

图 7-62　固定双片齿轮

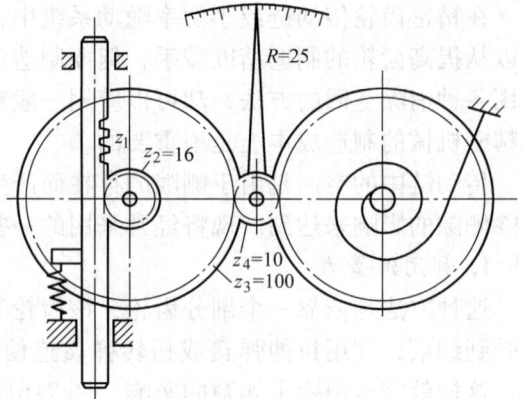

图 7-63　百分表结构

五、齿轮传动链的结构设计

由于齿轮传动链是许多对单级齿轮及其支承（轴、轴承等）部分组成的，所以，在齿轮传动链的结构设计中，必须把传动链作为一个整体来统一考虑，并要考虑齿轮与轴的连接以及齿轮的支承方法等。因此传动链结构设计的基本问题在于正确解决齿轮的结构、齿轮与轴的连接方法和齿轮的支承结构等。

（一）齿轮的结构

根据齿轮的大小、工作条件，与其他零件的相互关系等因素，齿轮的结构是多种多样的。在确定齿轮的结构时，需满足对齿轮的工艺性要求和工作的可靠性要求。

结构的工艺性是指加工齿轮时，材料的消耗最低，所需的工序和所费的工时最少，而且不需用复杂的设备和过高的技术水平就能获得较高的精度。

齿轮工作的可靠性是多方面的，例如齿轮及其支承部分应有足够的刚度，以保证在加工和使用时不出现过大的变形；又如齿轮需有合理的工艺基准和安装基准，以便于齿轮在轴上能正确可靠地定位等。

图 7-64 所示为精密机械中推荐采用的直齿和斜齿圆柱齿轮的典型结构。

当齿轮的齿根圆直径 d_f 与轴的直径 d_z 相差很小时，如$(d_f - d_z)/2 \leqslant 2m$（$m$ 为模数），可将齿轮与轴制成一体，即所谓齿轮轴（见图 7-64a）。

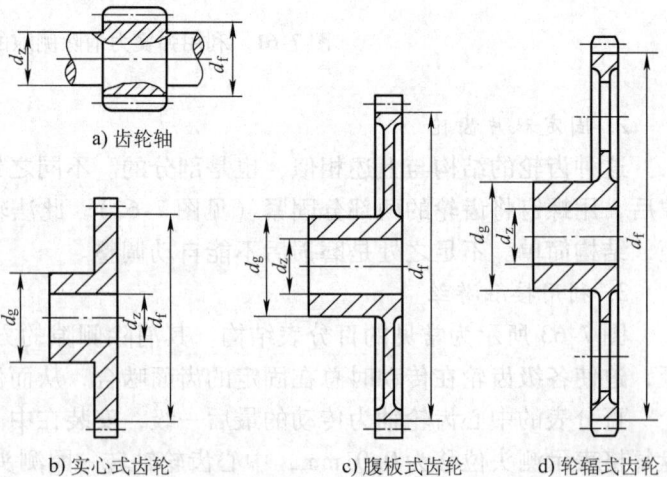

a) 齿轮轴

b) 实心式齿轮　　c) 腹板式齿轮　　d) 轮辐式齿轮

图 7-64　直齿和斜齿圆柱齿轮的典型结构

（二） 齿轮与轴的连接

齿轮与轴的连接方法是传动链结构设计中重要内容之一，因为连接方法的好坏，将直接影响到传动精度和工作可靠性。

由于齿轮传动链的工作条件（传递转矩、拆卸的频繁程度等）和结构的空间位置，以及装配的可能性等情况的不同，因此齿轮与轴的连接方式也是多种多样的。总的说来，在齿轮和轴的连接中，要求在最简单的结构条件下能保证以下两点：

1）连接牢固，能够传递的转矩大。

2）能保证轴与齿轮的同轴度和垂直度。

不同的连接方法，对于保证以上要求的完备程度各不相同，因此应根据传动链的特点合理选择。

常用的连接方法有以下几种：

1. 销钉联接

如图 7-65a 所示，此种方法在小型精密机械中用得较多。它的优点是结构简单、工作可靠，能传递中等大小的转矩，不易产生空回。缺点是，装配时齿轮不能自由绕轴转动到适合的位置，以减小偏心的有害影响；同时，不宜用在齿轮直径太大之处，因为轮缘会挡住钻卡，以致不能顺利钻出销钉孔。

如齿轮需经常拆换，可用圆锥销钉联接（见图 7-65b）。圆柱销和圆锥销的直径一般取为轴径的 1/4，最大不超过 1/3，以免过多地削弱轴的强度和刚度。

2. 螺钉联接

图 7-66a 所示为用紧定螺钉沿齿轮轮毂径向固定齿轮的例子。此法的优点是装卸方便，缺点是传递转矩小，螺钉容易松动，且拧紧螺钉时会引起齿轮的偏心，因此不适于精密传动链中齿轮与轴的连接。

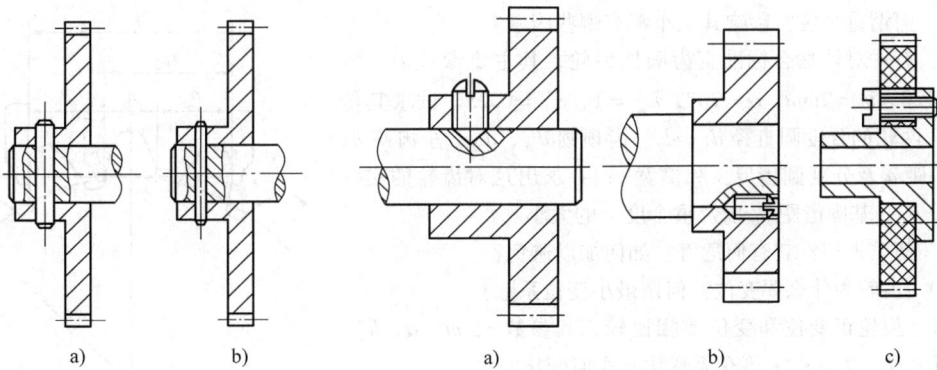

图 7-65　销钉联接　　　　　图 7-66　螺钉联接

图 7-66b 为在齿轮和轴的分界面上钻孔攻螺纹，并拧入紧定螺钉的固定结构。传动时，紧定螺钉受剪切和挤压作用。此法的优点是结构简单，便于装卸，轴向尺寸小，宜用于轮毂很短（或无轮毂）而外径小的齿轮。为了便于钻孔，齿轮和轴的硬度应接近。这种结构的缺点是传递转矩小，且易在使用中产生空回，故亦不宜用于精密齿轮传动链中。

图 7-66c 为用螺钉直接将齿轮固定在轴套凸缘上的结构。此时齿轮的定心靠其内孔与

轴套外圆的配合保证，垂直度则靠轴肩的端面与齿轮端面的贴紧来保证。这种结构主要用于非金属齿轮的连接。此法在保证同轴度和垂直度方面较好。

3. 键联结

如图 7-67 所示，最常用的是平键和半圆键。键联结一般多用于传递转矩较大和尺寸较大的齿轮传动。它的优点是装卸方便，工作可靠，缺点是同轴度较差，沿圆周方向不能调整。

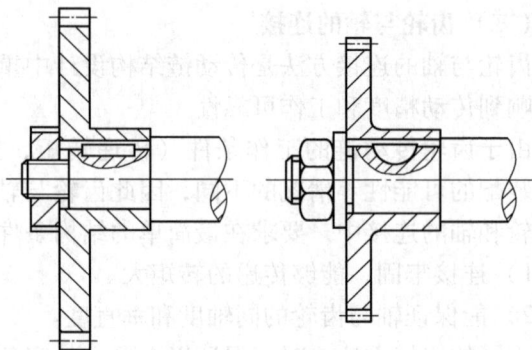

图 7-67 键联结

思考题及习题

7-1 渐开线有哪些重要性质？在研究渐开线齿轮啮合的哪些原理时曾经用到这些性质？

7-2 渐开线齿轮传动有哪些优点？

7-3 已知渐开线齿廓上某一点的压力角 $\alpha = 14°30'$，试求该点的渐开线函数值？又已知某一点的展角 $\theta = 2°15'$，试求该点处渐开线的压力角？

7-4 节圆与分度圆，啮合角与压力角有何区别？

7-5 当 $\alpha = 20°$ 的正常齿渐开线标准直齿圆柱齿轮的齿根圆与基圆重合时，其齿数应为多少？又若齿数大于求出的数值时，则基圆和齿根圆哪一个大一些？

7-6 如图 7-68 所示，有一渐开线直齿圆柱齿轮，用齿厚游标卡尺测量其三个齿和两个齿的公法线长度为 $W_3 = 61.83\text{mm}$ 和 $W_2 = 37.55\text{mm}$，齿顶圆直径 $d_a = 208\text{mm}$，齿根圆直径 $d_f = 172\text{mm}$，数得齿数 $z = 24$。要求确定该齿轮的模数 m、压力角 α、齿顶高系数 h_a^* 和径向间隙系数 c^*。

7-7 何谓重合度？影响其大小都有哪些因素？

7-8 有一对外啮合标准直齿圆柱齿轮，其主要参数为 $z_1 = 24$，$z_2 = 120$，$m = 2\text{mm}$，$\alpha = 20°$，$h_a^* = 1$，$c^* = 0.25$。试求其传动比 i_{12}，两轮的分度圆直径 d_1、d_2，齿顶圆 d_{a1}、d_{a2}，全齿高 h，标准中心距 a 及分度圆齿厚 s 和槽宽 e；并求出这对齿轮的实际啮合线 B_1B_2，基圆齿距 p_b 以及重合度 ε 的大小。

7-9 何谓根切？它有何危害？如何加以避免？

7-10 齿轮为什么要变位？何谓最小变位系数？

7-11 齿轮正变位和变位前相比较，其参数 z、m、α、h_a^*、h_f、d、d_a、d_f、d_b、s、e 等有无变化，作何变化？

7-12 有一对使用日久轮齿严重磨损的标准直齿圆柱齿轮需要修复。已知 $z_1 = 24$，$z_2 = 96$，$m = 4\text{mm}$，$\alpha = 20°$，$h_a^* = 1$，$c^* = 0.25$。按磨损情况看，大齿轮的外径要减小 8mm。在维持中心距不变的情况下，是否可以采用高度变位齿轮进行修复？如能修复，试计算修复后大齿轮的几何尺寸以及新配的小齿轮的几何尺寸，并要求验算其重合度和齿顶厚？

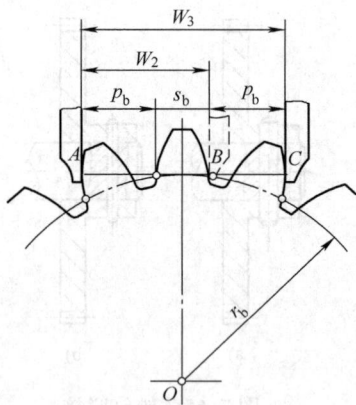

图 7-68 题 7-6 图

7-13 试分别指出斜齿圆柱齿轮传递、直齿锥齿轮传动和蜗杆传动的正确啮合条件是什么？

7-14 已知二级平行轴斜齿轮传递，主动轮 1 的转向及螺旋方向如图 7-69 所示。

1）低速级齿轮 3、4 的螺旋方向应如何选择，才能使中间轴 Ⅱ 上齿轮 2 和齿轮 3 的轴向力方向相反？

2）若轮 1 的 $\beta_1 = 18°$，$d_2/d_3 = 5/3$，欲使中间轴 Ⅱ 上两轮轴向力相互完全抵消，齿轮 3 的螺旋角 β_2 应多大？

3）画出中间轴 Ⅱ 上齿轮的空间受力简图。

7-15 图 7-70 所示为一圆柱蜗杆-直齿锥齿轮传动。已知输出轴上锥齿轮 n_4 的转向，为使中间轴上的轴向力互相抵消一部分，试在图中画出：

1）蜗杆、蜗轮的转向及螺旋线方向。

2）各轮所受的圆周力、径向力和轴向力的方向。

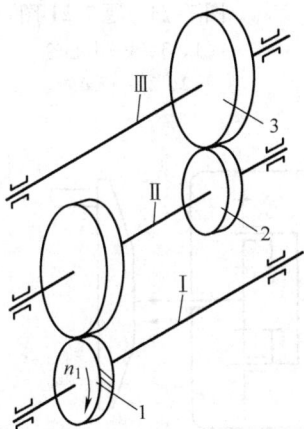

图 7-69 题 7-14 题

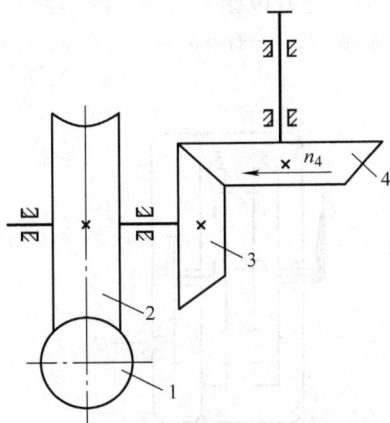

图 7-70 题 7-15 题
1—圆柱蜗杆 2—蜗轮 3、4—直齿锥齿轮

7-16 将例题 7-1 减速器中的直齿轮传动改为斜齿轮传动，其余给定条件不变，所选用的材料及热处理方式亦不变，计算该斜齿轮传动。

7-17 设计一闭式标准直齿锥齿轮传动。已知传动功率 $P = 3$kW，$n_1 = 960$r/min，传动比 $i = u = 2.5$，材料已选定，其许用接触应力 $[\sigma_H] = 584$N/mm²，$[\sigma_{F2}] = 245$N/mm²。

7-18 设计一闭式蜗杆传动，已知传动功率 $P = 1.5$kW，蜗杆转速 $n_1 = 1410$r/min，传动比 $i = u = 20$，载荷平稳。

7-19 图 7-71 示为一个大传动比的减速器，已知其各齿轮的齿数为 $z_1 = 100$，$z_2 = 101$，$z'_2 = 100$，$z_3 = 99$。求原动件 H 对从动件 1 的传动比 i_{H1}。又当 $z_1 = 99$ 而其他轮齿数均不变，求传动比 i_{H1}。试分析该减速器将有何变化。

7-20 在图 7-72 示双螺旋桨飞机的减速器中，已知 $z_1 = 26$，$z_2 = 20$，$z_4 = 30$，$z_5 = 18$ 及 $n_1 = 15\,000$r/min，试求 n_P 和 n_Q 的大小和方向。

7-21 在图 7-73 所示输送带的行星减速器中，已知 $z_1 = 10$，$z_2 = 32$，$z'_2 = 30$，$z_3 = 74$，$z_4 = 72$ 及电动机的转速 $n_1 = 1\,450$r/min，求输出轴的转速 n_4。

7-22 在图 7-74 所示自行车里程表的机构中，C 为车轮轴。已知各轮的齿数为 $z_1 = 17$，$z_3 = 23$，$z_4 = 19$，$z'_4 = 20$ 及 $z_5 = 24$。设轮胎受压变形后，使 28in 车轮的有效直径约为 0.7m。当车行 1km 时，表上的指针刚好回转一周，求齿轮 2 的齿数。

7-23 在图 7-75 示车床尾架套筒的微动进给机构中，已知 $z_1 = z_2 = z_4 = 16$，$z_3 = 48$ 及丝杠螺距 $P = 4$mm。慢速进给时齿轮 1 与齿轮 2 啮合，快速退回时齿轮 1 插入内齿轮 4。求慢速进给和快速退回过程中，手轮回转一周时套筒移动的距离各为多少？

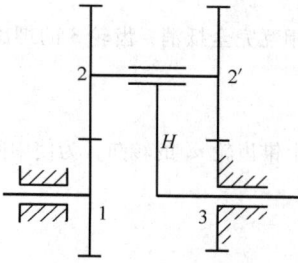

图 7-71 题 7-19 图
1、3—中心轮 2、2′—行星轮

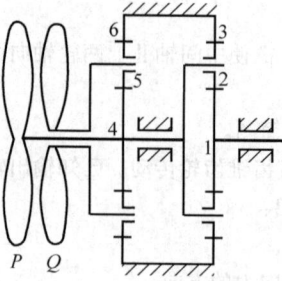

图 7-72 题 7-20 图
1、3、4、6—中心轮
2、5—行星轮

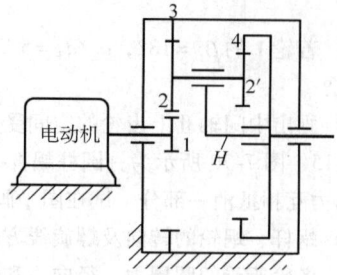

图 7-73 题 7-21 图
1、3、4—中心轮
2、2′—行星轮

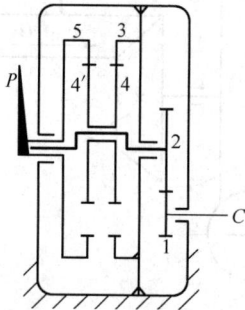

图 7-74 题 7-22 图
1—主动轮 2、3、5—中心轮
4、4′—行星轮

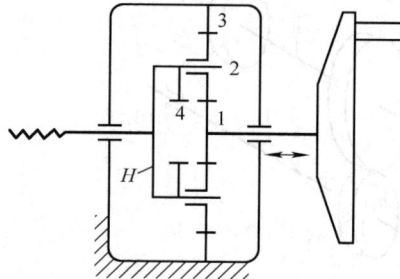

图 7-75 题 7-23 图
1、3、4—中心轮 2—行星轮

7-24 现有 4 个标准直齿圆柱齿轮，它们的模数、压力角和加工精度都相同，其齿数分别为 $z_A = 24$，$z_B = 48$，$z_C = 72$，$z_D = 96$。今要求将该 4 个齿轮组成为一个两级齿轮传动（减速链），使其传动比达到最大值，且运动精度最高（即转角误差最小），并画出传动简图。

第八章 带 传 动

第一节 概　　述

　　带传动是利用张紧在带轮上的传动带与带轮的摩擦或啮合来传递运动和动力的。根据传动原理的不同，带传动可分为摩擦传动型和啮合传动型。摩擦传动型如图 8-1a 所示，通常由主动轮 1、从动轮 2 和张紧在两轮上的环形带 3 组成。由于带被张紧，当主动轮回转时，利用带与带轮接触面间的摩擦力传递运动和动力。摩擦型传动带按带的截面形状可分为平带、V 带、圆带和多楔带（见图 8-1b）。这类带传动的主要特点是结构简单、传动平稳、具有过载保护功能，但不能保证恒定的传动比，传动精度较低。啮合传动型（见图 8-2）同步带传动的出现很好地解决了这一问题。同步带传动具有准确的传动比，可获得恒定的速比，传动比范围大（可达 10），允许线速度高最高可达 50m/s，传动效率可达98%，且结构紧凑。因而越来越广泛地应用于对传动比要求准确的各种精密机械与仪器中，例如电影机械、医疗仪器、计算机外围设备、复印机和各种精密测试设备等。本章将重点介绍同步带传动。

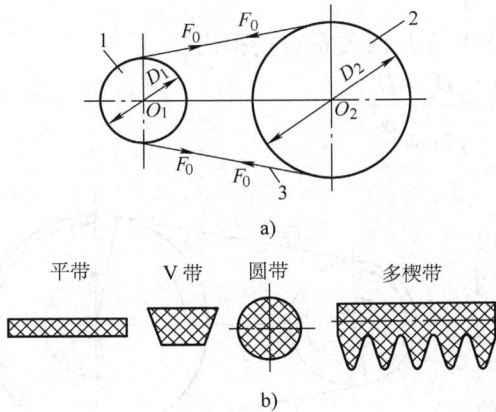

图 8-1　摩擦型带传动

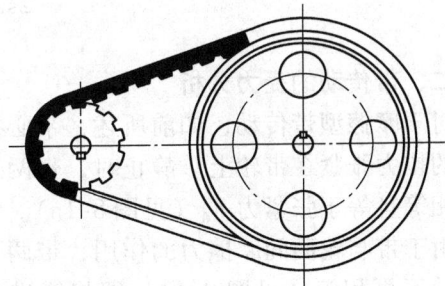

图 8-2　啮合传动型同步带传动

第二节　带传动的计算基础

一、传动的几何关系

带传动的主要几何参数包括大小带轮直径、中心距、带长度和包角等。如图 8-3 所示，主从动轮轴线之间的距离 a 称为中心距，带与带轮接触弧所对应的中心角 α 称为包角。如果用 D_1 表示小带轮直径，D_2 表示大带轮直径，L 表示带长度，则小带轮包角为

$$\alpha_1 = \pi - 2\theta$$

当 θ 角较小时，有

$$\theta \approx \sin\theta = \frac{D_2 - D_1}{2a}$$

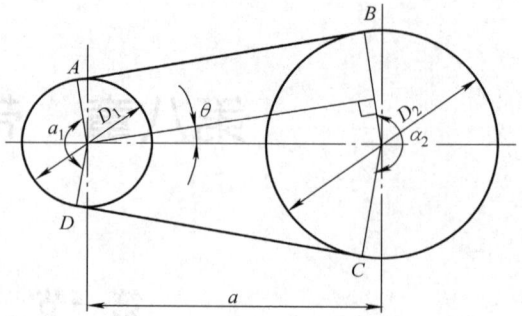

图 8-3 带传动的几何关系

代入上式，得

$$\alpha_1 \approx \pi - \frac{D_2 - D_1}{a} \text{ 或 } \alpha_1 \approx 180° - \frac{D_2 - D_1}{a} \times 57.3° \tag{8-1}$$

带长 L 为

$$L = 2\ \overline{AB} + \overset{\frown}{BC} + \overset{\frown}{AD} = 2a\cos\theta + \frac{\pi}{2}(D_1 + D_2) + \theta(D_2 - D_1) \tag{8-2}$$

考虑 θ 角较小时，$\cos\theta \approx 1 - \frac{1}{2}\theta^2$ 及 $\theta \approx \frac{D_2 - D_1}{2a}$，代入式 (8-2) 得

$$L \approx 2a + \frac{\pi}{2}(D_1 + D_2) + \frac{(D_2 - D_1)^2}{4a} \tag{8-3}$$

已知带长时，由式 (8-3) 可得中心距

$$a \approx \frac{2L - \pi(D_2 + D_1) + \sqrt{[2L - \pi(D_2 + D_1)]^2 - 8(D_2 - D_1)^2}}{8} \tag{8-4}$$

或根据大小带轮直径及小带轮包角，由图 8-3 几何关系直接得出

$$a = \frac{D_2 - D_1}{2\sin\theta} = \frac{D_2 - D_1}{2\cos\frac{\alpha_1}{2}} \tag{8-5}$$

二、带传动的受力分析

对于摩擦型带传动，如前所述，带必须以一定的拉力张紧在带轮上。静止时，带两边的拉力相等且等于张紧力 F_0（见图 8-1a）。传动时，由于带与轮面间摩擦力的作用，带两边的拉力就不再相等（见图 8-4）。即将绕进主动轮的一边，拉力由 F_0 增到 F_1，称为紧边拉力，而另一边带的拉力由 F_0 减为 F_2，称为松边拉力。两边拉力之差为

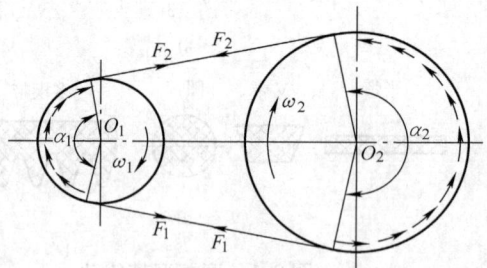

图 8-4 带传动的受力分析

$$F_1 - F_2 = F_t \tag{8-6}$$

F_t 即为带传动所能传递的有效圆周力，称为有效拉力。其值等于沿任意一个带轮的接触弧上摩擦力的总和。

有效圆周力 F_t（单位为 N）、带速 v（单位为 m/s）和传递功率 P（单位为 kW）之间的关系为

$$P = \frac{F_t v}{1\ 000} \tag{8-7}$$

在正常工作时，带的变形处于弹性变形范围内，故其总长度不变。因此，其紧边拉伸变形的增加量应该等于松边拉伸的减小量。由胡克定律可知，松、紧两边拉力的变化关系为

$$F_1 - F_0 = F_0 - F_2$$

所以

$$F_1 + F_2 = 2F_0 \tag{8-8}$$

由式（8-4）和式（8-6）可得

$$F_1 = F_0 + \frac{F_t}{2}, \quad F_2 = F_0 - \frac{F_t}{2} \tag{8-9}$$

由于摩擦型带传动是依靠带与带轮间的摩擦力传递运动或转矩，对于一定的张紧力 F_0，此摩擦力有一极限值。当传递的圆周力超过此极限值时，带将在轮面上打滑。打滑使带发热磨损，导致传动失效，因此，设计时必须设法避免。开始打滑时，F_1 和 F_2 的关系可用欧拉公式表示为

$$F_1 = F_2 e^{f_v \alpha} \tag{8-10}$$

式中　e——自然对数的底，$e \approx 2.7183$；

　　　f_v——当量摩擦因数，对于平带，$f_v = f$，对于 V 带，$f_v = f/\sin(\varphi/2)$，φ 为 V 带的楔角；

　　　α——包角（rad），通常取小带轮的包角。

将式（8-9）代入式（8-10），整理后可得摩擦型带传动的张紧力为 F_0 时所能传递的最大有效圆周力

$$F_t = \frac{2F_0(e^{f_v \alpha} - 1)}{e^{f_v \alpha} + 1} \tag{8-11}$$

由式（8-10）和式（8-9）可得

$$\left.\begin{array}{l} F_1 = F_t \dfrac{e^{f_v \alpha}}{e^{f_v \alpha} - 1} \\[4mm] F_2 = F_t \dfrac{1}{e^{f_v \alpha} - 1} \end{array}\right\} \tag{8-12}$$

式（8-11）表明，带传动所能传递的最大有效圆周力的大小取决于张紧力 F_0、包角 α 和当量摩擦因数 f_v。在张紧力 F_0、包角 α 一定时，当量摩擦因数 f_v 的值越大，则带所能传递的最大有效圆周力 F_t 也越大。因此，避免打滑的条件应为：有足够的 $f_v \alpha$ 值和 F_0 值。

三、带传动的应力分析

带传动工作时的应力有：由紧边和松边拉力所产生的应力；由离心力产生的应力以及

由于带在带轮上弯曲产生的应力。

（一）由紧边和松边拉力产生的应力

带工作时，由紧边和松边产生的应力分别为

$$\left.\begin{array}{l} \sigma_1 = \dfrac{F_1}{A} \\[2mm] \sigma_2 = \dfrac{F_2}{A} \end{array}\right\} \tag{8-13}$$

式中　A——带的横截面积。

带不工作时，由张紧力 F_0 产生的应力 σ_0 称为张紧应力（或初应力），即

$$\sigma_0 = \frac{F_0}{A} \tag{8-14}$$

（二）由离心力产生的应力

当带在工作中沿带轮作圆周运动时，由于它具有一定的速度和质量，因此，将产生离心力 F_c。如图 8-5 所示，在微弧段 dl 上产生的离心力为

$$\mathrm{d}F_{Nc} = (r\mathrm{d}\alpha) q \frac{v^2}{r} = qv^2\mathrm{d}\alpha$$

式中　q——每米带长的质量，单位为 kg/m；

　　　v——带的线速度，单位为 m/s。

设离心力在该微弧段两侧引起内拉力 F_c，由微弧段上各力的平衡得

$$2F_c \sin\frac{\mathrm{d}\alpha}{2} = qv^2\mathrm{d}\alpha$$

考虑 $\sin\dfrac{\mathrm{d}\alpha}{2} \approx \dfrac{\mathrm{d}\alpha}{2}$，代入上式有

$$F_c = qv^2$$

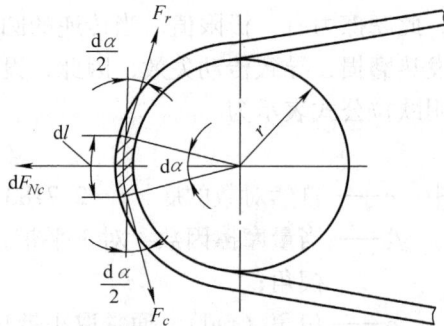

图 8-5　带的离心力

该离心力虽只发生在带作圆周运动的部分，但由此引起的拉力却作用于带的全长。由离心力产生的应力为

$$\sigma_c = \frac{F_c}{A} = \frac{qv^2}{A} \tag{8-15}$$

（三）带在带轮上弯曲产生的弯曲应力

假定带是弹性体，根据工程力学中弯曲公式，带的最外层应力 σ_b（见图 8-6）为

$$\sigma_b = \frac{Ey}{\rho} = \frac{E\delta/2}{(D+\delta)/2} \approx E\frac{\delta}{D} \tag{8-16}$$

式中　E——带材料的弹性模量；

　　　y——带中性层到带最外层的距离；

　　　ρ——中性层的曲率半径；

　　　δ——带的厚度；

　　　D——带轮的直径，$\delta \ll D$。

由式（8-16）可见，当带的材料一定（即弹性模量 E 为常数）时，若带厚度 δ 越大，

或带轮直径越小，则带中弯曲应力就越大。小带轮直径比大带轮直径小，所以带在小带轮处的弯曲应力较大。

根据上述分析可知，带工作时所受总应力即为上述三种应力之和。图 8-7 所示为带中的总应力分布情况。由图可知，带中的应力为变应力。其最大应力为

$$\sigma_{\max} = \sigma_1 + \sigma_{b1} + \sigma_c \tag{8-17}$$

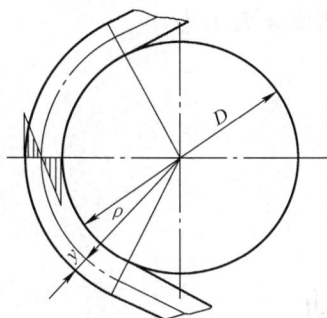

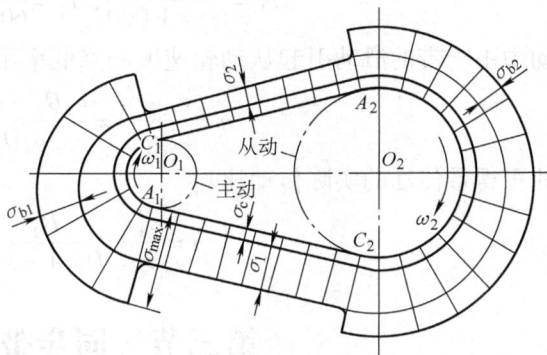

图 8-6　带的弯曲应力　　　　图 8-7　带中的总应力分布情况

最大应力发生在带紧边进入小带轮处。带工作时，如果最大应力超过带的许用应力，带将产生疲劳破坏。

同时，由图 8-7 可见，三种应力中以弯曲应力 σ_{b1} 对传动带的寿命影响最大。为控制弯曲应力 σ_{b1} 不致过大，小带轮直径不宜过小。

四、弹性滑动、打滑和滑动率

由于带是弹性体，所以在受拉力作用后会产生拉伸弹性变形。如图 8-8 所示，当带自 A_1 点绕上主动轮时，由于紧边带被张紧，故带在 A_1 点的速度应等于主动轮的表面速度。但当带由 A_1 点转到 C_1 点的过程中，带所受拉力由 F_1 降为 F_2，故带的拉伸变形也随之减小，即带在逐渐收缩，因此带在 C_1 点的速度将落后于带轮的速度，因此带与带轮之间产生了相对滑动。同样的现象在从动轮上也会发生，但情况恰好相反。在带绕上从动轮时，带和带轮具有同一速度，但当带继续前进时，却不是在缩短而是被拉长，使带的速度领先于带轮。上述现象称为带的弹性滑动。

图 8-8　带传动的弹性滑动示意图

实践证明，弹性滑动并不是发生在包角 α 所对应的全部接触弧上，而仅发生在带离开带轮的一侧，即 α' 范围内。在带进入带轮的一侧，即 α'' 范围内并不发生弹性滑动。但随着外负荷的增大，弹性滑动区也逐渐扩大，当传递的有效圆周力达到最大值时［见式（8-11）］，带的弹性滑动区遍及全部接触弧。若外负荷继续增大，则带与带轮之间产生全面滑动，即产生了打滑。

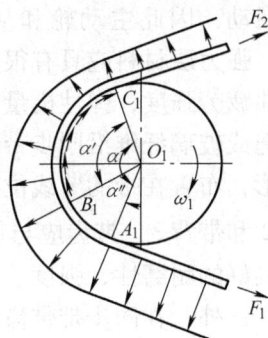

弹性滑动和打滑是两个截然不同的概念。打滑是指由过载引起的全面滑动，应当避免。

弹性滑动的结果使得从动轮的圆周速度 v_2 低于主动轮的圆周速度 v_1。设 D_1、D_2 为主、从动轮的直径（mm）；n_1、n_2 为主、从动轮的速度（r/min），则两轮的圆周速度（m/s）分别为

$$v_1 = \frac{\pi n_1 D_1}{60 \times 1\,000}, \quad v_2 = \frac{\pi n_2 D_2}{60 \times 1\,000}$$

传动中由于带的滑动引起从动轮速度的降低率用滑动率 ε 表示为

$$\varepsilon = \frac{v_1 - v_2}{v_1} = \frac{n_1 D_1 - n_2 D_2}{n_1 D_1}$$

由此可得带传动的实际传动比

$$i = \frac{n_1}{n_2} = \frac{D_2}{D_1(1-\varepsilon)} \tag{8-18}$$

第三节 同步带传动

一、同步带传动与同步带

同步带传动由一条内周表面设有等间距齿的环形带和具有相应齿的带轮所组成（见图 8-2），运行时，带齿与带轮的齿槽相啮合传递运动和动力。它是综合了摩擦型带传动、链传动和齿轮传动各自优点的带传动。

同步带的结构如图 8-9 所示，它是以钢丝绳为强力层，外面用氯丁橡胶或聚氨酯包裹，带的工作面压制成齿形，与齿形带轮做啮合传动。由于钢丝绳在承受负荷后仍能保持同步带的节距不变，故带与带轮之间无相对滑动，因此主动轮和从动轮能作同步传动。强力层材料应具有很高的抗拉强度和抗弯曲疲劳强度，弹性模量大。目前多采用钢丝绳或玻璃纤维沿同步带的宽度方向绕成螺旋形，布置在带的节线位置上。基体包括带

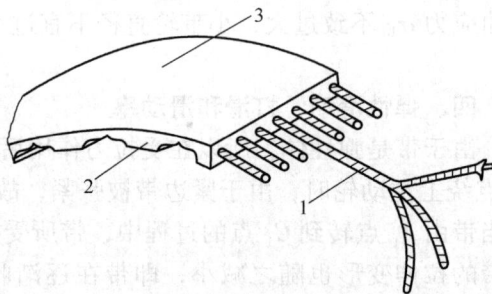

图 8-9 同步带的结构
1—强力层 2—带齿 3—带背

齿 2 和带背 3，带齿应与带轮轮齿正确啮合，齿背用来粘结包覆强力层。基体的材料应具有良好的耐磨性、强度、抗老化性以及与强力层的粘结性。常用材料有聚氨酯和氯丁橡胶。此外，在同步带带齿的内表面有尖角凹槽，除工艺要求外，可增加带的柔性，改善弯曲疲劳强度。

同步带类型按齿形形状可分为梯形齿形和圆弧形齿形同步带，形状及基本尺寸参数如图 8-10 所示。目前国产同步带采用周节制。同步带的主要参数是节距 p_b，它是在规定的张紧力下，同步带纵向截面上相邻两齿中心轴线间节线上的距离。而节线是指当同步带绕带轮发生弯曲变形时，在带中保持原长度不变的周线，通常位于承载层的中线上。节线长度

L_p 为基本长度。

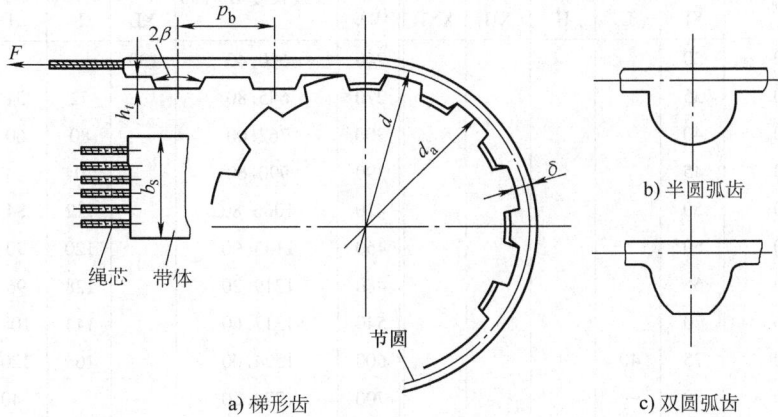

图 8-10 同步带的尺寸参数

a) 梯形齿　　b) 半圆弧齿　　c) 双圆弧齿

梯形齿同步带分为单面同步带（简称单面带）和双面同步带（简称双面带）两种型式，仪器中常用前一种。同步带按节距不同分为（GB/T 11616—2013）最轻型 MXL、超轻型 XXL、特轻型 XL、轻型 L、重型 H、特重型 XH、超重型 XXH 共 7 种，其节距 p_b、基准宽度 b_{s0} 及带宽 b_s 系列见表 8-1。节线长度系列见表 8-2a 和表 8-2b。

表 8-1　同步带节距 p_b、基准宽度 b_{s0} 及带宽 b_s 系列

（摘自 GB/T 11616—2013、GB/T 11362—2008）

型号	节距 p_b/mm	基准宽度 b_{s0}/mm	带宽系列 带宽 b_s/mm	代号	型号	节距 p_b/mm	基准宽度 b_{s0}/mm	带宽系列 带宽 b_s/mm	代号
MXL	2.032	6.4	3.2	012	H	12.700	76.2	19.1	075
			4.8	019				25.4	100
			6.4	025				38.1	150
XXL	3.175	6.4	3.2	012				50.8	200
			4.8	019				76.2	300
			6.4	025					
XL	5.080	9.5	6.4	025	XH	22.225	101.6	50.8	200
			7.9	031				76.2	300
			9.5	037				101.6	400
L	9.525	25.4	12.7	050	XXH	31.750	127.0	50.8	200
			19.1	075				76.2	300
			25.4	100				101.6	400
								127.0	500

表 8-2a　梯形齿同步带节线长度 L_p 系列（摘选自 GB/T 11616—2013）

长度代号	节线长度 L_p/mm	XL	L	H	XH	XXH	长度代号	节线长度 L_p/mm	XL	L	H	XH	XXH
60	152.40	30					260	660.40	130	—	—		
70	177.80	35					270	685.80		72	54		
80	203.20	40					300	762.00		80	60		
90	228.60	45					390	990.60		104	78		
100	254.00	50					420	1066.80		112	84		
120	304.80	60					450	1143.00		120	90		
130	330.20	65					480	1219.20		128	96		
140	355.60	70					540	1317.60		144	108		
150	381.00	75	40				600	1524.00		160	120		
160	406.40	80	—				700	1778.00			140	80	56
170	431.80	85					800	2032.00			160	—	64
180	457.20	90					900	2286.00			180	—	72
190	482.60	95					1000	2540.00			200		80
200	508.00	100					1100	2794.00			220		—
220	558.80	110					1200	3048.00			—		96
230	584.20	115					1800	4572.00					144
240	609.60	120	64	48									

表 8-2b　梯形齿同步带节线长度 L_p 系列（摘选自 GB/T 11616—2013）

长度代号	节线长度 L_p/mm	MXL	XXL	长度代号	节线长度 L_p/mm	MXL	XXL
36.0	91.44	45		100.0	254.00	125	80
40.0	101.60	50		120.0	304.80	—	96
44.0	111.76	55		130.0	330.20	—	104
48.0	121.92	60		140.0	355.60	175	112
50.0	127.00		40	150.0	381.00	—	120
56.0	142.24	70		160.0	406.40	200	128
60.0	152.40	75	48	180.0	457.20	225	144
70.0	177.80	—	56	200.0	508.00	250	160
80.0	203.20	100	64	220.0	558.80	—	170
90.0	228.60	—	72				

注：GB/T 11616—2013 中还有其他带长规格。

同步带的标记内容和顺序为带长代号、带型、宽度代号，如 XXL 型单面带的标记：

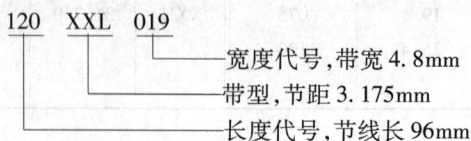

120　XXL　019

宽度代号，带宽 4.8mm

带型，节距 3.175mm

长度代号，节线长 96mm

二、梯形齿同步带轮设计

带轮材料一般可采用钢、铸铁，轻载场合可用轻合金或塑料等，对于成批生产的带轮可采用粉末冶金材料。图 8-11 是同步带轮的常用结构，分为有边和无边或单侧有边几种情况。带轮直径较小（节圆直径 $d \leqslant (2.5 \sim 3) d_z$，$d_z$ 为轴的直径）时可采用实心型式；中等直径的带轮（$d \leqslant 300\text{mm}$）可采用辐板型式。

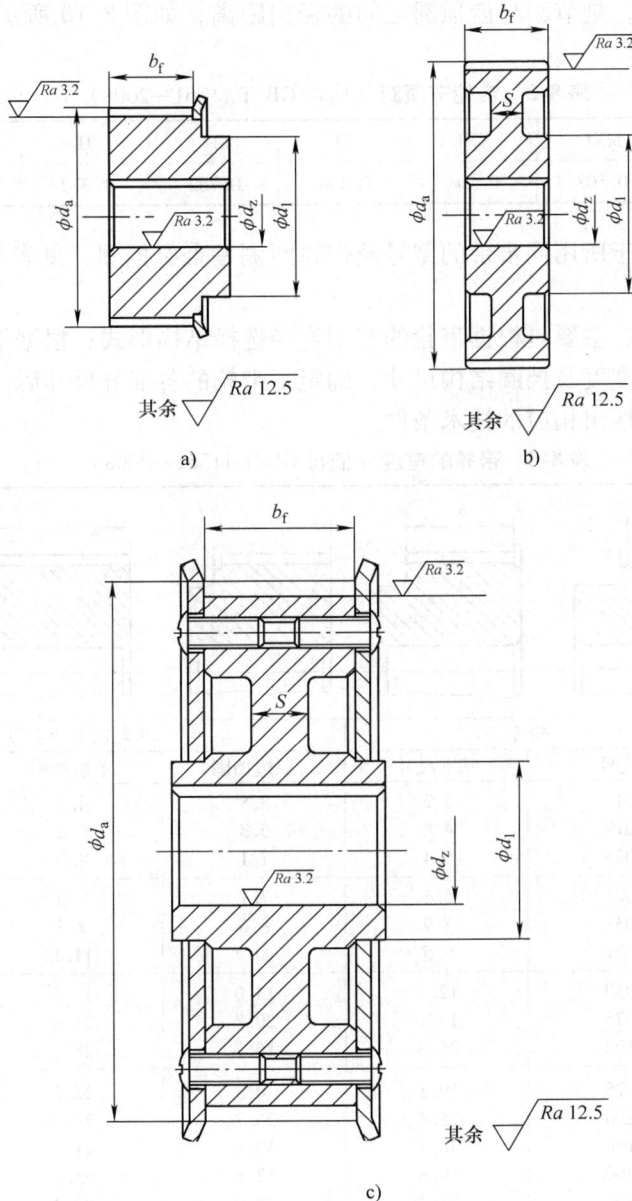

图 8-11 同步带轮的常用结构

a）实心型式（单边） b）辐板型式（无边） c）孔板型式（双边）

带轮的齿形有渐开线齿形和直边齿形两种，一般推荐采用渐开线齿形，由渐开线齿形带轮刀具用展成法加工而成，因此齿形尺寸取决于其加工刀具的尺寸。

标准同步带轮的直径可利用下式求得：

$$节径 \quad d = zp_b / \pi$$

节径是节圆的直径，而节圆是同步带轮的一个假想圆，在此圆上，带轮的节距等于带的节距，如图 8-10 中所示。

$$外径 \quad d_a = d - 2\delta$$

式中 δ 为节顶距，是节圆与齿顶圆之间的径向距离，如图 8-10 所示。2δ 的取值见表 8-3。

表 8-3 带轮节顶距（摘自 GB/T 11361—2008） （单位：mm）

槽型	MXL	XXL	XL	L	H	XH	XXH
两倍节顶距 2δ	0.508	0.508	0.508	0.762	1.372	2.794	3.048

带轮的宽度取决于所用同步带的型号及带轮两侧是否有挡圈，见表 8-4。带轮的挡圈尺寸见表 8-5。

带轮的结构设计，主要是根据带轮的节圆直径选择结构形式；根据带轮直径、轴间距及安装形式确定带轮宽度及挡圈结构尺寸。确定了带轮的各部分尺寸后，即可绘制出零件图，并按工艺要求标注出相应的技术条件。

表 8-4 带轮的宽度（摘自 GB/T 11361—2008）

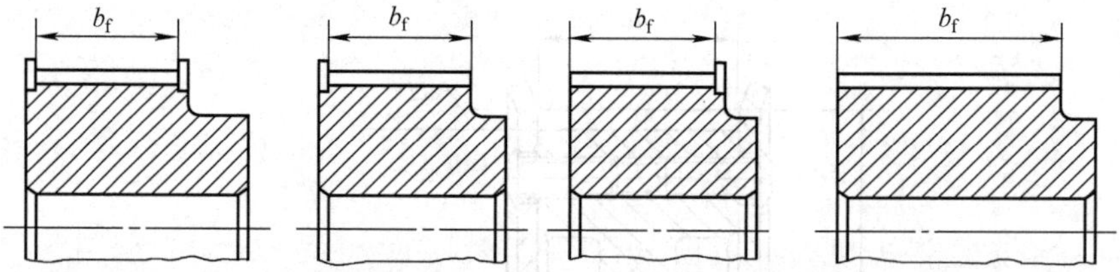

槽型	轮宽		带轮的最小宽度 b_f		
	代号	基本尺寸	双边挡圈	单边挡圈	无挡圈
MXL	012	3.2	3.8	4.7	5.6
XXL	019	4.8	5.3	6.2	7.1
	025	6.4	7.1	8.0	8.9
XL	025	6.4	7.1	8.0	8.9
	031	7.9	8.6	9.5	10.4
	037	9.5	10.4	11.1	12.2
L	050	12.7	14.0	15.5	17.0
	075	19.1	20.3	21.8	23.3
	100	25.4	26.7	28.2	29.7
H	075	19.1	20.3	22.6	24.8
	100	25.4	26.7	29.0	31.2
	150	38.1	39.4	41.7	43.9
	200	50.8	52.8	55.1	57.3
	300	76.2	79.0	81.3	83.5
XH	200	50.8	56.6	59.6	62.6
	300	76.2	83.8	86.9	89.8
	400	101.6	110.7	113.7	116.7

（续）

槽型	轮宽		带轮的最小宽度 b_f		
	代号	基本尺寸	双边挡圈	单边挡圈	无 挡 圈
XXH	200	50.8	56.6	60.4	64.1
	300	76.2	83.8	87.3	91.3
	400	101.6	110.7	114.5	118.2
	500	127.0	137.7	141.5	145.2

表 8-5　带轮的挡圈尺寸（摘自 GB/T 11361—2008）

槽型	MXL	XXL	XL	L	H	XH	XXH
K	0.5	0.8	1.0	1.5	2.0	4.8	6.1

d_a——带轮外径；

d_w——挡圈弯曲处直径；

$$d_w = (d_a + 0.38mm) \pm 0.25mm;$$

K——挡圈最小高度，单位为 mm。

注：1. 一般小带轮均装双边挡圈，或大、小轮的不同侧各装单边挡圈。

2. 轴间距 $a > 8d_1$（d_1—小带轮节径），两轮均装双边挡圈。

3. 轮轴垂直水平面时，两轮均应装双边挡圈；或至少主动轮装双边挡圈，从动轮下侧装单边挡圈。

4. 由于 d_a 和 d_w 值相近，故在图 8-11 中没有标注出 d_w。

三、梯形齿同步带传动的设计计算

同步带传动的主要失效形式是同步带疲劳断裂、带齿的剪切和压溃以及带的两侧边、带齿的磨损。在受冲击载荷或初张紧力不足的情况下，还会发生跳齿现象。同步带传动设计时主要是限制单位齿宽的的拉力，必要时才校核工作齿面的压力。

设计同步带时，一般的已知条件为：传动的用途、传递的功率、大小带轮的转速或传动比以及传动系统的空间尺寸范围等。

设计要确定的是：同步带的型号、带的长度及齿数、中心距、带轮节圆直径及齿数、带宽及带轮的结构和尺寸。

（一）选择同步带的型号

根据计算功率 P_d 和小带轮转速 n_1，利用图 8-12 选取同步带的型号。根据所选型号由表 8-1 查得对应的节距 p_b。

计算功率 P_d 可根据传递的名义功率的大小，并考虑到原动机和工作机的性质、连续工作时间的长短等条件，利用下式求得：

$$P_d = PK_A \tag{8-19}$$

式中　P——传递的名义功率；

P_d——计算功率；

K_A——工作情况系数，按表 8-6 选取。

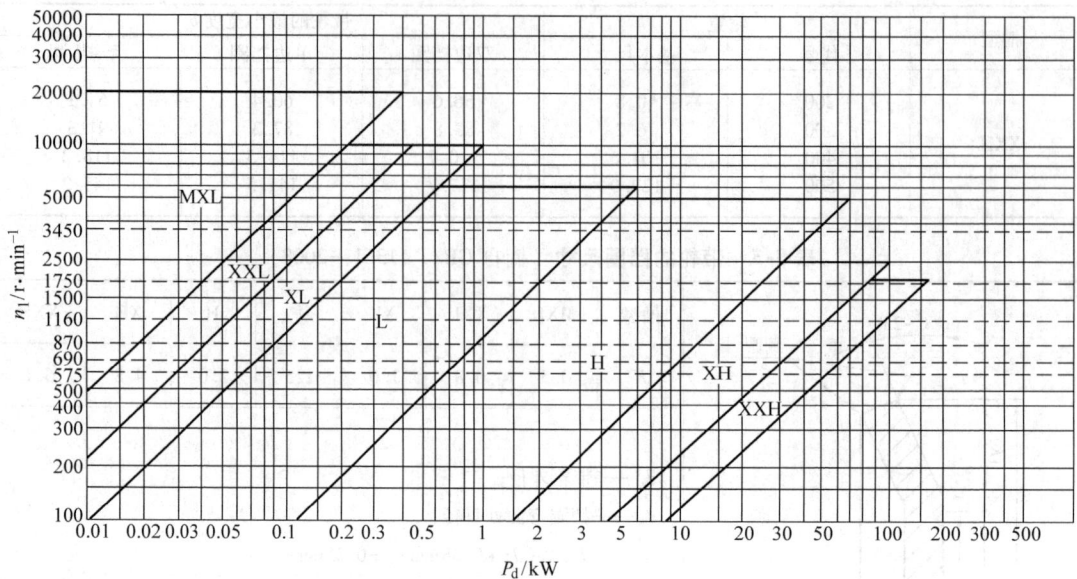

图 8-12 梯形齿同步带选型图

（二）确定带轮齿数和节圆直径

根据带型和小带轮转速，由表 8-7 确定小带轮的齿数 z_1，需使

$$z_1 \geqslant z_{min}$$

带速和安装尺寸允许时，z_1 尽可能选用较大值，大带轮齿数 $z_2 = iz_1$。节圆直径 d_1、d_2 可用下式求得：

$$d_1 = \frac{z_1 p_b}{\pi}, \quad d_2 = \frac{z_2 p_b}{\pi} = id_1 \tag{8-20}$$

表 8-6　同步带传动的工作情况系数 K_A

工作机	原动机					
	交流电动机（普通转矩笼型、同步电动机）直流电动机（并励）			交流电动机（大转矩、大转差率、单相、集电环），直流电动机（复励、串励）		
	运转时间			运转时间		
	断续使用每日 3～5h	普通使用每日 8～10h	连续使用每日 16～24h	断续使用每日 3～5h	普通使用每日 8～10h	连续使用每日 16～24h
	K_A					
复印机、计算机、医疗机械	1.0	1.2	1.4	1.2	1.4	1.6
办公机械	1.2	1.4	1.6	1.4	1.6	1.8
轻负载传送带、包装机械	1.3	1.5	1.7	1.5	1.7	1.9

表 8-7 小带轮许用最少齿数 z_{min}

小带轮转速 $n_1/(\text{r} \cdot \text{min}^{-1})$	型 号						
	MXL	XXL	XL	L	H	XH	XXH
<900	10	10	10	12	14	22	22
≥900~1 200	12	12	10	12	16	24	24
≥1 200~1 800	14	14	12	14	18	26	26
≥1 800~3 600	16	16	12	16	20	30	—
≥3 600~4 800	18	18	15	18	22	—	—

（三）确定同步带的长度和齿数

带的长度可用式(8-2)或式(8-3)求得，但式中 a、D_1、D_2 应用 a_0、d_1、d_2 置换之。a_0 为初定中心距，可按结构要求确定，或在 $0.7(d_1 + d_2) \leqslant a_0 \leqslant 2(d_1 + d_2)$ 范围内选取。

根据计算所得的带长 L_0，由表 8-2 查得与其接近的节线长度 L_p 值，并依据所选带的型号，查得相应的齿数 z。内侧调整量为了方便同步带的套装，外侧调整量保证同步带有足够大的张紧行程。

（四）确定实际中心距

采用中心距 a 可调整结构时，实际中心距按式 $a = a_0 + (L_p - L_0)/2$ 求得，其调整范围见表 8-8。

表 8-8 中心距调整范围

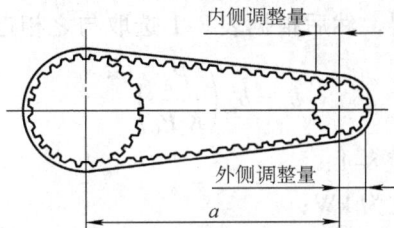

	型号	MXL	XXL	XL	L	H	XH	XXH
	节距 p_b	2.032	3.175	5.080	9.525	12.700	22.225	31.750
内侧调整量	两带轮或大带轮有挡圈	$2.5p_b$		$1.8p_b$		$1.5p_b$		$2.0p_b$
	小带轮有挡圈	$1.3p_b$						
	无挡圈	$0.9p_b$						
外侧调整量		$0.005L_p$						

对于中心距 a 不可调整的结构，实际中心距可通过两种方法计算求得。一种是

$$a = \frac{d_2 - d_1}{2\cos\dfrac{\alpha_1}{2}}$$

$$\text{inv}\frac{\alpha_1}{2} = \frac{L_p - \pi d_2}{d_2 - d_1} = \tan\frac{\alpha_1}{2} - \frac{\alpha_1}{2}$$

式中 α_1——小带轮的包角；

   $\mathrm{inv}\dfrac{\alpha_1}{2}$——$\dfrac{\alpha_1}{2}$ 的渐开线函数。

根据算出的 $\mathrm{inv}\alpha_1/2$ 值，由渐开线函数表查出 $\alpha_1/2$ 值，即可得精确的 a 值。

另外一种是利用式（8-4）直接求得。

由第一种方法可精确求出中心距，但当 $d_1 \approx d_2$ 即大小带轮相近时，a 的表达式为两个微量之比，此种情况应使用第二种方法求出。

中心距 a 不可调整时，a 的极限差见表 8-9。

表 8-9   中心距 a 不可调整时的极限差 Δa

L_p/mm	< 250	> 250 ~ 500	> 500 ~ 7 500	> 750 ~ 1 000	> 1 000 ~ 1 500
Δa/mm	± 0.20	± 0.25	± 0.30	± 0.35	± 0.40
L_p/mm	> 1 500 ~ 2 000	> 2 000 ~ 2 500	> 2 500 ~ 3 000	> 3 000 ~ 4 000	> 4 000
Δa/mm	± 0.45	± 0.50	± 0.55	± 0.60	± 0.70

需要说明的是，在结构允许的情况下，最好采用中心距可调整结构。

（五）计算小带轮啮合齿数

小带轮与同步带的啮合齿数 z_m 按下式确定：

$$z_m = \mathrm{ent}\left\{\frac{z_1}{2} - \frac{p_b z_1}{2\pi^2 a}(z_2 - z_1)\right\} \tag{8-21}$$

ent 表示取整。一般要求 $z_m \geq 6$。

（六）选择带宽

所选带宽按下式计算求得，然后根据表 8-1 选取与之相近略大的标准值

$$b_s = b_{s0}\left(\frac{P_d}{K_z P_0}\right)^{\frac{1}{1.14}} \tag{8-22}$$

式中 b_{s0}——基准宽度，见表 8-1；

   P_d——计算功率，单位为 kW；

   K_z——啮合齿数系数，当 $z_m \geq 6$ 时，$K_z = 1$；当 $z_m < 6$ 时，$K_z = 1 - 0.2(6 - z_m)$；

   P_0——同步带基准宽度 b_{s0} 所能传递的功率，单位为 kW，可利用下式求得为

$$P_0 = \frac{(F_a - qv^2)v}{1\,000} \tag{8-23}$$

式中 F_a——基准宽度 b_{s0} 同步带的许用工作拉力，见表 8-10；

   q——基准宽度 b_{s0} 同步带每米长的重量，见表 8-10；

   v——带速 m/s，$v = \pi d_1 n_1/(60 \times 1\,000)$。

表 8-10   同步带许用工作拉力 F_a 和质量 q

项　目	型　号						
	MXL	XXL	XL	L	H	XH	XXH
许用工作拉力 F_a/N	27	31	50	245	2 100	4 050	6 400
每米长的质量 q/（kg·m^{-1}）	0.007	0.01	0.022	0.096	0.448	1.487	2.473

（七）计算作用在轴上的载荷

利用下式计算：

$$F_z = \frac{1\ 000P_d}{v} \tag{8-24}$$

式中 F_z——计算出的单位为 N。

（八）确定带轮的结构尺寸

例 8-1 试设计某医疗仪器上的同步带传动。已知传递功率 $P = 0.4\text{kW}$，电动机为同步电动机，主动轮转速 $n_1 = 1\ 500\text{r/min}$，从动轮转速为 $n_2 = 500\text{r/min}$，载荷变动较小，两带轮中心距大约为 350mm，拟采用中心距不可调整结构。希望大带轮节圆直径不超过 150mm，每日工作时间不超过 8h。

解 1）选择同步带的型号

据已知条件按表 8-6 选取工作情况系数 $K_A = 1.2$，则计算功率

$$P_d = PK_A = (0.4 \times 1.2)\text{kW} = 0.48\text{kW}$$

根据 P_d 和 $n_1 = 1\ 500\text{r/min}$ 利用图 8-12 选取同步带的型号为 L 型。由表 8-1 查得其节距 $p_b = 9.525\text{mm}$。

2）确定带轮齿数和节圆直径。考虑到 $n_1 = 1\ 500\text{r/min}$，由表 8-7 查得小带轮的最少齿数 z_{min} 为 14。取 $z_1 = 16$。

大带轮齿数

$$z_2 = iz_1 = \frac{n_1}{n_2}z_1 = \frac{1500}{500} \times 16 = 48$$

节圆直径 d_1、d_2 分别为

$$d_1 = \frac{z_1 p_b}{\pi} = \frac{16 \times 9.525}{\pi}\text{mm} = 48.51\text{mm}$$

$$d_2 = id_1 = 145.53\text{mm}$$

d_2 小于 150mm，满足设计要求。

3）确定同步带的长度和齿数。初定中心距 $a_0 = 350\text{mm}$。

利用下式初定带的长度

$$L_0 = 2a_0 + \frac{\pi}{2}(d_1 + d_2) + \frac{(d_2 - d_1)^2}{4a_0} = 1\ 011.36\text{mm}$$

由表 8-2 查得与之相近的节线长度 $L_p = 990.60\text{mm}$，齿数 $z = 104$。

4）确定实际中心距。采用中心距不可调整结构，实际中心距 a 利用下式求得

$$a = \frac{2L_p - \pi(d_2 + d_1) + \sqrt{2L_p - \pi(d_2 + d_1)^2 - 8(d_2 - d_1)^2}}{8} = 339.43\text{mm}$$

5）计算小带轮啮合齿数。根据式（8-21）可得：

$$z_m = \text{ent}\left\{\frac{z_1}{2} - \frac{p_b z_1}{2\pi^2 a}(z_2 - z_1)\right\} = \text{ent}\left\{\frac{16}{2} - \frac{9.525 \times 16}{2 \times 3.14^2 \times 339.43} \times (48 - 16)\right\} = 7$$

满足要求。

6）选择带宽。由表 8-1 查得 $b_{s0} = 25.4\text{mm}$，而 $v = \pi d_1 n_1/(60 \times 1\ 000) = 3.81\text{m/s}$。利

用式（8-23）可计算：

$$P_0 = \frac{(F_a - qv^2)v}{1\,000} = \frac{(245 - 0.096 \times 3.81^2) \times 3.81}{1\,000}kW = 0.93kW$$

根据式（8-22）得：

$$b_s = b_{s0}\left(\frac{P_d}{K_z P_0}\right)^{\frac{1}{1.14}} = 25.4 \times \left(\frac{0.48}{1 \times 0.93}\right)^{\frac{1}{1.14}}mm = 11.95(mm)$$

查表 8-1 取带宽 $b_s = 12.7mm$。

7）计算作用在轴上的载荷。

利用式（8-24）计算可得

$$F_z = \frac{1\,000P_d}{v} = \frac{1\,000 \times 0.48}{3.81}N = 125.98N$$

8）确定带轮的结构和尺寸

传动选用的同步带为 390L050；

小带轮：$z_1 = 16$，$d_1 = 48.51mm$，$d_{a1} = 47.75mm$

大带轮：$z_2 = 48$，$d_2 = 145.53mm$，$d_{a2} = 144.77mm$

中心距：$a = 339.43mm$

可根据上列参数决定带轮的结构和全部尺寸（本题略）。

第四节　其他带传动简介

一、齿孔带传动

齿孔带传动（见图 8-13）是由具有特殊轮齿的传动轮及具有等距孔的传动带组成。适用于重量轻、传动转矩小、传动精度较高的场合。

齿孔带齿孔的几何尺寸，多采用 35mm 电影胶卷齿孔的标准，常用厚度为 0.15 ~ 0.25mm 的涤纶或三醋酸纤维素制造。

齿孔带带轮轮齿的齿形有渐开线和圆弧两种。为方便齿轮加工，多选用渐开线齿形。此种带轮的尺寸计算与一般的齿轮不同，其尺寸主要是由与其相啮合的齿孔带的参数来确定，如不考虑齿孔带的自然收缩率，则轮齿的齿距必须与齿孔带的齿孔距一致。

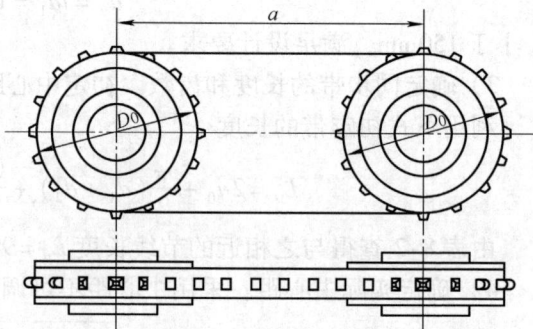

图 8-13　齿孔带传动

带轮材料常用硬铝、超硬铝、优质碳素结构钢和碳素工具钢，也可用塑料。为增加轮齿工作寿命，齿面可镀铬、渗氮硬化或表面淬火。

二、拖动式带传动

拖动式带传动是将挠性传动件的两端直接固定在主动件和从动件上，当主动件转动时，能立即拖动挠性传动件，进而拖动从动件，即把主动件上的运动和力矩，精确地传递给从动件。

这种传动的主要特点是：①挠性传动件与主、从动件表面之间没有任何相对滑动，故传动比准确、传动精度高；②只要适当改变主、从动件的表面形状，便可使传动比按照给定的规律变化，实现变传动比传动；③这种传动还能改变运动的形式，将回转运动变为直线运动，或者相反；④结构简单，制造方便；⑤由于挠性传动件的长度有限，故主、从动件的回转范围受到限制，一般不超过360°。

由于拖动式带传动所具有的特点，所以这种传动多用于精密机械与仪器的精密读数及其他相应机构中。

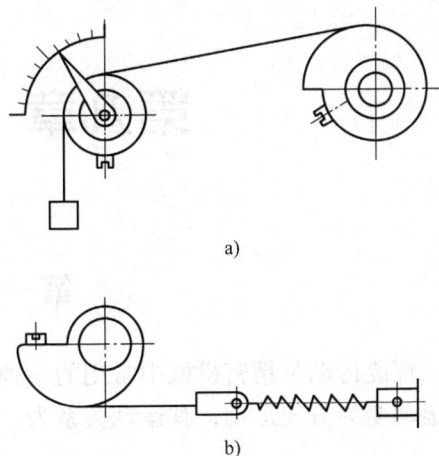

图 8-14 拖动式带传动应用实例

图 8-14a 所示为计算机构中，用以得到等分刻度的变传动比钢带传动。图 8-14b 为在弹簧拉力变化的条件下，用以在回转轴上获得恒定反作用力矩的机构。

挠性传动件的材料，精密传动可采用碳素工具钢、弹簧钢轧制的薄带或细丝；特殊用途的传动多采用铍青铜、碳青铜带；对精度要求低的传动可采用丝绵线、锦纶丝制的薄带或绳。主、从动轮的材料，一般采用优质碳素结构钢、铝合金、黄铜及塑料等。

思考题及习题

8-1 带传动所能传递的最大有效圆周力与哪些因素有关？为什么？

8-2 带传动工作时，带内应力变化情况如何？σ_{max} 在什么位置？由哪些应力组成？研究带内应力变化的目的何在？

8-3 与一般带传动相比，同步带传动有哪些特点？主要适用于何种工作场合？

8-4 已知额定功率为 0.6kW，转速为 1 500r/min 的同步电动机，驱动某医用设备工作，每天工作 8h，根据给定的初步中心距和带轮直径计算带的周长为 1 210mm，所需带宽为 23mm，现要求选择该传动的同步带型号规格。

第九章 螺旋传动

第一节 概　述

螺旋传动是精密机械中常用的一种传动形式。它是利用螺杆和螺母的相对运动，将旋转运动变为直线运动，其运动关系为

$$l = \frac{P_h}{2\pi}\varphi \qquad\qquad (9-1)$$

式中　l——螺杆（或螺母）的位移；

　　　P_h——导程；

　　　φ——螺杆和螺母间的相对转角。

螺旋传动按其在精密机械中的作用，可分为

（1）示数螺旋传动　在传动链中，用以精确地传递相对运动或相对位移的螺旋传动。常用于机床中进给、分度机构或测量仪器中的螺旋测微装置。其传动误差直接影响机构的工作精度，因此，对示数螺旋传动的主要要求是传动精度高，空回误差小。

（2）传力螺旋传动　在传动链中用以传递动力的螺旋传动。如螺旋压力机、螺旋千斤顶等。传力螺旋传动承受的载荷较大，因此要有足够的强度。

（3）一般螺旋传动　在传动链中只作一般驱动用的螺旋传动。对强度、刚度和精度均无较高要求。

螺旋传动按其接触面间摩擦的性质，可分为

1）滑动螺旋传动。

2）滚动螺旋传动（本章主要介绍滚珠螺旋传动）。

3）静压螺旋传动。

第二节　滑动螺旋传动

一、滑动螺旋传动的特点

（1）降速传动比大　螺杆（或螺母）转动一转，螺母（或螺杆）移动一个螺距（单线螺纹）。因为螺距一般很小，所以在转角很大的情况下，能获得很小的直线位移量，可以大大缩短机构的传动链，因而螺旋传动结构简单、紧凑、传动精度高、工作平稳。

（2）具有增力作用　只要给主动件一个较小的转矩，从动件即能够得到较大的轴向力。

（3）能自锁　当螺旋升角小于摩擦角时，螺旋传动具有自锁作用。

（4）效率低、磨损快　由于螺旋工作面为滑动摩擦，致使其传动效率低（一般为30%～40%），磨损快，因此不适于高速和大功率传动。

二、螺纹

（一）螺纹的形成和种类

螺旋传动的基础是螺纹，图9-1中有一直径为 d_2 的圆柱体和一底边长为 πd_2 的直角三角形。若将三角形绕在圆柱体上，并使三角形的底边与圆柱体的底边圆周重合，则三角形的斜边就在圆柱面上形成一条螺旋线。如果将三角形、矩形和梯形的平面图形沿螺旋线移动，就形成各种类型的螺纹（见图9-1）。

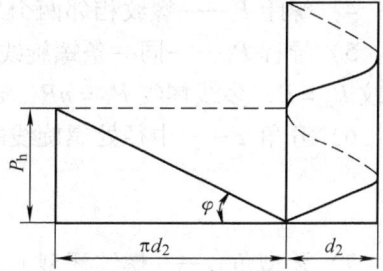

按螺旋的断面形式，螺纹可分为三角形螺纹、梯形螺纹和矩形螺纹等类型（见图9-2）。

（1）三角形螺纹（见图9-2a）　牙型为三角形，牙型角 $\alpha = 60°$。牙根厚，强度高，对中性能好。当量

图 9-1　螺纹的形成

摩擦角大，易自锁。同一公称直径分粗牙和细牙，粗牙用于一般联接，细牙螺纹螺距小，螺纹升角小，自锁性能好，多用于薄壁零件联接和测微装置。

（2）梯形螺纹（见图9-2b）　牙型角 $\alpha = 30°$，牙根强度高，对中性好，用剖分式螺母可调整间隙，多用于传动和传力螺旋。

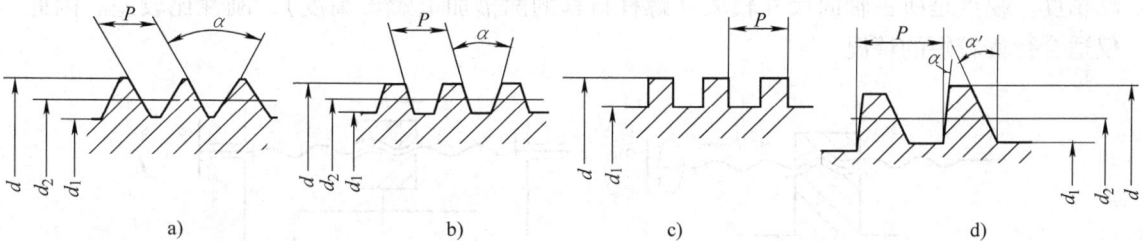

图 9-2　螺纹的类型

（3）矩形螺纹（见图9-2c）　牙型为正方形，牙型角为0°。传动效率高，牙根强度低，加工困难，对中性差，常用于力传动。

（4）锯齿型螺纹（见图9-2d）　牙型为不等腰梯形。两侧牙型斜角分别为工作面的牙侧角 $\alpha = 3°$，非工作面牙侧角 $\alpha' = 30°$。兼矩形螺纹传动效率高和梯形螺纹牙型螺纹牙根强度高的特点。用于单向受力的传动螺纹。

与蜗杆相似，螺纹可分为右旋螺纹和左旋螺纹。按螺旋线的数目，可分为单线螺纹和多线螺纹。

（二）螺纹主要参数

1）大径 d、D——与外螺纹的牙顶或内螺纹的牙底相切的假想圆柱的直径，在标准中

定为公称直径，代表螺纹的规格。（见图9-2）。

2）小径 d_1、D_1——与外螺纹的牙底或内螺纹的牙顶相切的假想圆柱的直径，强度计算时常作为螺杆危险剖面的计算直径。

3）中径 d_2、D_2——母线通过牙型上沟槽与凸起宽度相等的地方的一假想圆柱的直径，近似等于螺纹平均直径：$d_2 \approx (d + d_1)/2$。螺纹受力分析时以中径为准，它也是确定螺纹几何参数和配合性质的直径。

4）螺距 P——螺纹相邻两个牙在中径线上对应两点间的轴向距离。

5）导程 P_h——同一条螺旋线上相邻两个牙在中径线上对应两点间的轴向距离。单线螺纹 $P_h = P$；多线螺纹 $P_h = nP$，n 为螺纹线数。

6）升角 φ——中径处螺旋线的切线与垂直于轴线的平面的夹角（见图9-1）；

$$\tan\varphi = \frac{P_h}{\pi d_2} = \frac{nP}{\pi d_2}$$

7）牙型角 α——螺纹牙型上，两相邻牙侧间的夹角。三角形螺纹 $\alpha = 60°$，梯形螺纹 $\alpha = 30°$，矩形螺纹 $\alpha = 0°$。

螺纹已标准化（除矩形螺纹外）。标准螺纹的尺寸和标记，可查阅有关标准。

三、滑动螺旋传动的型式及应用

滑动螺旋传动主要有以下两种基本型式：

1）螺母固定，螺杆转动并移动（见图9-3a）。这种传动型式的螺母本身就起着支承作用，从而简化了结构，消除了螺杆与轴承之间可能产生的轴向窜动，容易获得较高的传动精度。缺点是所占轴向尺寸较大（螺杆行程的两倍加上螺母高度），刚性比较差。因此仅适合行程较短的情况。

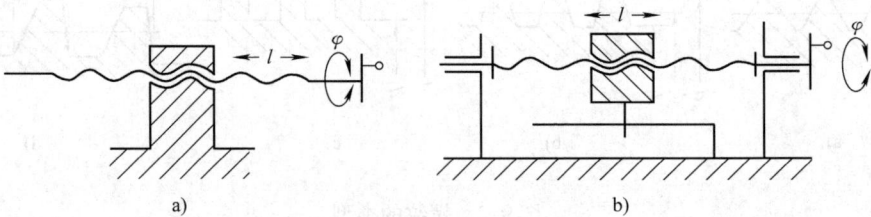

图9-3 滑动螺旋传动的基本型式

2）螺杆传动，螺母移动（见图9-3b）。这种传动型式的特点是结构紧凑（所占轴向尺寸取决于螺母高度及行程大小），刚度较大。适合于工作行程较长的情况。图9-4所示测微目镜中的示数螺旋传动是螺母固定，螺杆转动并移动传动型式的典型。当转动手轮6时，螺杆3转动并移动，因而推动分划板框2移动。由于弹簧1的作用，使分划板框始终压向螺杆端部。因此螺杆移动的距离即为分划板框移动的距离。并直接从刻度套筒4和5中读出。

图9-5所示测量显微镜纵向测微螺旋是螺杆转动，螺母移动传动型式的典型应用。当转动手轮1（与螺杆2固联在一起）时，螺母3产生移动，通过片簧7带动工作台8移

动，移动的距离通过游标刻尺 9 及手轮 1 的读数鼓读出。

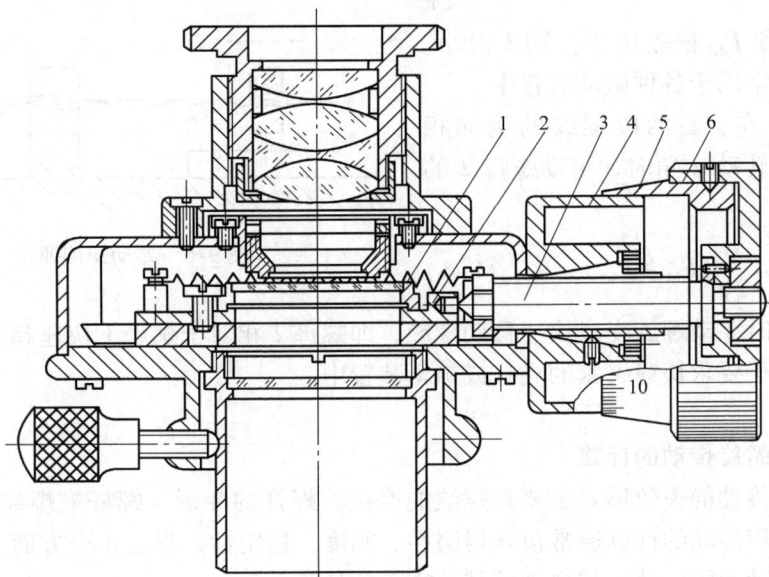

图 9-4　测微目镜

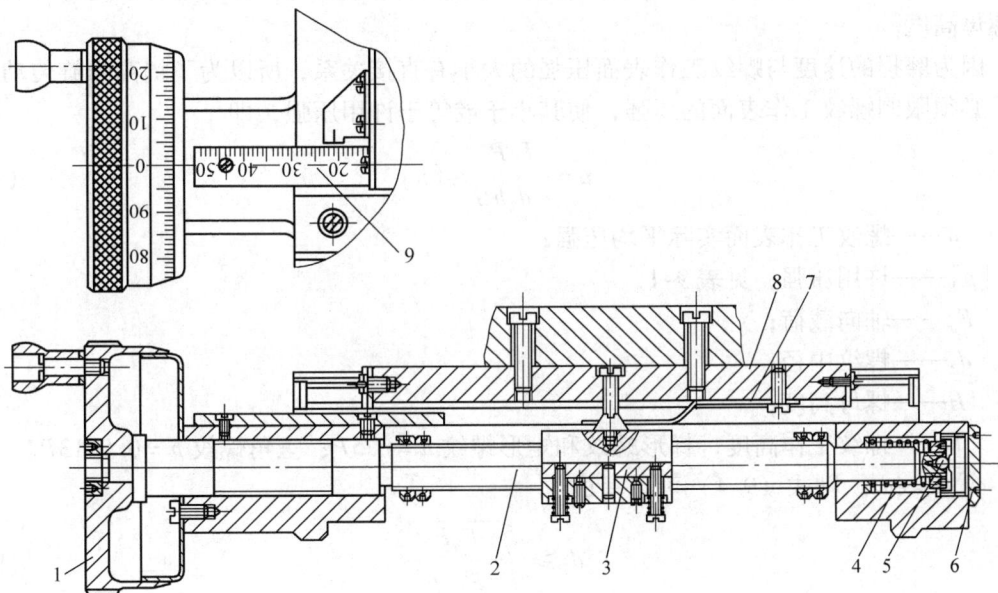

图 9-5　测量显微镜纵向测微螺旋

　　除上述两种基本的传动型式外，还有一种螺旋传动——差动螺旋传动。其原理如图 9-6 所示。1 为固定螺母，设螺杆 3 左、右两段螺纹的旋向相同，且导程分别为 P_{h1} 和 P_{h2}。当螺杆转动 φ 角时，可动螺母 2 的移动距离为

$$l = \frac{\varphi}{2\pi}(P_{h1} - P_{h2}) \tag{9-2}$$

如果 P_{h1} 和 P_{h2} 相差很小，则 l 很小。因此差动螺旋常用于各种微动装置中。

若螺杆 3 左、右两段螺纹的旋向相反，则螺母 2 转动 φ 角时，可动螺母 2 的移动距离为

$$l = \frac{\varphi}{2\pi}(P_{h1} + P_{h2}) \tag{9-3}$$

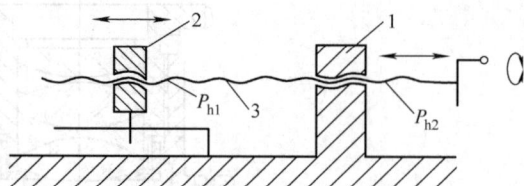

图 9-6　差动螺旋原理

可见，此时差动螺旋变成快速移动螺旋，即螺母 2 相对于螺母 1 快速趋近或离开。这种螺旋装置用于要求快速夹紧的夹具或锁紧装置中。

四、滑动螺旋传动的计算

滑动螺旋传动的失效形式主要是螺纹的磨损、螺杆的变形、螺杆或螺纹牙的断裂等。因此，滑动螺旋传动的计算通常包含耐磨性、刚度、稳定性、强度 4 个方面。根据需要有时尚需进行驱动力矩、效率与自锁等其他方面的计算。

（一）耐磨性计算

磨损是滑动螺旋传动的主要失效形式，因此，通常根据耐磨性的计算确定螺杆的直径和螺母高度。

因为磨损的速度与螺纹工作表面压强的大小有直接关系，所以为了提高螺旋传动的寿命，必须限制螺纹工作表面的压强，使其小于或等于许用压强，即

$$p = \frac{F_a P}{\pi d_2 hH} \leqslant [p] \tag{9-4}$$

式中　p——螺纹工作表面实际平均压强；

　　$[p]$——许用压强，见表 9-1；

　　F_a——轴向载荷；

　　d_2——螺纹中径；

　　H——螺母高度；

　　h——螺纹工作高度，梯形螺纹和矩形螺纹 $h = 0.5P$；三角螺纹 $h = 0.5413P$。

令 $H = \xi d_2$，则式（9-4）可以写成

$$d_2 \geqslant \sqrt{\frac{F_a P}{\pi \xi h[p]}} \tag{9-5}$$

ξ 值可根据螺纹形式确定：对于整体式螺母，$\xi = 1.2 \sim 2.5$；剖分式螺母，$\xi = 2.5 \sim 3.5$。算出的 d_2 应根据标准圆整，并选取相应的标准公称直径 d 及螺距 P。

考虑到螺纹间载荷实际分布不均匀，螺母螺纹的扣数 n 应小于等于 10，即

$$n = \frac{H}{P} \leqslant 10$$

若 $n > 10$ 时，可考虑更换螺母材料或增大螺纹直径。

表 9-1　螺旋副材料的许用压强 $[p]$[①]

螺杆材料	螺母材料	许用压强 $[p]$ / $(N \cdot min^{-2})$	速度范围/ $(m \cdot min^{-1})$
钢	青铜	18 ~ 25	低速
钢	钢	7.5 ~ 13	
钢	铸铁	13 ~ 18	<2.4
钢	青铜	11 ~ 18	<3.0
钢	铸铁	4 ~ 7	6 ~ 12
钢	耐磨铸铁	6 ~ 8	
钢	青铜	7 ~ 10	
淬火钢	青铜	10 ~ 13	
钢	青铜	1 ~ 2	>15

①$[p]$ 值按耐磨条件由试验和经验确定。

（二）刚度计算

螺杆在轴向载荷 F_a 和转矩 T 的作用下将产生变形，引起螺距的变化，从而影响螺旋传动的精度。因此，设计时，应进行刚度的计算，以便把螺距的变化限制在允许的范围内。

在长度为 1m 的螺纹上有 1 000mm/P 个螺距（P 的单位为 mm），因此 1m 长的螺纹上螺距累积变化量 λ （单位为 μm）为

$$\lambda = \frac{1\,000}{P}\lambda_P = \left(\frac{4F_a}{\pi d_2^2 E} + \frac{16TP}{\pi^2 G d_2^4} \right) \times 10^6 \tag{9-6}$$

表 9-2 列出了螺杆每米长的螺距累积变化量的允许值，供设计时参考。

表 9-2　螺杆每米长度允许螺距变化量 $[\lambda]$

精度等级	5	6	7	8	9
$[\lambda]$ / $(\mu m \cdot m^{-1})$	10	15	30	55	110

（三）稳定性验算

受轴向压力的螺杆，当轴向压力较大，且螺杆长度与直径的比值较大时，螺杆可能失去稳定而产生侧向弯曲，因此，应对螺杆进行稳定性验算。根据工程力学，螺杆失稳时的临界轴向载荷为

$$F_{ac} = \frac{\pi^2 E I_a}{(\mu L)^2} \tag{9-7}$$

式中　L——螺杆最大工作长度，一般取为螺杆支承间的距离；

I_a——螺杆截面的惯性矩，在梯形螺纹的稳定性验算中，按螺纹中径计算，即 $I_a = \pi d_2^4/64$；

E——螺杆材料的弹性模量；

μ——长度系数，与螺杆的支承情况有关。

为了计算方便，把式（9-7）写成如下形式：

$$F_{ac} = m \frac{d_2^4}{L^2} \tag{9-8}$$

式中　　m——螺杆支承系数，$m = \pi^3 E / (64\mu^2)$，其值见表9-3。

表9-3　支承系数 m

螺杆支承情况	$m/(\text{N} \cdot \text{mm}^{-2})$
两端固定	40×10^4
一端固定，一端不完全固定	28×10^4
一端固定，一端铰支	20×10^4
两端不完全固定	18×10^4
两端铰支	10×10^4
一端固定，一端自由	2.5×10^4

注："自由"是指径向与轴向均无约束；"铰支"是指支承处仅有径向约束，例如向心球轴承或宽径比 $B/D < 1.5$ 的滑动轴承；"固定"是指径向和轴向均有约束，例如推力球轴承，成对安装的向心推力球轴承或 $B/D > 3$ 的滑动轴承；"不完全固定"是指 $B/D = 1.5 \sim 3$ 的滑动轴承（B 为支承宽度，D 为支承孔直径）。

为了保证螺杆不失稳，必须使

$$\frac{F_{ac}}{F_{a\max}} \geqslant S_F \tag{9-9}$$

式中　　$F_{a\max}$——最大轴向载荷；

　　　　S_F——安全系数，$S_F = 2.5 \sim 4$。

如果不能满足上述条件，应增大 d_2 直至满足为止。

（四）强度计算

1. 螺杆的强度计算

螺杆的强度可按第四强度理论进行验算。其计算公式为

$$\sigma = \sqrt{\left(\frac{4F_a}{\pi d_1^2}\right)^2 + 3\left(\frac{T}{0.2 d_1^3}\right)^2} \leqslant [\sigma] \tag{9-10}$$

式中　　$[\sigma]$——螺杆材料的许用应力，$[\sigma] = \sigma_s / (3 \sim 5)$（$\sigma_s$ 为材料的屈服极限，参阅本书第二章）；

　　　　d_1——螺杆螺纹小径；

　　　　F_a——轴向载荷；

　　　　T——转矩。

2. 螺纹强度计算

螺纹强度计算包括螺杆螺纹及螺母螺纹强度计算。但由于螺杆材料强度一般比螺母材料强度高，因此只需验算螺母螺纹强度。

设轴向载荷 F_a 作用于螺纹中径 d_2，并且忽略螺杆与螺母之间的径向间隙，则螺母螺纹强度可按下列公式验算

抗剪强度
$$\tau = \frac{F_a}{\pi dbn} \leqslant [\tau] \tag{9-11}$$

抗弯强度
$$\sigma_b = \frac{3F_a h}{\pi d b^2 n} \leq [\sigma_b] \tag{9-12}$$

式中　　d——螺纹大径（mm）；

b——螺纹根部宽度（mm），对于梯形螺纹，$b = 0.65P$；

n——旋合扣数，$n = H/P$；

$[\tau]$、$[\sigma_b]$——分别为螺纹材料的许用切应力和许用弯曲应力，见表9-4。

表 9-4　螺母材料的许用切应力

螺母材料	$[\tau]/(N \cdot mm^{-2})$	$[\sigma_b]/(N \cdot mm^{-2})$
钢	$0.6[\sigma]$	$(1 \sim 1.2)[\sigma]$
青铜	$30 \sim 40$	$40 \sim 60$
铸铁	40	$45 \sim 55$
耐磨铸铁	40	$50 \sim 60$

（五）驱动力矩、效率和自锁的计算

对于传力螺旋，为避免螺旋副因摩擦力过大而转动不灵活，应进行驱动力矩及效率的计算，以便确定原动机的功率和螺旋副的自锁条件。

首先讨论矩形螺纹受力。假设螺杆不动，在螺母上作用有驱动力矩 T 和载荷 F_a。沿螺纹中径展开后，相当于滑块（螺母）在圆周力 F_t 驱动下沿斜面上升（见图9-7）。滑块受三个力的作用：圆周力 F_t、载荷 F_a 和全反力 F_R，平衡关系为

$$F_t = F_a \tan(\varphi + \rho)$$

式中　　φ——螺纹升角；

ρ——摩擦角，$\rho = \arctan f$；

f——摩擦因数。

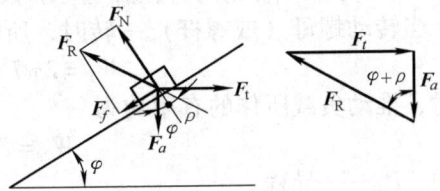

图9-7　矩形螺纹副受力分析

则驱动力矩 T 为

$$T = F_t \frac{d_2}{2} = F_a \frac{d_2}{2} \tan(\varphi + \rho) \tag{9-13}$$

式中　　d_2——螺纹中径（mm）。

对非矩形螺纹（见图9-8），轴向载荷 F_a 作用牙面上的正向压力为

$$F_N = \frac{F_a}{\cos\frac{\alpha}{2}}$$

摩擦力为

$$F_f = fF_N = f\frac{F_a}{\cos\frac{\alpha}{2}} = f_v F_a \tag{9-14}$$

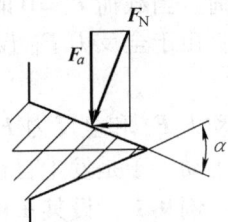

图9-8　非矩形螺纹法向压力

式中的 f_v 称为当量摩擦因数，相应的摩擦角 ρ_v 称为当量摩擦角。所以可以把非矩形螺纹看成摩擦因数为当量系数的矩形螺纹进行计算。

因此，对非矩形螺纹，式（9-13）改写为

$$T = F_a \frac{d_2}{2} \tan(\varphi + \rho_v) \tag{9-15}$$

式中　ρ_v——当量摩擦角，$\rho_v = \arctan\left(f/\cos\frac{\alpha}{2}\right)$；

　　　f——螺纹表面滑动摩擦因数（见表 9-5）；

　　　$\dfrac{\alpha}{2}$——螺纹牙型半角。

表 9-5　摩擦因数 f

螺杆和螺母材料	f
淬火钢和青铜	0.06 ~ 0.08
钢和青铜	0.08 ~ 0.10
钢和耐磨铸铁	0.10 ~ 0.12
钢和铸铁	0.12 ~ 0.15
钢和钢	0.11 ~ 0.17

注：表中为定期润滑条件下的数据，起动时 f 取大值，运转时取小值。

当转动螺母（或螺杆）一转时，所需输入功为

$$W_1 = 2\pi T = \pi d_2 F_a \tan(\varphi + \rho_v)$$

此时，推动负载所作的有用功为

$$W_2 = F_a P_h = F_a \pi d_2 \tan\varphi$$

式中　P_h——导程。

传输效率

$$\eta = \frac{W_2}{W_1} = \frac{F_a P_h}{2\pi T} = \frac{\tan\varphi}{\tan(\varphi + \rho_v)} \tag{9-16}$$

由此

$$T = \frac{F_a P_h}{2\pi \eta} \tag{9-17}$$

工程实践中，常要求螺旋副反向行程具有自锁性，在反向行程中，轴向力 F_a 为主动力，滑块（螺母）向下运动或有运动趋势，圆周力 F_t（向右）阻止滑块向下运动，故为载荷。当载荷 $F_t = 0$ 时，滑块受两个力作用：驱动力 $\boldsymbol{F}_a$ 和全反力 $\boldsymbol{F}_R$（见图 9-9）。

由于全反力 $\boldsymbol{F}_R$ 仅在摩擦锥内存在，如果

$$\varphi \leqslant \rho_v$$

驱动力 $\boldsymbol{F}_a$ 和全反力 $\boldsymbol{F}_R$ 平衡，则滑块只有向下运动趋势而不能运动，于是发生自锁。

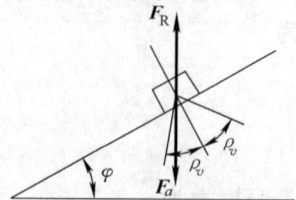

图 9-9　螺旋副自锁

例 9-1　设某车床的纵向进给螺旋，其螺杆为 Tr44 × 10，8 级精度，材料为 45 钢；螺母高度 $H = 100\text{mm}$，材料为耐磨铸铁；轴向载荷 $F_a = 10\ 000\text{N}$；螺杆支承间的距离 $L = 2\ 700\text{mm}$，支承方式为一端固定，一端铰支。试对螺杆、螺母进行验算。

解　1）耐磨性验算。由式（9-4）得

$$p = \frac{F_a P}{\pi d_2 h H}$$

从 GB/T 5796.3—2005 查得，对于 Tr44×10 螺纹，$d_2 = 38mm$，$d_1 = 31mm$，$h = 5mm$；由表 9-1 查得 $[p] = 6 \sim 8 N/mm^2$，故

$$p = \frac{10\,000 \times 10}{\pi \times 38 \times 5 \times 100} N/mm^2 = 1.68 N/mm^2 < [p]$$

2）效率和驱动力矩的计算。由式（9-16）得

$$\eta = \frac{\tan\varphi}{\tan(\varphi + \rho_v)}$$

因为 $\tan\varphi = P/(\pi d_2) = 10/(\pi \times 38) = 0.0838$，即 $\varphi = 4°47'$。按表 9-5 取 $f = 0.1$，$\rho_v = \arctan\left(f/\cos\frac{\alpha}{2}\right) = \arctan(0.1/\cos 15°) = 5°54'$，故

$$\eta = \frac{0.0838}{\tan(4°47' + 5°54')} = 0.443$$

令 $P_h = P$ 由式（9-17），得

$$T = \frac{F_a P}{2\pi\eta} = \frac{10\,000 \times 10}{2\pi \times 0.443} N \cdot mm = 5927 N \cdot mm$$

3）刚度验算。由式（9-6）得

$$\lambda = \left(\frac{4F_a}{\pi d_2^2 E} + \frac{16TP}{\pi^2 G d_2^4}\right) \times 10^6$$
$$= \left(\frac{4 \times 10\,000}{\pi \times 38^2 \times 2.1 \times 10^5} + \frac{16 \times 35\,927 \times 10}{\pi^2 \times 8 \times 10^4 \times 38^4}\right) \times 10^6 \mu m/m = 45.6 \mu m/m$$

由表 9-2 查得，8 级精度螺杆 $[\lambda] = 55\mu m/m$，故 $\lambda < [\lambda]$。

4）稳定性验算。由式（9-8）和表 9-3 得

$$F_{ac} = m\frac{d_2^4}{L^2} = 20 \times 10^4 \times \frac{38^4}{2700^2} N = 57\,205 N$$

$$\frac{F_{ac}}{F_a} = \frac{57\,205}{10\,000} = 5.72 > 4$$

5）强度验算

① 螺杆强度验算。由式（9-10）得

$$\sigma = \sqrt{\left(\frac{4F_a}{\pi d_1^2}\right)^2 + 3\left(\frac{T}{0.2d_1^3}\right)^2} = \sqrt{\left(\frac{4 \times 10\,000}{\pi \times 31^2}\right)^2 + 3\left(\frac{35\,927}{0.2 \times 31^3}\right)^2} N/mm^2 = 16.9 N/mm^2$$

已知 45 钢，$\sigma_s = 360 N/mm^2$，$[\sigma] = \sigma_s/(3 \sim 5) = [360/(3 \sim 5)] N/mm^2 = 72 \sim 120 N/mm^2$，故 $\sigma < [\sigma]$。

② 螺纹强度验算。对于梯形螺纹，$b = 0.65P = 0.65 \times 10mm = 6.5mm$，$n = H/P = 100/10 = 10$，又由表 9-4 查得，耐磨铸铁的 $[\sigma_b] = 50 \sim 60 N/mm^2$，$[\tau] = 40 N/mm^2$，由式（9-11）和式（9-12）得

$$\tau = \frac{F_a}{\pi dbn} = \frac{10\,000}{\pi \times 44 \times 6.5 \times 10} \text{N/mm}^2 = 1.11\text{N/mm}^2 < [\tau]$$

$$\sigma_b = \frac{3F_a h}{\pi db^2 n} = \frac{3 \times 10\,000 \times 5}{\pi \times 44 \times 6.5^2 \times 10} \text{N/mm}^2 = 2.57\text{N/mm}^2 < [\sigma_b]$$

五、滑动螺旋传动的设计原则

（一）传动型式的选择

根据前述螺旋传动型式和特点，结合具体情况进行选择。

（二）螺纹类型的确定

在精密机械中，螺旋传动的螺纹类型多用三角形螺纹和梯形螺纹。一般情况下，示数螺旋传动多采用三角形螺纹，而传力螺旋传动多采用梯形螺纹。

（三）螺旋副材料的确定

螺杆和螺母的材料应根据用途，精度等级及热处理要求等条件选定。对材料总的要求是具有良好的耐磨性和易于加工。为了减小磨损，螺杆和螺母最好选用不同的材料，同时，应使螺杆的硬度高于螺母的硬度，以保护价格较贵和对传动精度影响较大的螺杆。

用作螺杆的材料，一般可选用Y40Mn、45钢、50钢等；对于重要传动，要求耐磨性高，需要进行热处理时，可选用T10、T12、65Mn、40Cr、40WMn或18CrMnTi等；对于示数螺旋，要求热处理后有较好的尺寸稳定性，可选用9Mn2V、CrWMn、38CrMoAlA等合金工具钢及GCr15、GCr15SiMn等滚动轴承钢。

用作螺母的材料，一般可选用锡青铜、黄铜、聚乙烯、尼龙和耐磨铸铁等；重载时可选用铝青铜或铸造黄铜、球墨铸铁和45钢。

（四）主要参数的确定

螺旋传动的主要参数有：螺杆直径和长度、螺距、螺旋线头数和螺母高度等。在一般情况下，这些参数可参照同类机构，用类比的方法确定。但对于重要传动，应按前述计算方法进行必要的校核计算。此外，设计时尚需注意下列问题：

螺杆螺纹部分的长度L_w，以保证在整个工作行程L_g内与螺母正确旋合为原则，在此前提下，螺纹部分应尽可能短。一般取$L_w \geq L_g + H$（H为螺母高度）。

为了保证螺杆的刚度，螺杆的直径应选大些，并使L（长度）$/d_1$（螺纹小径）≤ 25，如果$L/d_1 > 25$，对受压螺杆应进行稳定性验算。

在测微螺旋中，螺距应取为标准值，如1mm、0.75mm、0.5mm等。为了避免多周期误差，应选用单头螺纹。只有在转角小而要求获得大位移的情况下，才采用多头螺纹（如目镜调节螺纹）。

（五）螺纹副零件与滑板联接结构的确定

螺纹副零件与滑板的联接结构对螺纹副的磨损有直接影响，设计时要注意。常见的联接结构有以下几种：

1. 刚性联接结构

图9-10所示为刚性联接结构，这种联接结构的特点是联接牢固可靠，但当螺杆轴线与滑板运动方向不平行时，螺纹工作面的压力增大，磨损加剧，严重（α、β较大）时还

会发生卡住现象，刚性联接结构多用于受力较大的螺旋传动中。

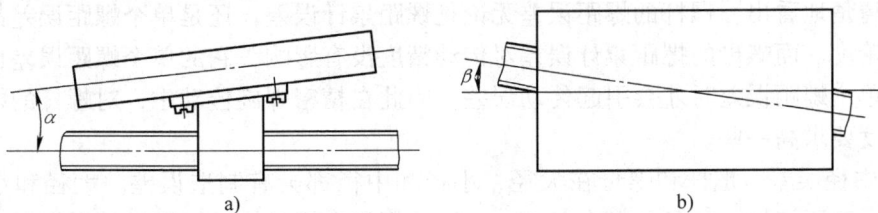

图 9-10 刚性联接结构

2. 弹性联接结构

图 9-5 所示的螺旋传动中采用了弹性联接结构。片簧 7 的一端固定在工作台（滑板）8 上，另一端套在螺母的锥形销上。为了消除两者之间的间隙，片簧以一定的预紧力压向螺母（或用螺钉压紧）。当工作台运动方向与螺杆轴线偏斜 α 角（见图 9-10a）时，可以通过片簧变形进行调节。如果偏斜 β 角（见图 9-10b）时，螺母可绕轴线自由转动而不会引起过大的应力。弹性联接结构适用于受力较小的紧密螺旋传动。

3. 活动联接结构

图 9-11 所示为活动联接结构的原理图。恢复力 F（一般为弹簧力）使联接部分保持经常接触。当滑板 1 的运动方向与螺杆 2 的轴线不平行时，通过螺杆端部的球面与滑板在接触处自由滑动（见图 9-11a），或中间杆 1 自由偏斜（见图 9-11b），可以避免螺旋副中产生过大的应力。

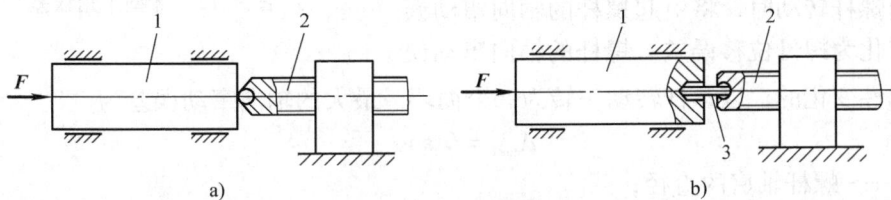

图 9-11 活动联接结构

六、滑动螺旋的传动精度与空回

（一）螺旋传动的精度

螺旋传动的传动精度是指螺杆与螺母间实际相对运动保持理论值 $[L = P_h \varphi / (2\pi)]$ 的准确程度。影响螺旋传动精度的因素主要有以下几项：

1. 螺纹参数误差

螺纹的各项参数误差中，影响传动精度的主要是螺距误差、中径误差以及牙型半角误差。

（1）螺距误差 螺距的实际值与理论值之差称为螺距误差。螺距误差分为单个螺距误差和螺距累计误差。单个螺距误差是指螺纹全长上，任意单个实际螺距对基本螺距的偏差的最大代数差，它与螺纹的长度无关。而螺距累计误差是指在规定的螺纹长度内，任意两同侧螺纹面间实际距离对基本尺寸的偏差的最大代数差，它与螺纹的长度有关。

从式 (9-1) 可知，螺距误差对传动精度的影响是很明显的。若把螺旋副展开进行分析，便可清楚地看出：螺杆的螺距误差无论是螺距累计误差，还是单个螺距误差都将直接影响传动精度。而螺母的螺距累计误差对传动精度没有影响，它的单个螺距误差也只有当螺杆也有单个螺距误差时才会引起传动误差。因此在精密螺旋传动中，对螺杆的精度比对螺母的精度要求高一些。

（2）中径误差　螺杆和螺母在大径、小径和中径都会有制造误差。大径和小径处有较大间隙，互不接触，中径是配合尺寸，为了使螺杆和螺母转动灵活和储存润滑油，配合处需要有一定的均匀间隙，因此，对螺杆全长上中径尺寸变动量的公差，应予以控制。此外，对长径比（系指螺杆全长与螺纹公称直径之比）较大的螺杆，由于其细而长，刚性差，易弯曲，使螺母在螺杆上各段的配合产生偏心，这也会引起螺杆螺距误差，故应控制其中径向圆跳动误差。

（3）牙型半角误差　螺纹实际牙型半角与理论牙型半角之差称为牙型半角误差（见图 9-12）。当螺纹各牙之间的牙型角有差异（牙型半角误差各不相等）时，将会引起螺距变化，从而影响传动精度。但是，如果螺纹全长是在一次装刀切削出来的，则牙型半角误差在螺纹全长上变化不大，对传动精度影响很小。

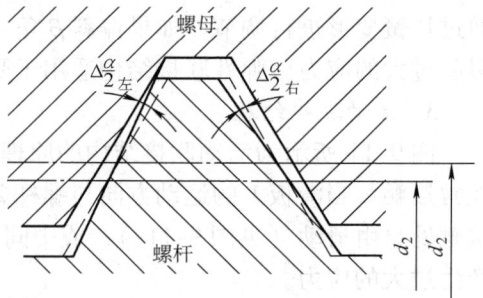

图 9-12　牙型半角误差

2. 螺杆轴向窜动误差

如图 9-13 所示，若螺杆轴肩的端面与轴承的止推面不垂直于螺杆轴线而有 α_1 和 α_2 的偏差，则当螺杆转动时，将引起螺杆的轴向窜动误差，并转化为螺母位移误差。螺杆的轴向窜动误差是周期性变化的，以螺杆转动一转为一个循环。最大的轴向窜动误差为

$$\Delta_{\max} = D\tan\alpha_{\min} \tag{9-18}$$

式中　D——螺杆轴肩的直径；

$\alpha_{\min}$——α_1 和 α_2 中的较小者，对于图 9-14 所示情况为 α_2。

3. 偏斜误差

在螺旋传动机构中，如果螺杆的轴线方向与移动件的运动方向不平行，而有一个偏斜角 Ψ（见图 9-14）时，就会发生偏斜误差。设螺杆的总移动量为 l，移动件的实际移动量为 x，则偏斜误差为

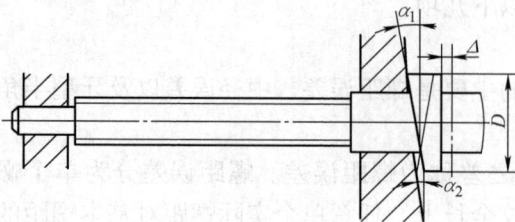

图 9-13　螺杆轴向窜动误差

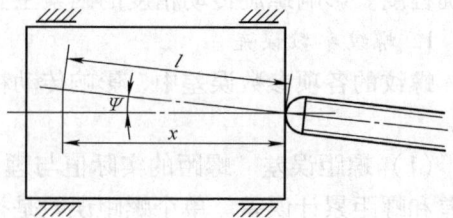

图 9-14　偏斜误差

$$\Delta l = l - x = l\ (1 - \cos \Psi)\ = 2l \sin^2 \frac{\Psi}{2}$$

由于 Ψ 一般很小，$\sin \dfrac{\Psi}{2} \approx \dfrac{\Psi}{2}$，因此

$$\Delta l = \frac{1}{2} l \Psi^2 \tag{9-19}$$

由此可见，偏斜角对偏斜误差有很大的影响，对其值应该加以控制。

4. 温度偏差

当螺旋传动的工件温度不同时，将引起螺杆长度和螺距发生变化，从而产生传动误差，这种误差称为温度误差，其大小为

$$\Delta l_t = l_w \alpha \Delta t \tag{9-20}$$

式中 l_w——螺杆螺纹部分长度；

α——螺杆材料线膨胀系数，对于钢，一般取为 $11.6 \times 10^{-6}/{}^\circ C$；

Δt——工作温度与制造温度之差。

（二）提高精度的方法

上面分析了影响螺旋传动精度的各种误差，为了提高传动精度，应尽可能减小或消除这些误差。为此，可以通过提高螺旋副零件的制造精度来达到，但单纯提高制造精度会使成本提高。因此，对于传动精度要求较高的精密螺旋传动，除了根据有关标准或具体情况规定合理的制造精度以外，可采取某些结构措施提高其传动精度。

由于螺杆的螺距误差是造成螺纹传动误差的最主要因素，因此采用螺距误差校正装置是提高螺旋传动精度的有效措施之一。

图 9-15 所示为螺距误差校正原理图，当螺杆 1 带动螺母 2 移动时，螺母导杆 3 沿校正尺 4 的工作面移动。由于工作面的凹凸外廓，使螺母转动一个附加角度，由这个附加角度所产生的螺母附加位移，恰能补偿螺距误差所引起的传动误差。为此，需要预先精确测出螺

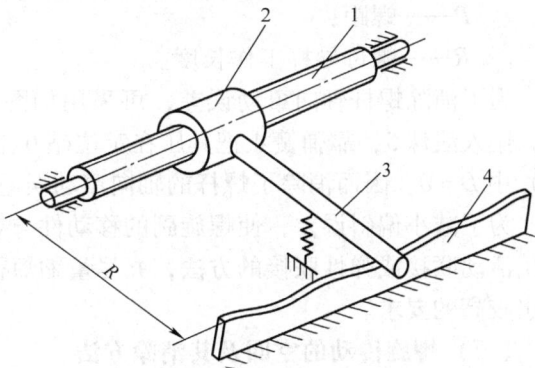

图 9-15 螺距误差校正原理图

杆在每个位置的螺距误差 ΔP，并算出螺母对应于螺杆相应位置时所需的附加转角（$\varphi_x = 2\pi \Delta P / P$）。再按下列关系制出校正尺工作面的形状

$$y = R \tan \varphi_x$$

式中 y——螺母导杆与校正尺接触处的位移；

R——螺母导杆的工作长度。

因为螺纹中径误差及牙型误差对螺旋传动精度的影响均反映在螺距的变化上，所以螺距误差校正装置校正的正是由于加工中的螺距误差、螺纹中径误差及牙型半角误差所引起

的综合螺距误差。

图9-16 所示为坐标镗床螺距误差校正装置简图。当螺杆 9 转动时，螺母 4 带动工作台移动，校正尺 3 推动导杆 1 摆动，通过传动杆 2 和杠杆 5（件 1、2、5 固联在一起）使空套在螺杆 9 上的游标度盘 8 转动相应的附加角度。这样，刻度盘 7 在对线时就随之多转（或少转）相应角度，使工作台获得的附加位移正好补偿由于螺距误差所引起的传动误差。弹簧 6 的作用是保证校正链中各零件之间保持经常接触。

利用上述的校正原理，亦可用来校正温度误差。这时，只要把图 9-15

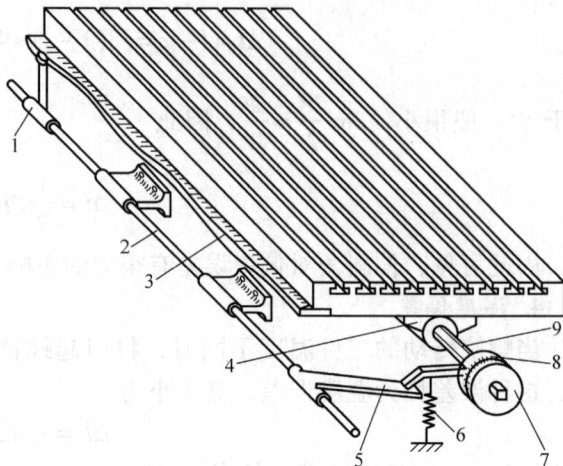

图9-16 坐标镗床螺距误差校正装置简图

校正尺制成直尺，并使其与螺杆轴线倾斜某一角度 θ 即可。倾斜角 θ 可由下式求得

$$\theta = \frac{2\pi R}{P}\Delta\alpha\Delta t \tag{9-21}$$

式中　$\Delta\alpha$——工件材料与螺杆材料的线膨胀系数之差；

　　Δt——工作温度与制造温度之差；

　　P——螺距；

　　R——螺母导杆工作长度。

为了消除螺杆轴向窜动误差，可采用如图9-5 所示的结构。将螺杆 2 的端部制成锥面，镶入滚珠 5，靠弹簧 4 把其压在定位砧 6 上达到定位的目的。因为没有轴肩，式（9-18）中 $D=0$，因而消除了螺杆的轴向窜动误差。

为了减小偏斜误差，使螺旋副的移动件与导轨滑板运动灵活，移动件与滑板的联接应采用活动联接或弹性联接的方法，并尽量缩短行程；对导轨导向面与螺杆轴线的平行度应提出较高的要求。

（三）螺旋传动的空回及其消除方法

当螺旋机构中存在间隙，若螺杆的转动方向改变，螺母不能立即产生反向运动，只有螺杆运动某一角度后才能使螺母开始反向运动，这种现象称为空回。对于在正反向传动下工作的精密螺旋传动，空回将直接引起传动误差，必须设法予以消除。消除空回的方法就是在保证螺旋副灵活相对运动要求的前提下消除螺杆与螺母之间的间隙。下面介绍几种常见的消除空回的方法。

1. 利用单向作用力

图9-4 所示的螺旋传动中，利用弹簧 1 产生单向恢复力，使螺杆和螺母螺纹的工作表面保持单面接触，从而消除了另一侧间隙对空回的影响。这种方法除可消除螺旋副中间隙对空回的影响外，还可消除轴承的轴向间隙和滑板连接处的间隙而产生的空回。同时，这种结构在螺母上无需开槽或剖分，因此螺杆与螺母接触情况较好，有利于提高螺旋副的寿

命。

2. 利用调整螺母

（1）径向调整法　利用不同的结
构，使螺母产生径向收缩，以减小螺
纹旋合处的间隙，从而减小空回。图
9-17 所示为径向调整法的典型示例。
图 9-17a 是采用开槽螺母结构。拧动
螺钉可以调整螺纹间隙。图 9-17b 是
采用卡簧式螺母结构。其中主螺母 1
上铣出纵向槽，拧紧副螺母 2 时，靠
主、副螺母的圆锥面，迫使主螺母径
向收缩，以消除螺旋副的间隙。图
9-17c 是采用对开螺母结构。为了便

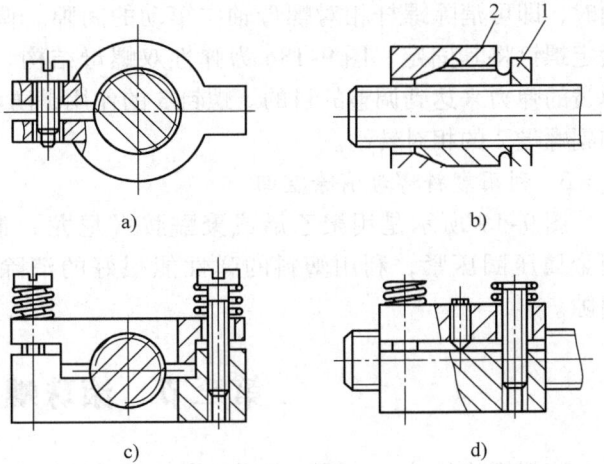

图 9-17　螺纹间隙径向调整结构

于调整，螺钉和螺母之间装有螺旋弹簧，这样可使压紧力均匀稳定。为了避免螺母直接压
紧在螺杆上而增加摩擦力矩，加速螺纹磨损，可在此结构中装入紧定螺钉以调整其螺纹间
隙。如图 9-17d 所示。

（2）轴向调整法　图 9-18 为轴向调整法的典型结构示例。图 9-18a 为开槽螺母结构。
拧紧螺钉强迫螺母变形，使其左、右两半部的螺纹分别压紧在螺杆螺纹相反的侧面上。从
而消除了螺杆相对螺母轴向窜动的间隙。图 9-18b 为刚性双螺母结构。主螺母 1 和副螺母
2 之间用螺纹联接。联接螺纹螺距 P' 不等于螺杆螺纹的螺距 P，因此当主、副螺母相对运

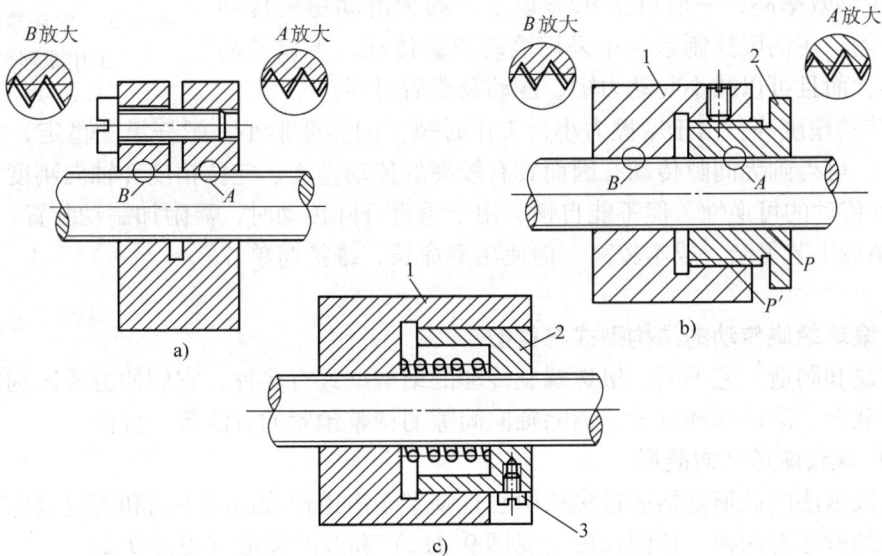

图 9-18　螺纹间隙轴向调整结构

动时，即可消除螺杆相对螺母轴向窜动的间隙。调整后再用
紧定螺钉将其固定。图 9-18c 为弹性双螺母结构。它是利用
弹簧的弹力来达到调整的目的。螺钉 3 的作用是防止主螺母 1
和副螺母 2 的相对转动。

3. 利用塑料螺母消除空回

图 9-19 所示是用聚乙烯或聚酰胺（尼龙）制作螺母，
用金属压圈压紧，利用塑料的弹性能很好的消除螺旋副的
间隙。

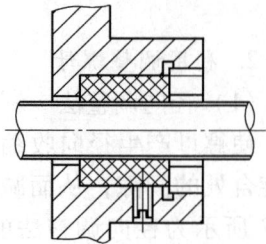

图 9-19　塑料螺母结构

第三节　滚珠螺旋传动

滚珠螺旋传动是在螺杆和螺母间放入适量的滚珠，使滑动摩擦变为滚动摩擦的螺旋传
动。滚珠螺旋传动是由螺杆、螺母、滚珠和滚珠循环返回装置 4 部分组成。

如图 9-20 所示，当螺杆转动时，滚珠沿螺纹滚道滚动。为
了防止滚珠沿滚道面掉出来，螺母上设有滚珠循环返回装置，
构成了一个滚珠循环通道，滚珠从滚道的一端滚出后，沿着循
环通道返回另一端，重新进入滚道，从而构成一个闭合回路。

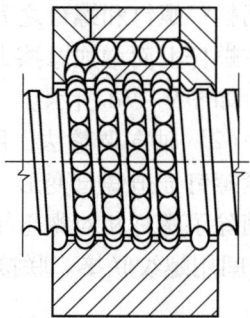

一、滚珠螺旋传动的特点

滚珠螺旋传动除具有螺旋传动的一般特点（降速传动比大
及牵引力大）外，与滑动螺旋传动相比较，具有下列特点：

1）传动效率高，一般可达 90% 以上，约为滑动螺旋传动
效率的 3 倍。在伺服控制系统中采用滚动螺旋传动，不仅提高
传动效率，而且可以减小起动力矩、颤动及滞后时间。

图 9-20　滚珠螺旋传动
工作原理图

2）传动精度高。由于摩擦力小，工作时螺杆的热变形小，螺杆尺寸稳定，并且经调
整预紧后，可得到无间隙传动，因而具有较高的传动精度、定位精度和轴向刚度。

3）有传动的可逆性，但不能自锁，用于垂直升降传动时，需附加制动装置。

4）制造工艺复杂，成本较高，但使用寿命长，维护简单。

二、滚珠螺旋传动的结构型式与类型

按用途和制造工艺不同，滚珠螺旋传动的结构型式有多种，它们的主要区别在于螺纹
滚道法向截形、滚珠循环方式、消除轴向间隙的调整预紧的方法等三方面。

（一）螺纹滚道法向截形

螺纹滚道法向截形是指通过滚珠中心且垂直于滚道螺旋面的平面和滚道表面交线的形
状。常用的截形有两种：单圆弧形（见图 9-21a）和双圆弧形（见图 9-21b）。

滚珠与滚道表面在接触点处的公法线与过滚珠中心的螺杆直径线间的夹角 β 称为接触
角。理想接触角 $\beta = 45°$。

滚道半径 r_s（或 r_n）与滚珠直径 D_w 的比值，称为适应度 $f_{rs} = r_s / D_w$（或 $f_{rn} = r_n / D_w$）。

适应值对承载能力的影响较大，一般取 f_{rs}（或 f_{rn}）$= 0.52 \sim 0.55$。

单圆弧形的特点是砂轮成型比较简单，易于得到较高的精度。但接触角随着初始间隙和轴向力大小而变化，因此，效率、承载能力和轴向刚度均不够稳定。而双圆弧形的接触角在工作过程中基本保持不变，效率、承载能力和轴向刚度稳定，并且滚道底部不与滚珠接触，可储存一定的润滑油，使磨损减小。但双圆弧形砂轮修整、加工、检验比较困难。

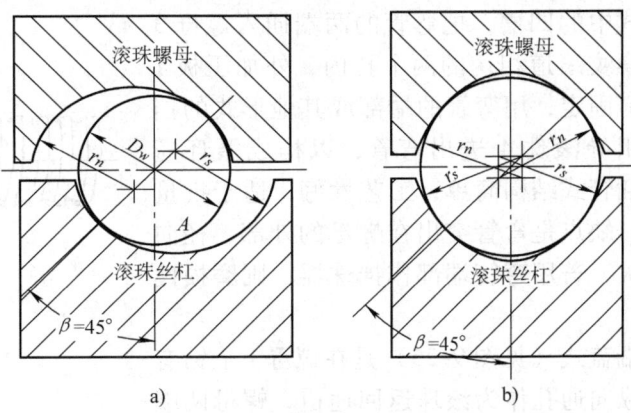

图 9-21 滚道法向截形示意图

（二）滚珠循环方式

按滚珠在整个循环过程中与螺杆表面的接触情况，滚珠的循环方式可分为内循环和外循环两类。

1. 内循环

滚珠在循环过程中始终与螺杆 4 保持接触的循环叫内循环（见图 9-22）。在螺母 1 的侧孔内，装有接通相邻滚道的反向器 3。借助于反向器上的回珠槽，迫使滚珠 2 沿滚道滚动一圈后越过螺杆螺纹滚道顶部，重新返回起始的螺纹滚道，构成单圈内循环回路。在同一个螺母上，具有循环回路的数目称为列数，内循环的列数通常有 $2 \sim 4$ 列（即一个螺母上装有 $2 \sim 4$ 个反向器）。为了结构紧凑，这些反向器是沿螺母周围均匀分布的，即对应 2 列、3 列、4 列的滚珠螺旋的反向器分别沿螺母周围圆周方向互错 180°、120°、90°。反向器的轴向间隔视反向器的型式不同，分别为 $1\frac{1}{2}P_h$、$1\frac{1}{3}P_h$、

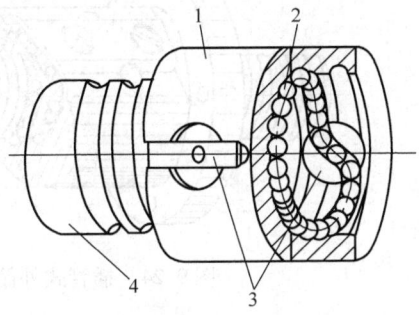

图 9-22 内循环

$1\frac{1}{4}P_h$ 或 $2\frac{1}{2}P_h$、$2\frac{1}{3}P_h$、$2\frac{1}{4}P_h$，其中 P_h 为导程。

滚珠在每一个循环中绕螺纹滚道的圈数称为工作圈数。内循环的工作圈数是一列只有一个圈，因而回路短，滚珠少，滚珠的流畅性好，效率高。此外，它的径向尺寸小，零件少，装配简单。内循环的缺点是反向器的回珠槽具有空间曲面，加工较复杂。

2. 外循环

滚珠在返回时与螺杆脱离接触的循环叫外循环。按结构的不同，外循环可分为螺旋槽式、插管式和端盖式三种。

螺旋槽式（见图 9-23）是直接在螺母 1 外圆柱面上铣出螺旋线形的凹槽作为滚珠循环通道，凹槽的两端钻出两个通孔分别与螺纹滚道相切，同时用两个挡珠器 4 引导滚珠 3

通过该两孔，用套筒 2 或螺母座内表面盖住凹槽，从而构成滚珠循环通道。螺旋槽式结构工艺简单，易于制造，螺母径向尺寸小。缺点是挡珠器刚度较差，容易磨损。

插管式（见图 9-24）是用弯管 2 代替螺旋槽式中的凹槽，把弯管的两端插入螺母 3 上与螺纹滚道相切的两个孔内，外加压板 1 用螺钉固定，用弯管的端部或其他形式的挡珠器引导滚珠 4 进出弯管，以构成循环通道。插管式结构简单，工艺性好，适于批量生产。缺点是弯管突出在螺母的外部，径向尺寸大，若用弯管端部作挡珠器，则磨损性较差。

图 9-23　螺旋槽式外循环

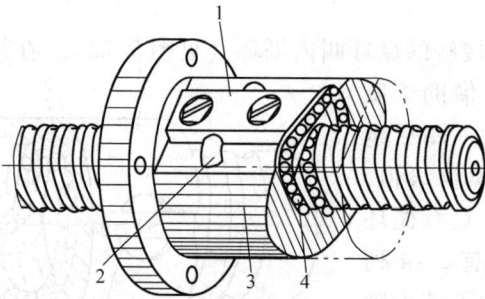

端盖式（见图 9-25）是在螺母 1 上钻有一个纵向通孔作为滚珠返回通道，螺母两端装有铣出短槽的端盖 2，短槽端部与螺纹滚道相切，并引导滚珠返回通道，构成滚珠循环回路。端盖式的优点是结构紧凑，工艺性好。缺点是滚珠通过短槽时容易卡住。

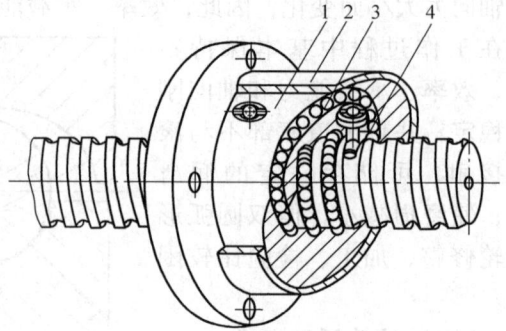

图 9-24　插管式外循环　　　图 9-25　端盖式外循环

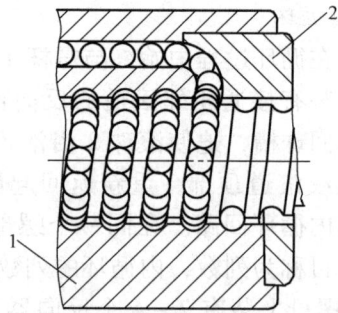

（三）滚珠螺旋传动的预紧方法

如果滚珠螺旋副中有轴向间隙或在载荷作用下滚珠与滚道接触处有弹性变形，则当螺杆反向转动时，将产生空回误差。为了消除空回误差，在螺杆上装上两个螺母 1 和 2，调整两个螺母的轴向位置，使两个螺母中的滚珠在承受载荷之前就以一定的压力分别压向螺杆螺纹滚道相反的侧面，使其产生一定的变形（见图 9-26），从而消除了轴向间隙，也提高了轴向刚度。通用的调整预紧方法有下列三种。

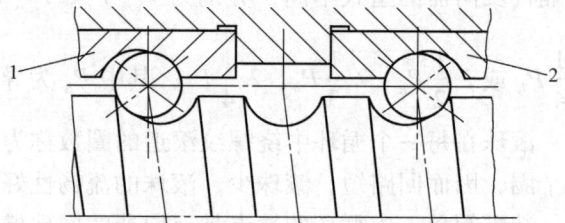

图 9-26　双螺母预紧图

1. 垫片调整式（见图 9-27）

调整垫片 2 的厚度 Δ，可使螺母 1 产生轴向移动，以达到消除轴向间隙和预紧的目的。这种方式结构简单，可靠性高，刚性好。为了避免调整时拆卸螺母，垫片可制成剖分式。其缺点是精确调整比较困难，并且当滚道磨损时不能随意调整，除非更换垫圈不可，故适用于一般精度的传动机构。

2. 螺纹间隙式（见图 9-28）

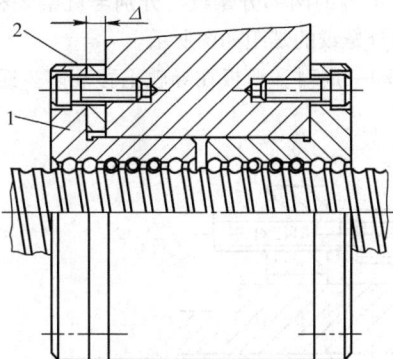

图 9-27　垫片调整式　　　　　　图 9-28　螺纹间隙式

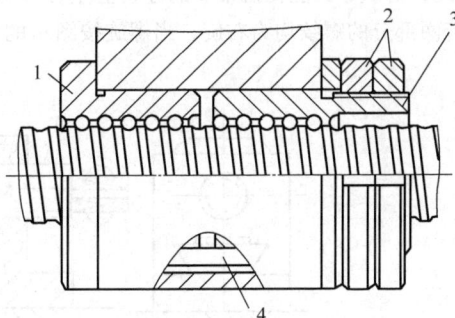

螺母 1 的外端有凸缘，螺母 3 加工有螺纹的外端伸出螺母座外，用两个圆螺母 2 锁紧。旋转圆螺母即可调整轴向间隙和预紧。这种方法的特点是结构紧凑，工作可靠，调整方便。缺点是不很精确。键 4 的作用是防止两个螺母的相对转动。

3. 齿差调隙式（见图 9-29）

在螺母 1 和 2 的凸缘上切出齿数相差一个齿的外齿轮（$z_2 = z_1 + 1$），把其装入螺母座中分别与具有相对齿数（z_1 和 z_2）的内齿轮 3 和 4 啮合。调整时，先取下内齿轮，将两个螺母相对螺母座同方向转动一定的齿数，然后把内齿轮复位固定。两个螺母之间产生相对轴向位移，从而达到调整的目的。当两个螺母按同方向转过一个齿时，其相对轴向位移为

$$\Delta l = \left(\frac{1}{z_1} - \frac{1}{z_2} \right) P_h = \frac{z_2 - z_1}{z_2 z_1} P_h = \frac{1}{z_2 z_1} P_h$$

图 9-29　齿差调隙式

式中，P_h 为导程。如果 $z_1 = 99$，$z_2 = 100$，$P_h = 8mm$，则 $\Delta l = 0.8\mu m$。可见这种方法的调整精度很高，工作可靠。但结构复杂，加工工艺和装配性能较差。

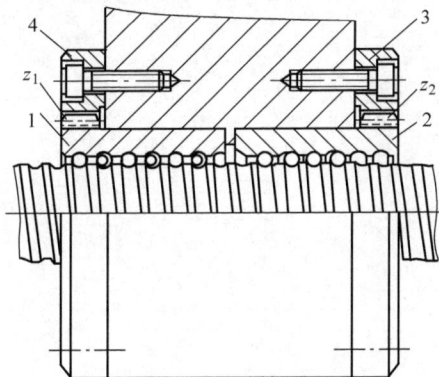

思考题及习题

9-1　螺距与导程有何区别？两者之间又有何关系？

9-2　何谓示数螺旋传动？设计时应满足哪些基本要求？

9-3　滑动螺旋传动的主要优缺点是什么？

9-4　滑动螺旋的耐磨性计算中，一般多限制螺母螺纹的扣数 n（$n = H/P$）≤10，为什么？又在什

么情况下，需要进行稳定性验算？

9-5 影响螺旋传动精度的因素有哪些？如何提高螺旋传动的精度？

9-6 何谓螺旋传动的空回误差？消除空回的方法有哪些？

9-7 滚珠螺旋传动有哪些主要优点？多用于何种场合？

9-8 图 9-30 所示为一差动螺旋装置。螺旋 1 上有大小不等的两部分螺纹，分别与机架 2 和滑板 3 的螺母相配；滑板 3 又能在机架 2 的导轨上左右移动，两部分螺纹的螺距如图所示。

1）若两部分的螺纹均为右旋，当螺旋按图示的转向转动一周时，滑板在导轨上移动多少距离？方向如何？

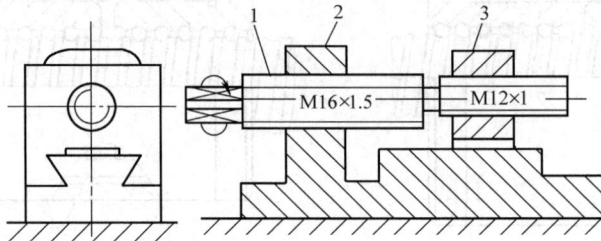

图 9-30 题 9-8 图

2）若 M16×1.5 螺旋为左旋，M12×1 为右旋，其他条件均不变，此时滑板将移动多少距离？方向如何？

第十章 轴、联轴器、离合器

第一节 概 述

轴是组成精密机械的重要零件之一。一切作回转运动的零件，都必须装在轴上才能实现其运动。

按照所受载荷和应力的不同，轴可分为心轴、转轴和传动轴三种。工作时只承受弯矩而不传递转矩的轴称为心轴。心轴可以随同回转零件一起转动，如图10-1a中用键与滑轮联接的心轴；也可以不随回转零件转动，如图10-1b中与滑轮间隙配合的心轴。转动的心轴承受变应力，不转动的心轴承受静应力。工作时既承受弯矩又承受转矩的轴称为转轴，如减速器中的齿轮轴（见图10-2）。工作时只承受转矩或主要承受转矩的轴称为传动轴，如汽车发动机与后桥之间的传动轴、万向联轴器的中间轴，以及机床中的光杠等。

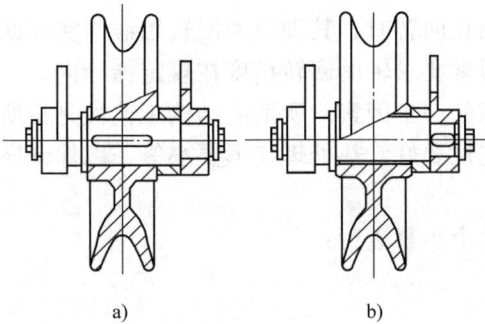

a)　　　　　　b)

图 10-1　心轴

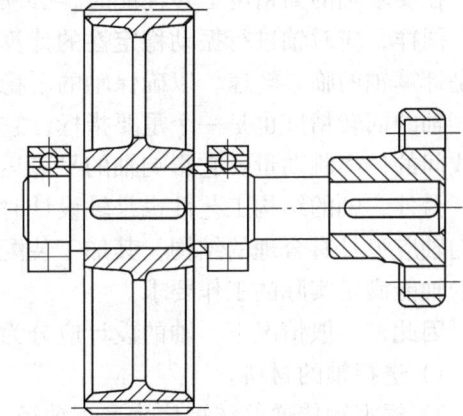

图 10-2　齿轮轴

按照轴的中心线形状，轴可分为直轴、曲轴和钢丝软轴三种。轴的各截面中心在同一直线上的称为直轴；而各轴段截面的中心不在同一直线上的轴则称为曲轴。曲轴属专用零件，多用于动力机械中。钢丝软轴的轴线可随意变化，能够把回转运动灵活地传到任何位置上去。钢丝软轴可用于受连续振动的场合，具有缓和冲击载荷的作用。

精密机械中使用的轴大多数是直轴。直轴根据其结构形状又分为光轴与阶梯轴两种。光轴的各横截面直径相同，形状简单，易于加工。阶梯轴的各横截面直径不同，以使各轴段的强度接近，并便于轴上零件的安装和固定。直轴多制成为实心的，但当需要在轴中装配其他零件或需要减少轴的质量时，也可采用空心轴。

联轴器和离合器的功能是用来连接两根轴，有时也用来连接轴和其他回转的零件，使它们一起回转并传递运动和转矩。联轴器只有在运动停止后用拆卸的方法才能把轴分离；而离合器则可根据需要随时使两轴分离或接合。此外，有些联轴器与离合器还可以起到过载保护等其他作用。

联轴器和离合器的类型很多，其中部分已经标准化或系列化，设计时，主要是解决选用问题，只有在有特殊要求时才自行设计。选用时，首先应按工作要求选定合适的类型，然后按轴的直径、计算转矩、工作转速、工作温度等，从有关手册中查出适用的型号和具体结构尺寸。必要时，应对其中个别关键性零件的强度和其他性能进行验算。对于以传递运动为主的联轴器和离合器，则应对其传动误差和回转误差进行分析，并作必要的计算。

第二节 轴

轴是轴系中的重要零件，对它的设计涉及轴的回转精度、强度、刚度、热变形、振动稳定性和结构工艺性等问题。

轴的强度是指轴在外载荷作用下不被破坏的能力，尤其在轴承受较大载荷时必须进行强度计算，以确保轴的安全运行。

轴的刚度是指轴在外载荷作用下承受弯曲和扭转变形在允许极限值的范围之内的能力。在要求轴的高精度运转性能时，必须保证轴具有足够的刚度。

同样，应对轴进行振动稳定性的计算。用于在轴做高速回转时防止产生共振现象，主要是计算轴的临界转速，以确保轴的平稳运行。

轴的回转精度也是一个重要指标，它是指轴在回转时，其理想的回转轴线与实际回转轴线间的偏离跳动量，它影响轴的平稳运行。通常要求轴的回转精度在规定指标内。

另外，轴的结构工艺性也是轴设计时要考虑的一个因素。所谓的结构工艺性是指所设计的轴应该具有合理的结构，其加工装配的工艺性要好，热处理变形要小等，以保证所设计的轴能满足实际的工作要求。

因此，一般情况下，轴的设计应分为以下几个步骤进行：

1）选择轴的材料。

2）根据轴传递的转矩估算最小轴径。

3）进行轴的结构设计。

4）按弯曲、扭转合成强度条件对轴的危险截面进行强度校核。

一、轴的材料及其选择

能用作轴的材料的种类很多，应根据轴的工作要求，即它的强度、刚度和振动稳定性及耐磨性等要求，以及为实现这些要求所应采取的热处理方式来进行选择。同时还应考虑其制造工艺要求，在满足使用要求的基础上选材应力求做到经济合理。

常用的轴材料是碳素钢和合金钢。碳素钢比合金钢便宜，对应力集中不太敏感，并可通过热处理提高其耐磨性及疲劳强度，因此得到广泛应用。常用的优质碳素钢有35钢、45钢、50钢，最常用的是45优质碳素钢。为保证其力学性能，一般需进行调质或正火处理。不重要的或受力较小的传动轴，可使用 Q235、Q275 等普通碳素结构钢。

合金钢具有更高的力学性能和更好的淬火性能，可在传递大功率并要求减小尺寸与质量和提高轴颈耐磨性时采用。常用的合金钢有 20Cr、40Cr 等。温度超过 300°C 时可采用含 Mo 的合金钢。

对于仪器中的一些受力小但耐磨性要求高的轴，为保证其硬度也可选用 T8A、T10A 等碳素工具钢制造。在某些仪表中为防磁目的，也可用黄铜和青铜材料来制作轴。如果要求防腐蚀，也可采用 2Cr13 及 4Cr13 等不锈钢材料。

在一般工作温度（低于 200°C）下，碳素钢和合金钢的弹性模量相差不多，热处理对它们的影响也很小。因此，若选用合金钢，只能提高轴的强度和耐磨性，而对轴的刚度影响不大。

钢轴的毛坯可用轧制圆钢和锻件，有的则直接用圆钢。

形状复杂的轴，也可采用铸钢、合金铸铁或球墨铸铁。经过铸造成型可得到更合理的形状。铸铁价格低，吸振性和耐磨性都比较好，对应力集中又不太敏感，这些是它的优点。但铸铁的品质不易控制，故其可靠性不如钢轴。

表 10-1 列出轴常用材料的主要力学性能。

表 10-1 轴常用材料的主要力学性能

材料牌号	热处理	毛坯直径/mm	硬度 HBW	抗拉强度 σ_b MPa	屈服点 σ_s	备 注
Q235-A	热轧或锻后空冷	≤100		400 ~ 420	225	用于不重要及受载荷不大的轴
		>100 ~ 250		375 ~ 390	215	
45 钢	正火回火	≤100	170 ~ 217	590	295	应用最广泛
		>100 ~ 300	162 ~ 217	570	285	
	调质	≤200	217 ~ 255	640	355	
40Cr	调质	≤100	241 ~ 286	785	510	用于载荷较大，而无很大冲击的重要轴
		>100 ~ 300		685	490	
40CrNi	调质	≤100	270 ~ 300	900	735	用于很重要的轴
		>100 ~ 300	240 ~ 270	785	570	
38SiMnMo	调质	≤100	229 ~ 286	735	590	用于重要的轴，性能接近于 40CrNi
		>100 ~ 300	217 ~ 269	685	540	
38CrMoAlA	调质	≤60	293 ~ 321	930	785	用于要求高耐磨性、高强度且热处理（渗氮）变形很小的轴
		>60 ~ 100	277 ~ 302	835	685	
		>100 ~ 160	241 ~ 277	785	590	
20Cr	渗碳淬火回火	≤60	渗碳 56 ~ 62HRC	640	390	用于要求强度及韧性均较高的轴
3Cr13	调质	≤100	≥241	835	635	用于腐蚀条件下的轴
QT600—3			190 ~ 270	600	370	用于制造复杂外形的轴
QT800—2			245 ~ 335	800	480	

二、估算最小轴径

轴的设计之初，由于不能确定轴及轴上零件的轴向尺寸，因此无法画出轴的受力弯矩图。但是，轴的工作转速 n 和传递的功率 P 是已知的，由此可以估算出轴的最小轴径。

由材料力学知

$$\tau_{max} = \frac{T}{W_t} = \frac{9.55 \times 10^6 P/n}{0.2d^3} \leqslant [\tau] \tag{10-1}$$

式中　T——轴所传递的转矩，单位为 N·mm；

　　　τ_{max}——轴受 T 作用时，轴中产生的切应力，单位为 N/mm²；

　　　W_t——轴的抗扭截面系数，对于实心轴 $W_t = 0.2d^3$；

　　　d——轴的直径，单位为 mm；

　　　P——轴传递的功率，单位为 kW；

　　　n——轴的转速，单位为 r/min；

　　　$[\tau]$——许用切应力，单位为 N/mm²。

由式（10-1）可得轴的最小直径

$$d \geqslant \sqrt[3]{\frac{9.55 \times 10^6 P/n}{0.2[\tau]}} = C\sqrt[3]{\frac{P}{n}} \tag{10-2}$$

式（10-2）中的 C 值是取决于许用切应力 $[\tau]$ 的系数，其大小决定于所选轴的材料和载荷性质。表 10-2 中列出几种常用材料的 $[\tau]$ 和 C 值。

表 10-2 轴常用材料的许用切应力 $[\tau]$ 和系数 C

轴材料	Q235＊，20 钢	Q275＊，35 钢	45 钢	40Cr，35SiMn，40MnB
$[\tau]/(\text{N·mm}^{-2})$	11.8 ~ 19.6	19.6 ~ 29.4	29.4 ~ 39.2	39.2 ~ 51
C	159 ~ 135	135 ~ 118	118 ~ 107	107 ~ 97.8

注：1. 标有＊号的 $[\tau]$ 取较小值，或 C 取较大值。

　　2. 当轴上无轴向载荷时，C 取较小值；有轴向载荷时，C 取较大值。

另外，当在轴上开有键槽或销钉孔时，会削弱轴的强度，因此要将轴径 d 适当加大。一般在有一个销钉孔或键槽时，应将轴径增大 3% 左右；有两个时增大 7%。最后将 d 圆整至标准值。由于此时的计算较为粗略，因此该值只能作为轴的最小直径来对待。

三、轴的结构设计

轴的结构设计在轴的整个设计过程中是最重要的，其基本要求是：轴本身有确定的工作位置；轴上零件在周向和轴向上可靠定位；有良好的制造工艺性，同时应便于安装、拆卸和调整。由于涉及的因素较多，致使轴的结构设计具有较大的灵活性和多样性，一般没有一个标准的模式可循，只能根据轴的使用要求来具体分析，并参照同类结构形式反复进行对比，才能设计出合理的结构来。

以下分别来考虑轴结构设计中的几个要素。

（一）轴的外形结构

图 10-3a 为一级圆柱齿轮减速机的简图。图 10-3b 为该减速机Ⅱ轴的结构图。轴Ⅱ是一根典型的转轴。设计该轴的外形时，应充分考虑轴上零件的类型、尺寸和数量，轴上载

荷的大小、方向和性质，轴上零件的安装和定位，以及轴加工和装配的工艺。

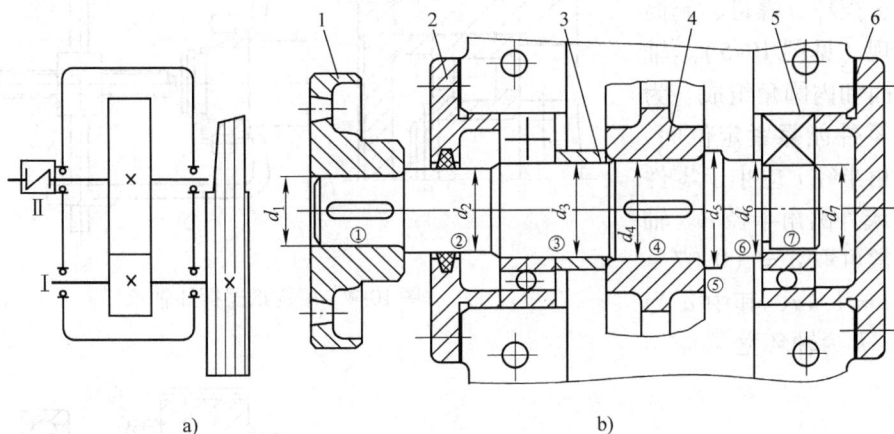

图 10-3 轴的外形结构设计例

1—联轴器 2—端盖 3—套筒 4—齿轮 5—滚动轴承 6—调整垫

由于减速箱机构空间的限制，在装配减速机时，总是先将齿轮轴、齿轮和套筒装好，再从左右两端分别装入轴承和轴承盖。这种工艺决定了轴的外形结构为中间粗、两头细的阶梯型。因此，轴上装有联轴器的轴段①（外伸端），其轴径应为轴的最小直径，应根据轴所受的扭矩进行估算。实际设计时的该轴径应比估算的略大。轴段②较轴段①稍粗，并在段①和段②间构成一定位轴肩，用以确定联轴器的轴向位置。联轴器的周向位置采用平键来固定。轴段②的外径与端盖的密封圈相配合。为方便装拆滚动轴承，使轴段③的轴颈比轴段②稍粗，其直径要和所选用的滚动轴承内径相配合。尺寸 d_3 是轴承的内径尺寸，需查轴承手册。另外，为减少外购件的种类，同一根轴上的两个滚动轴承的型号应选择相同，因此轴段⑦和轴段③的直径也要相同。轴上齿轮的位置用轴环⑤、套筒和平键来固定。同样为了方便装拆齿轮，轴段④的轴径应比轴段③稍大。另外从载荷分布的情况看，齿轮中间部分轴截面所受的弯矩最大。因此应加大该部分的轴径尺寸，以提高轴的弯曲强度。装在轴段③上的滚动轴承靠套筒和端盖来调整和固定其轴向位置。两个滚动轴承内圈的周向位置是靠它们与轴颈间的过盈配合来确定的。此外，从加工工艺考虑，为便于轴颈的磨削，在轴段⑦上设计有一个砂轮越程槽。轴上所有需要配合的轴段，由于其加工精度和表面粗糙度要求高，应将这些轴段与其中间段分开。轴段⑥为轴的安装尺寸，需查轴承手册，以满足轴承拆卸要求。拆卸中小轴承时，普遍使用图 10-4 所示的拆卸工具。为使工具的钩头钩住与轴颈紧配合的内圈，应限制轴肩高度 h。

在满足工作要求的前提下，轴的外形结构应尽可能简单。复杂的外形结构不利于加工，且增加应力集中点，造成热处理时产生轴变形。也不利于提高轴的疲劳强度。此外，在确定轴的结构时，还要同时考虑轴上零件的固定方法。

（二）零件在轴上的固定方法

常用的轴上零件固定方法分轴向固定和周向固定两种。

1. 轴向固定法

零件的轴向固定常采用轴肩、轴环、挡环、螺母、套筒等零件实现（见图10-5）。轴肩由定位面和内圆角组成。为保证轴上零件能靠紧定位面，轴上内圆角半径 r 应小于零件上倒角 C 或外圆角半径 R。轴环尺寸通常可取 $a = (0.07 \sim 0.1)d$，$b = 1.4a$，其中 a 为轴环高度，b 为轴环宽。

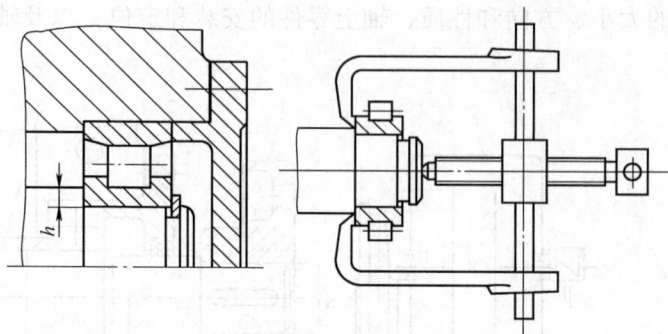

图 10-4　用钩爪器拆卸轴承

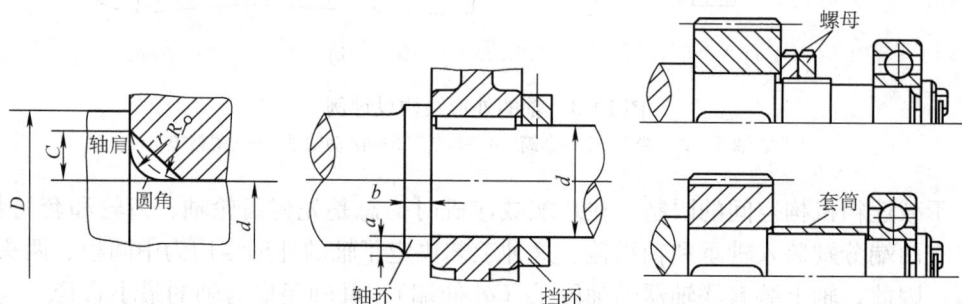

图 10-5　几种轴向固定方法

2. 周向固定法

零件的周向固定常采用平键、半圆键等来实现（参见第14章"键联结"部分）。

此外，零件在轴上的固定方法尚有销联接、紧定螺钉联接和压合联接（过盈配合）（详见第七章"齿轮结构设计"部分）。

轴的结构设计过程并没有严格的步骤，但大致划分为以下几个阶段：

1）估算最小轴径。

2）确定轴的支承和轴上零件的布置方案。

3）完成轴和轴上零件外形设计。

4）确定各轴段的直径和长度。

5）细化设计，即完成轴肩圆角半径、退刀槽、越程槽、配合性质及公差、热处理等。

四、按弯曲和扭转复合强度条件校验轴的强度

轴的结构设计完成后，轴的强度校验步骤一般如下（见图10-8）：

1）绘出轴的空间受力简图（见图10-8a），并求出垂直面和水平面内的支点反力。

2）绘出垂直面内的弯矩 $M_\perp$ 图（见图10-8b）。

3）绘出水平面内的弯矩 $M_=$ 图（见图10-8c）。

4）利用公式 $M = \sqrt{M_\perp^2 + M_=^2}$，绘出合成弯矩图（见图10-8d）。

5) 绘出转矩 T 图（见图 10-8e）。

6) 利用公式 $M_v = \sqrt{M^2 + (\alpha T)^2}$，求出并绘出当量弯矩 M_v 图（见图 10-8f）。式中 α 是取决于转矩性质的矫正系数。对恒定转矩，取 $\alpha = \sigma_{-1b}/\sigma_{+1b}$；对脉动循环转矩，取 $\alpha = \sigma_{-1b}/\sigma_{0b}$；对对称循环转矩，取 $\alpha = 1$。$[\sigma_{+1b}]$、$[\sigma_{0b}]$ 和 $[\sigma_{-1b}]$ 分别为材料在静应力、脉动循环和对称循环应力状态下的许用弯曲应力，其值可从表 10-3 中选取。

表 10-3 转轴和心轴的许用弯曲应力 （单位：N/mm²）

材料	σ_b	$[\sigma_{+1b}]$	$[\sigma_{0b}]$	$[\sigma_{-1b}]$
碳素钢	400	130	70	40
	500	170	75	45
	600	200	95	55
	700	230	110	65
合金钢	800	270	130	75
	1000	330	150	90

7) 强度校验。由工程力学可知，受 M_v 作用时，轴中产生的当量弯曲应力应满足

$$\sigma_b = \frac{M_v}{W} \leq [\sigma_{-1b}] \qquad (10\text{-}3)$$

式中 W——轴的抗弯截面系数，对于实心轴有 $W = 0.1d^3$；

M_v——当量弯矩，单位为 N·mm。

轴的设计并无一套一成不变的步骤。有时，对于形状不甚复杂的轴，也可从已有的条件入手，如从传动轮的轮体已经知道了轴头的尺寸，从轴承工作条件知道了轴颈的尺寸，等等，直接进行结构设计。再在过程中进行必要的校核，并按轴的布置简图画出轴的零件工作图。

对用来传递转矩而不承受弯矩或弯矩很小的传动轴，这种情况在仪器设计中甚为常见，轴承受外力和弯矩均很小，此时可直接按轴的转速和所传递的功率计算轴径，然后进行轴的结构化，以确定轴的最终形状和尺寸。

例 10-1 图 10-6 为一高速摄影机传动原理图。电动机通过带和齿轮带动反射镜轮转动。请设计其中的 I 轴。

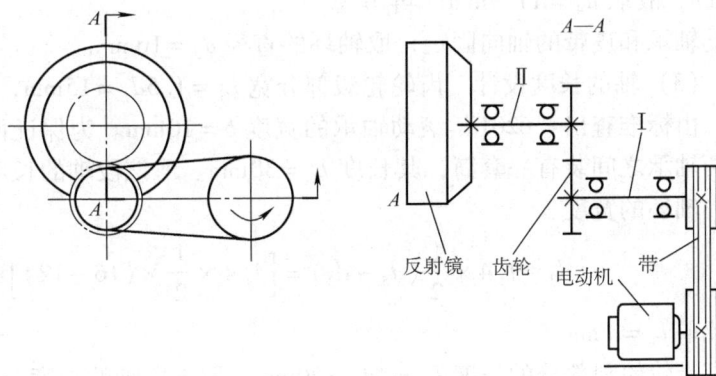

图 10-6 高速摄像机传动简图

已知轴 I 的输入功率 $P = 1.5\text{kW}$，转速 $n = 3\,000\text{r/min}$；带轮张紧时轴 I 所受的力 $F_z = 140\text{N}$；齿轮的切向力 $F_t = 132\text{N}$，径向力 $F_r = 48\text{N}$；两滚动轴承间的中心距为 40mm。

解

1. 估算轴的直径

选轴的材料为45钢，由表10-2取 $C=118$，则根据式（10-2）

$$d = C\sqrt[3]{\frac{P}{n}}$$

可算得轴直径为

$$d = \left(118 \times \sqrt[3]{\frac{1.5}{3\,000}}\right)\text{mm} = 9.37\text{mm}$$

2. 轴的结构设计

（1）轴的外形设计　根据轴上零件的定位和装拆要求，设计出轴的外形结构如图10-7所示。

（2）轴的直径设计　按式（10-2）估算出的直径 d 应该作为轴外伸端 d_1（图中轴段①处，余同）和 d_7 的直径。因 d_1 处装有齿轮，d_7 处装有带轮，故 d_1 和 d_7 均为配合尺寸，应取为标准直径，取 $d_1 = d_7 = 10\text{mm}$。取砂轮越程槽深为 0.25mm，$d_2 = d_6 = 9.5\text{mm}$。考虑滚动轴承的装拆，选用滚动轴承的型号为"6201"，由轴承手册查出安装滚动轴承内圈处的直径 $d_3 = 12\text{mm}$，故取 $d_4 = 11.5\text{mm}$。再考虑

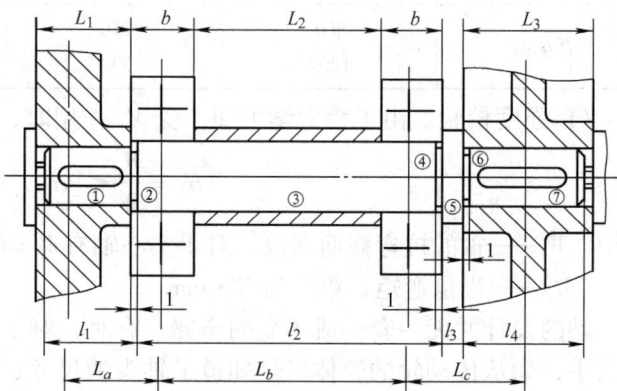

图10-7　轴Ⅰ的外形结构图

滚动轴承和皮带的轴向固定，取轴环的直径 $d_5 = 16\text{mm}$。

（3）轴的长度设计　齿轮轮毂部分宽 $L_1 = 1.5d_1 = 15\text{mm}$，取该段轴长 $l_1 = 15\text{mm}$。

由标准查出"6201"滚动轴承的宽度 $b = 10\text{mm}$。为保证两轴承中心间距离为40mm，在两轴承之间装有一套筒，其长度 $L_2 = 30\text{mm}$。取该段轴的长度 $l_2 = 49\text{mm}$。

轴环的宽度

$$l_3 \approx 1.4 \times \frac{1}{2}(d_5 - d_3) = \left[1.4 \times \frac{1}{2} \times (16-12)\right]\text{mm} = 2.8\text{mm}$$

因此取 $l_3 = 3\text{mm}$。

带轮轮毂部分的长度 $L_3 = 2d_7 = 20\text{mm}$，取该段轴的长度 $l_4 = 19\text{mm}$。

从已知的轴长度，便可定出各力作用点之间的距离 $L_a = 15\text{mm}$；$L_b = 40\text{mm}$；$L_c = 18\text{mm}$。

3. 按弯曲和扭转复合强度校验（见图10-8）

画出轴Ⅰ的空间受力简图（见图10-8a）。

求垂直面内的支点反力：

$$F_{rA} = \frac{F_r(L_a + L_b)}{L_b} = \left[\frac{48 \times (15 + 40)}{40}\right]N = 66N$$

$$F_{rB} = \frac{F_r L_a}{L_b} = \left(\frac{48 \times 15}{40}\right)N = 18N$$

校核
$$F_{rA} = F_r + F_{rB}$$
$$66N = (48 + 18)N$$

用类似的方法求水平面内的支点反力：
$$F_{tA} = 118.5N, \quad F_{tB} = 153.5N$$

再求垂直面内弯矩
$$M_{\perp A} = F_r L_A = (48 \times 15)N \cdot mm = 720N \cdot mm$$
$$M_{\perp B} = 0$$

然后画出垂直面内弯矩图（见图10-8b）。

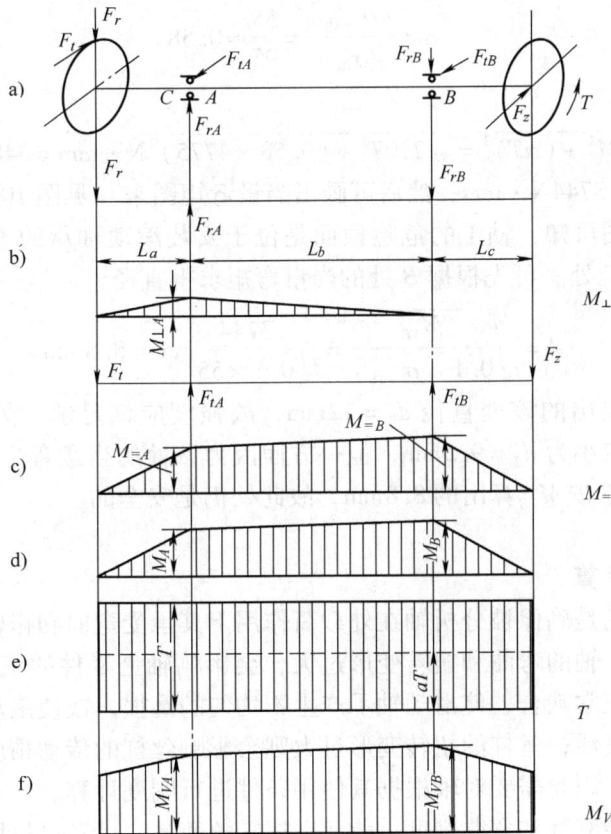

图 10-8 弯曲和扭转复合强度计算轴 I

用类似的方法可求出水平面内弯矩为
$$M_{=A} = 1\,980N \cdot mm, \quad M_{=B} = 2\,520N \cdot mm$$

画出水平面内弯矩图（见图 10-8c）。

合成弯矩于是为

$$M_A = \sqrt{M_{\perp A}^2 + M_{=A}^2} = \sqrt{720^2 + 1\,980^2}\,\text{N} \cdot \text{mm} = 2\,107\,\text{N} \cdot \text{mm}$$

$$M_B = \sqrt{M_{\perp B}^2 + M_{=B}^2}\,\sqrt{0 + 2\,520^2}\,\text{N} \cdot \text{mm} = 2\,520\,\text{N} \cdot \text{mm}$$

画出合成弯矩图（见图 10-8d）。

再求转矩

$$T = 9.55\,\frac{P}{n} \times 10^6\,\text{N} \cdot \text{mm} = \left(9.55 \times \frac{1.5}{3\,000} \times 10^6\right)\text{N} \cdot \text{mm} = 4775\,\text{N} \cdot \text{mm}$$

从而画出转矩图（见图 10-8e）。

再求当量弯矩。一般可认为轴 I 传递的转矩是按脉动循环变化的。现选用轴的材料为 45 钢，并经正火处理。由表 10-1 查出其强度极限 $\sigma_b = 600\text{MPa}$ 并由表 10-3 中查出与其对应的 $[\sigma_{-1b}] = 55\text{MPa}$，$[\sigma_{0b}] = 95\text{MPa}$，故可求出系数

$$\alpha = \frac{[\sigma_{-1b}]}{[\sigma_{0b}]} = \frac{55}{95} \approx 0.58$$

因此

$$M_{VA} = \sqrt{M_A^2 + (\alpha T)^2} = \sqrt{2107^2 + (0.58 \times 4775)^2}\,\text{N} \cdot \text{mm} = 3480\,\text{N} \cdot \text{mm}$$

同样也可求出 $M_{VB} = 3744\text{N} \cdot \text{mm}$，然后可画出当量弯矩图来（见图 10-8f）。

根据当量弯矩图可知，轴 I 的危险截面是位于安装滚动轴承的 B 处，或在安装齿轮部分的砂轮越程槽 C 处。可先根据 B 处的当量弯矩求得直径

$$d = \sqrt[3]{\frac{M_{VB}}{0.1\,[\sigma_{-1b}]}} = \sqrt[3]{\frac{3744}{0.1 \times 55}}\,\text{mm} = 8.8\,\text{mm}$$

在结构设计中定出的该处直径 $d_3 = 12\text{mm}$，故强度应该足够。另一危险截面位于 C 处，虽该截面直径较小为 $d_2 = 9.5\text{mm}$，但一方面因为该处的当量弯矩 M_{VC} 小于 M_{VB}，另一方面，9.5mm 仍大于按 M_{VB} 算出的 8.8mm，故此处仍是安全的。

五、轴的刚度计算

刚度计算的目的是确保被分析轴在外载荷作用下其承受弯曲和扭转产生的变形不超过允许极限值的范围。轴的弯曲和扭转变形过大，会影响轴上零件的正常工作和传动精度，如影响轴上齿轮的正常啮合，使滑动轴承产生不均匀的磨损，或使滚动轴承内外圈过渡歪斜，造成转动的不灵活；丝杠的扭转变形过大则会影响丝杠的传动精度；刚度不足还会引起轴的共振，等等。因此需要对轴根据其使用条件进行刚度计算。

轴的刚度分扭转刚度和弯曲刚度，前者以扭转角衡量，后者以挠度或偏转角来衡量。

（一）扭转刚度计算

等截面的轴在受转矩 T 作用时，相距 L 的两截面的相对扭转角为

$$\varphi = \frac{TL}{GI_p} = \frac{9.55 \times 10^6 (P/n)L}{G(\pi d^4/32)} = \frac{9.55 \times 10^6 (P/n)L}{0.1Gd^4} \tag{10-4}$$

式中　G——轴材料的切变模量；

P——轴传递的功率，单位为 kW；

n——转速，单位为 r/min；

d——轴的直径，单位为 m；

I_p——轴截面的极惯性矩。

按扭转刚度计算，要求算出的转角 φ 小于允许的转角 $[\varphi]$。一般传动中，转轴的允许转角应该不超过 $(0.25° \sim 0.5°)$ /m。

（二）弯曲刚度计算

轴受弯矩作用会产生弯曲变形。如图 10-9 所示，设 y 是轴截面 C 处产生的挠度，θ 是截面 C 所产生的转角。

实际中的轴多为阶梯轴。如果要求计算结果不十分精确的话，可将其看成等直径圆轴来求其变形。最典型的方法就是根据近似挠曲线微分方程来求解：

$$\frac{d^2y}{dx^2} = \frac{M(x)}{EI_a} \qquad (10-5)$$

积分一次得轴的各截面转角方程式 $\theta(x)$，积分两次则得到挠度方程式 $y(x)$。但工程上常用查表法。在一般设计手册中都列有受弯构件在简单受力情况下所产生的挠度和转角的表格。查表时，先从表中找到支座和受力情况相同的构件，便能查到挠曲线方程和特定截面的挠度 y 和转角 θ 的计算式。

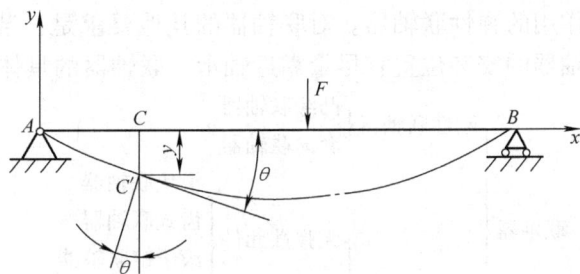

图 10-9　梁弯曲后的挠度和转角

表 10-4 列出了典型轴的允许变形量。

表 10-4　典型轴的允许变形量

应用场合	$[y]$/mm	应用场合	$[\theta]$/rad
一般用途轴	$(0.0003 \sim 0.005)L$	滑动轴承	0.001
刚度要求较高的轴	$0.0002L$	深沟球轴承	0.005
安装齿轮的轴	$(0.01 \sim 0.03)m$	调心球轴承	0.05
安装蜗轮的轴	$(0.02 \sim 0.05)m$	圆柱滚子轴承	0.0025
安装齿轮处	$0.001 \sim 0.002$	圆锥滚子轴承	0.0016

注：L 为轴承间的跨距；m 为齿轮的模数。

第三节　联　轴　器

联轴器用于连接两根分开的轴。按照被联接两根轴的相对位置情况，可将联轴器分为刚性联轴器和挠性联轴器两类。如图 10-10 所示，刚性联轴器用在两轴严格对中并在工作中不发生相对位移的场合。挠性联轴器则用于两轴能有相对位移（轴向位移、径向位移、角位移、综合位移）的地方。挠性联轴器又分为无弹性元件的、有金属弹性元件的和有非金属弹性元件的联轴器等三种，其中后两种统称为弹性联轴器。

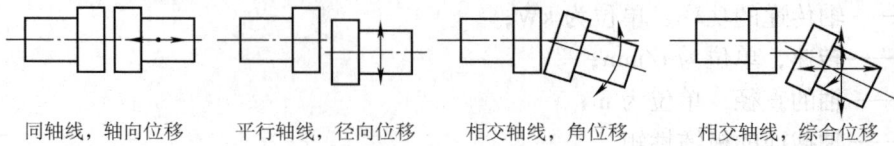

同轴线，轴向位移　平行轴线，径向位移　相交轴线，角位移　相交轴线，综合位移

图 10-10　两轴的相对位置和相对位移

对于载荷平稳、转速稳定、被联接的两轴中心线对中要求较高，且机器运转过程中不发生相对位移的地方，可选用刚性联轴器。而可能发生相对位移的场合应选用无弹性元件的挠性联轴器。对同轴度不易保证，载荷、速度变化较大的场合，最好选用具有缓冲、减振作用的弹性联轴器。对联轴器的其他要求是：装拆方便，尺寸小，质量轻，维护简便。联轴器的安装位置宜尽量靠近轴承。联轴器的具体分类如下：

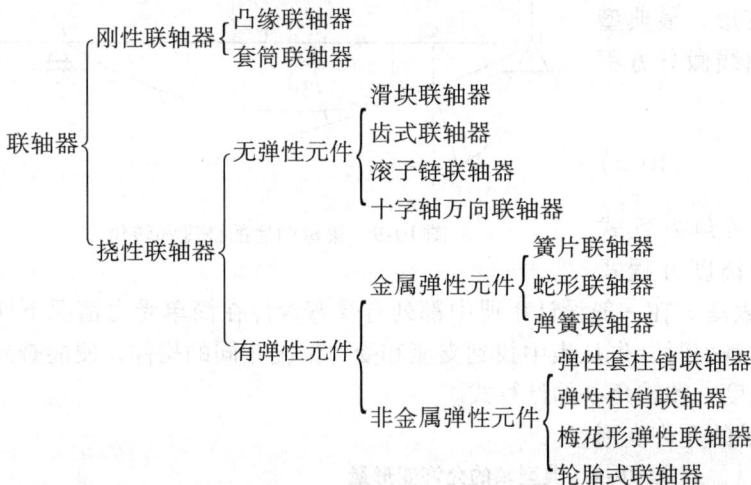

联轴器的类型很多，部分已标准化，设计时主要是解决选用问题。有关联轴器的型号、轴径范围、许用名义转矩、许用转速、最高工作温度、最大补偿量（径向、轴向、角度）、质量、转动惯量等有关数据请见产品目录和设计手册。设计时，可根据工作要求（轴径、计算转矩、工作转速、位移量、工作温度等）确定联轴器型号。在重要场合，对其中个别关键零件应做必要的校验。

联轴器和离合器的计算转矩 T_j 常按下面的简化式计算：

$$T_j \approx KT \leq T_n \tag{10-6}$$

式中　T——工作转矩；

T_n——许用名义转矩，由手册查出；

K——载荷系数，见表 10-5。在选取 K 值时应注意：对刚性联轴器和无弹性元件的挠性联轴器宜取较大值；弹性联轴器宜取较小值；摩擦离合器宜取中间值，但单位时间内接合次数多的宜取大值；安全离合器宜取小值。

一、刚性联轴器

常用的刚性联轴器有凸缘联轴器、套筒联轴器等。其特点是结构简单，成本低，对两轴的对中要求较高。

（一）凸缘联轴器

在刚性联轴器中，凸缘联轴器（见图 10-11）是应用最广的一种。这种联轴器主要由两个分装在轴端的带凸缘的半联轴器和联接它们的螺栓所组成。这种联轴器装拆方便，只需卸下螺栓即可拆开。

表 10-5　载荷系数 K

原动机	工作机特性		
	转矩变化小	转矩变化中等 冲击载荷中等	转矩变化大 冲击载荷大
电动机、汽轮机	1.3 ~ 1.5	1.7 ~ 1.9	2.3 ~ 3.1
多缸内燃机	1.5 ~ 1.7	1.9 ~ 2.1	2.5 ~ 3.3
单、双缸内燃机	1.8 ~ 2.4	2.2 ~ 2.8	2.8 ~ 4.0

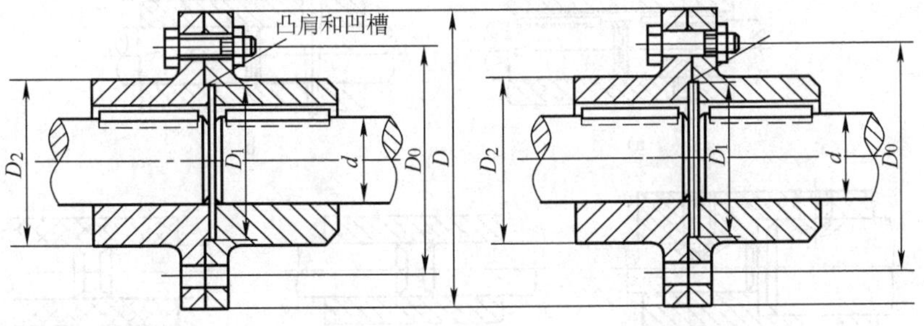

图 10-11　凸缘联轴器

制造联轴器的材料对于中等以下载荷和 $v \leq 35\text{m/s}$ 时可采用中等强度的铸铁，而对于重载、$v \leq 75\text{m/s}$ 时可采用锻钢或铸钢。此处 v 为联轴器外缘的圆周速度。

凸缘联轴器有两种不同的对中方法：由具有凸肩的半联轴器和具有凹槽的半联轴器相嵌合而对中；用铰制孔和受剪螺栓来对中。当要求两轴分离时，后者只要卸下螺栓即可，不用移动轴，因此装卸比前者更为简便。

凸缘联轴器对中精度高，传递的转矩大，但要求两轴的同轴度好，因此主要用于载荷平稳的连接中。

当采用六角头螺栓，且螺栓与螺栓孔之间具有少量间隙时，两个半联轴器依靠接合面间的摩擦力传递转矩。为此，每个螺栓上需要施加的预紧力为

$$F \geq \frac{4KT}{(D + D_1)zf} \tag{10-7}$$

式中　D、D_1——环形接合面的外径和内径；

　　　　z——螺栓数目；

　　　　F——摩擦因数。

螺栓的尺寸可根据螺栓的预紧力 F 来进行校核。

当联轴器的铰制孔与受剪螺栓的配合为 H7/f6 或 H7/js6 时，两个半联轴器依靠螺栓的剪切和挤压来传递转矩。联轴器在传递最大转矩时，每个螺栓所受的剪力

$$F_0 = \frac{2KT}{zD_0} \qquad\qquad (10\text{-}8)$$

式中　D_0——螺栓中心圆的直径。

螺栓尺寸即可根据剪力 F 来校核。

以上两种联轴器中，前一种制造简便、价格较低，后一种则能传递较大的转矩。

（二）套筒联轴器

它由联接两轴轴端的套筒和联接套筒与轴的联接零件（键或销钉）所组成（见图10-12a、b）。当传递转矩较小时，套筒与两轴可用紧定螺钉（见图10-12c）、过盈配合或利用套筒的弹性力（见图10-12d、e）等将两轴联接起来，甚至还可将直径不同的两根轴联接（见图10-12c）。

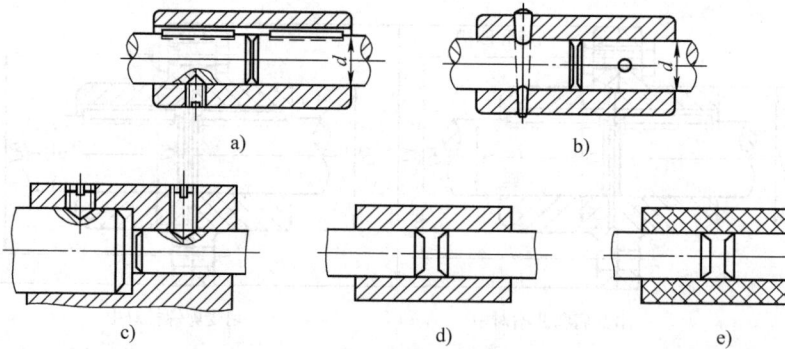

图 10-12　套筒联轴器

刚性联轴器的优点是可以传递较大转矩，结构简单，工作可靠，容易维护，价格较低。缺点是无法补偿两轴的偏斜和位移，对两轴的对中性要求较高。另外，由于联轴器中都是刚性零件，缺乏缓冲和吸振的能力。在不能避免两轴偏斜和位移的场合中应用时，将会在轴与联轴器中引起难以估计的附加应力，并使轴、轴承和轴上零件的工作情况恶化。

因此，刚性联轴器常用于连接对中精度较高、载荷平稳的两根轴。

二、挠性联轴器

由于制造、安装等误差，两轴的精确对中并不是在任何情况下都能实现的。即使安装时能保证对中，但由于工作过程中温度的变化、零件受载变形、回转零件的不平衡、基础下沉等原因，两轴轴线的相对位置也会发生变化。对此，其最好的解决办法是采用挠性联轴器。

有两种补偿轴向偏斜和相对位移的方法：一是利用联轴器工作零件间构成的动联接具有某一方向或几个方向的活动度来补偿；二是利用联轴器中弹性元件的变形来补偿。采用前一种方法做成的联轴器便是无弹性元件挠性联轴器，而用后一种方法做成的联轴器就是

弹性联轴器。

（一）无弹性元件挠性联轴器

1. 盘销联轴器

这种联轴器在圆盘 1 的一定半径的圆周上固定有一个销钉，而圆盘 2 上有一个对应的径向槽。装配时，使销钉插入槽内即可（见图 10-13）。

盘销联轴器允许被连接轴有轴向位移。轴向位移量要小于两盘之间的最大间隙 Δ（一般为 $0.8 \sim 1.5\text{mm}$）。

盘销联轴器的空回误差取决于销钉与槽之间的间隙 s 和销钉轴线到被连接轴轴线的距离 r，即

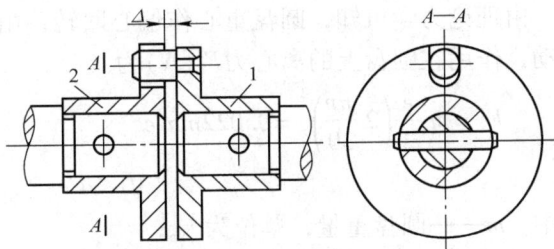

图 10-13　盘销联轴器

$$\delta\varphi' = \frac{s}{r}\text{rad} = \frac{s}{r} \times 3438' \qquad (10\text{-}9)$$

$\delta\varphi'$ 为小角度。所以间隙相同时，r 大时盘销联轴器的空回误差较小。销钉与槽配合通常采用 H7/h6 或 H8/h7。

在精密传动和示数装置中，应考虑被连接轴轴线的不重合所引起的传动误差。如图 10-14 所示，设 φ_1 表示主动轴的转角，φ_2 表示从动轴的转角，则由于被连接轴的径向位移 e 所引起的传动误差为

$$\delta\varphi = \varphi_1 - \varphi_2 \qquad (10\text{-}10)$$

$$\frac{\sin\delta\varphi}{\sin\varphi_2} = \frac{e}{r} \qquad (10\text{-}11)$$

式中　r——由销钉轴线到主动轴轴线的距离。

$$\delta\varphi = \arcsin\left(\frac{e}{r}\sin\varphi_2\right) \qquad (10\text{-}12)$$

由式（10-12）可以看出，传动误差是按正弦规律变化的，当 $\varphi_2 = 90°$ 和 $\varphi_2 = 270°$ 时，其绝对值达到最大值，即

$$|\delta\varphi_{\max}| = \arcsin\frac{e}{r} \qquad (10\text{-}13)$$

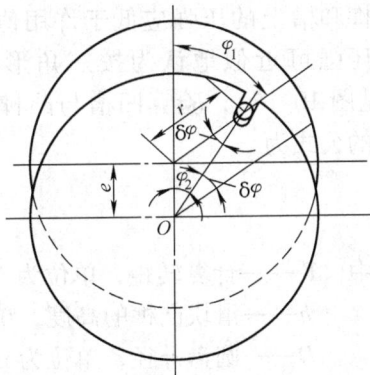

图 10-14　盘销联轴器的传动误差

因此，为减小传动误差，应尽量减小被联接轴的径向位移，增大销钉到被联接轴轴线之间的距离。

2. 滑块联轴器

该联轴器由两个端面开有凹槽的半联轴器 1、3 和一个两面都有榫的中间圆盘 2 组成（见图 10-15）。凹槽的中心线分别通过两轴的中心，两榫中心线相互垂直并通过圆盘中心。半联轴器分别固装在主动轴和从动轴上，由圆盘两面榫分别嵌在两半联轴器的凹槽中而构成动联接。

这种联轴器主要用于联接径向位移或角位移很小的两根轴。在滑块联轴器的工作过程

中，当连接的两轴有径向位移时，圆盘两榫可在半联轴器的凹槽中滑动以补偿两轴间的位移。该位移造成榫和槽的相对滑动。同时，当主动轴等速回转时，从动轴也等速回转，圆盘中心将以两轴的偏心距 e 为直径作圆周运动。并当主动轴转一周时，中间圆盘的中心在直径为 e 的圆上转动两周。

由理论力学可知，圆盘重心作偏心回转，由此将产生离心力。由于圆盘的重心作圆周运动，作用在圆盘上的离心力 $F'(N)$ 为

$$F' = m\,\frac{e}{2}\left(2\,\frac{\pi n}{30}\right)^2 = 0.022mn^2e$$

（10-14）

式中　m——圆盘重量，单位为 kg；

　　　n——轴的转速，单位为 r/min；

　　　e——两轴径向位移，单位为 mm。

这一离心力增加了榫和槽接触面上的正压力，将使磨损加剧。为了减小该离心力，常将中间圆盘制成空心，其内径约为外径的 0.7，使 $e \leqslant 0.04d$（d 为轴的直径），并将轴转速限制为 $n \leqslant 300$r/min。

为防止滑动零件的过早磨损，可根据计算的转矩 T_c 和圆盘外径进行验算。作用在榫和槽上的压强应低于许用值。凸榫侧面压强可近似地认为按三角形规律分布（见图 10-15），验算凹槽与凸榫侧面间压强的公式为

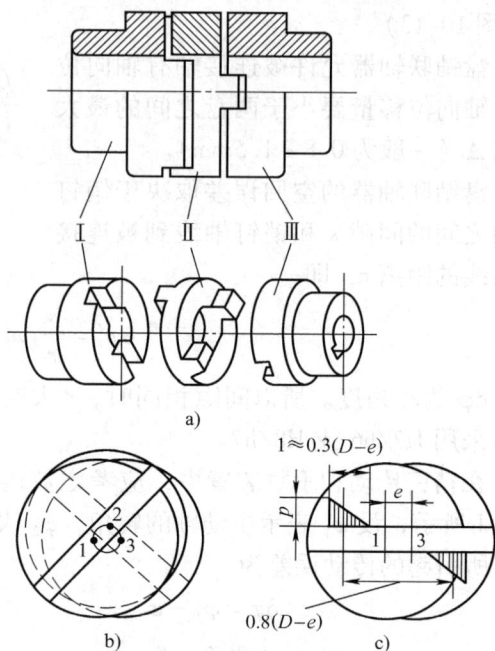

图 10-15　滑块联轴器

$$P = \frac{8T_c}{hD^2} \leqslant [p]$$

（10-15）

式中　T_c——计算转矩，单位为 N·mm；

　　　h——滑块凸榫的高度，单位为 mm；

　　　D——圆盘外径，单位为 mm；

　　　$[p]$——许用压强，单位为 MPa；

上述公式所求压强是按最不利情况下，宽度 $l \approx 0.3(D-e)$ 时计算的最大压强。根据材料和工作情况可以确定出实际许用压强的大小。

工作条件良好，使用未淬火钢，取 $[p] \leqslant 25$MPa。如果润滑不良，工作条件较差，加工精度稍差，金属硬度较低，取 $[p] = 3 \sim 10$MPa。为减小联轴器的磨损，应该从中间滑块的油孔注入润滑油。

与盘销联轴器相似，联接部分的间隙也将引起空回误差，故榫和槽的配合多采用 H7/h6。

滑块联轴器的径向尺寸较小，主要用于轴线间相对径向位移较大、传递转矩大、无冲击、低速传动的两轴联接。滑块联轴器不如下文介绍的齿式联轴器可靠，因此使用较少，

但它有结构简单，加工方便的优点，适用于要求不高的场合。

（二）有弹性元件的挠性联轴器（弹性联轴器）

这种联轴器中装有弹性元件，不仅可以补偿两轴的偏斜和位移，而且还具有缓和冲击和吸收振动的能力。弹性元件储存能量越多，则联轴器的缓冲能力就越好。弹性联轴器还可以改善轴和支撑的工作条件，降低联轴器所受的瞬时过载，并能改变轴系的刚度。因此，在频繁起动、受变载荷、高速运转、经常反向和两轴不便于严格对中的地方，最好采用弹性联轴器。

制造弹性元件的材料有金属的和非金属的两种。

1. 金属弹性元件挠性联轴器

常用的这类弹性联轴器见表 10-6。金属弹性元件强度高，使用寿命长，传递载荷能力强，尺寸小，使得该类联轴器既有良好的补偿偏斜或位移（径向、轴向）的能力，又有一定的缓冲作用和消振能力。其中波纹管联轴器和螺旋弹簧联轴器适用于传递小转矩场合。

2. 非金属弹性元件挠性联轴器

这种挠性联轴器具有下列优点：①具有弹性滞后，消振能力强；②单位质量的非金属材料所储存的能量比金属材料大许多倍，如橡胶比钢约大 10 倍，缓冲性能好；③结构简单，价格便宜。缺点是强度低，联轴器尺寸大，寿命也较短。典型的非金属弹性元件挠性联轴器见表 10-7。

表 10-6　金属弹性元件挠性联轴器

序号	名称	结 构 图	特点及应用
1	蛇形弹簧联轴器	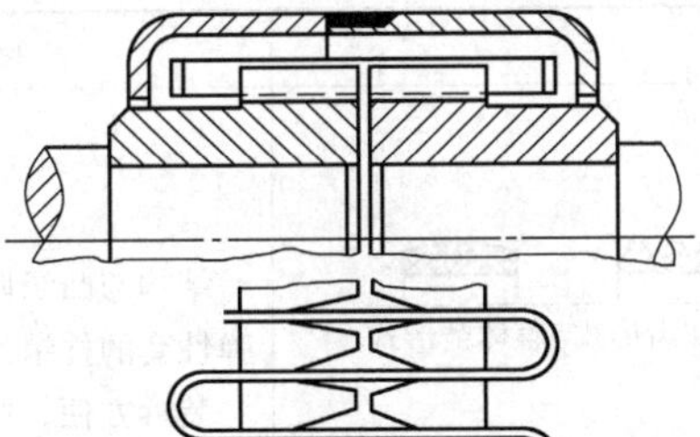	工作转矩通过菱形的齿和弹簧来传递。适用于转矩变化不大的两轴连接，多用于有严重冲击载荷的重型机械中
2	弹性杆联轴器	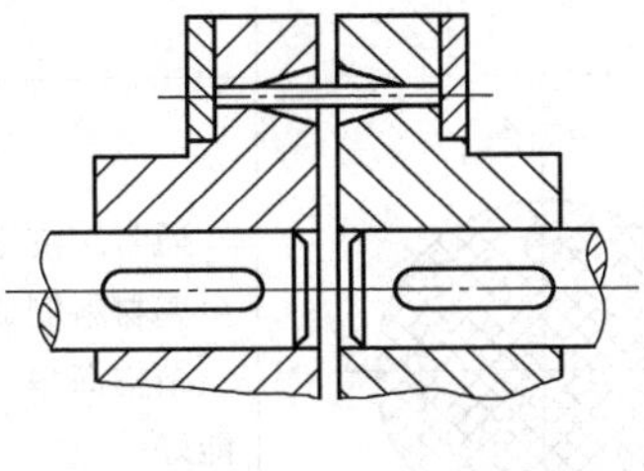	在两半联轴器凸缘上的孔中插有圆形截面的金属钢丝。结构简单，弹性均匀，尺寸小，价格便宜，弹性元件容易制造。一般用于风机、泵等机械设备中

（续）

序号	名称	结 构 图	特点及应用
3	簧片联轴器	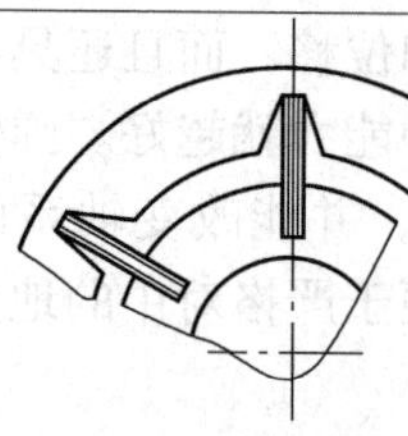 a) 径向簧片联轴器(内臂式) 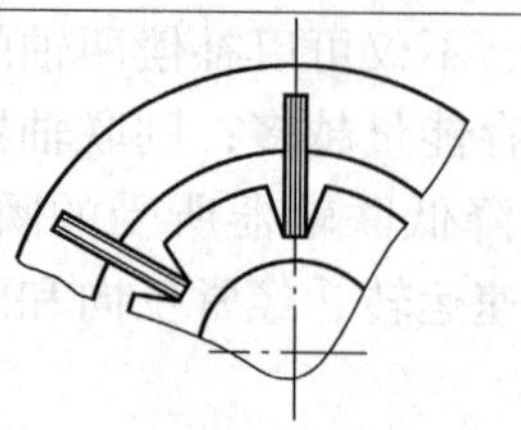　　b) 径向簧片联轴器(外臂式) 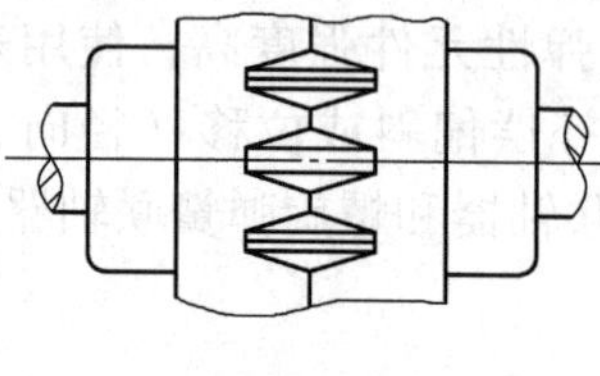 c) 轴向簧片联轴器	高弹性，可靠，结构紧凑，有良好的阻尼性能。主要用于载荷变化大，可能发生扭振的轴系中
4	波纹管联轴器	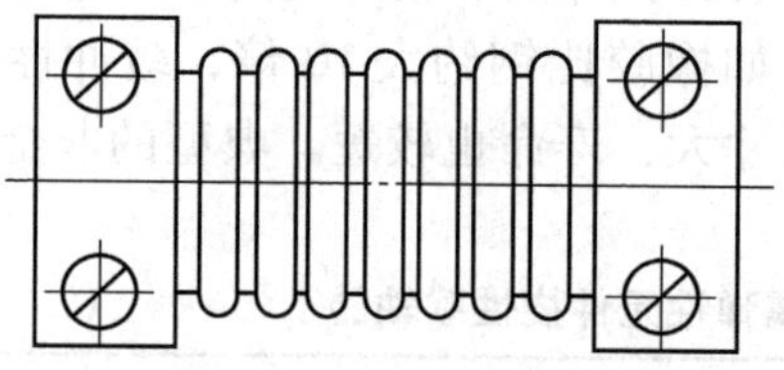	由波纹管和两个套筒组成。结构简单，运转稳定，惯性小，弹性回差小。主要用于仪表和控制器

表 10-7　非金属弹性元件挠性联轴器

序号	名称	结 构 图	特性及用途
1	弹性套柱销联轴器	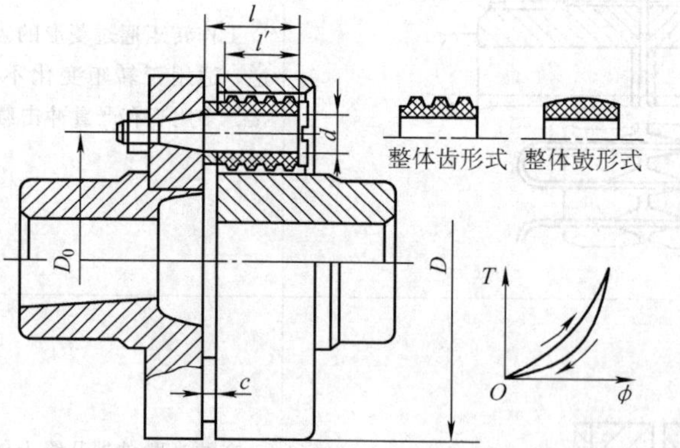 整体齿形式　整体鼓形式	结构与凸缘联轴器相似，但用套有弹性套的柱销代替联接螺栓 装拆方便，制造容易，成本低。适用于联接载荷较平稳，需正、反转或起动频繁的传递中、小转矩的轴，多用在电动机轴与工作机的连接上
2	弹性圆盘联轴器	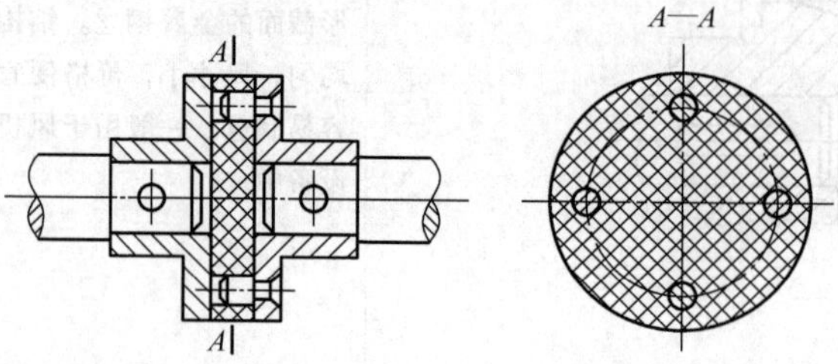 $A—A$	通常用皮革、橡胶、夹布胶木等非金属材料制成弹性圆盘 结构简单，弹性好，价廉，减振性能好

三、齿式联轴器

齿式联轴器具有良好的补偿性，在允许有综合位移的联轴器中是最具代表性的一种。它由带有外齿的两个内套筒和带有内齿的两个外套筒组成。其中两个内套筒通过键分别同两轴联接，两外套筒则用螺栓联接（见图10-16）。内、外齿环上的轮齿齿数相等，相互啮合的轮齿齿廓为渐开线，压力角通常为20°。

在被联接的两轴有偏转或径向位移时，为补偿两轴轴线位移，通常将外齿轴套的外圆制成球面，球面中心在齿轮轴线上，并使齿侧留有较大的侧隙或做成鼓形齿（见图10-16b）。

齿式联轴器一般允许有相对角位移 $\Delta\alpha = 0°30'$，用鼓形齿时，允许的相对角位移可达 $\Delta\alpha = 3°$。齿式联轴器两轴有位移时（见图10-16c），轴和外齿

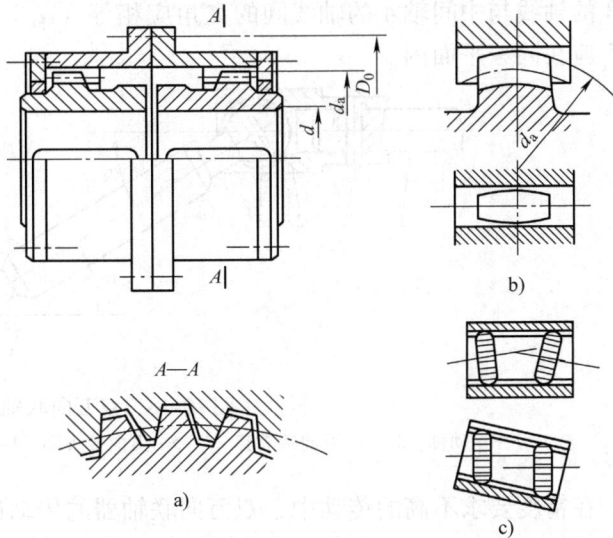

图 10-16 齿式联轴器
a）联轴器 b）齿形 c）轴线的相对位移

套都绕其本身的轴线回转，这两个轴线又不重合，因而在回转时内、外齿间有相对滑动，齿面将产生磨损。因此应严格限制两轴相对位移、轴转速和传递的转矩，并在外壳内储有润滑油，使之在联接旋转时，将油甩向四周来润滑啮合的轮齿。

齿式联轴器由于有较多的齿同时工作，所以承载能力大，结构紧凑，可在高速重载下可靠地工作。常用于正反转变化多、起动频繁的场合。其缺点是质量大，制造成本高。

四、万向联轴器

这种联轴器分单万向联轴器和双万向联轴器两种。

1. 单万向联轴器

如图10-17所示，它是由万向接头套1、万向接头环2、球头轴3和销杆4等零件组成。其结构简单，最大转角可达15°，用于连接两交叉轴。

单万向联轴器不能传递等角位移。若被连接两轴线间的夹角为 α，主动轴的转角为 φ_1，从动轴的转角为 φ_2，则

$$\tan\varphi_2 = \tan\varphi_1\cos\alpha \qquad (10\text{-}16)$$

因此，它主要用于精度要求不高的传动中。

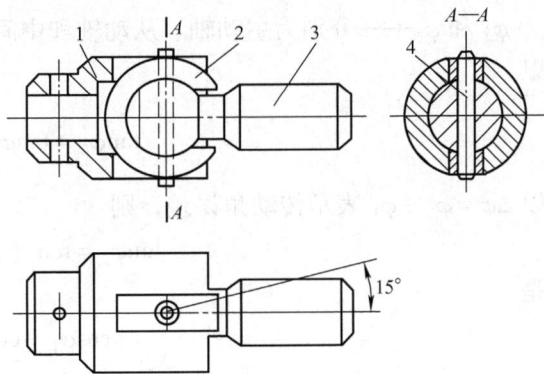

图 10-17 单万向联轴器
1—万向接头套 2—万向接头环
3—球头轴 4—销杆

2. 双万向联轴器

为使主动和从动轴实现等角位移的传动,可采用双万向联轴器。它由两个单万向联轴器组成(见图 10-18)。为实现等角位移传动,需满足以下两个条件:①主动轴 1 和从动轴 8 的轴线与中间轴 4 的轴线间的夹角应相等($\alpha_1 = \alpha_2$);②中间轴两端的万向接头环 3 和 5 应在同一平面内。

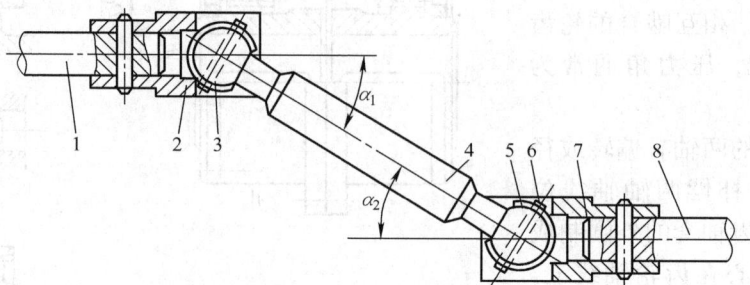

图 10-18 双万向联轴器
1—主动轴 2、7—万向接头套 3、5—万向接头环 4—中间轴 6—圆柱销 8—从动轴

在精度要求不高的传动中,双万向联轴器的传动误差一般无需计算。但是在精度要求较高的传动中,就不应忽略该误差。计算方法如下:

如图 10-18 所示,设主动轴 1,从动轴 8 和中间轴 4 处在同一平面内,中间轴两端的万向接头环 3、5 位于同一平面内。则有

$$\tan\varphi_1 = \frac{\tan\varphi_3}{\cos\alpha_1} \tag{10-17}$$

$$\tan\varphi_2 = \frac{\tan\varphi_3}{\cos\alpha_2} \tag{10-18}$$

式中 α_1、α_2——分别为主动轴、从动轴与中间轴的夹角;

φ_1、φ_2 和 φ_3——分别为主动轴、从动轴和中间轴的转角。

所以

$$\tan\varphi_2 = \tan\varphi_1 \frac{\cos\alpha_1}{\cos\alpha_2} \tag{10-19}$$

若以 $\Delta\varphi = \varphi_2 - \varphi_1$ 表示传动角误差,则

$$\tan\varphi_2 = \tan(\varphi_1 + \Delta\varphi) \tag{10-20}$$

于是

$$\Delta\varphi = \frac{\cos\alpha_1 - \cos\alpha_2}{2\cos\alpha_2}\sin2\varphi_1 \tag{10-21}$$

又设 $\Delta\alpha = \alpha_2 - \alpha_1$ 表示中间轴与主、从动轴的夹角误差,于是有

$$\cos\alpha_1 = \cos(\alpha_2 - \Delta\alpha) = \cos\alpha_2\cos\Delta\alpha + \sin\alpha_2\sin\Delta\alpha \tag{10-22}$$

由于 $\Delta\alpha$ 值一般很小,故 $\cos\Delta\alpha \approx 1$,$\sin\Delta\alpha \approx \Delta\alpha$。于是

$$\cos\alpha_1 = \cos\alpha_2 + \sin\alpha_2\Delta\alpha$$

$$\Delta\varphi = \frac{1}{2}\tan\alpha_2\Delta\alpha\sin2\varphi_1 \qquad (10\text{-}23)$$

式（10-23）是计算双万向联轴器传动角误差的公式。在主动轴与从动轴绝对平行的情况下，此时 $\Delta\alpha = 0$，因此 $\Delta\varphi = 0$，所以没有传动误差。但实际中 $\Delta\alpha$ 总不为零，因此由 $\Delta\alpha$ 所引起的传动角误差 $\Delta\varphi$ 按正弦规律变化，其最大值为

$$\Delta\varphi_{\max} = \frac{1}{2}\Delta\alpha\tan\alpha_2 \qquad (10\text{-}24)$$

双万向联轴器的空回误差 $\Delta\varphi'$ 按下式计算：

$$\Delta\varphi' = \frac{1}{R}(\Delta s_1 + \Delta s_2 + 2\Delta s_3) \qquad (10\text{-}25)$$

式中 R——万向接头环 3（或 5）的外圆半径；

Δs_1——主动轴 1 上的万向接头套 2 与万向接头环 3 之间的间隙；

Δs_2——从动轴 8 上的万向接头套 7 与万向接头环 5 之间的间隙；

Δs_3——圆柱销 6 与万向接头环 5 之间的间隙。

万向联轴器结构紧凑，维护方便，因此被广泛应用于组合机床、汽车、拖拉机等传动系统中。小型万向联轴器可按有关标准选用。

第四节 离 合 器

对离合器的基本要求是：接合迅速，分离彻底，动作准确可靠，平稳无冲击；结构简单，制造、调整和维修方便；强度高，散热好，使用寿命长；尺寸小和重量轻。

一、牙嵌离合器

牙嵌离合器（见图 10-19）由两个端面带齿的半离合器组成。一个半离合器 1 固定在主动轴上，另一个半离合器 2 用导向平键与从动轴联接，并可用拨叉 4 使其轴向移动，以实现接合或分离。在半离合器 1 中有时用螺钉固定一个导向环 3，以实现导向和定心作用。

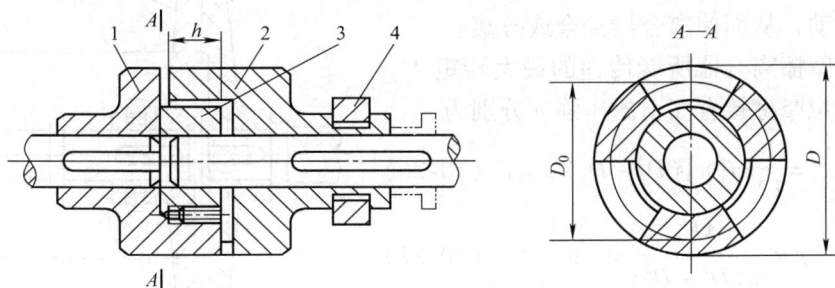

图 10-19　牙嵌离合器

1、2—半离合器　3—导向环　4—拨叉

常用的离合器齿牙有矩形、梯形和锯齿形等，如图 10-20a 所示。图 10-20b 是其齿的

径向截面。

梯形牙强度高，能传递较大的载荷，且能自行补偿牙的磨损和牙侧间隙，从而避免在载荷和速度变化时因间隙而产生的冲击，应用广泛。矩形不便于接合，齿根强度较低，在传递载荷时由于牙与牙间没有轴向分力，因此分离较困难。锯齿形的强度最高，但若利用倾角大的一面工作，会因牙与牙间很大的轴向力而迫使离合器分离。因此矩形牙和梯形牙都能传递正反两个方向的转矩，而锯齿形牙只能传递单方向转矩。此外，对

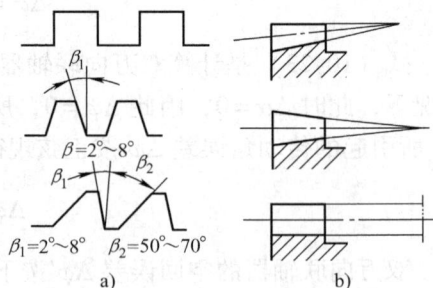

图 10-20　牙嵌离合器的牙形

于在低速下接合的离合器，有时还可采用三角形牙型，优点是开合容易，通常取牙型角为30°。

牙嵌离合器的牙数一般为 3~60。要求传递的转矩越大，选用牙数应越少；要求接合时间越短，选用牙数应越多，但牙数多时，各牙分担的载荷也越不均匀。

牙嵌离合器的优点是结构简单、尺寸小、能保证被联接两轴精确同步转动。但只能在静止或圆周速度小于（0.7~0.8）m/s 或转速小于 150r/min 的工作条件下接合两轴，以防止凸牙受冲击载荷而断裂。

为减少牙的磨损，离合器牙的工作表面应有较高的硬度。离合器的材料常采用低碳钢经渗碳处理，使工作表面硬度达到 56~62HRC。或采用中碳钢经表面淬火处理，使工作表面硬度达到 48~54HRC。

牙嵌离合器的主要尺寸可从有关手册中选取，必要时可验算牙面上的压强和牙根弯曲应力。

二、摩擦式离合器

（一）单圆盘式摩擦离合器

如图 10-21 所示，它由两个摩擦盘组成。摩擦盘 1 固装在主动轴上，摩擦盘 2 用导向平键与从动轴相连。利用操纵机构控制拨叉 3 向左或向右移动，从而使离合器接合或分离。

单圆盘摩擦离合器所能传递的最大转矩 T_{max} 和作用在单位摩擦接合面上的压强 p 分别为

$$T_{max} = \frac{1}{12}\pi f[p](D_2^3 - D_1^3) \geqslant KT \quad (10-26)$$

$$p = \frac{4F_A}{\pi(D_2^2 - D_1^2)} \leqslant [p] \quad (10-27)$$

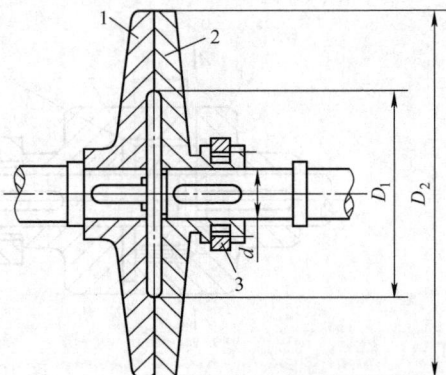

图 10-21　单圆盘式摩擦离合器
1、2—摩擦盘　3—拨叉

式中　D_1、D_2——摩擦盘接合面的内、外直径；

　　　F_A——轴向压力；

　　　f——摩擦因数（见表 10-8）；

　　　$[p]$——许用压强（见表 10-8）。

表 10-8　**摩擦系数 f 和许用压强 $[p]$**

工作条件	摩擦面材料	f	$[p]$ / $(N \cdot mm^{-2})$	
			圆盘式	圆锥式
在油中	淬火钢—淬火钢	0.06	0.6 ~ 0.8	—
	淬火钢—青铜	0.08	0.4 ~ 0.5	0.6
	铸铁—淬火钢或铸铁	0.08	0.6 ~ 0.8	1
	钢—夹布胶木	0.12	0.4 ~ 0.6	—
不在油中	压制石棉—钢或铸铁	0.3	0.2 ~ 0.3	0.3
	铸铁—铸铁或淬火钢	0.15	0.2 ~ 0.3	0.3

D_1 可按 $D_1 = (0.55 \sim 0.8)D_2$ 选取。因此在选定摩擦面的材料后，根据所传递的转矩 T，由式（10-26）可求出 D_2 和 D_1，再由式（10-27）可求出所需的轴向压紧力 F_A。

（二）圆锥式摩擦离合器

圆锥式摩擦离合器的工作原理与圆盘式摩擦离合器一样，只是其摩擦面为一锥面，所以能自动对中心。由于楔形增压原理，它可以用较小的轴向压紧力传递较大的转矩。为便于分离，锥角必须大于摩擦角，一般锥角取 22.5°或者 30°（见图 10-22）。但锥面的加工较为困难。

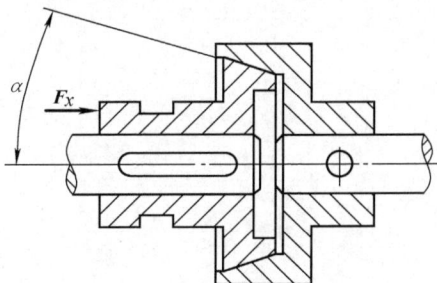

图 10-22　圆锥式摩擦离合器

摩擦离合器的主要优点为：两轴可在任何不同角速度下进行接合或分离；改变摩擦面间的压力即可调节从动轴的加速时间；接合时冲击和振动较小；过载时打滑，可保护其他零件免受损坏等。但摩擦离合器工作时，工作面间有可能存在弹性滑动，因此不宜用于示数传动链中。

思考题及习题

10-1　在精密机械中，轴的功能是什么？按照所受的载荷和应力的不同，轴可分为几种类型？又各有何特点？

10-2　轴的结构设计应满足的基本要求是什么？

10-3　转轴多制成阶梯形，其优点是什么？

10-4　联轴器和离合器有何区别，各自的用途是什么？

10-5　联轴器可分为哪几类？各适用于何种场合？

10-6　盘销联轴器在什么情况下将产生传动误差？试根据几何关系导出其误差表达式。为了减少误差可采取何种措施？

10-7　图 10-23 所示为一减速机的输出轴，试分析图中各部分结构的作用和设计时所依据的原则，检

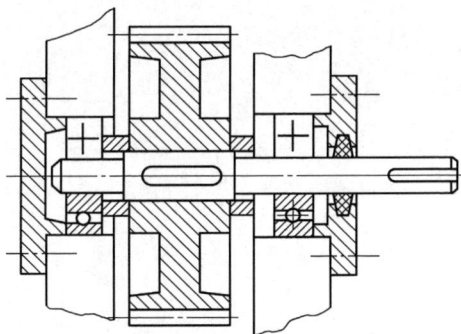

图 10-23　题 10-7 图

查该轴的结构，轴上零件定位、安装、固定等有哪些不合理的地方，应如何修改，并说明原因，最后画出正确的结构图。

10-8 图 10-24 为一直齿圆柱齿轮减速机。

（1）按下述要求确定安装小齿轮轴的结构。

1）该轴最小直径大于等于 30mm；

2）装滚动轴承处的轴颈直径为 5 的整倍数；

3）小齿轮数 $z_1 = 20$，$m = 4$，材料为 45 钢；

4）小齿轮的齿根与键槽间的距离 H 如小于两倍模数时，必须将该轴与齿轮制成一体。（要求确定各段轴的直径尺寸，倒角和圆角尺寸。）

图 10-24 题 10-8 图

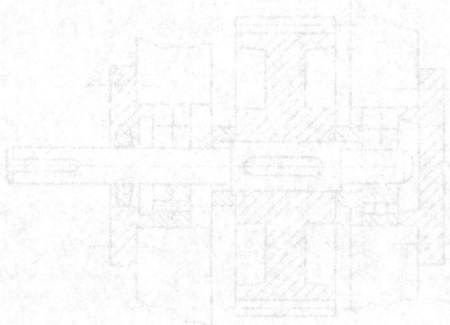

（2）如该轴传递功率为 5.5W，转速为 480r/min，外伸端安装带处的轴上的压力 $F_z = 450N$，试画出该轴的空间受力图，并验算其复合强度（按一定比例绘制出弯矩图和扭矩图）。

（3）绘制出轴的零件工作图（注明全部公差与技术条件）。

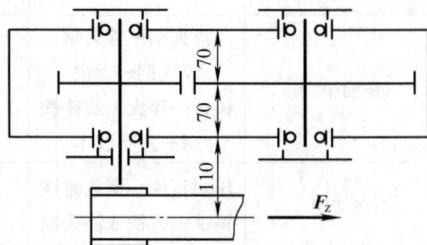

第十一章 支 承

第一节 概 述

任何一种轴都需要支承才能运转，支承由两个基本部分组成：

（1）运动件 转动或在一定角度范围内摆动的部分。

（2）承导件 固定部分，用以约束运动件，使其只能转动或摆动。

当运动件相对于承导件转动或摆动时，两部分之间产生摩擦。按照摩擦的性质，将支承分为 4 类：1）滑动摩擦支承；2）滚动摩擦支承；3）弹性摩擦支承；4）流体摩擦支承。此外，还有并无机械摩擦的静电支承和磁力支承等。

第二节 滑动摩擦支承

一、圆柱面支承

圆柱面支承中，其承导件称为圆柱面轴承，轴承中与运动件相接触的零件，称为轴瓦或轴套；其运动件称为轴，轴与轴瓦相接触的部位称为轴颈。圆柱面支承是支承中应用最广的一种，在下述情况应优先使用，即：

1）要求很高的旋转精度（通过精密加工达到）；

2）在重载、振动、有冲击的条件下工作；

3）必须具有尽可能小的尺寸和要求有拆卸的可能性；

4）低速、轻载和不重要的支承。

（一）圆柱面支承的结构和材料

1. 轴颈的结构

图 11-1 是轴颈的几种典型结构。轴颈可以和轴制成一体（见图 11-1a、b），也可单独制成后再装在轴上（见图 11-1c、d）。通常，直径大于 1mm 的轴颈多与轴制成一体；小于 1mm 的，有时和轴制成一体，有时单独制成。当轴颈直径小于 1mm，并和轴制成一体时，为提高强度，可在轴颈和轴的衔接处制出较大的圆角（见图 11-1b）。

2. 整体式圆柱面支承的结构

整体式支承可以在机架或支承板上直接加工而成（见图 11-2b）；当机架或支承板的材料不宜用作轴承，或其壁厚过薄时，也可单独制造轴套（或称轴瓦），然后用连接方法固定在机架或支承板上（见图 11-2a、c、d、e）。

图 11-2c 是用铸造或压制的方法将轴套固定在机架或支承板上，轴套上的槽或外表面上的网状滚花用以防止轴套转动；图 11-2d 是用压入的方法将轴套固定在机架或支承板

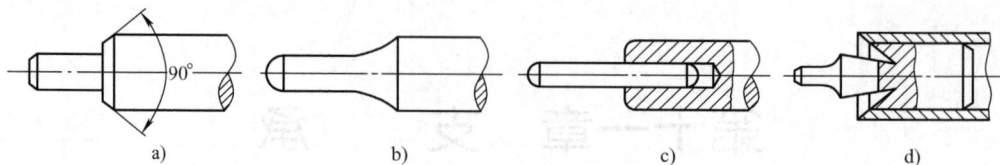

图 11-1 轴颈的结构

上，轴套压入端的外圆应有倒角，支承板上的孔，在压入轴套的方向上也相应制出倒角，以利于轴套的压入；图 11-2e 是用铆接的方法将轴套固定。轴承和轴套上常带有油孔用以储存润滑油（见图 11-2a）。

整体式支承的制造比较简单，但磨损后，间隙无法调整，影响轴的旋转精度和正常工作。因此，整体式支承只适用于间歇工作、低速和轻载的场合，如用于仪表和小功率传动系统。

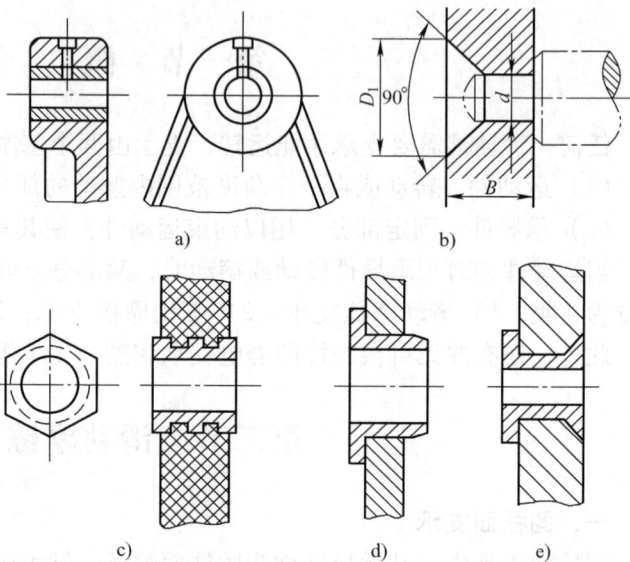

图 11-2 整体式支承的结构

3. 剖分式圆柱面支承的结构

图 11-3 是一种普通的剖分式支承，由支承座 1、支承盖 2、剖分轴瓦 4 和 5、支承盖螺栓 3 组成。支承盖和支承座的剖分面通常做成阶梯形，以使上盖和下座定位对中，同时还可以承受一些轴上的水平分力。轴瓦表面有油沟，油通过油孔、油沟而流向轴颈表面，轴瓦一般水平布置，也有倾斜布置。在剖分轴瓦之间装有一组垫片，轴瓦磨损时，调整垫片的厚度，就可以调整支承的径向间隙。

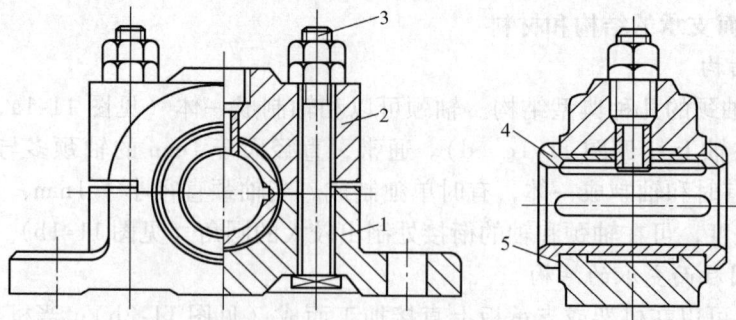

图 11-3 剖分式支承的结构

4. 轴套和轴瓦的材料

常用的轴瓦有整体式（见图 11-4）和对开式（见图 11-5）两种结构。为了改善轴瓦表面的摩擦性质，常在其内表面上浇注一层或两层减摩材料，通常称为轴承衬。轴承衬的厚度应随轴承直径的增大而增大，一般由十分之几毫米到6mm。

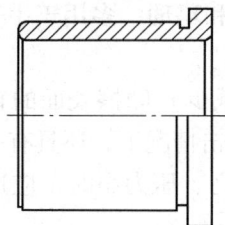

图 11-4　整体式轴瓦　　　　图 11-5　对开式轴瓦

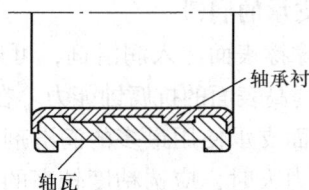

为了把润滑油导入整个摩擦面间，轴瓦或轴颈上须开设油孔和油槽（见图 11-6）。油槽有轴向和周向两种，轴向油槽又分为单轴向和双轴向油槽，对于整体式径向轴承，轴颈单向转动时，油槽最好开在最大油膜厚度处，

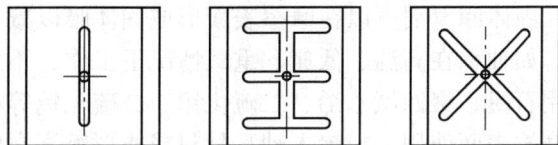

图 11-6　油孔和油槽

以保证润滑油从最小压力处输入。对开式径向轴承，常把油槽开在剖分处。通常轴向油槽应较轴承宽度较短，以便在轴瓦两端留出封油面，防止润滑油从端部流失。周向油槽适用于载荷方向变动范围超过180°的场合，通常设在轴承宽度中部，把轴承分为两个独立部分。

（二）圆柱面支承的材料

轴套和轴瓦承受轴上载荷，并与轴颈有相对滑动，产生摩擦、磨损、引起发热和温升。因此，与轴颈表面相接触的轴套或轴瓦，应该用减摩材料制造。

常用的减摩材料主要有以下几类：

（1）铸铁　普通灰铸铁和球墨铸铁，其耐磨性能较好。一般用于低速、轻载。

（2）铜合金　青铜是常用的轴瓦材料，其中以锡青铜（ZCuSnPb5Zn5）的减摩性和耐磨性较佳，可承受重载，应用较广但成本高。铝青铜（ZCuAl10Fe3）和铅青铜（ZCuPb30）是锡青铜的代用品。黄铜的价格虽低，但只宜于低速使用。

（3）轴承合金（又称巴氏合金或白合金）　它是锡（Sn）、铅（Pb）、锑（Sb）和铜（Cu）的合金，耐磨性和减摩性良好，但强度低，成本高。故通常都浇铸在材料强度较高的轴瓦表面，形成减摩层，称为轴承衬。这种轴瓦，既有轴瓦材料的强度和刚度，又有轴承衬材料的耐磨性和减摩性，所以适合于中、高速和重载时使用。

（4）陶瓷合金　又称粉末合金，是以粉末状的铁或铜为基本材料，以石墨粉混合后，经压制和烧结，制成多孔性的成型轴瓦。孔隙中可贮存润滑油，工作时有自润滑作用（因摩擦发热和热膨胀作用，轴瓦材料内部的孔隙减小，润滑油从孔隙中被挤到工作表面），故用陶瓷合金制成的轴承又称含油轴承。含油轴承常用于低速或中速，轻载或中载，润滑不便或要求清洁、不宜添加润滑油的场合。

（5）非金属材料　常用于制造支承的非金属材料是工程塑料。如尼龙6、尼龙66和聚四氟乙烯等。塑料支承具有耐磨、耐腐蚀和自润滑性能等优点；缺点是承载能力较低，在高温下易产生较大的变形，导热性和尺寸稳定性差。因此，塑料支承常用于工作温度不高，载荷不大的场合。

制造支承的非金属材料，还有人造宝石（刚玉）和玛瑙，多用于手表和某些仪表中。

（三）圆柱面支承的润滑

圆柱面支承的摩擦表面注入润滑剂，可避免（或减少）摩擦表面的直接接触。有利于减小摩擦和磨损，提高表面的抗腐蚀能力。在振动和冲击情况下，还具有一定的缓冲作用。

润滑油是圆柱面支承使用最多的润滑剂，当转速高、压力小时，应选粘度低的油，反之，当转速低、压力大时，应选粘度较高的油。

润滑脂是在润滑油中加稠化剂后形成的润滑剂，因流动性小，故不易流失。当支承的滑动速度很低，比压很高和不便经常加油时，可采用润滑脂。

固体润滑剂可以在摩擦表面形成固体膜以减小摩擦阻力，通常用于一些有特殊要求场合。如轴承在高温、低速、重载情况下工作，不宜采用润滑油或脂时可采用固体润滑剂，常用石墨、聚四氟乙烯、二硫化钼、二硫化钨等材料调配到油或脂中使用，或涂敷或烧结到摩擦表面使用，或渗入轴瓦材料或成形镶嵌在轴承中使用。

除采用润滑剂外，选用适当的润滑方式和润滑装置，也是保证支承获得良好润滑的重要方法。

（四）圆柱面支承的设计计算

1. 条件性计算

混合润滑和固体润滑轴承常用条件性计算来确定轴承的尺寸，液体润滑轴承只能用它作为初步计算。常见的径向轴承轴颈形状如图 11-7 所示，推力轴承止推面的形状如图 11-8所示。

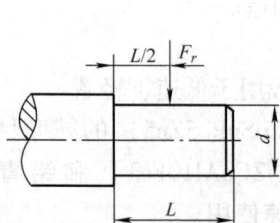

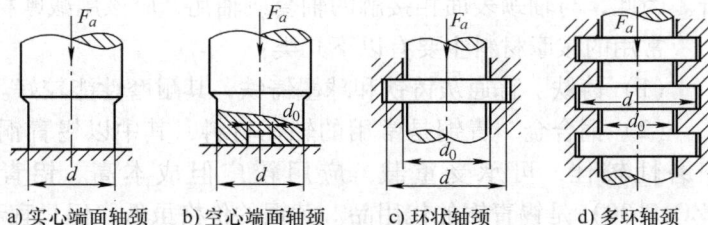

a) 实心端面轴颈　b) 空心端面轴颈　c) 环状轴颈　d) 多环轴颈

图 11-7　径向轴承轴颈形状　　　　图 11-8　推力轴承止推面形状

（1）限制轴承平均压强 p（MPa）　为了不产生过渡磨损，应限制轴承的单位面积压力。

径向轴承：
$$p = \frac{F_r}{dL} \leq [p] \tag{11-1}$$

推力轴承：
$$p = \frac{F_a}{\frac{\pi}{4}(d^2 - d_0^2)z} \leq [p] \tag{11-2}$$

式中　F_r——轴承径向载荷，单位为 N；

F_a——轴承轴向载荷，单位为 N；

d——轴颈直径，单位为 mm；

L——轴颈有效宽度，单位为 mm；

d_0——轴颈内径，单位为 mm；

z——轴环数；

$[p]$——许用压强，单位为 MPa。

（2）限制轴承 pv 值　对于速度较高的轴承，用限制 pv 值（MPa·m/s）来限制轴承温升。

径向轴承：
$$pv \approx \frac{F_r n}{20\,000L} \leqslant [pv] \tag{11-3}$$

推力轴承：
$$pv \approx \frac{F_a n}{30\,000(d - d_0)z} \leqslant [pv] \tag{11-4}$$

式中　v——径向轴承轴颈的圆周速度，推力轴承轴颈平均直径处的圆周速度，单位为 m/s；

n——轴转速，单位为 r/min。

（3）限制滑动速度 v（m/s）　当压强 p 较小时，即使 p 和 pv 都在许用范围内，也可能由于滑动速度过高而加速磨损。
$$v = \frac{\pi dn}{60 \times 1\,000} \leqslant [v] \tag{11-5}$$

2. 摩擦力矩的计算

圆柱面支承的摩擦力矩可用下式确定
$$M_f = \frac{1}{2}f_v F_r d \tag{11-6}$$

式中　M_f——摩擦力矩，单位为 N·mm；

F_r——径向载荷，单位为 N；

d——轴颈直径，单位为 mm；

f_v——当量摩擦因数。

对于未经研配的支承
$$f_v = \frac{\pi}{2}f = 1.57f \tag{11-7}$$

对于已经研配的支承
$$f_v = \frac{4}{\pi}f = 1.27f \tag{11-8}$$

对于用宝石制造的支承
$$f_v = f \tag{11-9}$$

式中　f——滑动摩擦因数。

如果支承除受径向载荷 F_r 外，同时承受轴向载荷，则当止推面是轴肩时（见图11-1a），由轴向载荷 F_a 产生的摩擦力矩为
$$M_f = \frac{1}{3}fF_a\frac{d_1^3 - d_2^3}{d_1^2 - d_2^2} \tag{11-10}$$

式中　d_1——轴肩的直径；

d_2——支承孔端面处的直径。

当止推面是轴的球端面时（见图 11-1b），摩擦力矩为

$$M_f = \frac{3}{16}\pi f F_a a \tag{11-11}$$

其中，a 的数值可用赫兹公式求出，即

$$a = 0.881 \sqrt[3]{F_a\left(\frac{1}{E_1} + \frac{1}{E_2}\right)r} \tag{11-12}$$

式中　E_1——轴颈材料的弹性模量，单位为 N/mm^2；

　　　　E_2——止推面材料的弹性模量，单位为 N/mm^2；

　　　　a——接触面上的半径，单位为 mm；

　　　　r——轴颈球面端部的半径，单位为 mm。

当支承同时受轴向和径向载荷作用时，总的摩擦力矩等于两种载荷所产生的摩擦力矩之和。

滑动摩擦因数 f 的数值受材料、表面粗糙度、润滑情况等因素的影响。一般计算时，可由表 11-1 查取。

表 11-1　摩　擦　因　数

轴颈材料-支承材料	摩擦因数 f	轴颈材料-支承材料	摩擦因数 f
钢-淬火钢	0.16 ~ 0.18	钢-玛瑙，人造宝石	0.13 ~ 0.15
钢-锡青铜	0.15 ~ 0.16	钢-尼龙，（含石墨）	0.04 ~ 0.06
钢-黄铜	0.14 ~ 0.19	黄铜-黄铜	0.20
钢-硬铝	0.17 ~ 0.19	黄铜-锡青铜	0.16
钢-灰铸铁	0.19		

3. 圆柱面支承尺寸的确定

在支承受力较大，或支承受力虽小但要求轴颈的直径也较小时，可根据强度计算方法确定轴颈尺寸。

假设作用在轴颈上的载荷为 F_r，并认为 F_r 集中作用在轴颈的中部 $L/2$ 处（见图 11-7），则轴颈的强度计算公式为

$$F_r\frac{L}{2} \leqslant [\sigma_b]W \tag{11-13}$$

式中　　$[\sigma_b]$——许用弯曲应力，单位为 N/mm^2；

　　　　W——抗弯截面系数，单位为 mm^3。

由于 $W \approx 0.1d^3$，因此

$$F_r \leqslant \frac{0.2[\sigma_b]d^3}{L} \tag{11-14}$$

令 $u = L/d$，代入式（11-14），得

$$d \geqslant \sqrt{\frac{F_r u}{0.2[\sigma_b]}} \tag{11-15}$$

轴颈长度 L 和轴颈直径 d 的比值 L/d，称为长径比 u，其数值通常在 0.5 ~ 1.5 之间。

按照结构条件选定 u 值后，根据支承的载荷和材料，利用式（11-15）即可求出所需的轴颈直径。

轴颈的尺寸确定后，轴承的尺寸也随之而定。通常，轴承直径与轴颈直径的公称尺寸相同，支承宽度 B 与轴颈长度 L 的公称尺寸也相同。

有些精密机械，支承的摩擦力矩直接影响其精度。这时，如果允许的摩擦力矩已知，可根据这个条件确定轴颈的尺寸。例如，圆柱面支承的摩擦力矩可用式（11-6）计算，即

$$M_f = \frac{1}{2} f_v F_r d$$

所以，轴颈的直径可按下式求得，即

$$d = \frac{2M_f}{f_v F_r} \tag{11-16}$$

4. 圆柱面支承的技术条件

圆柱面支承的技术条件主要包括加工公差等级、配合种类、表面粗糙度、表面几何形状等。选择时，应考虑支承的旋转精度要求、受力情况和转速高低等因素，并参考有关手册和类似产品选定。

二、其他型式滑动摩擦支承

（一）顶针支承

顶针支承是由带有圆锥轴颈的顶针和具有沉头圆柱孔的支承所组成。顶针的圆锥角一般为 60°，而沉头孔的圆锥角一般为 90°。

顶针支承中轴颈和支承的接触面很小，因此，当支承轴线相对于轴颈有倾斜时，运动件仍能正常工作。但是较小的接触面积使其单位面积上的压力较大，润滑油常从接触面积处被挤出，磨损较快，因此这种支承只适用于在低速和轻载的场合。此外，顶针支承产生摩擦处的半径较小，故摩擦力矩也较小。

为了能够调节支承中的间隙，通常把支承中的一个或两个支承的位置，设计成能够轴向调整（见图 11-9a），调整后用螺母 1 固定支承。图 11-9b 是顶针支承能够作径向调整的一种结构，转动顶针 2，可以调整运动件的径向位置。

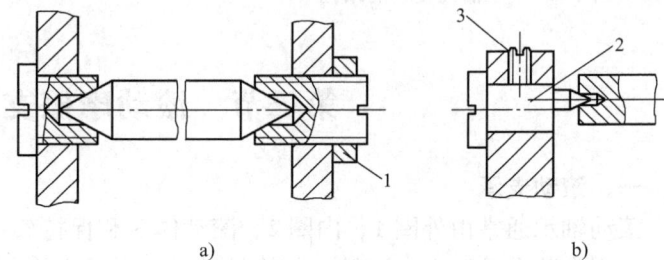

图 11-9　顶针支承的结构

支承调整后，用紧定螺钉 3 固定顶针的位置。

顶针支承的轴颈常用 T10、T12 碳素工具钢制造，并将其淬硬到（50～60）HRC，支承材料常选用锡青铜和黄铜，有时，为减小摩擦和磨损，支承材料选用较轴颈硬的人造宝石。

（二）轴尖支承

轴尖支承的运动件，称为轴尖，其轴颈呈圆锥形，轴颈的端部是一半径很小的球面，

承导件称为垫座，是一个带有内圆锥孔的支承，支承底部为一较轴尖半径稍大的内球面。这种支承既可用于垂直轴（见图 11-10a），又可用于水平轴（见图 11-10b）。有时，支承不是内圆锥形，而是内球面（见图 11-10c）。

轴尖支承的置中精度和方向精度均不高，并且轴尖与垫座的接触面积很小，因此抗磨损的能力也较差，但是它具有摩擦力矩很小的优点。

图 11-11 是轴尖支承的典型结构。拧动镶有支承的螺钉 1 可以调整支承中的轴向间隙。调整后用螺母 2 锁紧，常用于电工仪表及航空仪表中。

图 11-10　轴尖支承

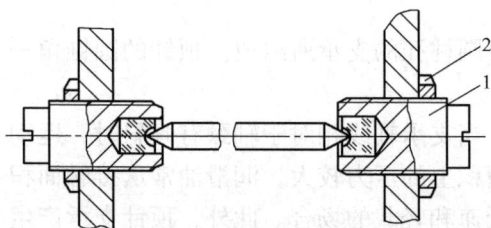

（三）球支承

球支承由带球形轴颈的运动件和带有内锥面（见图 11-12a）或内球形面（见图 11-12b）的承导件组成。由于轴颈是球形，因此运动件除可绕本身轴线转动外，尚可在通过其轴线的平面内摆动一定的角度，常用于电器中天线架的支承。

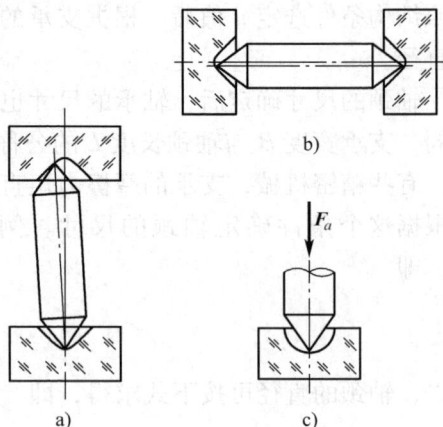

图 11-11　轴尖支承的结构

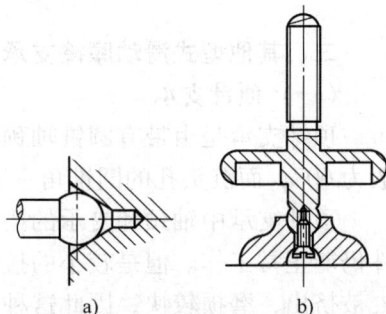

图 11-12　球支承

第三节　滚动摩擦支承

一、滚动支承

滚动轴承通常由外圈 1、内圈 2、滚动体 3 和保持架 4 组成（见图 11-13）。

内圈常装在轴颈上，随轴一起旋转，外圈装在机架或机械的零部件上（有的轴承是外圈旋转，内圈起支承作用，个别情况下，内、外圈都可以旋转）。工作时，滚动体在内、外圈之间的滚道上滚动，形成滚动摩擦。保持架把滚动体均匀地相互隔开，以避免滚动体间的摩擦和磨损。滚动体分为钢球、圆柱滚子、圆锥滚子、滚针等型式。通常不同的滚动体构成不同类型的轴承，以适应各种载荷和工作情况。

内、外圈和滚动体的表面硬度为（60～66）HRC，材料主要是 GCr15、ZGCr15、GCr15SiMn 等。保持架的材料通常为 08F～30 号优质碳素结构钢，也可用黄铜、青铜或塑料等其他材料。

滚动轴承的特点是：摩擦力矩小，允许转速高，磨损小，允许预紧，承载大，刚性好，旋转精度高，对温度变化不敏感，成本低。但外形尺寸较大，不易拆卸。

滚动轴承在各种机械中普遍使用，其类型和尺寸都已标准化。因此，对标准的滚动轴承已不需要自行设计，可根据具体的载荷、转速、旋转精度和工作条件等方面的要求进行选用。

图 11-13 滚动轴承

（一）滚动轴承的类型和选择

1. 滚动轴承的类型

滚动轴承有很多类型，各类轴承的结构形式不同，按承载方向分为 4 类：

1）向心轴承 承受径向载荷，有的轴承也能承受一定量的轴向载荷。

2）推力轴承 仅能承受轴向载荷，不能承受径向载荷。

3）向心推力轴承 同时承受径向载荷和轴向载荷，以承受径向载荷为主。

4）推力向心轴承 同时承受径向载荷和轴向载荷，以承受轴向载荷为主。

精密机械中常用的几种滚动轴承的基本类型、特性及其应用，列于表 11-2 中。

表 11-2 常用的几种滚动轴承的基本类型、特性及其应用

类型和代号	结构简图	能承受载荷的方向	额定动载荷比	极限转速比	性能及其应用
深沟球轴承 6			1	高	主要承受径向载荷，也可承受不大的、任一方向的轴向载荷。承受冲击载荷的能力差 适用于刚性较好、转速高的轴。高转速时可以代替推力球轴承，承受纯轴向载荷。工作时，内、外圈轴线的相对偏角应小于 $8' \sim 16'$
调心球轴承 1			0.6 ~ 0.9	中	主要承受径向载荷，也可承受不大的、任一方向的轴向载荷。但在受轴向载荷后，会形成单列滚动体工作，显著影响轴承寿命，所以应尽量避免轴向载荷 由于外圈滚道是以轴承中点为中心的球面，故能自动调心。允许内、外圈轴线的相对偏角达 $2° \sim 3°$。适用于刚性较差的轴以及轴承座孔的同轴度较差和多支点支承
外圈无挡边圆柱滚子轴承 N			1.5 ~ 3	高	主要承受径向载荷，承载能力高。但对轴的偏斜或弯曲变形很敏感。内、外圈的相对偏角不得超过 $2' \sim 4'$ 内圈和外圈可以分别安装。工作时，允许内、外圈有较小的相对轴向位移 使用时要求轴有较好的刚性和轴承座孔有较高的同轴度 可在高速下使用
滚针轴承 NA			—	—	只能承受径向载荷，承载能力大 结构上可以分成有内、外圈的，无内、外圈的和有外圈、无内圈的三种，其径向尺寸小。一般无保持架，因而滚针间有摩擦，轴承极限转速低，有保持架时，极限转速可以提高 当无内、外圈时，与滚针接触的轴和孔要淬硬并磨光，并达到轴承内、外圈工作表面的技术要求 适用于径向尺寸小，载荷较大的场合

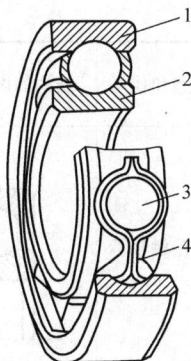

（续）

类型和代号	结构简图	能承受载荷的方向	额定动载荷比	极限转速比	性能及其应用
角接触轴承 7			1.0~1.4	高	可以同时承受径向载荷和单向的轴向载荷，也可以承受单向的纯轴向载荷 滚动体与外圈滚道接触点法线与径向平面的夹角称为轴承接触角 α，α 越大，承受轴向载荷的能力越大 通常成对使用，两轴承可以分别安装在两个支点上或安装在同一个支点上 高速时可以代替单向推力球轴承
圆锥滚子轴承 3			1.5~2.5	中	可以同时承受较大的径向载荷和轴向载荷。也可以承受单向的纯轴向载荷 内、外圈可以分离，安装时可以分别安装，但要注意调整两者之间的间隙 通常成对使用，两轴承可以分别安装在两个支点上，或安装在同一个支点上 由于滚子端面与内圈挡边有滑动摩擦，故不宜在很高转速下工作 要求轴有较高的刚性和轴承座孔有较高的同轴度
推力球轴承 5			1	低	只能承受轴向载荷，单向推力球轴承和双向推力球轴承可以分别承受单向和双向的载荷 两个轴套的孔径不一，小孔径者与轴装配称为紧圈；大孔径者与轴有间隙、并支承在支座上称为活圈 高速时，因滚动体的离心力大，影响轴承的使用寿命，故只宜用在中速和低速的场合

注：1. 额定动载荷比：是指同一内径的各种类型滚动轴承的额定动载荷与深沟球轴承的额定动载荷的比值；对于推力轴承，则以单向推力球轴承的额定动载荷为其比较的基本单位。
　　2. 极限转速比：是指同一内径的各类滚动轴承的极限转速与其有同样保持架的深沟球轴承的极限转速的比值；表中所列的"高"，"中"，"低"相应的极限转速比分别为："高"——100%~90%；"中"——90%~60%；"低"——60%以下。
　　3. 滚动轴承的类型名称和代号按 GB/T 272—1993。

2. 滚动轴承类型的选择

各类滚动轴承有不同的特性，适用于不同的使用情况，选用轴承时，应考虑下列因素：

（1）载荷的方向和大小　载荷是选择轴承类型时应首先考虑的因素。载荷较大时宜选用线接触的滚子轴承，中等和较小载荷时应优先选用球轴承。当轴承受纯径向载荷 F_r 时，应选用深沟球轴承；当受纯轴向载荷 F_a，且转速不高时，宜选用推力轴承，如转速较高，则因离心力将使推力轴承寿命显著下降，因此宜选用角接触轴承；当轴承同时承受径向载荷 F_r 和轴向载荷 F_a 时，则应根据 F_a/F_r 的大小选择轴承类型，如 F_a/F_r 较小时，可选用深沟球轴承或接触角较小的角接触轴承，如 F_a/F_r 较大时，可同时采用深沟球轴承和推力轴承分别承受 F_r 和 F_a，或采用接触角较大的角接触轴承。

（2）轴承的转速　轴承的转速应低于其极限转速。如高于极限转速，由于滚动体的离心力、发热和振动等原因，轴承的寿命将显著降低。通常，球轴承的极限转速高于滚子轴承；超轻、特轻、轻系列轴承的极限转速高于正常系列。

（3）轴承的刚性　一般情况下，滚动轴承在载荷作用下的弹性变形是很微小的，对于大多数机械的工作性能没有影响。但是，对于某些精密机械，轴承微小的弹性变形，将影响其工作质量，这时，应选用刚性较高的轴承。滚子轴承的刚性高于球轴承，因为滚子与滚道的接触为线接触。

（4）轴承的安装尺寸　轴承内圈孔径是根据轴的直径确定的，但其外径和宽度与轴承类型有关。当需要减小径向尺寸时，宜选用轻、特轻、超轻系列的深沟球轴承，必要时可选用滚针轴承；当需要减小轴向尺寸时，宜选用窄系列的球轴承或滚子轴承。

（5）轴承的调心性能　当轴的中心线与轴承座中心线不同心（有角度误差），或轴在受力后产生弯曲或倾斜时，可采用调心球轴承。这种轴承具有调心性能，即使轴产生倾斜，仍能正常工作。各类轴承的允许角度误差见表 11-3。

表 11-3　轴承的允许角度误差

轴承类型	调心球轴承	深沟球轴承	圆柱滚子轴承	圆锥滚子轴承
允许角度误差	3°	8′	2′	2′

（6）轴承的摩擦力矩　对于有摩擦力矩要求的轴承，只受径向载荷时，可选用深沟球轴承、短圆柱滚子轴承；只受轴向载荷时，可选用单向推力球轴承；同时承受径向和轴向载荷时，可选用接触角与载荷合力方向相接近的角接触球轴承。

（二）滚动轴承的代号

滚动轴承代号是用字母加数字来表示滚动轴承的结构、尺寸、公差等级、技术性能等特征的产品符号。国家标准 GB/T 272—1993 规定滚动轴承代号见表 11-4。

表 11-4　滚动轴承代号排列规则

前置代号	基 本 代 号			后 置 代 号							
				1	2	3	4	5	6	7	8
成套轴承分部件	类型代号	尺寸系列代号	内径代号	内部结构	密封与防尘、成套变型	保持架及其材料	轴承材料	公差等级	游隙	配合	其他
		配合安装特征尺寸表示									

在表 11-4 中，滚动轴承代号由三部分组成：

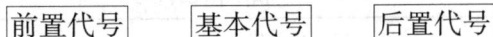

前置代号　　基本代号　　后置代号

基本代号是滚动轴承代号的核心，表示轴承的基本类型、结构和尺寸；前置、后置代号是当轴承的结构形状、尺寸、公差、技术要求等有特殊要求时才使用，在其基本代号左右添加的补充代号，一般情况下可部分或全部省去。

1. 基本代号

轴承的基本代号包括三项内容：类型代号、尺寸系列代号和内径代号。

| 类型代号 | 尺寸系列代号 | 内径代号 |

类型代号：用数字或字母表示不同类型的轴承，见表11-5。

表11-5 常用滚动轴承类型代号

代号	轴承类型	代号	轴承类型
0	双列角接触球轴承	7	角接触球轴承
1	调心球轴承	8	推力圆柱滚子轴承
2	调心滚子轴承和推力调心滚子轴承	N	圆柱滚子轴承
3	圆锥滚子轴承		双列或多列用字母 NN 表示
4	双列深沟球轴承	U	外球面球轴承
5	推力球轴承	QJ	4 点接触球轴承
6	深沟球轴承		

注：在表中代号后或前加字母或数字表示该类轴承中的不同结构。

尺寸系列代号：由两位数字组成，前一位数字代表宽度系列（向心轴承）或高度系列（推力轴承），后一位数字表示直径系列。滚动轴承的具体尺寸系列代号见表11-6。尺寸系列表示内径相同的轴承可有不同外径，而同样外径又有不同宽度（或高度），由此满足各种不同要求的承载能力。

表11-6 轴承尺寸系列代号

直径系列代号	向心轴承								推力轴承			
	宽度系列代号								高度系列代号			
	8	0	1	2	3	4	5	6	7	9	1	2
	尺寸系列代号											
7	—	—	17	—	37	—	—	—	—	—	—	—
8	—	08	18	28	38	48	58	68	—	—	—	—
9	—	09	19	29	39	49	59	69	—	—	—	—
0	—	00	10	20	30	40	50	60	70	90	10	—
1	—	01	11	21	31	41	51	61	71	91	11	—
2	82	02	12	22	32	42	52	62	72	92	12	22
3	83	03	13	23	33	—	—	—	73	93	13	23
4	—	04	—	24	—	—	—	—	74	94	14	24
5	—	—	—	—	—	—	—	—	—	95	—	—

内径代号：表示轴承公称内径的大小，用数字表示，见表11-7。

表11-7 轴承内径代号

轴承公称直径/mm	内 径 代 号	示 例
0.6 ~ 10 （非整数）	用公称内径毫米值直接表示，在其与尺寸系列代号之间用"/"分开	深沟球轴承 618/2.5 $d = 2.5\text{mm}$
1 ~ 9 （整数）	用公称内径毫米值直接表示，对深沟球轴承及角接触球轴承 7、8、9 直径系列，内径与尺寸系列代号之间用"/"分开	深沟球轴承 625，618/5 $d = 5\text{mm}$

（续）

轴承公称直径/mm		内 径 代 号	示 例
10 ~ 17	10	00	深沟球轴承 6 200
	12	01	$d = 10$mm
	15	02	
	17	03	
20 ~ 480（22，28，32 除外）		公称直径除以 5 的商数，商数为个位数，需在商数左边加"0"，如 08	调心滚子轴承 23208 $d = 40$mm
大于和等于 500 以上及 22，28，32		用基本内径毫米数直接表示，但在与尺寸系列之间用"/"分开	调心滚子轴承 230/500 $d = 500$mm

　　基本代号编制规则：基本代号中当轴承类型代号用字母表示时，编排时应与表示轴承尺寸的系列代号，内径代号或安装配合特征尺寸的数字之间空半个汉字距。例：N 2210，N 为类型代号；22 为尺寸系列代号；10 为内径代号。

　　2. 前置代号

　　用字母表示成套轴承分部件，用字母表示。前置代号有 F，L，R，WS，GS，KOW，KIW，LR，K 等。详见轴承手册。

　　L——可分离轴承的内圈或外圈，如 LN207。

　　R——不带可分离的内圈或外圈轴承，如 RNU207（NU 表示内圈无挡边的圆柱滚子轴承）。

　　K——滚子和保持架组件，如 K81107。

　　WS、GS——分别表示推力圆柱滚子轴承的轴圈、座圈，如 WS81107、GS81107。

　　3. 后置代号

　　后置代号共有 8 组。用字母（或加数字）表示其内部结构、密封和防尘、外部形状变化、保持架结构、轴承零件材料、公差等级、游隙及配置等。详见轴承手册。

　　内部结构代号：用字母表示。如 C、AC 和 B 分别表示公称接触角 $\alpha = 15°$、25°和40°；E 代表增大承载能力进行结构改进的加强型；D 为剖分式轴承；ZW 为滚针保持架组件，双列。代号示例如：7210B、7210AC、NU207E。

　　密封、防尘与外部形状变化代号：部分代号与含义如下：

　　K、K30：分别表示锥度 1∶12 和 1∶30 的圆锥孔轴承。代号示例如 1210K、24122K30。

　　R、N、NR：分别表示轴承外圈有止动挡边、止动槽、止动槽并带止动环。代号示例如 6210N。

　　- RS、- RZ、- Z、- FS：分别表示轴承一面有骨架式橡胶密封圈（接触式为 RS、非接触式为 RZ）、有防尘盖、毡圈密封。代号示例如 6210-RS（同样轴承若两面有橡胶密封圈，则为 6210-2RS）。

　　保持架代号：表示保持架在标准规定的结构材料外其他不同结构型式与材料。如 A、B 分别表示外圈和内圈引导；J、Q、M、TN 则分别表示钢板冲压、青铜实体、黄铜实体和工程塑料保持架。

　　公差等级代号：由小到大依次为/P2、/P4（/UP）、/P5（/SP）、/P6、/P6X、/P0 等

6 个等级。2 级精度最高，其中/P0 级在标注时可忽略，/UP、/SP 相当于/P4、/P5。代号示例如 6203、6203/P6。

游隙代号：有/C1，/C2，/C0，/C3，/C4，/C5 等 6 个代号，分别符合标准规定的游隙 1、2、0、3、4、5 组（游隙量自小而大），0 组不标注。代号示例如 6210、6210/C4。

公差等级代号和游隙代号同时表示时可以简化，如 6210/P63 表示轴承公差等级 P6 级、径向游隙 3 组。

配置代号：成对安装的轴承有三种配置形式（见图 11-14）。/DB、/DF、/DT 三种代号分别

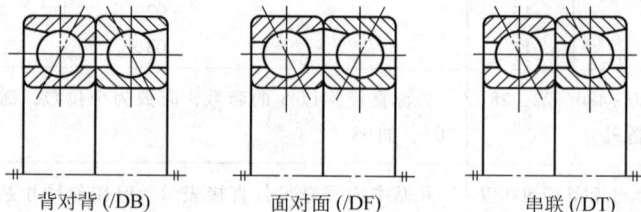

背对背 (/DB)　　面对面 (/DF)　　串联 (/DT)

图 11-14　成对滚动轴承配置安装型式

表示背对背安装、面对面安装和串联安装。代号示例如 32208/DF、7210C/DT。

其他：在振动、噪声、摩擦力矩、工作温度、润滑等方面有特殊要求的代号可查阅有关标准。

例 11-1　试说明滚动轴承代号 62203 和 7312AC/P6 的含义。

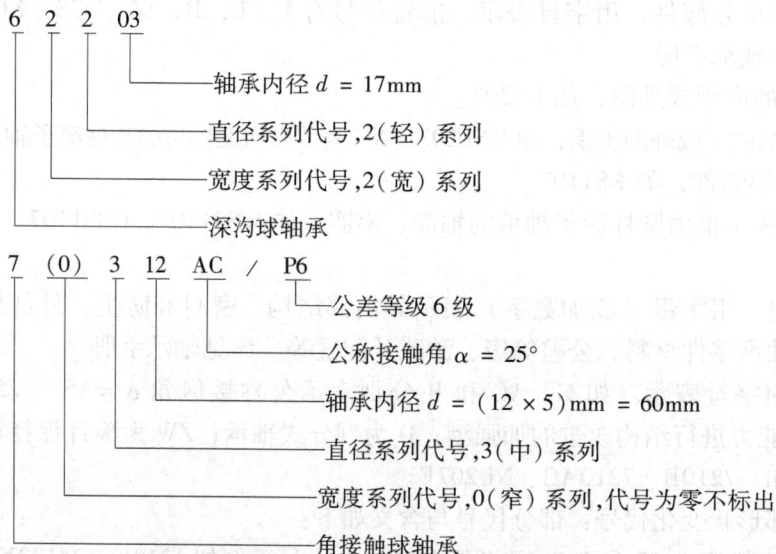

6 2 2 03
└─ 轴承内径 d = 17mm
└─ 直径系列代号,2(轻)系列
└─ 宽度系列代号,2(宽)系列
└─ 深沟球轴承

7 (0) 3 12 AC / P6
└─ 公差等级 6 级
└─ 公称接触角 α = 25°
└─ 轴承内径 d = (12 × 5)mm = 60mm
└─ 直径系列代号,3(中)系列
└─ 宽度系列代号,0(窄)系列,代号为零不标出
└─ 角接触球轴承

（三）滚动轴承的载荷分布、失效形式和计算准则*

1. 滚动轴承的载荷分布

当滚动轴承受通过轴承中心的纯轴向载荷时，在理想精度下，可认为此载荷由各滚动体均匀承受。

当滚动轴承受径向载荷时，各滚动体的受力情况如图 11-15 所示。在径向载荷 F_r 的作用下，由于各接触点的弹性变形，内、外圈沿 F_r 的作用方向产生相对位移 Δ，上半圈各滚动体并不承受载荷。在 F_r 作用线上的滚动体所受的载荷 R_{max} 为最大。根据各接触点处的变形规律，可确定各滚动体载荷的分布规律，如图 11-15 中的曲线所示。最大载荷 R_{max} 为

对于球轴承 $\qquad R_{\max} \approx 5F_r/z \qquad$ (11-17)

对于滚子轴承 $\qquad R_{\max} \approx 4.6F_r/z \qquad$ (11-18)

式中 z——轴承中的滚动体个数；

$\qquad F_r$——轴承所受的径向力，单位为 N。

2. 滚动轴承的失效形式

滚动轴承在工作过程中，滚动体和内圈或外圈有相对运动，滚动体既有自转又围绕轴承中心公转。因此，其滚道表面层的接触应力将按脉动循环变化。根据不同工作情况，滚动轴承的失效形式如下：

（1）疲劳点蚀 在上述交变应力的作用下，滚动体或滚道表面层下面的强度薄弱点发生微观裂纹。在轴承继续运转过程中，内部微观裂纹扩展到表面，形成表层金属微小的片状剥落即轴承的疲劳点蚀现象。轴承发生疲劳点蚀后，在运转中会引起噪声和振动，同时，还使轴承的旋转精度降低，摩擦阻力增大和发热，使轴承很快丧失工作能力。

（2）塑性变形 当轴承的转速很低或间歇摆动时，轴承不会产生疲劳点蚀，此时轴承失效是因为受过大载荷（称为静载荷）或冲击载荷，使滚动体或内、外圈滚道上出现大的塑性变形，形成不均匀的凹坑，从而加大轴承的摩擦力矩，引起噪声和振动，运动精度降低。

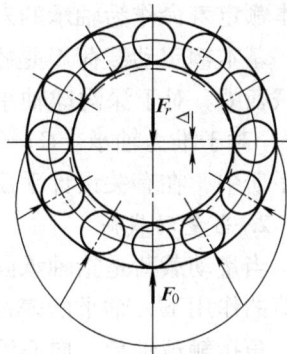

图 11-15 滚动轴承上
的载荷分布

（3）磨损 在多尘条件下工作的轴承，虽然采用密封装置，滚动体和滚道表面仍有可能产生磨粒磨损。当润滑不充分时，滚动轴承内部有可能发生滑动摩擦，将会产生粘着磨损并引起摩擦表面发热、胶合、甚至使滚动体回火，速度越高，发热和粘着磨损越严重。

3. 滚动轴承的计算准则

决定轴承尺寸时，要针对主要失效形式进行必要的计算，其计算准则是：一般工作条件的滚动轴承，如轴承部件设计合理，类型和尺寸选择恰当，安装、润滑、密封和维护正常，滚动轴承的主要损坏形式是疲劳点蚀，应进行接触疲劳寿命计算和静强度计算；对于摆动和转速较低的轴承，只需作静强度计算；高速轴承由于发热而造成的粘着磨损、烧伤常是突出矛盾，除进行寿命计算外，还需核验极限转速。

此外，要特别注意轴承组合设计的合理结构、润滑和密封，这对保证轴承的正常工作往往起决定性的作用。

与主要失效形式相对应，滚动轴承具有三个基本性能参数：满足一定疲劳寿命要求的基本额定动载荷 C_r（径向）或 C_a（轴向），满足一定静强度要求的基本额定静载荷 C_{0r}（径向）或 C_{0a}（轴向）和控制轴承磨损的极限转速 n_0。各种轴承的性能指标值 C、C_0、n_0 等可查有关手册。

（四）滚动轴承的型号选择

1. 基本额定寿命和基本额定动载荷

大部分滚动轴承是由于疲劳点蚀而失效。轴承的疲劳点蚀与滚动体表面所受的接触应力值和应力循环次数有关，即与轴承所受的载荷和工作转速或工作时间有关。轴承中任一元件首次出现疲劳点蚀之前所运转的总转数，或在一定转速下的工作小时数，称为轴承的寿命。

同样的一批轴承在相同的条件下运转，每个轴承的实际寿命大不相同，最高和最低寿命可能相差数十倍。对一个具体轴承很难预知其确切寿命，但一批轴承的寿命则服从一定的概率分布规律，用数理统计的方法处理数据可分析计算一定可靠度或失效概率下的轴承寿命。实际选择轴承时常以基本额定寿命为标准。轴承的基本额定寿命是指90%可靠度、常用材料和加工质量、常规运转条件下的寿命，以符号 $L_{10}(\mathrm{r})$ 或 $L_{10h}(\mathrm{h})$ 表示，通常把基本额定寿命作为轴承的寿命指标。

基本额定动载荷 C 是指基本额定寿命恰好为一个单位（$10^6\mathrm{r}$）时，轴承所能承受的最大载荷 C。对于深沟球轴承、角接触球轴承、向心滚子轴承，$C = C_r$（径向基本额定动载荷）；对于推力轴承，$C = C_a$（轴向基本额定动载荷）。各种型号轴承的 C_r 或 C_a 均列于轴承手册中，在有关设计手册的滚动轴承部分中也可查到。

2. 当量动载荷

当量动载荷是指轴承同时承受径向和轴向复合载荷时，经过折算后的某一载荷，在此载荷的作用下，轴承的寿命与实际复合载荷下所达到的寿命相同。同样，对于深沟球轴承、角接触球轴承、向心滚子轴承，$P = P_r$（径向当量动载荷）；对于推力轴承，$P = P_a$（轴向当量动载荷）。

当量动载荷 P 的计算公式为

$$P = XF_r + YF_a \qquad\qquad (11\text{-}19)$$

式中　F_r——轴承上的径向载荷，单位为 N；

　　　F_a——轴承上的轴向载荷，单位为 N；

　　　X——径向载荷换算为当量动载荷的系数，又称径向系数；

　　　Y——轴向载荷换算为当量动载荷的系数，又称轴向系数。

X、Y 值可由表 11-8 查取。

表 11-8 中 e 是一个判断系数，它是适用于各种 X 和 Y 系数值的 F_a/F_r 极限值。试验证明，轴承 $F_a/F_r \leqslant e$ 或 $F_a/F_r > e$ 时其 X 和 Y 值是不同的。深沟球轴承和角接触球轴承的 e 值随 F_a/C_{0r} 的增大而增大。表 11-8 中数据是在大量实验的基础上总结出来的。

表 11-8　径向系数 X 和轴向系数 Y

轴承类型	F_a/C_{0r}[①]	e	单列轴承				双列轴承			
			$F_a/F_r \leqslant e$		$F_a/F_r > e$		$F_a/F_r \leqslant e$		$F_a/F_r > e$	
			X	Y	X	Y	X	Y	X	Y
深沟球轴承	0.014	0.19				2.30				2.3
	0.028	0.22				1.99				1.99
	0.056	0.26				1.71				1.71
	0.084	0.28				1.55				1.55
	0.11	0.30	1	0	0.56	1.45	1	0	0.56	1.45
	0.17	0.34				1.31				1.31
	0.28	0.38				1.15				1.15
	0.42	0.42				1.04				1.04
	0.56	0.44				1.00				1

（续）

轴承类型		F_a/C_{0r}①	e	单列轴承				双列轴承			
				$F_a/F_r \leq e$		$F_a/F_r > e$		$F_a/F_r \leq e$		$F_a/F_r > e$	
				X	Y	X	Y	X	Y	X	Y
角接触球轴承	$\alpha=15°$	0.015	0.38				1.47		1.65		2.39
		0.029	0.40				1.40		1.57		2.28
		0.058	0.43				1.30		1.46		2.11
		0.087	0.46				1.23		1.38		2
		0.12	0.47	1	0	0.44	1.19	1	1.34	0.72	1.93
		0.17	0.50				1.12		1.26		1.82
		0.29	0.55				1.02		1.14		1.66
		0.44	0.56				1.00		1.12		1.63
		0.58	0.56				1.00		1.12		1.63
	$\alpha=25°$	—	0.68	1	0	0.41	0.87	1	0.92	0.67	1.41
	$\alpha=40°$	—	1.14	1	0	0.35	0.57	1	0.55	0.57	0.93
双列角接触轴承	$\alpha=30°$	—	0.8					1	0.78	0.63	1.24
4点接触球轴承	$\alpha=35°$	—	0.95	1	0.66	0.60	1.07	—	—	—	—
圆锥滚子轴承			$1.5\tan\alpha$②	1	0	0.40	$0.4\cot\alpha$	1	$0.45\cot\alpha$	0.67	$0.67\cot\alpha$
调心球轴承		—	$1.5\tan\alpha$	—	—	—	—	1	$0.42\cot\alpha$	0.65	$0.65\cot\alpha$
推力调心滚子轴承		—	1 0.55	—	—	1.2	1	—	—	—	—

① 相对轴向载荷 F_a/C_{0r} 中的 C_{0r} 为轴承的径向基本额定静载荷，由手册查取。与 F_a/C_{0r} 中间值相应的 e、Y 值可用线性内插值求得。

② 由接触角 α 确定的各项 e、Y 值也可根据轴承型号在手册中直接查取。

$\alpha=0°$ 的圆柱滚子轴承与滚针轴承只能承受径向力，当量动载荷 $P_r=F_r$；而 $\alpha=90°$ 的推力轴承只能承受轴向力，其当量动载荷 $P_a=F_a$。

由于机械工作时常有振动和冲击。为此，轴承的当量动载荷应按下式计算：

$$P = f_P(XF_r + YF_a) \tag{11-20}$$

式中 f_P——载荷系数，由表 11-9 选取。

表 11-9 载荷系数 f_P

载荷性质	机器举例	f_P
平稳运转或轻微冲击	电机、水泵、通风机、气轮机	1.0~1.2
中等冲击	车辆、机床、起重机、冶金设备、内燃机	1.2~1.8
强大冲击	破碎机、轧钢机、振动筛、工程机械、石油钻机	1.8~3.0

在计算角接触轴承的当量动载荷时，要考虑由径向载荷产生的附加轴向力，如图 11-16所示。当轴承受径向载荷 F_r 时，载荷区内各滚动体将产生附加轴向分力 F_{si}，并可近似认为各 F_{si} 的合力 F_s 通过轴承的中心线。角接触轴承由径向载荷产生的附加轴向力 F_s 见表 11-10。由图还可看出，附加轴向力 F_s 使轴承套圈互相分离。为保证轴承正常工作，此类轴承常成对使用。如单独使用，其外加轴向力必须大于附加轴向力。

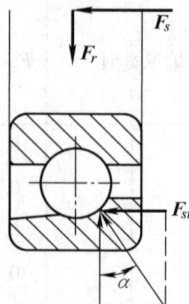

图 11-16 角接触滚动轴承的附加轴向力

图 11-17 为角接触轴承反装配置方式，轴承接触角 α 向外侧倾斜。图 11-18 为角接触轴承正装配置方式，轴承接触角 α 向内侧倾斜。轴承 I、II 通常是同一型号（有时为不同型号）。

分析径向轴承 I、II 所受的轴向力，要根据具体受力情况，按力的平衡关系进行。下面分两种情况讨论。

表 11-10　角接触球轴承、圆锥滚子轴承的附加轴向力 F_s

圆锥滚子轴承	角接触球轴承		
	$\alpha = 15°$（7000C 型）	$\alpha = 25°$（7000AC 型）	$\alpha = 40°$（7000B 型）
$F_s = F_r/(2Y)$ Y 为 $F_a/F_r > e$ 时的轴向系数	$F_s = eF_r$ （e 见表 11-7）	$F_s = 0.68F_r$	$F_s = 1.14F_r$

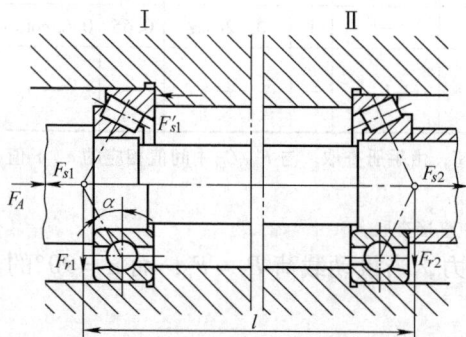

图 11-17 角接触轴承反装配方式

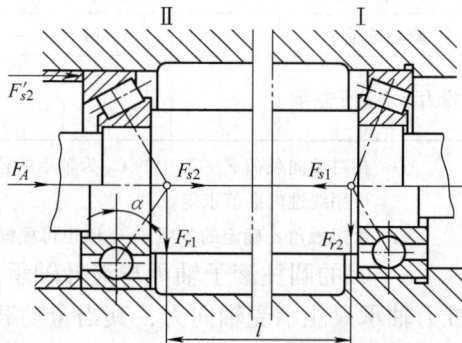

图 11-18 角接触轴承正装配方式

1）当 $F_A + F_{s2} > F_{s1}$（见图 11-13）时，则轴有向右移动的趋势，根据力的平衡关系，轴承座 I 上必将产生反力 F'_{s1}，使

$$F_A + F_{s2} = F_{s1} + F'_{s1}$$

即

$$F'_{s1} = F_A + F_{s2} - F_{s1}$$

由此得两轴承上的轴向力 F_{a1}、F_{a2} 分别为

$$F_{a1} = F_{s1} + F'_{s1} = F_A + F_{s2}$$

$$F_{a2} = F_{s2} \tag{11-21}$$

2）当 $F_A + F_{s2} < F_{s1}$（见图 11-14），则轴有向左移动的趋势，同理，在轴承座 II 上必将产生反力 F_{s2}'，使

$$F_A + F_{s2} + F_{s2}' = F_{s1}$$

即

$$F_{s2}' = F_{s1} - F_A - F_{s2}$$

因此得两轴承上的轴向力 F_{a1}、F_{a2} 分别为

$$F_{a1} = F_{s1}$$

$$F_{a2} = F_{s2} + F_{s2}' = F_{s1} - F_A \tag{11-22}$$

确定轴向载荷 F_{a1} 和 F_{a2} 后，即可按下式计算其当量动载荷。即

$$P_I = X_I F_{r1} + Y_I F_{a1} \tag{11-23}$$

$$P_{II} = X_{II} F_{r2} + Y_{II} F_{a2} \tag{11-24}$$

3. 轴承寿命计算

滚动轴承的寿命随载荷增大而降低，寿命与载荷的关系曲线如图 11-19 所示，其曲线方程为

$$P^\varepsilon L_{10} = 常数 \tag{11-25}$$

式中　P——当量动载荷，单位为 N；

　　　L_{10}——基本额定寿命，常以 10^6r 为单位（当寿命为 10^6r 时，$L_{10} = 1$）

　　　ε——寿命指数，球轴承 $\varepsilon = 3$，滚子轴承 $\varepsilon = 10/3$。

由手册查得的基本额定动载荷 C 是以 $L_{10} = 1$、可靠度为 90% 为依据的。由此可列出当轴承的当量动载荷为 P 时以转数为单位的基本额定寿命 L_{10} 为

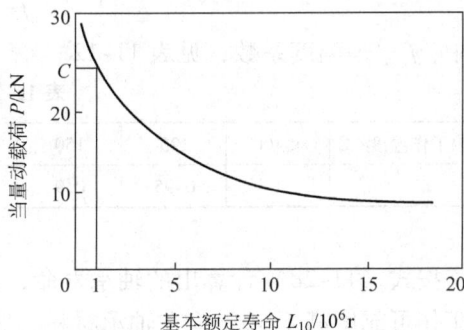

图 11-19　滚动轴承的 P-L 曲线

$$C^\varepsilon \times 1 = P^\varepsilon L_{10} \tag{11-26}$$

滚动轴承的寿命计算公式为

$$L_{10} = \left(\frac{C}{P}\right)^\varepsilon 10^6 \text{r} \tag{11-27}$$

式中　C——基本额定动载荷，单位为 N。

若轴承工作转速 n 的单位为 r/min 时，可求出以小时数为单位的基本额定寿命（单位为 h）

$$L_{10h} = \frac{10^6}{60n}\left(\frac{C}{P}\right)^\varepsilon = \frac{16\,670}{n}\left(\frac{C}{P}\right)^\varepsilon \tag{11-28}$$

应取 $L_{10} \geqslant L_h'$。L_h' 为轴承的预期使用寿命。通常参照机器大修期限决定轴承的预期使用寿命，表 11-11 的推荐值可供参考。

表 11-11 推荐的轴承寿命 L_h'

使 用 场 合	L_h'/h
不经常使用的精密机械	500
经常使用的精密机械	2 000 ~ 6 000
短期或间断使用，中断使用不致引起严重后果的机械	4 000 ~ 8 000
间断使用的机械，中断使用将引起严重后果，如：流水作业线的传动装置等	8 000 ~ 14 000
每天工作8h的机械，如齿轮减速箱	14 000 ~ 30 000
连续工作的精密机械	20 000 ~ 60 000
24h 连续工作，中断工作将引起严重后果的机械	>100 000

若已知轴承的当量动载荷 P 和预期使用寿命 L_h'，则可按下式求得相应的计算额定动载荷 C_j，它与所选用轴承型号的 C 值必须满足下式要求：

$$C_j = \frac{P}{f_t} \sqrt[\varepsilon]{\frac{n}{16\ 670}L_h'} \leqslant C \qquad (11\text{-}29)$$

式中 f_t——温度系数，见表 11-12。

表 11-12 温度系数 f_t

轴承工作温度/℃	≤100	125	150	175	200	225	250	300	350
f_t	1	0.95	0.9	0.85	0.8	0.75	0.7	0.6	0.5

按式（11-28）计算出的轴承寿命，其工作可靠度是90%，但许多重要主机都希望轴承工作可靠度高于90%，在轴承材料、使用条件不变的情况下，寿命计算公式为

$$L_{Rh} = f_R L_{10h} \qquad (11\text{-}30)$$

式中 L_{10h}——可靠度为90%时轴承寿命，按式（11-28）计算；

f_R——可靠度寿命修正系数，见表 11-13；

L_{Rh}——任意可靠度时的寿命。

表 11-13 可靠性寿命修正系数 f_R

可靠度 R（%）	90	95	96	97	98	99
f_R	1.0	0.62	0.53	0.44	0.33	0.21

4. 滚动轴承的静强度计算

当轴承处于静止或以低速转动和缓慢摆动时，其失效形式主要是滚道表面产生过大的塑性变形，使轴承运转时有较大的振动和噪声，影响正常工作。

实践表明，当受力最大的滚动体和任一套圈滚道接触表面的塑性变形量之和不超过滚动体直径的万分之一时，通常不致影响轴承的正常工作。因此，对于每一尺寸的滚动轴承，可得到产生上述变形量的载荷，此载荷称为额定静载荷 C_0。对于深沟球轴承、角接

触球轴承、向心滚子轴承，$C_0 = C_{0r}$（径向额定静载荷）；对于推力轴承，$C_0 = C_{0a}$（轴向额定静载荷）。C_0 表示轴承在低速运转时的承载能力，该值可由手册中查出。同样，当量静载荷是指轴承同时承受径向和轴向复合载荷时，经过折算的某一载荷，在此载荷作用下，轴承产生的永久变形量与实际载荷作用下相同。对于深沟球轴承、角接触球轴承、向心滚子轴承，$P_0 = P_{0r}$（径向当量静载荷）；对于推力轴承，$P_0 = P_{0a}$（轴向当量静载荷）。

低速转动或缓慢摆动的轴承，应按额定静载荷选择轴承型号。额定静载荷的计算值按下式计算，即：

$$C_{0j} = S_0 P_0 \leqslant C_0 \tag{11-31}$$

式中　C_{0j}——额定静载荷的计算值，单位为 N；

　　　S_0——安全系数，按表 11-14 查取；

　　　P_0——当量静载荷，单位为 N。

当量静载荷应按式（11-32）和式（11-33）计算，并取其中较大值

$$P_0 = F_r \tag{11-32}$$

$$P_0 = X_0 F_r + Y_0 F_a \tag{11-33}$$

式中，X_0 为径向系数；Y_0 为轴向系数，由表 11-15 查取。

表 11-14　安全系数 S_0

使用要求及载荷性质	S_0	
	球轴承	滚子轴承
对旋转精度及平稳性要求较高，承受较大的冲击载荷	1.5 ~ 2	2.5 ~ 4
正常使用	0.5 ~ 2	1 ~ 3.5
对旋转精度及平稳性要求较低，没有冲击和振动的载荷	0.5 ~ 2	1 ~ 3

5. 滚动轴承的极限转速

滚动轴承转速过高时会使摩擦面间产生高温，影响润滑剂性能，破坏油膜，从而导致滚动体回火或元件胶合失效。

表 11-15　径向系数 X_0 和轴向系数 Y_0

轴承类型	接触角 α	单列轴承		双列轴承	
		X_0	Y_0	X_0	Y_0
深沟球轴承		0.6	0.5	0.6	0.5
角接触球轴承	$\alpha = 15°$	0.5	0.46	1	0.92
	$\alpha = 25°$	0.5	0.38	1	0.76
	$\alpha = 40°$	0.5	0.26	1	0.52
双列调心球轴承	$\alpha = 35°$	0.5	0.29		0.58
双列调心滚子轴承	$\alpha = 30°$	—	—	1	0.66
调心球轴承		0.5	$0.22\cot\alpha$	1	$0.44\cot\alpha$
圆锥滚子轴承		0.5	$0.22\cot\alpha$	1	$0.44\cot\alpha$

滚动轴承的极限转速是在一定载荷和润滑条件下所允许的最高转速。在轴承样本和手册中，给出了不同类型和尺寸的轴承在油润滑和脂润滑条件下的极限转速。这些数值只适用于当量动载荷 $P \leqslant 0.1C$（C 为基本额定动载荷），润滑与冷却条件正常，向心轴承只受径向载荷，推力轴承只受轴向载荷，公差等级为 0 级的轴承。

当滚动轴承载荷 $P > 0.1C$ 时，接触应力将增大；轴承承受联合载荷时，受载滚动体将增加，这都会增大轴承接触表面间的摩擦，使润滑状态变坏。此时，极限转速值应修正，实际转速值应按下式计算：

$$[n] = f_1 f_2 n_{\lim} \tag{11-34}$$

式中　$[n]$——实际允许转速，单位为 r/min；

　　　$n_{\lim}$——轴承极限转速，单位为 r/min；

　　　f_1——载荷系数（见图 11-20）；

　　　f_2——载荷分布系数（见图 11-21）。

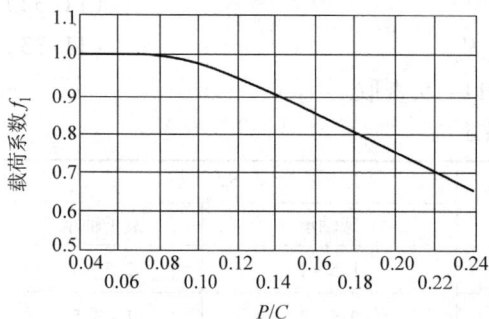

图 11-20　载荷系数 f_1

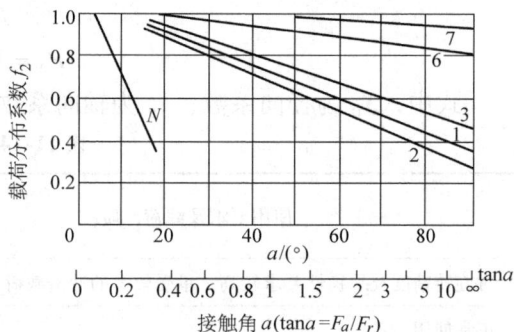

图 11-21　载荷分布系数 f_2

选择轴承时，轴承的工作转速不得超过实际允许的最高转速。

影响轴承极限转速除载荷因素外，还有许多因素，如轴承类型、尺寸大小、润滑与冷却条件、游隙、保持架的材料与结构等。如果所选用轴承的极限转速不能满足要求时，可以采取一些改进措施予以提高。如提高轴承的公差等级，适当加大游隙，改用特殊材料和结构的保持架，采用循环润滑、油雾润滑，增设循环冷却系统等可提高轴承的极限转速。

例 11-2　试选择某传动装置中用深沟球轴承。已知轴颈 $d = 35\text{mm}$，轴的转速 $n = 2\,860\text{r/min}$，轴承径向载荷 $F_r = 1\,600\text{N}$，轴向载荷 $F_a = 800\text{N}$，载荷有轻微冲击，预期使用寿命 $L_h' = 5\,000\text{h}$。

解　由于轴承型号未定，C_{0r}、e、X、Y 值都无法确定，必须进行计算。以下采取预选轴承的方法。

预选 6207 与 6307 两种深沟球轴承方案计算，由手册查得轴承数据如下：

方案	轴承型号	C_r/N	C_{0r}/N	D/mm	B/mm	$n_{\lim}/(\text{r} \cdot \text{min}^{-1})$
1	6207	25 500	15 200	72	17	8 500
2	6307	32 200	19 200	80	21	8 000

计算步骤与结果列于下表中：

计算项目	计算内容	计算结果	
		6207 轴承	6307 轴承
F_a/C_{0r}	$F_a/C_{0r} = 800/C_{0r}$	0.053	0.042
e	查表 11-7（用内插值法求出）	0.256	0.24
F_a/F_r	$F_a/F_r = 800/1\ 600$	$0.5 > e$	$0.5 > e$
X、Y	查表 11-7（Y 值用内插值法求出）	$X = 0.56, Y = 1.74$	$X = 0.56, Y = 1.85$
载荷系数 f_P	查表 11-8	1.1	1.1
当量动载荷 P	$P = f_P(XF_r + YF_a)$ 见（式 11-20） $= 1.1 \times (1\ 600X + 800Y)$	2 517N	2 614N
计算额定动载荷 C_j	$C_j = \dfrac{P}{f_t} \sqrt[3]{\dfrac{L_h' n}{16670}}$（式 11-29） $= \dfrac{P}{1} \sqrt[3]{\dfrac{5\ 000 \times 2\ 860}{16\ 670}}$	23 917N	24 839N
基本额定动载荷 C_r	查手册	$C_j < 25\ 500$	$C_j < 32\ 200$

结论：经将各试选型号轴承的径向基本额定动载荷的计算值 C_j 与其径向基本额定动载荷值 C_r 相比较，6207 轴承的 C_j 小于 C_r，且两值比较接近，故 6207 轴承适用。6307 轴承虽然 C_j 也小于 C_r 值，但裕度太大，不宜选用。

（五）滚动轴承部件的结构设计

设计滚动轴承部件时，除了要正确选择类型和型号外，还要进行结构设计。轴承部件的结构设计包括：轴承的固定方法；轴承与轴和轴承座的配合；轴承游隙的调整和预紧；轴承的润滑和密封等。只有正确合理地进行轴承部件的结构设计，才能保证滚动轴承正常工作。

1. 轴承的固定

在滚动轴承部件中，轴和轴承在工作时，相对机座不允许有径向移动，轴向移动也应控制在一定限度之内。限制轴的轴向移动有两种方式：

（1）两端固定　使每一轴承都能限制轴的单向移动，两个轴承合在一起就能限制轴的双向移动。如图 11-22a 所示，利用内圈和轴肩、外圈和轴承盖限制轴的移动。

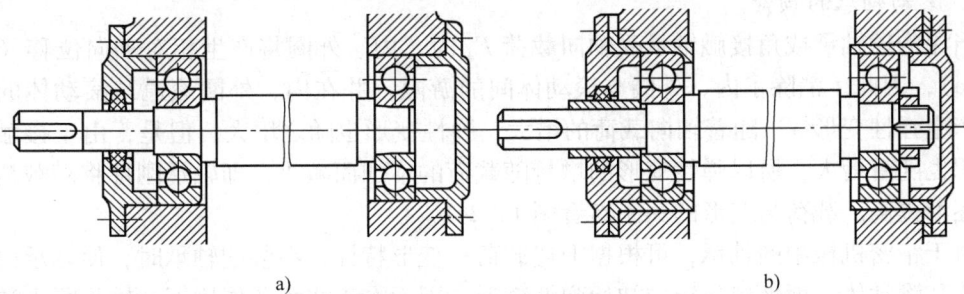

a)　　　　　　　　　　　　　　b)

图 11-22　滚动轴承的固定方式

（2）一端固定，一端游动 使一个轴承限制轴的双向移动，另一个轴承可以游动，如图 11-22b 所示。

对于工作温度较高的长轴，应采用第二种方式；对于工作温度不高的短轴，可采用第一种方式，但在外圈处也应留出少量的膨胀量，一般为 0.25 ~ 0.4mm，以备轴的伸长。间隙的大小可用选择端盖端面处加垫片等办法控制。

2. 轴承的配合

滚动轴承与轴及轴承座的配合将影响轴承游隙。轴承未安装时的游隙称为原始游隙，装上后，由于过盈所引起的内圈膨胀和外圈收缩，将使轴承的游隙减小。

轴承游隙过大，不仅影响它的旋转精度，也影响它的寿命。只有当游隙为零时，图 11-16 所示的载荷分布规律才是正确的。如果游隙很大，在极限情况下，可能只有最下方的一个滚动体受力，轴承的承载能力将大大降低。

通常，回转圈的转速越高、载荷越大、工作温度越高，应采用较紧的配合；游动圈或经常拆卸的轴承则应采用较松的配合。轴承孔与轴的配合取（特殊的）基孔制，轴承外圈与孔的配合取基轴制。回转圈与机器旋转部分的配合一般用 n6、m6、k6、js6；固定圈和机器不动部分的配合则用 J7、J6、H7、G7 等。关于配合和公差的详细资料可参考本书第五章或有关手册。

3. 滚动轴承游隙的调整

轴承游隙 δ 过大，将使承受载荷的滚动体数量减少，轴承的寿命降低。同时，还会降低轴承的旋转精度，引起振动和噪声，当载荷有冲击时，这种影响尤为显著。轴承游隙过小，轴承容易发热和磨损，也会降低轴承的寿命。因此，选择适当的游隙，是保证轴承正常工作，延长使用寿命的重要措施之一。

许多轴承都要在装配过程中控制和调节游隙，方法是使轴承内、外圈作适当的相对轴向位移。如图 11-23 所示，调整端盖处垫片的厚度，即可调节配置在同一支座上两轴承的游隙 δ。

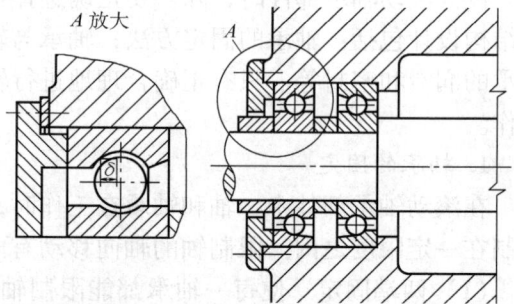

图 11-23 滚动轴承游隙的调整

4. 滚动轴承的预紧

当深沟球轴承或角接触轴承受轴向载荷 F_a 时，内、外圈将产生相对轴向位移（见图 11-24a），因此，消除了内、外圈与滚动体间的游隙，并在内、外圈滚道与滚动体的接触表面产生弹性变形 λ。随着轴向载荷的增大，弹性变形也随之增大，但是，由于接触表面的面积也随着增大，所以弹性变形的增量随载荷的增加而减小，即轴承刚性将随载荷的增大而逐渐提高。载荷与变形的关系参看图 11-24b。

对于精密机械中的轴承，可根据上述载荷—变形特性，在装配轴承时，使轴承内、外圈滚道和滚动体表面保持一定的初始弹性变形，因而在工作载荷作用下，轴承既无游隙且产生的接触弹性变形又小，从而提高了轴承的旋转精度。这种在装配时使轴承产生初始接触弹性变形的方法，称为轴承的预紧。预紧时，轴承所受的载荷称为轴承的预加载荷。预加载荷的大小对轴承工作性能影响很大：太小时，对提高轴承刚度的作用不大；太大时，轴承容易发热和磨损，寿命降低。在重要的场合，预加载荷的大小应通过试验确定。

图 11-24c、d、e 是产生滚动轴承预紧的几种典型结构。在两个轴承的内圈之间和外圈之间分别安装两个不同长度的套筒（见图 11-24c、d），或控制轴承端盖上垫片的厚度（见图 11-24e），安装时调整螺母或端盖使间隙 Δ 为零，都可产生一定的预加载荷。

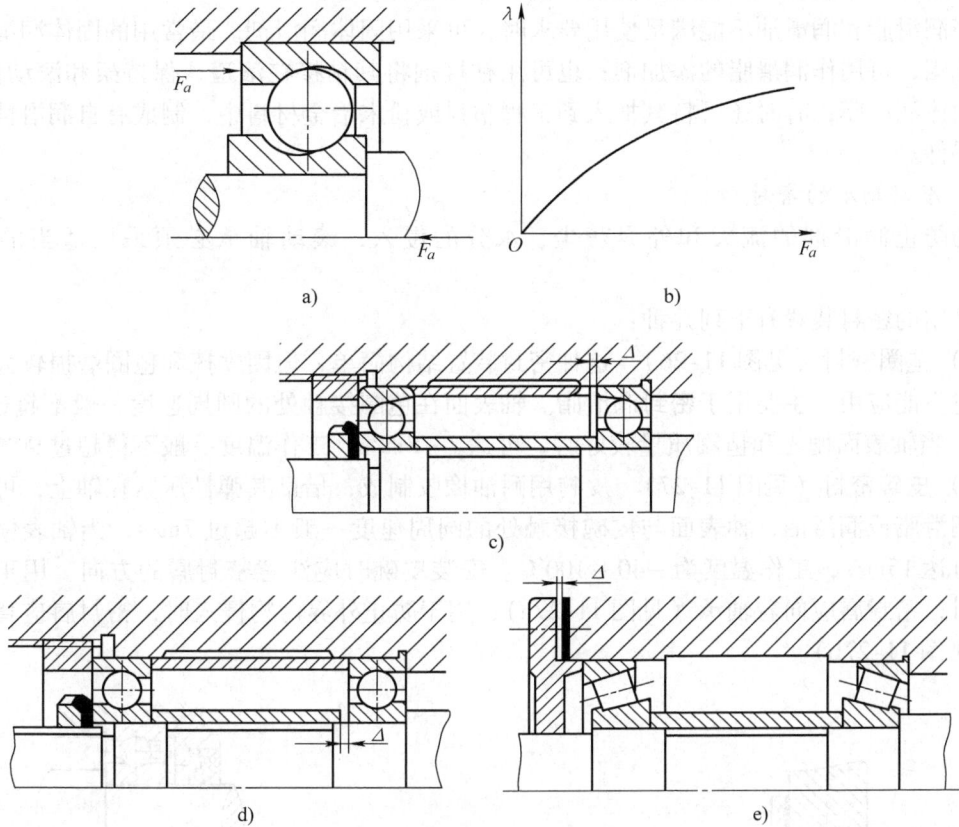

图 11-24　滚动轴承的预紧

成对双联角接触球轴承，是轴承厂磨窄其内圈或外圈、选配组合后，成套供应的。安装时，用外力使其内圈并紧（见图 11-25a）或外圈并紧（见图 11-25b），即可使轴承预紧。

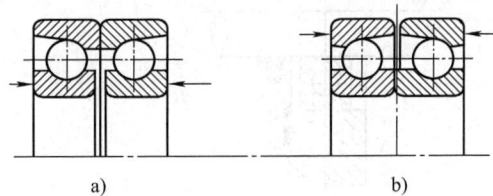

图 11-25　成对双联角接触球轴承

5. 滚动轴承的润滑

为了减小摩擦和减轻磨损，滚动轴承必须维持良好的润滑。此外，润滑还具有防止锈蚀，加速散热，吸收振动和减小噪声等作用。

与圆柱面支承相同，用于滚动轴承的润滑，也可采用润滑脂、润滑油或固体润滑剂。

　　润滑脂不易渗漏，不需经常添加补充，密封简单，维护保养也较方便，且有防尘、防潮能力。但是，其内摩擦大，稀稠程度受温度变化的影响较大。所以润滑脂一般用于转速和温度都不很高的场合。轴承中润滑脂的充填量不宜过多，通常约占轴承内部空间的 $1/3 \sim 1/2$。

　　润滑油的内摩擦小，在高速和高温条件下仍具有良好的润滑性能。因此，高速轴承一般均采用润滑油润滑。缺点是易渗漏，需良好的密封装置。

　　当润滑脂和润滑油不能满足使用要求时，可采用固体润滑剂。最常用的固体润滑剂是二硫化钼，可用作润滑脂的添加剂；也可用粘接剂将其粘接在滚道、保持架和滚动体上，形成固体润滑膜；有时还可将其加入到工程塑料或粉末冶金材料中，制成有自润滑性能的轴承零件。

　　6. 滚动轴承的密封

　　为防止润滑剂的流失和外界灰尘、水分的侵入，滚动轴承必须采用适当的密封装置。

　　常用的密封装置有下列几种：

　　1）毡圈密封（见图 11-26）　这种密封装置结构简单，但因摩擦和毡圈磨损较大，故高速时不能应用。主要用于密封润滑脂。轴表面在毡圈接触处的圆周速度一般不超过 $4 \sim 5 \text{m/s}$，当轴表面抛光和毡圈质量较好时，可达 $7 \sim 8 \text{m/s}$，工作温度一般不得超过 90℃。

　　2）皮碗密封（见图 11-27）　皮碗用耐油橡胶制成，借助其弹性压紧在轴上，可用于密封润滑脂或润滑油，轴表面与皮碗接触处的圆周速度一般不超过 7m/s，当轴表面抛光时，可达 15m/s，工作温度为 $-40 \sim 100 \text{℃}$。安装皮碗时应注意密封唇的方向，用于防止漏油时，密封唇应向着轴承（见图 11-27a）；用于防止外界污物侵入时，密封唇应背着轴承（见图 11-27b）。

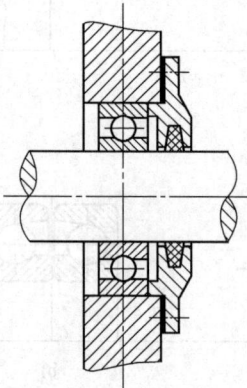

图 11-26　毡圈密封

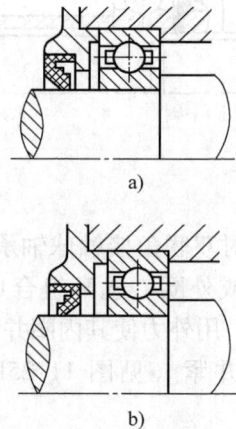

图 11-27　皮碗密封

　　3）间隙密封（见图 11-28）　这种密封靠轴与轴承盖之间充满润滑脂的微小间隙（$0.1 \sim 0.3 \text{mm}$）实现（见图 1-28a）。间隙密封如用于密封润滑油时，轴上应加工出沟槽（见图 11-28b），以便把沿轴向流出的油甩出后通过小孔流回轴承。

4）迷宫密封（见图 11-29） 这种密封装置是由转动件与固定件曲折的窄缝形成，窄缝中注满润滑脂，可用以密封润滑脂或润滑油。迷宫密封的径向间隙一般为 0.2 ~ 0.5mm，轴向间隙为 1 ~ 2.5mm，轴径大时，间隙应较大。这种密封装置的效果很好，使用时不受圆周速度的限制，且圆周速度越高，密封效果越好。

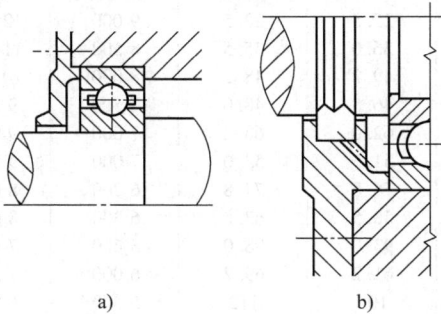

a) b)

图 11-28 间隙密封

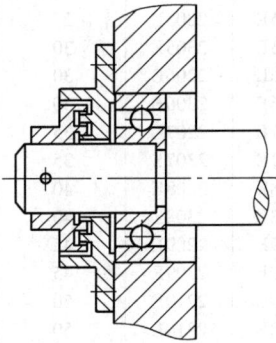

图 11-29 迷宫密封

表 11-16 ~ 表 11-20 为常用滚动轴承尺寸和主要性能参数（摘自全国滚动轴承产品样本，机械工业部洛阳轴承研究所，1995 年）。

表 11-16 深沟球轴承（GB/T276）

轴承代号	原轴承代号	基本尺寸/mm			基本额定载荷/kN		极限转速/(r · min⁻¹)	
		d	D	B	C_r	C_{0r}	脂	油
6202	202	15	35	11	7.65	3.72	17 000	22 000
6302	302	15	42	13	11.5	5.42	16 000	20 000
6203	203	17	40	12	9.58	4.78	16 000	20 000
6303	303	17	47	14	13.5	6.58	15 000	19 000
6204	204	20	47	14	42.8	6.65	14 000	18 000
6304	304	20	52	15	15.8	7.88	13 000	17 000
6205	205	25	52	15	14.0	1.88	12 000	16 000
6305	305	25	62	17	22.2	11.5	10 000	14 000
6206	206	30	62	16	19.5	11.5	9 500	13 000
6306	306	30	72	19	27.0	15.2	9 000	12 000
6207	207	35	72	17	25.5	15.2	85 000	11 000
6307	307	35	80	21	33.2	19.2	8 000	10 000
6208	208	40	80	18	29.5	18.0	8 000	10 000
6308	308	40	90	23	40.8	24.0	7 000	9 000
6209	209	45	85	19	31.5	20.5	7 000	9 000
6309	309	45	100	25	52.8	31.8	6 300	8 000
6210	210	50	90	20	35.0	23.2	6 700	8 500
6310	310	50	110	27	61.8	38.0	6 000	7 500
6211	211	55	100	21	43.2	29.2	6 000	7 500
6311	311	55	120	29	71.5	44.8	5 300	6 700
6212	212	60	110	22	47.8	32.8	5 600	7 000
6312	312	60	130	31	81.8	51.8	5 000	6 300

表 11-17　圆柱滚子轴承（GB/T283）

轴承代号	原轴承代号	基本尺寸/mm			基本额定载荷/kN		极限转速/(r·min⁻¹)	
		d	D	B	C_r	C_{0r}	脂	油
N204E	2204E	20	47	14	25.8	24.0	12 000	16 000
N304E	2304E	20	52	15	29.0	25.5	11 000	15 000
N205E	2205E	25	52	15	27.5	26.8	11 000	14 000
N305E	2305E	30	62	17	25.5	22.5	9 000	12 000
N206E	2206E	30	62	16	36.0	35.5	8 500	11 000
N306E	2306E	30	72	19	49.2	48.2	8 000	10 000
N207E	2207E	35	72	17	46.5	48.0	7 500	9 500
N307E	2307E	35	80	21	62.0	63.2	7 000	9 000
N208E	2208E	40	80	18	51.5	53.0	7 000	9 000
N308E	2308E	40	90	23	76.8	77.8	6 300	8 000
N209E	2209E	45	85	19	58.5	63.8	6 300	8 000
N309E	2309E	45	100	25	93.0	98.0	5 600	7 000
N210E	2210E	50	90	20	61.2	69.2	6 000	7 500
N310E	2310E	50	110	27	105	112	5 300	6 700
N211E	2211E	55	100	21	80.2	95.5	5 300	6 700
N311E	2311E	55	120	29	128	138	4 800	6 000
N212E	2212E	60	110	22	89.8	102	5 000	6 300
N213E	2213E	60	1 303	31	142	152	4 500	5 600

表 11-18　单列角接触球轴承（GB/T292）

轴承代号	原轴承代号	基本尺寸/mm			基本额定载荷/kN		极限转速/(r·min⁻¹)	
		d	D	B	C_r	C_{0r}	脂	油
7204C	36204	20	47	14	14.5	8.22	13 000	18 000
7204AC	46204	20	47	14	14.0	7.82	13 000	18 000
7204B	66204	20	47	14	14.0	7.85	13 000	18 000
7205C	36205	25	52	15	16.5	10.5	11 000	16 000
7205AC	46205	25	52	15	15.8	9.88	11 000	16 000
7205B	66205	25	52	15	15.8	9.45	9 500	14 000
7206C	36206	30	62	16	23.0	15.0	9 000	13 000
7206AC	46206	30	62	16	22.0	14.2	9 000	13 000
7206B	66206	30	62	16	20.5	13.8	8 500	12 000
7207C	36207	35	72	17	30.5	20.2	8 000	11 000
7207AC	46207	35	72	17	29.0	19.2	8 000	11 000
7207B	66207	35	72	17	27.0	18.8	7 500	10 000
7208C	36208	40	80	18	36.8	25.8	7 500	10 000
7208AC	46208	40	80	18	35.2	24.5	7 500	1 000
7208B	66208	40	80	18	32.5	23.5	6 700	9 000
7209C	36209	45	85	19	38.5	28.5	6 700	9 000
7209AC	46209	45	85	19	36.8	27.2	6 700	9 000
7209B	66209	45	85	19	36.0	26.2	6 300	8 500
7210C	36210	50	90	20	42.8	32.0	6 300	8 500
7210AC	46210	50	90	20	40.8	30.5	6 300	8 500
7210B	66210	50	90	20	37.5	29.0	5 600	7 500
7211C	36211	55	100	21	52.8	40.5	5 600	7 500
7211AC	46211	55	100	21	50.5	38.5	5 600	7 500
7211B	66211	55	100	21	46.2	36.0	5 300	7 000
7212C	36212	60	110	22	61.0	48.5	5 300	7 000
7212AC	46212	60	110	22	58.2	46.2	5 300	7 000
7212B	66212	60	110	22	56.0	44.5	4 800	6 300

表 11-19 单列圆锥滚子轴承（GB/T297）

轴承代号	原轴承代号	基本尺寸/mm				基本额定载荷/kN		极限转速/(r·min⁻¹)		计算系数		
		d	D	T	B	C_r	C_{0r}	脂	油	e	Y	Y_0
30204	7204E	20	47	15.25	14	28.2	30.5	8 000	10 000	0.35	1.7	1.0
30304	7304E	20	52	16.25	15	33.0	33.2	7 500	9 500	0.30	2.0	1.1
32304	7604E	20	52	22.25	21	42.8	46.2	7 500	9 500	0.30	2.0	1.1
30205	7205E	25	52	16.25	15	32.2	37.0	7 000	9 000	0.37	1.6	0.9
33205	7305E	25	52	22	22	47.0	55.8	7 000	9 000	0.35	1.7	0.9
31305	7605E	25	62	18.25	17	40.5	46.0	6 300	8 000	0.83	0.7	0.4
30206	7206E	30	62	17.25	16	43.2	50.5	6 000	7 500	0.37	1.6	0.9
32206	7506E	30	62	21.25	20	51.8	63.8	6 000	7 500	0.37	1.6	0.9
30306	7306E	30	72	20.75	19	59.0	63.0	5 600	7 000	0.31	1.9	1.1
30207	7207E	35	72	18.25	17	54.2	63.5	5 300	6 700	0.37	1.6	0.9
32207	7507E	35	72	24.25	23	70.5	89.5	5 300	6 700	0.37	1.6	0.9
30307	7307E	35	80	22.75	21	75.2	82.5	5 000	6 300	0.31	1.9	1.1
30208	7208E	40	80	19.75	18	63.0	74.0	5 000	6 300	0.37	1.6	0.9
32208	7508E	40	80	24.75	23	77.8	97.2	5 000	6 300	0.37	1.6	0.9
30308	7308E	40	90	25.25	23	90.8	108	4 500	5 600	0.35	1.7	1.0
30209	7209E	45	85	20.75	19	67.8	83.5	4 500	5 600	0.40	1.5	0.8
32209	7509E	45	85	24.75	23	80.8	105	4 500	5 600	0.40	1.5	0.8
30309	7309E	45	100	27.25	25	108	130	4 000	5 000	0.35	1.7	1.0
30210	7210E	50	90	21.75	20	73.2	92.0	4 300	5 300	0.42	1.4	0.8
32210	7510E	50	90	24.75	23	82.8	108	4 300	5 300	0.42	1.4	0.8
30310	7310E	50	110	29.25	27	130	158	3 800	4 800	0.35	1.7	1.0
30211	7211E	55	100	22.75	21	90.8	115	3 800	4 800	0.40	1.5	0.8
32211	7511E	55	100	26.75	25	108	142	3 800	4 800	0.40	1.5	0.8
30311	7311E	55	120	31.5	29	152	188	3 400	4 300	0.35	1.7	1.0
30212	7212E	60	110	23.75	22	102	130	3 600	4 500	0.40	1.5	0.8
32212	7512E	60	110	29.75	28	132	180	3 600	4 500	0.40	1.5	0.8
30312	7312E	60	130	33.5	31	170	210	3 200	4 000	0.35	1.7	1.0

表 11-20 推力球轴承（GB301）

轴承代号	原轴承代号	基本尺寸/mm			基本额定载荷/kN		极限转速/(r·min⁻¹)	
		d	D	B	C_r	C_{0r}	脂	油
51204	8204	20	40	14	22.2	37.5	3 800	5 300
51304	8304	20	47	18	35.0	55.8	3 600	4 500
51205	8205	25	47	15	27.8	50.5	3 400	4 800
51305	8305	25	52	18	35.5	61.5	3 000	4 300
51206	8206	30	52	16	28.0	54.2	3 200	4 500
51306	8306	30	60	21	42.8	78.5	2 400	3 600
51207	8207	35	62	18	39.2	78.2	2 800	4 000
51307	8307	35	68	24	55.2	105	2 000	3 200
51208	8208	40	68	19	47.0	98.2	2 400	3 600
51308	8308	40	78	26	69.2	135	1 900	3 000
51209	8209	45	73	20	47.8	105	2 200	3 400
51309	8309	45	85	28	75.8	150	1 700	2 600
51210	8210	50	78	22	48.5	112	2 000	3 200
51310	8310	50	95	31	96.5	202	1 600	2 400
51211	8211	55	90	25	67.5	158	1 900	3 000
51311	8311	55	105	35	115	242	1 500	2 200
51212	8212	60	95	26	73.5	178	1 800	2 800
51312	8312	60	110	35	118	262	1 400	2 000

二、其他类型的滚动摩擦支承

（一）填入式滚珠支承

在精密机械中，常常由于结构上的原因，采用图11-30所示的填入式滚珠支承。在这种支承中，一般没有保持架和内圈，因此，可获得较小的径向外廓尺寸。

填入式滚珠支承的安装结构如图11-31所示。当外圈为单独制成的零件，并利用螺纹和支承板连接时，则运动件的轴向位置和支承的间隙都比较容易调整。

除了小型的填入式滚珠支承外，在光学机械仪器中广泛采用图11-32所示的特种填入式滚珠支承。其结构紧凑，常被用作镜筒和圆形工作台的支承。在图示的结构中，为保证安装时的对中，在外圈和筒体之间，采用圆柱面定位。外圈用螺纹压圈轴向压紧。

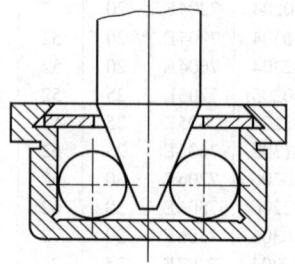

图11-30 填入式滚珠支承

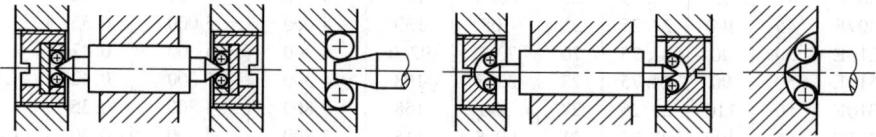

图11-31 填入式滚珠支承的安装结构

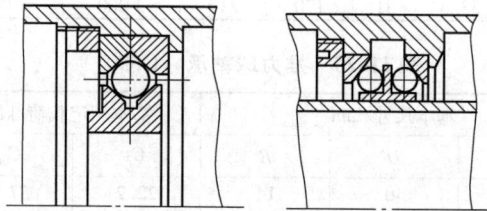

图11-32 光学机械仪器中
特种填入式滚珠支承

（二）密珠支承

这是一种非标准的滚动摩擦支承，座圈上均无滚动体的滚道（见图11-33a）。支承的保持架如图11-33b、c所示，滚珠放在保持架的孔内。由图可见，密珠支承滚珠的排列与标准滚动轴承不同，其上的滚珠有规律地、均匀地分布在内、外圈表面上。与滚动轴承相比，密珠支承的滚珠数量多，每粒滚珠在运动时的滚道互不重复。所以内、外环和滚珠的局部误差对支承旋转精度的影响较小。此外，滚珠经过研磨选配，并使其与内、外圈之间有微量的过盈配合，因此，密珠支承可达到很高的旋转精度。

a)

b)   c)

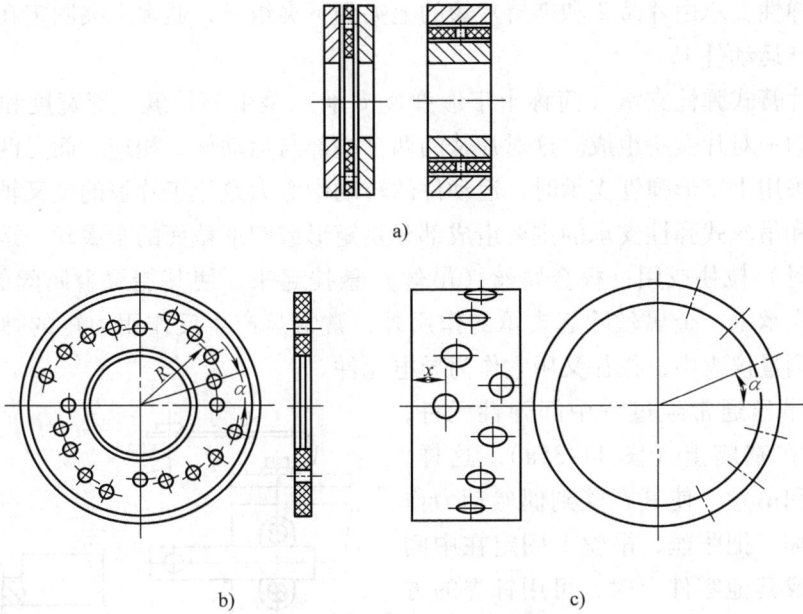

图 11-33 密珠支承及其保持架

第四节 弹性摩擦支承

弹性摩擦支承，简称弹性支承，是一种只具有弹性摩擦的支承。因此，支承的摩擦力矩极小。在精密机械中，最常用的弹性支承形式有：

1）悬簧式（见图 11-34a）。

2）十字形片簧式（见图 11-34b）。

3）张丝式（见图 11-34c）。

4）吊丝式（见图 11-34d）。

a)   b)   c)   d)

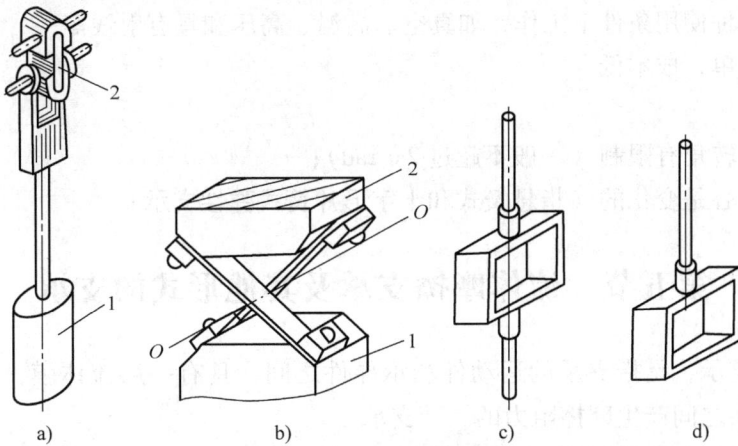

图 11-34 弹性支承的型式

悬簧式弹性支承由片簧2和夹持片簧的上夹和下夹组成，通常上夹固定在支座上，而下夹用来悬挂运动件1。

十字形片簧式弹性支承（简称十字形弹性支承）是由等长度、等宽度和厚度，并交叉成十字形的一对片簧所组成。这对片簧的两个端部与运动件1相连，而另两个端部与基座2相连。采用十字形弹性支承时，运动件的转动中心大致位于片簧的交叉轴线 OO' 上。

张丝式和吊丝式弹性支承的主要组成部分是矩形或圆形截面的金属丝。运动件由两根金属丝（张丝）拉住或用一根金属丝（吊丝）悬挂起来，使其能绕金属丝的轴线转动。在这种弹性支承中，金属丝除起支承的作用外，常常是产生反作用力矩的弹性元件。此外，在电工测量仪表中，往往又用它作为导电元件。

张丝和吊丝通常经过一中间弹性元件，然后再固定在基座上（图11-35a）。这样，可保护张丝和吊丝，使其在受到偶然动力作用时不致损坏。把张丝、吊丝1固定在中间弹性元件2或其他零件上时，可用钎焊的方法（图11-35a）或锥销夹紧（图11-35b）。用钎焊固定方法以获得很好的电接触性能。但钎焊时容易引起张丝和吊丝的末端退火，使其弹性变坏。用夹紧固定方法不会影响其弹性，但结构比较复杂，电接触性能不好。

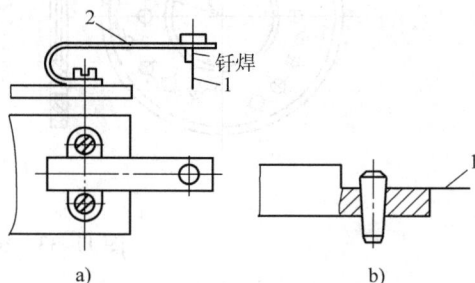

图 11-35　张丝和吊丝的固定结构

弹性支承有下列优点：

1）弹性支承中只产生极小的弹性摩擦，因此，运动件与承导件之间几乎可认为没有摩擦；

2）弹性支承中没有磨损，使用寿命长；

3）支承中无间隙，不会给传动带来空回；

4）支承中无相对滑动或滚动，因此不需施加润滑剂，维护简单；

5）可在各种使用条件下工作，如真空、高温、高压和具有射线等；

6）结构简单，成本低。

缺点是

1）运动件转角有限制（一般不超过 2π rad）；

2）转动中心是变化的（指悬簧式和十字形片簧式弹性支承）。

第五节　流体摩擦支承及其他形式的支承

流体摩擦支承，是指支承的运动件和承导件之间，具有一层流体膜，当运动件转动时，流体膜各层之间产生摩擦阻力的一种支承。

按流体膜形成方法的不同，流体摩擦支承可分为

（1）动压支承　依靠运动件与承导件的相对转动形成流体膜。动压支承在起动、制

动和低速状态下，往往不能形成流体膜，此时，支承中将出现半干摩擦和干摩擦，使支承的摩擦和磨损增大。因此，应用受到一定限制。

（2）静压支承 由外界供压设备供给一定压力的流体，在运动件和承导件之间形成流体膜。其形成与运动件的转速无关。静压支承可在各种工作条件下运转，应用较广。由于静压支承需要一套供压设备和过滤系统，因此成本较高。

按支承中流体的不同，流体摩擦支承又可分为

1）液体摩擦支承。

2）气体摩擦支承。

气体摩擦支承与液体摩擦支承相比，有下列特点：

1）气体的粘度较小，因此，气体摩擦支承具有较小的摩擦力矩和较高的工作转速，有的气体摩擦支承的转速高达$(4 \sim 5) \times 10^5 r/min$。

2）气体的物理性能稳定，因此，支承可在高温或低温工作条件下运转。

3）气体可直接由支承排入大气，对周围工作环境不会污染。

4）一般地讲，空气压缩机的供气压力较低，因此，气体摩擦支承的承载能力较低。

（3）磁力支承 也叫磁悬浮轴承，是利用磁力作用将转子悬浮于空间，使转子与定子之间没有机构接触的一种新型高性能轴承。与传统滚珠轴承、滑动轴承以及油膜轴承相比，磁轴承不存在机械接触，转子可以达到很高的运转速度，具有机械磨损小、能耗低、噪声小、寿命长、无需润滑、无油污染等优点，特别适用高速、真空、超净等特殊环境。可广泛用于机械加工、涡轮机械、航空航天、真空技术、转子动力学特性辨识与测试等领域，被公认为是极有前途的新型轴承。

衡量磁轴承质量的关键是看它的转速、回旋精度和支承刚度。转速高达每分钟几十万转，回转精度优于$1\mu m$。

此外，还有用静电力作为支承力的静电支承。

上述类型支承的具体设计方法可参考机械设计手册或其他有关资料。

第六节 精 密 轴 系

在精密机械中，当要求零部件精确地绕某一轴线转动时，常常通过滑动摩擦支承、滚动摩擦支承、流体摩擦支承，以及它们之间的组合来实现，这种以支承为主体所形成的部件，称为精密轴系。它具有旋转精度高、工作载荷小和转速低等特点。对精密轴系的要求有：

（1）旋转精度 即轴系运转中的置中精度和方向精度。轴系的置中精度常用运动件某一截面中心的偏移量表示；轴系的方向精度常用运动件中心线的偏转角表示。

（2）刚度 刚度的大小将影响轴系的旋转精度，因此要求轴系有足够的刚度，通常轴系刚度用实验的方法测定。

（3）转动的灵便性 即转动灵活、平稳、没有阻滞现象。

下面介绍几种最常见的精密轴系。

一、圆柱形轴系

典型结构如图11-36所示。轴套3用螺母2压紧在支承座6上，轴系的柱形轴1在轴套3内旋转，而度盘4又以轴套3的外圆为承导面作旋转运动。轴系的轴向载荷由滚珠7承受，螺钉5用以防止柱形轴的轴向窜动。为便于制造和装配，以及减小轴系的摩擦力矩，通常将轴套3的中部切深，以减小接触面积。这种轴系的特点是结构简单，容易得到较高的制造精度。

影响圆柱形轴系旋转精度的因素，主要是柱形轴和轴套之间的间隙、几何形状误差和温度变化等。

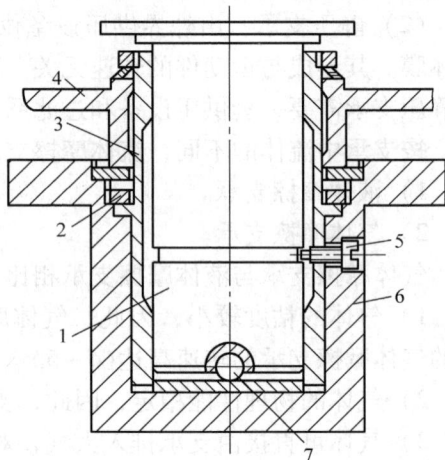

图 11-36　圆柱形轴系的结构

（一）间隙的影响

柱形轴和轴套之间的间隙，使柱形轴转动时，其轴线有可能产生偏转，偏转角 $\Delta\Psi$（见图11-37）可用下式求出：

$$\Delta\Psi = \frac{\Delta}{L}k_s \tag{11-35}$$

式中　Δ——柱形轴和轴套之间的间隙，单位为 mm；

L——轴套的工作长度，单位为 mm；

k_s——将弧度化为秒的换算系数，其值为 $k_s = 206\ 265''/\text{rad}$。

由于柱形轴可以向左右两个方向偏转，所以偏转角也可用 $\pm\Delta\Psi$ 表示。由式（11-35）可见，要提高轴系的方向精度，可减少柱形轴和轴套之间的间隙 Δ，或增大其工作长度。但是，减小间隙受到精密加工工艺水平的限制，当轴和轴套的表面几何形状误差较大时，间隙过小，将使轴系转动不灵便。

（二）零件圆度的影响

圆度对轴系旋转精度的影响如图11-38所示。O' 为柱形轴的中心，a_1、b_1 为柱形轴的长径和短径；O 为轴套的中心，a、b 为轴套的长径和短径。通常圆度和间隙是同时存在的。

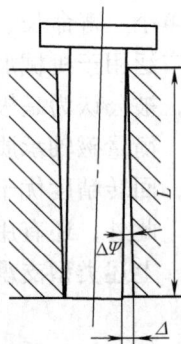

图 11-37　方向精度计算简图

由图11-38可见，柱形轴中心在 x 轴方向上的偏移量为

$$\Delta C_x = \frac{a-a_1}{2} \tag{11-36}$$

在 y 轴方向上的偏移量为

$$\Delta C_y = \frac{b-b_1}{2} \tag{11-37}$$

在 x 轴方向上的偏转角为

$$\Delta\Psi_x = \frac{a-a_1}{L}k_s \tag{11-38}$$

在 y 轴方向上的偏转角为

$$\Delta \Psi_y = \frac{b - b_1}{L} k_s \tag{11-39}$$

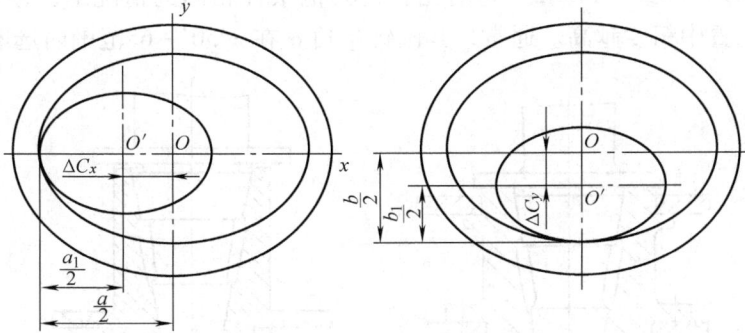

图 11-38　圆度对轴系旋转精度的影响

（三）温度的影响

温度变化时，轴和轴套之间的间隙也将产生变化，因此其截面中心的偏移量可用下式计算：

$$\Delta C = \frac{\Delta + d(a_1 - a_2)(t - t_0)}{2} \tag{11-40}$$

式中　d——柱形轴的基本直径，单位为 mm；

　　　Δ——制造、装配后，柱形轴和轴套之间的间隙，单位为 mm；

　　　t_0——轴系制造时的温度，单位为℃；

　　　t——轴系工作时的最高或最低温度，单位为℃；

a_1、a_2——柱形轴和轴套材料的线膨胀系数，单位为（1/℃）。

温度变化时，如间隙增大，则偏移量也随之增大；如间隙减小，将影响轴系转动的灵便性。

二、圆锥形轴系

是由锥形轴和带圆锥孔套，以及其他的零件所组成（见图 11-39）。在精密机械中，圆锥形轴系通常用作竖轴，且主要承受轴向载荷。

当锥形轴和轴套之间有间隙，以及锥形轴和轴套有圆度误差时，将影响轴系的置中精度和方向精度。锥形轴截面中心的偏移量 ΔC（见图 11-40），可用下式求得：

$$\Delta C \approx \frac{\Delta d_k + \Delta d_z}{2} + \frac{\Delta n}{2\cos\alpha} \tag{11-41}$$

式中　Δd_k——锥孔的圆度误差；

　　　Δd_z——锥形轴的圆度误差；

　　　Δn——轴套和轴之间的法向间隙；

　　　α——轴和轴套的圆锥半角。

锥形轴的偏转角可用下式求得:

$$\Delta\Psi = \frac{\Delta C}{L}k_s \tag{11-42}$$

从式（11-41）和式（11-42）可看出，在其他条件相同的情况下，锥角越小，则轴系的方向精度和置中精度越高。通常，其圆锥半角 α 在 $2°50' \sim 6°$ 范围内选取。

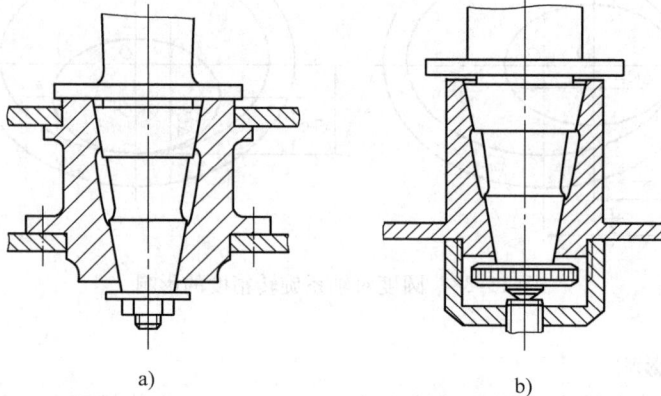

图 11-39 圆锥形轴系

圆锥形轴系受轴向载荷 F_a 时，作用在接触面上的法向压力 $2F_n$（见图11-41）应为

$$2F_n = \frac{F_a}{\sin\alpha} \tag{11-43}$$

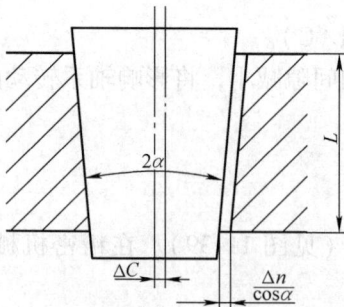

图 11-40 圆锥形轴系
精度计算简图

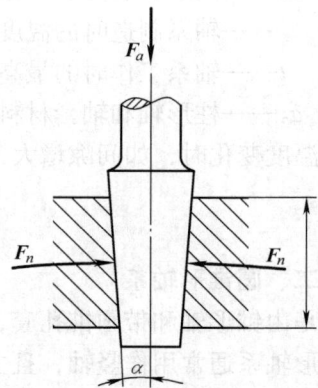

图 11-41 圆锥形轴系力
的分解简图

由于圆锥形轴系的锥角选取较小，即使轴向载荷不大，也会在接触面间产生很大的压力，增大轴系的摩擦和磨损。为了改善这种情况，常利用附加的轴肩（见图11-39a）或止推螺钉（见图11-39b）等承受轴向载荷，这时锥形表面主要用来保证旋转精度。

圆锥形轴系的主要优点是其间隙可以调整，当锥形轴和轴套的形状误差极小时，轴系可通过调整间隙得到较高的置中精度和方向精度。

图 11-39b 中，止推螺钉的位移 S 与轴系间隙变化的关系式为

$$S = \frac{\Delta - \Delta'}{\tan\alpha} \tag{11-44}$$

式中　Δ——为调整前轴系的间隙，单位为 mm；

　　　Δ'——调整后轴系的间隙，单位为 mm。

三、填入式滚珠轴系

典型结构如图 11-42 所示，置中精度与方向精度主要与间隙、滚珠直径偏差有关。

（一）间隙的影响

填入式滚珠轴系具有自动定心的作用，其轴的转动中心 O 位于柱形轴的中心线和滚珠、内锥面接触点法线的交点上。所以，柱形轴的实际工作长度为 $L+(d+2r)/2$（见图 11-42），因此，中心线的偏转角为

$$\Delta\Psi = \frac{\Delta}{2\left(L+\dfrac{d+2r}{2}\right)}k_s \tag{11-45}$$

式中　d——柱形轴的基本直径，单位为 mm；

　　　r——滚珠半径，单位为 mm；

　　　Δ——为轴套与柱形轴下方的间隙，单位为 mm；

　　　L——柱形轴的工作长度，单位为 mm。

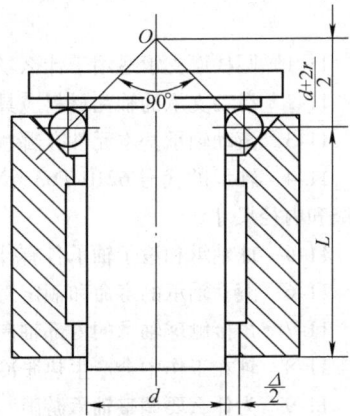

图 11-42　间隙对精度影响的计算简图

（二）滚珠直径的影响

当滚珠的直径有偏差时，将使轴心产生偏移（图 11-43a），如果偏移量 ΔC 小于轴系中下方间隙值 Δ 的一半时，则轴的中心线可以不产生偏斜。

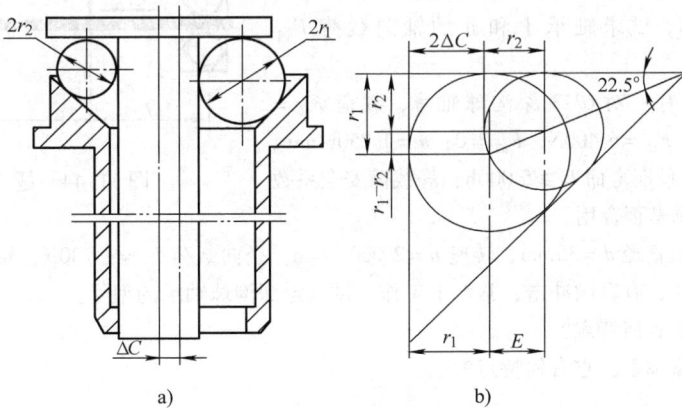

图 11-43　滚珠直径偏差对精度影响的计算简图

由图 11-43b 可得下列关系式，即：

$$2\Delta C + r_2 = E + r_1$$

而

$$E = \frac{r_1 - r_2}{\tan 22.5°}$$

代入上式，得到：

$$\Delta C = \frac{1}{2}(r_1 - r_2)\left(1 + \frac{1}{\tan 22.5°}\right) \tag{11-46}$$

思考题及习题

11-1　圆柱面支承适用于什么场合？

11-2　滑动支承的轴瓦材料应具有什么性能？试举几种常用的轴瓦材料。

11-3　滚动轴承基本元件有哪些？各起什么作用？

11-4　轴承的代号 6210/P63、NN3012K/P5、32209、7307AC/P2 和 23224，请指出它的类型、精度等级和内径尺寸。

11-5　球轴承和滚子轴承各有什么特点？适用于什么场合？

11-6　滚动轴承的寿命和额定寿命是什么含义？何谓基本额定动载荷？何谓当量动载荷？

11-7　角接触球轴承的内部轴向力是怎样产生的？

11-8　轴在工作中会产生热胀冷缩，为此两端轴承应采取何措施？

11-9　为什么要调整轴承游隙？如何调整？

11-10　预紧滚动轴承起什么作用？预紧方法有哪些？

11-11　滚动轴承的润滑和密封方式有哪些？各有什么特点？

11-12　一滚动轴承型号为 6210，受径向力 $F_r = 5\,000\text{N}$，转速 $n = 970\text{r/min}$，工作中有轻微冲击，常温下工作，试计算轴承的寿命。

11-13　角接触球轴承的安装方式如图 11-44 所示，两轴承型号为 7\,000C，已知作用于轴的径向载荷 $F_r = 3\,000\text{N}$，轴向载荷 $F_a = 300\text{N}$，试求轴承 Ⅰ 和 Ⅱ 的轴向载荷 $F_{a\text{Ⅰ}}$ 和 $F_{a\text{Ⅱ}}$。

11-14　一轴上有一对 6313 深沟球轴承，载荷 $F_{r1} = 5\,500\text{N}$，$F_{a1} = 2\,700\text{N}$，$F_{r2} = 6\,400\text{N}$，$F_{a2} = 0$；$n = 1\,250\text{r/min}$，运转时有轻微冲击，预期寿命 $L_h \geqslant 5\,000\text{h}$，静载荷安全系数 $S_0 \geqslant 1.2$，试分析轴承是否合用。

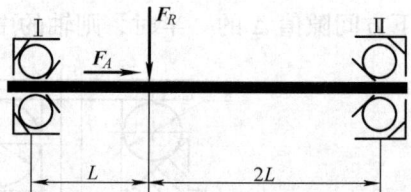

图 11-44　题 11-13 图

11-15　已知轴颈直径 $d = 35\text{mm}$，转速 $n = 2\,000\text{r/min}$。径向载荷 $F_r = 1\,700\text{N}$，轴向载荷 $F_a = 700\text{N}$。要求寿命 $L_h = 12\,000\text{h}$，有轻微冲击，常温下工作，试选定深沟球轴承的型号。

11-16　弹性支承有何特点？

11-17　何谓精密轴系？它有何特点？

第十二章　直线运动导轨

第一节　概　述

直线运动导轨的作用是用来支承和引导运动部件按给定的方向作往复直线运动。导轨的基本组成部分是

（1）运动件　它是用作直线运动的零件。

（2）承导件　它是用来支承和限制运动件，使其按给定方向作直线运动的零件。

一、导轨的导向原理

按照机械运动学的原理，一个刚体在空间有 6 个自由度，即沿 x、y、z 轴移动和绕它们转动（见图 12-1a）。对于直线运动导轨，必须限制运动件的 5 个自由度，仅保留一个方向移动的自由度。

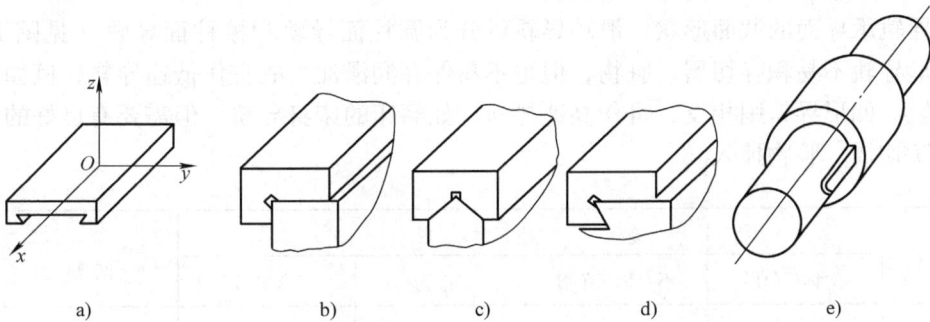

图 12-1　导轨的导向原理

导轨的导向面有棱柱面和圆柱面两种基本型式。

以棱柱面相接触的零件只有一个方向移动的自由度，如图 12-1b、c、d 所示的棱柱面导轨，运动件只能沿 x 方向移动。棱柱面由几个平面组成，但从便于制造、装配和检验出发，平面的数目应尽量少，图 12-1 中的棱柱面导轨由两个窄长导向平面组成。

限制运动件自由度的面，可以集中在一根导轨上，为提高导轨的承载能力和抵抗倾覆力矩的能力，绝大多数情况采用两根导轨。

以圆柱面相配合的两个零件，有绕圆柱面轴线转动及沿此轴线移动的两个自由度，在限制转动这一自由度后，则只有沿其轴线方向移动的自由度（见图 12-1e）。

二、导轨的分类

按摩擦性质，导轨可分为滑动摩擦导轨、滚动摩擦导轨、弹性摩擦导轨、流体摩擦导轨（气体静压导轨和液体静压导轨）等。

按结构特点，导轨又可分为力封式（开式）和自封式（闭式）两类。力封式导轨必须借助于外力（例如重力或弹力）才能保证运动件和承导件导轨面间的接触，从而保证运动件按给定方向作直线运动；自封式导轨则依靠导轨本身的几何形状保证运动件和承导件导轨面间的接触。

三、导轨的基本要求

直线运动导轨可以看成是半径为无穷大的支承，由此，与支承的基本要求相类似，对导轨的要求是：导向精度高、刚度大、耐磨性好、精度保持性好、运动灵活平稳且低速下不产生爬行、结构简单、工艺性好。

第二节 滑动摩擦导轨

滑动摩擦导轨的运动件与承导件直接接触。其优点是结构简单、接触刚度大。缺点是摩擦阻力大、磨损快、低速运动时易产生爬行现象。

一、滑动摩擦导轨的类型及结构特点

按导轨承导面的截面形状，滑动导轨可分为圆柱面导轨和棱柱面导轨（见图12-2）。其中凸形导轨不易积存切屑、脏物，但也不易保存润滑油，故宜作低速导轨，例如车床的床身导轨。凹形导轨则相反，可作高速导轨，如磨床的床身导轨，但需要有良好的保护装置，以防切屑、脏物掉入。

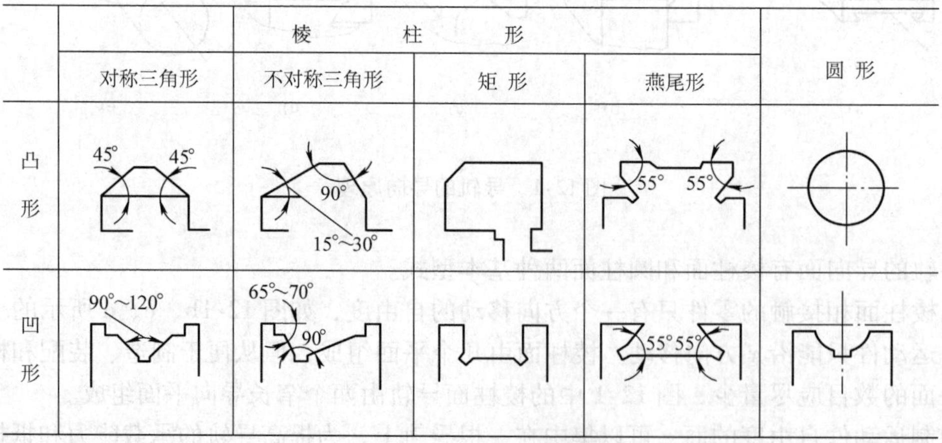

图 12-2 滑动摩擦导轨截面形状

（一）圆柱面导轨

圆柱面导轨的优点是导轨面的加工和检验比较简单，易于达到较高的精度；缺点是对温度变化比较敏感，间隙不能调整。

在图 12-3 所示的结构中，支臂 3 和立柱 5 构成圆柱面导轨。立柱 5 的圆柱面上加工有螺纹槽，转动螺母 1 即可带动支臂 3 上下移动，螺钉 2 用于锁紧，垫块 4 用于防止螺钉 2 压伤圆柱表面。

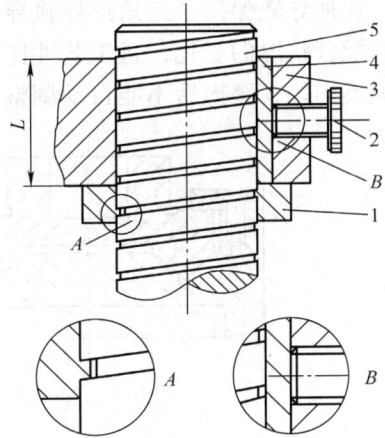

对于圆柱面导轨，在多数情况下，运动件的转动是不允许的，为此，可采用各种防转结构。最简单的防转结构是在运动件和承导件的接触表面上作出平面、凸起或凹槽。图 12-4a、b、c 是防转结构的几个例子。利用辅助导向面可以更好地限制运动件的转动（见图 12-4d），适当增大辅助导向面与基本导向面之间的距离，可减小由导轨间的间隙所引起的转角误差。当辅助导向面也为圆柱面时，即构成双圆柱面导轨（见图 12-4e），它既能保证较高的导向精度，又能保证较大的承载能力。

图 12-3 圆柱面导轨

为了提高圆柱面导轨的精度，必须正确选择圆柱面导轨的配合。当导向精度要求较高时，常选用 H7/f7 或 H7/g6 配合。当导向精度要求不高时，可选用 H8/f7 或 H8/g7 配合。若仪器在温度变化不大的环境下工作，可按 H7/h6 或 H7/js6 配合加工，然后再进行研磨，直到能够平滑移动时为止。

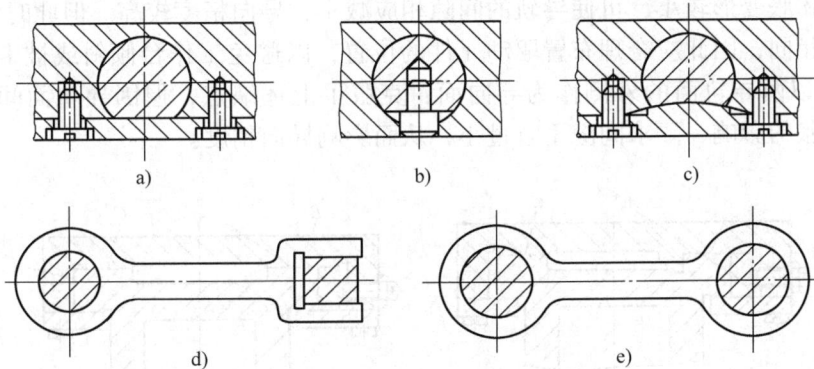

图 12-4 有防转结构的圆柱面导轨

导轨的表面粗糙度可根据相应的精度等级决定。通常，被包容件外表面的粗糙度小于包容件的内表面的粗糙度。

（二）棱柱面导轨

常用的棱柱面导轨有三角形导轨、矩形导轨、燕尾形导轨以及它们的组合式导轨。

1. 双三角形导轨（见图 12-5a）

两条导轨同时起着支承和导向作用，故导轨的导向精度高，承载能力大，两条导轨磨损均匀，磨损后能自动补偿间隙，精度保持性好。但这种导轨的制造、检验和维修比较困难，因为它要求 4 个导轨面都均匀接触，刮研劳动量较大。此外，这种导轨对温度变化比较敏感。

2. 三角形-平面导轨（见图 12-5b）

这种导轨保持了三角形导轨导向精度高，承载能力大的优点，避免了由于热变形所引起的配合状况的变化，且工艺性比三角形导轨大为改善，因而应用很广。缺点是两条导轨磨损不均匀，磨损后不能自动调整间隙。

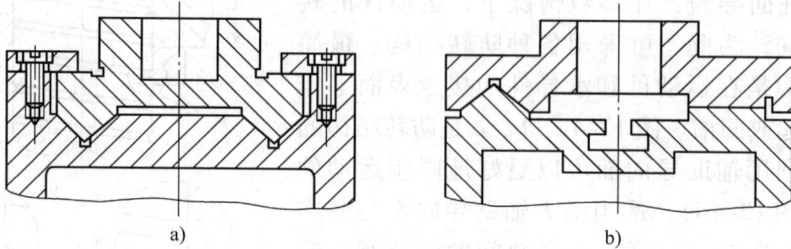

图 12-5 双三角形导轨

3. 矩形导轨

矩形导轨可以做得较宽，因而承载能力和刚度较大。优点是结构简单，制造、检验、修理容易。缺点是磨损后不能自动补偿间隙，导向精度不如三角形导轨。

图 12-6 所示结构是将矩形导轨的导向面 A 与承载面 B、C 分开，从而减小导向面的磨损，有利于保持导向精度。图 12-6a 中的导向面 A 是同一导轨的内外侧，两者之间的距离较小，热膨胀变形较小，可使导轨的间隙相应减小，导向精度较高。但此时两导轨面的摩擦力将不相同，因此应合理布置驱动元件的位置，以避免工作台倾斜或被卡住。图 12-6b 所示结构以两导轨面的外侧作为导向面，克服了上述缺点，但因导轨面间距离较大，容易受热膨胀的影响，要求间隙不宜过小，从而影响导向精度。

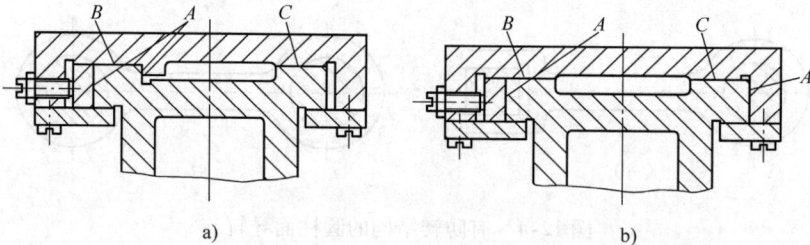

图 12-6 矩形导轨

4. 燕尾导轨

主要优点是结构紧凑、调整间隙方便。缺点是几何形状比较复杂，难以达到很高的配合精度，并且导轨中的摩擦力较大，运动灵活性较差，因此，通常用在结构尺寸较小及导向精度与运动灵便性要求不高的场合。图 12-7 为燕尾导轨的应用举例，其中图 12-7c 所示结构的特点是把燕尾槽分成几块，便于制造、装配和调整。

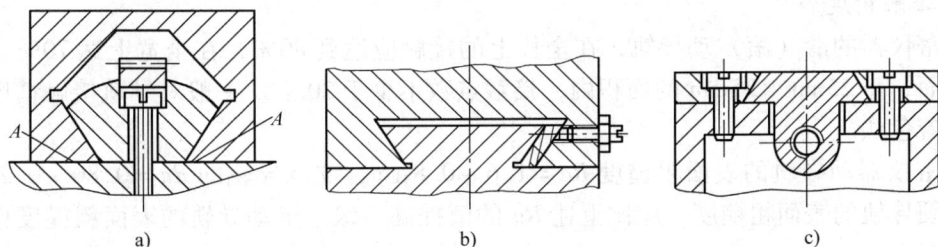

图 12-7　燕尾导轨应用举例

二、导轨精度及影响导轨精度的因素

导轨的导向精度是导轨副重要的质量指标。导向精度是指运动件按给定方向作直线运动的准确程度，它主要取决于导轨本身的几何精度及导轨配合间隙。运动件的实际运动轨迹与给定方向之间的偏差越小，则导向精度越高。

影响导轨导向精度的主要因素有导轨的结构类型；导轨面间的间隙；导轨的几何精度、几何参数和接触精度；导轨和机座的刚度；导轨的油膜厚度和刚度；导轨的耐磨性；导轨和机座的热变形等。

导轨的几何精度可用线值或角值表示。

（一）导轨的导向精度和接触精度

1. 导轨在垂直平面和水平面内的直线度

如图 12-8a、b 所示，理想的导轨面与垂直平面 A-A 或水平面 B-B 的交线均应为一条理想直线，但由于存在制造误差，致使交线的实际轮廓偏离理想直线，其最大偏差量 Δ 即为导轨全长在垂直平面（见图 12-8a）和水平面（见图 12-8b）内的直线度误差。

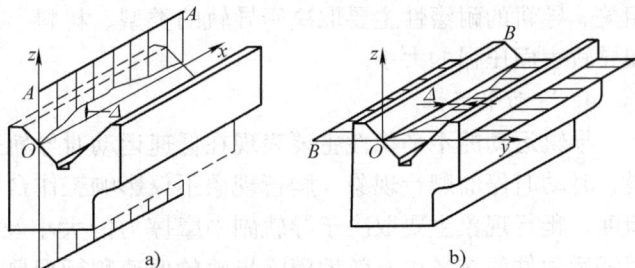

2. 导轨面间的平行度

图 12-8c 所示为导轨面间的平行度误差。设 V 形导轨没有误差，平面导轨纵向有倾斜，由此产生的误差 Δ 即为导轨间的平行度误差。导轨间的平行度误差一般以角度值表示，这项误差会使运动件运动时发生"扭曲"。

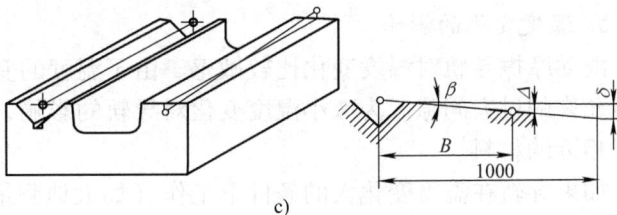

图 12-8　导轨的导向精度

3. 导轨间的垂直度

除了要求单方向导轨精度外，还要求两个方向的导轨之间有较高的垂直精度（或角度精度）。如图形发生器和三坐标测量机等，导轨间垂直度的误差会造成明显的仪器误差。

4. 接触精度

精密仪器的滑（滚）动导轨，在全长上的接触应达到80%，在全宽上达70%。刮研导轨表面，每25mm×25mm的面积内，接触点数不少于20点。一般对导轨接触精度检查是采用着色法。

精密仪器动导轨的表面粗糙度$Ra = 1.6 \sim 0.8\mu m$，支承导轨的$Ra = 0.80 \sim 0.20\mu m$。对于淬硬导轨的表面粗糙度，应比上述Ra的值提高一级。滚动导轨的表面粗糙度应小于$Ra = 0.20\mu m$。

（二）影响导轨精度的因素

1. 导轨的几何参数

导轨的类型及几何参数对导轨的导向精度是有影响的。例如导轨的长宽比L/b越大，导轨的导向精度越高。三角形导轨的顶角α越小，则导向性越好。

2. 导轨和机座的刚度

导轨受力产生变形，其中有自身变形、局部变形和接触变形。

导轨的自身变形是由作用在导轨面上的零部件重量造成的，如三坐标测量机的横梁导轨。导轨局部变形在载荷集中的地方，如立柱与导轨接触部位；接触变形是由于平面微观不平度，造成实际接触面积仅是名义接触面积的很小一部分。

在载荷的作用下，导轨的变形不应超过允许值。刚度不足不仅会降低导向精度，还会加快导轨面的磨损。刚度主要与导轨的类型、尺寸以及导轨材料等有关。

3. 耐磨性

导轨的初始精度由制造保证，而导轨在使用过程中精度保持性与导轨面的耐磨性密切相关。导轨的耐磨性主要取决于导轨的类型、材料、导轨表面的粗糙度及硬度、润滑状况和导轨表面压强的大小。

4. 运动平稳性

导轨运动的不平稳性主要表现在低速运动时导轨速度的不均匀，使运动件出现时快时慢、时动时停的爬行现象。爬行现象不仅影响工作台稳定移动，同时也影响工作台的定位精度。爬行现象主要取决于导轨副中摩擦力的大小及其稳定性，减小动、静摩擦力之差，减轻运动件的重量可有效地消除导轨的低速爬行现象。

5. 温度变化的影响

滑动摩擦导轨对温度变化比较敏感。由于温度的变化，可能使自封式导轨卡住或造成不能允许的过大间隙。为减小温度变化对导轨的影响，承导件和运动件最好用膨胀系数相同或相近的材料。

如果导轨在温度变化大的条件下工作（如大地测量仪器或军用仪器等），在选定精度等级和配合以后，应对温度变化的影响进行验算。

为了保证导轨在工作时不致卡住，导轨中的最小间隙$\Delta_{\min}$应大于或等于零。

导轨的最小间隙可用下式计算：

$$\Delta_{\min} = D_{2\min}[1 + \alpha_2(t - t_0) - D_{1\max}[1 + \alpha_1(t - t_0)]] \tag{12-1}$$

式中　$D_{2\min}$——包容件在制造温度时的最小直径或最小直线尺寸；

$\qquad D_{1\max}$——被包容件在制造温度时的最大直径或最大直线尺寸；

α_1、α_2——被包容件与包容件材料的线膨胀系数；

　　t_0——导轨制造时的温度；

　　t——导轨工作时的最高或最低温度。

为了保证导轨的工作精度，导轨副中的最大间隙 Δ_{max} 应小于或等于允许间隙 $[\Delta_{max}]$，即

$$\Delta_{max} \leqslant [\Delta_{max}] \tag{12-2}$$

导轨中的最大间隙可用下式计算：

$$\Delta_{max} = D_{2max}\left[1 + \alpha_2(t - t_0)\right] - D_{1min}\left[1 + \alpha_1(t - t_0)\right] \tag{12-3}$$

式中　D_{2max}——包容件在制造温度时的最大直径或最大直线尺寸；

　　　D_{1min}——被包容件在制造温度时的最小直径或最小直线尺寸。

三、导轨间隙的调整

为保证导轨正常工作，导轨滑动表面之间应保持适当的间隙。间隙过小会增大摩擦力，间隙过大又会降低导向精度。为此常采用以下方法，以获得必要的间隙。

1）采用磨、刮相应的结合面或加垫片的方法，以获得合适的间隙。如图 12-7a 所示生物显微镜的燕尾导轨，为了获得合适的间隙，可在零件 1 与 2 之间加上垫片 3 或采取直接铲刮承导件与运动件的结合面 A 的办法达到。

2）采用平镶条调整（见图 12-9）平镶条为一平行六面体，其截面形状为矩形（见图 12-9a）或平行四边形（见图 12-9b）。调整时，只要拧动沿镶条全长均匀分布的几个螺钉，便能调整导轨的侧向间隙，调整后再用螺母锁紧。平镶条制造容易，但镶条在全长上只有几个点受力，容易变形，故常用于受力较小的导轨。缩短螺钉间的距离（l），加大镶条厚度（h）有利于镶条压力的均匀分布，当 l/h = 3～4 时，镶条压力基本上均匀分布（见图 12-9c）。

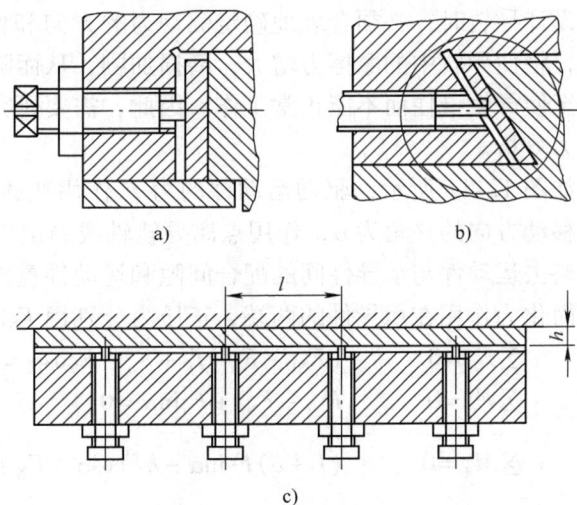

图 12-9　平镶条调整导轨间隙

3）采用斜镶条调整（见图 12-10）斜镶条的侧面磨成斜度很小的斜面，导轨间隙是用镶条的纵向移动来调整的，为了缩短镶条长度，一般将其放在运动件上。

图 12-10a 所示的结构简单，但螺钉凸肩与斜镶条的缺口间不可避免地存在间隙，可能使镶条产生窜动。图 12-10b 所示的结构较为完善，但轴向尺寸较长，调整也较麻烦。图 12-10c 为由斜镶条两端的螺钉进行调整，镶条的形状简单，便于制造。图 12-10d 为用斜镶条调整燕尾导轨间隙的实例。

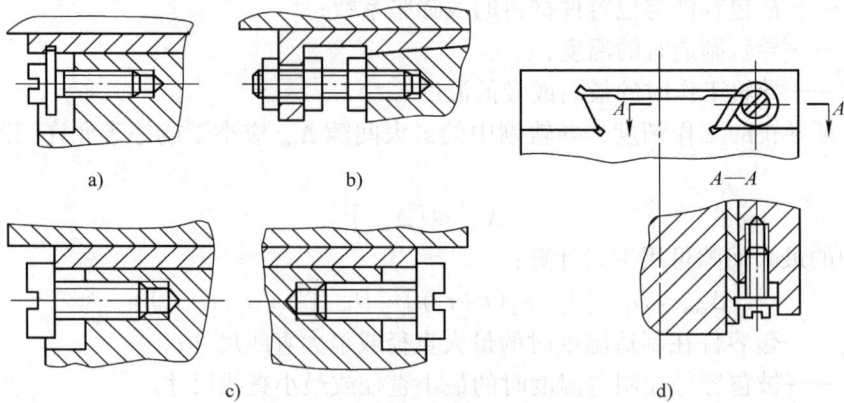

图 12-10 用斜镶条调整导轨间隙

斜镶条越长，斜度应越小，以免一端过薄，表 12-1 可供参考。

表 12-1 斜镶条的斜度

斜镶条长度/mm	<500	500~700	>750
斜镶条斜度	1:50	1:75	1:100

四、驱动力方向和作用点对导轨工作的影响

设计导轨时，必须合理地确定驱动力的方向和作用点，使导轨的倾覆力矩尽可能小。否则，将使导轨中的摩擦力增大，磨损加剧，从而降低导轨运动灵便性和导向精度，严重时甚至使导轨卡住而不能正常工作。因此，需要研究运动件不被卡住的条件，对运动件进行受力分析。

如图 12-11 所示，驱动运动件的力 F 作用在通过导轨轴线的平面内，其方向与运动件的移动方向的夹角为 α，作用点离导轨轴线的距离为 h，运动件的负载为 F_a。为便于计算，略去运动件与承导件间的配合间隙和运动件重力的影响，同时将承导件对运动件的正压力简化为作用在承导件的两端，正压力分别用 F_{N1}、F_{N2} 表示。则运动件力平衡方程为

$$\sum F_x = 0 \qquad (F_{N1} + F_{N2})f_V + F_a - F\cos\alpha = 0 \qquad (12-4)$$

$$\sum F_y = 0 \qquad F_{N2} - F_{N1} + F\sin\alpha = 0 \qquad (12-5)$$

$$\sum M_A = 0 \qquad (L+b)F\sin\alpha + hF\cos\alpha + F_{N2}f_V\frac{d}{2} - F_{N1}f_V\frac{d}{2} - LF_{N1} = 0 \qquad (12-6)$$

式中 f_V——运动件与承导件间的当量摩擦因数。

由式（12-4）、式（12-5）和式（12-6）可解得

$$F = \frac{F_a}{\left(1 - f_V\frac{2h}{L}\right)\cos\alpha - f_V\left(1 + \frac{2b}{L} - \frac{f_V d}{L}\right)\sin\alpha} \qquad (12-7)$$

欲能驱动运动件，驱动力 F 应为有限值。因此，保证运动件不被卡住的条件是

$$\left(1 - f_V\frac{2h}{L}\right)\cos\alpha - f_V\left(1 + \frac{2b}{L} - \frac{f_V d}{L}\right)\sin\alpha > 0$$

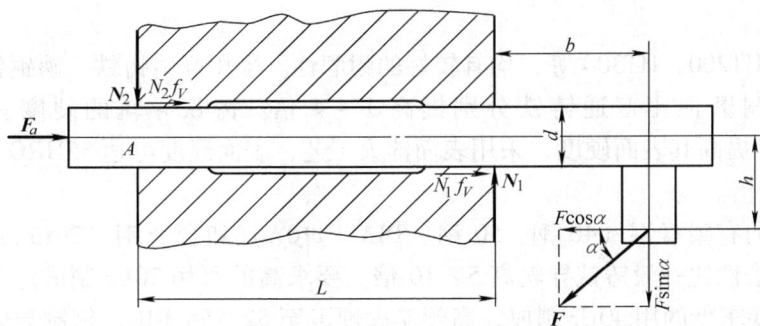

图 12-11　导轨计算简图

当 d/L 很小时，上式 $f_V d/L$ 项可略去，则有

$$\tan\alpha < \frac{L - 2f_V h}{f_V(L + 2b)} \qquad (12\text{-}8)$$

当 $h = 0$ 时，即驱动力 **F** 的作用点在运动件的轴线上，由式（12-8）可得运动件正常运动的条件为

$$\frac{L}{b} > \frac{2f_V \tan\alpha}{1 - f_V \tan\alpha} \qquad (12\text{-}9)$$

当 $\alpha = 0$ 时，即驱动力 **F** 平行于运动件轴线，由式（12-8）可得：

$$2f_V \frac{h}{L} < 1$$

为了保证运动灵活，建议设计时取

$$2f_V \frac{h}{L} < 0.5 \qquad (12\text{-}10)$$

当 h 和 α 均为零时，即驱动力 **F** 通过运动件轴线，由式（12-7）可得 $F = F_a$，此时驱动力不会产生附加的摩擦力，导轨的运动灵活性最好，设计时应力求符合这种情况。

不同导轨的当量滑动摩擦因数 f_V 值为

$$\left.\begin{array}{lll} \text{矩形导轨} & f_V = f \\ \text{燕尾形和三角形导轨} & f_V = f/\cos\beta \\ \text{圆柱面导轨} & f_V = 4f/\pi = 1.27f \end{array}\right\} \qquad (12\text{-}11)$$

式中　f——滑动摩擦因数；

　　　β——燕尾轮廓角或三角形底角。

五、提高导轨耐磨性的措施

为使导轨在较长的使用期间内保持一定的导向精度，必须提高导轨的耐磨性。由于磨损速度与材料性质、加工质量、表面压强、润滑及使用维护等因素直接有关，故要提高导轨的耐磨性，必须从这些方面采取措施。

（一）合理选择导轨的材料及热处理

用于导轨的材料，应具有耐磨性好，摩擦因数小，并具有良好的加工和热处理性质。

常用的材料有：

铸铁　如HT200、HT300等，均有较好的耐磨性。采用高磷铸铁、磷铜钛铸铁和钒钛铸铁作导轨，耐磨性比普通铸铁分别提高1~4倍。铸铁导轨的硬度一般为180~200HBW。为了提高其表面硬度，采用表面淬火工艺，表面硬度可达55HRC，导轨的耐磨性可提高1~3倍。

钢　常用的有碳素钢（40钢、50钢、T8A、T10A）和合金钢（20Cr、40Cr）。淬硬后钢导轨的耐磨性比一般铸铁导轨高5~10倍。要求高的可用20Cr制成，渗碳后淬硬至56~62HRC；要求低的用40Cr制成，高频淬火硬度至52~58HRC。钢制导轨一般做成条状，用螺钉及销钉固定在铸铁机座上，螺钉的尺寸和数量必须保证良好的接触刚度，以免引起变形。

此外用作导轨的材料还有有色金属如青铜、黄铜，以及工程塑料，如聚四氟乙烯和塑料导轨板等。

在实际应用中，为减小摩擦阻力，常用不同材料匹配使用。例如圆柱面导轨一般采用淬火钢-非淬火钢、青铜或铸铝；棱柱面导轨可用钢-青铜，淬火钢-非淬火钢，钢-铸铁等。

导轨经热处理后，均需进行时效处理，以减小其内应力。

（二）减小导轨面压强

导轨面的平均压强越小，分布越均匀，则磨损越均匀，磨损量越小。导轨面的压强取决于导轨的支承面积和负载，设计时应保证导轨工作面的最大压强不超过允许值[⊖]。为此，许多精密导轨常采用卸载导轨，即在导轨载荷的相反方向给运动件施加一个机械的或液压的作用力（卸载力），抵消导轨上的部分载荷，从而达到既保持导轨面间仍为直接接触，又减小导轨工作面的压力。一般卸载力取运动件所受总重力的2/3左右。

（三）保证导轨良好的润滑

保证导轨良好的润滑，是减小导轨摩擦和磨损的另一个有效措施。这主要是润滑油的分子吸附在导轨接触表面，形成厚度约为0.005~0.008mm的一层极薄的油膜，从而阻止或减少导轨面间直接接触的缘故。

选择导轨润滑油的主要原则是载荷越大、速度越低，则油的黏度应越大；垂直导轨的润滑油黏度，应比水平导轨润滑油的黏度大些。在工作温度变化时，润滑油的黏度变化要小。润滑油应具有良好的润滑性能和足够的油膜强度，不浸蚀机件，油中的杂质应尽量少。

对于精密机械中的导轨，应根据使用条件和性能特点来选择润滑油。常用的润滑油有机油、精密机床液压导轨油和变压器油等。还有少数精密导轨，选用润滑脂进行润滑。

（四）提高导轨的精度

提高导轨精度主要是保证导轨的直线度和各导轨面间的相对位置精度。导轨的直线度误差都规定在对导轨精度有利的方向上，如精密车床的床身导轨在垂直面内的直线度误差只允许上凸，以补偿导轨中间部分经常使用产生向下凹的磨损。

⊖　压强允许值可参考《金属切削机床》或有关资料。

适当减小导轨工作面的粗糙度，可提高耐磨性，但过小的粗糙度不易贮存润滑油，甚至产生"分子吸力"，以致撕伤导轨面。粗糙度一般要求 $Ra \leqslant 0.32 \mu m$。

六、导轨主要尺寸的确定

导轨的主要尺寸有运动件和承导件的长度、导轨面宽度、两导轨之间的距离、三角形导轨的顶角等。

增大导轨运动件的长度 L，有利于提高导轨的导向精度和运动灵活性，但却使工作台的尺寸和重量加大。因此，设计时一般取 $L = (1.2 \sim 1.8) \ a$，其中 a 为两导轨之间的距离。如结构允许，则可取 $L \geqslant 2a$。承导件的长度则主要取决于运动件的长度及工作行程。

导轨宽度 B 可根据载荷 F 和许用压力 $[p]$ 求出。

$$B = \frac{F}{[p]L}$$

两导轨之间的距离 a 减小，则导轨尺寸减小，但导轨稳定性变差。设计时应在保证导轨工作稳定的前提下，减小两导轨之间的距离。

三角形导轨的顶角，一般为 90°。

第三节　滚动摩擦导轨

滚动摩擦导轨是在运动件和承导件之间放置滚动体（滚珠、滚柱、滚动轴承等），使导轨运动时处于滚动摩擦状态。

与滑动摩擦导轨比较，滚动导轨的特点是：①摩擦因数小，并且静、动摩擦因数之差很小，故运动灵便，不易出现爬行现象；②定位精度高，一般滚动导轨的重复定位误差约为 $0.1 \sim 0.2 \mu m$，而滑动导轨的定位误差一般为 $10 \sim 20 \mu m$。因此，当要求运动件产生精确的移动时，通常采用滚动导轨；③磨损较小，寿命长，润滑简便；④结构较为复杂，加工比较困难，成本较高；⑤对脏物及导轨面的误差比较敏感。

一、滚动导轨的类型及结构特点

滚动摩擦导轨按滚动体的形状可分为滚珠导轨、滚柱导轨、滚动轴承导轨等。

（一）滚珠导轨

图 12-12 和图 12-13 是滚珠导轨的两种典型结构型式。在 V 形槽（V 形角一般为 90°）中安置着滚珠，隔离架 1 用来保持各个滚珠的相对位置，固定在承导件上的限动销 2 与隔离架上的限动槽构成限动装置，用来限制运动件的位移，以免运动件从承导件上滑脱。

图 12-12 中的 OO 轴为滚珠的瞬时回转轴线，由于 a、b、c 三点速度与运动件的速度相等，但 c 点的回转半径 r_m 大于 a、b 两点的回转半径 r_n，因此，右排滚珠的速度小于左排滚珠的速度。为了避免由于隔离架的限制而使滚珠产生滑动，把隔离架右排的分珠孔制成平椭圆形。

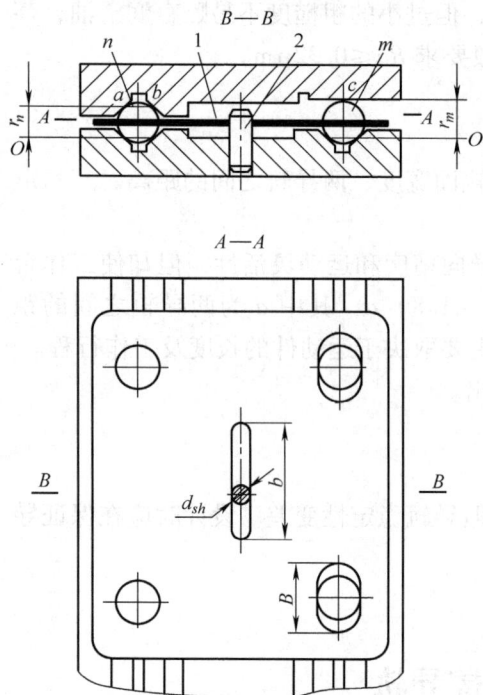

图 12-12 力封式滚珠导轨

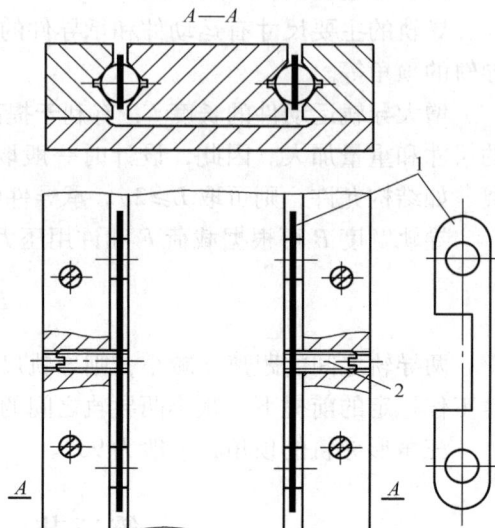

图 12-13 自封式滚珠导轨

V 形滚珠导轨的优点是工艺性较好，容易达到较高的加工精度，但由于滚珠和导轨面是点接触，接触应力较大，容易压出沟槽，如沟槽的深度不均匀，将会降低导轨的精度。为了改善这种情况，可采取如下措施：

1）预先在 V 形槽与滚珠接触处研磨出一窄条圆弧面的浅槽，从而增加了滚珠与滚道的接触面积，提高了承载能力和耐磨性，但这时导轨中的摩擦力略有增加。

2）采用双圆弧滚珠导轨（见图 12-14a）。这种导轨是把 V 形导轨的 V 形滚道改为圆弧形滚道，以增大滚动体与滚道接触点综合曲率半径，从而提高导轨的承载能力、刚度和使用寿命。双圆弧导轨的缺点是形状复杂，工艺性较差，摩擦力较大，当精度要求很高时不易满足使用要求。

为使双圆弧滚珠导轨既能发挥接触面积较大、变形较小的优点，又不致于过分增大摩擦力，应合理确定双圆弧滚珠导轨的主要参数（见图 12-14b）。根据使用经验，滚珠半径 r 与滚道圆弧半径 R 之比常取 $r/R = 0.90 \sim 0.95$，接触角 $\theta = 45°$。

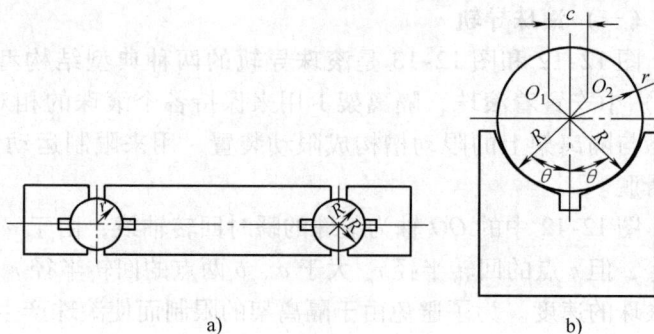

a)   b)

图 12-14 双圆弧导轨

导轨两圆弧的中心距 C 为

$$C = 2(R - r)\sin\theta$$

图 12-15 是滚珠导轨的另一种结构，其中的 A、B、C 是三对淬火钢制成的圆杆，圆杆经过仔细的研磨和检验，以保证必要的直线度。运动件下面固定的矩形杆 F 也用淬火钢制成，D 和 E 是滚珠。这种导轨的优点是运动灵便性较好，耐磨性较好，圆杆磨损后，只需将其转过一个角度即可恢复原始精度。

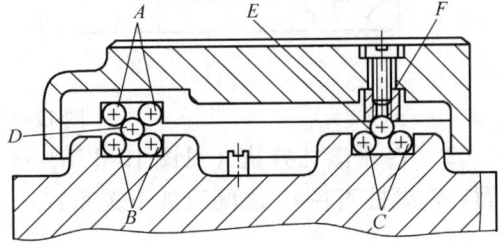

图 12-15　滚珠导轨

当要求运动件的行程很大时，可采用滚珠循环式导轨，即直线滚珠导轨。图 12-16 是这种导轨的结构简图，它由运动件 1、滚珠 2、承导件 3 和返回器 4 组成。运动件上有工作滚道 5 和返回滚道 6，与两端返回器的圆弧槽面滚道接通，滚珠在滚道中循环滚动，行程不受限制。

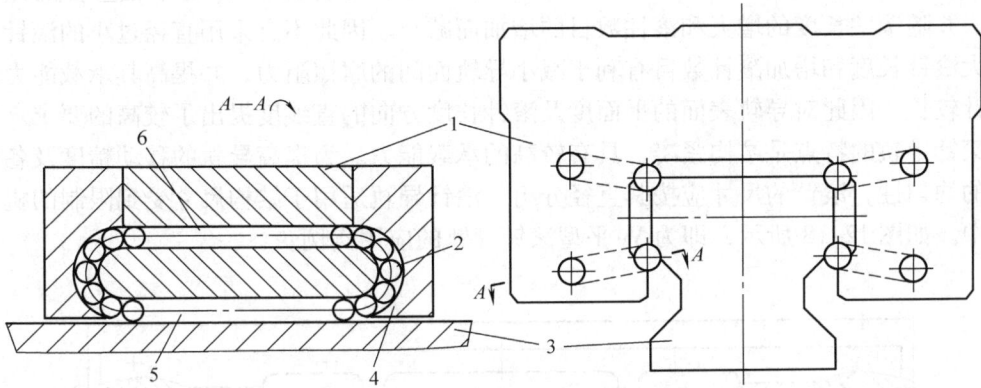

图 12-16　滚珠循环式滚动导轨的结构简图

为了保证滚珠导轨的运动精度和各滚珠承受载荷的均匀性，应严格控制滚珠的形状误差和各滚珠间的直径差。例如 19JA 万能工具显微镜横向滑板滚珠导轨，滚珠间的直径不均匀度和滚珠的圆度误差均要求在 $0.5\mu m$ 以内。

（二）滚柱导轨、滚针导轨与滚动轴承导轨

为了提高滚动导轨的承载能力和刚度，可采用滚柱导轨或滚动轴承导轨。这类导轨的结构尺寸较大，对导轨面的局部缺陷不太敏感，但对 V 形角的精度要求较高，常用在比较大型的精密机械上。

（1）交叉滚柱 V-平导轨　如图 12-17a 所示，在 V 形空腔中交叉排列着滚柱，这些滚柱的直径 d 略大于长度 b，相邻滚柱的轴线互相垂直交错，单数号滚柱在 AA_1 面间滚动（与 B_1 面不接触），双数号滚柱在 BB_1 面间滚动（与 A_1 不接触），右边的滚柱则在平面导轨上运动。

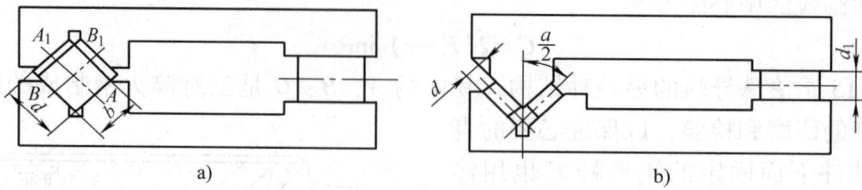

图 12-17 滚柱导轨

（2）V-平滚柱导轨（见图 12-17b）这种导轨加工比较容易，V 形导轨滚柱直径 d 与平面导轨滚柱直径 d_1 之间有如下关系：

$$d = d_1 \sin \frac{\alpha}{2}$$

式中 α——V 形导轨的 V 形角。

若把滚柱取出，上、下导轨面正好可互相研配，所以加工较方便。

（3）滚针导轨 在滚柱导轨中，当滚柱的直径变小而其长度增大时，即变为滚针导轨。理论分析表明，滚柱导轨中滚柱与导轨面间的滚动摩擦因数 F_g 随滚柱直径的减小而增大，并随滚柱长度的增大和滚柱数目的增加而减小。因此不宜采用直径过小的滚针，适当增大滚针长度和增加滚针数目有利于减小导轨面间的摩擦阻力，并提高其承载能力。由于滚针较长，因此对导轨表面的平面度及滚针长度方向的直线度提出了较高的要求。

滚针导轨的特点是结构紧凑，具有较高的承载能力。为提高导轨的移动精度及各滚针受力的均匀性，滚针的尺寸应按其直径分组。滚针导轨适用于结构尺寸受到限制的机床和仪器中。如图 12-18 所示，即为 V-平型滚针导轨的应用实例。

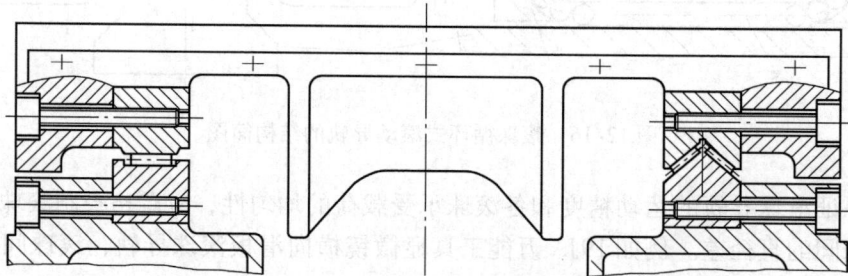

图 12-18 滚针导轨

（4）滚动轴承导轨 在滚动轴承导轨中，滚动轴承不仅起着滚动体的作用，而且本身还代替了运动件或承导件。这种导轨的主要特点是摩擦力矩小，运动灵活，调整方便。万能工具显微镜纵向导轨结构是滚动轴承导轨应用的典型实例。

用作导轨的滚动轴承一般为非标准深沟球轴承（见图 12-19），其内圈固定，外圈旋转。用作导向的滚动轴承，其径向圆跳动量应小于 $0.5\mu m$，用作支承的滚动轴承，其径向圆跳动量应小于 $1\mu m$，为减小变形，轴承的内、外圈要比标准轴承厚些，轴承的外圈表面磨成圆弧形曲面，以保证与导轨接触良好。

二、滚动导轨的预紧

使滚动体与滚道表面产生初始接触弹性变形的方法称为预紧。预紧导轨的刚度比无预紧导轨的刚度大，在合理的预紧条件下，导轨磨损较小，但导轨的结构较复杂，成本较高。

1. 采用过盈装配形成预加负载（见图12-20a）

装配导轨时，根据滚动体的实际尺寸 A，刮研压板与滑板的接合面或在其间加上一定厚度的垫片，从而形成包容尺寸 $A - \Delta$（Δ 为过盈量）。

过盈量有一个合理的数值，达到此数值时，导轨的刚度较好，而驱动力又不致过大，过盈量一般每边约为 $5 \sim 6\mu m$。

2. 用移动导轨板的方法实现预紧（见图12-20b）

预紧时先松开导轨体2的联接螺钉（图中未画出），然后拧动侧面螺钉3，即可调整导轨体1和2之间的距离而预紧。此外，也可用斜镶条来调整，这样，导轨的预紧量沿全长分布比较均匀，故推荐使用。

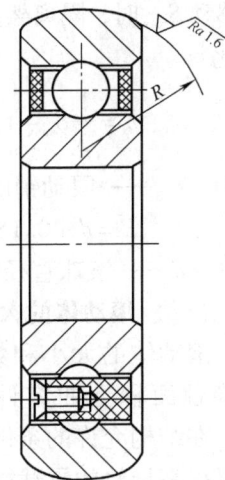

图 12-19 万能工具显微镜纵向导轨

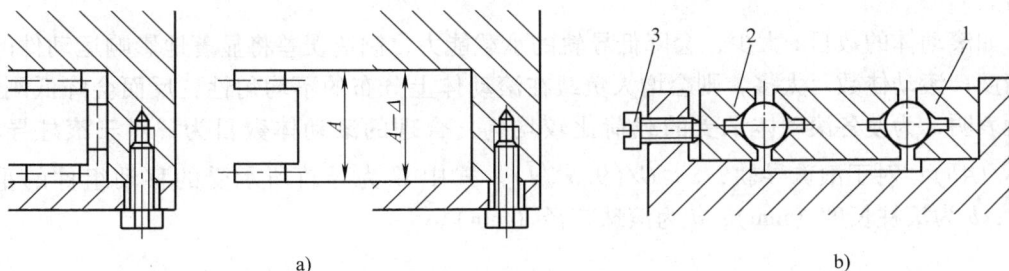

图 12-20 滚动导轨预紧方法

三、导轨主要参数的确定

（一）运动件的长度

在满足导轨最大位移 S_{max} 的前提下，应尽可能减小运动件的长度 L。由图12-21可知

$$L = e + l + ab$$

而 $ab = a'b' = a'c + cb' = e + \dfrac{S_{max}}{2}$

因此 $$L = 2e + l + \frac{S_{max}}{2} \tag{12-12}$$

式中 L——运动件的最短长度；

e——保险量，一般取 $e = 5 \sim 10mm$。

（二）隔离架限动槽长度 b 和平椭圆长度 B（见图12-12）

隔离架的速度与左边滚道滚珠中心的移动速度相同，为运动件移动速度之半。当运动

件移动 S_{max} 时，隔离架只移动 $S_{max}/2$，因此

$$b = \frac{1}{2}S_{max} + d_{sh} \quad (12\text{-}13)$$

式中　d_{sh}——限动销的直径。

$$B = d + 0.1 S_{max} \quad (12\text{-}14)$$

式中　d——滚珠直径。

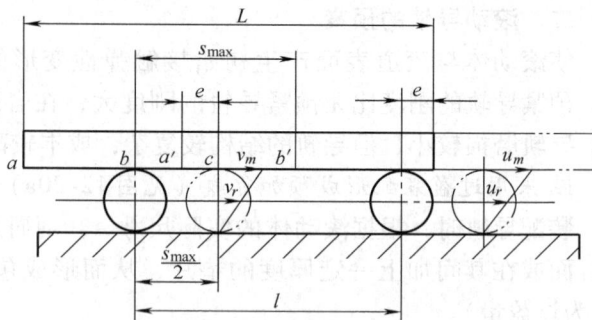

图 12-21　运动件长度计算简图

（三）滚动体的大小和数量

滚动体的大小和数量应根据单位接触面积上的容许压力计算确定。在结构允许的条件下，应优先选用直径较大的滚动体。这是因为：①增大滚动体直径可以提高导轨的承载能力。对于滚珠导轨，其承载能力与滚珠数目 z 及滚珠直径 d 的二次方成正比，因此增大滚珠直径 d 比增加滚珠数目 z 有利；而对滚柱导轨，增大滚珠直径 d 与增加滚珠数目 z 的效果相同；②增大滚动体直径，有利于提高导轨的接触刚度。对于滚柱导轨，为减小导轨横截面积内平行度误差及滚柱圆柱度误差对接触刚度的影响，滚柱的长度 b 不应超过 30mm，长径比 $b/d < 1.5$；③增大滚动体的直径，可以减小导轨的摩擦阻力。

如滚动体的数目 z 太少，会降低导轨的承载能力，制造误差将显著地影响运动件的位置精度；滚动体数目太多，则会增大负载在滚动体上分布的不均匀性，反而会降低刚度。实验表明，为使各滚动体承受的载荷比较均匀，合理的滚动体数目为：对于滚柱导轨，$z < G/(4b)$；对于滚珠导轨，$z \le G/(9.5\sqrt{d})$。式中 G 为导轨所承受的移动组件的重力（N）；b 为滚柱长度（mm）；d 为滚珠直径（mm）。

四、滚动导轨的材料和热处理

对滚动导轨材料的主要要求是硬度高、性能稳定以及良好的加工性能。

滚动体的材料一般采用滚动轴承钢（GCr15），淬火后硬度可达到 60～66HRC。

常用的导轨材料有：

（1）低碳合金钢　如 20Cr，经渗碳（深度 1～1.5mm）淬火，渗碳层硬度可达 60～63HRC。

（2）合金结构钢　如 40Cr，淬火后低温回火，硬度可达 45～50HRC。加工性能良好，但硬度较低。

（3）合金工具钢　如铬钨锰钢（CrWMn）、铬锰钢（CrMn），淬火后低温回火，硬度可达 60～64HRC。这种材料的性能稳定，可以制造变形小、耐磨性高的导轨。

（4）氮化钢　如铬钼铝钢（38CrMoAlA）或铬铝钢（38CrAl），经调质或正火后，表面氮化，可得很高的表面硬度（850HV），但硬化层很薄（0.5mm 以下），加工时应注意。

（5）铸铁　例如某些仪器中采用铬钼铜合金铸铁，硬度可达 230～240HBW，加工方便，滚动体用滚柱，一般可满足使用要求。

第四节 其他类型的导轨简介

一、弹性摩擦导轨

图 12-22a 是弹性摩擦导轨的一种结构形式，工作台（运动件）由一对相同的平行片簧支承，当受到驱动力 **F** 作用时，片簧产生变形，使工作台在水平方向产生微小位移 λ。

设片簧的工作长度为 L、宽度为 b、厚度为 h，则弹性导轨在运动方向上的刚度 F′ 为

$$F' = \frac{2bh^3 E}{L^3} \tag{12-15}$$

式中　E——片簧材料的弹性模量，单位为 N/mm²；

　　　L、b、h 的单位均为 mm。

图 12-22b、c 分别为平行片簧导轨在电磁驱动和电致伸缩驱动微动工作台的应用举例。

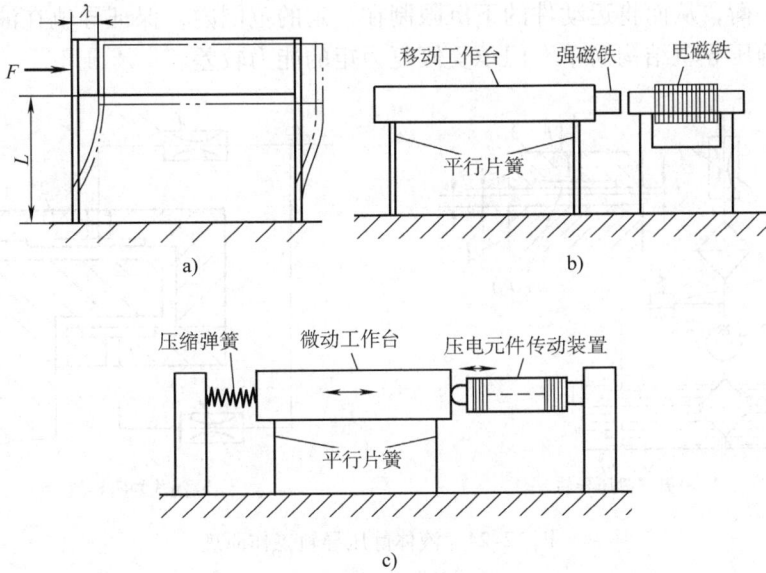

图 12-22　平行片簧弹性导轨

图 12-23a 是另一种结构形式的弹性摩擦导轨。在一块板材上加工出孔和开缝，使圆弧的切口处形成弹性支点（即柔性铰链）与剩余的部分成为一体，组成一平行四边形机构。当在 AC 杆上加一力 **F**，由于 4 个柔性铰链的

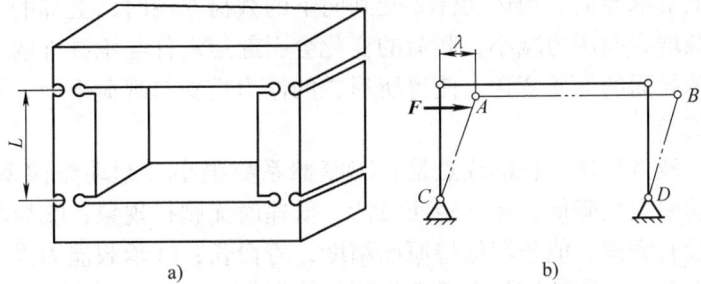

图 12-23　柔性铰链弹性导轨的工作原理

弹性变形，使 *AB* 杆（与运动件相连）在水平方向产生位移 λ（见图 12-23b）。这种结构的弹性导轨在微动工作台中得到广泛的应用。

弹性导轨的优点是：①摩擦力极小；②没有磨损，不需润滑；③运动灵便性高；④当运动件的位移足够小时，精度很高，可以达到极高的分辨率。

弹性导轨的主要缺点是运动件只能作很小的移动，这就大大地限制了其使用范围。

二、静压导轨

静压导轨是在两个相对运动的导轨面间通入压力油或压缩空气，使运动件浮起，以保证两导轨面间处于液体或气体摩擦状态下工作。

（一）液体静压导轨

根据结构特点，液体静压导轨分为开式静压导轨和闭式静压导轨两类。

开式静压导轨的工作原理如图 12-24 所示，由液压泵 1 输出压力油，经溢流阀 2 调节油压，流入导轨油腔后，产生浮力将运动件 3 浮起，浮力与载荷 *F* 平衡，油膜将运动件 3 与承导件 4 完全隔开，载荷的变化引起运动件与承导件的间隙的变化，使得所形成的浮力重新与载荷平衡，从而将运动件的下沉限制在一定的范围内，保证导轨在液体摩擦状态下工作。开式静压导轨结构简单，但承受倾复力矩的能力较差。

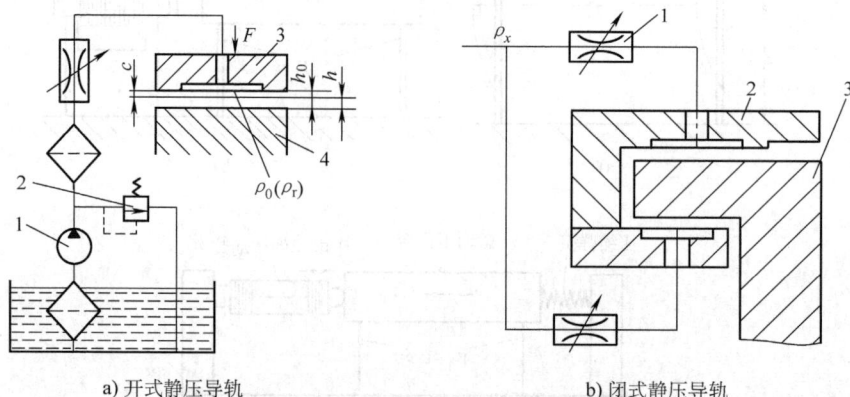

a) 开式静压导轨　　　　b) 闭式静压导轨

图 12-24　液体静压导轨工作原理

闭式静压导轨的工作原理是由液压系统输出压力油经节流阀 1 后，分别进入承导件 3 的上下承导面。当运动件 2 受到向下的载荷作用时，上部的间隙减小而压力增加，下部的间隙增大而压力减小，载荷的变化会引起运动件与承导件的上下间隙的变化，进而造成上下承导面的油压变化，使得所形成的浮力重新与载荷平衡，从而保证导轨在液体摩擦状态下工作。

液体静压导轨的优点是：①摩擦系数很小（起动摩擦系数可小至 0.0005），可使驱动功率大大降低，运动轻便灵活，低速时无爬行现象；②导轨工作表面不直接接触，基本上没有磨损，能长期保持原始精度，寿命长；③承载能力大，刚度好；④摩擦发热小，导轨温升小；⑤油液具有吸振作用，抗振性好。

静压导轨的缺点是：结构较复杂，需要一套供油设备，油膜厚度不易掌握，调整较困难，这些都影响静压导轨的广泛应用。

（二）气体静压导轨

气体静压导轨按结构形式的不同可分为开式、闭式和负压吸浮式气垫导轨三种。下面只对负压吸浮式气垫导轨作一简单介绍。

负压吸浮式气垫导轨是一种适用于高精度、高速度、轻载的新型空气静压导轨，工作原理如图 12-25 所示，它是利用负压吸浮式平面气垫在工作面上不同区域同时存在正压（浮力）和负压（吸力）的特点，在运动件和承件之间形成一定厚度的气体膜，使气垫与导轨面既不接触，又不脱开。同样，负载的变化会引起气膜厚度的变化，气体作用力也随之变化，这样气体支承导轨又处于相对平衡状态。

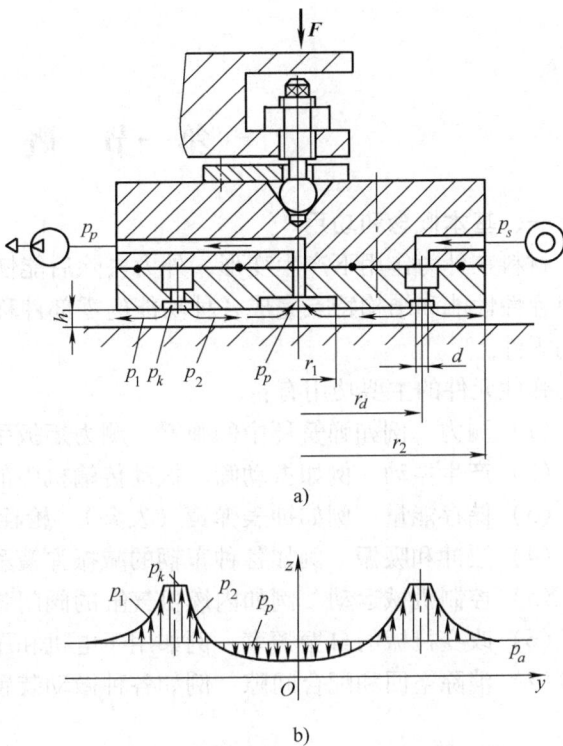

图 12-25 负压吸浮式气垫的工作原理

气体静压导轨的优点是：①运动精度高；②无发热现象，不会像液体静压导轨那样因静压油引起发热；③摩擦和摩擦因数极小，因气体粘性极小；④由于使用经过过滤的压缩空气，故导轨内不会浸入灰尘和液体，同时可用于很宽的温度范围。

气体静压导轨的缺点是：①承载能力低；②刚度低；③需要一套高质量的气源；④对振动的衰减性差。

思考题及习题

12-1 在导轨的结构设计中，为什么要尽量减小驱动元件与导轨面间的距离 h（见图 12-11）？

12-2 在图 12-6b 中，设工作台导轨的长度为 L，驱动力 F_d 平行于导向面 A，F_d 的作用点离两导轨中点的距离为 X，试计算当 X 为多大时导轨将被卡住（计算时不考虑机座 1 上、下导轨面处的摩擦力）？

12-3 在图 12-21 中，已知运动件的长度 $L = 200\text{mm}$，$l = 150\text{mm}$，保险量 $e = 10\text{mm}$，限动销的直径 $d_{sh} = 8\text{mm}$，求限动槽的长度 b（见图 12-12）。

12-4 在图 12-12 中，导轨的 V 形角为 $90°$，试推导隔离架上平椭圆长度的计算公式 $B \approx d + 0.1S_{\text{max}}$。

12-5 图 12-12 所示之滚珠导轨，如只从定位原理考虑，在两根导轨上只用三粒滚珠支承即可，为什么实际的滚珠导轨很少采用这种结构形式，而是在两根导轨间放置多粒滚珠？

12-6 试从理论上分析滚柱导轨的承载能力与滚柱数目 z 及滚柱直径 d 成正比。

12-7 试推导图 12-22a 所示之弹性导轨的刚度计算公式 $F' = 2bh^3E/L^3$。

12-8 滑动摩擦导轨为什么在低速下易出现爬行现象？

12-9 在导轨设计中，应如何考虑减小磨损及由磨损带来的影响？

第十三章 弹性元件

第一节 概　述

一、基本概念和功用

材料在外力作用下产生变形，外力去除后能恢复原状的性能，称为材料的弹性。利用材料弹性性能和结构特点完成各种功能的零部件称为弹性元件。弹性元件是精密机械中常用的零件。

弹性元件的主要功用有：

（1）测力　例如弹簧秤中的弹簧、测力矩扳手的弹簧等。

（2）产生振动　例如振动筛、振动传输机中的支承弹簧等。

（3）储存能量　例如钟表弹簧（发条）、枪栓弹簧等。

（4）缓冲和吸振　例如各种车辆的减振弹簧和各种缓冲器中的弹簧。

（5）控制机械运动　例如内燃机气缸的阀门弹簧和离合器中的控制弹簧。

（6）改变机械的自振频率　例如用于电机和压缩机的弹性支座。

（7）消除空回和配合间隙　例如各种微动装置中用以消除空回的压缩弹簧。

二、常见弹性元件的分类和特点

按照结构特点分类，常见弹性元件有以下几种：

（1）片簧　金属薄片制成的片状弹性元件（见图 13-1a）。

（2）平卷簧　金属带材绕制成的平面螺线形弹性元件（见图 13-1b）。

（3）螺旋弹簧　金属线材制成的空间螺旋形弹性元件（见图 13-1c）。

（4）弹簧管　薄壁管制成的圆弧形中空管状弹性元件（见图 13-1d）。

（5）波纹管　圆柱形薄壁筒制成的带有环状波纹的弹性元件（见图 13-1e）。

（6）膜片　圆形薄片制成的弹性元件（见图 13-1f）。

按照用途分类，弹性元件基本可以分成以下两大类：

（1）测量弹性元件　用来把某些

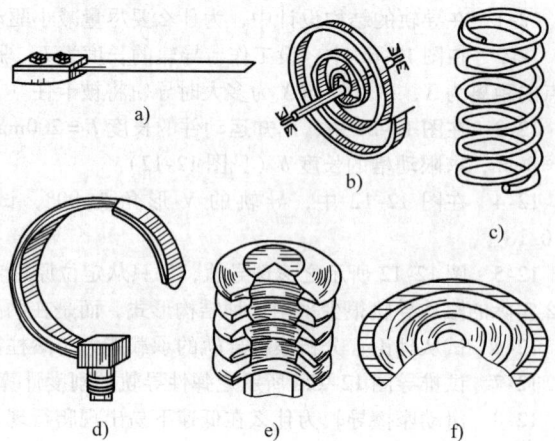

图 13-1　弹性元件类型

物理量（如力、压力、温度等）转变成弹性元件的变形，以便进行测量。例如，测量气体、液体压力的膜盒（由两片对扣在一起的膜片组成）。

（2）力弹性元件　用来作为传动系统的能源或者完成结构的力封闭。例如，钟表机构中的发条、各种使零件间保持压紧的弹簧等。

按照所承受的载荷的不同，弹性元件可以分为：拉伸弹簧、压缩弹簧、扭转弹簧和弯曲弹簧四种。

按照所使用的弹性材料的不同，弹性元件可以分为：金属材料制作的弹性元件和非金属材料制作的弹性元件。

其中常用的是金属线材制作的圆柱螺旋弹簧。

由于弹性元件结构简单、价格低廉、占据空间小、安装和固定简单、工作可靠，所以在精密机械中得到非常广泛的应用。

三、常用弹性元件材料及其特点

弹性元件在工作中承受变载荷或冲击载荷，为了保证可靠工作，其材料必须具有较高的弹性极限和疲劳极限，有足够的冲击韧性和塑性，良好的热处理性能。弹性元件材料基本可以分为金属材料和非金属材料两大类。

（一）金属材料

常用的弹性元件金属材料有碳素弹簧钢、合金弹簧钢及各种有色金属合金。

优质碳素弹簧钢（如65钢、70钢）价廉，成本低，热处理后具有较高的强度、适宜的韧性和塑性，但大直径簧丝（$d > 12mm$）不宜淬透，仅适于小尺寸弹簧。

合金弹簧钢（如65Mn、50CrVA钢）具有高的弹性极限、疲劳极限，一定的冲击韧性、塑性和良好的热处理性能，弹性好，淬透性好，回火稳定性好，适宜于变载荷、冲击载荷或工作温度比较高的场合。

有色金属合金具有耐腐蚀、防磁、导电性好等特性，如果弹性元件受力较小可以考虑采用锡青铜、硅青铜等铜合金。此外，铝合金弹性模量小、灵敏度较高、重量轻、易加工、无需热处理，但强度一般较低、线膨胀系数大、耐蚀性差。

（二）非金属材料

制造弹性元件的非金属材料有橡胶、塑料、石英、陶瓷和空气等。

橡胶和塑料的弹性模量很低，灵敏度高；但弹性模量的温度系数较大，并且容易老化，主要用于要求刚度很小的弹性元件，如膜片等。

石英是良好的弹性材料，具有弹性模量高、弹性模量的温度系数非常小、对弹性变形的响应快等特点，而且耐高温，通常作为制造高精度弹性元件的材料。但是，石英为脆性材料，加工困难，成本很高，因此应用受到限制。如果加工工艺得到改进，则其在超高精度测量仪表中将得到广泛应用。

陶瓷的弹性模量高，断裂强度低，用它制造的弹性元件具有耐高温、耐腐蚀、绝缘性好等优点；其缺点是精确成形比较困难，而且脆。一般用于变化不大的场合，不适合在冲击载荷下工作。

硅是比较新的弹性材料，在硅片上直接扩散出力敏电阻可以得到压力敏感元件。其灵敏度高、动态响应快、体积小，但是工艺复杂、元件受温度变化影响大，必须考虑相应的温度补偿措施。

利用空气作为弹性材料，其刚度易于调节，可适应不同的载荷需要，达到承载系统相对的平稳，并具有较好的系统控制性，广泛用于车辆的承载和一些大型设备的冲击缓冲。

选择弹性元件材料时，应综合考虑弹性元件的使用条件和工作条件，并参照同类设备，进行类比分析和选择。在所有材料中，最常用的是各种弹簧钢特别是碳素弹簧钢，一般情况下优先考虑。常用弹性元件材料的使用性能见表13-1。

表13-1 常用弹性元件材料的使用性能

类别	代号	许用切应力 $[\tau_T]$/N·mm^{-2}			许用弯曲应力 $[\sigma_b]$/N·mm^{-2}		切变模量 G/N·mm^{-2}	弹性模量 E/N·mm^{-2}	推荐硬度范围 HRC	推荐使用温度/℃	特性及用途
		Ⅰ类	Ⅱ类	Ⅲ类	Ⅱ类	Ⅲ类					
钢	碳素弹簧钢 65Mn	$0.3\sigma_b$	$0.4\sigma_b$	$0.5\sigma_b$	$0.5\sigma_b$	$0.625\sigma_b$	$d<4mm$ 81 400 ~78 500 / $d>4mm$ 78 500	$d<4mm$ 203 000 ~201 000 / $d>4mm$ 196 000	—	-40 ~ 120	强度高,性能好,价格便宜,适于小弹簧
	60Si2Mn 60Si2MnA	471	628	785	785	981	80 000	200 000	45 ~ 50	-40 ~ 200	弹性好,回火稳定性好,易脱碳,用于大载荷弹簧
	50CrVA	450	600	750	750	940	80 000	200 000	43 ~ 47	-40 ~ 500	高温时强度高,力学性能好,淬透性好,价高,用于重要场合
不锈钢	1Cr18Ni9 2Cr18Ni9	330	440	550	550	690	73 000	197 000	—	-250 ~ 300	耐腐蚀和高温,工艺性好,用于小弹簧
	4Cr13	450	600	750	750	940	77 000	219 000	48 ~ 53	-40 ~ 300	耐蚀和高温,适于小弹簧
	Ni36CrTiAl	450	600	750	750	940	77 000	20 000	—	-40 ~ 250	弹性模量、强度、耐腐蚀性、抗磁性均高,适于精密仪表弹簧
	Ni42CrTi	420	560	700	700	880	67 000	19 000	—	-60 ~ 100	恒弹性,耐蚀,加工性好,适于灵敏弹性元件,如游丝
铜合金	QSi3-1	265	353	441	441	549	40 200	93 200	90 ~ 100 HBW	-40 ~ 120	耐腐蚀,防磁
	QSn4-3						39 200				
	QBe2	353	441	549	549	735	42 200	12 950	37 ~ 40		耐腐蚀,防磁、导电性及弹性好

注：1. 表中许用切应力为压缩弹簧的许用值，拉伸弹簧的许用应力为压缩弹簧的80%。
2. 碳素弹簧钢丝的抗拉强度 σ_b，参照图13-2。
3. 碳素弹簧钢按力学性能不同分为Ⅰ、Ⅱ、Ⅱa、Ⅲ四组，Ⅰ组强度最高，依次为Ⅱ、Ⅱa、Ⅲ组。
4. 弹簧的工作极限应力 τ_{lim}：Ⅰ类≤1.67$[\tau_T]$；Ⅱ类≤1.25$[\tau_T]$；Ⅲ类≤1.12$[\tau_T]$。
5. 强压处理的弹簧，其许用应力可增大25%；喷丸处理的弹簧，其许用应力可增大20%。

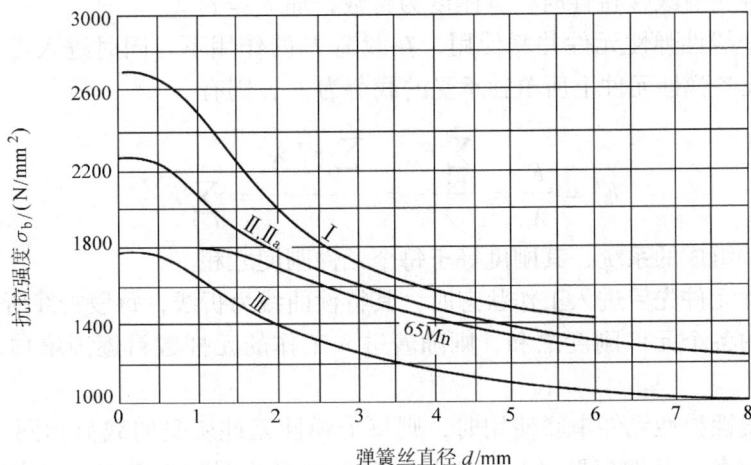

图 13-2 碳素弹簧钢（65 钢、70 钢）的抗拉强度

四、弹性元件的许用应力

弹性元件的许用应力不仅与材料的种类有关，也与材料的质量、热处理方法、载荷性质、弹簧钢丝的尺寸有关。根据变载荷的作用次数以及弹簧的重要程度将弹簧分为三类：

Ⅰ类——受变载荷作用的次数在 10^6 次以上或很重要的弹性元件，如内燃机气门弹簧、电磁制动器弹簧等。

Ⅱ类——受变载荷作用的次数为 $10^3 \sim 10^5$ 次及受冲击载荷的弹性元件，如调速器弹簧、一般车辆弹簧等。

Ⅲ类——受变载荷作用次数在 10^3 次以下，即基本受静载荷的弹性元件，如一般安全弹簧、摩擦式安全离合器弹簧等。

第二节 弹性元件的基本特性

一、基本特性

作用在弹性元件上的力、压力或温度等工作载荷与变形量之间的关系，称为弹性元件的特性。弹性元件的特性可用解析式表示，即

$$\lambda = f(F) \tag{13-1}$$

式中 λ——弹性元件的挠度或变形；

F——作用在弹性元件上的载荷力（也可以是压力或温度等）。

弹性元件的特性曲线与理想直线之间的最大偏差和弹性元件的最大变形之间的百分比为弹性元件的最大非线性误差，定义为弹性元件的非线性度。如果弹性元件的变形和载荷之间为线性关系，则弹性元件的非线性度为零。

刚度是弹性元件的重要性能指标，定义为使弹簧产生单位变形量的载荷，即

$$F' = \lim_{\Delta\lambda \to 0} \frac{\Delta F}{\Delta \lambda} = \frac{\mathrm{d}F}{\mathrm{d}\lambda} \tag{13-2}$$

当弹性元件具有线性特性时，其刚度为常数，即 $F' = F/\lambda$。

如果若干个线性弹性元件并联使用，在载荷 F 的作用下，同时进入工作状态，且变形均为 λ，假设各弹性元件上所单独承受的载荷为 F_i，则有

$$F' = \frac{F}{\lambda} = \frac{\sum\limits_{i=1}^{n} F_i}{\lambda} = \frac{\sum\limits_{i=1}^{n} F_i' \lambda}{\lambda} = \sum\limits_{i=1}^{n} F_i'$$

即并联弹性元件组成的系统，其刚度等于每个元件刚度之和。

当并联弹性元件先后进入工作状态时，其特性曲线为折线，每段折线所表示的刚度等于已进入工作的各个元件刚度之和，则随着进入工作的元件数目逐渐增加，系统的刚度递增。

当若干个线性弹性元件串联使用时，则每个弹性元件所受的载荷相同（$F_i = F$），系统的总变形 λ 为各个元件变形（λ_i）之和。定义刚度的倒数为柔度，则串联弹性元件组成系统的柔度等于每个元件的柔度之和，即

$$\frac{1}{F'} = \frac{\lambda}{F} = \frac{\sum\limits_{i=1}^{n} \lambda_i}{F} = \frac{\sum\limits_{i=1}^{n} \dfrac{F_i}{F_i'}}{F} = \sum\limits_{i=1}^{n} \frac{1}{F_i'}$$

二、影响弹性元件特性的因素

影响弹性元件特性的因素，可以从各种弹性元件的特性解析式中看出。例如，对于圆柱螺旋弹簧，其特性式为

$$\lambda = f(D, d, n, G) = F\frac{8D^3 n}{Gd^4} \tag{13-3}$$

式中　F——弹簧所承受的载荷，单位为 N；

　　　λ——弹簧的变形量，单位为 mm；

　　　G——弹簧材料的切变模量，单位为 N/mm^2；

　　　D——弹簧中径，单位为 mm；

　　　d——簧丝直径，单位为 mm；

　　　n——弹簧的有效工作圈数。

1. 几何尺寸参数的影响

由式（13-3）可知，螺旋弹簧的特性与其几何尺寸和参数（D、d、n）有关。因此，弹性元件制造后，几何尺寸参数的误差将使特性（或刚度）发生变化。如果螺旋弹簧的变化量用其变形量表示，则由此而引起特性的相对误差由弹簧中径相对误差、弹簧工作圈数相对误差和簧丝直径相对误差三项组成

$$\delta\lambda_z = \frac{\Delta\lambda_z}{\lambda} = 3\frac{\Delta D}{D} - 4\frac{\Delta d}{d} + \frac{\Delta n}{n} \tag{13-4}$$

这部分特性误差通常可以采用调整的方法予以消除，使弹簧特性满足要求。例如，从结构上调节弹簧的工作圈数 n，可以消除弹簧中径 D 和簧丝直径 d 的误差而引起的特性

误差。

2. 温度的影响

由式（13-3）还可以看出，弹性元件的特性还与材料的切变模量有关。当周围环境变化时，切变模量随之变化，其变化可近似用下式确定：

$$G_t = G_0 [1 + \alpha_G (t - t_0)] \tag{13-5}$$

式中　G_t——工作温度 t 时材料的切变模量，单位为 N/mm^2；

G_0——标准温度 t_0 时材料的切变模量，单位为 N/mm^2；

α_G——切变模量的温度系数，单位为 $N/(mm^2 \cdot ℃)$。

因此，由于切变模量的温度特性而引起的弹簧特性的相对误差为

$$\delta \lambda_w = - \frac{\Delta G}{G_0} = - \alpha_G (t - t_0)$$

同样，由于弹性模量的温度特性而引起的弹簧特性的相对误差为

$$\delta \lambda_w = - \frac{\Delta E}{E_0} = - \alpha_E (t - t_0)$$

弹性元件常用材料的温度系数是负值，温度降低时，弹性元件的弹性模量增加，变形量减小；反之亦然。为了减少温度变化对弹性元件特性的影响，可采用温度系数值极小的材料，或采用补偿的方法，用具有正温度系数的弹性材料（如热双金属弹簧），以减小因温度变化而引起的变形的误差。

3. 弹性滞后和弹性后效的影响

弹性滞后是指在弹性范围内加载与去载时特性曲线不相重合的现象。如图 13-3 所示，当作用到弹性元件上的力由零增大到 F_0 时，弹性元件的特性曲线为曲线 I，而当作用力由 F_0 减小到零时，特性曲线为曲线 II。

弹性后效是指载荷改变后不是立刻完成相应的变形，而是在一定时间间隔中逐渐完成的。如图 13-4 所示，当作用到弹性元件上的力由零突增至 F_0 时，变形首先由零增大到 λ_1，然后，在载荷不变的情况下继续变形，直到变形增大到 λ_0 时为止。反之，如果载荷由 F_0 突减至零，弹性元件的变形先由 λ_0 迅速地减至 λ_2，然后继续减小，直到变形等于零为止。

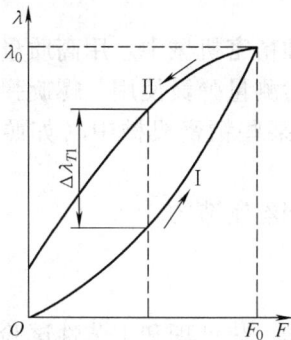

图 13-3　弹性滞后现象

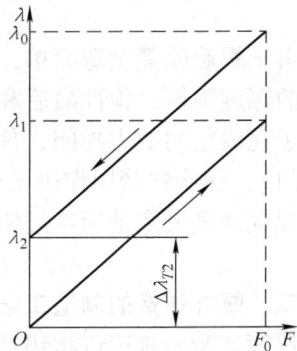

图 13-4　弹性后效现象

产生滞后和后效的原因比较复杂，研究表明，其大小与弹性元件内的最大应力、所用材料的金相组织与化学成分以及弹性元件的加工与热处理过程等有关。在设计测量弹性元件时一般可通过选取较大的安全系数、合理选定结构和元件的连接方法（减小应力集中）、采用特殊合金等以减小弹性滞后和弹性后效。

弹性滞后和后效所造成的特性误差尚无法进行理论计算，一般是通过对元件做特性试验，利用加载和去载特性曲线上的变形量差值 $\Delta\lambda_{T1}$ 和 $\Delta\lambda_{T2}$，求得弹性滞后和弹性后效所造成的特性相对误差。

第三节　螺旋弹簧

一、螺旋弹簧的功能和特点

螺旋弹簧是用金属线材绕制成空间螺旋线形状的弹性元件，用来将沿轴线方向的力或垂直于轴线平面内的力矩转换为弹簧两端的相对位移（沿轴线方向的轴向位移或垂直于轴线的平面上的角位移）；或者将两端的相对位移转换为作用力或力矩。螺旋弹簧簧丝的截面通常是圆形或矩形，也有方形和菱形的。其中，圆形截面簧丝圆柱螺旋弹簧应用最广泛。

圆柱螺旋弹簧（简称弹簧）根据载荷作用方式不同，有下面三种型式：①拉伸弹簧（见图13-5a）承受沿轴向的拉力作用；②压缩弹簧（见图13-5b）承受沿轴向的压力作用；③扭转弹簧（见图13-5c）承受绕轴线的扭转力矩的作用。

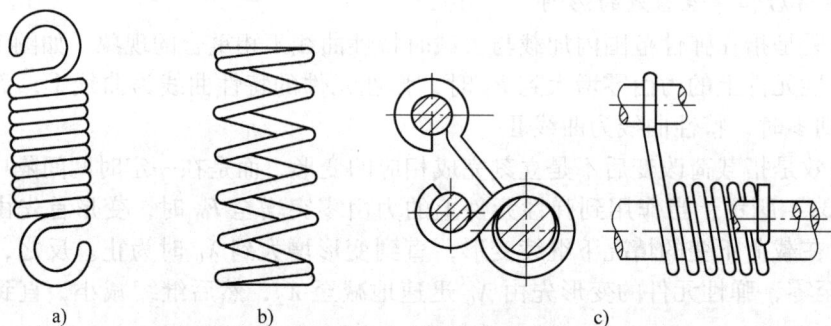

a)　　　　　b)　　　　　c)

图13-5　圆柱螺旋弹簧的型式

由于螺旋弹簧制造简单，成本低廉，因此广泛应用在各种精密机械中。用高质量材料制成的螺旋弹簧，弹性滞后和后效很小，特性稳定，可以作为测量弹簧使用。螺旋弹簧也常用于完成结构的力封闭，使零件间保持一定的压紧力。在某些精密机械中（如照相机的快门），螺旋弹簧用作机构的能源。

螺旋弹簧大多是用经过铅浴淬火和等温回火的冷拔碳素钢丝制造的。

二、螺旋弹簧的制造工艺

螺旋弹簧的制造过程包括：卷绕、两端面加工或钩环制作、热处理和工艺性试验等。

卷绕是将簧丝卷绕在芯子上。卷绕方法分冷卷和热卷两种。当簧丝直径小于10mm时，常用冷卷法，并经低温回火消除内应力。弹簧热卷后须经淬火和回火处理。弹簧在卷绕和热处理后要进行表面检验及工艺性试验，以鉴定弹簧质量。

对重要的压缩弹簧，为保证两端支承面与轴线垂直，应将端面圈在专用磨床上磨平。对拉伸和扭转弹簧，为便于连接和加载，两端应制有钩环或杆臂。

为了提高弹簧的承载能力，可以在卷制后进行强压处理，一般可以提高承载能力约25%。经强压处理的弹簧，不允许再进行热处理，也不宜在高温、变载荷以及腐蚀性环境下工作，否则弹簧会过早发生疲劳破坏。

由于弹簧的疲劳强度和抗冲击强度在很大程度上取决于簧丝表面状况，故其表面必须光洁、无裂纹。对承受交变载荷（载荷或应力随时间做周期性变化）的弹簧，可以采用喷丸处理以提高其疲劳强度和寿命。

弹性元件在成形过程中产生的残余应力影响机械结构的稳定性，必须进行时效处理（在 $100 \sim 150℃$ 加热 $10 \sim 50h$），尽可能释放弹性体的残余应力，使组织性能更稳定。

三、圆柱螺旋弹簧的结构特点和基本几何参数

1. 圆柱螺旋压缩弹簧

圆柱螺旋压缩弹簧的结构如图 13-6 所示。自由状态下各圈之间应有适当间距 δ，以便承受载荷时能产生相应的变形。为了使弹簧在压缩后仍能保持一定的弹性，压缩弹簧在最大载荷作用下应留有一定的间隙 δ_1，避免各圈在工作中彼此接触。一般 $\delta_1 = 0.1d \geqslant 0.2mm$，其中 d 为簧丝直径。

压缩弹簧的两端各有 $3/4 \sim 7/4$ 圈并紧，称为支承圈或死圈。压缩弹簧端部的结构如图 13-7 所示。支承圈在弹簧工作时不参加弹性变形，只起支承作用，使弹簧保持平直，减少侧弯的可能性。其端面应垂直于弹簧轴线。当弹簧的工作圈数不大于 7 时，每端的支承圈数约为 $3/4$；当工作圈数大于 7 时，每端的支承圈数为 $1 \sim 7/4$。在受变载荷作用的重要场合，应该采用并紧磨平端面，死圈的磨平长度应不小于一圈弹簧圆周长度的 $1/4$，末端厚度约为 $0.25d$。

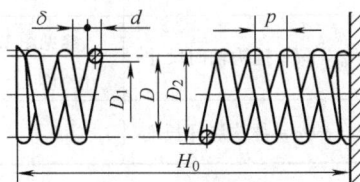

图 13-6　圆柱螺旋压缩弹簧的结构

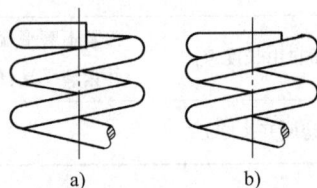

图 13-7　压缩弹簧端部的结构
a）并紧不磨平　b）并紧磨平

2. 圆柱螺旋拉伸弹簧

圆柱螺旋拉伸弹簧的结构如图 13-8 所示，空载时弹簧各圈并拢。无预应力的弹簧受力时各圈之间产生间隙；有预应力的弹簧各圈之间有一定的压紧力，只有在外加拉力大于压紧力后各圈才开始分离，因而可以节省弹簧的轴向工作空间。

为便于安装和加载，拉伸弹簧的两端部制有钩环。拉伸弹簧的端部结构如图 13-9 所示。左面两种钩环由簧丝直接弯曲制成，制造方便，应用广，但在钩环弯折处会产生很大的弯曲应力，只能用在中小载荷或不重要的地方。有圆锥形过渡端的钩环弯曲应力较小，而

且可以转动到任何地方。当受较大载荷时，宜选用螺旋块式钩环，但价格较贵，需综合考虑。

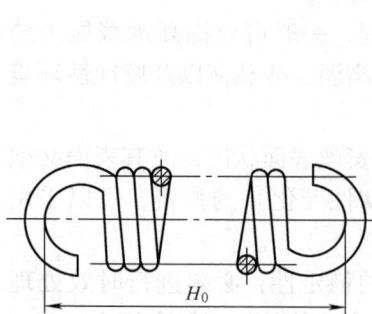

图 13-8   圆柱螺旋拉伸弹簧的结构

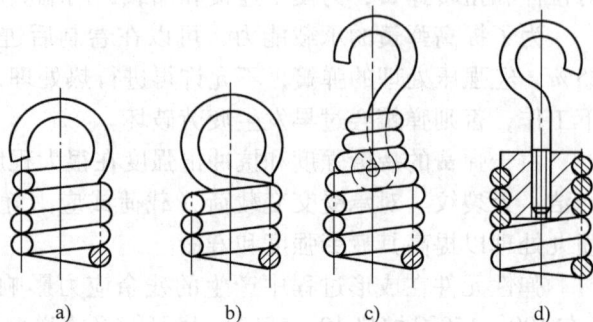

图 13-9   拉伸弹簧的端部结构

a）半圆钩环 b）圆钩环 c）可转钩环 d）可调钩环

圆柱螺旋压缩和拉伸弹簧的主要结构参数见表 13-2。

表 13-2   圆柱螺旋压缩和拉伸弹簧的主要结构参数

计 算 项 目	压 缩 弹 簧	拉 伸 弹 簧	备 注
弹簧中径 D	$D = Cd$		d 取标准值
弹簧内径 D_1	$D_1 = D - d$		
弹簧外径 D_2	$D_2 = D + d$		
弹簧总圈数 n'	$n' = n + 1.5 \sim 2$	$n' = n$	有效圈数 $n \geqslant 2$
弹簧节距 p	$p = d + \dfrac{\lambda_{max}}{n} + \delta \approx \dfrac{D}{3} \sim \dfrac{D}{2}$	$p \approx d$	自由状态下
轴向间隙 δ	$\delta = p - d$ 最小间隙 $\delta_1 \geqslant 0.1d$		
弹簧螺旋升角 γ	$\gamma = \arctan \dfrac{p}{\pi D}$		通常取 5°~9°
弹簧自由长度 H_0	并紧不磨平端：$H_0 = np + (n' - n + 1)d$ 并紧磨平端：$H_0 = np + (n' - n + 0.5)d$	$H_0 = nd +$ 挂钩轴向尺寸	参见图 13-7 和图 13-8
弹簧展开长度 L	$L = \dfrac{\pi D n'}{\cos\gamma}$	$L = \pi D n +$ 挂钩展开长度	

弹簧中径 D 与簧丝直径 d 之比称为弹簧的旋绕比 $C = D/d$，又称弹簧指数。这是弹簧设计中的一个重要参数，合理选用 C 值，可以使弹簧参数适当，便于制造和使用。当其他条件相同时，C 值太小，卷绕时弹簧丝受到强烈弯曲，簧丝内、外侧的应力差悬殊，材料利用率降低；反之，C 值过大，应力过小，弹簧卷制后将有显著回弹，加工误差增大，而且弹簧也会发生颤动和过软，失去稳定性。通常情况下 $C = 5 \sim 8$，也可以参照表 13-3 进行选用。

表 13-3   旋绕比 C 的荐用值

d/mm	0.2 ~ 0.4	0.45 ~ 1	1.1 ~ 2.2	2.5 ~ 6	7 ~ 16
$C = D/d$	7 ~ 14	5 ~ 12	5 ~ 10	4 ~ 9	4 ~ 8

四、圆柱螺旋弹簧的特性和应力

弹簧的设计任务是在已知弹簧的最大工作载荷、最大工作变形以及结构和工作条件（如安装空间、载荷性质）情况下，确定弹簧的几何尺寸和结构参数。设计中既要保证有足够的强度，又要符合载荷变形特性曲线的要求，不失稳，工作可靠。如果有标准弹簧系列可以满足使用要求，应尽可能选用标准弹簧。有关标准，可以查阅相应的机械设计手册。

（一）圆柱螺旋弹簧的特性曲线

图 13-10 所示为压缩弹簧及其特性曲线。H_0 是弹簧未受载荷作用时的自由高度。弹簧在工作前，通常要预受一个最小载荷 F_1 作用，使其能够可靠地稳定在安装位置上，此时弹簧的压缩量为 λ_1，高度为 H_1。当弹簧受到最大工作载荷 F_{max} 作用时，其压缩量增至 λ_{max}，高度降至 H_2，则弹簧的工作行程为 λ_h，$\lambda_h = \lambda_{max} - \lambda_1 = H_1 - H_2$。$F_j$ 为弹簧的极限载荷，在它的作用下，弹簧钢丝应力将达到材料的弹性极限。这时，弹簧产生的变形量为 λ_3，高度被压缩到 H_j。

弹簧承受的最大载荷由机构的工作条件决定，而最小载荷通常取：$F_1 = （0.1 \sim 0.5）F_{max}$。一般不希望弹簧失去直线的特性关系，所以最大载荷小于极限载荷，通常应满足：$F_{max} \leqslant 0.8F_j$。

图 13-11a 为拉伸弹簧，图 b 是其无初拉力时的特性曲线，与压缩弹簧的相似。图 c 是其有初拉力时的特性曲线，即拉伸弹簧在未受载荷时就受有预拉力 F_0 的作用。其预拉力是由于卷制弹簧时使各弹簧圈并紧和回弹而产生的。一般情况下预拉力 F_0 约取以下值：$d \leqslant 5mm$，$F_0 \approx F_j/3$；$d > 5mm$，$F_0 \approx F_j/4$。

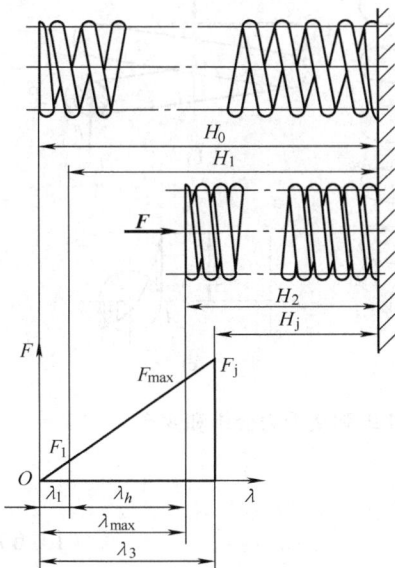

图 13-10 压缩弹簧及其特性曲线

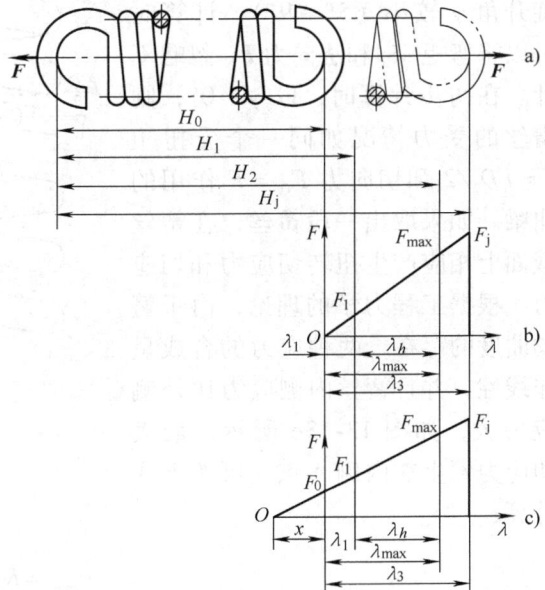

图 13-11 拉伸弹簧及其特性曲线

图 13-12 所示是扭转弹簧及其特性曲线，符号意义与压缩弹簧相同，只是扭转弹簧所承受的载荷为转矩 T，所产生的变形为扭转角 φ。而最小转矩和最大转矩、最大转矩与极限转矩之间的关系则可以参考压缩弹簧中所给出的数值。

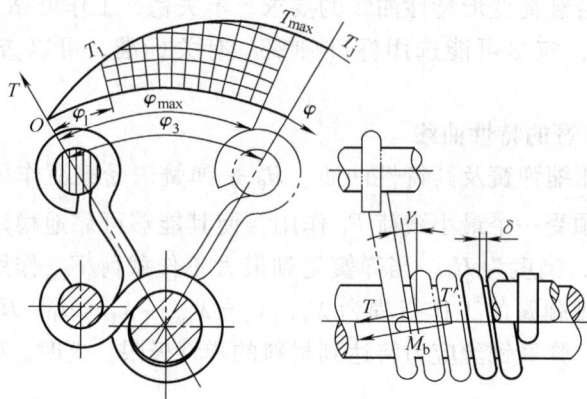

图 13-12　扭转弹簧及其特性曲线

（二）圆柱螺旋弹簧的强度和刚度

1. 压缩弹簧

压缩弹簧在轴向载荷 F 作用下，在簧丝任意截面上，将作用有扭矩 T、弯矩 M_b、切向力 F_Q 和法向力 F_N（见图 13-13a）。一般情况下，压缩弹簧的螺旋升角 γ 较小（5°～9°），计算时可以将弯矩 M_b 和法向力 F_N 忽略不计。在初步计算时，取 $\gamma \approx 0°$，则簧丝的受力情况如同一个受扭矩 $T = FD_2/2$ 和切向力 $F_Q = F$ 作用的曲梁。如果取出一段簧丝，在簧丝截面上相应产生扭转切应力和切应力。根据工程力学的理论，由于簧丝曲度的存在，两种应力的合成呈非线性，并且簧丝内侧应力比外侧应力大，如图 13-13c 所示，最大切应力发生在内侧 A 点，可按下式计算：

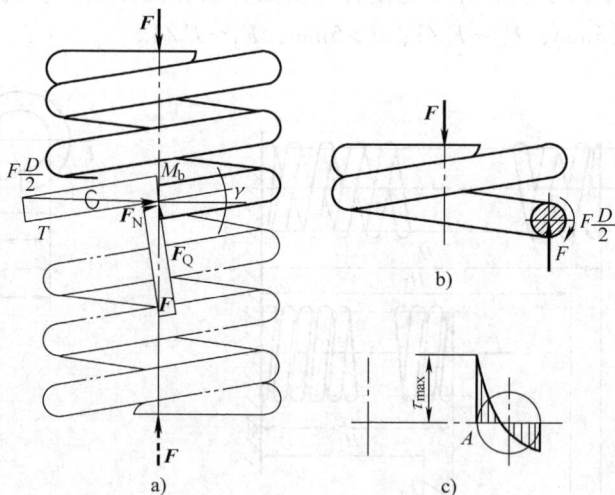

图 13-13　压缩弹簧受力分析和变形

$$\tau_{max} = K_1 \frac{8FD}{\pi d^3} \tag{13-6}$$

其中，K_1 为曲度系数（或称补偿系数），用来修正弹簧丝曲率对切应力分布的影响。

对于圆截面弹簧丝而言，其曲度系数为

$$K_1 = \frac{4C-1}{4C-4} + \frac{0.615}{C}$$

螺旋弹簧在承受最大载荷 F_{max} 作用时所产生的最大切应力 τ_{max}，应不大于其许用切应力 $[\tau]$，也即满足强度条件

$$\tau_{max} = K_1 \frac{8F_{max}D}{\pi d^3} \le [\tau] \tag{13-7}$$

由此可得圆弹簧丝直径 d 的计算值为

$$d = 1.6\sqrt{\frac{F_{max}K_1 C}{[\tau]}} \tag{13-8}$$

式中 $[\tau]$——许用切应力，可根据弹簧的材料和工作特点按表13-1规定选取。

由于旋绕比 C 和弹簧丝直径 d 有关，当选用碳素弹簧钢丝材料时，其许用切应力 $[\tau]$ 又随弹簧丝直径 d 的不同而不同，所以通常要采用试算的方法，选择不同的参数反复验算比较，才能得出合适的弹簧丝的直径 d。

当压缩弹簧承受轴向载荷时，在圆形弹簧丝截面上作用有扭矩 T，从而产生扭转变形（见图13-13b）。将弹簧特性式（13-3）进行变换，可得弹簧变形量为

$$\lambda = \frac{8FD^3 n}{Gd^4} = \frac{8FC^3 n}{Gd} \tag{13-9}$$

利用式（13-9），可以求出所需的弹簧有效圈数

$$n = \frac{G\lambda d}{8FC^3} \tag{13-10}$$

有效圈数计算完后要进行数值整理。如果 $n < 15$，则取 n 为 0.5 圈的倍数；如果 $n > 15$，则取 n 为整圈数。弹簧的有效圈数最少为两圈。

在这种情况下，弹簧的刚度为

$$F' = \frac{F}{\lambda} = \frac{Gd^4}{8D^3 n} = \frac{Gd}{8C^3 n}$$

由此可知，旋绕比 C 值的大小对弹簧刚度的影响很大。当其他条件相同时，C 值越小的弹簧，刚度越大，亦即弹簧越硬；反之则越软。

如果压缩弹簧的高径比 $b = H_0/D$ 比较大，当载荷达到一定值时，弹簧会突然发生侧向弯曲（见图13-14），使弹簧刚度突然降低，称之为压缩弹簧的失稳，严重影响弹簧的正常工作，这是不允许发生的。由于压缩弹簧的稳定性与弹簧两端的支承情况有关，为了保证压缩弹簧的稳定性，应控制弹簧的高径比 b 满足以下条件：当弹簧两端为固定支承时，

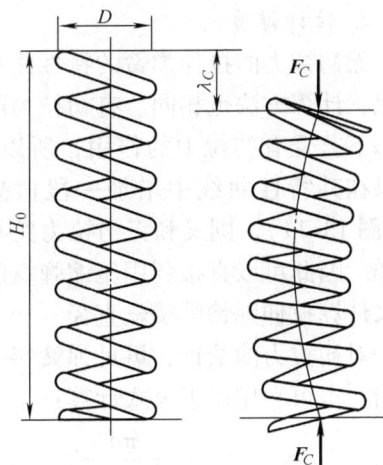

图 13-14 压缩弹簧的失稳

$b < 5.3$；当一端为固定端，另一端为回转端支承时，$b < 3.7$；当两端均为回转端支承时，$b < 2.6$。

如果压缩弹簧高径比 b 值不能满足上述稳定性条件，则应进行稳定性计算，以使弹簧最大工作载荷 F_{max} 小于等于保持弹簧稳定的临界载荷 F_C，即

$$F_{max} \leq F_C = C_B F' H_0 \tag{13-11}$$

式中　C_B——不稳定系数，由图13-15查取；

　　　F'——弹簧刚度，单位为 N/mm；

　　　H_0——自由高度，单位为 mm。

如果 $F_{max} > F_C$，则应重新选择参数，改变 b 值，使其小于允许值。如果受结构条件限制不能改变参数时，为了保证弹簧的稳定性，应设置导杆或导套，如图13-16所示，并且弹簧与导杆或导套之间的间隙不宜过大。

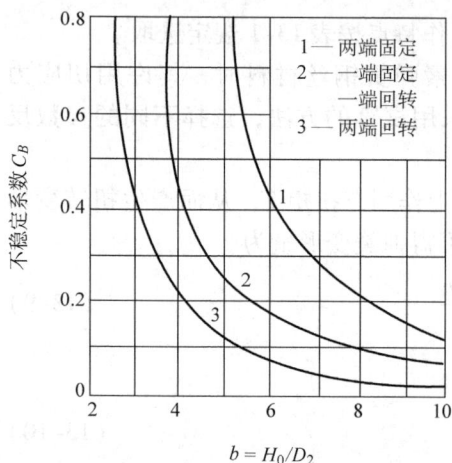

图13-15　压缩弹簧不稳定系数曲线

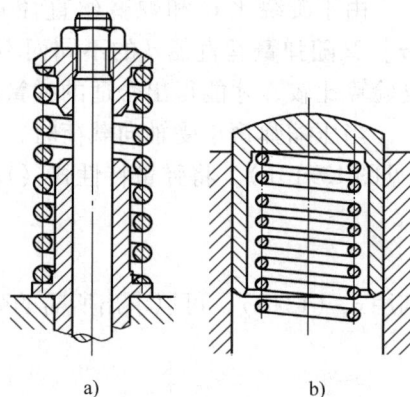

图13-16　保证稳定性的结构
a）导杆　b）导套

2. 拉伸弹簧

无初拉力的拉伸弹簧的特性曲线和压缩弹簧相似，计算方法也相同。有初拉力的弹簧在自由状态下就受有初拉力的作用，所以将有所不同。如果在其特性曲线中增加一段假想的变形量 x（见图13-11），则又和无初拉力的特性曲线完全一样。因此可以直接利用压缩弹簧的强度条件公式来计算拉伸弹簧的簧丝直径。

对初拉力的估计，可见弹簧特性曲线部分的介绍。也可利用以下公式计算：

$$F_0 = \frac{\pi d^3}{8D} \tau' \tag{13-12}$$

式中　τ'——拉伸弹簧的初切应力，可通过图13-17查得。

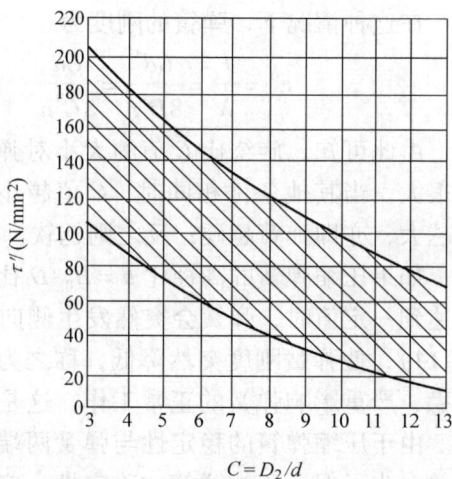

图13-17　拉伸弹簧的初切应力 τ'

拉伸弹簧的有效圈数可以用下式进行计算（若为无初拉力弹簧，则 $F_0 = 0$）：

$$n = \frac{G\lambda d^4}{8(F - F_0)D^3} \tag{13-13}$$

3. 扭转弹簧

在垂直于弹簧轴线的平面内受一扭矩 T 作用的扭转弹簧，在其弹簧丝的任一截面上将作用弯矩 $M_b = T\cos\gamma$ 和转矩 $T' = T\sin\gamma$（见图 13-12），由于弹簧的螺旋升角 γ 很小，因此，扭转弹簧的弹簧丝主要是受弯矩 M_b 的作用。在弹簧丝任一截面上的应力分布情况与压缩弹簧完全相似，只是它相当于是受弯矩作用的曲梁，应该按照弯曲应力来计算。最大弯矩应力可以按下式计算：

$$\sigma_{bmax} = K_2 \frac{M_b}{W} \leqslant [\sigma_b] \tag{13-14}$$

式中　σ_{bmax}——弹簧丝截面内最大弯曲应力，单位为 N/mm^2；

　　　M_b——作用在弹簧丝截面上的弯矩，单位为 $N \cdot mm$；

　　　W——弯曲时的截面系数，对于圆弹簧丝 $W = \pi d^3/32 \approx 0.1d^3$；

　　　d——簧丝直径，单位为 mm；

　　　K_2——扭转弹簧的曲度系数，对于圆弹簧丝 $K_2 = (4C - 1)/(4C - 4)$；

　　　$[\sigma_b]$——许用弯曲应力，单位为 N/mm^2，取 $[\sigma_b] = 1.25[\tau]$。

扭转弹簧受到扭矩作用后产生扭转变形，其变形量为

$$\phi = \frac{M_b l}{EI} = \frac{180 M_b D n}{EI} \tag{13-15}$$

式中　ϕ——弹簧的变形量，单位为（°）；

　　　I——弹簧丝截面的极惯性矩，对于圆弹簧丝 $I = \pi d^4/64$；

　　　E——材料的弹性模量，单位为 N/mm^2。

由上式可得扭转弹簧的有效圈数为

$$n = \frac{EI\phi}{180 M_b D} \tag{13-16}$$

精度要求高的扭转弹簧，圈间应有一定的间隙，以免载荷作用时，因圈间摩擦而影响其特性曲线。扭转弹簧的旋向应与外加力矩的方向一致。这样，位于弹簧内侧的最大工作应力（压应力）与卷绕时产生的残余应力（拉应力）反向，可以提高弹簧的承载能力。扭转弹簧承载后，平均直径 D 会减小。对于有心轴的扭转弹簧，为避免受载后"抱轴"，心轴和弹簧内径间必须留有足够的间隙。

五、圆柱螺旋弹簧的设计计算

在弹簧受力较大而又要求其轮廓尺寸较小时，一般按照强度条件进行设计，以便充分利用材料，同时计算弹簧变形以满足刚度条件。

在对弹簧的轮廓尺寸要求不严格，弹簧受力很小时，可以按照刚度条件选定弹簧参数，然后校验强度条件。

下面举例说明圆柱螺旋弹簧选用的具体计算过程。

例 13-1　设计一个具有初应力的圆柱螺旋拉伸弹簧。已知弹簧做一般用途且不经常工作；当弹簧变形量为 6.5mm 时，拉力 $F_1 = 180N$；当变形量为 17mm 时，拉力 $F_{max} = 340N$；限制弹簧外径不大于 16mm，自由高度不大于 100mm。

解　首先选择材料：做一般用途，属第Ⅲ类弹簧，可以选用Ⅱ组碳素弹簧钢丝。然后初定弹簧中径和簧丝直径（尽量选用标准值）：限制弹簧外径不大于 16mm，同时弹簧的旋绕比通常不小于 4，所以弹簧丝直径应不大于 3mm；初步选定弹簧中径 $D = 12mm$，并假定三种不同的弹簧丝直径 $d = 2.5mm$、2.8mm、3mm，采用列表法进行计算比较。假设弹簧端部采用整圈钩环的型式。

计算项目	计算依据	单位	计算方案		
			1	2	3
1. 确定弹簧丝直径 　1）假设弹簧丝直径 d 　2）假设弹簧中径 D 　3）弹簧旋绕比 C 　4）弹簧曲度系数 K_1 　5）材料抗拉强度 σ_b 　6）许用切应力 　7）弹簧丝直径计算值 d_j	$C = D/d$ $K_1 = \dfrac{4C-1}{4C-4} + \dfrac{0.615}{C}$ 查图 13-2 查表 13-1，$[\tau_T] = 0.4\sigma_b$ $d_j = 1.6\sqrt{\dfrac{F_{max} K_1 C}{[\tau_T]}}$	mm mm N/mm² N/mm² mm	2.5 12 4.8 1.33 1 680 672 2.86	2.8 12 4.29 1.37 1 640 656 2.79	3 12 4 1.404 1 600 640 2.76
	方案 2 和方案 3 中 $d > d_j$，满足强度条件，为可用预选方案				
2. 验算初拉力 F_0 　计算初应力	$F_0 = \dfrac{\lambda_{max} F_1 - \lambda_1 F_{max}}{\lambda_{max} - \lambda_1}$ $\tau_{max} = K_1 \dfrac{8FD}{\pi d^3}$	N N/mm²	— —	81 156	81 163
	看图 13-17，符合初切应力推荐值的规范				
3. 确定弹簧有效圈数	$n = \dfrac{G\lambda_{max} d^4}{8(F_{max} - F_0)D^3}$	圈	—	23.25 (24)	28.41 (29)
	将计算值圆整为括号内的整数值				
4. 核算弹簧外廓尺寸[①] 　1）弹簧外径 　2）弹簧自由高度	$D_2 = D + d$ $H_0 = nd + (d + 2D)$	mm mm	— —	14.8 < 16 94 < 100	15 < 16 108 > 100
	根据题设自由高度的限制，方案 2 符合设计要求				
5. 其他结构参数计算（略）	选择方案 2 继续进行其他参数的设计计算。请参见表 13-2				

　① 如果是压缩弹簧，则要进行高径比核算或稳定性计算；如果不能满足稳定性要求，就应设置导杆或导套。

第四节　游　丝

　　游丝是平卷簧（又称平面涡卷簧）的一种，属于平面弹簧。其宽度远远小于长度，并且是在弯曲状态下工作的弹性元件。

　　平卷簧可以分为两大类：一是游丝，是用来产生反作用力矩的小尺寸平卷簧，其转角比较小；二是发条，用来储存能量，作为机构的能源，带动活动构件运动，完成机构所需的动作，其转角很大。

一、游丝的种类、要求和材料

用于精密机械中的游丝可分为以下两种：

（1）测量游丝 电工测量仪表中产生反作用力矩的游丝和钟表机构中产生振动系统恢复力矩的游丝都属于这一类。这一类游丝是测量链的组成部分，因此，在实现给定的特性方面有较高的要求。

（2）接触游丝 千分表、百分表中，产生力矩使传动机构中各零件相互保持接触的游丝属于这一类。这一类游丝对特性要求不严。

一般对精度要求较高的游丝应满足以下要求：①能实现给定的弹性特性，误差要小；②滞后和后效现象较小；③弹性特性不随温度变化而改变；④具有好的防磁性和耐蚀性；⑤游丝的重心位于几何中心上；⑥游丝的圈间距离相等，在工作过程中没有碰圈现象；⑦若兼作导电元件，则游丝的材料有较小的电阻系数。

应该按照游丝在机构中的作用，以及工作条件来决定对游丝的要求。由于测量游丝对精度有直接影响，因而测量游丝在上述几方面应该有较高的要求。

为了实现上述要求，应合理设计游丝的结构和尺寸参数，采用完善的制造工艺，并正确地选用材料。

制造游丝常用的材料有锡青铜（如 QSn4-3）、恒弹性合金（如 Ni42CrTi）、黄铜、铍青铜（QBe2）、不锈钢、铜锌镍合金等。其中，锡青铜具有良好的弹性，工艺性好，导电性好。与铍青铜相比，其弹性滞后和弹性后效比较大。在钟表中，为了减小环境温度对游丝刚度的影响，常用恒弹性合金制造游丝。黄铜便宜，便于加工，但弹性性能较差。铍青铜弹性滞后和弹性后效比较小，强度高，价格较贵，一般用于尺寸、性能优良的游丝，可以在实现给定特性的条件下减轻重量并具有较好的振动稳定性。不锈钢、铍青铜用于制造耐腐蚀的游丝。

二、游丝的结构

游丝内外端固定方法如图 13-18 所示。游丝的外端固定常采用可拆联接，例如锥销楔紧（见图 13-18a）和夹片夹紧，以便调节游丝的长度，获得给定的特性。内端固定常用冲榫的方法铆在游丝套上（见图 13-18b）。在电工测量仪表中，游丝除了用作测量元件外，常常又是导电元件，为了减小联接处的电阻，端部固定常用钎焊的方法（见图 13-18c）。

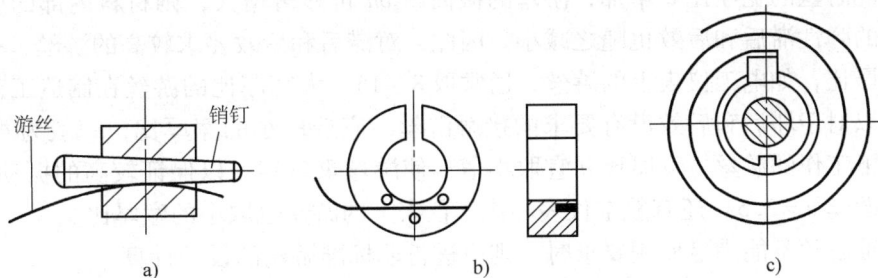

图 13-18 游丝内外端部的固定方法

由于游丝在长期使用过程中会产生剩余变形,游丝的工作环境温度常有较大的变化,以及在某些情况下,游丝初始状态的位置或刚度需要调整,此时可采用位置调整装置和刚度调整装置来对游丝的初始位置和刚度进行调整。

三、游丝的特性

根据工程力学理论,矩形截面游丝在力矩作用下产生弯曲变形,其特性公式为

$$M = \frac{EI_a}{L}\varphi = \frac{Ebh^3}{12L}\varphi \qquad (13\text{-}17)$$

式中　M——作用在游丝轴上的力矩,单位为 N·mm;

　　　φ——游丝转角,单位为 rad;

　　　L——游丝长度,单位为 mm;

　　　b——游丝宽度,单位为 mm;

　　　h——游丝厚度,单位为 mm;

　　　E——材料的弹性模量,单位为 N/mm²。

四、游丝的设计

游丝是通用的弹性元件之一。通常根据给定的特性直接选用游丝。在标准中,相同特性的游丝有多种规格(即游丝的圈数、厚度、宽度不同),为了使选用的游丝能更好地满足工作要求,必须要考虑这些参数对游丝工作的影响。

一般情况下,游丝外端固定,内端随转轴一起旋转,所以游丝各圈转角总和等于转轴转角。如果假设游丝每一圈的转角相等,则游丝圈数越多,每圈的转角就越小。理论分析和试验发现,由于外端固定方法的不完善,使游丝在扭转后,各圈间会产生比较大的偏心,并随每圈的转角增大而增大。偏心分布的游丝对转轴产生一个侧向力,对游丝的正常工作非常不利。所以,游丝转角较大时,其圈数也应增多,使每圈的转角减小。推荐当游丝转角不小于 2π 时,圈数取 10~14;转角小于 2π 时,圈数取 5~10。

游丝的宽度和厚度的比值称为游丝的宽厚比 $u(u = b/h)$。由特性公式 (13-17) 可知,当游丝长度不变时,如果厚度 h 稍有减小,其宽度 b 将显著增大,以满足弹性特性的要求。因此游丝的宽厚比 u 增加,游丝的截面积 bh 也显著增大,则材料内部的应力将减小,游丝的弹性滞后和后效也随之减小。因此,对滞后和后效要求较高的游丝,一般都选取较大宽厚比,如电工仪表上的游丝,通常取 8~15。大宽厚比的游丝在制造工艺上较为复杂,所以对于滞后和后效没有要求的接触游丝,应选取小的宽厚比,一般为 4~8。而振动条件下工作的游丝,宽厚比 u 宜取小值,使游丝重量轻,以保证较高的振动稳定性。例如手表游丝 $u = 3.5$,还有航空仪表和汽车仪表上的游丝也取小的宽厚比。

当标准游丝不能满足使用要求时,则应进行非标准游丝的设计计算。

设计游丝时,原始数据通常是最大游丝力矩 M_2 和最大游丝转角 φ_2(或最小游丝力矩 M_1 和最小游丝转角 φ_1)及游丝的用途和安装空间(即结构要求)。要求确定游丝的宽度 b、厚度 h、长度 L(圈数 n)及其他的结构参数。

1. 选择游丝圈数 n 和初始长度 L

根据游丝的转角大小选择游丝圈数 n。选用原则与标准游丝相同。

根据使用条件确定游丝的外径 D_1 和内径 D_2，则游丝的初始长度 L 为

$$L = \pi n \frac{D_1 + D_2}{2} \tag{13-18}$$

2. 确定游丝宽度和厚度

根据游丝用途选择合适的游丝宽厚比 u，选用原则和标准游丝相同。然后根据游丝的特性条件就可以确定游丝的宽度 b 和厚度 h。

由游丝的特性公式（13-17）可以求出游丝的厚度 h 和宽度 b 为

$$h = \sqrt[4]{\frac{12LM}{uE\varphi}} \tag{13-19}$$

$$b = uh$$

如果采用标准游丝，则需将上述步骤计算出的 h、b 值圆整为标准值。

3. 根据强度条件校核最大应力

$$\sigma = \frac{6M}{bh^2} \leqslant [\sigma_b] \tag{13-20}$$

式中 $[\sigma_b]$——许用弯曲应力，$[\sigma_b] = \sigma_b / S_\sigma$，$S_\sigma$ 为材料的安全系数。

游丝材料的力学性能和安全系数见表 13-4。对于测量游丝，为保证较小的弹性滞后和后效，其安全系数应取得较大。

表 13-4　游丝材料的力学性能和安全系数

材料的力学性能（单位：N/mm²）			安全系数 S_σ	
材料名称	弹性模量 E	抗拉强度 σ_b		
锡青铜	1.2×10^5	$500 \sim 600$	测量游丝	$5 \sim 10$
铍青铜	1.15×10^5（经淬火）	$588 \sim 735$（经冷作硬化）	接触游丝　静载荷	$2 \sim 2.5$
	1.32×10^5（经回火）	1180（经回火）	变载荷	$3 \sim 4$

4. 确定游丝长度 L、圈数 n 和圈间距离 a

如果计算中游丝宽度 b 和厚度 h 经过了圆整，则需要按照特性要求重新确定游丝的长度 L、圈数 n 和圈间距离 a（见表 13-5）。

表 13-5　游丝结构参数的确定

长度	圈数	圈间距离
$L = \dfrac{Ebh^3}{12M}\varphi$	$n = \dfrac{2L}{\pi(D_1 + D_2)}$	$a = \dfrac{D_1 - D_2}{2n}$

由于在制造游丝时是将几条游丝带料叠起来紧密地盘绕在心轴上，经过热处理定型，然后再剥离成单个游丝，因此游丝的圈间距离恰好等于游丝厚度的整数倍（即为相叠盘绕的游丝个数）。所以在求出游丝圈间距离 a 后便可以确定在制造游丝时，应同时盘绕的游丝的个数 k，显然有 $a = kh$。

为了保证游丝工作时不产生圈间接触，a 不宜过小，所以，通常 $k \geq 3$。

第五节　片　簧

片簧是用带材或板材制成的各种形状的弹簧，如图 13-19a、b、c 所示。

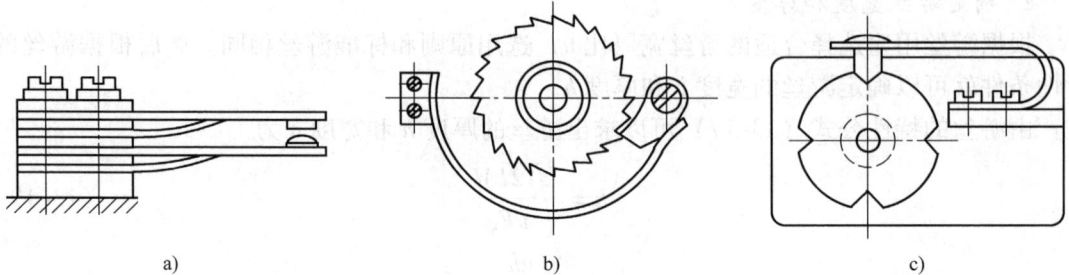

图 13-19　片簧的典型应用

一、片簧的类型和功用

按外形可分为：直片簧（见图 13-19a）和弯片簧（见图 13-19b、c）。

按安装情况可分为：有初应力片簧（见图 13-21a）和无初应力片簧（见图 13-21b）。

按截面形状可分为：等截面片簧和变截面片簧。

片簧主要用于弹簧工作行程和作用力均不大的情况，例如，图 13-19a 所示为其典型应用之一，用于继电器的电接触点。当安放片簧的结构空间较小，而又必须增大片簧的工作长度时，可以采用弯片簧。图 13-19b 所示是弯片簧用作棘轮、棘爪的防反转装置；图 13-19c 则是用于转轴转动 90° 的定位器。由图可以看出，弯片簧可以任意调整固定端与载荷作用点之间的位置，使片簧的实际工作长度能够按需要增加到必要的尺寸，其计算可参照工程力学中的曲梁公式。

二、直片簧的结构和种类

直片簧外形和固定处结构如图 13-20 所示。图 13-20a 是最常用的螺钉固定的方法，采用两个螺钉的目的，是为了防止片簧的转动。如果由于位置关系不允许，也可采用图 13-20b 所示的结构。

当只用一个螺钉固定片簧时，为防止片簧的转动可采用图 13-20c 或 d 所示的结构。

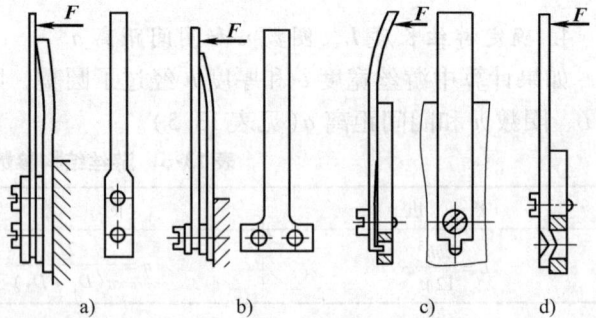

图 13-20　直片簧的外形与结构

固定片簧用的垫片的边缘均应做成圆角。

当片簧的固定部分宽于工作部分时，两部分应采用圆角光滑衔接，以减小应力集中。

当片簧用作电接触点的接触弹簧时，应用绝缘材料使片簧和基座、螺钉绝缘。

直片簧按其截面形状，可分为等截面和变截面两种。变截面片簧的截面尺寸，沿其长度方向是变化的，根据工程力学理论，在载荷的作用下，沿长度方向，其表层各处的应变是相同的。所以常在变截面片簧上粘贴应变丝，用来进行力和力矩的测量。

按安装情况，直片簧可以分为有初应力和无初应力两种。

受单向载荷作用的片簧，通常采用有初应力片簧。如图 13-21a 所示，1 为有初应力片簧的自由状态，安装时，在刚性较大的支片 A 作用下，产生了初挠度而处于位置2。当外力小于 F_1 时，片簧不再变形，只有当外力大于 F_1 时，片簧才与支片 A 分离而变形，所以有初应力片簧在振动条件下仍能可靠工作（当惯性力不大于 F_1 时）。此外，在同样工作要求下（即在载荷 F_2 作用下，两种片簧从安装位置产生相同的挠度 λ_2），有初应力片簧安装时已有初挠度 λ_1，所以在载荷 F_2 作用下，总挠度 $\lambda = \lambda_1 + \lambda_2$，因此片簧弹性特性具有较小的斜率。如果因制造、装配而引起片簧位置的误差相同时（例如等于 $\pm\Delta$），则有初应力片簧中所产生的力的变化，将比无初应力片簧要小，比较图 13-21a 与图 13-21b。

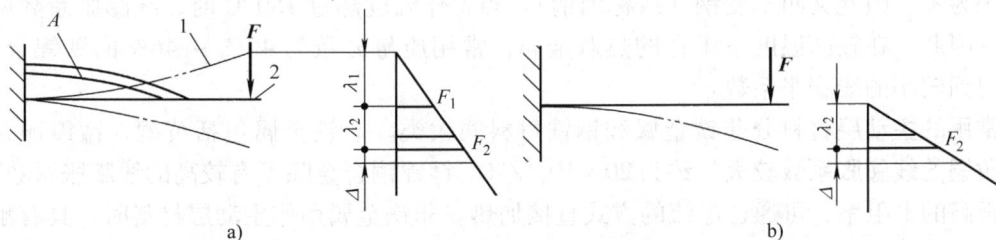

图 13-21　有初应力片簧和无初应力片簧的特性

第六节　热双金属弹簧

一、热双金属弹簧的结构和应用

热双金属是用具有不同线膨胀系数的两个薄金属片钎焊或轧制而成。其中，线膨胀系数高的一层叫做主动层，低的一层叫做从动层。受热时，两金属片因线膨胀系数不同而有不同数量的伸长。但由于两片彼此焊在一起，所以使热双金属片产生弯曲变形。因此，利用热双金属制成的弹簧，就可以把温度的变化转变为弹簧的变形；如果其位移受到限制时，则可把温度的变化转变为力。图 13-22 是常用的几种形状的热双金属弹簧。

直片形热双金属弹簧适用于变形比较小的场合。使用时，可以一端固定，另一端产生变形；也可以两端固定，利用中间部分产生变形。这种弹簧的长度一般不能小于宽度的 3 倍，宽度不能大于厚度的 20 倍。当必须用较宽的外形时，可以在宽度方向冲出长方槽或长方孔，以减小热双金属弹簧的横向变形。当热双金属弹簧必须具有较大的作用力和较高的热敏感性能时，可以将几个热双金属片叠成一组，并联使用。U 形热双金属弹簧与直片形热双金属弹簧相

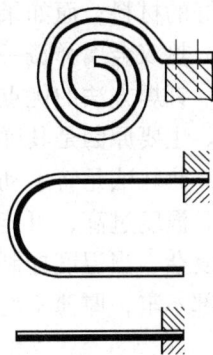

图 13-22　热双金属弹簧

比，在温度变化相同的条件下，可以产生较大的变形，而且安装空间可以较小。如果要求热双金属弹簧在温度作用下产生转角时，可采用平卷簧式的热双金属弹簧。

在精密机械中，热双金属弹簧的应用很广，它除了用作温度测量元件外，还可用作温度控制元件和温度补偿元件。利用热双金属弹簧感应周围环境温度的变化而产生变形，从而控制设备中某些元件的切断或闭合来进行温度控制；或者利用热双金属弹簧因温差变形而产生的位移或由于限制其变形而产生的力来调节系统中的某些参量，从而达到温度补偿的目的。

二、热双金属弹簧的材料和制造

制造热双金属弹簧的材料应满足的要求是：①主、从动层两种材料的线膨胀系数之差尽可能大，以提高灵敏度；②两种材料的弹性模量应接近，以扩大热双金属弹簧的工作温度范围；③有良好的力学性能，便于加工；④焊接容易。

常用的从动层材料是铁镍合金。质量分数为36%的铁镍合金在室温范围内线膨胀系数几乎为零，因此又叫不变钢（或称因钢）。当工作温度超过150°C时，线膨胀系数增加较快。因此，在较高温度下工作的热双金属，常用质量分数为40% ~ 46%的铁镍合金，可以得到较小的线膨胀系数。

常用的主动层材料分非铁金属和钢铁材料两大类。非铁金属包括黄铜、锰镍铜合金等。黄铜的线膨胀系数较大，约为$20 \times 10^{-6}/°C$，锰镍铜合金除了有较高的线膨胀系数外，还有很高的电阻率，可通过电流的方式直接加热。非铁金属用作主动层材料时，具有耐蚀性高、焊接性能好等优点。但是，非铁金属材料的再结晶温度较低，因此允许使用的温度范围较低。用作主动层材料的钢铁材料主要有铁镍铬、铁镍钼合金等，允许使用的温度范围较高，但制造较复杂。

在选用热双金属材料时，工作温度是主要的选择依据之一，它一般应在材料的线性温度范围之内。在此范围，热双金属的温度与变形之间保持线性关系。同时，热双金属在工作中可能达到的最高和最低温度，应在材料的允许使用温度范围内。这样，热双金属就不会因材料组织变化而失去工作能力。此外，选用材料时，还要考虑热双金属的加热方式：如果是直接加热，应选用电阻率较高的材料；如果以传导方式间接加热，应选用导热性能较好的材料；而如果以辐射方式加热，则应选用呈暗黑色表面的材料。

热双金属弹簧一般采用钎焊或热轧的方法制造。

钎焊方法的优点是工艺简单，适用于单件生产，但所制造的热双金属弹簧的性能较差。主要原因是其弹性和灵敏度受钎焊层材料的影响。

热轧法是将主动层和从动层的材料贴在一起加热轧制而成的。轧制的温度必须正确选择。温度过高，可能使材料熔化；温度过低，两种材料在界面上不能紧密结合。热轧法工艺复杂，当温度控制不准或轧制设备不好时，制造的热双金属带可能出现一些缺陷，例如局部不牢，厚薄不均匀等。其优点是可以批量生产性能良好的热双金属带。

三、热双金属弹簧的计算

下面是热双金属弹簧的变形和温度变化之间的关系。

如图 13-23 所示为长度等于 Δl 的一个微小段热双金属弹簧，当温度升高时，它变形成为一段圆弧，圆弧对应的中心角为 $\Delta\varphi$，则有

$$\Delta\varphi = \frac{6(\alpha_1 - \alpha_2)\Delta l(t_1 - t_0)}{\dfrac{(E_1 h_1^2 - E_2 h_2^2)^2}{E_1 E_2 h_1 h_2(h_1 + h_2)} + 4(h_1 + h_2)} \qquad (13\text{-}21)$$

式中　h_1——主动层的厚度，单位为 mm；

　　　h_2——从动层的厚度，单位为 mm；

　　　α_1——主动层材料的线膨胀系数；

　　　α_2——从动层材料的线膨胀系数；

　　　E_1——主动层材料的弹性模量，单位为 N/mm²；

　　　E_2——从动层材料的弹性模量，单位为 N/mm²；

　　　t_0——变形前的温度，单位为 ℃；

　　　t_1——变形后的温度，单位为 ℃。

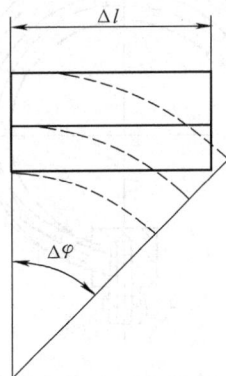

图 13-23　热双金属
弹簧变形

如果设计满足 $E_1 h_1^2 = E_2 h_2^2$，则双金属片的灵敏度最高，其变形为

$$\Delta\varphi = \frac{3}{2}\frac{(\alpha_1 - \alpha_2)}{(h_1 + h_2)}\Delta l(t_1 - t_0) \qquad (13\text{-}22)$$

式（13-21）、式（13-22）为微小段双金属弹簧在温度变化时的变形规律。由此，可求得任意形状的双金属弹簧在温度变化时的变形。

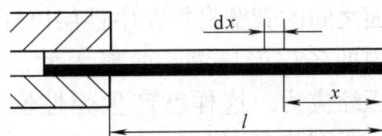

图 13-24　直片式热双金属弹簧变形图

对于长度为 l 的直片式热双金属弹簧（见图 13-24），温度变化时，其自由端的位移如下：

$$S = \int_0^l \frac{3}{2}\frac{\alpha_1 - \alpha_2}{h_1 + h_2}(t_1 - t_0)x\,\mathrm{d}x = \frac{3}{4}\frac{\alpha_1 - \alpha_2}{h_1 + h_2}l^2(t_1 - t_0)$$

热双金属弹簧已经系列化，设计时应根据结构要求以及灵敏度要求适当选用。

第七节　其他弹性元件简介

一、弹簧管

弹簧管又称为波登管，是一个弯成圆弧形的空心管，图 13-25 所示为常见的 C 形弹簧管。它的横截面形状通常为椭圆形或扁圆形，但也有 D 形、8 字形等其他的非圆截面形状，如图 13-26 所示。管子截面的布置是使截面短轴位于管子的对称平面内。

弹簧管的开口端焊在带孔的接头中并固定在仪表基座上，而封闭端自由，其上有一个耳圈用于与传动机构相连。当从开口端通入压力时，非圆截面的管子在内压力作用下力图使截面变为圆形，从而迫使管子曲率减小，自由端向外移动产生位移。理论分析和试验证明，其自由端位移量与管内、外的压差成正比，因此弹簧管常用作压力测量的敏感元件。当自由端的位移受到限制时，则把压力转变为集中力。

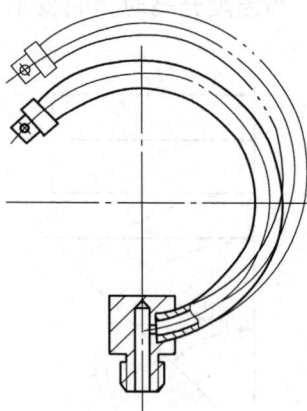

图 13-25 C 形弹簧管

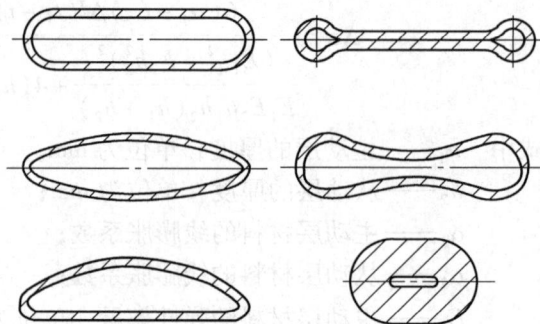

图 13-26 弹簧管横截面形状

如果从管子中截取中心角为 dγ 的一小段，如图 13-27a 所示，当通入压力 p 后，截面要由椭圆形变为圆形，长轴变短，短轴变长（见图 13-27b）。如果两截面夹角不变，则两截面之间的管壁材料在中性层以外的各层受拉伸，曲率减小，材料受拉伸应力，而中性层以内的各层受压缩，曲率增大，材料受压缩应力。这样就产生弹性恢复力矩，力图恢复各层原来的长度，从而迫使截面产生旋转角，使管子夹角减小，曲率半径增大。如果管子一端固定，自由端便产生位移，直至达到弹性平衡。如果封闭端固定，其变形受到限制，则在封闭端产生拽力。

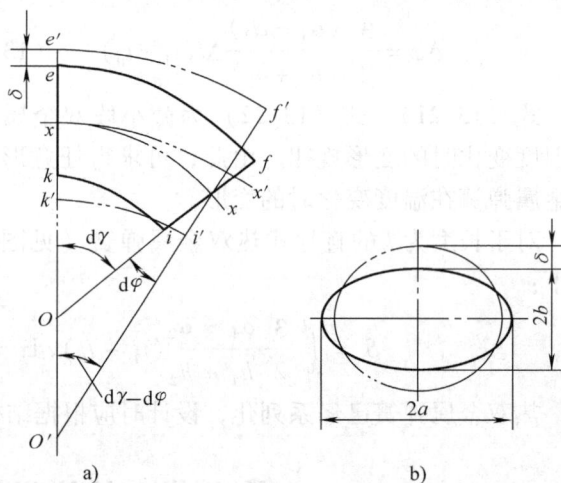

图 13-27 弹簧管的工作原理

制造弹簧管的主要材料有：测量的压力不大而对迟滞要求不高的，可采用黄铜、锡青铜；测量压力较高的采用合金弹簧钢；若要求强度高、迟滞小而特性稳定的，可用铍青铜和恒弹性合金；在高温和腐蚀性介质中工作的弹簧管，可用镍铬不锈钢制造。

弹簧管的灵敏度和有效面积比较小，因此可以用作测量较大压力的敏感元件。如果需要提高弹簧管的灵敏度，可以采用螺旋形弹簧管（见图 13-28a）、螺线形弹簧管（见图 13-28b）和 S 形弹簧管（见图 13-28c）。这样，相同压力下弹簧管的自由端可以获得比较大的转角。

一般形状的弹簧管不能用来测量很高的压力。因为它们都是以非圆截面的变形为基础而使弹簧管的曲率发生变化，如果通入压力过高，则管内壁曲率最小的位置处将产生很大的应力。

如果需要测量高压，可采用麻花形弹簧管和偏心弹簧管。麻花形弹簧管（见图 13-29a）可以测量达几十兆帕的压力。偏心弹簧管（见图 13-29b）可以测量几百至几千兆帕的高压。具体原理可查阅相关资料。

弹簧管测量压力范围较大，同时能给出较大位移量和拽力。因此，弹簧管适用于机械放大式仪表。但是，弹簧管容易受振动和冲击的影响。

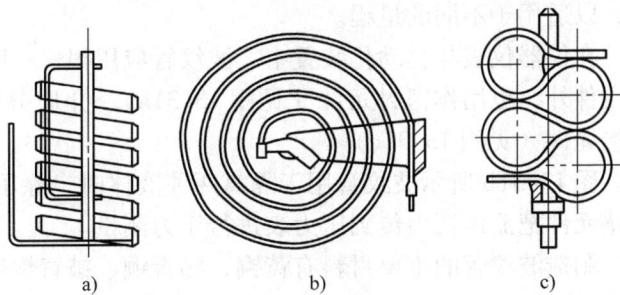

图 13-28 高灵敏度弹簧管形状

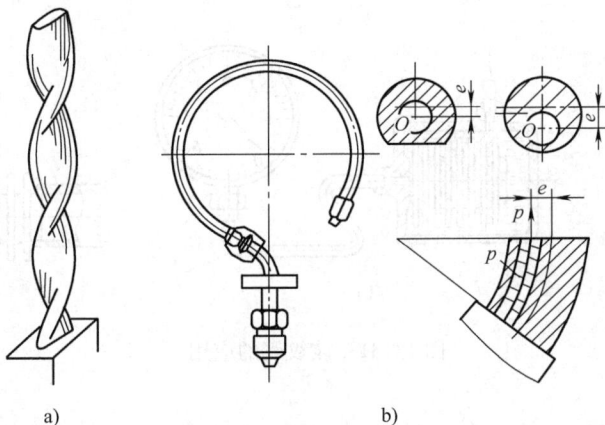

图 13-29 测量高压用的弹簧管

二、波纹管

波纹管是一种具有环形波纹的圆柱薄壁管，如图 13-30 所示。它一端开口、另一端封闭（见图 13-30a），或者两端开口（见图 13-30b）。波纹管通常是单层的，也有双层或多层的（见图 13-30b）。在厚度和位移相同的条件下，多层波纹管的应力小，耐压高，耐久性也高。如果内层为耐腐蚀材料，则具有良好的耐腐蚀性。由于各层间的摩擦，故多层波纹管的滞后误差加大。

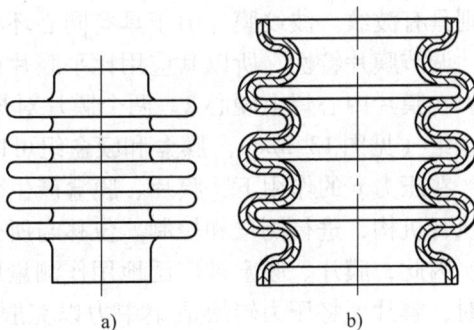

图 13-30 波纹管

将波纹管的开口端固定，另一端封闭且处于自由状态，在通入一定压力的气体或液体后，波纹管就会伸长。可以利用这一特性来测量和控制压力。同样，在沿其轴线方向的压力或轴向力的作用下，波纹管将伸长或缩短。如果在横向力的作用下，则波纹管将在轴向平面内弯曲。由于波纹管在很大的变形范围内与压力具有线性关系，有效面积比较稳定，因而波纹管被广泛用作测量或控制压力的敏感元件。考虑到波纹管的滞后误差较大以及刚度较小，所以，当它用作敏感元件时，常与螺旋弹簧组合使用，得到具有不同刚度的组合件，以适用于不同的量程。

在仪器仪表与自动化装置中，波纹管应用很广。除主要用作测量和控制压力的弹性敏感元件外，也用作密封元件（见图13-31a）、介质分隔元件（见图13-31b）和导管挠性连接元件（见图13-31c）。

图13-31b所示波纹管用于隔离两种液体时，除了完成介质分隔作用外，还可以作为敏感元件把流体压力传到压力表进行压力测量。

制造波纹管的主要材料有黄铜、锡青铜、铍青铜以及不锈钢等。黄铜的弹性较低，弹性滞后和后效较大，因此，主要用于制作不重要的波纹管。

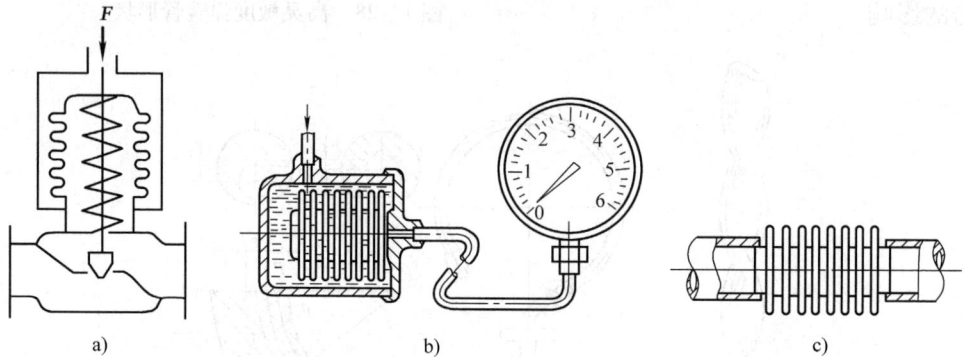

图13-31 波纹管的应用

三、膜片、膜盒

膜片是一种周边固定的圆形弹性薄片。根据轴向截面形状不同，膜片分为平膜片（见图13-32a）和波纹膜片（见图13-32b）。二者的区别是前者的截面形状是平的，而后者则具有波纹。波纹膜片由于具有同心环状波纹，灵敏度较大，并可通过改变波纹形状和尺寸调节膜片特性，所以其应用比平膜片广泛。为了便于膜片1与机构的其他零件连接，可以在膜片中心焊上硬心2。两个膜片对焊起来，就组成膜盒。几个膜盒连起来，就构成膜盒组（见图13-32c）。膜盒和膜盒组可以提高膜片的灵敏度，增大变形位移量。

在压力 p 的作用下，膜片、膜盒产生变形，中心由于变形而产生位移，并传递给指针或执行机构，进行测量和控制。位移与所受压力 p 成确定的函数关系，可由此判断压力大小。因此，膜片、膜盒被广泛地用作测量压力的弹性敏感元件。当膜片中心的位移受到限制时，膜片便将压力转换成集中力以克服外力的作用，所以膜片还可以用作隔离流体介质、弹性密封和弹性支承。

膜片、膜盒测量压力范围很宽，可以从几百帕到几十兆帕，直径从十几毫米到几百毫米都有。金属膜片的厚度通常为 $0.06 \sim 1mm$，非金属膜片比金属膜片要厚一些。膜片通常用薄板料成形加工而成，也可用车削的方法加工，但一般只用于大尺寸膜片或单件的生产。

膜片的材料分为金属和非金属两种。金属材料主要有黄铜、锡青铜、锌白铜、铍青铜和不锈钢等。非金属材料主要有橡胶、塑料和石英等。波纹膜片大多用金属材料制造。

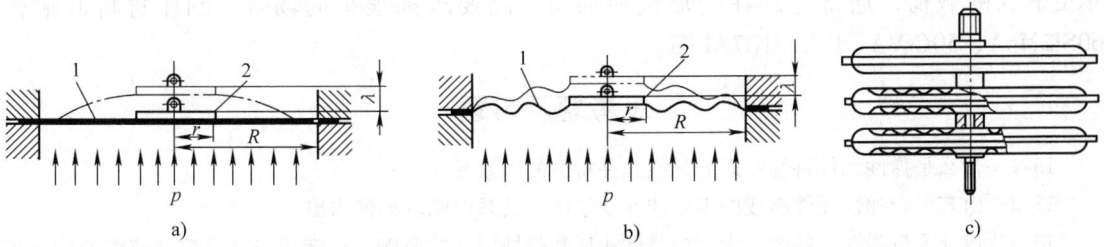

图 13-32 膜片、膜盒

锡青铜制造的膜片，成形后不再进行热处理，否则材料的弹性会降低，因此，加工中的残余应力将使膜片的迟滞现象增大。铍青铜具有良好的塑性，能制成形状复杂的膜片，加工后的膜片外形和尺寸稳定，经退火处理后，可以使膜片有较好的弹性，同时也消除了残余应力。不锈钢的主要优点就是耐腐蚀性好。

非金属材质中常见的是橡胶膜片，被广泛地应用于压力表和气动调节仪表中。其优点是：①灵敏度高，可用来测量较小的压力；②耐腐蚀性好，不溶于有机酸、碱；③制造工艺简单，成本低。而它的缺点是：①弹性模量的温度系数大；②长时间工作出现老化现象，温度增加或机械压力增大都能使老化加剧；③遇到某些有机介质时溶胀变形。此外，塑料膜片耐腐蚀，使用温度范围广（−180~260°C），但热稳定性差。石英膜片弹性模量大，迟滞小，耐高温，但加工性不好，应用较少。

膜片、膜盒、波纹管和弹簧管都属于高灵敏度、低刚度的弹性元件，它们的变形与作用在其上的压力或压力差保持一定的函数关系，统称为压力弹性敏感元件，经常用于各种测量仪表和自动装置中。

四、各种异型弹性元件

1. 形状记忆合金弹性元件

形状记忆合金（如 Ti-Ni）的形状被改变后，一旦加热到一定的跃变温度，就可以回复到原来的形状。形状记忆合金弹性元件受温度的作用可以伸缩，因此具有神奇的"记忆"功能，主要用于恒温、恒载荷、恒变形量的控制系统中，既是传感元件又是执行单元，主要依靠弹性元件的变形伸缩推动执行机构，所以弹性元件的工作应力变化较大。

这种弹性元件可以通过相应的阀门装置来控制浴室水管的水温和供暖系统的暖房温度，也可以制作成消防报警装置及电器设备的保安装置。此外，形状记忆合金弹性元件代替传统的电动机和传动结构组成的微型机器人驱动系统，直接利用电流加热使弹性体变形来实现需要的运动，无需机械传动装置，有利于机器人结构的简化和微型化，但是效率较低、疲劳寿命较短。形状记忆合金弹性元件还可以作为温度敏感元件应用于汽车的自动控制领域，实现温度自反馈控制、车门和发动机防盗等，提高轿车乘坐的舒适性和安全性。

2. 波形弹簧

波形弹簧简称波簧，是一种金属薄圆环上有若干起伏峰谷的弹性元件，由薄钢板冲压形成。改变弹簧自由高度、厚度以及波数能够改变其承载能力。其特点是很小的变形即能承受较大的载荷，通常应用在变形量和轴向空间要求都很小的场合。制作材料通常有60Si2MnA、50CrVA、0Cr17Ni7Al 等。

思考题及习题

13-1 什么是弹性元件特性？影响弹性元件特性的因素是什么？

13-2 由若干个弹性元件组成的串联或并联系统，其系统刚度如何求出？

13-3 设计测量弹性元件时，为减少弹性滞后和弹性后效的影响，在选用设计参数及结构设计方面应注意什么？

13-4 有初拉力的拉伸弹簧适用于什么场合？

13-5 拉伸、压缩弹簧的旋绕比的取值范围是多少？过大或过小会产生什么问题？

13-6 拉伸、压缩弹簧簧丝截面主要承受何种应力？易损坏的危险点是在簧丝的内侧还是外侧？

13-7 设计压缩弹簧是否允许工作载荷超过极限载荷？如果发生上述情况时应采用什么措施？

13-8 压缩弹簧失稳的条件是什么？当不能保证弹簧稳定时可采用哪些结构措施？

13-9 在继电器中常应用片簧的触点结构，而且几乎全部采用有初应力片簧，其目的是什么？

13-10 有两个尺寸完全相同的拉伸弹簧，一个有初拉力，一个没有初拉力。现对有初拉力的弹簧实测，结果如下：$F_1 = 20N$，$H_1 = 100mm$；$F_2 = 30N$，$H_2 = 120mm$。两个弹簧自由长度均为80mm，试计算：

（1）初拉力 F_0 为多少？

（2）同样用 $F_2 = 30N$ 拉力拉伸无初拉力弹簧，其长度 H_2 为多少？

13-11 设计圆柱螺旋压缩弹簧，簧丝截面为圆形。已知最小载荷 $F_{min} = 200N$，最大载荷 $F_{max} = 500N$，工作行程 $\lambda_h = 10mm$。弹簧承受冲击载荷，Ⅱ类工作。要求弹簧外径不超过28mm，端部并紧磨平。

13-12 设计百分表用的接触游丝。已知：游丝的总转角为 $\varphi = 5\pi/2$，为了使接触游丝能可靠地保证结构的力封闭，游丝在开始的 $\pi/2$ 转角内所产生的力矩 $M_{min} = 54 \times 10^{-3} N \cdot m$，根据游丝的安装空间，选定外径 $D_1 = 18mm$，内径 $D_2 = 4mm$，游丝材料为锡青铜，$\sigma_b = 600N/mm^2$，弹性模量 $E = 1.2 \times 10^5 N/mm^2$。

第十四章　零件的联接

第一节　联接的分类与要求

一、联接的分类

任何精密机械和仪器都是由一定数量的零、部件所组成。彼此间需要有固定的联系，这种固定的联系称为联接。为了便于制造、装配、维修和调整，常采用各种不同的联接方法将零件、部件合成为一整体。

根据联接结构的特点，联接分为可拆联接和永久连接。

1. 可拆联接

如果把联接拆开，构成联接的所有零件都不会损坏，即可反复装拆而不至影响联接的性能。

2. 永久连接

如果把这种连接拆开，构成连接的所有零件中至少有一个或一个以上的零件遭受损坏，如精密机械和仪器中常用的焊接、铆接、铸合连接等。

根据精密机械和仪器中联接零件的性质。又可将联接分为机械零件与机械零件的联接，光学零件与机械零件的联接（简称光学零件的连接）。

二、联接的要求

无论设计可拆联接还是永久连接，均应满足下列要求：

1）保证足够的联接强度。

2）保证足够的联接精度，即保证被联接件之间具有足够准确的相互位置。

3）保证联接结构的可靠性，即保证在振动和冲击的条件下不松动。

4）联接方便，工艺性好。

5）对于某些联接结构，尚须满足其他一些特殊要求，如密封性、导电性等。

第二节　可　拆　联　接

可拆联接主要有螺钉（包括螺栓）和螺纹联接、销钉联接和键联接等。

一、螺栓、螺钉和螺纹联接

螺栓、螺钉和螺纹联接是精密机械和仪器中应用最广的一种可拆联接，其基本的联接要素都是螺纹。不同之处是螺栓联接（见图 14-1a）用于被联接零件不太厚的情况。把螺栓穿过两个或更多的被联接零件的通孔，然后拧紧螺母构成联接。螺钉联接（见图 14-1b）是用于被联接零件之一比较厚，或由于结构原因，不便安装螺母时，直接在该被联接零件上制出螺孔，把螺钉拧入，构成联接。如果带螺孔的被联接零件的材料强度较低（如铸铁或轻合金等），则为了避免经常拆卸而使螺孔受到损坏，可采用双头螺栓联接（见图 14-1c）。螺纹联接则利用被联接零件本身所具有的螺纹，直接进行联接（见图 14-1d）。

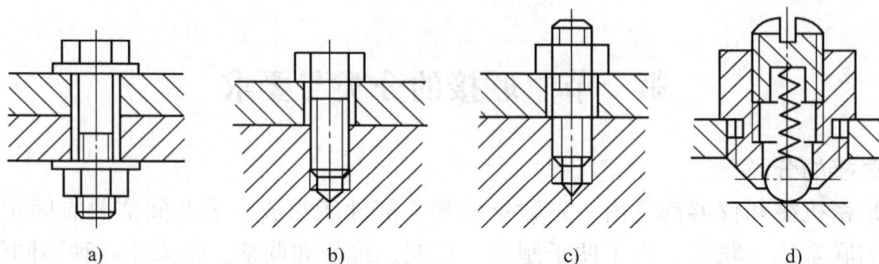

a)　　　　　　b)　　　　　　c)　　　　　　d)

图 14-1　螺钉和螺纹联接

（一）联接螺纹的主要类型

在精密机械和仪器中，联接螺纹主要使用粗牙和细牙普通螺纹，有时采用特种细牙螺纹。

粗牙螺纹与细牙螺纹的区别，在于当公称直径相同时，细牙螺纹具有较小的螺距和螺纹深度。这个特点使得细牙螺纹适于作薄壁零件（如光学仪器中镜筒等）和薄板零件上的螺纹。同时，由于细牙螺纹的螺旋升角较小，因而有较强的防松能力。

此外，有时还使用各种专门用途的联接螺纹。主要有

1. 目镜螺纹

它是一种特殊用途的梯形螺纹，牙型角 60°，专用于目镜与镜框之间的联接。为了转动均匀、轻快和在转角不大（一般小于 360°）的情况下，得到较大的轴向移动，目镜螺纹常制成多头螺纹。

2. 显微镜物镜螺纹

它是国际通用特殊标准螺纹，牙型角 55°，专用于显微镜上物镜组件与镜管的联接。为了便于更换不同倍率的物镜，各国标准相同。

3. 圆柱管螺纹

它是多用于水、煤气管路，以及润滑和电气管路系统的联接，螺纹牙型角 55°。圆柱管螺纹的公称直径不等于螺纹大径，而近似等于管子的孔径。

各种螺纹的形状和尺寸多已标准化，选用时可查阅有关标准和手册。

（二）螺钉联接零件的形式及应用

螺钉联接零件主要有螺钉、螺栓、螺母和垫圈等。由于具体使用条件不同，这些零件的式样也是多种多样的，而且其中绝大多数已标准化，选用时可参考有关标准和手册。

在精密机械和仪器中所用的螺钉联接零件，由于考虑到防锈和美观等因素，其表面常进行电镀（如镀铬、镀锌）或发黑等处理。

在精密机械中，螺钉除用于联接零件和固定零件两种基本用途外，有时，还用于其他

目的，例如可用来调节零件的位置（见图 14-2a）；作为转动零件的心轴（见图 14-2b）；以及与直线运动零件组成导轨（见图 14-2c）等。

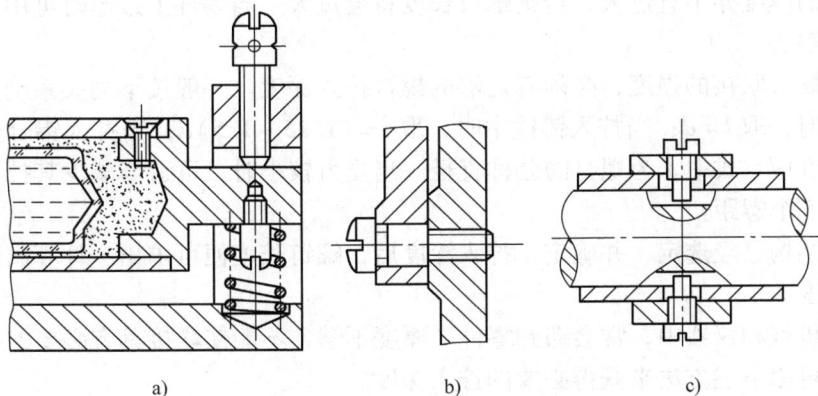

图 14-2　螺钉特殊用途举例

（三）螺钉联接的结构设计

1. 联接零件型式的选定

精密机械和仪器中螺钉联接的类型较多。常用的有圆柱头螺钉（见图 14-3）、球面圆柱头螺钉（见图 14-7）和沉头螺钉（见图 14-8d）等。

圆柱头螺钉是应用最广的螺钉之一。加大螺钉头的直径，可以提高螺钉旋具槽的强度，适用于联接需要经常拆装的情况。此外，由于相应地增大了支承面，在拧紧螺钉时，不易损坏被联接零件的表面。因此，一般可不用垫圈，并适用于固定有色金属及其合金等较软材料制成的零件。

球面圆柱头螺钉外形美观，但螺钉旋具槽强度较弱，拧紧力矩大时容易损坏，当承受载荷较大时也常用六角头和内六角螺钉。

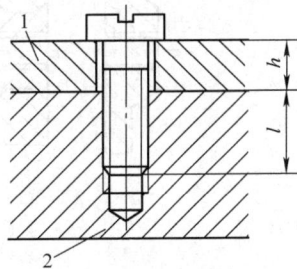

图 14-3　螺钉联接

当螺钉位于仪器的外表面时，最好使用沉头或半沉头螺钉。其中半沉头螺钉比较美观，此外，由于沉头螺钉的钉头沉入被联接零件中，不致妨碍其他零件的工作，因此，在仪器内部的螺钉联接，亦常采用沉头螺钉。应注意的是沉头或半沉头螺钉本身有定位的作用。

由于螺钉联接零件的类型较多，尺寸范围较大，故可根据被联接件的具体结构和尺寸以及设计要求选定。

2. 确定螺钉直径、长度、数量及排列形式

在精密机械和仪器中，联接件所受载荷一般较小，设计时主要是由结构条件来确定螺钉的直径和数量。只有在受力较大时，才进行必要的强度计算或验算，具体方法可参阅相关文献。

螺钉的长度，取决于通孔的被联接零件 1 的厚度 h 和螺钉拧入零件 2 的深度 l（见图 14-3）。

零件 1 的最小厚度 h_{min} 应稍大于螺钉的螺尾或退刀槽的长度。螺尾或退刀槽长度约等于 1.5~2 个螺距。

零件 1 的厚度亦不宜过大，否则螺钉长度将会过大。当零件 1 过厚时可用钉头沉入零件 1 的方法解决。

为保证螺钉联接的强度，必须有足够的螺钉拧入深度。一般按下列关系确定：当拧入钢或青铜中时，取 $l=d$；当拧入铸铁中时，取 $l=(1.25~1.5)d$；当拧入铝合金中时，取 $l=(1.5~2.5)d$。式中 d 为螺钉的公称直径。当受力较小时，可适当减少其拧入深度，但应不小于 2.5 个螺距。

当联接结构已经选定，并确定了拧入深度后，螺钉长度便可求出，计算出的长度应圆整为标准长度。

在精密机械和仪器中，常会遇到零件 2 厚度不够，不能使联接具有必要的拧入深度的情况，此时可用下述方法来获得必要的拧入深度。

1）如螺孔零件 2 用强度较高的材料制成，可以局部增加螺孔处的厚度。

2）如螺孔零件 2 用轻合金或塑料等强度较低的材料制成，可采取局部增加螺孔处的厚度，或者在螺孔处镶入用强度较高的材料制成的套管零件，在套管内表面切制出螺纹。

图 14-4 所示的各种结构，就是上述方法的具体应用。

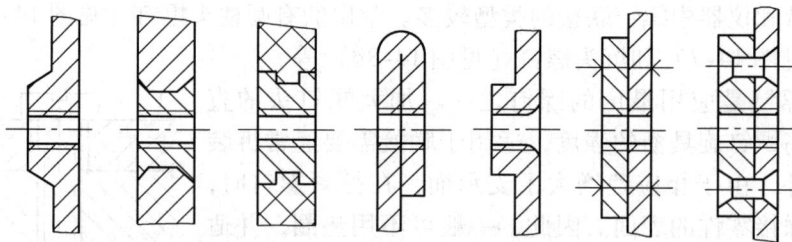

图 14-4 增加螺纹拧入深度的结构

螺钉的数目不宜太多，主要由被联接零件的结构形状和尺寸而定。当螺钉沿圆周排列时，不少于 3 个即可，联接窄的片状零件时，可用一个或两个，但对于大而薄的零件，要求密封的零件，螺钉的数目应适当增多。

在确定螺钉的排列形式时，除应考虑扳手空间的大小（最小值可由设计手册查得）外，还应考虑到制造方便。例如在平面接合中，螺钉的布置一般按直线排列，并沿接合面的几何中心线对称分布，在圆柱面接合中，则按圆周均匀分布。

此外，在选定的螺钉类型和尺寸规格时，应使整个结构中采用的螺钉类型和规格尽可能少，以利于装配管理。

3. 被联接零件的定位

为使被联接零件有精确而固定的位置，必须设法予以定位。否则每次拆装后要花费许多时间来调整复位，且不易保证原有精度。在螺钉（螺栓）联接中，一般被联接零件上通孔的直径，大于螺钉杆直径（铰制孔用螺栓例外）。因此，不能依靠联接零件本身来定位，而需要另加定位装置。主要有下列两种情况：

（1）利用两个定位销定位 例如图 14-5 是平面接合的例子，为使两平面有精确的相互位置，一般用定位销定位。如用一个定位销，两平面间还有相对转动的可能，为避免这种情况发生，一般采用两个定位销。不难看出，两个定位销的中心距离越大（其他条件相同时），定位精度也越高。因此，在用两个定位销定位的结构中，两个定位销多是对角配置的。

（2）利用圆柱配合面和一个定位销定位 例如图 14-6 所示结构，圆柱配合面实际上相当于一个大直径的圆柱定位销。因此只需再有一个定位销便能完全定位。

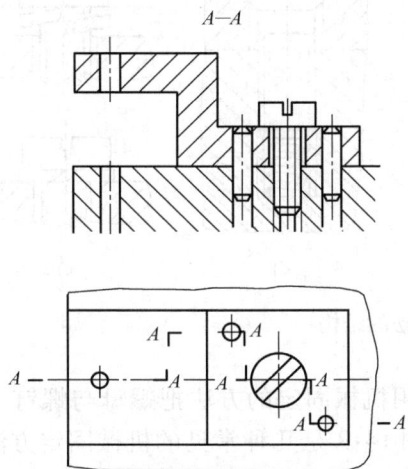

图 14-5 用定位销定位结构　　　　　图 14-6 用圆柱配合面定位结构

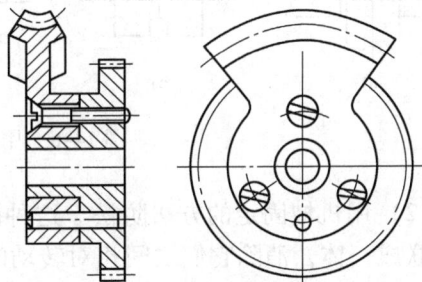

在只用一个螺钉的螺钉联接中，被联接零件有相对偏转的可能性。如须避免这种偏转，可用如图 14-7 所示的防转结构。

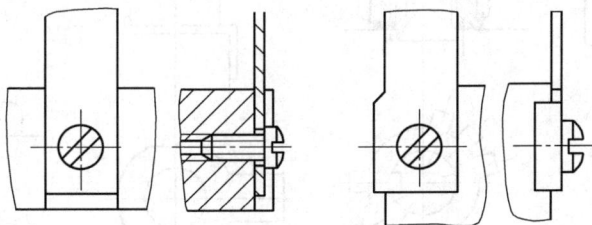

图 14-7 单个螺钉联接的防转结构

4. 螺钉联接的防松

一般联接用的单头普通螺纹，其升角都小于诱导摩擦角，即满足自锁条件，但这种自锁性能只在静载荷的情况下才是可靠的，而在振动和变载荷情况下，由于螺纹间的摩擦系数有所降低，并且有可能出现短时卸载现象，螺钉联接常产生自动松脱。因此，对于在变载下工作的螺钉联接，应根据具体情况采用合理的防松装置。

常用的防松方法和典型结构有：

（1）用增加摩擦力的方法防松　这种方法主要是靠零件的弹力来保持联接螺纹表面有足够的正压力，从而产生足够的摩擦力以防止螺纹零件间的相对转动。图 14-8 为这种防松装置的几种常用结构。图 a 为双螺母防松装置，图 b 为切口螺母装置，图 c 为用橡皮垫圈防松装置，图 d 为用螺旋弹簧防松装置，图 e 为用弹簧垫圈防松装置。

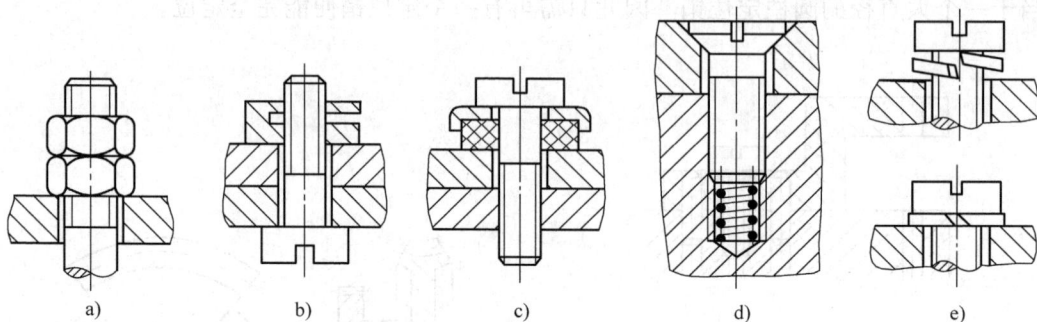

图 14-8　用增加摩擦力防松的结构

（2）用机械固定的方法防松　这种防松结构是用机械固定的方法把螺母与螺钉（螺栓）联成一体，消除它们之间相对转动的可能性。图 14-9 是几种常见的机械固定方法的防松结构。图 a 为槽形螺母和开口销防松装置，图 b 为圆螺母用带翅垫片防松装置，图 c 为单耳止动垫片防松装置，图 d 为用点冲方法防松。

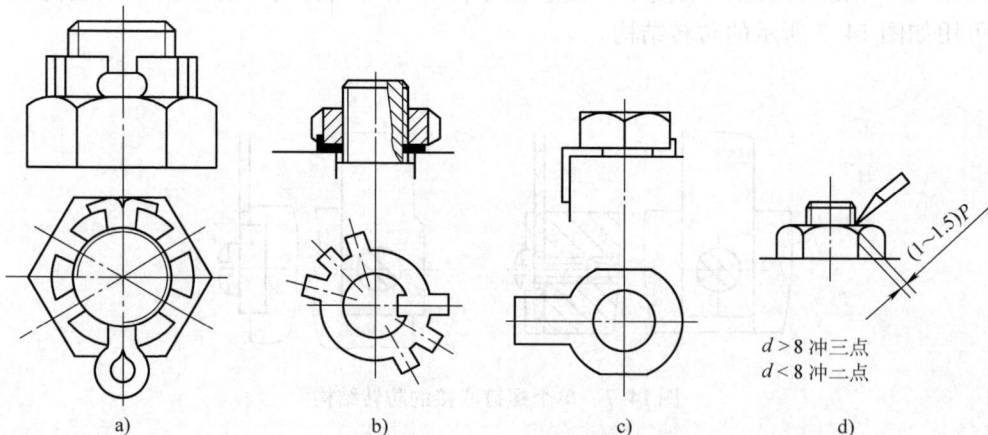

图 14-9　用机械固定方法防松的结构

（3）用粘结方法防松　图 14-10 是用漆和胶等粘结剂把螺钉头或螺母粘结在被联接零件上。利用这种方法不仅能够防松，并且还具有防腐蚀的作用。这种方法一般只用于小尺寸的螺钉联接的防松。

5. 防止螺钉丢失的结构

在某些情况下，特别是仪器需要经常拆卸或野外工作时，螺钉有可能丢失或掉入仪器内部，因而应采用防止螺钉丢失的结构（见图14-11）。采用这种结构时，必须保证距离 x 大于 x_1，否则将造成拆卸上的困难。

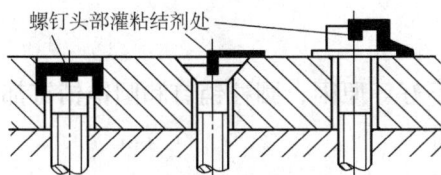

螺钉头部灌粘结剂处

图 14-10　用粘结法防松的结构　　　　图 14-11　防止螺钉丢失的结构

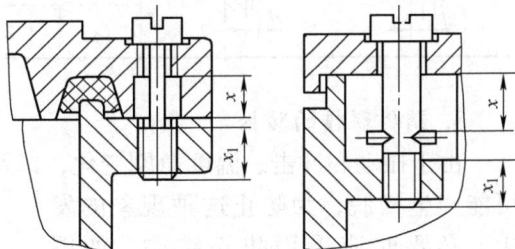

二、销钉联接

（一）销钉的类型和应用

销钉联接在精密机械中获得了广泛的应用。销钉的主要用途有：①作两被联接零件的定位零件（见图14-5）；②作联接零件，保证被联接零件能传递运动和转矩（见图14-12）。有时，销钉还兼作保安零件，即当载荷过大时，销钉首先被破坏，因此保全了别的重要零件。此时销钉的尺寸必须根据过载时被剪断的条件来确定。

销钉一般用强度极限不低于 $490 \sim 588 \mathrm{N/mm^2}$ 的碳钢（如35钢、45钢）制造。大多数销钉已经标准化，其中以圆柱销和圆锥销应用最为广泛。

圆柱销的结构简单，制造时易于达到较高的精度，因此它主要用作定位销。销钉是靠过盈固定在被联接零件上，不宜多次拆卸，否则会破坏联接的牢固性和精确性。

圆锥销主要用作联接零件，用来传递一定的转矩。圆锥销具有1:50的锥度，因锥度很小，在承受横向力时，可以自锁。有时也作为定位零件。优点是能经受多次拆装而不影响联接的性能，缺点是销钉孔加工需用锥形铰刀铰制。

（二）销钉联接的结构设计

1. 选定销钉类型

根据具体结构要求，结合各种类型销钉的特点，进行选择。

2. 确定销钉尺寸

用作联接零件的销钉，其尺寸通常按结构条件选定。表14-1可供设计时参考。

如果销钉在工作时传递较大的载荷或兼作保安零件，则需按抗剪强度进行计算或验算。

用作定位零件的销钉尺寸，可按结构选定，而定位精度则靠配合保证。

表 14-1　销钉与被联接零件的尺寸　　　　　　　　　　（单位：mm）

D	1.5 ~ 2	2 ~ 3	3 ~ 4	4 ~ 5	5 ~ 6	6 ~ 8	8 ~ 11	11 ~ 17
d	0.6	0.8	1.0	1.26	1.6	2.0	3.0	4.0
L_1	1.5	2.0	2.5	3.0	3.5	4.0	6.0	7.0
L_2	1.2	1.5	1.8	2.0	2.5	3.0	4.0	5.0

3. 销钉联接的防松

由于振动和冲击、温度急剧变化，以及装配质量不好等原因，圆柱销钉和圆锥销钉都可能产生松脱，为防止这种现象的发生，必要时应采用防松结构，如图14-12所示。

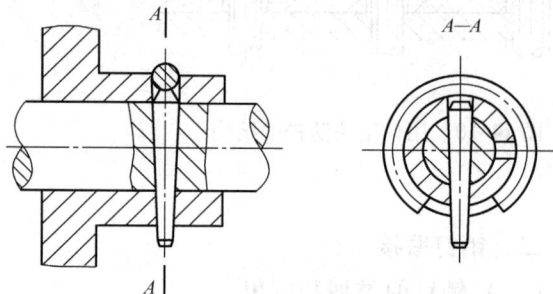

三、键联结

键是一种标准件，主要是用于轴和轴上零件（如齿轮、带轮）之间的联结，实现周向固定以传递转矩。有些类型的键还能实现轴上零件的轴向固定或轴向滑动导向。由于它的结构简单、工作可靠和装拆方便，所以在各种精密机械中得到广泛的应用。

图 14-12　采用防松环的防松结构

（一）键联结的类型、特点和应用

按键的形状和装配方式的不同，键联结分为两大类：①平键和半圆键联结；②斜键（楔键和切向键）联结。而在精密机械中应用最普遍的是平键和半圆键联结。

1. 平键联结

平键的两侧是工作面，工作时靠键与键槽侧面的相互挤压来传递转矩。根据用途不同，平键分为普通平键（见图 14-13a）、导向平键（简称导键，见图 14-13b）和滑键（见图 14-13c）。平键通常制成圆头（A 型）或方头（B 型），也有制成单圆头（一端圆头，另一端方头，C 型）。但 C 型键应用较少，主要用于轴端固定。

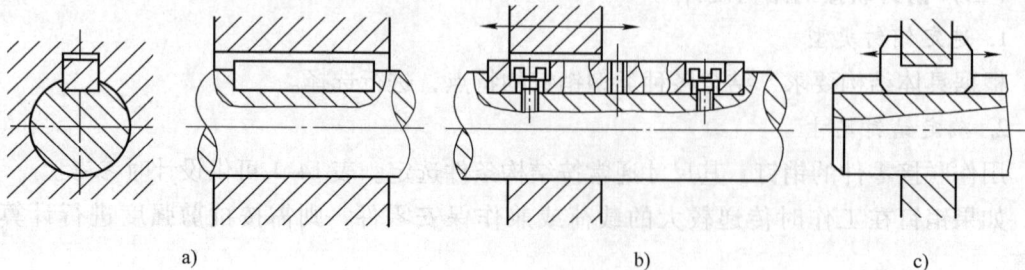

a)　　　　　　　　　b)　　　　　　　　　c)

图 14-13　平键联结

普通平键用于轮毂与轴没有相对轴向移动的联结（静联结）中，导键和滑键用于轮毂需要沿轴向移动的联结（动联结）中，其中导键要用螺钉固定在轴上（见图 14-13b），它中部的螺纹孔是为了取出导键而设置的。当轮毂需要沿轴移动的距离较大时，以采用滑键为宜（见图 14-13c）。如果采用导键，则键要很长，制造困难。

2. 半圆键

半圆键也是靠两个侧面工作的（见图 14-14a）。它的优点是工艺性好，缺点是轴上的键槽较深。它主要用于锥形轴的辅助装置联结（见图 14-14b），也常用于载荷较小的联结。

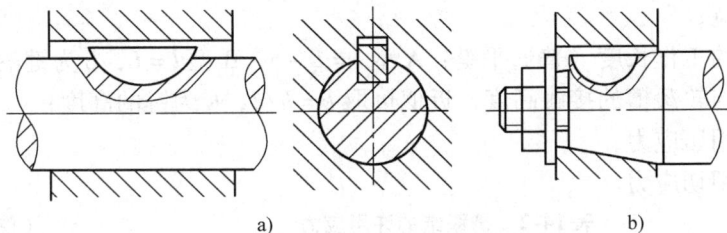

图 14-14　半圆键联结

平键和半圆键联结制造简单，装拆方便，一般情况下不会引起轴上零件偏心，故可用于对中精度要求较高的联结中。平键和半圆键联结不能实现轴上零件的轴向固定，所以不能传递轴向力。当轴上零件需要轴向固定时，需采用其他的固定方法与键配合使用。

（二）键联结的设计与计算

（1）选型　根据具体的结构要求，选定键的类型。

（2）确定尺寸和材料　键的宽度 b 和高度 h 一般可根据轴的直径在标准中查得，键的长度 L 则参考轮毂长度 B 从标准中选取一般 $L \leq B$。键的材料采用抗拉强度不低于 $600N/mm^2$ 的精拔钢，通常为 45 钢，如轮毂用有色金属或非金属材料，则键可用 20 钢、Q235 钢等。

（3）强度验算　当联结承受的载荷不大时，一般不进行验算，只有当载荷较大时，才进行验算。键联结的许用应力如表 14-2 所示。

现以平键联结为例，介绍其强度验算的方法。键的主要失效形式是键或轮毂的工作面的压溃（一般发生在轮毂上），当严重过载时也可能发生键体的剪断，如图 14-15所示。因此，应按抗压强度和抗剪强度条件对平键联结进行强度校核计算。

抗压强度条件

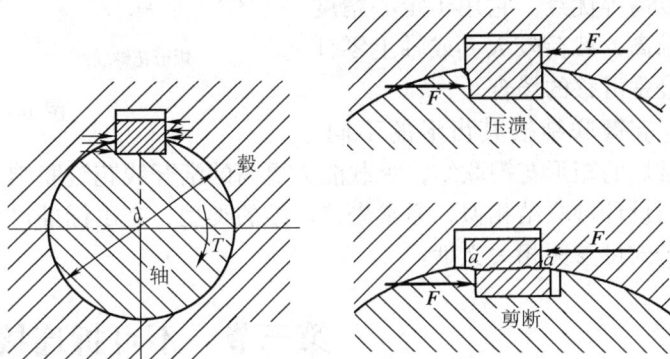

图 14-15　平键联结的计算简图

$$\sigma_{\mathrm{p}} = \frac{F}{kl} = \frac{2T}{dkl} \leq [\sigma_{\mathrm{p}}]$$

抗剪强度条件

$$\tau = \frac{F}{bl} = \frac{2T}{dbl} \leq [\tau]$$

式中　F——挤压或剪切力；

　　　T——传递的转矩；

　　　d——轴径；

　　　b——键宽；

　　　l——键的工作长度（普通平键：A 型 $l = L - b$，B 型 $l = L$，L 为键的长度）；

　　　k——键与轮毂槽的接触高度，近似可取 $k = h/2$，h 为键的高度；

　　$[\sigma_{\mathrm{p}}]$——许用压应力；

　　　$[\tau]$——许用切应力。

表 14-2　键联结的许用应力　　　　　　　　　　（单位：N/mm^2）

种　类	联结方式	轮毂材料	载荷性质		
			载荷平稳	轻微冲击	冲击
$[\sigma_{\mathrm{p}}]$	静联结	钢	125 ~ 150	100 ~ 120	50 ~ 90
		铸铁	740 ~ 80	50 ~ 60	30 ~ 40
$[p]$	动联结	钢	50	40	30
$[\tau]$	静联结	钢	120	90	60

注：动联结的 $[p]$ 值，实际上限制工作表面压强，以减轻表面磨损和保证良好的润滑。

此外，在某些精密机械和大型仪器中有时采用花键联结。它是在轴和轮毂孔内周向均布制成多个键齿和槽所构成的联结，齿的侧面是工作面，依靠轴和轮毂上纵向凸出的齿相互挤压来传递转矩。由于是多个齿同时传递载荷，花键联结比平键联结承载能力高，受力均匀，联结零件与轴的对中性好，导向精度高等优点。它用于定心精度要求高，载荷较大，或轴上零件需经常滑移的场合。

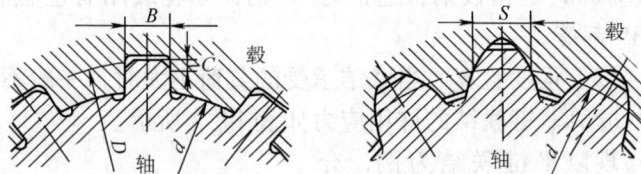

矩形花键联结　　　　　　渐开线花键联结

图 14-16　花键联结

花键联结按其齿形的不同，有常用的矩形花键联结，承载能力更高的渐开线花键联结，如图 14-16 所示。设计花键联结与设计键联结相似，通常先选联结的类型，查出标准尺寸，然后再作强度验算。有关计算公式可参阅相关文献。

第三节　不可拆连接

不可拆连接的结构简单、工作可靠、结构紧凑、成本低廉。在不影响精密机械与仪器的制造、装备、检修及使用要求下，应优先采用不可拆连接。不可拆连接主要有焊接、铆接、压合、胶接和铸合等连接形式。

一、焊接

焊接在精密机械与仪器中主要用于金属构架、壳体的制造，以及将分开制造的元件再焊接成形状复杂的零件，降低制造成本。也是现代工业生产中一种重要的金属连接方法，它是利用加热（有时还需要加压），使两个以上的金属件在连接处的原子或分子相结合的一种不可拆连接方法。

焊接的方法很多，按照加热的方法和焊接过程的特点，焊接可分为三大类：熔焊（气焊、电弧焊、电渣焊等）、压焊（电阻焊、摩擦焊、感应焊、冷压焊等）和钎焊。

在精密机械与仪器中应用普遍的是电阻焊与钎焊。下面仅介绍电阻焊和钎焊的特点与应用。

（一）电阻焊

电阻焊又称为接触焊，是利用电流通过焊件时产生的电阻热，把焊件加热到塑化（软化）状态，再加压力形成焊接头。根据焊接头的形状，电阻焊可分为点焊、缝焊、对焊三种。

1. 点焊

点焊主要应用于焊接薄板零件。焊件的厚度一般为 0.05 ～6mm，有时可扩大达到10mm（精密电子器件）甚至30mm（框架）。采用双面点焊时，焊件厚度最好相等，若厚度不等，焊件厚度之比不应超过 1:3。焊件数目最好是两件，一般不超过三件，如果焊件厚度不同，应把最薄的零件放在中间。

2. 缝焊

缝焊是在点焊的基础上发展起来的，采用滚盘作电极，边焊边滚，焊点彼此互相重叠一部分就形成一条有密封性的焊缝。缝焊主要用于需要获得气密性的连接。焊接零件的厚度，对于钢制零件在2mm以下，对于有色金属在1.5m以下。

3. 对焊

对焊是把焊件整个接触面焊接在一起的连接。先加压，使两焊件端面压紧，再通电加热，对焊可用于各种截面形状的型材和零件的焊接，但相互连接处的截面形状和尺寸应相同或相近。

近年来，由于加热技术的发展，如电子束加热，脉冲等离子加热，激光加热等技术的日益完善，已能将加热范围集中于很小的区域，相应地发展了一些新的焊接技术，如等离子弧焊，电子束焊接，激光焊接技术等，并已在航空、航天工业、核能工业、电子工业、仪器、仪表工业领域得到较好的应用。如脉冲激光焊可以实现薄片（0.2mm以上）、薄膜的焊接。

（二）钎焊

钎焊是利用钎料把零件连接在一起的连接。钎焊时，使熔化了的钎料充满焊件焊接处的间隙中，当焊料凝固后形成焊缝。

钎焊与一般焊接不同之处是钎焊时焊件本身不熔化，钎料的熔点低于焊件金属的熔点。因此，钎焊的加热温度较低，焊件的变形及材料性能的变化均很小，并且用易熔钎料钎焊零件，还能用加热的方法将零件拆卸，并可重新钎焊。因此钎焊得到广泛的应用。钎焊的缺点是接头强度低，耐热能力较差，从而在应用上受到一定的限制。

根据钎料的熔点不同，钎料可分为两类：

1. 易熔钎料（软钎料）

熔点在 $400 \sim 450°C$ 以下，主要是各种不同成分的锡铅合金。能用于钎焊大多数金属，首先是铜、铁及其合金。由于强度较低（一般为 $20 \sim 100N/mm^2$），只能钎焊机械强度要求不高的零件。

2. 难熔钎料（硬钎料）

熔点在 $450 \sim 500°C$ 以上。难熔钎料的强度一般较高，有的可达 $500N/mm^2$。用于精密机械与仪器中的硬钎料主要是铜基钎料（常用铜锌台金钎料），银基钎料（常用银铜锌合金钎料）。

钎焊过程中，熔化下的钎料与焊件表面金属分子相互渗透形成过渡层将零件连接在一起。要保证钎焊质量，必须使接触表面上金属分子的相互渗透作用顺利进行，因此在钎焊时，要使用钎剂清除焊件表面的氧化膜及其他异物，并保护连接表面不受氧化，改进钎料的润湿能力及流动性。

用易熔钎料钎焊，常用氮化锌或氯化锌与其他物质的混合物等作钎剂。

用难熔钎料钎焊，通常用硼砂或硼砂与硼酸的混合物作钎剂。

钎焊铝和铝合金时，需用专用钎剂，一般以氯化物的二元或三元混合物为基体，再加入适量的氟化物组成。

各种钎料和钎剂，选用时可参阅有关的手册和资料。

二、铆接

铆接是利用铆钉（见图14-17）或被连接件之一上起铆钉作用的铆接颈产生局部塑性变形，形成铆钉头，把零件连接在一起的方法。

在制成铆钉头的过程中，由于铆接力的作用，被连接零件的连接处也会发生变形，为了尽量减少被连接零件在铆接时的损伤；应注意下列原则：

1）铆钉材料的弹性模量小于被连接零件的弹性模量，且被连接零件的弹性模量应尽可能大，而铆钉材料的弹性模量要尽可能小。

2）尽可能增大被连接零件的支承面。

3）尽可能减小铆接力。

为了增大被连接零件的支承面，可采用垫圈。

有时，由于工艺或结构上的原因，需用直径较大的铆钉或铆接头，这时为减小铆接力，可在铆钉或铆接颈的端面上制出锥形坑（见图14-18）。

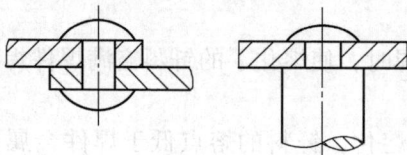

图14-17　铆钉和铆接颈连接　　　　图14-18　减小铆接力的铆接结构

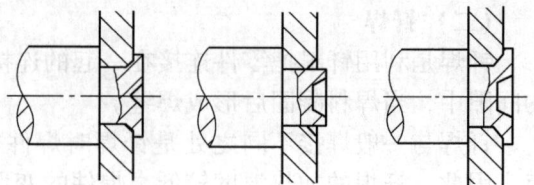

在仪器制造中，常需用铆接法连接不能承受较大冲击力的零件，例如玻璃、塑料、陶瓷等零件，这时可采用扩铆法。把铆钉或铆接颈制成空心的（见图14-19和图14-20）。这样不但能减小铆接时的冲击力，且能得到较大的支承面。根据被连接零件的结构特点，也可把材料向里收合而完成连接，这种连接方法一般称为收铆或滚边（见图14-21）。

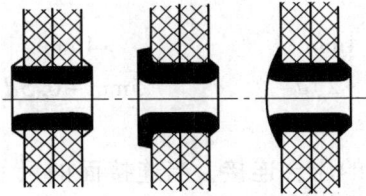

图14-19　用空心铆钉铆接

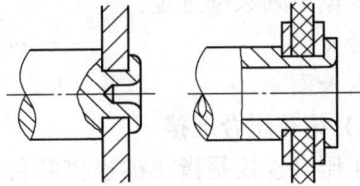

图14-20　空心铆接颈铆接

铆钉的类型很多，且多数已经标准化。

通常用来制造铆钉的材料有低碳钢、纯铜、黄铜、铝和铝合金等。空心铆钉通常用黄铜制造。选用时，铆钉材料最好和被连接件的金属材料类似。

通常由于铆钉杆的直径比被连接件的铆钉孔小0.1~0.5mm，因此在铆接中，铆钉墩粗往往会产生轴线偏移和倾斜现象，造成被连接件相对位置变化。为保证连接精度，可采取减小铆钉杆与孔的间隙、采用定位面或定位零件、或在铆接时采用定位夹具等方法。

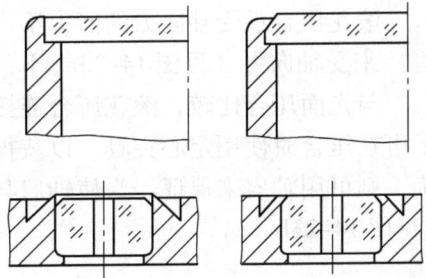

图14-21　收铆铆接结构

三、压合

压合是利用两个零件配合面的过盈，把一个零件压入另一个零件构成的连接称为压合连接。

在精密机械中常采用的压合连接有光面压合连接（见图14-22）和滚花压合连接（见图14-23）两类。

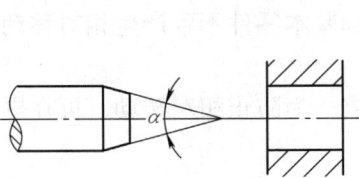

图14-22　光面压合连接

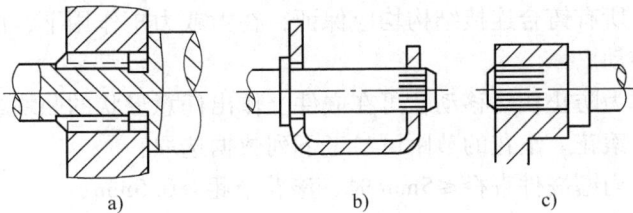

a)　b)　c)

图14-23　滚花压合连接

（一）光面压合连接

光面压合连接是指被连接的零件表面为光滑圆柱形。在压合前，零件轴的直径略大于孔的直径，（过盈）量的大小，将直接影响连接强度。

光面压合连接的压入方法有：①在常温下压入；②加热包容件（孔）；③冷却被包容件（轴）；④加热包容件，同时冷却被包容件。在精密机械与仪群制造中常采用常温下压入。

光面压合连接是一种可以达到很高精度的连接方法。这种连接的精度主要决定于轴和孔的形状误差。为了获得较高的连接精度，连接应有足够的压入长度。通常，压入部分的长度可根据下列数据选定：

轴径 d	$<2mm$	$4mm$	$>4mm$
压入长度	$(1.5 \sim 3)d$	$(1 \sim 2)d$	$5mm + 0.5d$

（二）滚花压合连接

滚花压合连接是指在被连接零件之一上滚有花纹的压合连接。当连接面的尺寸较小时，按照过盈配合公差制造配合面比较困难，而成本也较高。因此，当需要用压合连接方法连接小尺寸零件时，常采用滚花压合连接。

考虑到滚花工艺，一般花纹都滚压在较硬的轴类零件上，压入以后，轴上一部分凸起的花纹嵌入圆柱孔的内表面，将零件连接在一起。当轴上滚压花纹后，花纹顶圆直径将大于轴的原始直径，直径增加的数值与零件的材料和花纹的节距有关，材料越硬，直径的增加越小，设计时常取直径增加值为 $\Delta d = (0.25 \sim 0.5)p$，$p$ 为节距。

滚花压合承受轴向力的能力不高，当有轴向力的情况下，需有另外的支承面（如轴肩）来受轴向力（见图 14-23a、b、c）。

与光面压合比较，滚花压合连接的精度较低。为了提高被连接件的同轴度，一般情况下可在压合时使用定心夹具，以获得必要的同轴度。如果要求被连接件的轴向位置比较准确，则可用轴肩来保证。为使轴肩与孔的端面紧密贴合，滚花部分与轴肩应隔开一些距离（见图 14-23b、c）。

四、铸合

铸合是把尺寸较小但具有一定性能要求的零件（嵌件）铸入另一零件（称为基本零件）的一种连接方法。

嵌件一般是用金属或合金制成，如钢、青铜、黄铜等。基本零件可以是金属材料，如铝合金、锌合金、铸造黄铜等，也可以是非金属材料，如塑料、玻璃、陶瓷等。

所有铸合连接结构均应保证：在力或力矩作用下，嵌件和基本零件不致产生相对移动或转动。

为防止相对移动，可在嵌件上作出任意形状的凸块或凹坑。为防止相对转动，可在嵌件上滚花。滚花的节距可参考下列数据选取：

当镶嵌件直径≤5mm 时，滚花节距≥0.5mm；

当镶嵌件直径 >5mm 时，浪花节距≥0.8mm。

图 14-24 所示为能够满足上述要求的一些结构。

五、胶接

胶接是利用胶粘剂把零件粘合在一起的连接方法。与其他形式的连接比较，胶接有下列优点：

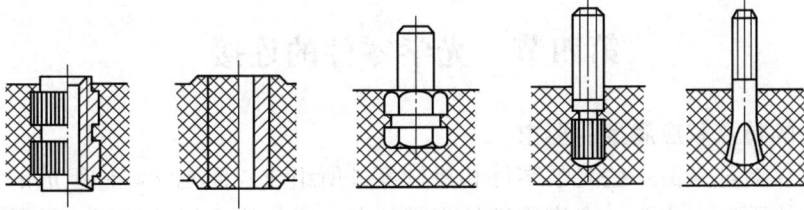

图 14-24 铸合连接结构

1）可以胶接各种金属材料、非金属材料，也可把金属材料和非金属材料胶接在一起。

2）胶接表面光滑、平整、美观，胶接处应力分布均匀，避免了铆接、焊接、螺钉连接时存在的应力集中现象。

3）胶接时，被连接零件一般不需要加热，即使需要加热，加热温度也较低，因而，连接极薄的零件时．也不致产生变形。

4）胶接能满足如绝缘、密封、防腐蚀等使用要求，有的胶接还能达到很高的透明度，这对于光学零件的连接极为重要。

5）胶接结构简单，重量轻，无需另加压紧零件，也不削弱零件的强度。

胶接的缺点主要有：

1）随着使用温度的增高，胶结的强度会降低。

2）胶接的表面须经仔细的清洁处理。

3）胶接固化的时间一般比较长，胶接后不能立即使用。

胶接在精密机械与仪器制造中应用日益广泛。图 14-25 为测角仪光学度盘的固定结构实例，若采用机械固定法（见图 14-25a），则零件精度要求甚高，而且度盘的压紧程度不易控制，改为胶接结构（见图 14-25b），将使度盘固定大为简化。

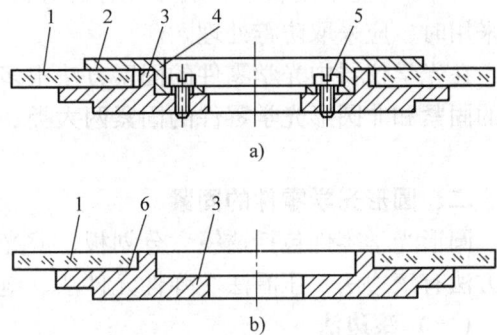

图 14-25 光学度盘的固定结构
1—度盘 2—纸垫 3—底座
4—压板 5—螺钉 6—胶层

图 14-26 为另外几种胶接结构的实例，图 14-26a、b 为塑料零件的胶接，图 14-26c 为天平刀口支承的胶接，图 14-26d 为光学零件的胶接。

不同种类的胶粘剂，具有不同的物理和力学性能（如耐热性、抗腐蚀性、强度等），并且它们能粘合的材料也是不同的，所以应根据被连接零件材料及工作条件正确选择。胶粘剂的种类很多，选用时可参阅有关资料和手册。

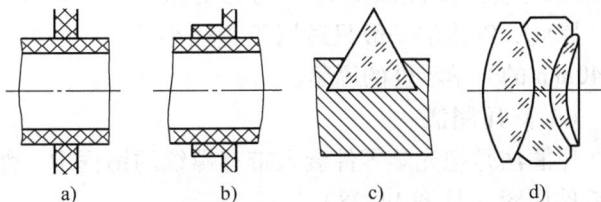

图 14-26 胶接结构

第四节 光学零件的连接

一、连接的特点和应满足的要求

任何光学仪器都是由一些光学零件和机械零件所组成。而光学零件组成的光学系统不能离开机械结构而独立成为一个实用性的光学仪器,必须用机械零件把光学零件连接固紧起来。在光学仪器设计中,影响光学仪器工作性能的因素有光学零件的几何形状、表面状态、内应力分布、光学零件在系统中的相互位置及连接固紧的可靠性等。为了确保光学系统的成像质量,在光学零件的连接结构设计中,应满足下列要求:

1) 连接要牢固可靠,并在保证光学零件在系统中相对位置的同时,又不致引起光学零件的变形和内应力。

2) 便于装配、调整,并保证装调前后光学零件可彻底清洗。

3) 保证有效通光孔径不受镜框切割。

4) 应能减小或消除当温度变化时,由于光学零件与机械零件连接材料线膨胀系数不同而产生的附加内应力。

5) 尽可能不用软木、纸片等有机材料与光学零件相接触,以防止光学零件生霉,必须采用时,应采取防霉处理。

在光学仪器中光学零件的固紧方法很多,按光学零件的形状不同,可分为圆形光学零件的固紧和非圆形光学零件的固紧两大类。

二、圆形光学零件的固紧

圆形光学零件包括透镜、分划板、滤光镜、圆形保护玻璃和圆形反射镜等。常用的固紧方法有滚边法、压圈法、弹性元件法、电镀法和胶接法。

(一) 滚边法

滚边法是将光学零件装入金属镜框中,在专用机床上用专用工具把镜框上预先制出的凸边滚压弯折包在光学零件的倒角上,使光学零件与镜框固紧(见图14-27)。

滚边法的主要优点是:结构简单紧凑,几乎不需要增加轴向尺寸,也无须附加的零件就可以把光学零件固紧,对通光孔径影响不大。但滚边时不易保证质量,特别是对于孔径大而薄的零件,容易出现倾斜及镜面受力不均匀的现象。因此,滚边法一般只适用于直径小于40mm的光学零件的固紧。

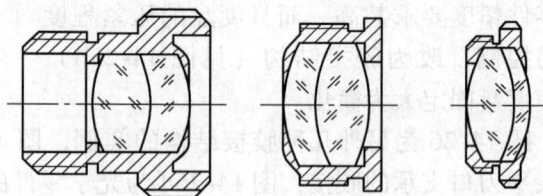

图14-27 滚边固紧结构

(二) 压圈法

压圈法是把光学零件装入带有螺纹的镜框中,然后用制有螺纹的压圈拧入镜框,将光学零件压紧(见图14-28)。

螺纹压圈有外螺纹压圈(见图14-28a)和内螺纹压圈(见图14-28b)两种。如镜筒的径向尺寸受到限制，应选用外螺纹压圈固紧；如轴向尺寸受到限制，则选用内螺纹压圈固紧。由于外螺纹压圈加工容易，故使用较多。

压圈法固紧的优点是结构可拆、装调方便；还可以装入其他隔圈和弹性压圈，用以调整光学零件与镜框的相对位置，并适用于多透镜组的装配固紧（见图14-29）。其缺点是固紧为刚性连接，因此，在压紧透镜时，在镜面上的压力可能不均匀（当压圈端面不垂直于轴线时），且对温度变化的适应能力也较差。

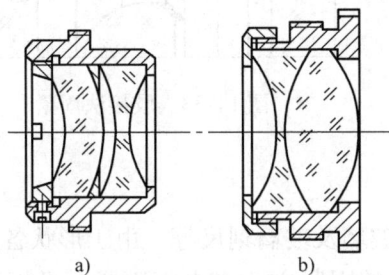

图 14-28 压圈固紧

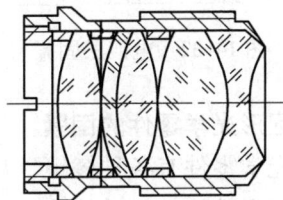

图 14-29 多镜组装配结构

压圈固紧多用于透镜的直径和厚度均较大的情况，透镜直径在80mm以上时，一般采用压圈固紧，直径在40~80mm时，优先采用，透镜直径在10mm以下一般不采用。

（三）弹性元件法

弹性元件法是利用开口的弹性卡圈或弹性压板等弹性零件，使光学零件与镜框固紧。

开口弹簧卡圈，一般只用于固紧同轴度和牢固性要求不高的光学零件。如保护玻璃、滤光镜及其他不重要的光学零件。图14-30所示为弹性卡圈固紧的结构。

当光学零件的直径较大时，可用弹性压板固紧。连接结构如图14-31所示。

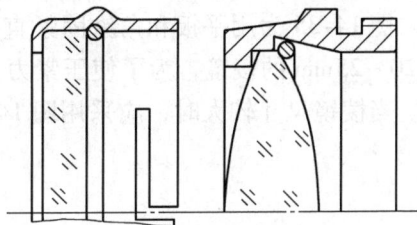

图 14-30 弹性卡圈固紧

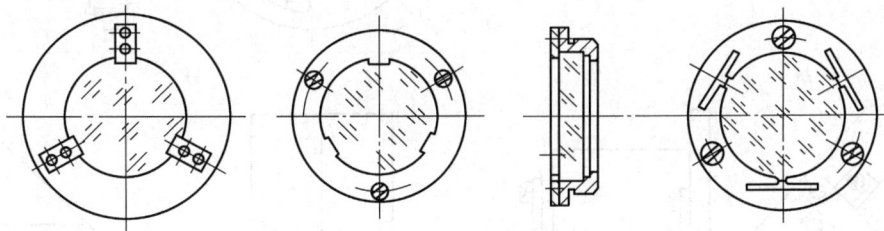

图 14-31 弹性压板固紧结构

（四）电镀法

电镀法固紧是先把透镜放入镜框中，然后在镜框的端部镀上一层金属（如铜）将透镜固紧，如图14-32中的 C 处为电镀层。此法在生产实际中一般用以固紧显微镜的前透镜片。

（五）胶接法

胶接法是用胶粘剂把光学零件与镜框固紧的方法（见图 14-33），其特点前面已论述。

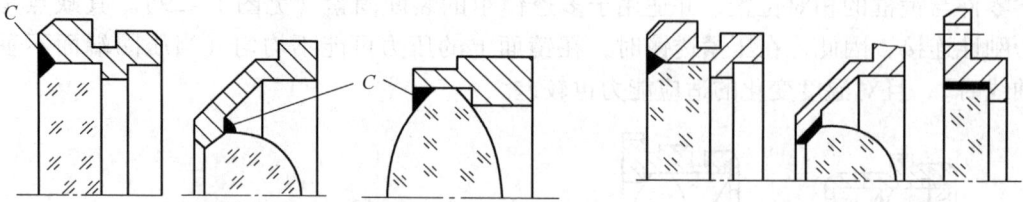

图 14-32 电镀法固紧

图 14-33 胶接法固紧

三、非圆形光学零件的固紧

非圆形光学零件有各种棱镜、反射镜、保护玻璃及玻璃刻尺等。由于形状各异，用途不一，因而固紧结构的形式也各有不同，但常见的固紧方法有夹板固紧、平板和角铁固紧、弹簧固紧和胶粘固紧等。

夹板固紧多用于固紧非工作面相平行的任何棱镜。图 14-34 为夹板固紧直角棱镜的例子。为了防止棱镜在座板上移动，用了三个定位板。压紧棱镜的夹板固紧在两根圆杆上。为了使棱镜上受的压力分布均匀，在夹板下垫有软木垫片。

图 14-35 为用平板和角铁固紧直角棱镜的例子。图 14-35a 的结构用以固紧高度不超过 20 ~ 25mm 的棱镜，为了使压紧力分布均匀，角铁下面常垫以厚度为 0.5 ~ 1mm 的弹性片。当棱镜尺寸较大时，应采用图 14-35b 的固紧结构。

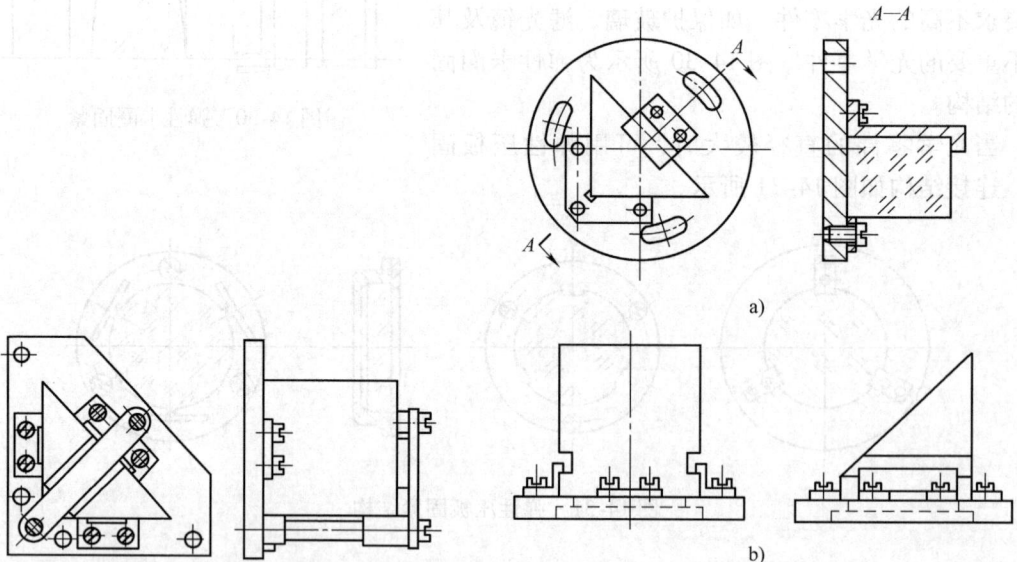

a)

图 14-34 夹板固紧

b)

图 14-35 平板和角铁固紧

图 14-36 是用弯片簧固紧玻璃标尺的例子。

弹簧固紧法可保证连接足够的可靠性，弹簧加到光学零件上的压力较易控制，压力分布均匀，此外，温度引起的压紧力变化也基本上可以忽略。

胶粘固紧也常用于粘接非圆形平板玻璃。

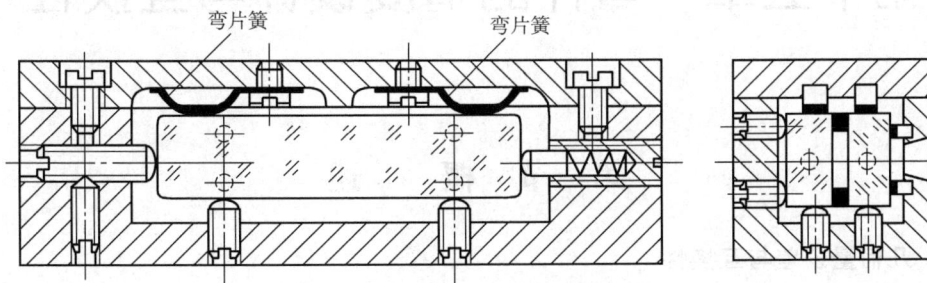

图 14-36　玻璃标尺的弹簧固紧

思考题及习题

14-1　精密机械及仪器中常用的连接方式有哪些？各有何特点？

14-2　设计连接结构时，应满足哪些基本要求？

14-3　螺钉联接的结构设计，主要包括哪些内容？

14-4　螺钉联接中常用的防松方法有哪些？各有何特点？

14-5　在精密机械中，销钉的主要用途是什么？圆柱销和圆锥销各有何优点？用于何种场合？

14-6　键的用途是什么？平键联结进行强度校核计算包括哪些内容？试分别列出其强度条件。

14-7　精密机械中常用的不可拆连接有哪些主要类型？并简述其各自的特点和适用场合。

14-8　光学零件连接的结构设计中，应满足哪些基本要求？

14-9　圆形光学零件固紧方法有哪些？各有何优缺点？

14-10　非圆形光学零件固紧方法有哪些？

14-11　在一直径 $d = 35\,\mathrm{mm}$ 的轴端，安装一钢制直齿圆柱齿轮（见图 14-37），轮毂宽度 $B = 1.5d$，试选择键的尺寸，并计算其能传递的最大转矩。

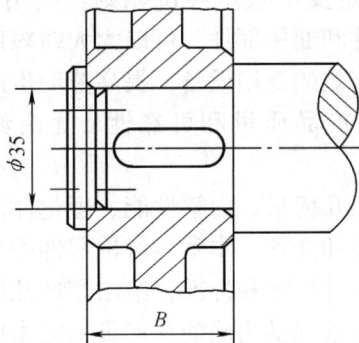

图 14-37　题 14-11 图

第十五章　零件的精度设计与互换性

第一节　概　述

一、几何量公差与互换性

任何一台机器的设计，除了运动分析、结构设计、零件设计、强度计算和刚度计算以外，还必须进行精度设计。精度设计是精密机械设计重要的环节和特色。一般来讲，批量生产的机器精度取决于组成该机器的零部件的精度。因此，零部件的精度设计是保证机器精度的基础。

零件在加工过程中，由于种种因素的影响，零件各部分的尺寸、形状、方向和位置以及表面粗糙度等几何量难以达到理想状态，总有程度不同的误差存在。但是，从零件的功能看，不必要求零件制造得绝对准确，只要零件的几何量被限定在某一规定的范围内变动，保证同一规格的零件彼此充分地相近，就不致影响零件的功能。于是，零件精度设计的基本内容就是对零件几何量给出合理的允许变动范围。我们把允许零件几何量的变动范围叫做公差。

同一规格的零部件，按照规定的技术要求制造，能够彼此相互替换使用而效果相同。我们称这样的零件、部件具有互换性。

互换性的概念在日常生活中随处可见。例如，圆珠笔书写不畅了，可更换同样规格的笔芯；汽车、计算机、家用电器的零部件坏了，也可以用同样规格的零件、部件来替换。之所以这样方便，就是因为这些被更换的零件、部件都具有互换性。

互换性是零件精度设计中重要的技术经济原则。应用互换性要求进行设计，可以最大限度地采用标准件、通用件和通用部件，可以大大缩短设计周期，有利于组织专业化生产，有利于采用先进工艺和高效的专用设备，提高劳动生产力，提高产品质量，降低生产成本。因此，互换性在提高产品质量和可靠性、提高经济效益等方面均具有重大意义。

广义的零部件互换性应包括几何量、力学性能、理化性能、实际功能和表面外观等方面的互换性。根据本课程的任务和要求，本章只讨论零件的几何量互换性以及与之相关的技术标准。即根据相关的精度设计原则和标准，给出零件几何要素的尺寸公差，形状、位置公差等，为满足零件的精度要求提供明确的几何量精度指标。

二、互换性的种类与标准化

从经济角度考虑，在满足零件功能的前提下，为了最大限度地方便加工和降低制造成本，可以在不同的场合下采取不同形式、不同程度的互换性要求。例如，对一批孔、轴配合，其间隙要求控制在某一范围内，据此规定了孔和轴的尺寸公差，孔和轴加工后只要符合设计的规定，其尺寸都在允许的范围内，它们就具有互换性。而且，这样的互换性在零件装配或更换时不需要挑选和修配，我们称这样的互换性为完全互换性。如果孔和轴的装配精度要求很高，即允许的间隙变动量很小时，若要求孔和轴具有完全互换性，则孔和轴的尺寸变动范围就需要规定在更小的范围内，这将导致加工困难、成本提高。这时，为便于加工和降低成本，可以把孔和轴的尺寸公差适当放大，将制成的孔和轴按测量获得的实际尺寸分成若干组，使每组内零件（孔和轴）的尺寸差别比较小。然后，把孔和轴在组内进行装配，即大尺寸的孔与大尺寸的轴装配，小尺寸的孔和小尺寸的轴装配，使各组孔和轴的间隙分别达到装配要求。这种用分组装配的方法实现的互换性，叫做不完全互换性。

采用修配法保证装配精度，也是不完全互换性的一个例子。如图 15-1 所示，A、B、C 三个零件要按图示关系装配在一起，要求尺寸 d 在规定的公差范围内变动。如果按完全互换性要求装配，则要求 a、b、c 三个尺寸的公差都应比 d 尺寸的公差小（平均为 d 尺寸公差的 1/3），才能保证 d 尺寸满足其规定的公差要求。如果在装配时允许对其中一个零件（例如零件 C）进行适当修整，而制造时将 a、b、c 尺寸按与 d 尺寸相同的公差等级加工，则可以在保证装配尺寸 d 的前提下，降低制造成本，减少制造难度。

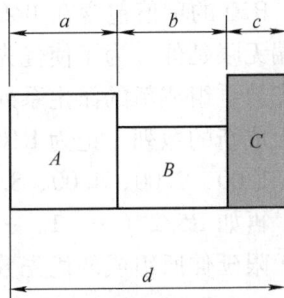

图 15-1　不完全互换性
——修配法装配

要实现互换性生产，使分散的、局部的生产部门和生产环节保持必要的技术统一，成为一个有机的整体，就必须有一种手段来实现各个生产部门和环节的协调与衔接。在生产实践中，人们采用标准化作为实现这种联系的主要途径和手段。

对需要协调统一的重复性事物（如产品、零部件）和概念（如术语、规则、方法、代号、量值等）所作的统一规定叫做标准。它以科学、技术和实践经验的综合成果为基础，经过有关方面的协商一致，由主管机构批准，以特定的形式发布，作为共同遵守的准则和依据。标准必须通过实施，才能达到统一，进而获得最佳社会秩序和经济效益，这个过程就是标准化。标准化是指为了在一定范围内获得最佳社会秩序，对现实问题或潜在问题制定共同使用和重复使用的条款的活动。

我国按标准的使用范围来制定标准。对需要在全国范围内统一的技术要求，应当制定国家标准。对没有国家标准而又需要在全国某个行业范围内统一的技术要求，可以制定行业标准，但在公布相应的国家标准之后，该项行业标准即行废止。对没有国家标准和行业标准而又需要在省、自治区、直辖市范围内统一的工业产品的安全、卫生要求，可以制定地方标准，但在公布相应的国家标准和行业标准之后，该项地方标准即行废止。企业生产的产品没有国家标准和行业标准的，应当制定企业标准，作为组织生产的依据；已有国家标准和行业标准的，企业还可以制定严于国家标准或者行业标准的企业标准，在企业内部使用。

在制定标准时，常常需要用数字表达产品的参数。当选择一个数值作为某种产品的参数指标时，这个数值会按照一定的规律，向与其有关的制品和材料中的相关指标传播，涉及许多部门和领域，形成牵一发而动全身的现象。例如，纸张的尺寸大小一经确定，书、报的大小，印刷设备的规格，书、报架的尺寸及其强度指标等一系列相关产品的有关参数都会因此而确定。因此，技术参数不能随意选择，而应该在一个合理的、统一的数系中选择。

为了满足我国工业生产标准化的需要，国家标准 GB/T 321—2005《优先数和优先数系》规定：优先数系是由公比为 $\sqrt[5]{10}$、$\sqrt[10]{10}$、$\sqrt[20]{10}$、$\sqrt[40]{10}$ 和 $\sqrt[80]{10}$，且项值中含有 10 的整数幂的理论等比数列导出的一组近似等比数列。各数列分别用符号 R5、R10、R20、R40 和 R80 表示，其中前 4 个系列是常用的基本系列，R80 作为补充系列，只在分级很细的场合使用。数列中的任何一项均称为优先数。表 15-1 列出了常用优先数系的基本系列。

从表 15-1 可以看出，R5 的项值包含在 R10 中，R10 的项值包含在 R20 中，依此类推，R20 的项值包含在 R40 中，R40 的项值包含在 R80 中。数列中的项值可按十进法向两端无限延伸。为了使优先数有更大的适应性，可以从某个优先系列中每隔几项选取一个优先数，组成新的派生系列。例如，从基本系列 R10 中，自 1 以后，每逢 3 项取一个优先数组成新的数列，记为 R10/3（1，…），即

1.00，2.00，4.00，8.00，16.00，32.00，…

再如 R5/2（…，1，…），就是在 R5 系列中，含项值 1，每逢两项取一个优先数向两边无限延伸所组成的优先数列，即

…，0.16，0.4，1，2.50，6.30，16.0，40.0，100，…

如果系列中含有项值 1，则可省略括号内容，如上述两例中，优先数系可简写为：R10/3 和 R5/2。

优先数系的应用很广泛，它适用于各种尺寸、参数的系列化和质量指标的分级，对保证各种工业产品品种、规格的合理分档、协调和标准化配套，都具有重大的意义。不仅本章涉及的公差与配合国家标准是建立在优先数系的基础之上，其他领域的标准参数，往往也都与优先数系关系密切。

表 15-1 优先数系的基本系列（摘自 GB/T 321—2005）

基本系列（常用值）				序号 N	理论值的对数尾数	计算值	常用值的相对误差（%）
R5	R10	R20	R40				
1.00	1.00	1.00	1.00	0	000	1.0000	0
			1.06	1	025	1.0593	+0.07
		1.12	1.12	2	050	1.1120	−0.18
			1.18	3	075	1.1885	−0.71
	1.25	1.25	1.25	4	100	1.2589	−0.71
			1.32	5	125	1.3335	−1.01
		1.40	1.40	6	150	1.4125	−0.88
			1.50	7	175	1.4962	+0.25

（续）

基本系列（常用值）				序号 N	理论值的对数尾数	计算值	常用值的相对误差（%）
R5	R10	R20	R40				
1.60	1.60	1.60	1.60	8	200	1.5849	+0.95
			1.70	9	225	1.6788	+1.26
		1.80	1.80	10	250	1.7783	+1.22
			1.90	11	275	1.8836	+0.87
		2.00	2.00	12	300	1.9953	+0.24
	2.00		2.12	13	325	2.1135	+0.31
		2.24	2.24	14	350	2.2387	+0.06
			2.36	15	375	2.3714	−0.48
2.50	2.50	2.50	2.50	16	400	2.5119	−0.47
			2.65	17	425	2.6607	−0.40
		2.80	2.80	18	450	2.8184	−0.65
			3.00	19	475	2.9854	+0.49
		3.15	3.15	20	500	3.1623	−0.39
	3.15		3.35	21	525	3.3497	+0.01
		3.55	3.55	22	550	3.5481	+0.05
			3.75	23	575	3.7584	−0.22
4.00	4.00	4.00	4.00	24	600	3.9811	+0.47
			4.25	25	625	4.2170	+0.78
		4.50	4.50	26	650	4.4668	+0.74
			4.75	27	675	4.7315	+0.39
	5.00	5.00	5.00	28	700	5.0119	−0.24
			5.30	29	725	5.3088	−0.17
		5.60	5.60	30	750	5.6234	−0.42
			6.00	31	775	5.9566	+0.73
6.30	6.30	6.30	6.30	32	800	6.3096	−0.15
			6.70	33	825	6.6834	+0.25
		7.10	7.10	34	850	7.0795	+0.29
			7.50	35	875	7.4989	+0.01
	8.00	8.00	8.00	36	900	7.9433	+0.71
			8.50	37	925	8.4140	+1.02
		9.00	9.00	38	950	8.9125	+0.98
			9.50	39	975	9.4406	+0.63
10.00	10.00	10.00	10.00	40	000	10.0000	0

第二节 尺寸精度设计

零件的几何精度应根据其功能要求和经济性权衡而定，通常是运用互换性原则，通过规定零件几何参数的极限与配合来体现。制定极限与配合的标准，是实现极限与配合标准化的基础。也是完成零件精度设计的依据。

一、极限与配合的基本术语与定义

为有利于理解极限与配合标准的制定原则和相关的标准，我们首先依据国家标准 GB/T 1800《产品几何技术规范（GPS）极限与配合》，介绍有关尺寸精度设计的基本术语和定义。

1. 有关几何要素

（1）几何要素 构成零件几何特征的点、线、面统称为几何要素（简称要素）。

（2）组成要素 构成几何体的面或面上的线，即几何体的轮廓要素。

（3）导出要素 有一个或几个组成要素得到的中心点、中心线或中心面，即几何体的中心要素。

（4）尺寸要素 由一定大小的线性尺寸或角度尺寸确定的几何形状。

（5）公称（组成）要素 由技术制图或其他方法确定的理论正确的组成要素。

（6）公称导出要素 由一个或几个公称组成要素导出的中心点、中心线或中心平面。

（7）工件实际表面 实际存在并将整个工件与周围介质分隔的要素。

（8）实际（组成）要素 由接近实际（组成）要素所限定的工件实际表面的组成要素部分。

（9）提取组成要素 按规定方法，由实际（组成）要素提取有限数目的点所形成的实际（组成）要素的近似代替。

（10）提取导出要素 由一个或几个提取组成要素得到的中心点、中心线或中心面。

（11）拟合组成要素 按规定方法，由提取组成要素形成的并具有理想形状的组成要素。

（12）拟合导出要素 由一个或几个拟合组成要素得到的中心点、中心线或中心平面。

上述几何要素之间的关系如图 15-2 所示。

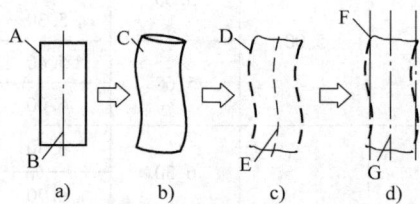

图 15-2 几何要素定义之间的关系

a）制图 b）工件 c）提取要素 d）导出要素
A—公称组成要素 B—公称导出要素 C—实际要素
D—提取组成要素 E—提取导出要素
F—拟合组成要素 G—拟合导出要素

2. 有关孔和轴

（1）孔 由单一尺寸确定的圆柱形内表面，也包括其他非圆柱形内表面（见图 15-3）。孔的参数用大写字母表示。

（2）轴 由单一尺寸确定的圆柱形外表面，也包括其他非圆柱形外表面（见图

15-3）。轴的参数用小写字母表示。

3. 尺寸

（1）尺寸 以特定单位表示线性尺寸值的数值。

（2）公称尺寸 由图样规范确定的理想形状要素的尺寸。一般是根据使用要求，考虑了强度、刚度计算和结构设计等方面因素而确定的。

（3）提取组成要素的局部尺寸

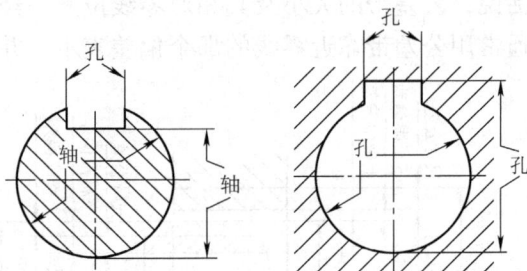

图 15-3 孔与轴

一切提取组成要素上两对应点之间的距离的统称。提取圆柱面的局部尺寸是指要素上两对应点之间的距离，其中，两对应点之间的连线通过拟合圆圆心，横截面垂直于由提取表面得到的拟合圆柱面的轴线。提取两平行表面的距离，其中，所有对应点之间的连线垂直于拟合中心平面。拟合中心平面是由两平行提取表面得到的两拟合平行平面的中心平面。

（4）极限尺寸 尺寸要素允许的尺寸的两个极端。尺寸要素允许的最大尺寸称为上极限尺寸，尺寸要素允许的最小尺寸称为下极限尺寸。孔或轴的上极限尺寸分别用符号 D_{max} 和 d_{max} 表示；孔或轴的下极限尺寸分别用符号 D_{min} 和 d_{min} 表示。

4. 偏差和公差

（1）尺寸偏差 某一尺寸减其公称尺寸所得的代数差（简称偏差）。

（2）极限偏差 极限尺寸减去公称尺寸所得的代数差。

上极限尺寸减去公称尺寸得到上极限偏差，孔和轴的上极限偏差分别用 ES 和 es 表示。即：

$$ES = D_{max} - D \quad es = d_{max} - d$$

下极限尺寸减去公称尺寸得到下极限偏差，孔和轴的下极限偏差分别用 EI 和 ei 表示。即：

$$EI = D_{min} - D \quad ei = d_{min} - d$$

上极限偏差、下极限偏差统称为极限偏差。

（3）尺寸公差（简称公差） 允许尺寸的变动量。

孔的公差：

$$T_h = D_{max} - D_{min} = D_{max} - D_{min} + D - D$$
$$= (D_{max} - D) - (D_{min} - D) = ES - EI$$

同理，轴的公差 $\quad T_s = d_{max} - d_{min} = es - ei$

显然，公差是一个没有符号的绝对值，偏差是一个代数量，可为正数、负数和零。图 15-4 表示了上述尺寸、偏差和公差之间的关系。

图 15-4 所表达的尺寸和偏差关系，可以简化为图 15-5 所示的公差带图来表达。

在图 15-5 中，零线是代表公称尺寸的一条直线。以零线为基准确定偏差和公差，通常，零线沿水平方向绘制，正偏差位于零线之上，负偏差位于零线之下。代表上极限偏差和下极限偏差或上极限尺寸和下极限尺寸的两条平行直线所限定的区域，叫做公差带。从图 15-5 容易看出，公差带是由"公差带的大小"和"公差带的位置"两个要素组成的。

换句话说，公差带的大小及其相对零线位置一经确定，该公差带就完全确定了。公差带的位置通常用公差带靠近零线的那个偏差表示，并称该偏差为基本偏差。

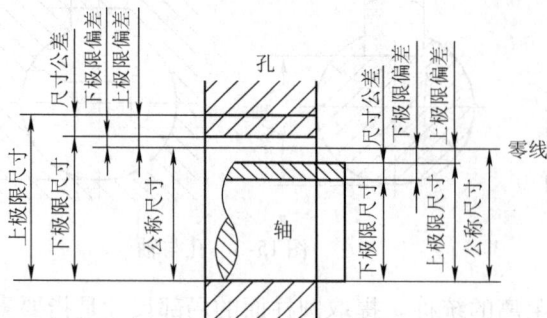

图 15-4 极限与配合示意图

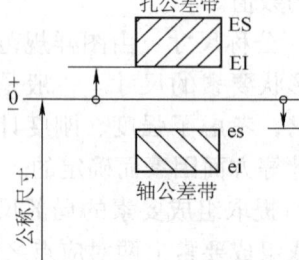

图 15-5 公差带图解

5. 间隙、过盈与配合

公称尺寸相同且相互结合的孔和轴的公差带之间的关系叫做配合。

对于相互配合的孔和轴，用孔的尺寸减去轴的尺寸，所得代数差如果大于零称为间隙，用 X 表示；所得代数差小于零则称为过盈，用 Y 表示。组成配合的孔与轴的公差之和，决定了间隙或过盈允许的变化量，我们把它叫做配合公差，用 T_f 表示。

在公差带图上，孔和轴公差带之间存在三种关系，即，孔的公差带在轴的公差带的上方，孔的公差带在轴的公差带下方，孔的公差带与轴的公差带相交叠，如图 15-6 和图 15-7 所示。我们把上述三种孔和轴公差带之间的关系分别叫做孔与轴是间隙配合、过盈配合和过渡配合。

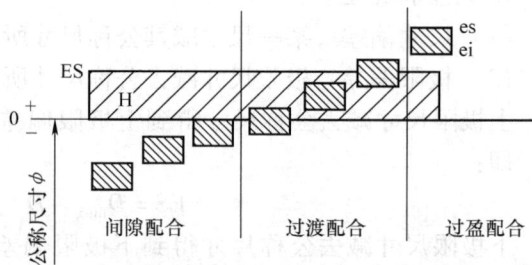

图 15-6 基孔制配合示意图

对于间隙配合的孔和轴，由于孔的公差带在轴的公差带的上方，只会有间隙存在（包括最小间隙为零的情况）。其间隙在最大间隙 X_{max} 和最小间隙 X_{min} 之间变化。

$$X_{max} = D_{max} - d_{min} = ES - ei$$
$$X_{min} = D_{min} - d_{max} = EI - es$$

允许的间隙变化量，即配合公差

$$T_f = X_{max} - X_{min} = (ES - ei) - (EI - es)$$
$$= (ES - EI) + (es - ei) = T_h + T_s$$

对于过盈配合的孔和轴，由于孔的公差带在轴的公差带的下方，只会有过盈存在（包括最小过盈为零的情况）。其过盈在最小过盈 Y_{min} 和最大过盈 Y_{max} 之

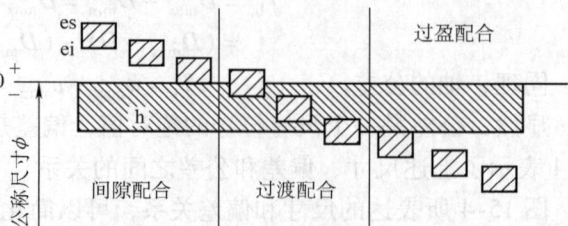

图 15-7 基轴制配合示意图

间变化。

$$Y_{\min} = D_{\max} - d_{\min} = ES - ei$$

$$Y_{\max} = D_{\min} - d_{\max} = EI - es$$

允许的过盈变化量，即配合公差

$$T_f = Y_{\min} - Y_{\max} = (ES - ei) - (EI - es) = (ES - EI) + (es - ei) = T_h + T_s$$

对于过渡配合的孔和轴，由于孔和轴的公差带相互交叠，就一批零件来说，具体某一对的孔、轴配合，可能出现间隙情况，也可能出现过盈情况，而从这批孔和轴配合的整体情况来看，是在最大间隙 $X_{\max}$ 和最大过盈 $Y_{\max}$ 之间变化。

$$X_{\max} = D_{\max} - d_{\min} = ES - ei$$

$$Y_{\max} = D_{\min} - d_{\max} = EI - es$$

允许的间隙和过盈的变化量，即配合公差

$$T_f = X_{\max} - Y_{\max} = (ES - ei) - (EI - es) = (ES - EI) + (es - ei) = T_h + T_s$$

可见，无论哪种配合，其配合公差总是等于相互配合的孔和轴的公差之和。

为了获得孔和轴的不同配合，图 15-6 采取以基准孔（基本偏差为下极限偏差，EI = 0）与各种基本偏差代号的轴公差带形成不同配合。这种以基本偏差为一定的孔的公差带，与不同基本偏差的轴的公差带形成各种配合的方法，叫做基孔制配合。相反，图15-7 是采用以基准轴（基本偏差为上极限偏差，es = 0）和各种基本偏差的孔公差带形成不同配合，这种以基本偏差为一定的轴的公差带，与不同基本偏差的孔的公差带形成各种配合的方法，叫做基轴制配合。

二、标准公差、基本偏差系列及其应用

在国标"极限与配合"中，规定了标准公差系列和基本偏差系列。标准公差确定公差带的大小，基本偏差确定公差带的位置。

标准公差用符号 IT 表示，共分 20 个公差等级，从 IT01，IT0，IT1，IT2，…，IT17，IT18 精度依次降低。对于不同的基本尺寸分段，各等级标准公差的数值可以从表 15-2 中直接查出。IT01，IT0 在工业生产中极少应用，其值可从 GB/T 1800.1—2009 附录 A 中查出。

国标 GB/T 1800.1—2009 中对孔和轴分别规定了 28 种基本偏差。分别用拉丁字母表示，其中孔的基本偏差用大写字母 A，B，…，ZB，ZC 表示，轴的基本偏差用小写字母 a，b，…，zb，zc 表示。（见图 15-8）。

由图 15-8 可知，代号为 a ~ h 的轴的基本偏差为上偏差 es，代号为 k ~ zc 的轴的基本偏差为下偏差 ei；代号为 A ~ H 的孔的基本偏差为下偏差 EI，代号为 K ~ ZC 的孔的基本偏差为上偏差 ES。

表 15-2 标准公差数值（摘自 GB/T 1800.1—2009）

公称尺寸 /mm		标准公差等级																	
		IT1	IT2	IT3	IT4	IT5	IT6	IT7	IT8	IT9	IT10	IT11	IT12	IT13	IT14	IT15	IT16	IT17	IT18
大于	至	μm											mm						
—	3	0.8	1.2	2	3	4	6	10	14	25	40	60	0.1	0.14	0.25	0.4	0.6	1	1.4
3	6	1	1.5	2.5	4	5	8	12	18	30	48	75	0.12	0.18	0.3	0.48	0.75	1.2	1.8
6	10	1	1.5	2.5	4	6	9	15	22	36	58	90	0.15	0.22	0.36	0.58	0.9	1.5	2.2
10	18	1.2	2	3	5	8	11	18	27	43	70	110	0.18	0.27	0.43	0.7	1.1	1.8	2.7
18	30	1.5	2.5	4	6	9	13	21	33	52	84	130	0.21	0.33	0.52	0.84	1.3	2.1	3.3
30	50	1.5	2.5	4	7	11	16	25	39	62	100	160	0.25	0.39	0.62	1	1.6	2.5	3.9
50	80	2	3	5	8	13	19	30	46	74	120	190	0.3	0.46	0.74	1.2	1.9	3	4.6
80	120	2.5	4	6	10	15	22	35	54	87	140	220	0.35	0.54	0.87	1.4	2.2	3.5	5.4
120	180	3.5	5	8	12	18	25	40	63	100	160	250	0.4	0.63	1	1.6	2.3	4	6.3
180	250	4.5	7	10	14	20	29	46	72	115	185	290	0.46	0.72	1.15	1.85	2.9	4.6	7.2
250	315	6	8	12	16	23	32	52	81	130	210	320	0.52	0.81	1.3	2.1	3.2	5.2	8.1
315	400	7	9	13	18	25	36	57	89	140	230	360	0.57	0.89	1.4	2.3	3.6	5.7	8.9
400	500	8	10	15	20	27	40	63	97	155	250	400	0.63	0.97	1.55	2.5	4	6.3	9.7
500	630	9	11	16	22	32	44	70	110	175	280	440	0.7	1.1	1.75	2.8	4.4	7	11
630	800	10	13	18	25	36	50	80	125	200	320	500	0.8	1.25	2	3.2	5	8	12.5
800	1 000	11	15	21	28	40	56	90	140	230	360	560	0.9	1.4	2.3	3.6	5.6	9	14
1 000	1 250	13	18	24	33	47	66	105	165	260	420	660	1.05	1.65	2.6	4.2	6.6	10.5	16.5
1 250	1 600	15	21	29	39	55	78	125	195	310	500	780	1.25	1.95	3.1	5	7.8	12.5	19.5
1 600	2 000	18	25	35	46	65	92	150	230	370	600	920	1.5	2.3	3.7	6	9.2	15	23
2 000	2 500	22	30	41	55	78	110	175	280	440	700	1 100	1.75	2.8	4.1	7	11	17.5	28
2 500	3 150	26	36	50	68	96	135	210	330	540	860	1 350	2.1	3.3	5.4	8.6	13.5	21	33

注：1. 公称尺寸大于 500mm 的 IT1 至 IT5 的标准公差数值为试行的。

2. 公称尺寸小于或等于 1mm 时，无 IT14 至 IT18。

标准规定，基本偏差代号为 js 和 JS 时，公差带对称分布于零线的两侧，基本偏差是上偏差或下偏差，其偏差为 ±IT/2。基本偏差代号为 j 和 J 时，公差带不对称地分布于零线两侧，其基本偏差分别为下偏差 ei 和上偏差 ES。基准孔的基本偏差代号为 H，其基本偏差 EI = 0，基准轴的基本偏差代号为 h，其基本偏差 es = 0。

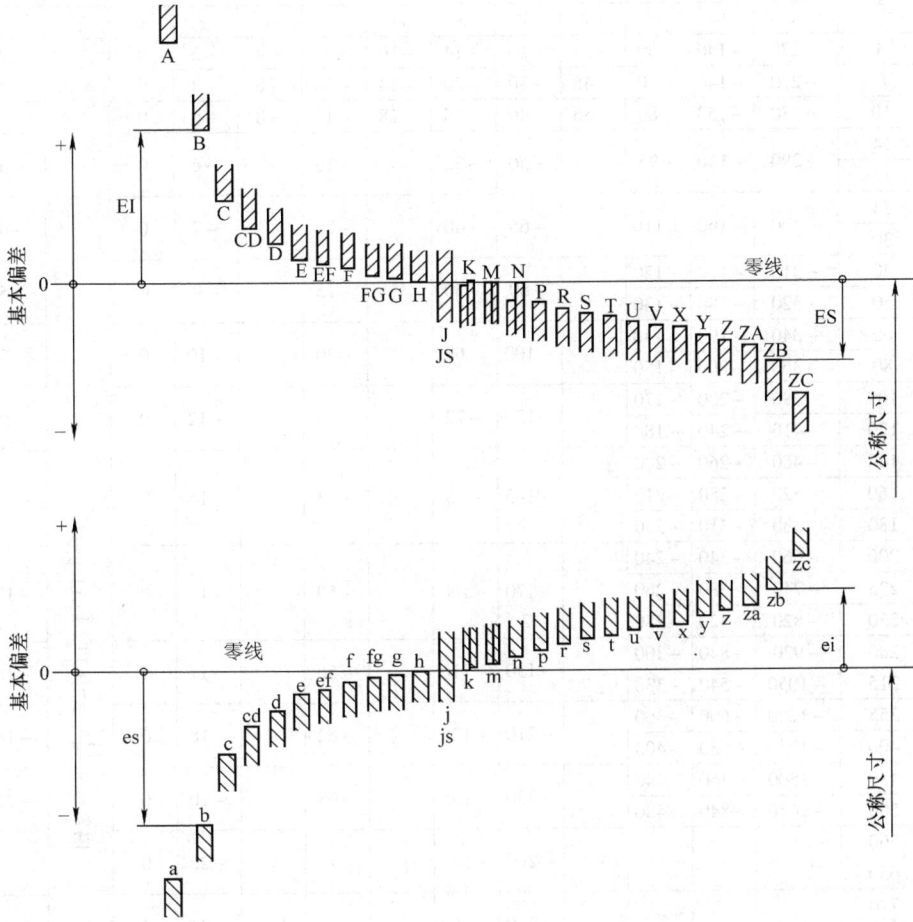

图 15-8　孔、轴公差带基本偏差系列示意图

　　轴的基本偏差数值可以从表 15-3 中按基本尺寸分段直接查出，注意轴的基本偏差除代号为 j 和 k 之外，其数值与公差等级无关。

　　孔的基本偏差数值可以从表 15-4 中按基本尺寸分段查出。注意对于代号为 A ~ JS 的基本偏差，其数值与公差等级无关，而代号为 J ~ ZC 的基本偏差，其数值与公差等级有关，其中 J、K、M、N 公差等级小于等于 IT8，P ~ ZC 公差等级小于等于 IT7 的公差带，其基本偏差数值要在公差等级大于 IT7 的公差带的基本偏差数值上再加上修正值 Δ。

表 15-3 尺寸至 500mm 的轴的基本偏差

公称尺寸/mm 大于	至	a	b	c	cd	d	e	ef	f	fg	g	h	js	IT5和IT6	IT7 (j)
		上极限偏差 es												基本偏	
		所有标准公差等级												IT5和IT6	IT7
		a	b	c	cd	d	e	ef	f	fg	g	h	js	j	
—	3	−270	−140	−60	−34	−20	−14	−10	−6	−4	−2	0		−2	−4
3	6	−270	−140	−70	−46	−30	−20	−14	−10	−6	−4	0		−2	−4
6	10	−280	−150	−80	−56	−40	−25	−18	−13	−8	−5	0		−2	−5
10	14	−290	−150	−95		−50	−32		−16		−6	0		−3	−6
14	18														
18	24	−300	−160	−110		−65	−40		−20		−7	0		−4	−8
24	30														
30	40	−310	−170	−120		−80	−50		−25		−9	0		−5	−10
40	50	−320	−180	−130											
50	65	−340	−190	−140		−100	−60		−30		−10	0		−7	−12
65	80	−360	−200	−150											
80	100	−380	−220	−170		−120	−72		−36		−12	0		−9	−15
100	120	−410	−240	−180											
120	140	−460	−260	−200		−145	−85		−43		−14	0		−11	−18
140	160	−520	−280	−210											
160	180	−580	−310	−230											
180	200	−660	−340	−240		−170	−100		−50		−15	0		−13	−21
200	225	−740	−380	−260											
225	250	−820	−420	−280											
250	280	−920	−840	−300		−190	−110		−56		−17	0		−16	−26
280	315	−1050	−540	−330											
315	355	−1200	−600	−360		−210	−125		−62		−18	0		−18	−28
355	400	−1350	−680	−400											
400	450	−1500	−760	−440		−230	−135		−68		−20	0		−20	−32
450	500	−1650	−840	−480											
500	560					−260	−145		−76		−22	0			
560	630														
630	710					−290	−160		−80		−24	0			
710	800														
800	900					−320	−170		−86		−26	0			
900	1 000														
1 000	1 120					−350	−195		−98		−28	0			
1 120	1 250														
1 250	1 400					−390	−220		−110		−30	0			
1 400	1 600														
1 600	1 800					−430	−240		−120		−32	0			
1 800	2 000														
2 000	2 240					−480	−260		−130		−34	0			
2 240	2 500														
2 500	2 800					−520	−290		−145		−38	0			
2 800	3 150														

js 列：偏差 $= \pm \dfrac{IT_n}{2}$，式中 IT_n 是 IT 值数

注：1. 公称尺寸小于或等于 1mm 时，基本偏差 a 和 b 均不采用。

2. 公差带 js7 至 js11，若 IT_n 值数是奇数，则取偏差 $= \pm \dfrac{IT_n - 1}{2}$。

数值表（摘自 GB/T 1800. 1—2009）　　　　　　　　　　　　　　　　（单位：μm）

差数值

			下极限偏差 ei													
IT8	IT4 至 IT7	≤IT3 >IT7	所有标准公差等级													
	k		m	n	p	r	s	t	u	v	x	y	z	za	zb	zc
−6	0	0	+2	+4	+6	+10	+14		+18		+20		+26	+32	+40	+60
	+1	0	+4	+8	+12	+15	+19		+23		+28		+35	+42	+50	+80
	+1	0	+6	+10	+15	+19	+23		+28		+34		+42	+52	+67	+97
	+1	0	+7	+12	+18	+23	+28		+33		+40		+50	+64	+90	+130
										+39	+45		+60	+77	+108	+150
	+2	0	+8	+15	+22	+28	+35		+41	+47	+54	+63	+73	+98	+136	+188
								+41	+48	+55	+64	+75	+88	+118	+160	+218
	+2	0	+9	+17	+26	+34	+43	+48	+60	+68	+80	+94	+112	+148	+200	+274
								+54	+70	+81	+97	+114	+136	+180	+242	+325
	+2	0	+11	+20	+32	+41	+53	+66	+87	+102	+122	+144	+172	+226	+300	+405
						+43	+59	+75	+102	+120	+146	+174	+210	+274	+360	+480
	+3	0	+13	+23	+37	+51	+71	+91	+124	+146	+178	+214	+258	+335	+445	+585
						+54	+79	+104	+144	+172	+210	+254	+310	+400	+525	+690
	+3	0	+15	+27	+43	+63	+92	+122	+170	+202	+248	+300	+365	+470	+620	+800
						+65	+100	+134	+190	+228	+280	+340	+415	+535	+700	+900
						+68	+108	+146	+210	+252	+310	+380	+465	+600	+780	+1 000
	+4	0	+17	+31	+50	+77	+122	+166	+236	+284	+350	+425	+520	+670	+880	+1 150
						+80	+130	+180	+258	+310	+385	+470	+575	+740	+960	+1 250
						+84	+140	+196	+284	+340	+425	+520	+640	+820	+1 050	+1 350
	+4	0	+20	+34	+56	+94	+158	+218	+315	+385	+475	+580	+710	+920	+1 200	+1 550
						+98	+170	+240	+350	+425	+525	+650	+790	+1 000	+1 300	+1 700
	+4	0	+21	+37	+62	+108	+190	+268	+390	+475	+590	+730	+900	+1 150	+1 500	+1 900
						+114	+208	+294	+435	+530	+660	+820	+1 000	+1 300	+1 650	+2 100
	+5	0	+23	+40	+86	+126	+232	+330	+490	+595	+740	+920	+1 100	+1 450	+1 850	+2 400
						+132	+252	+360	+540	+660	+820	+1 000	+1 250	+1 600	+2 100	+2 600
	0	0	+26	+44	+78	+150	+280	+400	+600							
						+155	+310	+450	+660							
	0	0	+30	+50	+88	+175	+340	+500	+740							
						+185	+380	+560	+840							
	0	0	+34	+56	+100	+210	+430	+620	+940							
						+220	+470	+680	+1 050							
	0	0	+40	+66	+120	+250	+520	+780	+1 150							
						+260	+580	+840	+1 300							
	0	0	+48	+78	+140	+300	+640	+960	+1 450							
						+330	+720	+1 050	+1 600							
	0	0	+58	+92	+170	+370	+820	+1 200	+1 850							
						+400	+920	+1 350	+2 000							
	0	0	+68	+110	+195	+440	+1 000	+1 500	+2 300							
						+460	+1 100	+1 650	+2 500							
	0	0	+76	+135	+240	+550	+1 250	+1 900	+2 900							
						+580	+1 400	+2 100	+3 200							

表 15-4 尺寸至 500mm 的孔的基本偏差

公称尺寸/mm		基本偏差																		
		下极限偏差 EI												上极限偏差						
		所有标准公差等级												IT6	IT7	IT8	≤IT8	>IT8	≤IT8	>IT8
大于	至	A	B	C	CD	D	E	EF	F	FG	G	H	JS	J			K		M	
—	3	+270	+140	+60	+34	+20	+14	+10	+6	+4	+2	0	偏差 = $\pm\frac{IT_n}{2}$，式中 IT_n 是 IT 值数	+2	+4	+6	0	0	−2	−2
3	6	+270	+140	+70	+46	+30	+20	+14	+10	+6	+4	0		+5	+6	+10	−1 +Δ		−4 +Δ	−4
6	10	+280	+150	+80	+56	+40	+25	+18	+13	+8	+5	0		+5	+8	+12	−1 +Δ		−6 +Δ	−6
10	14	+290	+150	+95		+50	+32		+16		+6	0		+6	+10	+15	−1 +Δ		−7 +Δ	−7
14	18																			
18	24	+300	+160	+110		+65	+40		+20		+7	0		+8	+12	+20	−2 +Δ		−8 +Δ	−8
24	30																			
30	40	+310	+170	+120		+80	+50		+25		+9	0		+10	+14	+24	−2 +Δ		−9 +Δ	−9
40	50	+320	+180	+130																
50	65	+340	+190	+140		+100	+60		+30		+10	0		+13	+18	+28	−2 +Δ		−11 +Δ	−11
65	80	+360	+200	+150																
80	100	+380	+220	+170		+120	+72		+36		+12	0		+16	+22	+34	−3 +Δ		−13 +Δ	−13
100	120	+410	+240	+180																
120	140	+460	+260	+200		+145	+85		+43		+14	0		+18	+26	+41	−3 +Δ		−15 +Δ	−15
140	160	+520	+280	+210																
160	180	+580	+310	+230																
180	200	+660	+340	+240		+170	+100		+50		+15	0		+22	+30	+47	−4 +Δ		−17 +Δ	−17
200	225	+740	+380	+260																
225	250	+820	+420	+280																
250	280	+920	+480	+300		+190	+110		+56		+17	0		+25	+36	+35	−4 +Δ		−20 +Δ	−20
280	315	+1 050	+540	+330																
315	355	+1 200	+600	+360		+210	+125		+62		+18	0		+29	+39	+60	−4 +Δ		−21 +Δ	−21
355	400	+1 350	+680	+400																
400	450	+1 500	+760	+440		+230	+135		+68		+20	0		+33	+43	+66	−5 +Δ		−23 +Δ	−23
450	500	+1 650	+840	+480																
500	560					+260	+145		+76		+22	0					0		−26	
560	630																			
630	710					+290	+160		+80		+24	0					0		−30	
710	800																			
800	900					+320	+170		+86		+26	0					0		−34	
900	1 000																			
1 000	1 120					+350	+195		+98		+28	0					0		−40	
1 120	1 250																			
1 250	1 400					+390	+220		+110		+30	0					0		−48	
1 400	1 600																			
1 600	1 800					+430	+240		+120		+32	0					0		−58	
1 800	2 000																			
2 000	2 240					+480	+260		+130		+34	0					0		−68	
2 240	2 500																			
2 500	2 800					+520	+290		+145		+38	0					0		−76	
2 800	3 150																			

注：1. 公称尺寸小于或等于 1mm 时，基本偏差 A 和 B 及大于 IT8 的 N 均不采用。

2. 公差带 JS7 至 JS11，若 IT_n 值数是奇数，则取偏差 = $\pm\frac{IT_n-1}{2}$。

3. 对小于或等于 IT8 的 K、M、N 和小于或等于 IT7 的 P 至 ZC，所需 Δ 值从表内右侧选取。
例如：18 ~ 30mm 段的 K7：Δ = 8μm，所以 ES = −2 + 8 = +6μm
18 ~ 30mm 段的 S6：Δ = 4μm，所以 ES = −35 + 4 = −31μm

4. 特殊情况：250 ~ 315mm 段的 M6，ES = −9μm（代替 −11μm）。

数值表（摘自 GB/T 1800.1—2009）　　　　　　　　　　　　　　　　　　　　　（单位：μm）

差数值

差 ES

≤IT8	>IT8	≤IT7	标准公差等级大于IT7												Δ值 标准公差等级					
N		P至ZC	P	R	S	T	U	V	X	Y	Z	ZA	ZB	ZC	IT3	IT4	IT5	IT6	IT7	IT8
−4	−4	在大于 IT7 的相应数值上增加一个 Δ 值	−6	−10	−14		−18		−20		−26	−32	−40	−60	0	0	0	0	0	0
−8 +Δ	0		−12	−15	−19		−23		−28		−35	−42	−50	−80	1	1.5	1	3	4	6
−10 +Δ	0		−15	−19	−23		−28		−34		−42	−52	−67	−97	1	1.5	2	3	6	7
−12 +Δ	0		−18	−23	−28		−33		−40		−50	−64	−90	−130	1	2	3	3	7	9
								−39	−45		−60	−77	−108	−150						
−15 +Δ	0		−22	−28	−35		−41	−47	−54	−63	−73	−98	−136	−188	1.5	2	3	4	8	12
						−41	−48	−55	−64	−75	−88	−118	−160	−218						
−17 +Δ	0		−26	−34	−43	−48	−60	−68	−80	−94	−112	−148	−200	−274	1.5	3	4	5	9	14
						−54	−70	−81	−97	−114	−136	−180	−242	−325						
−20 +Δ	0		−32	−41	−53	−66	−87	−102	−122	−144	−172	−226	−300	−405	2	3	5	6	11	16
				−43	−59	−75	−102	−120	−146	−174	−210	−274	−360	−480						
−23 +Δ	0		−37	−51	−71	−91	−124	−146	−178	−214	−258	−335	−445	−585	2	4	5	7	13	19
				−54	−79	−104	−144	−172	−210	−254	−310	−400	−525	−690						
−27 +Δ	0		−43	−63	−92	−122	−170	−202	−248	−300	−365	−470	−620	−800	3	4	6	7	15	23
				−65	−100	−134	−190	−228	−280	−340	−415	−535	−720	−900						
				−68	−108	−146	−210	−252	−310	−380	−465	−600	−780	−1 000						
−31 +Δ	0		−50	−77	−122	−166	−236	−284	−350	−425	−520	−670	−880	−1 150	3	4	6	9	17	26
				−80	−130	−180	−258	−310	−385	−470	−575	−740	−960	−1 250						
				−84	−140	−196	−284	−340	−425	−520	−640	−820	−1 050	−1 350						
−34 +Δ	0		−56	−94	−158	−218	−315	−385	−475	−580	−710	−920	−1 200	−1 550	4	4	7	9	20	29
				−98	−170	−240	−350	−425	−525	−650	−790	−1 000	−1 300	−1 700						
−37 +Δ	0		−62	−108	−190	−268	−390	−475	−590	−730	−900	−1 150	−1 500	−1 900	4	5	7	11	21	32
				−114	−208	−294	−435	−530	−660	−820	−1 000	−1 300	−1 650	−2 100						
−40 +Δ	0		−68	−126	−232	−330	−490	−595	−740	−920	−1 100	−1 450	−1 850	−2 400	5	5	7	13	23	34
				−132	−252	−360	−540	−660	−820	−1 000	−1 250	−1 600	−2 100	−2 600						
−44			−78	−150	−280	−400	−600													
				−155	−310	−450	−660													
−50			−88	−175	−340	−500	−740													
				−185	−380	−560	−840													
−56			−100	−210	−430	−620	−940													
				−220	−470	−680	−1 050													
−66			−120	−250	−520	−780	−1 150													
				−260	−580	−840	−1 300													
−78			−140	−300	−640	−960	−1 450													
				−330	−720	−1 050	−1 600													
−92			−170	−370	−820	−1 200	−1 850													
				−400	−920	−1 350	−2 000													
−110			−195	−440	−1000	−1 500	−2 300													
				−460	−1100	−1 650	−2 500													
−135			−240	−550	−1250	−1 900	−2 900													
				−580	−1400	−2 100	−3 200													

对于一个公差带来说，如果它的大小符合标准公差系列，它相对于零线的位置符合基本偏差系列，这样的公差带就是标准公差带，其代号可由公称尺寸、基本偏差代号和标准公差等级组合而成。例如，$\phi 50H7$，或 $\phi 50H7$（$^{+0.025}_{0}$）代表公称尺寸为直径 50mm 基准孔的公差带，其基本偏差代号为 H，标准公差等级为 7 级；$\phi 50f6$（$^{-0.025}_{-0.041}$）代表公称尺寸为直径 50mm 轴的公差带，其基本偏差代号为 f，标准公差等级为 6 级（见图 15-9b、c）。

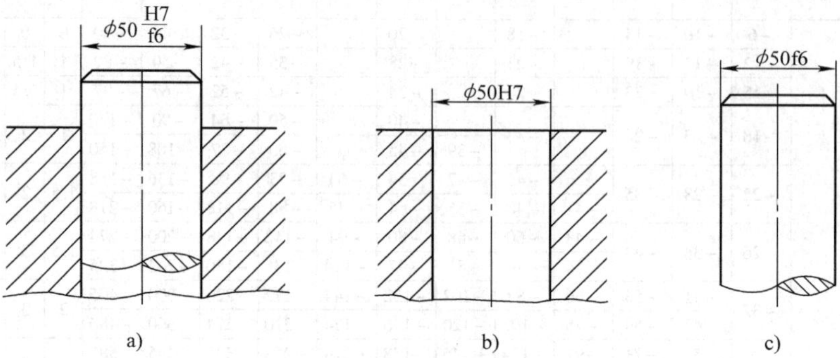

图 15-9 图样标注
a）装配图 b）、c）零件图

孔和轴的配合代号，由它们的公称尺寸，孔和轴的公差带代号组合而成。例如：$\phi 50 \dfrac{H7}{f6}$（或 $\phi 50H7/f6$、或 $\phi 50 \dfrac{H7\left(^{+0.025}_{0}\right)}{f6\left(^{-0.025}_{-0.041}\right)}$），表示公称尺寸为 $\phi 50mm$ 的孔和轴采用基孔制配合（基准孔为 $\phi 50H7$）（见图 15-9a）。

为了减少公差带与配合的种数，减少定值刀具、光滑极限量规和工艺装备的品种和规格的数量，如图 15-10 所示，国家标准（GB/T 1801—2009）规定了公称尺寸至 500mm 的孔公差带，选择时，首先考虑选用圆圈内的优先公差带，其次选用方框中的常用公差带，最后选用方框外的一般公差带。

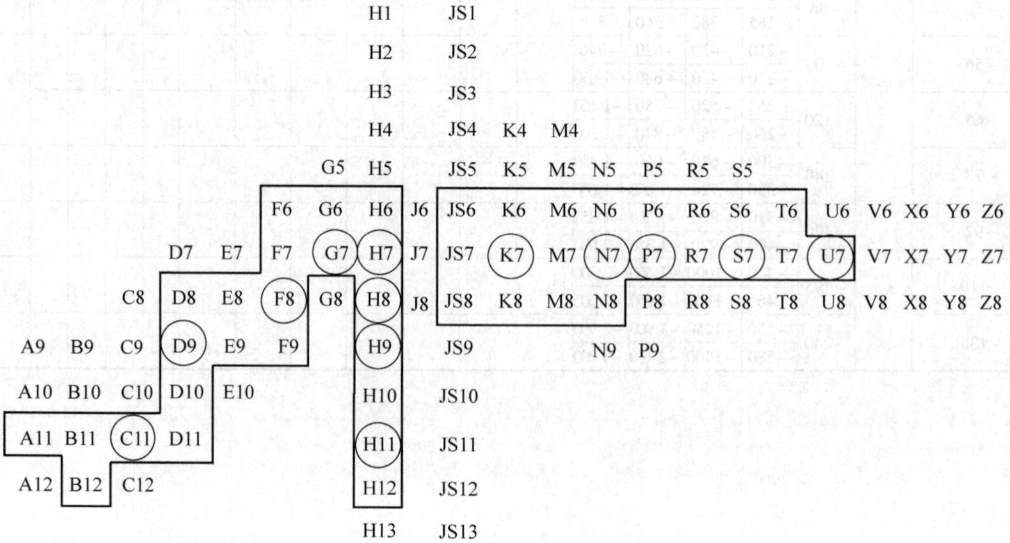

图 15-10   一般、常用和优先孔公差带（摘自 GB/T 1801—2009）

如图 15-11 所示，国家标准（GB/T 1801—2009）规定了公称尺寸至 500mm 的轴公差带，选择时，首先选用圆圈内的优先公差带，其次选用方框中的常用公差带，最后选用方框外的一般公差带。

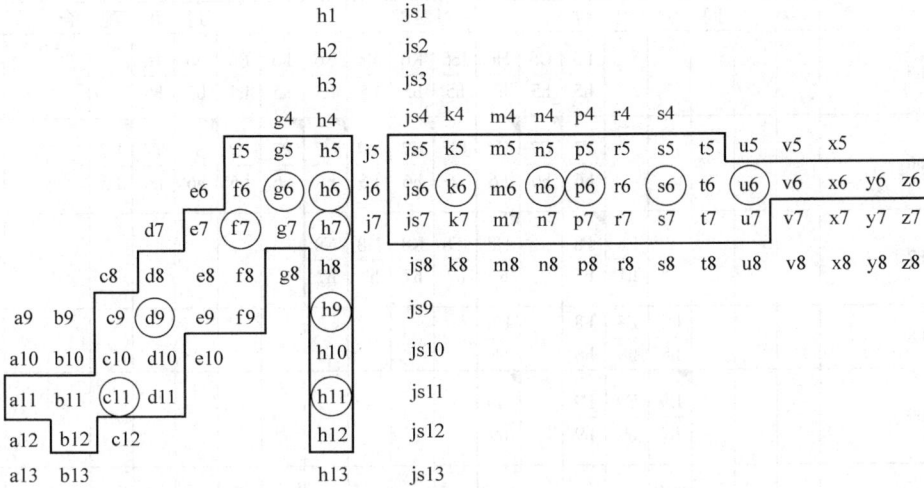

```
                              h1      js1
                              h2      js2
                              h3      js3
                    g4   h4   js4 k4 m4 n4 p4 r4 s4
          f5  g5   h5   j5  js5 k5 m5 n5 p5 r5 s5 t5  u5 v5 x5
    e6  f6 (g6) (h6)  j6  js6 (k6) m6 (n6)(p6) r6 (s6) t6 (u6) v6 x6 y6 z6
 d7 e7 (f7) g7 (h7)  j7  js7 k7 m7 n7 p7 r7 s7 t7 u7 v7 x7 y7 z7
 c8 d8 e8 f8 g8  h8      js8 k8 m8 n8 p8 r8 s8 t8 u8 v8 x8 y8 z8
a9 b9 c9 (d9) e9 f9     (h9)  js9
a10 b10 c10 d10 e10      h10  js10
a11 b11 (c11) d11       (h11) js11
a12 b12 c12              h12  js12
a13 b13                  h13  js13
```

图 15-11　一般、常用和优先轴公差带（摘自 GB/T 1801—2009）

表 15-5 表达了采用基孔制的优先、常用配合。

表 15-5　基孔制优先、常用配合（摘自 GB/T 1801—2009）

基准孔	轴																				
	a	b	c	d	e	f	g	h	js	k	m	n	p	r	s	t	u	v	x	y	z
	间 隙 配 合								过 渡 配 合				过 盈 配 合								
H6						H6/f5	H6/g5	H6/h5	H6/js5	H6/k5	H6/m5	H6/n5	H6/p5	H6/r5	H6/s5	H6/t5					
H7						H7/f6	H7/g6	H7/h6	H7/js6	H7/k6	H7/m6	H7/n6	H7/p6	H7/r6	H7/s6	H7/t6	H7/u6	H7/v6	H7/x6	H7/y6	H7/z6
H8					H8/e7	H8/f7	H8/g7	H8/h7	H8/js7	H8/k7	H8/m7	H8/n7	H8/p7	H8/r7	H8/s7	H8/t7	H8/u7				
				H8/d8	H8/e8	H8/f8		H8/h8													
H9			H9/c9	H9/d9	H9/e9	H9/f9		H9/h9													
H10			H10/c10	H10/d10				H10/h10													
H11	H11/a11	H11/b11	H11/c11	H11/d11				H11/h11													
H12		H12/b12						H12/h12													

注：标注▼ 的配合为优先配合。

表 15-6 表达了采用基轴制的优先、常用配合。

表 15-6 基轴制优先、常用配合（摘自 GB/T 1801—2009）

基准轴	A	B	C	D	E	F	G	H	JS	K	M	N	P	R	S	T	U	V	X	Y	Z
			间 隙 配 合						过 渡 配 合				过 盈 配 合								
h5						F6/h5	G6/h5	H6/h5	JS6/h5	K6/h5	M6/h5	N6/h5	P6/h5	R6/h5	S6/h5	T6/h5					
h6						F7/h6	G7/h6	H7/h6	JS7/h6	K7/h6	M7/h6	N7/h6	P7/h6	R7/h6	S7/h6	T7/h6	U7/h6				
h7					E8/h7	F8/h7		H8/h7	JS8/h7	K8/h7	M8/h7	N8/h7									
h8				D8/h8	E8/h8	F8/h8		H8/h8													
h9				D9/h9	E9/h9	F9/h9		H9/h9													
h10				D10/h10				H10/h10													
h11	A11/h11	B11/h11	C11/h11	D11/h11				H11/h11													
h12		B12/h12						H12/h12													

注：标注▼的配合为优先配合。

例 15-1 确定 $\phi25\text{H7/f6}$ 孔、轴的极限偏差，并计算极限尺寸，极限间隙、配合公差，画出公差带图。

解 查表 15-2，公称尺寸 25mm 属于 18mm 至 30mm 的尺寸分段，在此公称尺寸分段内，IT6 = 13μm，IT7 = 21μm。孔 $\phi25\text{H7}$：是基准孔，基本偏差 EI = 0，ES = EI + IT7 = +21μm。

轴 $\phi25\text{f6}$：查表 15-3，基本偏差为上极限偏差

$$es = -20\mu m, \quad ei = es - IT6 = (-20-13)\mu m = -33\mu m$$

孔：$D_{max} = D + ES = 25.021\text{mm}, \qquad D_{min} = D + EI = 25\text{mm}$

轴：$d_{max} = d + es = 24.980\text{mm}, \qquad d_{min} = d + ei = 24.967\text{mm}$

$$X_{max} = ES - ei = +54\mu m, \qquad X_{min} = EI - es = +20\mu m$$

$$T_f = T_h + T_s = (21 + 13)\mu m = 34\mu m$$

公差带图如图 15-12a 所示。

例 15-2 确定 $\phi25\text{K7/h6}$ 孔、轴的极限偏差，并计算极限尺寸，极限间隙或过盈，配合公差，画出公差带图。

解 查表 15-2，公称尺寸 25mm 属于大于 18mm 至 30mm 的尺寸分段，在此公称尺寸分段内，IT6 = 13μm，IT7 = 21μm。

孔 ϕ25K7：查表 15-4，基本偏差为上极限偏差

$$ES = -2\mu m + \Delta = (-2+8)\mu m = +6\mu m$$

$$EI = ES - IT7 = (+6-21)\mu m = -15\mu m$$

轴 ϕ25h6：是基准轴，基本偏差是上极限偏差 es = 0

$$ei = es - IT6 = -13\mu m$$

孔：$D_{max} = D + ES = 25.006mm$，　　$D_{min} = D + EI = 24.985mm$

轴：$d_{max} = d + es = 25mm$，　　$d_{min} = d + ei = 24.987mm$

$X_{max} = ES - ei = +19\mu m$，　　$Y_{max} = EI - es = -15\mu m$

$T_f = T_h + T_s = (21+13)\mu m = 34\mu m$

公差带图如图 15-12b 所示。

例 15-3 确定 ϕ25P7/h6 孔、轴的极限偏差，并计算极限尺寸，极限过盈，配合公差，画出公差带图。说明配合制和配合类别。

解 查表 15-2，公称尺寸 25mm 属于大于 18mm 至 30mm 的尺寸分段，在此公称尺寸分段内，IT6 = 13μm，IT7 = 21μm。

孔 ϕ25P7：查表 15-4，基本偏差为上极限偏差

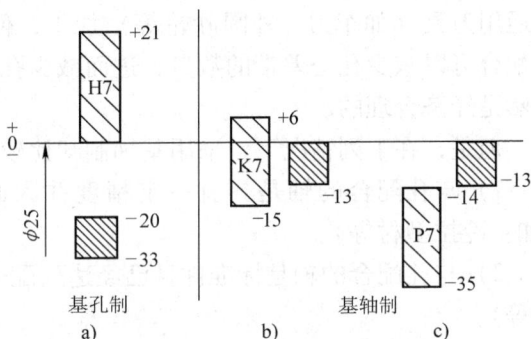

图 15-12　孔、轴公差带图

$$ES = -22\mu m + \Delta = (-22+8)\mu m = -14\mu m$$

$$EI = ES - IT7 = (-14-21)\mu m = -35\mu m$$

轴 ϕ25h6：是基准轴，基本偏差是上极限偏差 es = 0，由此可判别该孔、轴配合采用基轴制。

$$ei = es - IT6 = -13\mu m$$

孔：$D_{max} = D + ES = 24.986mm$，　　$D_{min} = D + EI = 24.965mm$

轴：$d_{max} = d + es = 25mm$，　　$d_{min} = d + ei = 24.987mm$

$Y_{min} = ES - ei = -1\mu m$，　　$Y_{max} = EI - es = -35\mu m$

$T_f = T_h + T_s = (21+13)\mu m = 34\mu m$

计算说明，该孔和轴的配合是过盈配合。公差带图如图 15-12c 所示，由公差带图也可以看出，孔的公差带在轴的公差带下方，属过盈配合。

三、常用尺寸孔、轴公差与配合的选用原则

机械零件生产制造中将尺寸小于等于 500mm 的尺寸叫做常用尺寸。

公差配合的选择内容主要包括：基准制的选择、公差等级的选择和配合种类的选择。选择的原则是在满足使用要求的前提下，追求最佳的技术经济效益。公差等级和配合种类的选择方法有计算法、实验法和类比法。

用计算法选择公差等级和配合种类，通常与流体力学润滑理论（间隙配合）或材料力学强度理论（过盈配合）相关联。通过比较复杂的计算来确定极限间隙或极限过盈，

随着计算机技术的普及应用，这种方法逐渐得到广泛的应用。

用试验法选择公差等级和配合种类，主要用于对产品质量和性能有极大影响的特别重要的配合，通过试验法确定最佳工作性能所要求的极限间隙或极限过盈。这种方法一般需要进行多次试验，费用较大，耗时较长。

用类比法选择公差等级和配合种类通常是精度设计首先采用的方法，它简便快捷，经济实用，可以满足一般设计要求。

1. 基准制的选择原则

在进行零件的精度设计时，应首先选用基孔制。因为孔通常是用定值刀具（如钻头、铰刀、拉刀等）加工，批量生产时还往往使用光滑极限塞规（定值量具）检验，而轴使用通用刀具（如车刀、外圆砂轮等）加工，便于用通用计量器具测量。因此，采用基孔制配合可以减少孔公差带的数量，进而减少孔用定值刀具和光滑极限塞规的种类和规格，显然是经济合理的。

但是，在下列情况下，采用基轴制却比较合理。

1）与孔配合的轴是具有一定精度并因此而不需要加工就能满足配合要求的型材（如：冷拉型材等）。

2）与孔配合的轴是标准件且已经达到配合要求的精度（如：滚动轴承外圈、平键宽度等）。

3）考虑装配顺序或装配工艺时，采用基轴制更为有利的情况。

如图15-13所示活塞连杆机构中，活塞销2同时与连杆3小头孔和活塞1上两个销孔配合，通常要求活塞销与连杆小头孔配合松些，与活塞上的两个销孔的配合紧些。若采用基孔制，活塞销将加工成如图15-13b所示的阶梯轴，不但加工不方便，而且由于装配时只能从一边穿进，会将连杆小头孔刮伤。反之，如图15-13c采用基轴制，活塞销按一种公差加工，制成光轴，加工和装配都方便。

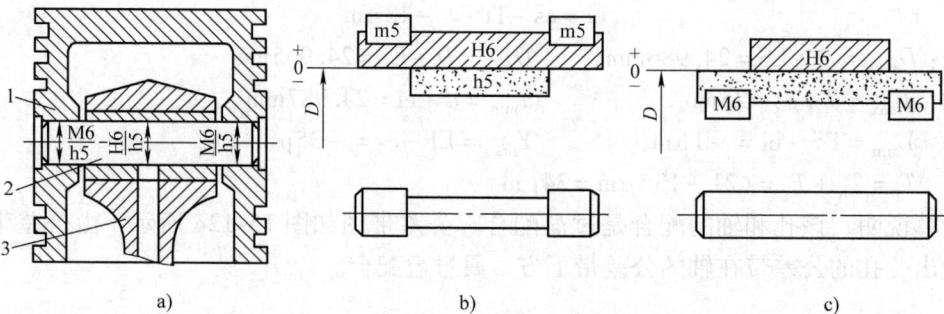

图15-13 活塞连杆机构的配合

2. 公差等级的选择原则

选择公差等级的基本原则是：在满足使用要求的前提下，尽量选用低的公差等级。

选择公差等级，要正确处理好使用要求、制造工艺和成本之间的关系。一般采用类比法选择，即参考从生产实践中总结出来的经验资料进行对比选择。

用类比法选择公差等级时，应注意以下问题：

1）同一配合中孔与轴的工艺等价性。同一配合中孔与轴的加工难度应基本一致。实践中以公差等级 IT8 为界，公差等级为 7 级或高于 7 级的孔应与高一级的轴配合（如：H7/m6，R6/h5），公差等级为 8 级的孔可与同一级的轴或高一级的轴配合（H8/f8，F8/h7），公差等级为 9 级或低于 9 级的孔应与同一级的轴配合（如：H9/e9，D10/h10）。

2）相配件或相关件的结构或精度应相互一致。某些孔、轴的公差等级决定于相配件或相关件的结构和精度。例如，与滚动轴承相配合的轴径和箱体孔的公差等级，应分别取决于滚动轴承的内圈和外圈的公差等级、配合公差及其配合种类。

否则，高精度的轴承与低精度的轴径和箱体孔配合，可能会由于轴承内、外圈是薄壁件，易随配合件变形，而使得轴承的高精度失去意义。表 15-7 是各个公差等级常用的范围。

表 15-7　公差等级常用的范围

公差等级	应用范围举例
IT01 ~ IT1	用于量块的尺寸公差
IT2 ~ IT5	用于精密配合，如：滚动轴承各零件的配合，圆度仪的主轴轴径与轴承的配合
IT5 ~ IT6	有精度要求的重要和较重要的配合，如：精密机床主轴轴径与轴承的配合，内燃机的活塞销与活塞两个销孔的配合
IT6 ~ IT7	较高精度的重要配合，如：普通机床的重要配合，与滚动轴承配合的箱体孔
IT7 ~ IT8	用于中等精度的要求的场合，如：通用机械的滑动轴承与轴径的配合，重型机械和农业机械的重要配合
IT9 ~ IT10	一般精度的配合，如：键宽与键槽宽的配合等
IT11 ~ IT12	用于不重要的配合
IT12 ~ IT18	用于非配合尺寸

3. 配合种类的选择原则

基准制和公差等级的选择确定了基准孔或基准轴公差带的位置和公差值的大小，同时也确定了非基准轴或非基准孔的公差带的大小。因此，选择配合种类实际上就是选择非基准轴或非基准孔公差带的位置，即选择非基准轴或非基准孔的基本偏差代号。

设计时，可用类比法选择配合种类，且应按照国标 GB/T 1801—2009 规定的优先配合、常用配合、一般配合的顺序来选择。应用类比法时，首先要了解工作配合的应用实例，然后考虑所设计的产品的具体工作条件和使用要求来选择配合种类。同时还要注意以下几点：

（1）了解各种配合的特征

1）间隙配合。a~h 等 11 种轴的基本偏差与基准孔 H，或 A~H 等 11 种孔的基本偏差与基准轴 h 形成间隙配合。其中 a 与 H（或 A 与 h）形成的配合间隙平均值最大。此后，平均间隙依次减小，h 与 H 形成的平均间隙最小，该配合的最小间隙为零。

2）过渡配合。js、j、k、m、n 等 5 种轴的基本偏差与基准孔 H，或 JS、J、K、M、N 等 5 种孔的基本偏差与基准轴 h 形成过渡配合。其中 js 与 H（或 JS 和 h）形成的配合较松，获得间隙的概率较大。此后，配合依次变紧，n 与 H（或 N 与 h）形成的配合较紧，获得过盈的概率较大。而公差等级很高的 n 与 H（或 N 与 h）形成的配合（如：H6/n5，N6/h5），则会因为基准孔或基准轴公差等级的提高而使公差值逐渐变小，以至形成过盈配合。

3）过盈配合。p-zc 等 12 种轴的基本偏差与基准孔 H，或 P~ZC 等 12 种孔的基本偏差与基准轴 h 形成过盈配合。其中 p 与 H（或 P 与 h）形成的配合的过盈平均值最小。此后，平均过盈依次增大，zc 与 H（或 ZC 与 h）形成配合的过盈平均值最大。

各种基本偏差的应用实例见表 15-8。

表 15-8 各种基本偏差的应用实例

配合	基本偏差	各种基本偏差的特点及应用实例
间隙配合	a（A）b（B）	可得到特别大的间隙，应用很少。主要用于工作温度高、热变形大的零件配合，如发动机中活塞与缸套的配合为 H9/a9
	c（C）	可得到很大的间隙。一般用于工作条件较差（如农业机械）、工作时受力变形大及装配工艺性不好的零件配合，也适用于高温工作的间隙配合，如内燃机排气阀杆与导管的配合为 H8/c7
	d（D）	与 IT7~IT11 对应，适用于较松的间隙配合（如滑轮、空转的带轮与轴的配合），以及大尺寸滑动轴承与轴颈的配合（如涡轮机、球磨机等的滑动轴承）。活塞环与活塞的配合可用 H9/d9
	e（E）	与 IT6~IT9 对应，具有明显的间隙，用于大跨距及多支点的转轴与轴承的配合，以及高速、重载的大尺寸轴颈与轴承的配合，如大型电机、内燃机的主要轴承的配合为 H8/e7
	f（F）	多与 IT6~IT8 对应，用于一般的转动配合，受温度影响不大，采用普通润滑油的轴颈与滑动轴承的配合，如齿轮箱、小电机、泵等的转轴轴颈与滑动轴承的配合为 H7/f6
	g（G）	多与 IT5~IT7 对应，形成配合的间隙较小，用于轻载精密装置中的转动配合，用于插销的定位配合，滑阀、连杆销等处的配合，钻套导向孔多用 G6
	h（H）	多与 IT4~IT11 对应，广泛用于无相对转动的配合，一般的定位配合。若没有温度、变形的影响，也可用于精密滑动轴承，如车床尾座导向孔与滑动套筒的配合为 H6/h5
过渡配合	js（JS）	多用于 IT4~IT7 具有平均间隙的过渡配合，用于略有过盈的定位配合，如联轴器、齿圈与轮毂的配合，滚动轴承外圈与外壳孔的配合多用 JS7。一般用手或木槌装配
	k（K）	多用于 IT4~IT7 平均间隙接近零的配合，用于定位配合，如滚动轴承的内、外圈分别与轴颈、外壳孔的配合，用木槌装配
	m（M）	多用于 IT4~IT7 平均过盈较小的配合，用于精密的定位配合，如蜗轮的青铜轮缘与轮毂的配合为 H7/m6
	n（N）	多用于 IT4~IT7 平均过盈较大的配合，很少形成间隙。用于加键传递较大转矩的配合，如冲床上齿轮的孔与轴的配合。用槌子或压力机装配
过盈配合	p（P）	用于小过盈量配合。与 H6 或 H7 的孔形成过盈配合，而与 H8 的孔形成过渡配合。碳钢和铸铁零件形成的配合为标准压入配合，如卷扬机绳轮的轮毂与齿圈的配合为 H7/p6。合金钢螺距的配合需要小过盈量时可用 p（或 P）
	r（R）	用于传递大转矩或受冲击负荷而需要加键的配合，如蜗轮孔与轴的配合为 H7/r6。须注意 H8/r8 配合在公称尺寸小于 100mm 时，为过渡配合
	s（S）	用于钢和铸铁零件的永久性和半永久性结合，可产生相当大的结合力，如套环压在轴、阀座上用 H7/s6 配合
	t（T）	用于钢和铸铁零件的永久性结合，不用键传递转矩，需要热套法和冷轴法装配，如联轴器与轴的配合为 H7/t6
	u（U）	用于大过盈量配合，最大过盈需验算。用热套法进行装配。如火车轮毂和轴的配合为 H6/u5
	v（V），x（X），y（Y），z（Z）	用于特大过盈量配合，目前使用的经验和资料很少，须经试验后才能采用。一般不推荐

（2）选择配合种类时应考虑的几个主要因素见表 15-9。

表 15-9　配合种类及其应用

孔、轴配合要求	适用的配合种类
孔轴是否有相对运动	有相对运动，必须选用间隙配合。无相对运动且传递载荷则选取过盈配合，也可选取过渡配合，但必须加键、销等联接件
孔轴传递扭矩	孔轴传递的扭矩越大，选取过盈配合的过盈量也越大
孔轴定心精度要求	孔和轴定心精度要求高时，不宜采用间隙配合，通常采用过渡配合或小过盈量的过盈配合
孔轴是否经常拆卸	经常拆卸的孔和轴的配合，要比不常拆卸的孔和轴的配合松些，不经常拆卸但拆卸困难的孔和轴也要选取较松的配合
孔轴工作与装配时的温度变化较大	根据孔轴材料的线膨胀系数及其工作与装配时的温度差，设计装配时应有的间隙或过盈
孔轴配合的生产类型	大批量生产时，加工后尺寸通常遵循正态分布。单件小批量生产时，轴的加工尺寸多偏向最大极限尺寸，而孔的加工尺寸多偏向最小极限尺寸。因此，对于同一种配合，大批量生产时，应选用较紧的配合；小批量生产时，应选用较松的配合

四、线性尺寸的未注公差

在零件图上，对于在车间一般情况下能够保证的非配合尺寸的公差和极限偏差可以不注出。GB/T 1804—2000 对线性尺寸的未注公差规定了 4 个等级，即 f 级（精密级）、m 级（中等级）、c 级（粗糙级）、v 级（最粗级），并规定了相应的极限偏差数值。这些数值在图样上不注出，而是在图样上的技术要求中或技术文件上采用 GB/T 1804 的标准号和公差等级符号表示，如：GB/T 1804-m。

第三节　几何精度设计

一、几何公差的含义和形位公差带的特性

组成机械零件的点、线、面称为几何要素，简称要素。要素可以从不同角度加以分类。按结构特征，要素可分为组成要素（轮廓要素）和导出要素（中心要素）。如图 15-14a 中端面 3、圆柱面 4、圆锥面 6 等都是组成要素，球心 8、轴线 7 以及图 15-14b 中的平面 P 等是导出要素；按存在状态，要素可分为理想要素和实际要素，其中理想要素是具有几何学意义的要素，实际要素是指零件上实际存在的要素；按检测关系，要素可分为被测要素和基准要素，其中基准要素是指图样上规定用来确定被测要素方向或位置的要素。基准要素应具有理想状态，理想的基准要素简称基准；按功能关系，要素可分为单一要素和关联要素，其中关联要素是指对基准要素有功能关系而给出位置公差要求的要素。

几何公差是指实际被测要素对图样上给定的理想形状、理想位置的允许变动量。形状公差是指实际单一要素的形状所允许的变动量。位置公差是指关联要素相对于基准的位置所允许的变动量。零件存在的形状、位置误差必然影响零件的功能和装配互换性，正确地控制形状和位置误差对保证产品的质量具有重要意义。

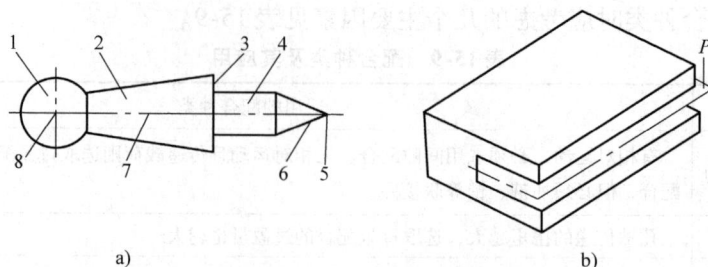

图 15-14 零件的几何要素

国家标准规定的几何公差项目有 14 个。其中形状公差项目有 6 个（含形状或位置公差项目两个），位置公差项目有 8 个。位置公差分为定向公差、定位公差和跳动公差三类。几何公差分类、项目及符号见表 15-10。

表 15-10 几何公差分类、项目及符号（GB/T 1182—2008）

公 差 类 型	项目特征	符号	有无基准
形 状 公 差	直线度	—	无
	平面度	▱	无
	圆度	○	无
	圆柱度	⌀	无
形状公差、方向公差或位置公差	线轮廓度	⌒	有或无(形状公差无)
	面轮廓度	⌓	有或无(形状公差无)
方向公差	平行度	//	有
	垂直度	⊥	有
	倾斜度	∠	有
位置公差	同心度(用于中心点) 同轴度(用于轴线)	◎	有
	对称度	=	有
	位置度	⊕	有或无
跳动公差	圆跳动	↗	有
	全跳动	↗↗	有

几何公差带是用来限制实际被测要素变动的区域。只要实际被测要素能全部落在给定的公差带内，就表明该实际被测要素合格。几何公差带的区域可以是平面的和空间的区域，表 15-11 列出了几何公差带的 12 种主要形状。

表 15-11　几何公差带的主要形式

1. 两平行直线间规定长度内的区域	 7. 两同轴圆柱面间的规定长度内的区域 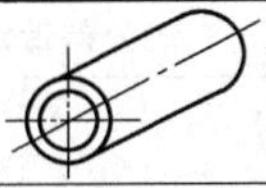
2. 两等距曲线间规定弧长内的区域	 8. 两平行平面之间规定的空间区域 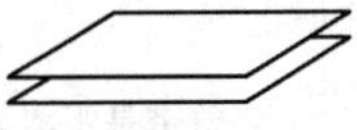
3. 两同心圆之间的区域	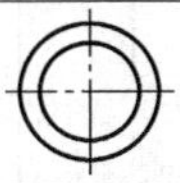 9. 两等距曲面之间规定的空间区域 
4. 一个圆的区域	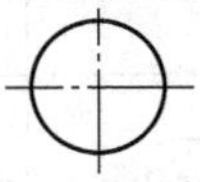 10. 一段四棱柱，一般由两组相互垂直的平行平面确定的区域 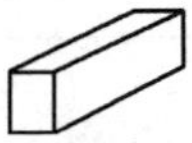
5. 一个球的空间区域	 11. 一段圆柱面 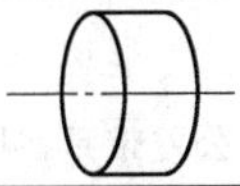
6. 一段圆柱的空间区域	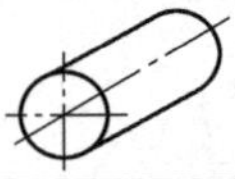 12. 一段圆锥面 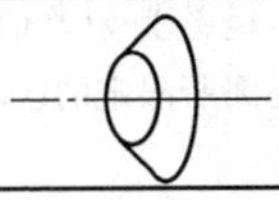

典型形状公差带的定义、标注示例和说明见表 15-12。

表 15-12　典型形状公差带的定义、标注示例和说明

项目	公差带定义	标注示例	说　明
直线度	在给定平面内　公差带是距离为公差值 t 的两平行直线之间的区域	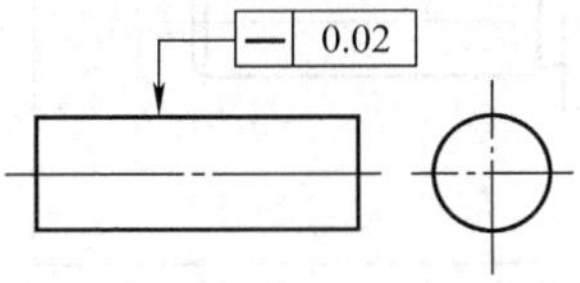 — 0.02	圆柱面上任一提取(实际)素线应限制在轴向平面内，距离为公差值 0.02mm 的两平行直线之间 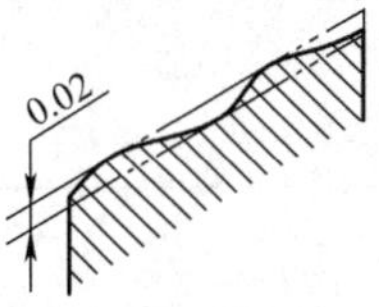
	在给定方向上　公差带是距离为公差值 t 的两平行平面之间的区域	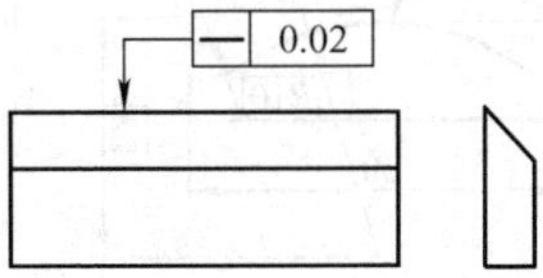 — 0.02	提取(实际)棱线应限制在箭头所示方向而距离为公差值 0.02mm 的两平行平面内 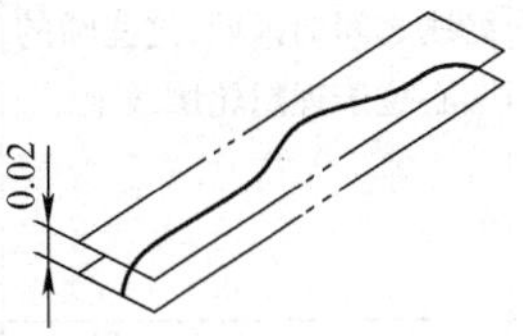
	在任意方向上　公差带是直径为公差值 t 的圆柱面内的区域	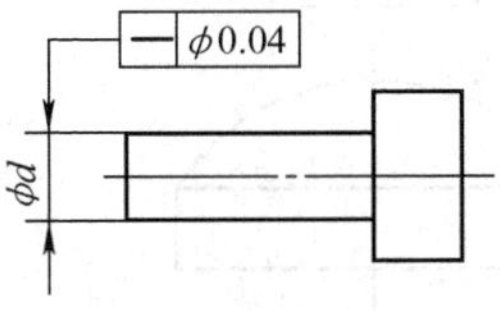 — $\phi0.04$	圆柱面的提取(实际)中心线应限制在直径为公差值 0.04mm 的圆柱面内 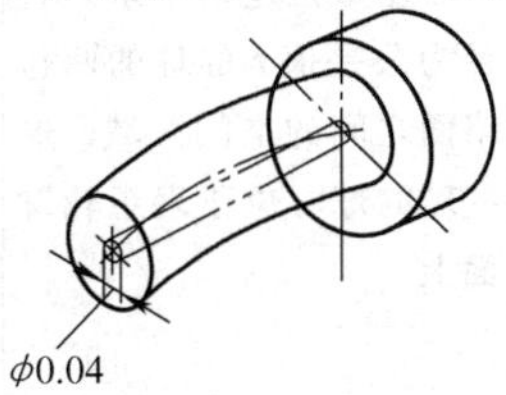

（续）

项目	公差带定义	标注示例	说明
平面度	公差带是距离为公差值 t 的两平行平面之间的区域	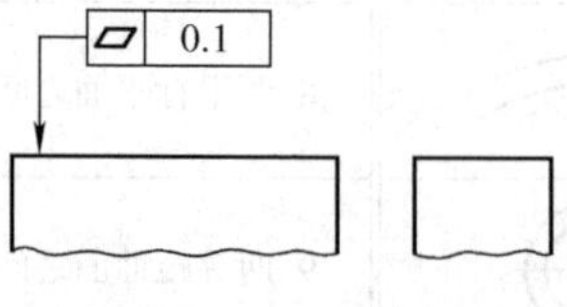 ▱ 0.1	提取（实际）表面应限定在距离为公差值 0.1mm 的两平行平面内 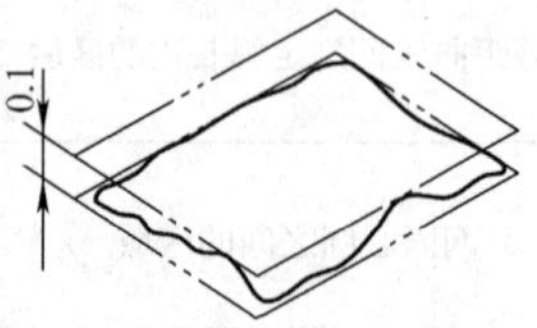
圆度	公差带是在同一截面内半径差为公差值 t 的两同心圆所限定的区域	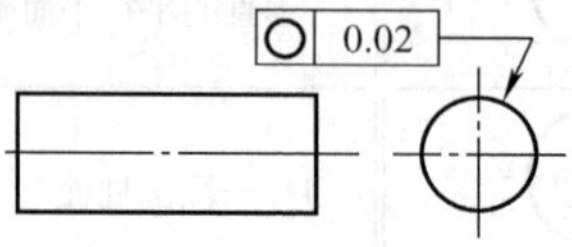 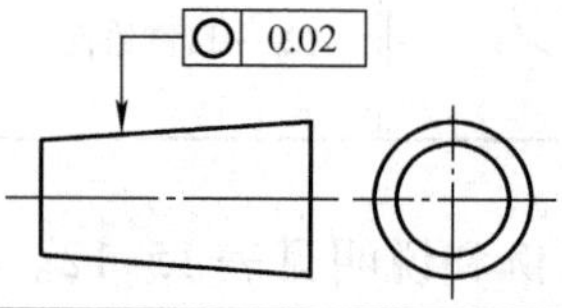 ○ 0.02 ○ 0.02	在圆柱面和圆锥面的任意横截面内，提取（实际）圆周应限定在半径差等于 0.02mm 的两共面同心圆之内 
圆柱度	公差带是半径差为公差值 t 的两同轴圆柱面所限定的区域	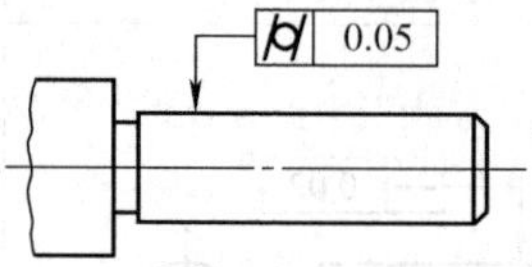 ⌭ 0.05	提取（实际）圆柱面应限定在半径差为公差值 0.05mm 的两同轴圆柱面之间 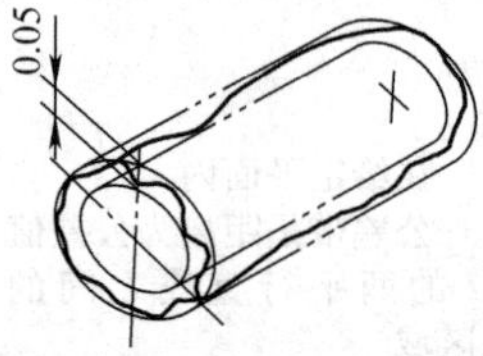
线轮廓度	公差带是包络一系列直径为公差值 t 的圆的两包络线之间的区域，这些圆的圆心位于理想轮廓线上	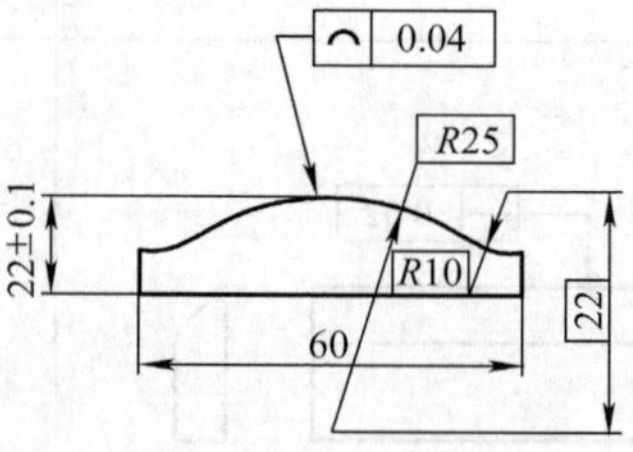 ⌒ 0.04 22 ± 0.1 R25 R10 60 22	在任一平行于图示投影面的截面内，提取（实际）轮廓线应限定在直径等于公差值 0.04mm，圆心位于被测要素理论正确几何形状上的一系列圆的两包络线之间 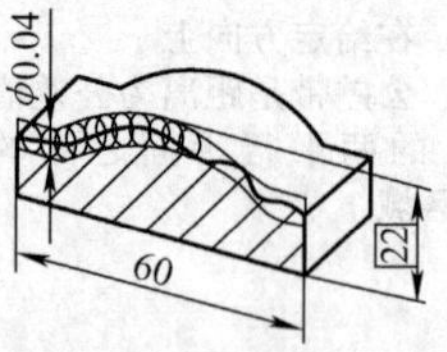
面轮廓度	公差带是包络一系列直径为公差值 t 的球的两包络面之间的空间区域，这些球的球心位于理想轮廓面上	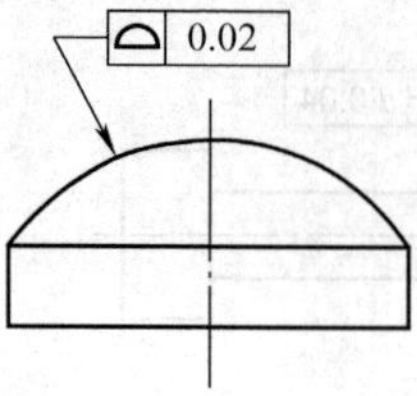 ⌓ 0.02	提取（实际）轮廓面应限定在直径等于公差值 0.02mm，球心位于被测要素理论正确几何形状上的一系列圆球的两等距包络面内 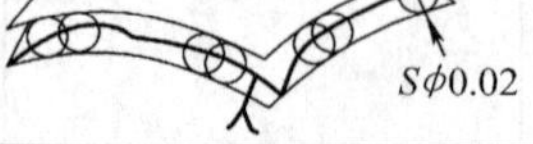

　　位置公差项目一般涉及被测要素和基准要素。表 15-13 列出了典型定向公差带的定义、标注和示例说明。

表 15-13　典型定向公差带的定义、标注和示例说明

项目	公差带定义	标注示例	说　　明
平行度	在给定一个方向上 　公差带是距离为公差值 t，且平行于基准平面（或直线、轴线）的两平行平面之间的空间区域	面对面 线对面 面对线	提取（实际）表面应限定在间距等于公差值 0.05mm，平行于基准 A 的两平行平面之间 提取（实际）中心线应限定在平行于基准平面 A，间距等于公差值 0.03mm 的两平行平面之间 提取（实际）表面应限定在平行于基准轴线 A，间距等于公差值 0.05mm 的两平行平面之间
	在给定两个互相垂直的方向上 　公差带是平行于基准轴线，间距等于公差值 t_1 和 t_2，且相互垂直的两组平行平面所限定的区域	线对线 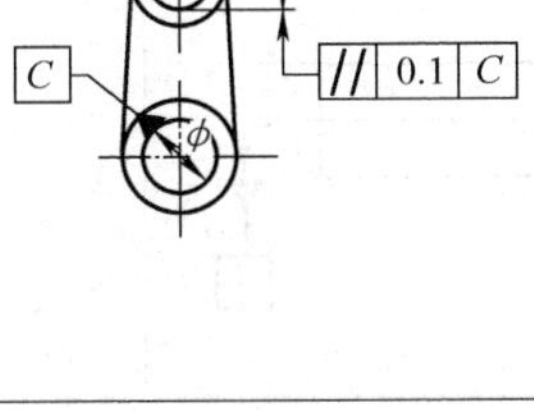	提取（实际）中心线限定在平行于基准轴线 C，间距等于 0.02mm 和 0.1mm，且相互垂直的两组平行平面之间 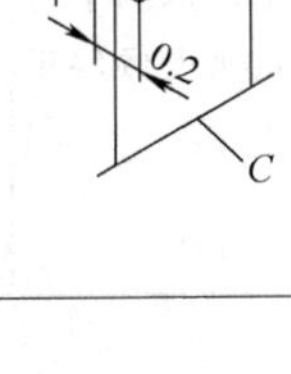

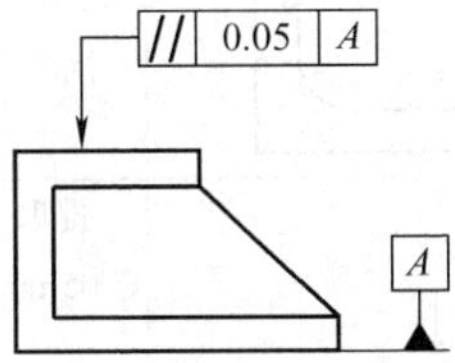

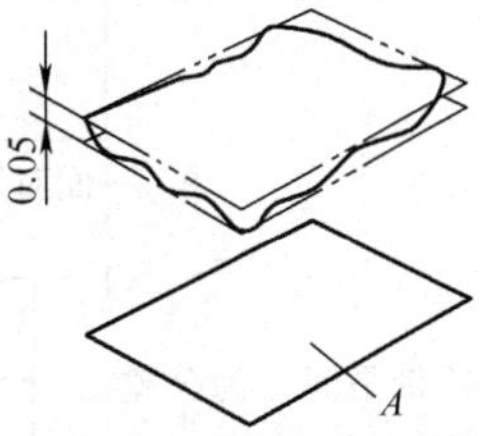

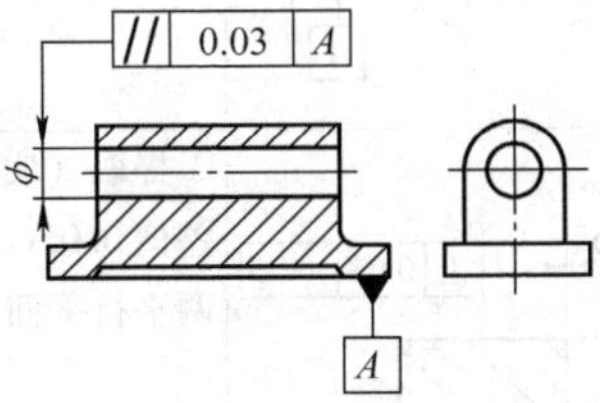

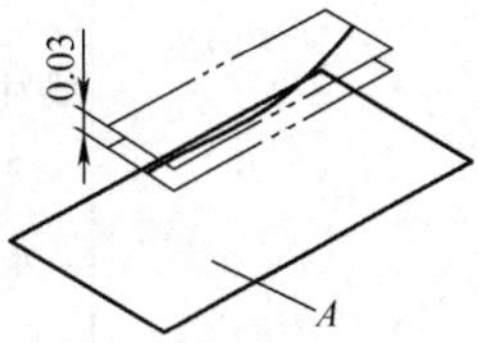

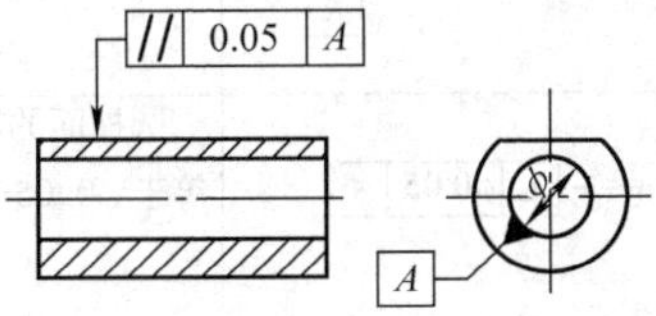

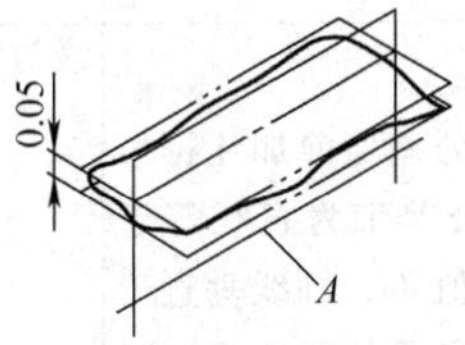

（续）

项目	公差带定义	标 注 示 例	说　明
垂直度	公差带是间距为公差值 t，且垂直于基准平面（或直线、轴线）的两平行平面或直线所限定的区域	面对面 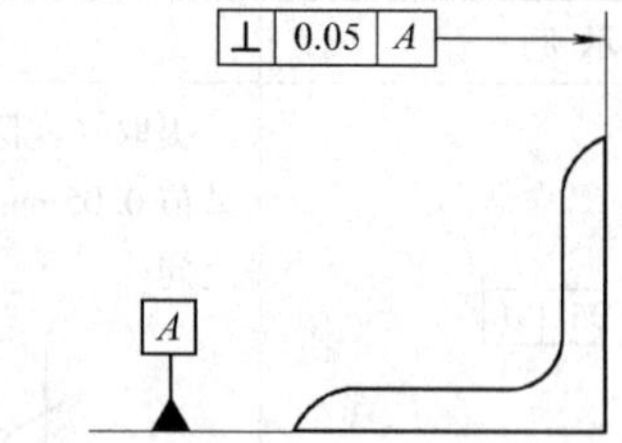 ⊥ 0.05 A A	提取（实际）表面应限定在间距为公差值 0.05mm、垂直于基准平面 A 的两平行平面之间 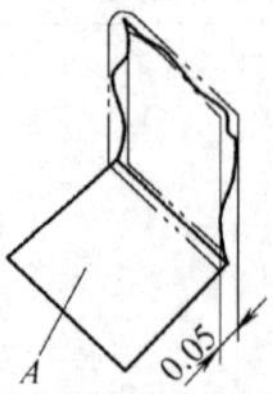
		面对线 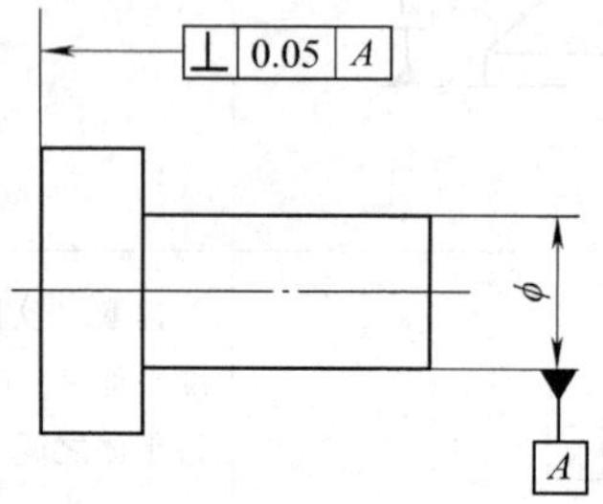 ⊥ 0.05 A ϕ A	提取（实际）表面应限制在间距等于公差值 0.05mm、垂直于基准轴线 A 的两平行平面之间 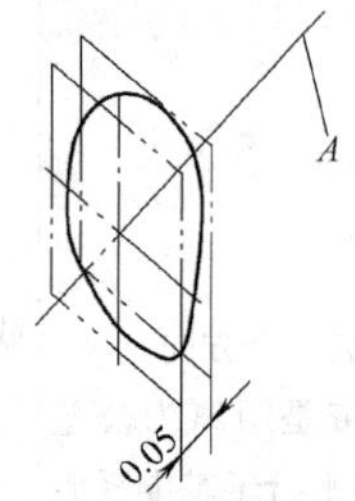
		线对线 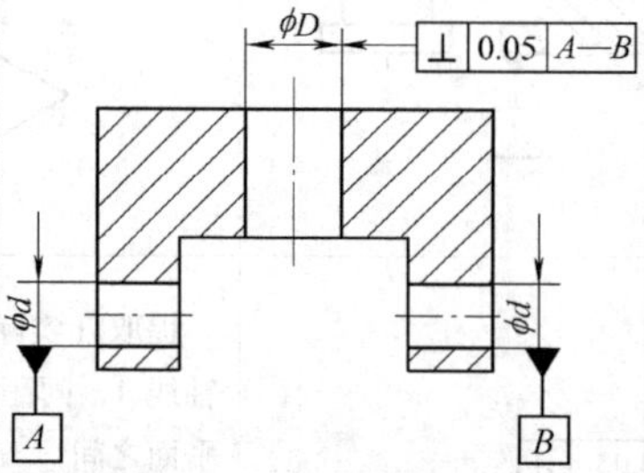 ϕD　⊥ 0.05 A—B ϕd　ϕd A　　B	提取（实际）中心线应限制在间距等于公差值 0.05mm、垂直于公共基准轴线 $A-B$ 的两平行平面之间 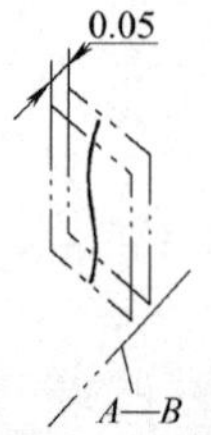
	若公差值前加注符号 ϕ，公差带为直径等于公差值 ϕt，轴线垂直于基准平面的圆柱面所限定的区域	线对面 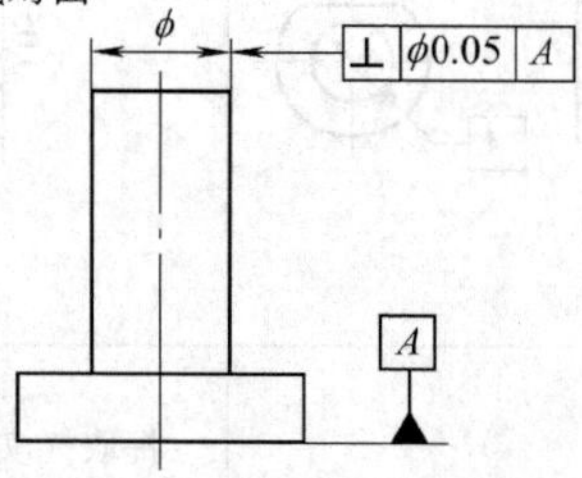 ϕ　⊥ ϕ0.05 A A	圆柱面的提取（实际）中心线以限定在直径等于 ϕ0.05mm 垂直于基准平面 A 的圆柱面内 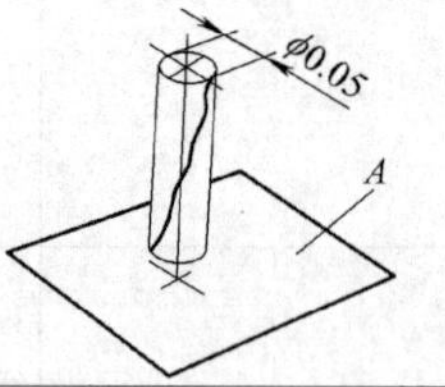
倾斜度	公差带为间距等于公差值 t 的两平行平面所限定的区域，该两平行平面按给定角度倾斜于基准轴线	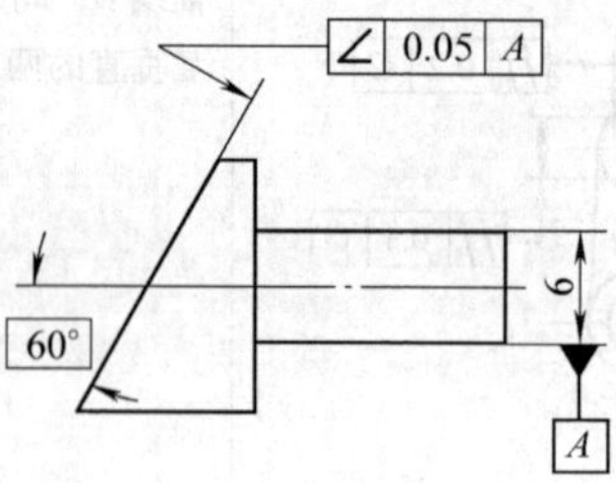 ∠ 0.05 A 6 60° A	提取（实际）表面应限定在间距等于 0.05mm 的两平行平面之间，该两平行平面按理论正确角度 60°倾斜于基准轴线 A 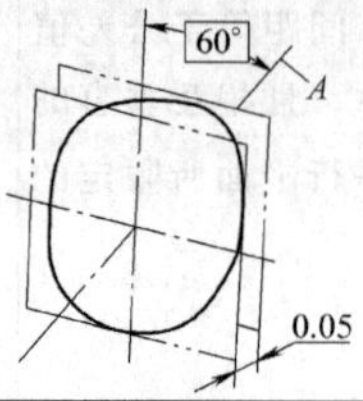

表 15-14 列出了定位公差带的定义、标注和示例说明。

表 15-14　典型定位公差带的定义、标注和示例说明

项目	公差带定义	标注示例	说　明
位置度	点的位置度公差 公差值前加注 $S\phi$，公差带为直径等于公差值 $S\phi t$ 的圆球面所限定的区域。该圆球面中心的理论正确位置由基准 A、B 和理论正确尺寸确定	$S\phi D$ $\bigoplus \, S\phi0.08 \, \boxed{A} \, \boxed{B}$	提取（实际）球心应限定在直径等于 $S\phi0.08\mathrm{mm}$ 的圆球面内，该圆球面的球心由基准轴线 A、基准平面 B 和理论正确尺寸确定
	线的位置度公差 公差值前加注 ϕ，公差带为直径等于 ϕt 的圆柱面所限定的区域。该圆柱面轴线的位置由基准平面 A、B、C，和理论正确尺寸确定	$4-\phi D$ $\bigoplus \, \phi0.1 \, \boxed{A} \, \boxed{B} \, \boxed{C}$	各提取（实际）中心线应各自限定在直径等于 $\phi0.1\mathrm{mm}$ 的圆柱面内。该圆柱面的轴线应处于由基准平面 A、B、C 和理论正确尺寸所确定的轴线的理论正确位置上
	面的位置度公差 公差带为间距等于公差值 t，且对称于被测面理论正确位置的两平行平面所限定的区域。面的理论正确位置由基准轴线、基准平面和理论正确尺寸确定	120 $60°$ $\bigoplus \, 0.05 \, \boxed{A} \, \boxed{B}$	提取（实际）表面应限定在间距等于 $0.05\mathrm{mm}$，且对称于被测面理论正确位置的两平行平面之间。该两平行平面对称于由基准轴线 A、基准平面 B 和理论正确角度 $\boxed{60°}$ 和尺寸 $\boxed{120}$ 所确定的被测面的理论正确位置
同心度和同轴度	点的同轴度公差（同心度）公差值前标注符号 ϕ，公差带为直径等于公差值 ϕt 的圆周所限定的区域。该圆周的圆心与基准点重合	$\boxed{A}$ $\boxed{\odot} \, \phi0.1 \, \boxed{A}$	在任意横截面内，内圆的提取（实际）中心应限定在直径等于 $\phi0.1\mathrm{mm}$，以基准点 A 为圆心的圆周内 a 基准点

（续）

项目	公差带定义	标注示例	说 明
同心度和同轴度	轴线的同轴度公差 公差值前标注 ϕ，公差带为直径等于 ϕt 圆柱面所限定的区域。该圆柱面的轴线与基准轴线重合	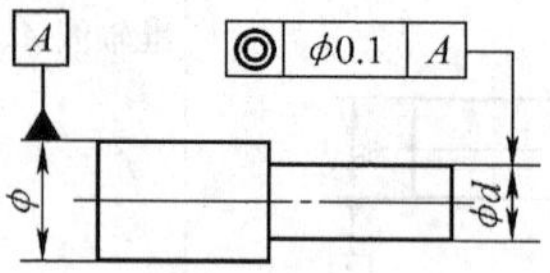	小圆柱面的提取（实际）中心线应限定在直径等于 $\phi 0.1$mm，以基准轴线为轴线的圆柱面内 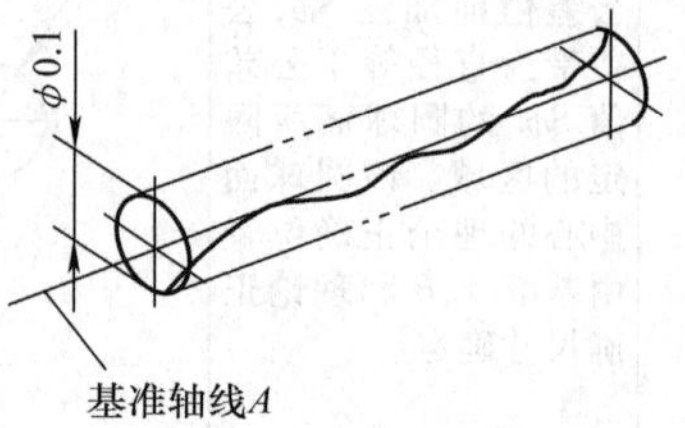 基准轴线 A
圆跳动	径向圆跳动 公差带是在垂直于基准轴线的任一测量平面内，半径差为公差值 t，且圆心在基准轴线上的两个同心圆之间的区域	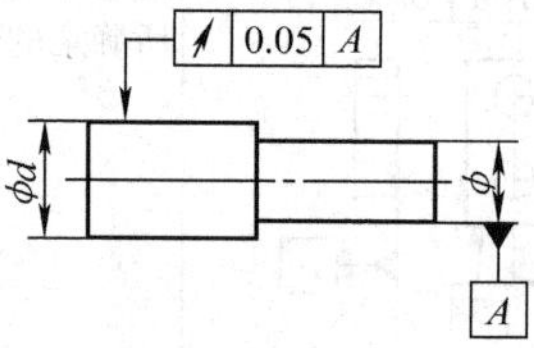	在任一垂直于基准轴线 A 的横截面内，提取（实际）圆应限定在半径差等于 0.05mm，圆心在基准轴线 A 上两同心圆之间 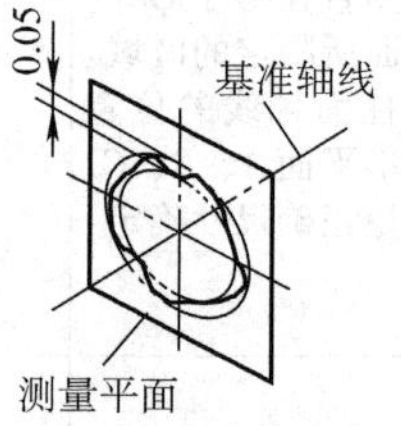 基准轴线 测量平面
	轴向圆跳动公差 公差带为与基准轴线同轴的任一半径的圆柱截面上，间距等于公差值 t 的两圆所限定的圆柱面区域	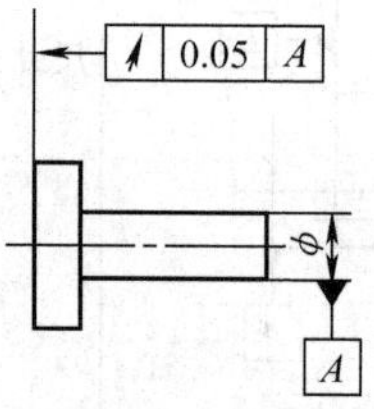	在与基准轴线 A 同轴的任一圆柱形截面上，提取（实际）圆应限定在轴向距离等于 0.05mm 的两个等圆之间 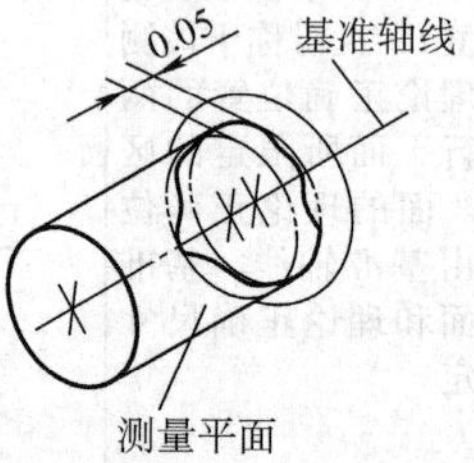 基准轴线 测量平面
	斜向圆跳动公差 公差带与基准轴线同轴，间距等于公差值 t 的两圆所限定的圆锥面区域	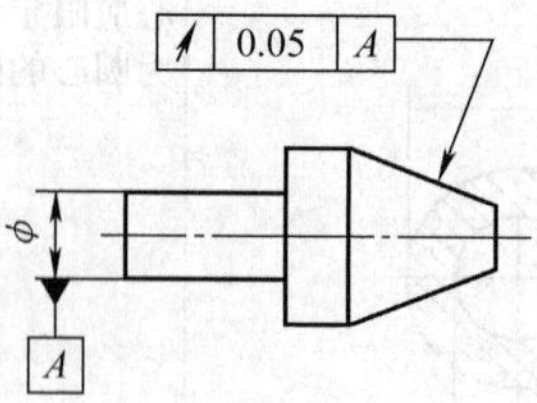	在与基准轴线 A 同轴的任一圆锥截面上，提取（实际）线应限定在素线方向间距等于 0.05mm 的两不等圆之间 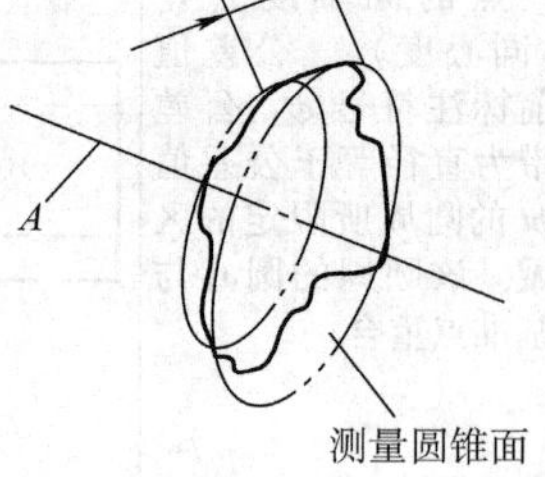 测量圆锥面

对照上述几何公差带的定义，可以发现以下特点：①形状公差带是浮动的，即其位置和方向是不确定的；方向公差带相对于基准的方向是确定的，但是离开其基准的距离是浮动的；位置公差带相对于基准的位置和方向都是确定的；跳动公差带由两个同心圆的位置和半径差确定，但两圆半径的大小并不确定；②方向公差带能够自然地把同一要素的形状误差控制在其方向公差范围内；位置公差带能够自然地把同一要素的形状误差和方向误差控制在其位置公差范围内。因此，对某一被测要素给出位置公差后，仅在对其方向精度或（和）形状精度有进一步要求时，才另行给出方向公差或（和）形状公差，且方向公差值必须小于位置公差值，形状公差值必须小于方向公差值，如图 15-15 所示。此外，线轮廓度和面轮廓度可以控制形状（无基准）也可以控制位置（有基准）。同轴度用于中心点时，称为同心度，两者符号相同。

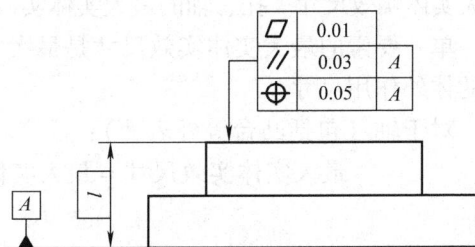

图 15-15 同时给出定位、定向和形状公差示例

二、公差原则

零件上的某个几何要素，往往是既给出尺寸公差的要求，又给出形状、位置公差的要求。因此有必要研究几何公差和尺寸公差的关系。确定几何公差与尺寸公差之间关系的原则称为公差原则。国标 GB/T 4249—2009《产品几何技术规范（GPS）公差原则》规定了确定尺寸公差与几何公差之间相互关系的原则。分为独立原则和相关要求。相关要求又分为：包容要求、最大实体要求、最小实体要求、和可逆要求 4 种。

（一）术语和定义

为了正确理解和应用公差原则，对有关术语和定义介绍如下。

1. 作用尺寸

（1）体外作用尺寸：体外作用尺寸指被测要素在给定长度上，与实际内表面体外相接的最大理想面或与实际外表面体外相接的最小理想面的直径或宽度。外表面的体外作用尺寸记为 d_{fe}，内表面的体外作用尺寸记为 D_{fe}；

（2）体内作用尺寸：体内作用尺寸指被测要素在给定长度上，与实际内表面体内相接的最小理想面或与实际外表面体内相接的最大理想面的直径或宽度。外表面的体内作用尺寸记为 d_{fi} 内表面的体内作用尺寸记为 D_{fi}。

对于关联要素，其理想面的轴线或中心平面必须与基准保持图样上给定的几何关系。

2. 最大实体尺寸和最小实体尺寸

提取组成要素的局部尺寸处处位于极限尺寸，且使其具有实体最大时（即材料量最多）的状态，叫做最大实体状态。最大实体状态下的极限尺寸叫做最大实体尺寸。孔、轴的最大实体尺寸分别用 D_M 和 d_M 表示。

提取组成要素的局部尺寸处处位于极限尺寸，且使其具有实体最小时（即材料量最少）的状态，叫做最小实体状态。最小实体状态下的尺寸叫做最小实体尺寸。孔、轴的最小实体尺寸分别用 D_L 和 d_L 表示。

3. 实效尺寸

（1）最大实体实效尺寸　在给定长度上，提取组成要素的局部尺寸处于最大实体状态，且其对应中心要素的几何误差等于给出的公差值时的综合极限状态。确定该状态的尺寸叫做最大实体实效尺寸。孔、轴的最大实体实效尺寸分别用 D_{MV} 和 d_{MV} 表示。

单一要素的最大实体实效尺寸是最大实体尺寸与形状公差的综合结果，相当于此状态下的体外作用尺寸。

对于轴（包括凸台等外表面）：

最大实体实效尺寸 = 最大实体尺寸 + （中心要素）形状公差值

即
$$d_{MV} = d_M + t_{形状}$$

对于孔（包括槽等内表面）：

最大实体实效尺寸 = 最大实体尺寸 − （中心要素）形状公差值

即
$$D_{MV} = D_M - t_{形状}$$

关联要素的最大实体实效尺寸是最大实体尺寸与位置公差的综合结果，相当于此状态下的体外作用尺寸，该体外作用尺寸与基准保持图样上给定的关系。

对于轴（包括凸台等外表面）：

最大实体实效尺寸 = 最大实体尺寸 + （中心要素）位置公差值

即
$$d_{MV} = d_M + t_{位置}$$

对于孔（包括槽等内表面）：

最大实体实效尺寸 = 最大实体尺寸 − （中心要素）位置公差值

即
$$D_{MV} = D_M - t_{位置}$$

（2）最小实体实效尺寸　在给定长度上，提取组成要素的局部尺寸处于最小实体状态，且其对应中心要素的几何误差等于给出的公差值时的综合极限状态。确定该状态的尺寸叫做最小实体实效尺寸。孔、轴的最小实体实效尺寸分别用 D_{LV} 和 d_{LV} 表示。

单一要素的最小实体实效尺寸是最小实体尺寸与形状公差的综合结果，相当于此状态下的体内作用尺寸。

对于轴（包括凸台等外表面）：

最小实体实效尺寸 = 最小实体尺寸 − （中心要素）形状公差值

即
$$d_{LV} = d_L - t_{形状}$$

对于孔（包括槽等内表面）：

最小实体实效尺寸 = 最小实体尺寸 + （中心要素）形状公差值

即
$$D_{LV} = D_L + t_{形状}$$

关联要素的最小实体实效尺寸是最小实体尺寸与位置公差的综合结果，相当于此状态下的体内作用尺寸，该体内作用尺寸与基准保持图样上给定的关系。

4. 理想边界

设计零件精度时，为了控制被测要素的实际尺寸和形位误差的综合结果，需要对该综合结果规定允许的极限。这个极限用理想边界的形式表示。理想边界是设计者给定的具有理想形状的极限包容面。边界的尺寸为极限包容面的直径或距离。对于被测内表面（孔）

来说，它的边界相当于一个具有理想形状的外表面（轴）；对于被测外表面（轴）来说，它的边界相当于一个具有理想形状的内表面（孔）。该极限圆柱面的直径称为孔或轴的边界尺寸。单一要素的理想边界没有方向和位置的约束，而关联要素的理想边界应与基准保持图样上规定的几何关系。

根据设计要求，可以给出四种理想边界，即最大实体边界、最小实体边界、最大实体实效边界和最小实体边界实效边界。

最大实体边界是指边界尺寸为最大实体尺寸的理想边界，最小实体边界是指边界尺寸为最小实体尺寸的理想边界，最大实体实效边界和最小实体实效边界分别是指尺寸为最大实体实效尺寸和最小实体实效尺寸时的理想边界。

（二）独立原则

独立原则是指图样上给定的几何公差与尺寸公差彼此独立，应分别满足要求。相互无关并应分别满足要求。遵守独立原则时，尺寸公差仅控制提取要素的局部尺寸，而不控制要素的几何误差。另一方面，图样上给定的几何公差与被测提取要素的局部尺寸无关，无论其局部尺寸如何，被测要素均应在给定的几何公差带内，几何误差允许达到最大值。图 15-16 所示零件的标注遵循独立原则。该轴提取要素的局部尺寸必须位于 19.967 ~ 20mm 之间，并且不论轴提取要素的局部尺寸为多少，其轴线的直线度误差和轮廓的圆度误差均应在给定的公差带内。

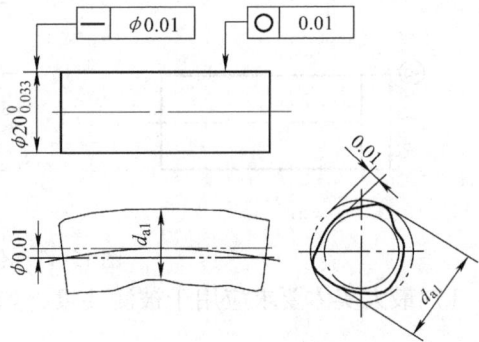

图 15-16 独立原则标注示例

（三）相关要求

相关要求是指图样上给定的尺寸公差与几何公差相互有关的要求。根据被测实际要素遵守的理想边界不同，又分为以下 4 种：

1. 包容要求

包容要求表示提取组成要素不得超越其最大实体边界，其局部尺寸不得超越最小实体尺寸。

包容要求仅用于表述尺寸公差与形状公差的关系，适用于单一要素，如圆柱面或两平行对应面。当遵循包容要求时，应在被测要素的尺寸偏差或公差带代号后加注符号Ⓔ。如图 15-17a、b 所示。

2. 最大实体要求

最大实体要求是控制被测要素的实际轮廓处于其最大实体实效边界之内的一种公差要求，即被测要素的局部尺寸和几何误差综合结果形成的实际轮廓不得超出该边界，且局部尺寸不得超出极限尺寸。应用最大实体要求时，要求实际要素遵守最大实体实效边界，当其实际尺寸偏离最大实体尺寸时，允许其几何误差值超出图样上给定的公差值，要素的局部实际尺寸应在最大实体尺寸与最小实体尺寸之间。换句话说，零件要素应用最大实体要求时，其体外作用尺寸不得超越其最大实体实效尺寸，而局部实际尺寸不得超出其极限尺寸。

　　应用最大实体要求的有关要素，应在其相应的公差框格内加注符号Ⓜ，如图 15-18 所示。

　　最大实体要求适用于尺寸公差与提取导出要素（中心要素）几何公差的关系，该提取导出（中心要素）可以是被测要素（在几何公差值后加注符号Ⓜ）或基准要素（在基准字母代号后加注符号Ⓜ），被测要素和基准要素也可以同时应用最大实体要求（分别在几何公差值后和基准字母后加注符号Ⓜ），如图 15-19 所示。

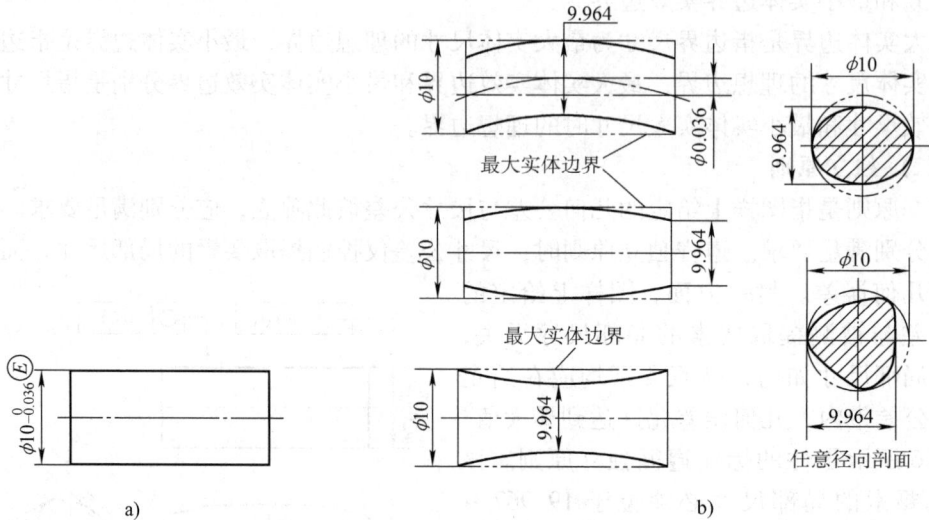

图 15-17　包容要求标注示例

1）最大实体要求应用于被测要素，如图 15-18a、b 所示。

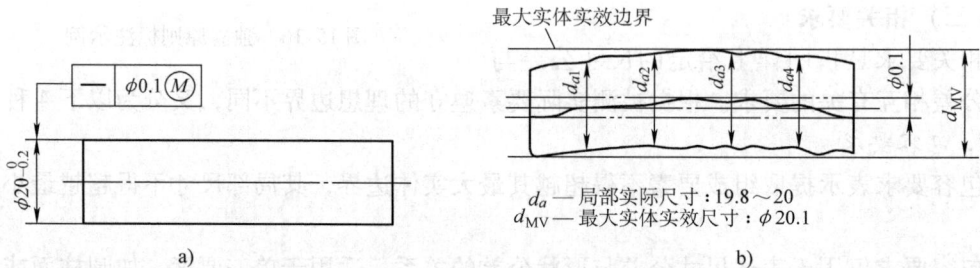

d_a ——局部实际尺寸：19.8～20
d_{MV} ——最大实体实效尺寸：ϕ20.1

图 15-18　最大实体要求标注示例

2）最大实体要求应用于基准要素，如图 15-19a、b、c、d 所示。

3）最大实体要求的零形位公差，如图 15-20a、b、c 所示。

关联要素应用最大实体边界时，可以应用最大实体要求的零几何公差。

3. 最小实体要求

　　最小实体要求是控制被测要素的实际轮廓处于其最小实体实效边界之内的一种公差要求，即被测要素的局部尺寸和几何误差综合结果形成的实际轮廓不得超出该边界，且局部尺寸不得超出极限尺寸。应用最小实体要求时，要求实际要素遵守最小实体实效边界，当其实际尺寸偏离最小实体尺寸时，允许其形位误差超出图样上给定的公差值，而其局部实际尺寸必须在最大实体尺寸和最小实体尺寸之间。

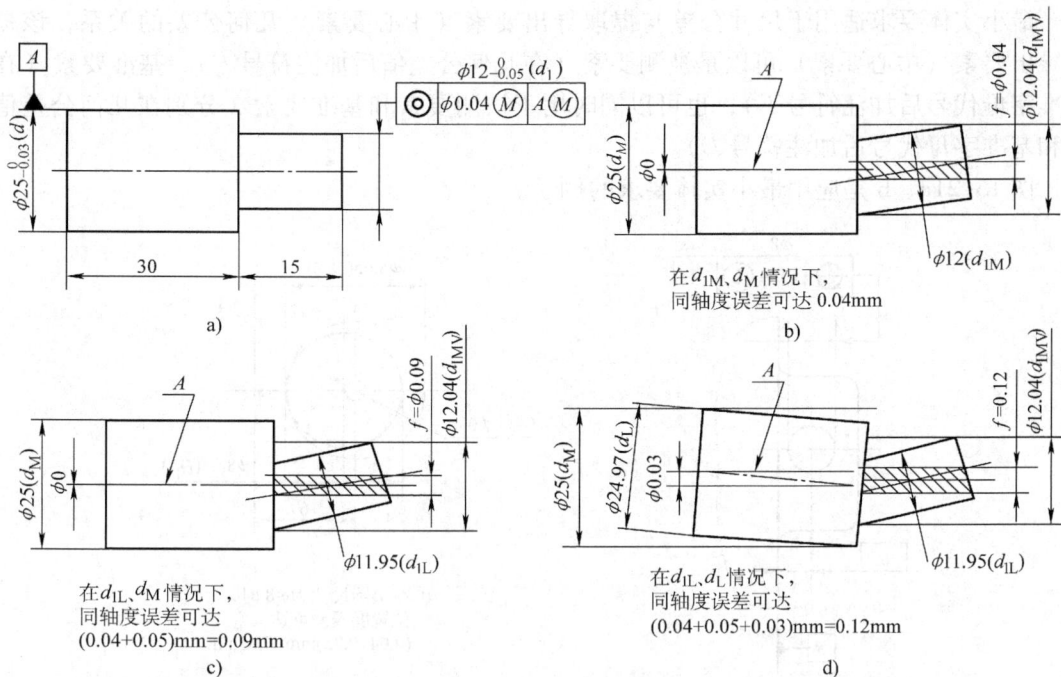

图 15-19 最大实体要求同时用于被测要素和基准要素示例

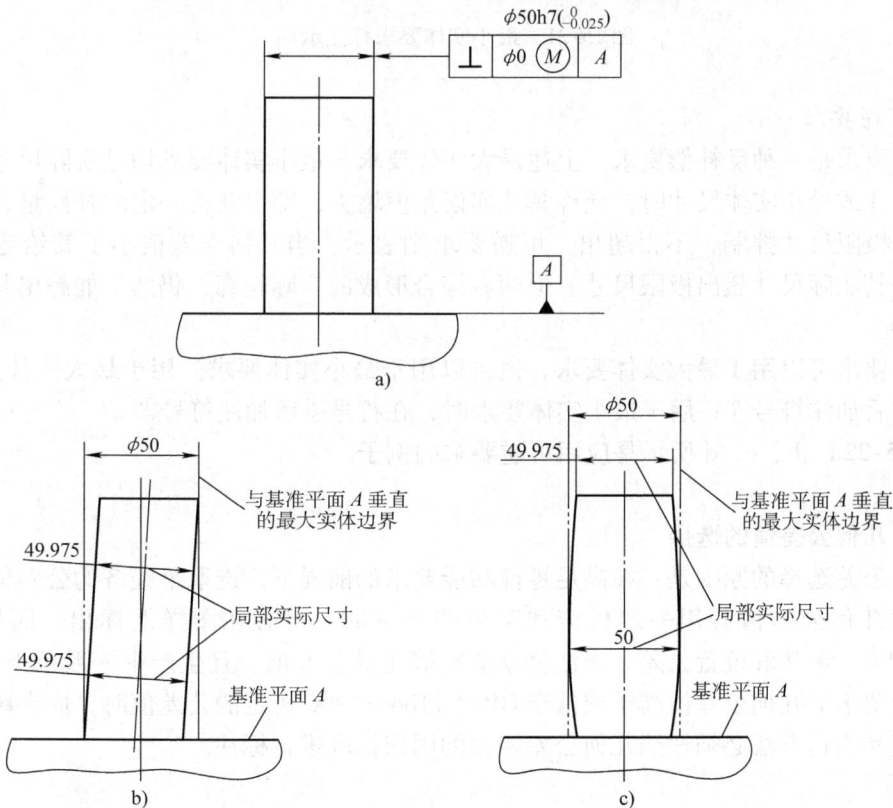

图 15-20 最大实体要求的零形位公差示例

最小实体要求适用于尺寸公差与提取导出要素（中心要素）几何公差的关系，该提取导出要素（中心要素）可以是被测要素（在几何公差值后加注符号Ⓛ）、基准要素（在基准字母代号后加注符号Ⓛ），也可以同时用于被测要素和基准要素（分别在几何公差值后和基准字母代号后加注符号Ⓛ）。

图15-21a、b是应用最小实体要求的例子。

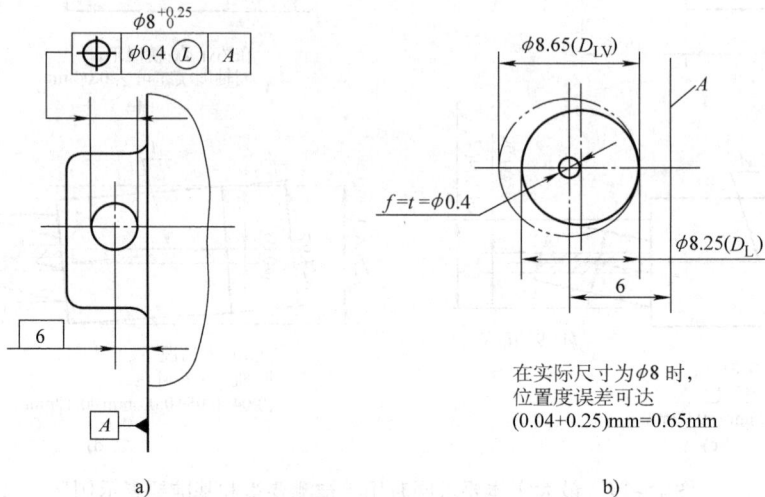

a)   b)

图15-21　最小实体要求标注示例

4. 可逆要求

可逆要求是一种反补偿要求。上述最大实体要求与最小实体要求均是实际尺寸偏离最大实体尺寸或最小实体尺寸时，允许其几何误差值增大，即可获得一定的补偿量，而实际尺寸受其极限尺寸控制，不得超出。可逆要求则表示，当几何误差值小于其给定公差值时，允许其实际尺寸超出极限尺寸。但两者综合形成的实际轮廓，仍然不能超出其相应的理想边界。

可逆要求可以用于最大实体要求，也可以用于最小实体要求。用于最大实体要求时，在符号Ⓜ后加注符号Ⓡ；用于最小实体要求时，在符号Ⓛ后加注符号Ⓡ。

图15-22a、b、c、d所示是应用可逆要求的例子。

三、几何公差值的选择

几何公差选择的原则是：在满足零件功能要求的前提下，选取最经济的公差值。零件所要求的几何公差值若用一般机床加工就能保证时，不必在图样上标出，而按GB/T 1184—1996《形状和位置公差　未注公差值》确定其公差值，且生产中一般也不需检查。若零件所要求的几何公差值高于或低于GB/T 1184—1996规定的公差值时，应在图样上注出。其值和表达方法必须按照几何公差相关的国家标准进行标注。

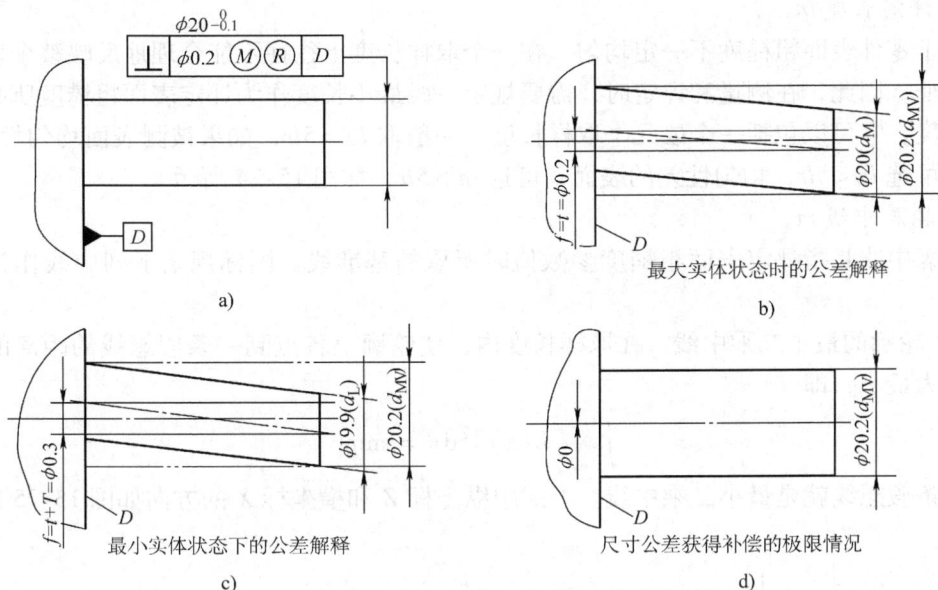

a)

最大实体状态时的公差解释

b)

最小实体状态下的公差解释

c)

尺寸公差获得补偿的极限情况

d)

图 15-22　可逆要求标注示例

第四节　表面粗糙度

加工完成的零件表面，总会存在着具有较小间距的峰谷所组成的微观几何形状误差。这种较小间距的峰谷微观几何形状称为表面粗糙度。零件的表面粗糙度直接影响零件的配合性质、疲劳强度、耐磨性、抗腐蚀性以及密封性等。因此表面粗糙度是评定机器零件和产品质量的重要指标。

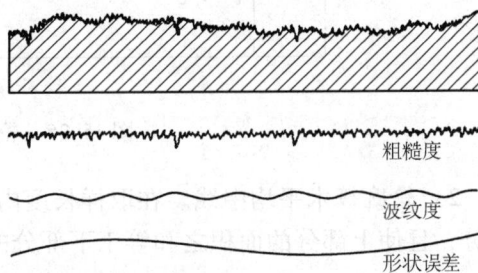

图 15-23　表面粗糙度、波纹度和形状误差的综合影响

表面粗糙度与表面形状误差、表面波度不同，如图 15-23 所示，通常波距小于 1mm 的属于表面粗糙度，波距在 1～10mm 的属于表面波纹度，波距大于 10mm 的属于形状误差。

一、基本术语

1. 取样长度 lr

用于判别具有表面粗糙度特征的一段基准线长度。规定和选取这段长度是为了限制和消弱其他表面几何形状误差对评定表面粗糙度的影响，如图 15-24 所示。

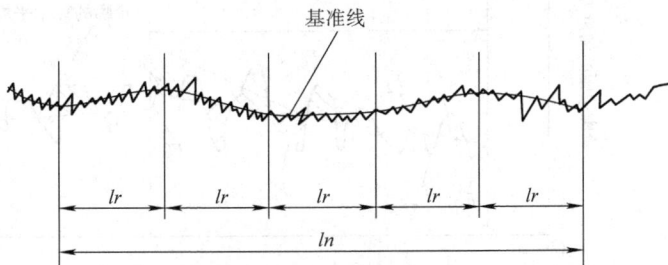

图 15-24　取样长度和评定长度

2. 评定长度 ln

由于零件表面粗糙度不一定均匀，在一个取样长度上往往不能合理地反映整个表面粗糙度特征，因此，在测量和评定时，需要规定一段最小长度作为评定表面粗糙度所必须的一段长度，它可以包括一个或几个取样长度。一般取 $ln=5lr$，如果被测表面均匀性较好，测量时可选 $ln<5lr$，均匀性差的表面，可选 $ln>5lr$，如图 15-24 所示。

3. 轮廓中线 m

轮廓中线是指评定表面粗糙度参数值时所取的基准线。国标规定下列中线作为轮廓中线。

1）轮廓的最小二乘中线。在取样长度内，使轮廓上各点到一条假想线的距离的二次方之和为最小，即

$$\int_0^{lr}[Z(x)]^2\mathrm{d}x = \min$$

这条假想线就是最小二乘中线。上式中纵坐标 Z 和横坐标 X 的方向如图 15-25 所示。

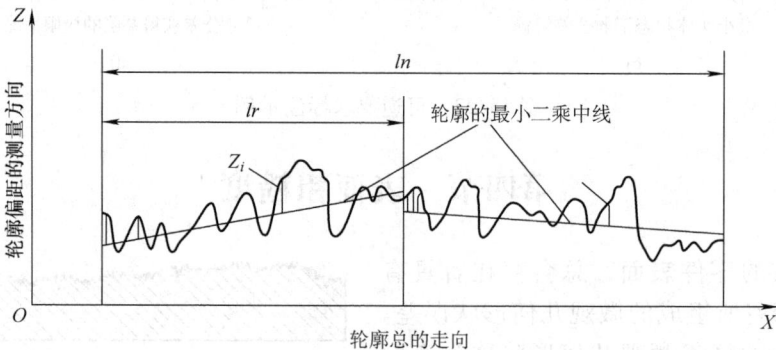

图 15-25　轮廓的最小二乘中线

2）轮廓算术平均中线。在取样长度内，由一条假想线把粗糙度轮廓线分为上、下两部分，且使上部分的面积之和等于下部分的面积之和。即

$$F_1+F_2+\cdots+F_n = F_1'+F_2'+\cdots+F_n'$$

这条假想线就是轮廓算术平均中线。如图 15-26 所示。

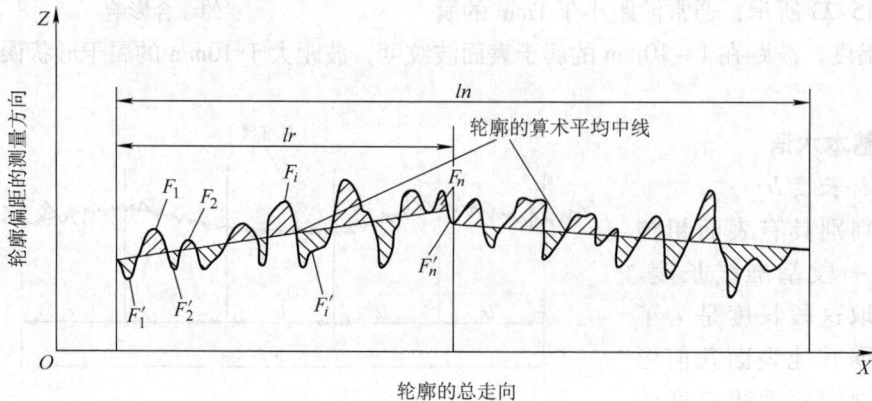

图 15-26　轮廓的算术平均中线

二、评定参数

国标 GB/T 3505—2009 在表面粗糙度特征的幅度、间距等方面，规定了相应的评定参数，评定参数包括图样上必须标注的基本参数和按需要附加的辅助参数。

1. **幅度参数**

（1）轮廓算术平均偏差　轮廓算术平均偏差 Ra 是指在取样长度内，被测轮廓上各点到基准线的距离 $Z(x)$ 的绝对值的算术平均值。即

$$Ra = \frac{1}{lr} \int_0^{lr} \mid Z(x) \mid \mathrm{d}x$$

或近似为

$$Ra = \frac{1}{n} \sum_{i=1}^{n} \mid Z_i(x) \mid$$

如图 15-27 所示。

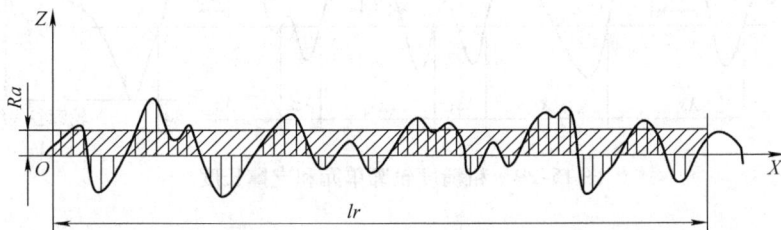

图 15-27　轮廓算术平均偏差 Ra 的确定

（2）轮廓最大高度 Rz　轮廓最大高度 Rz 是指在取样长度内，被测轮廓的最大峰高 Zp_{max} 与轮廓最大谷深 Zv_{max} 之和的高度（见图 15-28）。

$$Rz = Zp_{max} + Zv_{max}$$

式中，Zp_{max} 和 Zv_{max} 都取绝对值。

注意：在国标 GB/T 1031—1995 中，R_z 符号表示"不平度的十点高度"。与本节介绍的 GB/T 3505—2009 中的 Rz 不仅含义不同，符号本身也不同，前者符号中的字母 z 是角标，后者不是角标。目前，在使用中的一些表面粗糙度测量仪器大多是测量以前的 R_z 参数。因此，在分析借鉴技术文件和图样时要注意区别。

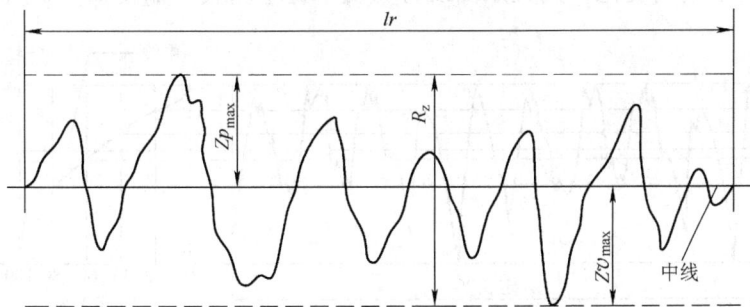

图 15-28　轮廓最大高度 Rz 的确定

2. 附加参数

（1）轮廓单元的平均宽度 Rsm　轮廓单元的平均宽度 Rsm 是指在一个取样长度内，轮廓单元宽度 Xs_i 的平均值，即

$$Rsm = \frac{1}{m}\sum_{i=1}^{m} Xs_i$$

GB/T 3505—2009 规定，轮廓单元的宽度 Xs 是指轮廓单元相交线段的长度，轮廓单元是指轮廓峰和相邻轮廓谷的组合，如图 15-29 所示。

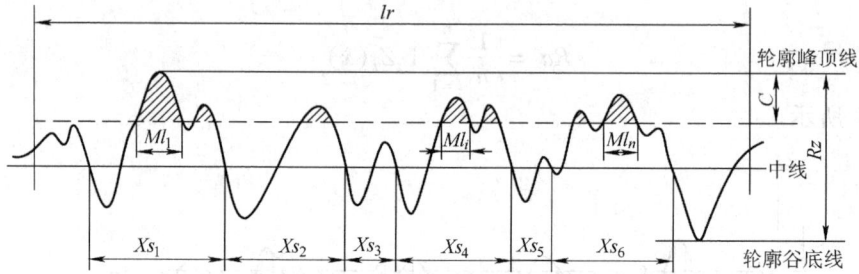

图 15-29　粗糙度轮廓单元和支撑长度

（2）轮廓的支承长度率 $Rmr(c)$　轮廓的支承长度率 $Rmr(c)$ 是指在给定水平位置 c 上轮廓的实体材料长度 $Ml(c)$ 与评定长度的比率。即

$$Rmr(c) = \frac{Ml(c)}{ln}$$

在水平位置 c 上轮廓的实体材料长度 $Ml(c)$ 是指在一个给定水平面位置 c 上用一条平行于 X 轴线（轮廓总的轴向）的线与轮廓单元相截所获得的各段截线长度之和（见图 15-30）。即

$$Ml(c) = Ml_1 + Ml_2 + \cdots + Ml_n$$

轮廓的支承长度率 $Rmr(c)$ 依据评定长度上而不是在取样长度上来定义，这样可以提供更稳定的参数。

轮廓的水平位置 c 可以用微米或用它占轮廓最大高度 Rz 的百分比表示。支撑长度率随着水平位置的不同而变化，其关系曲线称为支承比率曲线，如图 15-30 所示。

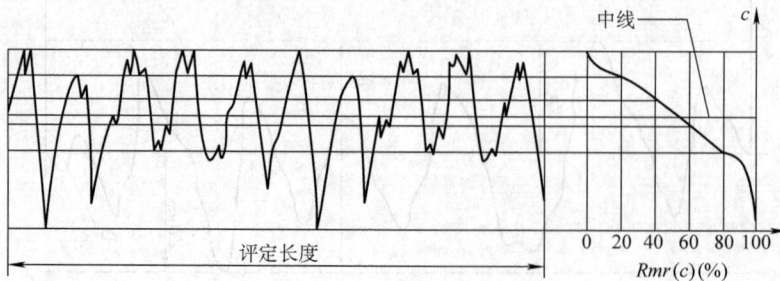

图 15-30　支承比率曲线

我国表面粗糙度国家标准 GB/T3505—2009 规定，表面粗糙度的要求可以从上述 4 个参数中选取。其中幅度参数（Ra、Rz）是必须标注的基本参数。而附加参数（Rsm 和 Rmr（c））不能单独在图样上标注。只能作为幅度参数的辅助参数在图样上注出。

三、表面粗糙度的选择

1. 幅度参数的选择

幅度参数是标准规定的基本参数，可以独立选用。对于有粗糙度要求的表面，必须选用一个幅度参数。

由于用轮廓仪可以很方便地测出 $0.025 \sim 0.63\mu m$ 范围内的实际 Ra 值，所以标准推荐此范围内优先选用 Ra。对于 Ra 值在 $6.3 \sim 100\mu m$ 和 $0.008 \sim 0.020\mu m$ 的零件表面可以选用 Rz。

2. 附加参数的选择

图 15-31 所示的五种表面的轮廓最大高度参数 Rz 相同，但使用质量显然不同。所以，应该根据具体使用情况，对于有特殊要求的重要表面，加选附加参数 Rsm 和 Rmr（c）。

图 15-31　具有相同 Rz 的不同表面

3. 表面粗糙度参数值的选择

表面粗糙度国家标准中各参数的数值除 Rmr（c）的数值外，均分别由优先数系中的派生系列确定，参数数值越小，表面粗糙度要求越高，具体数值可以从 GB/T 1031—2009 查出。零件表面粗糙度参数值的选择在满足其表面功能的前提下，应尽量考虑经济性，选用粗糙度要求较低的参数值。具体选用时可参照经过验证的实例，用类比法来确定。对幅度参数一般按如下原则选择：

1）在满足功能要求的前提下，尽量选取要求较低的表面粗糙度参数值。

2）同一零件上，工作表面的粗糙度参数值小于非工作表面的表面粗糙度参数值。

3）摩擦表面比非摩擦表面的粗糙度参数值要小；滚动摩擦表面比滑动摩擦表面的粗糙度参数值要小；运动速度高，单位压力大的摩擦表面应比运动速度低，单位压力小的摩擦表面的粗糙度参数数值要小。

4）运动精度要求高的表面比运动精度要求低的表面的表面粗糙度参数值要小；接触刚度要求高的表面比接触刚度要求低的表面的粗糙度参数值要小；承受腐蚀工作环境下的零件表面比不承受腐蚀工作环境下的零件表面粗糙度参数值要小。

5）受循环载荷的表面及易引起应力集中的部位，表面粗糙度参数值要小。

6）配合性质要求高的表面、配合间隙小的表面以及要求连接可靠、受重载的过盈配合表面等，都应取较小的粗糙度参数值。

7）配合性质相同，零件尺寸越小时，表面粗糙度参数值应越小；同一公差等级，小尺寸比大尺寸、轴比孔的表面粗糙度参数值应小。

除以上表面粗糙度选择原则外，在某些情况下，如机器、仪器上的手柄和仪器上的某些外表部位，其尺寸要求和形状精度并不高，但为了美观，其表面粗糙度参数值一般比较小。

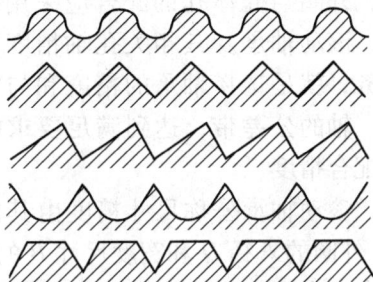

第五节 零、部件典型结构的公差与配合标准简介

一、滚动轴承的互换性及其相关孔轴的精度设计

滚动轴承公差标准 GB/T 307.1—2009 将向心球轴承分为 0、6、5、4、2 共 5 级，分别相当于原国家标准（GB307—1984）中的 G、E、D、C、B 级，其中 0 级最低，2 级精度最高，如图 15-32 所示。

由于滚动轴承是标准部件，根据标准件的特点，滚动轴承内圈与轴的配合采用基孔制，外圈与壳体孔的配合应采用基轴制。因此，滚动轴承及其相关孔轴精度设计的主要任务，就是选择轴承的精度和与之相配合的孔、轴的公差带，达到满足要求的配合性质和配合精度。

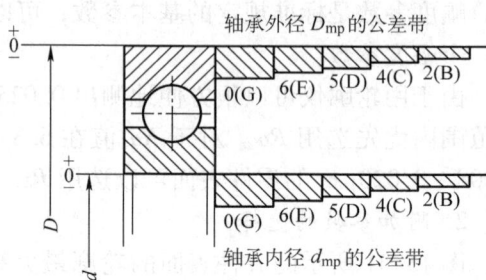

图 15-32 轴承内、外圈公差带图

滚动轴承公称尺寸精度由其内圈的内径 d、外圈的外径 D 和宽度尺寸 B 的公差所决定。由于轴承内、外圈为薄壁结构，在制造以及存放中易变形（常呈椭圆形），但在装配后一般都能得到矫正。因此，为便于制造，允许内、外圈有一定的变形（允许的变形在国家标准中用单一直径偏差和单一直径变动量来控制）。为保证轴承与结合件的配合性质，所限制的仅是内、外圈在其单一平面内的平均直径，亦即轴承的配合尺寸。其算式为

内径 $\qquad d_{mp} = (d_{smax} + d_{smin})/2$

外径 $\qquad D_{mp} = (D_{smax} + D_{smin})/2$

式中 $\quad d_{mp}$，D_{mp}——内、外圈单一平面内的平均直径；

$\quad d_{smax}$，d_{smin}——加工后实测到的最大、最小单一内径；

$\quad D_{smax}$，D_{smin}——加工后实测到的最大、最小单一外径。

合格的轴承，其内、外圈的直径必须使 d_{mp}，D_{mp} 在允许的尺寸范围内。图 15-32 中轴承内、外径的公差带图，其公称尺寸是指 d_{mp}，D_{mp}。由图 15-32 可见，各级轴承的单一平均外径 D_{mp} 的公差带的上偏差为零，与一般基轴制的基准轴相同。单一平面平均内径 d_{mp} 的公差带，其上偏差亦为零，而下偏差均为

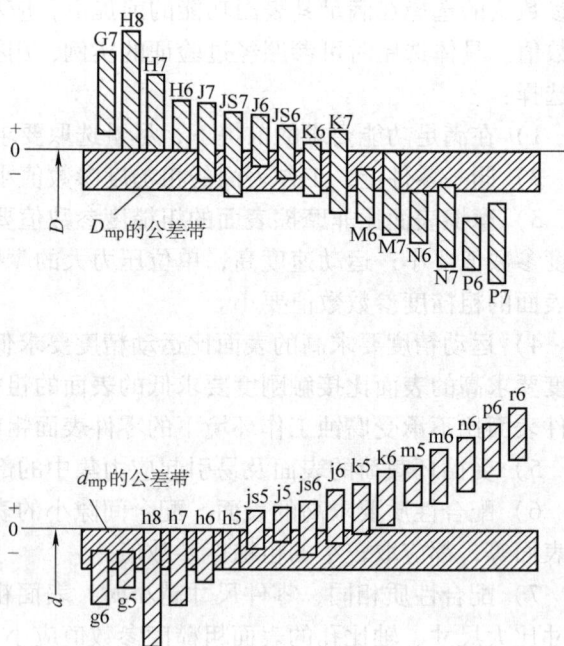

图 15-33 与滚动轴承配合的孔、轴公差带

负值，和一般基孔制的基准孔规定不同，这样的公差带分布是考虑到轴承与轴颈配合的特殊需要，当它与一般过渡配合的轴相配合时，可获得小量的过盈，从而满足了轴承内孔与轴的配合要求，同时又可按标准偏差来加工轴。

图 15-33 是国标 GB/T 275—2015 对与 0 级和 6 级轴承配合的轴径、外壳孔规定的公差带。滚动轴承各级精度与相配合的轴和壳体孔的公差带都是从极限与配合国家标准中选出来的标准公差带。

由图 15-33 可以看出，由于轴承内径 d_{mp} 的公差带在零线以下，所以同一个轴的公差带与轴承内径形成的配合，有的由间隙配合变成过渡配合，有的由过渡配合变成过盈配合，要比与一般基准孔形成的配合紧得多。至于轴承外径和壳体孔的配合，虽然轴承外径 D_{mp} 的公差带位置与一般基准轴相同，但因 D_{mp} 的公差值是特殊规定的，所以同一个孔的公差带与轴承外径形成的配合，与一般圆柱体的基准轴配合也不完全相同。

在选择轴承的配合时，应综合考虑以下因素：轴承的工作条件；作用在轴承上负荷的大小、方向和性质、轴承的类型和尺寸；与轴承相配的轴和壳体孔的材料和结构，工作温度，装卸和调整等，具体应用时请查相关手册。

二、键与花键的公差与配合

1. 平键联结的精度设计

键的联结是键与轴及轮毂三个零件的结合，配合尺寸是键宽和键槽宽 b（见图 15-34）。

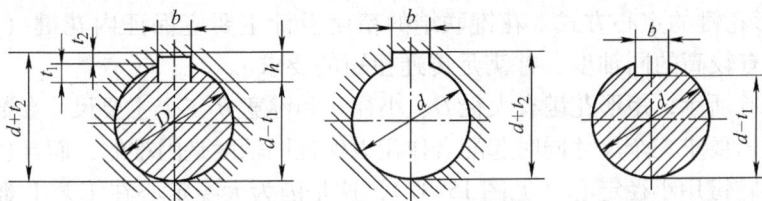

图 15-34 平键的几何参数

键联结的配合为基轴制，其中键是标准件。

GB/T 1095—2003 键宽只有一种公差带 h8，从标准公差带中分别为轴槽宽、轮毂槽宽选择了三种公差带，形成了键联结的 3 种配合组合。图 15-35 是 3 种配合的公差带图实例，图中公称尺寸键宽 $b=2\mathrm{mm}$。

表 15-15 列出了键宽、轴键槽宽和轮毂槽宽的公差带及其应用范围举例。键联结的非配合尺寸的极限偏差可以查阅有关手册。

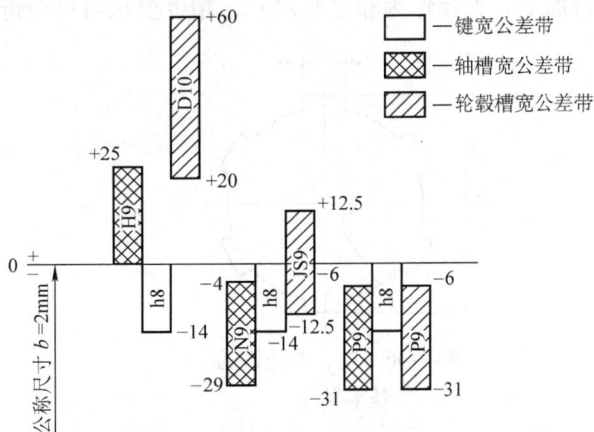

图 15-35 平键联结的公差带种类

键与键槽的几何误差将使装配困难，影响联结的松紧程度，使工作面负荷不均匀，对中性不好，因此需要给予限制。国标中对键和键槽的几何公差有以下规定：

1）键槽（轴槽及轮毂槽）对轴及轮毂轴线的对称度，一般可根据不同的功能要求和键宽公称尺寸 b，按 GB/T 1184—1996《形状和位置公差》中的对称度公差 7～9 级选取。

2）键槽配合表面（两侧面）的表面粗糙度 Ra 上限值一般取 $1.6～3.2\mu m$，底面取 $6.3\mu m$。

表 15-15 键宽、轴键槽宽、轮毂槽宽的公差带

键的类型	配合种类	尺寸 b 的公差带			应 用 范 围
		键	轴槽	轮毂槽	
平键 GB/T 1095—2003	松联结	h8	H9	D10	主要用于导向平键，轮毂可在轴上作轴向移动
	正常联结		N9	JS9	键在轴上及轮毂上均固定，传递不大的扭矩
	紧密联结		P9	P9	传递重载和冲击负荷或双向传递扭矩
半圆键 GB/T 1098—2003	松联结		H9	D10	定位及传递扭矩
	正常联结		N9	JS9	
	紧密联结		P9	P9	

2. 花键联结的公差与配合

花键联结有矩形花键和渐开线花键联结，下面就应用较多的矩形花键联结进行介绍。

（1）矩形花键的定心方式 花键联结的精度设计主要应保证内花键（孔）和外花键（轴）联结后有较高的同轴度，并满足传递扭矩的要求。

如图 15-36 所示，矩形花键有大径 D、小径 d 和键宽 B 三个主要尺寸参数。当定心精度要求较高时，若要求三个尺寸同时起配合作用以保证同轴度是困难的，而且也没有必要。国标规定，矩形花键用小径定心（见图 15-37），这是因为大径定心在工艺上难于实现，如果要求定心表面硬度高时，内花键的大径淬火后磨削加工困难。如采用小径定心，当定心表面硬度要求高时，外花键的小径可以用成形磨进行加工，而内花键的小径也可以用一般内圆磨进行加工。大径作为非定心尺寸，精度要求可以较低，并在配合后有较大间隙。

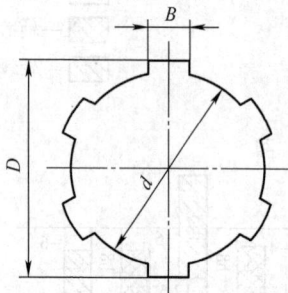

图 15-36 内、外花键的基本尺寸

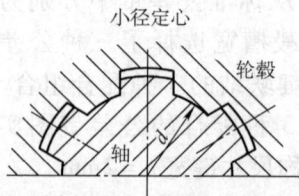

图 15-37 矩形花键配合采用小径定心

在某些行业中，也有用键宽 B 定心的。主要用于承载较大、传递双向扭矩而对定心精度要求不高的花键配合。

（2）矩形花键的公差与配合 以小径定心的矩形花键，其小径 d、大径 D 和键宽 B 的尺寸公差带见表 15-16 所列。

表 15-16 内外花键的尺寸公差带（摘自 GB/T 1144—2001）

内 花 键				外 花 键			装配型式
小径 d	大径 D	键槽宽 B		小径 d	大径 D	键槽宽 B	
		拉削后不热处理	拉削后热处理				
一般用							
H7	H10	H9	H11	f 7	a11	d10	滑动
				g7		f 9	紧滑动
				h7		h10	固定
精密传动用							
H5	H10	H7、H9		f 5	a11	d8	滑动
				g5		f 7	紧滑动
				h5		h8	固定
H6				f 6		d8	滑动
				g6		f 7	紧滑动
				h6		h8	固定

为了减少加工花键孔的专用拉刀的种类，矩形花键结合采用基孔制，规定了滑动配合、紧滑动配合和固定配合等三种配合（这里固定配合仍属于光滑圆柱结合的间隙配合，但因几何误差的影响使配合变紧了）。当要求定位准确度高或传递扭矩大或经常有正反转时，应选紧一些的配合，反之选松一些的配合。当内、外花键需频繁相对滑动或配合长度较大时，也应选松一些的配合。

矩形花键的几何公差要求主要是位置度（包括键齿和键槽的等分度和对称度）和平行度。位置误差按图 15-38 和表 15-17 标注和确定公差值，均采用最大实体原则。

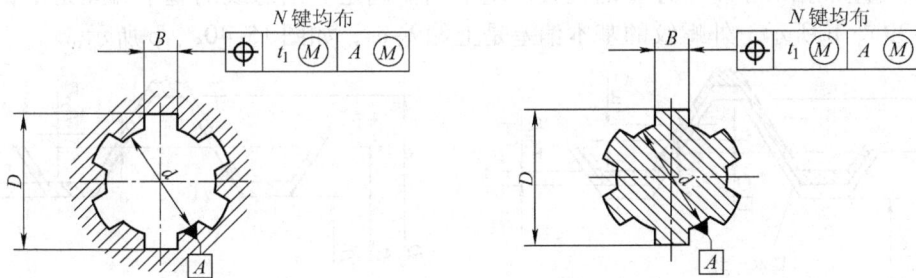

图 15-38 内、外矩形花键的标注

表 15-17 花键的位置度公差

键槽宽或键宽 B/mm		3	3.5 ~ 6	7 ~ 10	12 ~ 18
t_1/mm	键槽宽	0.010	0.015	0.020	0.025
	键宽 滑动、固定	0.010	0.015	0.020	0.025
	紧滑动	0.006	0.010	0.013	0.016

花键的图样标注按顺序包括以下项目：键数 N、小径 d、大径 D、键（键槽）宽 B，

其各自的公差带代号标注于各公称尺寸之后，示例如下：

花键副：$6 \times 23 \dfrac{H7}{f7} \times 26 \dfrac{H10}{a11} \times 6 \dfrac{H11}{d10}$

内花键：$6 \times 23H7 \times 26H10 \times 6H11$

外花键：$6 \times 23f7 \times 26a11 \times 6d10$

三、螺纹的公差与配合

螺纹的主要几何参数有大径、小径、中径、螺距和牙型半角（见第九章二节）。这些参数的误差对螺纹互换性的影响不同，其中中径偏差、螺距偏差和牙型半角误差是主要的影响因素。

1. 普通螺纹的公差带

普通螺纹国家标准（GB/T 197—2003）规定了螺纹大径、中径和小径公差带。

1）螺纹公差带的大小由公差值确定，并按公差值的大小分为若干等级，见表15-18。

表 15-18　螺纹公差等级

螺纹直径	公差等级	螺纹直径	公差等级
内螺纹小径 D_1	4、5、6、7、8	外螺纹中径 d_2	3、4、5、6、7、8、9
内螺纹中径 D_2	4、5、6、7、8	外螺纹大径 d	4、6、8

其中，3级公差最小，精度等级最高；9级公差值最大，精度等级最低、6级为基本级。各级螺纹公差值请查阅 GB/T 197—2003 相关表格。

2）基本偏差。通过螺纹轴线的剖面内的理想牙型，称为螺纹的基本牙型。螺纹的基本牙型是计算螺纹偏差的基准。

螺纹公差带相对于基本牙型的位置由基本偏差确定。内螺纹的基本偏差是下偏差 EI，如图 15-39a、b 所示。外螺纹的基本偏差是上偏差 es，如图 15-40a、b 所示。

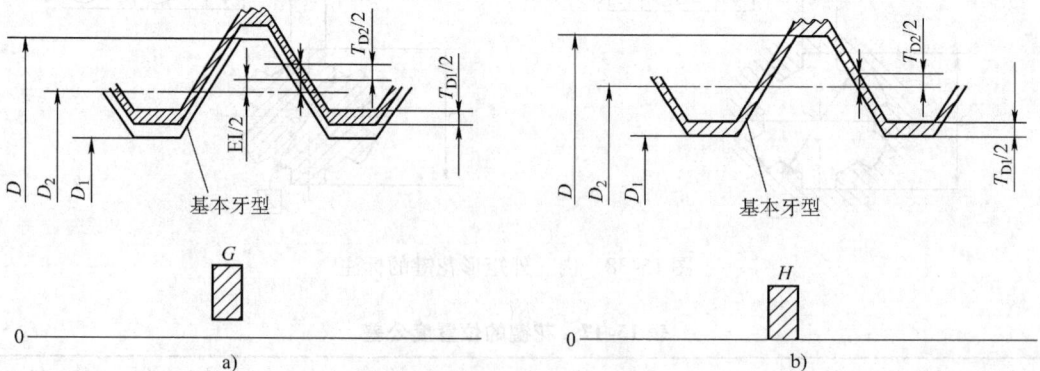

图 15-39　内螺纹的公差带位置

标准中对内螺纹规定了两种基本偏差，其代号为 G、H，如图 15-39a、b 所示，图中 T_{D1} 和 T_{D2} 分别代表内螺纹小径公差和内螺纹中径公差；对外螺纹规定了 4 种基本偏差，其代号为 e、f、g、h，如图 15-40a、b 所示，图中 T_d 和 T_{d2} 分别代表外螺纹大径公差和外螺纹中径公差。需要注意的是，由于螺纹的轮廓关于其轴线是对称的，内、外螺纹的公差带示意图上只表达了基本偏差数值和公差数值的二分之一。

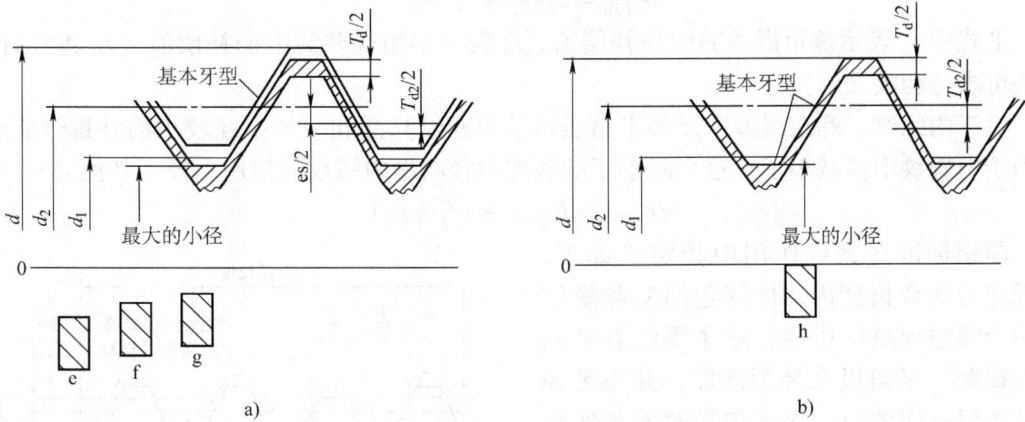

图 15-40　外螺纹的公差带位置

螺纹基本偏差的数值和顶径公差见表 15-19，H 和 h 的基本偏差值为零，G 的基本偏差值为正，e、f、g 的基本偏差值为负。螺纹的中径公差请查阅 GB/T 197—2003 有关表格。

表 15-19　普通螺纹的基本偏差和顶径公差　　　　　　（单位：μm）

螺距 P/mm	内螺纹 D_2、D_1 的基本偏差 EI		外螺纹 d_2、d_1 的基本偏差 es				内螺纹小径公差 T_{D1}					外螺纹大径公差 T_d		
	G	H	e	f	g	h	4	5	6	7	8	4	6	8
1	+26		−60	−40	−26		150	190	236	300	375	112	180	280
1.25	+28		−63	−42	−28		170	212	265	335	425	132	212	335
1.5	+32		−67	−45	−32		190	236	300	375	475	150	236	375
1.75	+34		−71	−48	−34		212	265	335	425	530	170	265	425
2	+38	0	−71	−52	−38	0	236	300	375	475	600	180	280	450
2.5	+42		−80	−58	−42		280	355	450	560	710	212	335	530
3	+48		−85	−63	−48		315	400	500	630	800	236	375	600
3.5	+53		−90	−70	−53		355	450	560	710	900	265	425	670
4	+60		−95	−75	−60		375	475	600	750	950	300	475	750

按螺纹的公差等级和基本偏差可以组成数目很多的公差带，公差带代号由表示公差等级的数字和基本偏差的代号组成，如 6H、5g 等。

2. 螺纹中径合格性判断原则

1）作用中径的概念　实际生产中，螺距误差、牙型半角误差和中径误差总是同时存在的。

对于外螺纹，当有螺距误差和牙型半角误差存在时，它只能和一个中径较大的内螺纹旋合，其效果就相当于外螺纹的中径增大了。这个增大了的假想中径叫做外螺纹的作用中径。它是与内螺纹旋合时起作用的中径。其值为

$$d_{2作用} = d_{2实际} + (f_p + f_{\frac{\alpha}{2}})$$

上式中 f_p 表示螺距误差的中径补偿值，$f_{\frac{\alpha}{2}}$ 表示半角误差的中径补偿值（f_p 和 $f_{\frac{\alpha}{2}}$ 计算方法可参考相关文献）。

对于内螺纹，螺距误差和牙型半角误差是内螺纹只能和一个中径较小的外螺纹旋合，相当于内螺纹中径减小了。这个减小了的假想中径叫做内螺纹的作用中径。其值为

$$D_{2作用} = D_{2实际} - (f_p + f_{\frac{\alpha}{2}})$$

国家标准对螺纹作用中径定义如下：在规定的旋合长度内，恰好包络实际螺纹的一个假想螺纹的中径，这个螺纹具有理想的螺距、半角以及牙型高度，并在牙顶和牙底留有间隙，以保证包容时不与实际螺纹的大、小径发生干涉。外螺纹的作用中径如图 15-41 所示。

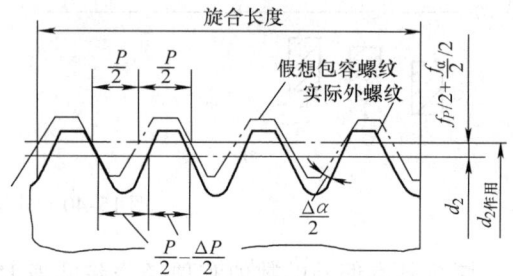

图 15-41 外螺纹的作用中径

2）螺纹中径合格性判断准则

螺纹中径作为衡量螺纹互换性的主要指标，其合格性的判断采用泰勒原则，即实际螺纹的作用中径不能超出最大实体牙型的中径，而实际螺纹上任何部位的单一中径不能超出最小实体牙型的中径。

对于外螺纹 $d_{2作用} \le d_{2max}$，$d_{2单一} \ge d_{2min}$

对于内螺纹 $D_{2作用} \ge D_{2min}$，$D_{2单一} \le D_{2max}$

3. 公差原则对螺纹几何参数的应用

影响螺纹互换性的主要因素是螺距误差、牙侧角误差和中径误差。而螺距误差和牙侧角误差实质上是螺牙和螺牙间的几何误差，其与中径偏差（尺寸误差）之间的关系，可用公差原则来分别处理。

对精密螺纹，如丝杠、螺纹量规、测微螺纹等，为满足其功能要求，应对螺距、牙侧角和中径分别规定较严的公差，即按独立原则对待。其中螺距误差常体现为多个螺距的累积误差。

对紧固联接用的普通螺纹，主要是要求可旋合性和一定的连接强度，故应采用公差原则中的包容要求来处理，即对产量极大的螺纹，标准中只规定中径公差，而螺距及牙侧角误差都由中径公差来综合控制。换句话说，就是用中径极限偏差构成的牙廓最大实体边界，来限制以螺距及牙侧角误差形式呈现的几何误差。当螺纹的实际中径尺寸处处达到最大实体尺寸时，不允许有螺距和牙侧角误差，当螺纹的实际中径偏离最大实体尺寸时，允许有螺距和牙侧角误差存在，但其作用中径不得超出最大实体边界。

螺纹的大径和小径，主要是要求旋合时不发生干涉。国标对外螺纹大径 d 和内螺纹小径 D_1 规定了较大的公差值，对外螺纹小径 d_1 和内螺纹大径 D，没有规定公差值，而只规定该处的实际轮廓不得超越按基本偏差所确定的最大实体牙型，即保证旋合时不会发生干涉。

4. 螺纹公差带的选用

在生产中为了减少刀具、量具的规格种类，国标 GB/T 197—2003 规定了内外螺纹的推荐公差带，见表 15-20 和表 15-21。表中带 * 号的公差带应优先选用，不带 * 号的公差带其次，（ ）号中的公差带尽量不用，大量生产的紧固螺纹推荐采用带方框的公差带。除特殊情况外，一般不应选用标准规定以外的公差带。

表 15-20　内螺纹的推荐公差带（GB/T 197—2003）

公差精度	公差带位置 G			公差带位置 H		
	S	N	L	S	N	L
精密	—	—	—	4H	5H	6H
中等	(5G)	*6G	(7G)	*5H	6H	*7H
粗糙	—	(7G)	(8G)	—	7H	8H

表 15-21　外螺纹的推荐公差带（GB/T 197—2003）

公差精度	公差带位置 e			公差带位置 H			公差带位置 g			公差带位置 h		
	S	N	L	S	N	L	S	N	L	S	N	L
精密	—	—	—	—	—	—	(4g)	(5g4g)	(3h4h)	*4h	(5h4h)	
中等	—	*6e	(7e6e)	*6f			(5g6g)	*6g	(7g6g)	(5h6h)	6h	(7h6h)
粗糙		(8e)	(9e8e)					8g	(9g8g)			

国标 GB/T 197—2003 对螺纹联接规定了短、中等、长三种旋合长度，分别用代号 S、N、L 表示。一般情况下应选用中等旋合长度。

螺纹分精密、中等、粗糙 3 个等级。精密级用于要求配合性质变动较小的精密螺纹；中等级用于一般用途。粗糙级用于对精度要求不高或加工制造比较困难的场合。一般以中等旋合长度下的 6 级公差等级为中等精度的基准。

大量生产的紧固螺纹，推荐采用带方框的公差带，带 * 号的公差带应优先采用，其次是不带 * 的公差带。

从表 15-20 和表 15-21 中可以看出，在同一精度中，对不同的旋合长度，其中径所采用的公差等级也不同，这是考虑到不同旋合长度对螺距累积误差有不同的影响。

四、渐开线圆柱齿轮精度标准

（一）齿轮传动的使用要求

精密机械所用的齿轮，对其传动的要求因用途不同而异，归纳起来有以下 4 项。

（1）传递运动的准确性——要求齿轮在一转范围内，平均传动比的变化不大，最大转角误差限制在一定范围内，以保证主动件和从动件协调。

（2）传动的平稳性——要求齿轮瞬时传动比变化不大，因为瞬时传动比的突变会引起齿轮传动冲击、振动和噪声。

（3）载荷分布的均匀性——要求齿轮啮合时齿面接触良好，工作齿面的载荷分布均匀，以免引起应力集中，造成齿面局部磨损，影响齿轮使用寿命。

（4）传动侧隙——要求齿轮啮合时，非工作齿面间应有一定间隙。该间隙对储藏润滑油，补偿齿轮传动受力弹性变形、热膨胀以及齿轮传动装置的制造误差和装配误差等均是必需的。否则齿轮传动过程中可能出现卡死和烧伤。

以上4项要求中，前三项是针对齿轮本身提出的要求，第四项是对齿轮副提出的要求。根据齿轮的工作条件不同，对以上四个方面的要求并不是同等的，可以有所侧重。

用于测量仪器的读数齿轮、机床的分度齿轮、自动控制系统和计算机机构中的齿轮，首先应要求高的传递运动的准确性。当齿轮需可逆传动时，还要有较小的齿侧间隙，以避免由此产生的空回误差。这类齿轮由于传动功率小、速度低，故对传动平稳性和载荷分布的均匀性一般没有过高的要求。

用于机床、汽车等变速箱中的齿轮，主要的要求是传动工作的平稳性和载荷分布的均匀性，齿侧应留有一定的侧隙。而对传动的准确性要求可以低一些。

用于高速重载下工作的齿轮（如汽轮机减速器的齿轮等），其传递运动的准确性、传动平稳性和载荷分布的均匀性都有很高的要求，以减小因传动比变化而引起的振动和噪声。而用于低速重载下工作的齿轮（如起重机械、矿山机械的齿轮），其主要使用要求是啮合齿面应有最大的接触面积，同时齿侧间隙一般也要求比较大。对传递运动的准确性和平稳性精度要求，则可降低一些。

（二）渐开线圆柱齿轮精度的评定参数

渐开线圆柱齿轮精度的评定参数分为轮齿同侧齿面偏差、径向偏差和径向跳动。

1. 渐开线圆柱齿轮轮齿同侧齿面偏差

（1）单个齿距偏差 f_{pt}　在端平面上接近齿高中部与齿轮轴线同心的圆上，实际齿距与理论齿距的代数差（见图 15-42）。

（2）齿距累积偏差 F_{pk}　任意 k 个齿距的实际弧长与理论弧长的代数差。理论上它等于这 k 个齿距的单个齿距偏差的代数和（见图 15-42）。

（3）齿距累积总偏差 F_p　齿轮同侧齿面任意弧段（$k=1 \sim k=z$）内的最大齿距累积偏差。

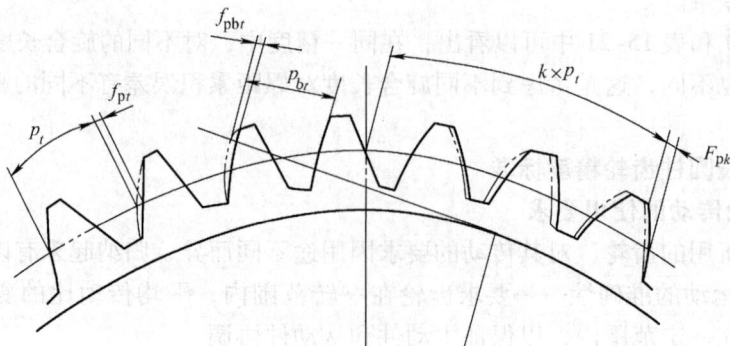

图 15-42　齿距偏差与齿距累计偏差

（4）齿廓总偏差 F_α　在齿轮端平面内，垂直于渐开线齿廓的方向上，包容实际齿廓迹线的两条设计齿廓迹线间的距离，如图 15-43a 所示。图 15-43 中，AB 是齿顶倒角部分，EF 是齿根部分，BE 是实际渐开线部分。

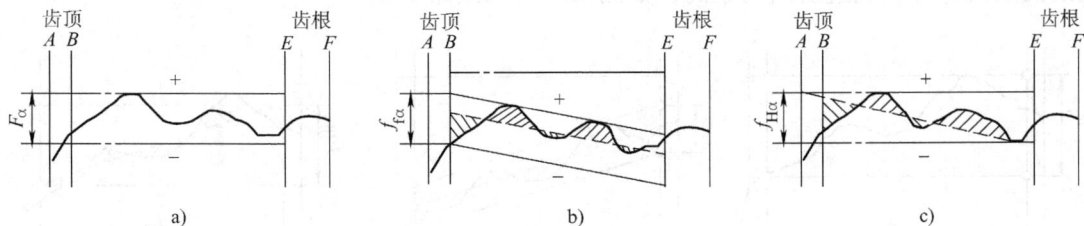

图 15-43　齿廓偏差

（5）齿廓形状偏差 $f_{f\alpha}$　在齿轮端平面内，垂直于渐开线齿廓的方向上，包容实际齿廓迹线的两条与平均齿廓迹线完全相同的曲线间的距离，且两条曲线与平均齿廓迹线的距离为常数（即：两条曲线与平均齿廓迹线是平行曲线的关系），如图 15-43b 所示。

（6）齿廓倾斜偏差 $f_{H\alpha}$　在齿轮端平面内，垂直于渐开线齿廓的方向上，与平均齿廓迹线两端分别相交的两条设计轮廓迹线间的距离，如图 15-43c 所示。

（7）切向综合总偏差 F_i'　被测齿轮与理想精确测量齿轮单面啮合时，在被测齿轮一转内，齿轮分度圆上实际圆周位移与理论圆周位移的最大差值，以分度圆弧长计值，如图 15-44 所示。

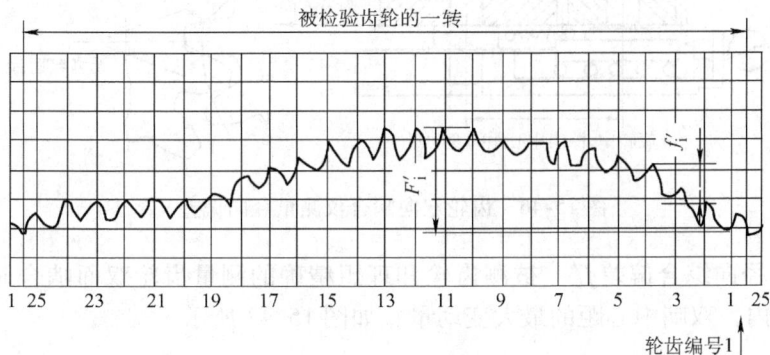

图 15-44　切向综合偏差

（8）一齿切向综合偏差 f_i'　实测齿轮与理想精确测量齿轮单面啮合时，在被测齿轮一个齿距角内，实际转角与公称转角的之差的最大幅度值，以分度圆弧长计值，如图 15-44所示。

（9）螺旋线总偏差 F_β　在端面基圆切线方向上，包容实际螺旋线迹线的两条设计螺旋线迹线间的距离，如图 15-45a 所示。图 15-45 中 b 为斜齿轮宽度，L_β 螺旋线计值范围，即基圆柱面上螺旋线实际长度。

（10）螺旋线形状偏差 $f_{f\beta}$　在端面基圆切线方向上，包容实际螺旋线迹线的两条与平均螺旋线迹线完全相同的曲线间的距离，且两条曲线与平均螺旋线迹线的距离为常数。（即：两条曲线与平均螺旋线迹线在基圆柱面上是平行曲线的关系），如图15-45b所示。

（11）螺旋线倾斜偏差$f_{H\beta}$ 在端面基圆切线方向上，与平均螺旋线迹线两端分别相交的两条设计螺旋线迹线间的距离，如图15-45c所示。

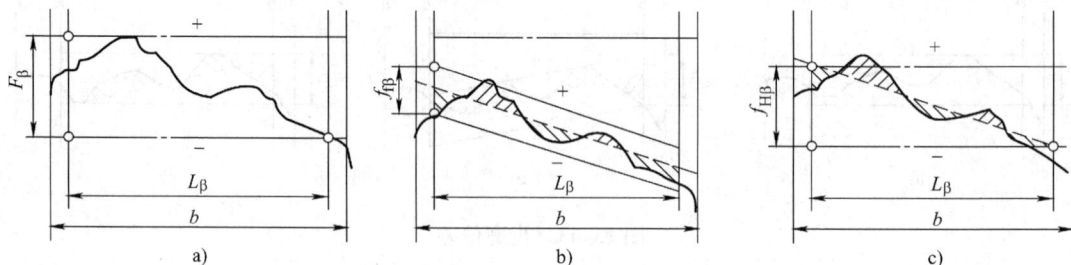

图15-45 螺旋线偏差

2. 渐开线圆柱齿轮径向综合偏差与径向跳动

（1）径向综合总偏差F_i'' 被测齿轮和理想精确的测量齿轮双面啮合时，在被测齿轮一转内，双啮中心距的最大变动量，如图15-46所示。

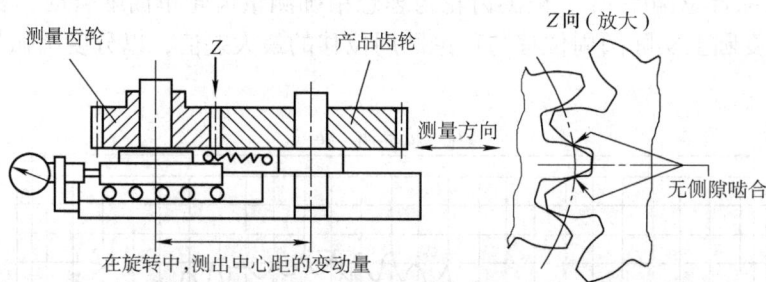

图15-46 齿轮双向啮合仪测量径向偏差

（2）一齿径向综合偏差f_i'' 被测齿轮和理想精确的测量齿轮双面啮合时，在被测齿轮一个齿距角内，双啮中心距的最大变动量，如图15-47所示。

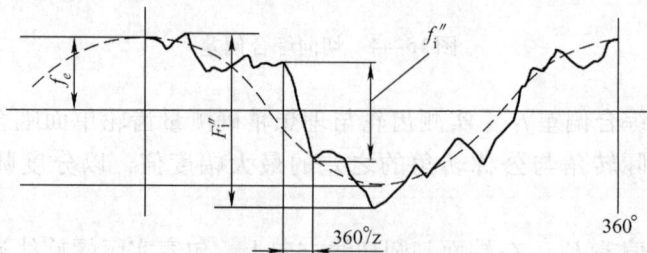

图15-47 径向综合偏差

（3）径向跳动F_r 用一个适当的测头在齿轮旋转时逐齿地放置于每一个齿槽中，相对于齿轮的基准轴线的最大和最小径向位置之差，如图 15-48 所示。

（三）渐开线圆柱齿轮精度标准

渐开线圆柱齿轮精度标准体系由两个标准（GB/T 10095.1 ~ 2—2008）和 4 个标准化指导性技术文件（GB/Z18620.1 ~ 4—2008）组成。

1. 精度等级

（1）齿轮同侧齿面偏差的精度等级 对于分度圆直径从 5 ~ 10 000mm、模数（法向模数）从 0.5 ~ 70mm、齿宽 4 ~ 1 000mm 的渐开线圆柱齿轮的 11 项同侧齿面偏差（即，齿距偏差：$\pm f_{pt}$、$\pm F_{pk}$、F_p；齿廓偏差：

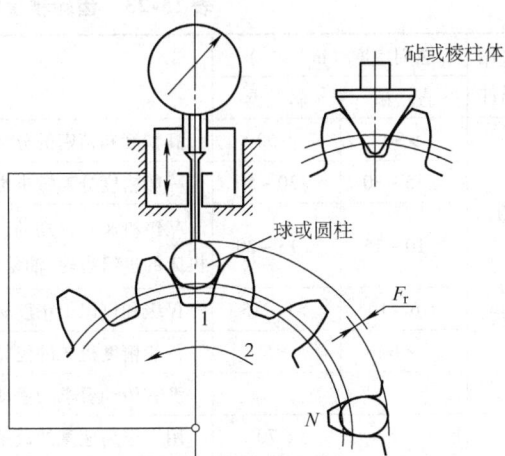

图 15-48 径向跳动的测量

F_α、$f_{f\alpha}$、$\pm H_{H\alpha}$；切向综合偏差：F_i'、f_i'；螺旋线偏差：F_β、$f_{f\beta}$、$\pm f_{H\beta}$），GB/T 10095.1—2008 规定了 0、1、2、…、12 共 13 个精度等级。其中 0 级最高，12 级最低。

（2）径向综合偏差的精度等级 对于分度圆直径从 5 ~ 1 000mm、模数（法向模数）从 0.5 ~ 10mm 渐开线圆柱齿轮的径向综合偏差 F_i'' 和一齿径向综合偏差 f_i''，GB/T 10095.2—2008 规定了 4、5、…、12 共 9 个精度等级。其中 4 级最高，12 级最低。

（3）径向跳动的精度等级 对于分度圆直径从 5 ~ 10 000mm、模数（法向模数）从 0.5 ~ 70mm 的渐开线圆柱齿轮的径向跳动 F_r，GB/T 10095.2—2008 在附录 B 中推荐了 0、1、2、…、12 共 13 个精度等级。其中 0 级最高，12 级最低。

GB/T 10095.1 ~ 2—2008 以表格形式给出了轮齿同侧齿面偏差的公差值或极限偏差，径向综合偏差的允许值以及径向跳动公差值。因此，实际中可以直接查表格得到轮齿的各项公差值。

2. 渐开线圆柱齿轮精度设计

（1）齿轮精度等级的确定 确定齿轮精度等级的依据通常是齿轮的用途、使用要求、传动功率和圆周速度以及其他技术条件。选用齿轮精度的方法一般有计算法和类比法两种，目前大多选用类比法。

表 15-22 列出了部分产品或机构应用齿轮精度等级的情况。表 15-23 列出了齿轮精度等级与速度的应用情况，可供参考。

表 15-22 部分产品或机构应用齿轮精度等级的情况

产品或机构	精度等级	产品或机构	精度等级
精密仪器、测量齿轮	2 ~ 5	一般通用减速器	6 ~ 9
汽轮机、透平齿轮	3 ~ 6	拖拉机、载重汽车	6 ~ 9
金属切削机床	3 ~ 8	轧钢机	6 ~ 10
航空发动机	4 ~ 8	起重机械	7 ~ 10
轻型汽车、汽车地盘、机车	5 ~ 8	矿用绞车	8 ~ 10
内燃机车	6 ~ 7	农业机械	8 ~ 11

表15-23　齿轮精度等级与速度的应用情况

工作条件	圆周速度/(m·s⁻¹)		应用情况	精度等级
	直齿	斜齿		
机床	>30	>50	高精度和精密的分度链末端的齿轮	4
	>15~30	>30~50	一般精度分度链末端齿轮、高精度和精密的分度链中的中间齿轮	5
	>10~15	>15~30	Ⅴ级机床主传动的齿轮、一般精度链的中间齿轮、Ⅲ级和Ⅲ以上精度机床的进给齿轮、油泵齿轮	6
	>6~10	>8~15	Ⅳ级和Ⅳ以上精度机床的进给齿轮	7
	<6	<8	一般精度机床的齿轮	8
			没有传动要求的手动齿轮	9
动力传动		>70	用于很高速度的透平传动齿轮	4
		>30	用于高速度的透平传动齿轮、重型机械进给机构、高速重载齿轮	5
		<30	高速传动齿轮、有高可靠性要求的工业机器齿轮、重型机械的功率传动齿轮、作业率很高的起重运输机械齿轮	6
	<15	<25	高速和适度功率或大功率和适度速度条件下的齿轮;冶金、矿山、林业、石油、轻工、工程机械和小型工业齿轮箱(通用减速器)有可靠性要求的齿轮	7
	<10	<15	一般工作和噪声要求不高的齿轮、受载低于计算载荷的齿轮、速度大于1m/s的开式齿轮传动和转盘的齿轮	8
	≤4	≤6	需要很高的平稳性、低噪声的航空和船用齿轮	9
航空船舶和车辆	>35	>70	需要高的平稳性、低噪声的航空和船用齿轮	4
	>20	>35	用于高速传动有平稳性、低噪声要求的机车、航空、船舶和轿车的齿轮	5
	≤20	≤35	有平稳性和噪声要求的机车、航空、船舶和轿车的齿轮	6
	≤15	≤25	用于中等速度较平稳传动的重载汽车和拖拉机的齿轮	7
	≤10	≤15	用于较低速和噪声要求不高的载重汽车第一挡与倒挡,拖拉机和联合收割机的齿轮	8
其他			检验7级精度齿轮的测量齿轮	4
			检验8~9级精度齿轮的测量齿轮、印刷机印刷辊子用的齿轮	5
			读数装置中特别精密的传动齿轮	6
			读数装置的传动及具有非直齿的速度传动齿轮、印刷机传动齿轮	7
			普通印刷机传动齿轮	8

　　计算法根据机构最终达到的精度要求，应用传动尺寸链的方法计算和分配各级齿轮副的传动精度，确定齿轮的精度等级。由于影响齿轮精度的因素既有齿轮自身因素也有安装误差的影响，很难计算出准确的精度等级，计算结果只能作为参考，所以计算法仅适用于特殊精度机构使用的齿轮。

　　（2）最小法向侧隙和齿厚极限偏差的确定　最小法向侧隙 j_{bnmin} 是当一个齿轮的齿以

最大允许实效齿厚与一个也具有最大允许实效齿厚的相配齿在最紧的允许中心距相啮合时，在静态条件下存在的最小允许间隙。该间隙用以补偿下列情况：

箱体、轴和轴承的偏斜；

由于箱体的偏差和轴承的间隙导致齿轮轴线的不对准；

由于箱体的偏差和轴承的间隙导致齿轮轴线的歪斜；

安装误差，例如轴的偏心；

轴承径向跳动；

温度影响（随箱体和齿轮零件间的温度差、中心距和材料的差异而变化）；

旋转零件的离心胀大；

其他因素，例如由于润滑剂的允许污染以及非金属齿轮材料的溶胀。

GB/Z 18620.2—2008 给出了齿轮最小侧隙 j_{bnmin} 的推荐值，见表 15-24。

表 15-24　对于中、大模数齿轮最小侧隙 j_{bnmin} 的推荐值　　　　　　（单位：mm）

m_n	最小中心距 a_i					
	50	100	200	400	800	1 600
1.5	0.09	0.11	—	—	—	—
2	0.10	0.12	0.15	—	—	—
3	0.12	0.14	0.17	0.24	—	—
5	—	0.18	0.21	0.28	—	—
8	—	0.24	0.27	0.34	0.47	—
12	—	—	0.35	0.42	0.55	—
18	—	—	—	0.54	0.67	0.94

齿轮最小侧隙一般由齿厚上偏差 E_{sns} 和法向齿厚公差 T_{sn} 来保证。有关齿厚上偏差和法向齿厚公差 T_{sn} 的设计计算可参考有关专业书籍。

（3）齿轮精度等级在图样上的标注　国家标准规定，在文件需叙述齿轮精度要求时，应注明 GB/T 10095.1—2008 或 GB/T 10095.2—2008。

关于齿轮精度等级和齿厚偏差的标注建议如下：

若齿轮的检验项目同为某一精度等级和标准号，如齿轮检验项目同为 7 级，则标注为 7GB/T 10095.1—2008 或 7GB/T 10095.2—2008。

若齿轮检验项目的精度等级不同时，如齿廓总偏差 F_α 为 6 级，而齿距累积总偏差 F_p 和螺旋线总偏差 F_β 均为 7 级时，则标注为 6(F_α)、7(F_p、F_β)GB/T 10095.1—2008。

图 15-49 所示是齿轮的工作图，选定的精度等级和检验参数写在右上角齿轮参数表中，齿面粗糙度要求可标注在分度圆尺寸线上或在技术要求中说明。

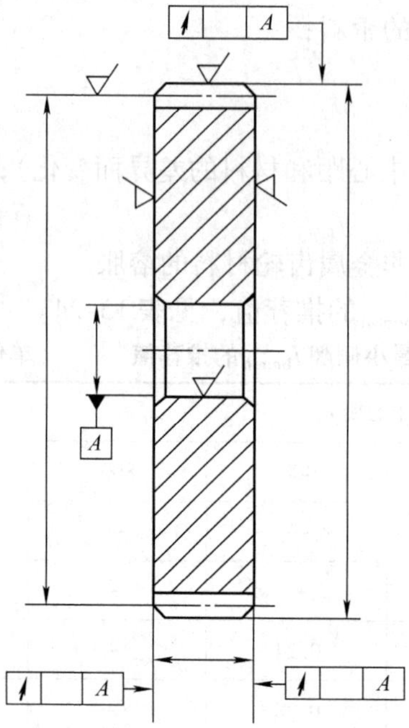

法向模数	m_n	
齿数	Z	
齿形角	α	
齿顶高系数	h_a^*	
螺旋角	β	
螺旋方向		
径向变位系数 齿厚	x	
精度等级		
齿轮副中心距 及其极限偏差	$\alpha \pm f_a$	
配对齿轮	图号	
	齿数	
公差组	检验项目代号	公差(或极限偏差)值

技术要求

其余 ▽

标题栏

图 15-49 齿轮的工作图

思考题及习题

15-1 何谓互换性? 互换性在机械制造业中的作用是什么?

15-2 完全互换与不完全互换有何区别,各用于何种场合?

15-3 何谓优先数系? 何谓优先数? 工程中为何要求采用优先数系和优先数? 实际应用时,按什么顺序选用优先数系和优先数?

15-4 什么是提取组成要素的局部尺寸? 提取圆柱面的局部尺寸指的是什么?

15-5 偏差可否等于零? 同一个公称尺寸的两个极限偏差是否可以同时为零? 为什么?

15-6 什么是标准公差? 国家标准对≤500mm 的尺寸规定了多少个标准公差等级?

15-7 什么是基本偏差? 为什么要规定基本偏差?

15-8 什么是配合制? 在哪些情况下采用基轴制?

15-9 极限与配合的选用主要解决哪三个问题? 其基本原则是什么?

15-10 有一批孔、轴配合,孔为 $\phi 45^{+0.039}_{0}$ mm,轴为 $\phi 45^{-0.025}_{-0.050}$ mm。试计算孔、轴的极限偏差、极限尺寸、尺寸公差;孔、轴配合的极限间隙、平均间隙和配合公差,并画出尺寸公差带图。

15-11 有一批孔、轴配合,已知公称尺寸为 $\phi 50$ mm,es = 0,$T_s = 16\mu m$,$Y_{max} = -50\mu m$,$T_h = 25\mu m$。求孔的极限偏差,轴的另一个极限偏差,另一个极限间隙或过盈,画出孔、轴尺寸公差带图,并指出配合的类型。

15-12 现有两个孔，其中 $D_1 = 90\text{mm}$，$T_{h1} = 15\mu\text{m}$，$D_2 = 10\text{mm}$，$T_{h2} = 5\mu\text{m}$，试问哪个孔难加工？

15-13 查表确定孔：1）$\phi22E7$，2）$\phi30JS8$，3）$\phi45R7$，4）$\phi75P8$，5）$40M7$ 和轴：1）$\phi28js6$，2）$\phi35f7$，3）$\phi40r7$，4）$\phi90s7$，5）$\phi60k6$ 的极限偏差数值，写出在零件图上孔、轴极限偏差的表示形式。

15-14 查表确定下列公差带代号：

孔：1）$\phi35^{+0.075}_{+0.050}$，2）$\phi45 \pm 0.031$，3）$\phi90^{-0.038}_{-0.073}$，4）$\phi100^{-0.037}_{-0.091}$，5）$\phi80^{\ 0}_{-0.03}$

轴：1）$\phi70 \pm 0.015$，2）$\phi50^{-0.025}_{-0.050}$，3）$\phi80^{+0.073}_{+0.043}$，4）$\phi120^{+0.091}_{+0.037}$，5）$\phi80^{+0.021}_{+0.002}$

15-15 有一个孔、轴配合，公称尺寸为 $\phi80\text{mm}$，要求配合的最大间隙为 $+0.029\text{mm}$，最大过盈为 -0.022mm，试用计算法选取适当的配合。

15-16 几何公差的公差原则和公差要求有哪些内容？简述其应用场合。

15-17 将下列要求标注在图 15-50 上。

1）圆锥面的圆度公差为 0.01mm，圆锥素线直线度公差为 0.02mm。

2）$\phi35H7$ 中心线对 $\phi10H7$ 中心线的同轴度公差为 0.05mm。

3）$\phi35H7$ 内孔表面圆柱度公差为 0.005mm。

4）$\phi20h6$ 圆柱面的圆度公差为 0.006mm。

5）$\phi35H7$ 内孔端面对 $\phi10H7$ 中心线的轴向圆跳动公差为 0.05mm。

6）圆锥面对 $\phi10H7$ 中心线的斜向圆跳动公差为 0.05mm。

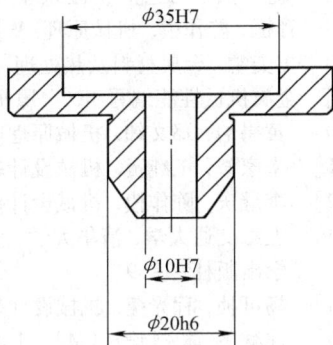

图 15-50 题 15-17 图

15-18 将下列要求标注在零件图 15-51 上。

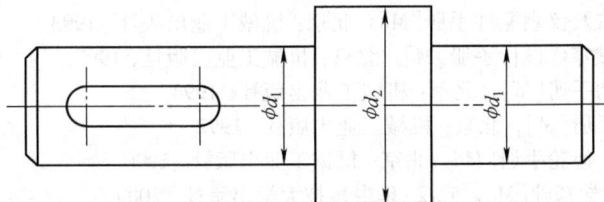

图 15-51 题 15-18 图

1）两 ϕd_1 表面圆柱度公差 0.008mm；

2）d_2 轴心线对两 ϕd_1 公共轴心线的同轴度公差 0.04mm；

3）ϕd_2 的左端面对两 ϕd_1 的公共轴心线的垂直度公差 0.02mm；

4）两 ϕd_1 采用包容要求；

5）键槽的中心平面对所在轴轴心线的对称度公差为 0.03mm。

15-19 何谓表面粗糙度？

15-20 什么是取样长度？什么是评定长度？二者间有什么区别？

15-21 表面粗糙度的两个幅度参数的含义和代号分别是什么？

15-22 选择表面粗糙度参数值时，应考虑哪些因素？

15-23 滚动轴承的精度有哪几个等级？哪个等级应用最广？

15-24 滚动轴承与轴颈、外壳孔的配合是主要考虑哪些主要因素？

15-25 与轴承配合的孔或轴，其配合表面有何技术要求？

15-26 平键联结为什么只对键（槽）宽规定较严的公差？

参 考 文 献

[1] 贾启芬,刘习军,李昀择. 工程力学[M]. 天津:天津大学出版社,2002.
[2] 庞振基,黄其圣. 精密机械设计[M]. 北京:机械工业出版社,2000.
[3] 庞振基,傅雄刚. 精密机械零件[M]. 北京:机械工业出版社,1989.
[4] 庞振基,张弼光. 仪表零件及机构[M]. 天津:天津大学出版社,1991.
[5] 邱宣怀. 机械设计[M]. 4版. 北京:高等教育出版社,1997.
[6] 郑文纬,吴支坚. 机械原理[M]. 7版. 北京:高等教育出版社,1997.
[7] 孙桓,陈作模. 机械原理[M]. 5版. 北京:高等教育出版社,1996.
[8] 史美堂. 金属材料及热处理[M]. 上海:上海科学技术出版社,1980.
[9] 金属机械性能编写组. 金属机械性能[M]. 修订本. 北京:机械工业出版社,1982.
[10] 黄锡恺,郑文纬. 机械原理[M]. 修订版. 北京:人民教育出版社,1981.
[11] 朱家诚,王纯贤. 机械设计基础[M]. 合肥:合肥工业大学出版社,2003.
[12] 李继庆,陈作模. 机械设计基础[M]. 北京:高等教育出版社,1999.
[13] 上海交通大学,清华大学,上海机械学院. 精密机械与仪器零件部件设计[M]. 上海:上海交通大学出版社,1989.
[14] 杨可桢,程光蕴. 机械设计基础[M]. 北京:高等教育出版社,1995.
[15] 沈继飞. 机械设计[M]. 上海:上海交通大学出版社,1994.
[16] 徐祥和. 电子精密机械设计[M]. 北京:国防工业出版社,1986.
[17] 何献忠. 精密机械零件综合设计[M]. 北京:兵器工业出版社,1991.
[18] 初允绵. 仪表结构设计基础[M]. 北京:机械工业出版社,1990.
[19] 董国耀. 机械制图[M]. 北京:北京理工大学出版社,1998.
[20] 庞振基. 精密机械及仪表零件手册[M]. 北京:机械工业出版社,1993.
[21] 朱龙根. 简明机械零件设计手册[M]. 北京:机械工业出版社,1997.
[22] 孟宪源. 现代机构手册[M]. 北京:机械工业出版社,1994.
[23] 徐灏. 机械设计手册[M]. 北京:机械工业出版社,1992.
[24] 齿轮手册编委会. 齿轮手册[M]. 北京:机械工业出版社,1990.
[25] 许贤泽. 精密机械学基础[M]. 武汉:华中科技大学出版社,2009.
[26] 日本带传动专业技术委员会. 带传动与精确传送实用设计[M]. 齐彬,译. 北京:化学工业出版社,2013.
[27] 穆斯,等. 机械设计[M]. 孔建益,译. 北京:机械工业出版社,2012.
[28] 李传武. 新编世界轴承型号对照手册[M]. 北京:中国物资出版社,1997.
[29] 濮良贵,纪名刚. 机械设计[M]. 北京:高等教育出版社,1996.
[30] 吕克. 最新国内外轴承代号对照手册[M]. 北京:机械工业出版社,1998.
[31] 廖念钊. 互换性与测量技术基础[M]. 北京:中国计量出版社,2002.
[32] 孙玉芹,孟兆新. 机械精度设计基础[M]. 北京:科学出版社,2003.
[33] 王伯平. 互换性与测量技术基础[M]. 北京:机械工业出版社,2005.
[34] 甘永立. 几何量公差与检测[M]. 上海:上海科学技术出版社,1998.
[35] 傅继盈,蒋秀珍. 机械学基础[M]. 哈尔滨:哈尔滨工业大学出版社,2000.
[36] 闻邦椿. 机械设计手册[M]. 北京:机械工业出版社,2013.
[37] 方昆凡. 公差与配合实用手册[M]. 2版. 北京:机械工业出版社,2012.
[38] 任嘉卉. 公差与配合手册[M]. 北京:机械工业出版社,2013.